Android
编程兵书

欧阳零 编著

電子工業出版社
Publishing House of Electronics Industry
北京•BEIJING

内 容 简 介

这是一本Android开发书籍，内容讲解详细，例子丰富，能帮助读者举一反三。在本书中，每一个知识点的描述都非常详细，并且每一个知识点都会有一个小小的实例，使读者更容易上手Android开发。同时，对于不熟悉Java语言的人来说，也是一本好书，本书主要是从Android开发最简单的内容开始，慢慢地逐层深入，最后结合项目的开发进行详细讲解。

本书共有13章，主要内容有：Android平台简介、Android应用程序的构成、Android布局管理器、Android常用基本控件、Android常用高级控件和事件处理、高级视图与动画、应用程序组件、Android数据存储、网络通信、多媒体、通信开发、感应器使用、天气预报。通过对本书的学习，相信读者能够在较短的时间内理解Android系统的框架以及在开发过程中用到的知识等，为进一步学习Android打好基础。

本书特意为没有Android基础的新手所编写；有一定Android基础的读者也可以通过本书进一步巩固Android的相关知识，为成为一个Android开发高手“添砖加瓦”。

图书在版编目（CIP）数据

Android编程兵书 / 欧阳零编著. — 北京：电子工业出版社，2014.1
（程序员藏经阁）
ISBN 978-7-121-21709-8
Ⅰ. ①A… Ⅱ. ①欧… Ⅲ. ①移动终端－应用程序－程序设计 Ⅳ. ①TN929.53
中国版本图书馆CIP数据核字（2013）第247260号

策划编辑：牛 勇
责任编辑：徐津平
特约编辑：赵树刚
印　　刷：北京京师印务有限公司
装　　订：北京京师印务有限公司
出版发行：电子工业出版社
　　　　　北京市海淀区万寿路173信箱　邮编100036
开　　本：787×1092　1/16　印张：36.25　字数：928千字
印　　次：2014年1月第1次印刷
定　　价：79.00（含DVD光盘1张）

凡所购买电子工业出版社图书有缺损问题，请向购买书店调换。若书店售缺，请与本社发行部联系，联系及邮购电话：（010）88254888。

质量投诉请发邮件至zlts@phei.com.cn，盗版侵权举报请发邮件至dbqq@phei.com.cn。

服务热线：（010）88258888。

前 言 Foreword

Android 是一个开发式手机和平板电脑的操作系统，目前的发展势头十分迅猛。虽然 Android 面世时间不长，但 Android 已经对传统的手机平台构成了强大的威胁。业界部分人士预测，Android 将会成为应用最为广泛的手机操作系统。

Android 是 Google 于 2007 年 11 月 5 日发布的基于 Linux 平台的开源移动操作系统，目前 Android 已经排在智能手机操作系统市场份额的第一位。基于 Android 的移动应用开发已经成为软件开发中新的热点和发展趋势。

本书起源

在 Android 推出之前，移动开发领域的发展一直处于不温不火的局面，Android 的推出为移动互联网开发领域吹进一股清新的风，也让作者有了柳暗花明之感。它精巧的体系架构以及完全开放的特性也吸引了无数的开发人员。

Android 是优秀的移动操作系统，但是其程序开发的学习之旅却很是艰难，最大的困难就是相关资料的缺乏。Android 是完全开源的，但不是每个程序设计人员都有时间和精力去研究它的源代码。Google 提供的主要学习资料就是 Android SDK 文档。SDK 文档对于开发人员了解 Android 程序设计有很大帮助，但并没有系统地讲解 Android 程序设计的相关技术。为了解决一个技术问题，作者不得不在 Google 的搜索结果中寻找片鳞半爪，但最后往往都是求之而不得后的失望，相信不少读者都有过这种体会吧。

回顾自己学习 Android 所走过的历程，有被种种错误资料误导的痛苦，有被 Google 搜索出浩如烟海的数据所淹没般的窒息，有对某个具体问题经过尝试实践后解决的喜悦，于是产生了将自己的学习成果整理总结出来，与广大 Android 程序设计人员分享的想法。

本书的写作目的

通过对 Android 程序设计基础知识和基本技能进行全面系统的讲解，使读者能够轻松掌握 Android 程序设计的基本知识和技能，尽量减少在 Android 程序设计入门阶段的摸索和徘徊，为下一步学习 Android 程序设计高级技术打下坚实的基础。

本书特色

- **内容全面而丰富**:对于刚接触 Android 的人员，本书首先对 Android 系统的历史以及架构做了一个详细的介绍，对每一个知识点都配有相应的图片及详细的说明。
- **实例众多**:对于 Android 系统中的每一个知识点，不管是一个简单的文本框还是复杂的控件，都会有一个例子伴随，这样更有利于读者对这个知识点的掌握和理解。
- 实用性强:本书尽量消除刚接触 Android 的读者的茫然，把一些抽象的内容尽量具体化，复杂的问题简单化。此书为一本入门级别的书籍，不管你之前有没有接触过 Android，学习本书后，相信你也可以慢慢成为 Android 开发的高手。
- **图文并茂**:针对没有接触过 Android 的读者，本书插入了大量的图片来说明概念，同时每一个知识点实例的运行效果也将出现在本书中，这样对读者掌握这一知识点起到了很大的作用。
- **举一反三**:本书最主要的特点在于能让读者学会一个知识点后，编写相应的代码，并且对同样类型应用的代码能举一反三。

本书内容及体系结构

第 1 章介绍了 Android 系统的发展历程以及现有版本之间的区别，并介绍了首次开发 Android 程序所需要的软件和开发环境的搭建，以及关于 Android 程序的一些包的说明。

第 2 章介绍了 Android 资源管理与使用、基本组件、组件的定义配置、运行状态、生命周期、状态维护、运行管理等内容。

第 3 章深入讲解 Android 应用的界面布局设计。基于 XML 文件的界面布局声明是 Android 应用的特色之一。我们将学习界面布局的声明、动态修改等基础知识，并学习常见界面布局组件的应用等内容。

第 4 章详细讲解了 Android 常用的基本控件的使用方法，方便读者学习及灵活运用。例如按钮控件、选择控件、状态开关按钮、图片控件、时钟控件等。

第 5 章在第 4 章的基础上更加深入地讲解了控件的使用。例如下拉列表控件、滑块与进度条、菜单滑块等高级控件的使用。

第 6 章介绍了 Android 开发中的列表视图、网络视图、画廊视图、动画播放技术等与高级视图相关的技术，可以丰富 Android 开发。

第 7 章介绍了 Android 应用程序中特有的组件。掌握这些组件是进行 Android 应用开发的基础。

第 8 章详细讲解了文件存储的相关内容，例如 Android 文件结构、数据存储方式、SharedPreferences 存储、程序私有文件、SD 卡文件、文件浏览器等。掌握了本章的内容后，读者将对 Android 文件的存储操作游刃有余。

第 9 章简要介绍了在 Android 平台下进行网络通信的相关知识，例如 TCP 通信、UDP

通信、HTTP 通信、WebView 通信等。

第 10 章主要介绍了 Android 开发中的音频、视频等与多媒体相关的技术。掌握本章内容，可以让开发出来的 Android 应用程序更有趣味性。

第 11 章介绍 Android 系统针对手机实现的短信、语音通话功能。掌握本章内容，可以开发出基本的手机通信应用。

第 12 章简单介绍了 Android 平台下感应器的相关知识，通过谷歌地图、谷歌街景等实例讲解开发基于感应器的应用程序步骤。

第 13 章是对前面几章知识点的总结，通过天气预报项目的演练，相信读者对 Android 会有一个清晰的认识。

本书读者对象

- Android 入门级开发人员
- 初、中级程序员
- 培训班学员
- Android 开发的爱好者

目　录 Contents

第1章　见龙在田：Android平台简介 1

1.1 Android介绍 2

1.1.1 Android的发展 2

1.1.2 Android优势 3

1.2 平台架构及特性 4

1.3 开发环境搭建 6

1.3.1 Java下载安装 7

1.3.2 Android SDK下载 9

1.3.3 Eclipse下载安装 9

1.3.4 Eclipse配置 10

1.3.5 模拟器的创建 13

1.4 第一个Android应用 15

1.4.1 创建Android项目 15

1.4.2 运行调试Android项目 18

1.5 总结 22

1.6 习题 22

第2章　飞龙在天：Android 应用程序的构成 23

2.1 Android工程目录分析 24

2.2 资源的管理与使用 28

2.2.1 布局资源的使用 28

2.2.2 颜色资源的使用 30

2.2.3 图片资源的使用 32

2.3 权限控制 33

2.4 Android基本组件的介绍 37

2.4.1 应用程序的生命周期 37

2.4.2 Activity简介 38

2.4.3 Service简介 39

2.4.4 BroadcastReceiver简介 39

2.4.5 ContentProvider简介 40

2.4.6 Intent和IntentFilter简介 41
2.5 总结 43
2.6 习题 43

第3章运 转乾坤：Android布局管理器 44

3.1 帧布局 45
3.1.1 FrameLayout类简介 45
3.1.2 帧布局使用 45
3.2 线性布局 48
3.2.1 LinearLayout类简介 48
3.2.2 线性布局使用 49
3.3 表格布局 52
3.3.1 TableLayout类简介 52
3.3.2 表格布局使用 53
3.4 相对布局 58
3.4.1 RelativeLayout类简介 58
3.4.2 相对布局使用 59
3.5 绝对布局 61
3.5.1 AbsoluteLayout类简介 61
3.5.2 绝对布局使用 61
3.6 切换卡（TabWidget） 65
3.6.1 TabWidget类简介 65
3.6.2 切换卡使用 66
3.7 总结 69
3.8 习题 69

第4章 仙人指路：Android 常用基本控件 70

4.1 控件类概述 71
4.1.1 View类简介 71
4.1.2 ViewGroup类简介 71
4.2 基本文本控件 72
4.2.1 TextView类简介 72
4.2.2 EditText类简介 73
4.2.3 文本框使用 73
4.3 自动提示文本框 78
4.3.1 AutoCompleteTextView类简介 78
4.3.2 自动提示文本使用 79

4.4 滚动视图......80
4.4.1 ScrollView 类简介......80
4.4.2 滚动视图使用......80
4.5 按钮控件......82
4.5.1 Button 控件的使用......82
4.5.2 ImageButton 控件的使用......84
4.5.3 9Patch 图片的创建......86
4.5.4 9Patch 图片的使用......87
4.6 选择按钮......89
4.6.1 CheckBox 和 RadioButton 类简介......89
4.6.2 选择按钮使用......90
4.7 状态开关按钮......93
4.7.1 ToggleButton 类简介......93
4.7.2 开关按钮的使用......93
4.8 图片控件......96
4.8.1 ImageView 类简介......96
4.8.2 图片查看器......96
4.9 时钟控件......100
4.9.1 AnalogClock 类和 DigitalClock 类简介......100
4.9.2 时钟控件使用案例......101
4.10 日期与时间选择控件......102
4.10.1 DatePicker 类简介......102
4.10.2 TimePicker 类简介......103
4.10.3 日期时间控件使用案例......103
4.11 综合案例......106
4.11.1 体重计算器......106
4.11.2 登录界面......108
4.12 总结......116
4.13 习题......116

第 5 章 渔樵问路：Android 常用高级控件和事件处理......117

5.1 下拉列表控件......118
5.1.1 Spinner 类简介......118
5.1.2 下拉列表使用......118
5.2 滑块与进度条......122
5.2.1 ProgressBar 类简介......122
5.2.2 SeekBar 类简介......122

5.2.3 滑块和进度条使用......122
5.3 星级滑块......124
5.3.1 RatingBar 类简介......124
5.3.2 星级滑块使用......124
5.4 菜单功能......126
5.4.1 选项菜单简介......126
5.4.2 选项菜单使用......129
5.4.3 上下文菜单......134
5.5 对话框功能的开发......138
5.5.1 对话框简介......138
5.5.2 普通对话框......139
5.5.3 列表对话框......142
5.5.4 单选按钮对话框......145
5.6 事件处理......147
5.6.1 Android 的事件处理模型......147
5.6.2 OnClickListener 接口简介......148
5.6.3 OnLongClickListener 接口简介......151
5.6.4 OnFocusChangeListener 接口简介......153
5.6.5 OnKeyListener 接口简介......157
5.6.6 OnTouchListener 接口简介......160
5.7 综合案例......163
5.7.1 人物评分......164
5.7.2 爱好调查......168
5.8 总结......174
5.9 习题......175

第 6 章 推窗望月：高级视图与动画......176

6.1 列表视图......177
6.1.1 ListView 类简介......177
6.1.2 列表视图使用......177
6.2 网格视图......181
6.2.1 GridView 类简介......181
6.2.2 网格视图使用......181
6.3 画廊视图......186
6.3.1 Gallery 类简介......186
6.3.2 画廊使用......187
6.4 HorizontalScrollView 控件......189

6.4.1 HorizontalScrollView 类简介 189
6.4.2 HorizontalScrollView 控件使用案例 190
6.5 多页视图 192
6.5.1 ViewPager 类简介 192
6.5.2 ViewPager 使用 192
6.6 动画播放技术 195
6.6.1 帧动画（Frame Animation）简介 195
6.6.2 帧动画的使用 196
6.6.3 补间动画（Tween Animation）简介 198
6.6.4 补间动画的使用 199
6.7 消息提示 202
6.7.1 Toast 的使用 202
6.7.2 Notification 的使用 204
6.8 综合案例 208
6.8.1 四宫格 208
6.8.2 镜像特效 213
6.9 总结 218
6.10 习题 218
第 7 章 大鹏展翅：应用程序组件 219
7.1 Activity——活动 220
7.1.1 Activity 简介 220
7.1.2 Activity 跳转 226
7.2 Service——服务 235
7.2.1 创建服务 235
7.2.2 开始服务方式 239
7.2.3 绑定服务方式 242
7.2.4 服务总结 245
7.3 BroadcastReceiver——广播 246
7.3.1 自定义广播 246
7.3.2 系统广播——短信广播 252
7.4 消息处理 257
7.4.1 Handler 类简介 257
7.4.2 进度条更新 257
7.4.3 搜索 SD 卡文件 261
7.4.4 异步处理总结 267
7.5 综合案例 267

7.5.1 开机欢迎......267
7.5.2 组件通信......270
7.6 总结......274
7.7 习题......275

第 8 章 凌波微步：Android 数据存储......276

8.1 Android 文件结构......277
8.1.1 系统文件......277
8.1.2 数据文件......278
8.1.3 外部储存文件......279
8.2 数据存储的方式......279
8.3 SharedPreferences 存储......280
8.4 程序私有文件......284
8.5 读/写 SD 卡文件......288
8.6 SQLite 数据库的使用......297
8.6.1 数据库的创建......298
8.6.2 表的创建......300
8.6.3 表中数据的增、删、改操作......302
8.6.4 表中数据的查询操作......305
8.7 SQLiteOpenHelper 的使用......307
8.8 数据共享......311
8.8.1 共享的图书信息......311
8.8.2 内容提供者（ContentProvider）......313
8.8.3 内容解析器（ContentResolver）......319
8.8.4 运行分析总结......321
8.9 综合案例......322
8.9.1 文件浏览器......322
8.9.2 个人通讯录......327
8.10 总结......335
8.11 习题......336

第 9 章 斗转星移：网络通信......337

9.1 网络通信方式......338
9.2 TCP 通信......338
9.2.1 PC 服务器端......339
9.2.2 Android 控制端......342
9.3 UDP 通信......344

9.3.1 UDP 简介......344
9.3.2 UDP 的使用......346
9.3.3 运行测试......349
9.4 HTTP 通信......351
9.4.1 GET 请求方式......351
9.4.2 POST 请求方式......353
9.4.3 XML 解析......356
9.5 WebView......360
9.5.1 WebView 简介......360
9.5.2 简易浏览器......361
9.6 综合案例......366
9.6.1 Android 鼠标......366
9.6.2 在线查询......379
9.7 总结......383
9.8 习题......383

第 10 章 弄玉吹箫:多媒体......384

10.1 音频播放......385
10.1.1 从资源文件中播放......385
10.1.2 从外部文件中播放......391
10.1.3 从网络中播放......393
10.2 录制多媒体......395
10.3 使用摄像头......403
10.3.1 控制摄像头拍照......403
10.3.2 控制摄像头摄像......413
10.4 综合案例......423
10.4.1 音乐播放器......423
10.4.2 手电......434
10.5 总结......436
10.6 习题......437

第 11 章 盘龙吐信：通信开发......438

11.1 语音通话......439
11.1.1 呼出电话......439
11.1.2 来电防火墙......442
11.1.3 自动接通电话......447
11.2 短信导出......448

11.2.1 系统短信的保存 449
11.2.2 导出短信 450
11.3 短信收发软件 458
11.3.1 短信防火墙 458
11.3.2 系统发送短信 461
11.3.3 直接发送短信 463
11.4 综合案例 468
11.4.1 电话免打扰 468
11.4.2 手机信息获取 473
11.5 总结 475
11.6 习题 476

第 12 章 天柱云气：感应器的使用 477

12.1 GPS 信息 478
12.2 谷歌地图 482
12.2.1 Map 使用 483
12.2.2 位置显示 488
12.2.3 位置标记 492
12.2.4 测量 MapView 上两点间的距离 500
12.3 谷歌街景 511
12.4 传感器介绍 514
12.4.1 世界坐标系 515
12.4.2 旋转坐标系 516
12.4.3 传感器模拟器的使用 516
12.5 传感器的获取 520
12.5.1 传感器列表 520
12.5.2 传感器的值 522
12.6 综合案例 525
12.6.1 计步器应用 525
12.6.2 小球游戏 530
12.7 总结 536
12.8 习题 536

第 13 章 帘下梳妆：天气预报 537

13.1 天气信息获取 538
13.2 天气信息显示 546
13.3 温度变化趋势 550

13.4 城市管理 558
13.5 运行调试 563
13.6 总结 564
13.7 习题 564

第 1 章

见龙在田：Android 平台简介

随着移动网络速度、移动设备性能的提升以及人们对移动设备功能要求的提高，Android 这一开放、快速、友好的手机操作系统应运而生并已呈燎原之势。Android 是 Google 于 2007 年 11 月 5 日发布的基于 Linux 内核的移动软件，该平台由操作系统、中间件、用户界面和应用软件组成，是一个真正开放的移动开发平台。

本章将介绍 Android 的起源、特点、应用程序框架以及开发环境的搭建，让读者对 Android 平台有一定的了解，之后将开发第一个 Android 程序 Hello Android，并通过对该程序的简单分析，带领读者步入 Android 开发的大门。

1.1 Android 介绍

早在 2005 年 8 月，Google 公司就收购了由 Andy Rubin（Android 之父）等人创立的一家小公司。他们当时做的就是基于 Linux 内核的手机操作系统，也就是 Android 的雏形。Google 公司经过多年打磨，终于在 2007 年 11 月，正式向外界展示了 Android 操作系统，并与 34 家手机制造商、软件开发商、电信运营商和芯片制造商共同创建了开放手持设备联盟，致力于 Android 操作系统的开放与推广。这样，Android 手机操作系统得到了高速发展和推广，Android 手机设备得以大批量生产。

1.1.1 Android 的发展

Android 是一种以 Linux 为基础的开放源码操作系统，主要使用于便携设备。Android 主要发行了如下几个版本：

- Android 1.1：在 2008 年 9 月发布的 Android 的第一个版本。
- Android 1.5：在 2009 年 4 月 30 日发布，命名为 Cupcake（纸杯蛋糕）。该版本是第一个较稳定的版本，也是第一部 Android 手机 G1 使用的操作系统。
- Android 1.6：在 2009 年 9 月 15 日发布，命名为 Donut（甜甜圈）。该版本主要针对 OpenCore 2 媒体引擎进行了支持。
- Android 2.0/2.0.1/2.1：在 2009 年 10 月 26 日发布，命名为 Eclair（松饼）。该版本主要针对新的浏览器的用户接口并支持 HTML 5、内置相机闪光灯、数码变焦、蓝牙 2.1 等。
- Android 2.2/2.2.1：在 2010 年 5 月 20 日发布，命名为 Froyo（冻酸奶）。该版本对整体性能进行了大幅度的提升、支持 Flash 并增加了更多的 Web 应用 API 接口的开发，是当前 Android 手机中大家最常见的版本。
- Android 2.3：在 2010 年 12 月 7 日发布，命名为 Gingerbread（姜饼）。该版本主要简化了界面、提升了速度，有了更好的用户体验。
- Android 3.0：在 2011 年 2 月 2 日发布，命名为 Honeycomb（蜂巢）。该版本主要针对平板进行优化，对 UI 进行了全新设计，增强了网页浏览等功能。该版本用于平板电脑，一般不用于手机。
- Android 4.0：在 2011 年 10 月 19 日发布，命名为 Ice Cream Sandwich（冰激凌三明治）。该版本使用了全新的 UI 界面、更强大的图片编辑功能、人脸识别功能等，对系统进一步优化，速度更快、UI 更美观、用户体验更友好。
- Android 4.1：在 2012 年 6 月 28 日发布，命名为 Jelly Bean（果冻豆）。该版本相对于 4.0 进行了多项改善。“牛油”性能（Project Butter），意思是可以让 Jelly Bean 的体验像“牛油般顺滑”（锁定提升用户页面的速度与流畅性）；使用“Google Now”

可在 Google 日历中加入活动举办的时间、地点，系统就会在判断当地路况后，提前在“适当的出门时间给予通知”，增加了语音助理功能，用于抗衡 Apple Siri 并且提升反应速度，强化默认键盘，大幅改变用户界面设计，以及更多的 Google 云集成，但是不再自带 Flash Player，并且 Adobe 声明停止开发。

- Android 4.2：在 2012 年 10 月 30 日发布，依然命名为 Jelly Bean（果冻豆）。添加平板的多重用户账户、照片球（用于全景拍摄）；在 Google Now 中除了搜索外，现在可查看 Gmail 与飞机航班等数据；还提供用户购买票卷、音乐会、股票、突发新闻等；手势输入以及多媒体无线传输 Miracast 等。

1.1.2　Android 优势

Android 系统不断地优化自己的设计，并且一直保持着与其他手机操作系统相比而言的优点：开放性、平等性、无界性、方便性与硬件的丰富性。

1．开放性

提到 Android 的优势，首先想到的一定是其真正的开放，其开放性包含底层的操作系统以及上层的应用程序等，Google 与开放手机联盟合作开发 Android 的目的就是建立标准化、开放式的移动单击软件平台，在移动产业内形成一个开放式的生态系统。

Android 的开放性也同样会使大量的程序开发人员投入到 Android 程序的开发中，这将为 Android 平台带来大量新的应用。

2．平等性

在 Android 系统上，所有应用程序完全平等，系统默认自带的程序与自己开发的程序没有任何区别，程序开发人员可以开发个人喜爱的应用程序并替换掉系统程序，来构建个性化的 Android 手机系统，这些功能在其他手机平台上是没有的。

在开发之初，Android 平台就被设计成由一系列应用程序组成的平台，所有的应用程序都运行在一个虚拟机上面。该虚拟机提供了系列应用程序之间和硬件资源通讯的 API。而除了该虚拟机，其他所有应用全部平等。

3．无界性

Android 平台的无界性表现在应用程序之间的无界性，开发人员可以很轻松地将自己开发的程序与其他应用程序进行交互，例如你的应用程序需要播放声音的模块，而正好你的手机中已经有一个成熟的音乐播放器，此时你就不需要再重复开发音乐播放功能，只需简单地加上几句话即可将成熟的音乐播放功能添加到自己的程序中。

4．方便性

在 Android 平台中开发应用程序是非常方便的，如果你对 Android 平台比较熟悉，想开发一个功能全面的应用程序并不是什么难事。Android 平台为开发人员提供了大量的实用库及方便的工具，同时也将 Google Map 等强大的功能集成了进来，开发人员只需简单地调用几行代码即可将强大的地图功能添加到自己的程序中。

5．硬件的丰富性

由于平台的开放性，众多的硬件制造商推出各种各样、千奇百怪的产品，但这些产品功能上的差异并不影响数据的同步与软件的兼容。例如，原来在诺基亚手机上的应用程序，可以很轻松地移植到摩托罗拉手机上使用，并且联系人、短信等资料可以更方便地转移。

1.2 平台架构及特性

虽然 Android 系统版本不断进行着更新，但是其平台架构是没有改变的。其思想是以 Linux 为基础，根据不同的功能需求进行分层处理，以统一接口屏蔽其具体实现，来达到集中各自的关注层次，更好地提升 Android 操作系统的可适用性，其整体架构如图 1-1 所示。

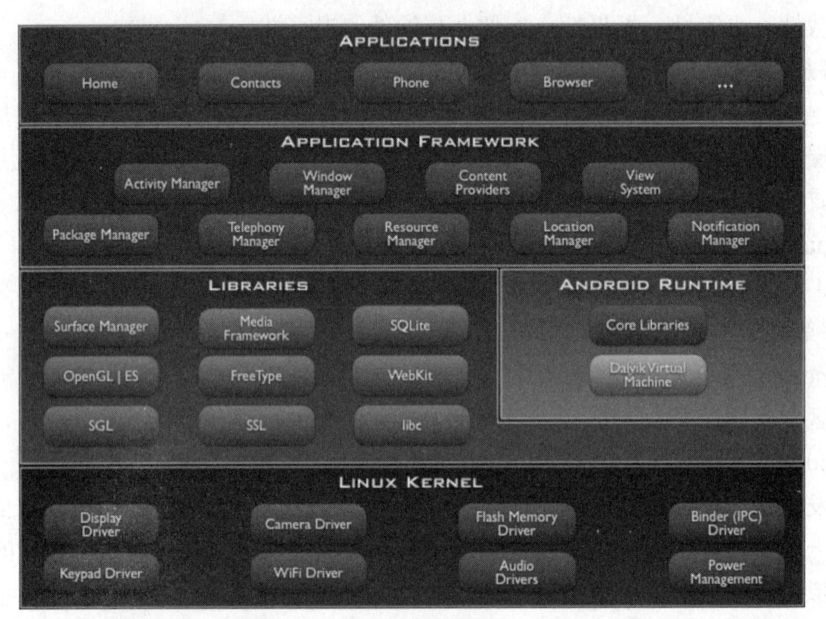

图 1-1 Android 架构图

从图 1-1 中可以很明显地看出 Android 操作系统分为四层，由上而下依次是应用程序层、应用程序框架层、运行库层和 Linux 内核层。

1．应用程序层

该层是 Android 操作系统的最上层，所有用户能直观看到的程序都属于应用程序层。其中，包括与 Android 的一系列核心应用程序包，例如 SMS 短消息程序、日历、浏览器、联系人管理程序等，也包括其他第三方的丰富应用。本书也将针对该层应用程序的开发进行实例讲解。

一般来说，Android 的应用开发都是在其 SDK 的基础上使用 Java 语言来进行编写的。在绝大多数的时候也确实是这样的，但自从 Android 提供了 NDK 后，可以通过 JNI 接口来调用自行开发的 C/C++库进行处理。但是，纯 C++应用依然是不能运行在应用层的。

2．应用程序框架层

该层是 Android 系统提供给应用程序层所使用的 API 框架，进行应用程序开发便需要使用这些框架来实现，并且必须遵守其开发原则。这些 API 框架包含了所有程序开发所用的 SDK 类库，同时也还有一些未公开接口的类库和实现。正是这些未公开的类库和接口，使得第三方的应用程序可能无法实现系统应用程序的部分功能。

从图 1-1 中可以看出，应用程序框架层主要提供了以下九大服务来管理应用程序。

（1）活动管理器（Activity Manager）：该管理器用于管理应用程序生命周期，并提供常用的导航回退功能。

（2）窗口管理器（Window Manager）：该管理器用于管理所有的窗口程序。

（3）内容提供器（Content Providers）：该组件用于一个应用程序提供给其他应用程序访问其数据。这是 Android 四大组件之一，最常用的应用情形是系统中的联系人数据库及短信数据库等，当然第三方应用程序也可以通过它来实现共享自己的数据。

（4）视图系统（View System）：其中包括了基本的按钮（Buttons）、文本框（Text boxes）、列表（Lists）等视图，这些都是在界面设计中经常使用到的。除了这些系统已经定义好的视图外，还提供了接口用于实现开发人员自定义的视图。

（5）通知管理器（Notification Manager）：该管理器用于应用程序在状态栏中显示自定义的提示信息。

（6）包管理器（Package Manager）：该管理器用于 Android 系统内的程序管理。

（7）电话管理器（Telephony Manager）：该管理器用于 Android 系统中与手机通话相关的管理，如电话的呼入呼出、手机网络状态的获取等。

（8）资源管理器（Resource Manager）：该管理器主要提供非代码资源的访问，如本地字符串、图形和布局文件（layout files）等。

（9）位置管理器（Location Manager）：该管理器主要用于对位置信息的管理。主要包括了非精确位置定位的手机基站信息、无线热点信息，以及精确位置定位的 GPS 信息等。

3．运行库层

在运行库层中包括了两部分：一部分是开源的第三方 C/C++库；另一部分是 Android 系统运行库。第三方的 C/C++库主要用于支持我们使用各个组件，主要的库包括如下。

（1）Bionic 系统 C 库（Libc）：该库是一个从 BSD 继承来的标准 C 系统函数库，它是专门为基于 Linux 系统的设备定制的。

（2）Surface Manager：该库用于显示对子系统的管理，并且为多个应用程序提供了 2D 和 3D 图层的无缝融合。

（3）多媒体库（Media Framework）：该库基于 PacketVideo OpenCore，使用该库可使 Android 系统支持多种常用格式的音频、视频回放和录制，同时支持静态图像文件等。

（4）SQLite 库：该库是一个功能强劲的轻型关系型数据库引擎。在 Android 系统的数据存储中，数据库存储是非常重要的一种存储方式，例如系统的短信、联系人信息等都使用数据库来存储。

（5）WebKit 库：该库是一个开源的浏览器引擎。WebKit 所包含的 WebCore 排版引擎和 JSCore 引擎，高效稳定、兼容性好。

Android 的系统运行库包括了一个 Android 核心库和 Dalvik 虚拟机。核心库提供了 Java 编程语言核心库的大多数功能。Dalvik 虚拟机是 Android 的 Java 虚拟机，解释执行 Java 的应用程序。

每一个 Android 应用程序都拥有自己的进程，并且都拥有一个独立的 Dalvik 虚拟机实例。Dalvik 虚拟机被设计成同一个设备可以同时高效地运行多个虚拟系统。Dalvik 虚拟机执行.dex 的可执行文件，该格式文件针对小内存使用做了优化，在手机等移动设备上运行更高效。

4. Linux 内核层

Android 的核心系统服务依赖于 Linux 2.6 内核，并在其基础上针对手机这样的移动设备进行了优化，用于提供安全机制、内存管理、电源管理、进程管理、网络协议栈和驱动模型等。

除了提供这些底层管理之外，Linux 内核层也提供了硬件设备的驱动，可以看作是硬件和软件栈之间的抽象层，为上层提供相对统一的接口。

这样的层次划分，使得 Android 各层之间分离，当我们进行应用开发时，不需要过多地关心 Linux 内核、第三方库以及 Dalvik 虚拟机等是如何来完成具体的实现的，绝大部分时候只需要关注在应用程序框架层提供的 API，即使底层的实现细节发生改变，也不需要重写上层的应用程序，实现应用程序开发适宜性、可重用性以及快捷性。

通过这样的平台架构设计，也可以看出 Android 系统可以完成数据存储、网络通信访问、音频、视频等多媒体的应用、手机短信通话等应用，以及在硬件设备支持基础上的照相、蓝牙、无线、GPS 定位、重力感应等丰富的应用。接下来，我们一步一步地通过实例在 Android 系统中实现这些应用开发。

1.3 开发环境搭建

前面已经了解了 Android 操作系统的发展与其架构，对于这么优秀的操作系统，我们当然要赶紧搭建开发环境进行应用程序的开发了。

Android 的开发可以在 Windows 平台上进行，也可以在 Linux 平台中进行，在这两大平台中进行 Android 应用程序开发的环境搭建步骤大同小异。在这里，我们以 Windows 平台为例进行开发环境的搭建。

Android 的开发环境并不是唯一的，但是使用 Eclipse 进行 Android 应用开发是目前最快速、最便捷、最常见的开发方式，也是官方推荐的方式。在这里，我们一步一步来实现在 Eclipse 下 Android 应用开发环境的搭建。

1.3.1　Java 下载安装

Android 的应用程序都使用 Java 语言进行编写，要编译 Java 语言自然少不了 JDK 的支持。有 Java 开发经验的读者，对 JDK 的安装与配置应该不会陌生，步骤如下：

1．JDK 下载

在进行 Android 开发时，需要选择 JDK 1.5 及以上版本。在 Java 官网下载最新的 JDK 版本，其地址为 http://www.oracle.com/technetwork/java/javase/downloads/index.html。选择最新的 JDK 版本进行下载。在下载时，需要注意自己使用的操作系统平台，选择对应的 JDK 进行下载，如图 1-2 所示。

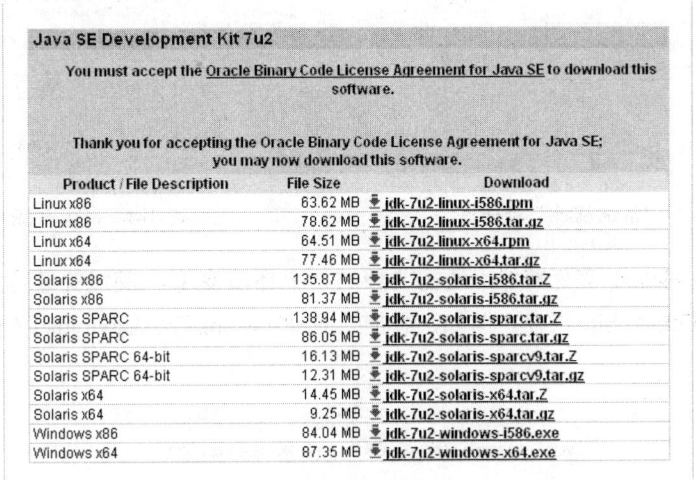

Java SE Development Kit 7u2

You must accept the Oracle Binary Code License Agreement for Java SE to download this software.

Thank you for accepting the Oracle Binary Code License Agreement for Java SE; you may now download this software.

Product / File Description	File Size	Download
Linux x86	63.62 MB	jdk-7u2-linux-i586.rpm
Linux x86	78.62 MB	jdk-7u2-linux-i586.tar.gz
Linux x64	64.51 MB	jdk-7u2-linux-x64.rpm
Linux x64	77.46 MB	jdk-7u2-linux-x64.tar.gz
Solaris x86	135.87 MB	jdk-7u2-solaris-i586.tar.Z
Solaris x86	81.37 MB	jdk-7u2-solaris-i586.tar.gz
Solaris SPARC	138.94 MB	jdk-7u2-solaris-sparc.tar.Z
Solaris SPARC	86.05 MB	jdk-7u2-solaris-sparc.tar.gz
Solaris SPARC 64-bit	16.13 MB	jdk-7u2-solaris-sparcv9.tar.Z
Solaris SPARC 64-bit	12.31 MB	jdk-7u2-solaris-sparcv9.tar.gz
Solaris x64	14.45 MB	jdk-7u2-solaris-x64.tar.Z
Solaris x64	9.25 MB	jdk-7u2-solaris-x64.tar.gz
Windows x86	84.04 MB	jdk-7u2-windows-i586.exe
Windows x64	87.35 MB	jdk-7u2-windows-x64.exe

图 1-2　JDK 下载

2．JDK 安装

下载完成的 JDK 是一个安装包程序，在 Windows 平台上，双击执行即可，不再赘述。

3．Java 环境配置

在使用 Java 工具对 Java 语言进行编译、运行时，必须配置 Java 环境，主要是配置 Java 的路径、Path 和 Classpath 这三个环境变量。

用鼠标右键单击“我的电脑”，选择“属性”。在弹出的“系统属性”对话框中，选择“高级”选项卡。单击“环境变量”按钮，如图 1-3 所示。

在弹出的“环境变量”对话框中，选择“系统变量”的“新建”按钮。在弹出的“新建环境变量”对话框中，设置新建变量名为“JAVA_HOME”，变量值为安装的 JDK 路径，例如“C:\Program Files\Java\jdk1.6.0_10”，如图 1-4 所示。

此外，还需要新建一个变量“JAVA”，其值为安装的 JDK 的 dt.jar 和 tools.jar 路径，例如“E:\Program Files\Java\jdk1.6.0_10\lib\dt.jar;E:\Program Files\Java\jdk1.6.0_10\lib\tools.jar;.;”。

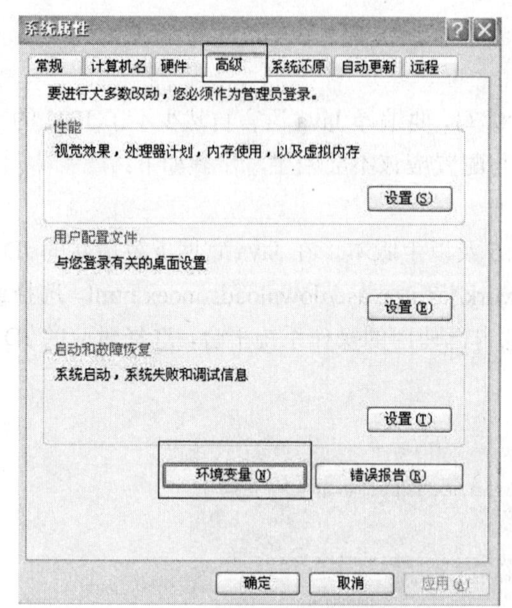

图 1-3 “系统属性”对话框

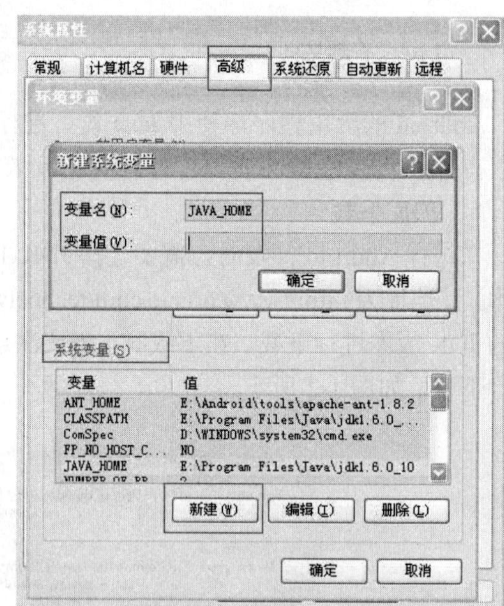

图 1-4 新建系统变量

除了新建这两个环境变量外，还需要添加一个环境变量。找到变量名为 Path 的变量，在其值后添加 JDK 的 bin 路径。例如，添加“;C:\Program Files\Java\jdk1.6.0_10\bin”，如图 1-5 所示。

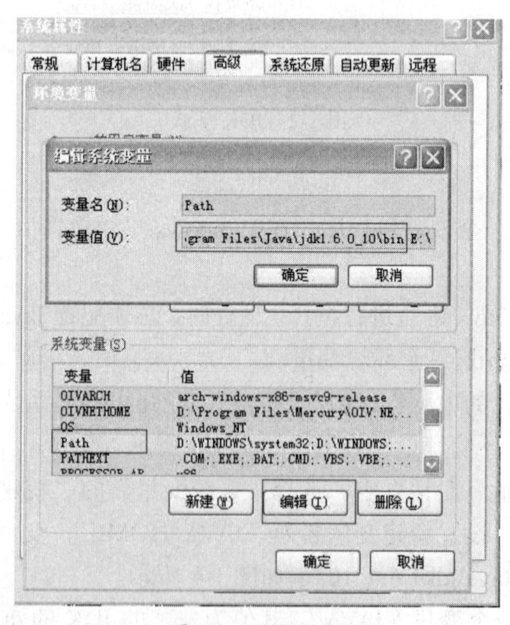

图 1-5 添加 Path

添加这两个环境变量后，在 CMD 命令控制台中，输入“java -version”，查看 JDK 的版本信息，安装成功，则会输出安装的版本。输入如下。

```
C:\Documents and Settings\Owner>java -version
java version "1.6.0_29"
Java(TM) SE Runtime Environment (build 1.6.0_29-b11)
Java HotSpot(TM) Client VM (build 20.4-b02, mixed mode, sharing)
```

1.3.2 Android SDK 下载

在 Android 开发官网下载 SDK，其下载地址为 http://developer.android.com/sdk/index.html，如图 1-6 所示。

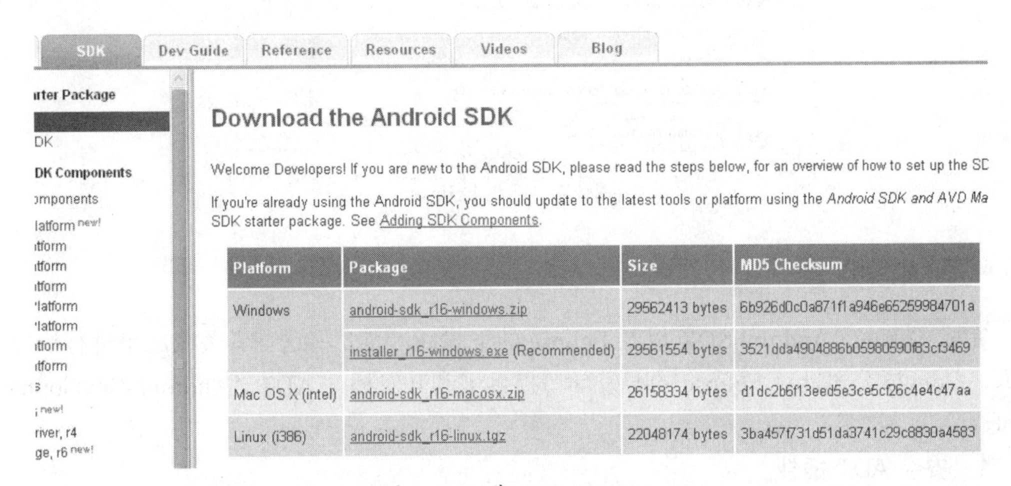

图 1-6 下载 Android SDK

针对各个操作系统平台下载其对应的 Android SDK 版本。在 Windows 平台中，下载完成解压后，SDK 目录中并没有 Android 的开发版本。其目录主要包括了如下几个分目录：

（1）add-ons：该目录为空，其用于保存 Google 的插件工具。

（2）platforms：该目录为空，其用于保存不同版本的 SDK 开发包。

（3）tools：SDK 工具。主要有模拟硬件设备的 Emulator（模拟器）、Dalvik 调试监视服务（Dalvik Debug Monitor Service，DDMS）、Android 调试桥（Android Debug Bridge，ADB）等开发 Android 应用程序必需的调试打包工具。

（4）samples：Google 官方示例代码。不同版本的 SDK，Google 官方会提供其应用程序的示例代码，这些代码是进行 Android 应用程序入门的良好源码资料。

1.3.3 Eclipse 下载安装

在 Eclipse 官网下载 Eclipse，其下载地址为 http://www.eclipse.org/downloads/，如图 1-7 所示。

由于 Eclipse 是一个开发框架，对于各种语言的开发直接安装插件即可完成。各个版本的主要差异在于预先安装的插件的差异。在这里，我们下载 Eclipse Classic，即第三个版本。

Eclipse 下载完成后是一个压缩包，直接对其解压缩即可。

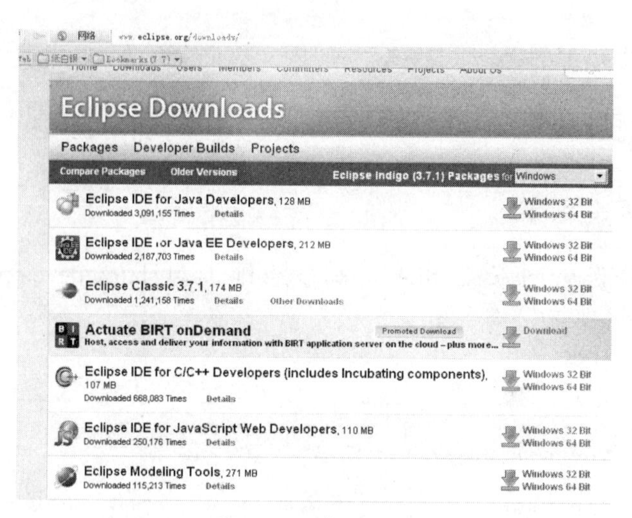

图 1-7　下载 Eclipse

1.3.4　Eclipse 配置

完成了 JDK、Android SDK 以及 Eclipse 的下载后，需要将这三者关联起来进行快捷的开发。Google 公司针对 Eclipse 的开发环境提供了其开发插件 ADT（Android Development Tools）。

1. 安装 ADT 插件

在 Eclipse 中安装 ADT 插件的步骤如下。

（1）添加 ADT 插件源。打开 Eclipse，在菜单栏中执行“Help→Install New SoftWare”命令，出现如图 1-8 所示的界面。

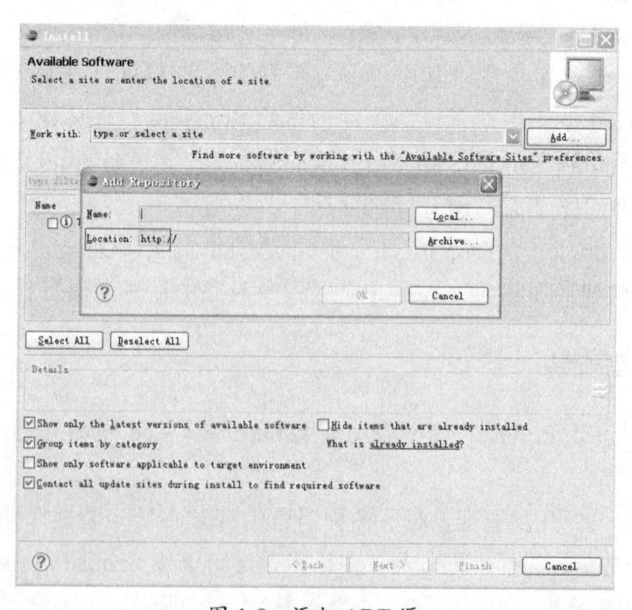

图 1-8　添加 ADT 源

选择界面中的“Add”按钮，添加新的插件。我们使用在线安装更新 ADT 插件，在 Location 栏中输入网址 http://dl-ssl.google.com/android/eclipse/。

（2）在线安装插件。输入完成后，单击 OK 按钮，Eclipse 会自动到地址源查找需要安装的工具包。安装包获取完成后的界面如图 1-9 所示。

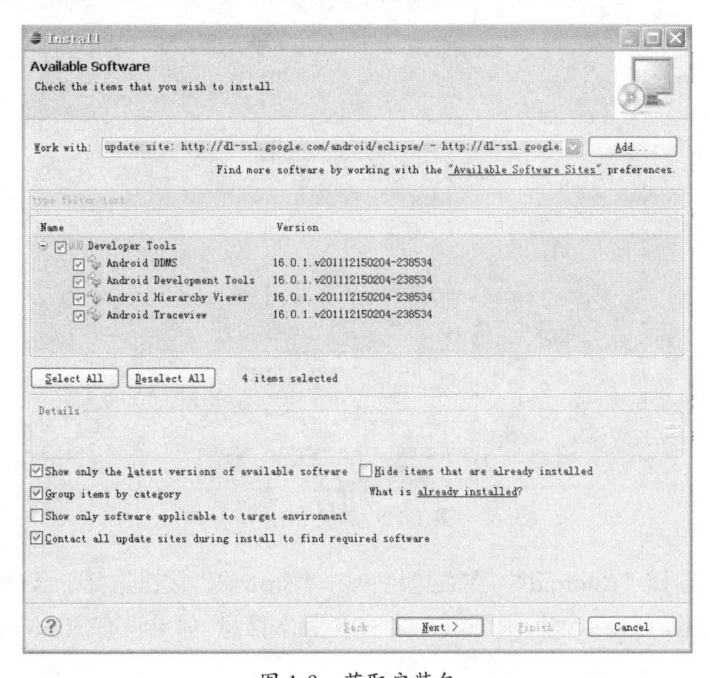

图 1-9　获取安装包

按照给出的提示，一步步地进行选择安装。一般情况下，单击“Next”按钮即可。安装时的界面如图 1-10 所示。

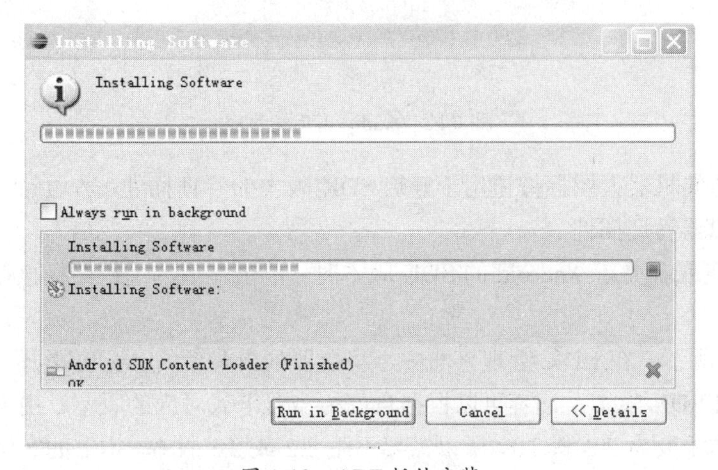

图 1-10　ADT 插件安装

当 ADT 插件安装完成后，会提示重新启动 Eclipse 程序。

2. 配置安装 SDK

（1）配置 SDK 路径。安装 ADT 插件后，配置 Android SDK 路径。在“Eclipse”的菜单中执行“Window→Preferences”命令，出现如图 1-11 所示的界面。

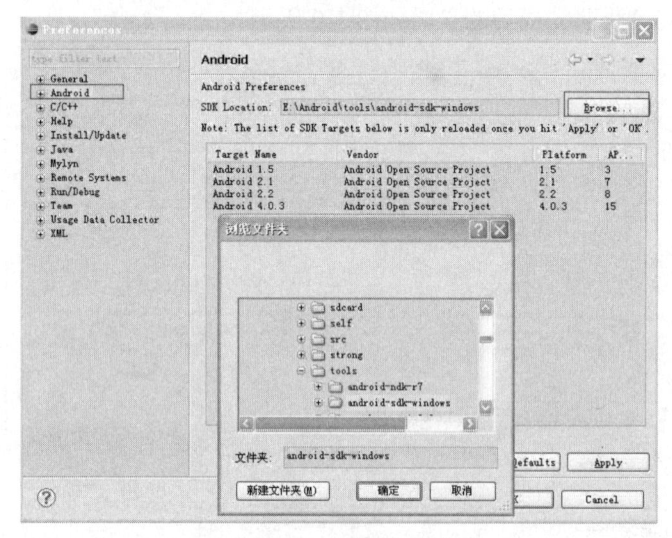

图 1-11　配置 SDK

在左边栏中选择“Android”，在右边栏单击“Browse”按钮选择下载的 SDK 路径。如果选错了就会报错，并显示该目录下已有的 SDK 版本信息。如果没有 SDK，则显示“No target available”。

（2）下载更新 SDK。当配置了 Android 的 SDK 路径后，在“Eclipse”的菜单栏中就可以看到一个小机器人和手机图标，如图 1-12 所示。

图 1-12　Android 开发管理

其中，左边的机器人图标按钮用于开启 SDK 版本的管理插件，右边的手机图标用于开启 Android 模拟器管理插件。

当需要下载或者更新 Android 的 SDK 版本时，单击左边的手机图标按钮，出现的界面如图 1-13 所示。

如图 1-13 所示，在 SDK 管理界面中，将会罗列出最新的 Android 开发工具版本以及所有的 Android SDK 版本。读者可以根据自己的需要下载对应的版本。由于目前手机使用的 Android 版本主要为 2.2 和 2.3，所以需要下载 2.2 或 2.3 版本。本书的实例也是在这两个版本的基础上进行的开发。

勾选了需要下载的版本之后，单击右下角的“Install packages”按钮，根据后续提示进行下载安装。安装完成后，关闭该界面。

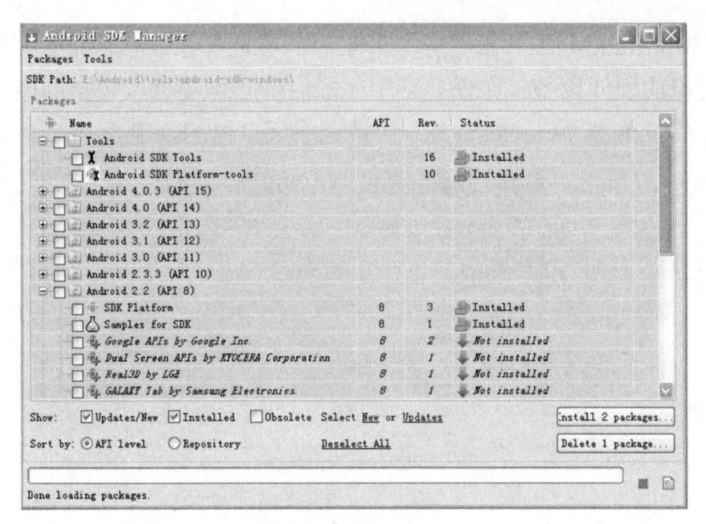

图 1-13　SDK 管理

1.3.5　模拟器的创建

选择“Eclipse”状态栏中的手机图标按钮，将出现管理 Android 模拟器的界面，如图 1-14 所示。在该界面中会列出当前已经创建的 Android 模拟器信息，可以对模拟器进行编辑修改。也可以通过单击“New”按钮来创建新的模拟器。

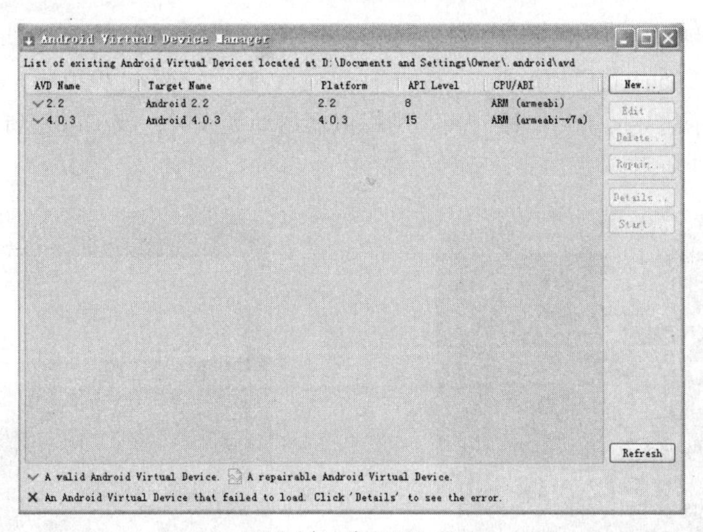

图 1-14　管理模拟器

单击“New”按钮，创建新的模拟器，弹出如图 1-15 所示的界面。

在如图 1-15 所示的界面中，在“Name”文本框中输入新建的模拟器的名称，该名称没有特别要求，根据个人习惯进行命名。在“Target”中选择 Android SDK 的版本。当下载安装多个 SDK 版本后，可以根据不同 SDK 创建不同的模拟器，但是在代码测试时需要选择对应的模拟器。在 SD Card 中，填写模拟器中使用的 SD Card 的大小，一般使用 512MB。

在“Skin”里选中“Build-in”并设置屏幕大小，一般选择系统默认设置。在“Hardware”中，选择需要模拟的硬件设备，在没有特别需求时，不需要修改模拟的硬件。完成以上的模拟器参数设置后，单击“Create AVD”按钮完成模拟器的创建。

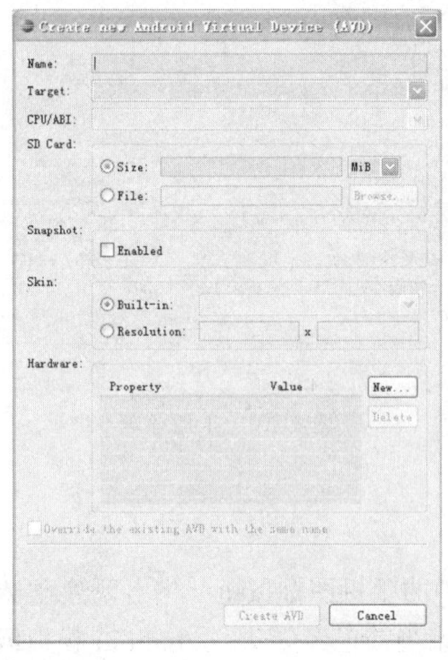

图 1-15　新建模拟器

创建模拟器后，返回模拟器管理界面。选中创建的模拟器，单击“Start”按钮，在弹出的窗口中单击 Launch 启动模拟器。第一次启动 AVD（Android 模拟器）时加载较慢，会在如图 1-16 所示的界面等待一段时间。当模拟器启动完成时，就可以看到 Android 清爽的界面，如图 1-17 所示。

图 1-16　加载 AVD

图 1-17　AVD 启动完成

通过以上步骤，我们就成功地在 Windows 平台上搭建了 Android 的开发环境。需要下载安装 JDK、Android SDK 以及 Eclipse，然后就是最重要的 ADT 插件的安装，以及 SDK 和 Android 模拟器的下载更新与管理。完成开发环境的搭建后，就创建一个最基本的 Android 工程。

1.4　第一个 Android 应用

在 Eclipse 中，可以非常便捷地创建、调试 Android 的应用程序。接下来，我们就创建一个最基本的 Android 项目。

1.4.1　创建 Android 项目

在 Eclipse 中创建 Android 项目，过程比较简单直观：

单击 Eclipse 菜单栏中的 File|New 命令，选择“Android Project”选项，如果没有该选项，则选择“Other”选项，如图 1-18 所示。

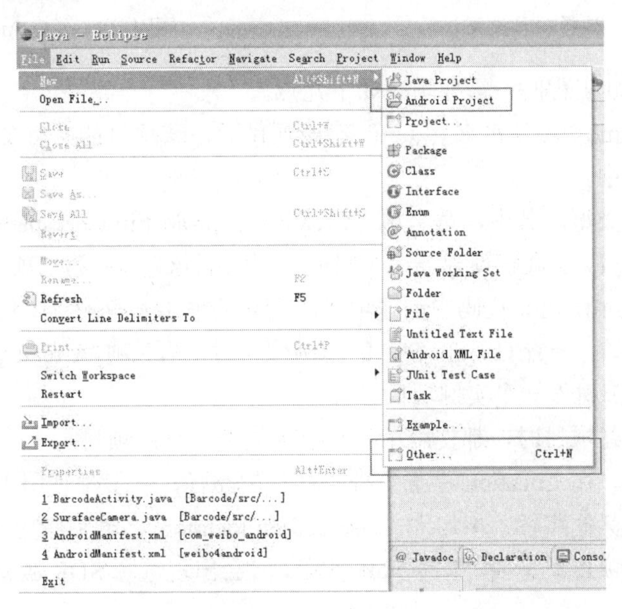

图 1-18　新建项目

在弹出的界面中选择“Android”文件夹，将出现多个 Android 项目类型，如图 1-19 所示。在 Android 选项中，Android Project 是 Android 的一般应用程序工程，也是我们最常使用的项目类型。Android Sample Project 是 Android 的示例工程，Google 官方发布的示例代码使用的即该项目类型，一般我们都不会使用。Android Test Project 是 Android 的测试项目，当进行较大的商业项目工程时，我们需要创建该类型的项目，以测试 Android 应用程序的性能。

选择“Android Project”选项，单击 Next 按钮。在弹出的界面中进行该项目的具体配置，如图 1-20 所示。

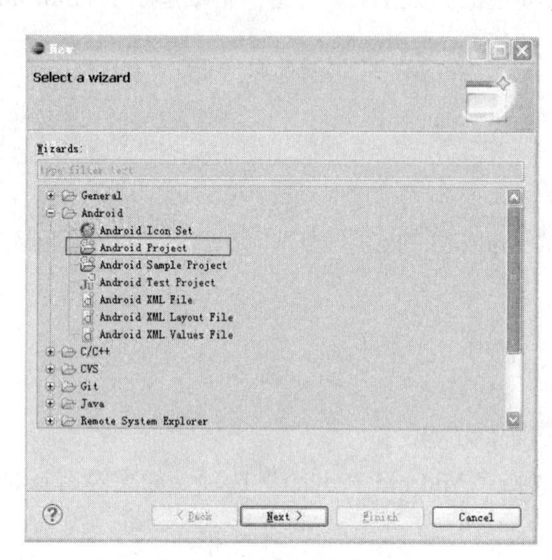

图 1-19　选择项目类型

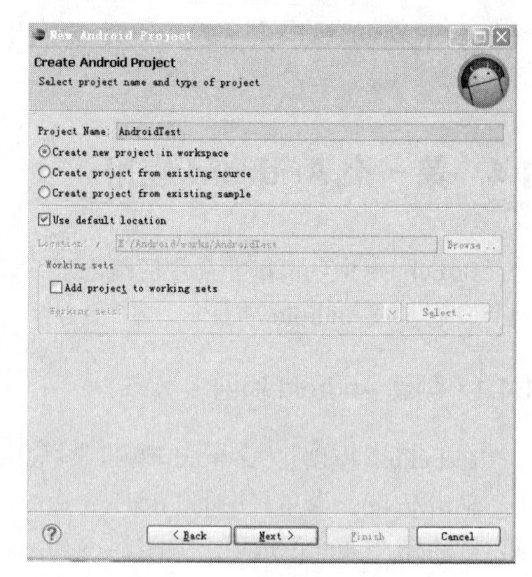

图 1-20　创建 Android 项目

在创建 Android 工程时，需要填写如下几点。

（1）ProjectName（项目的名称）。创建该项目后，该项目的所有文件都将保存在以该名称命名的文件夹中。

（2）选择工程类型。其中，第一项“Create new project in workspace”表示在工作目录中创建一个新的项目，当我们新建一个项目时一般使用该选项；第二项“Create project from existing source”表示从已有代码中创建项目。当我们使用没有配置文件的单纯源码时，会使用到该选项。例如，查看 Google 官方的示例代码时，第三项“Create project from existing sample”表示从外部引入一个实例项目。

当我们自己新建项目时，都使用第一个选项创建一个新项目。

（3）保存路径。在 Location 中选择项目保存的路径，一般都使用 Workplace 的默认路径。如果需要指定其他路径，不勾选“Use default location”，然后指定保存路径即可。

填写好基本的项目类型后，单击 Next 按钮，将会出现选择 SDK 版本的界面，如图 1-21 所示。

在如图 1-21 所示的界面中，将会列出本地已有的所有 SDK 版本。由于我们的创建的模拟器使用的是 2.2 版本，所以在这里选择 Android 2.2。单击 Next 按钮，进入应用程序基本信息界面，如图 1-22 所示。

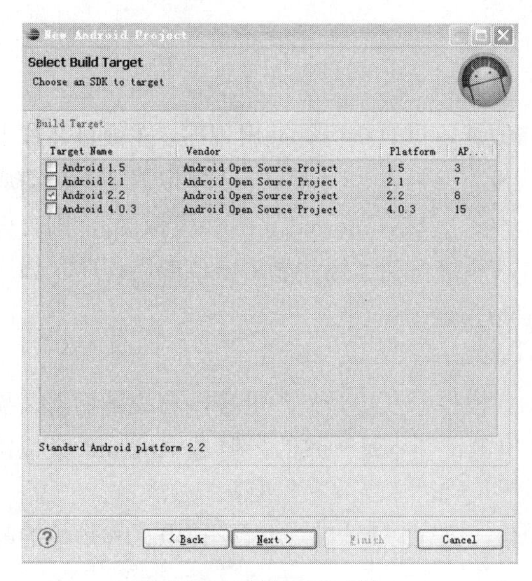

图 1-21　选择 SDK 版本

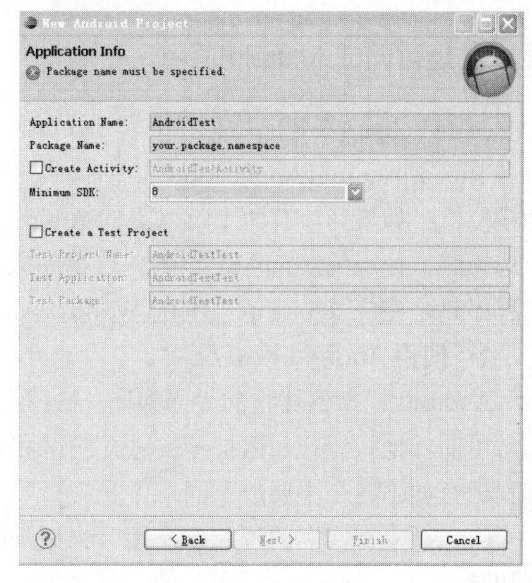

图 1-22　应用信息

在该界面中，我们需要填写基本的应用程序信息，Eclipse 将根据这些基本信息生成基本的代码。需要注意以下四方面。

（1）Application Name。填写应用程序的名称。默认情况下，会将前面填写的项目名称填写在这里，可以进行修改。该名称将作为应用程序的名称出现在手机应用列表中。

（2）Package Name。Java 源文件的包名，Eclipse 会自动在 src 下创建该包名。

（3）Create Activity。该栏为多选框，提示是否在创建的类后加 Activity。例如，要创建 AndroidTest 类，如果勾选该复选框，那么系统自动生成的类名为 AndroidTestActivity 的源文件，并作为该应用程序的启动界面；如果不勾选该复选框，则只会生成包，不会生成源文件。

（4）Minimun SDK。指定开发环境使用的最低 SDK 版本。

完成了应用程序信息后，单击 Finish 按钮，就完成了自己的第一个 Android 应用程序。在 Eclipse 中，会出现新建的项目工程目录，如图 1-23 所示。在该目录的每一个文件夹中分类存放不同的文件，在 1.4.2 节将详细介绍这些文件分类。

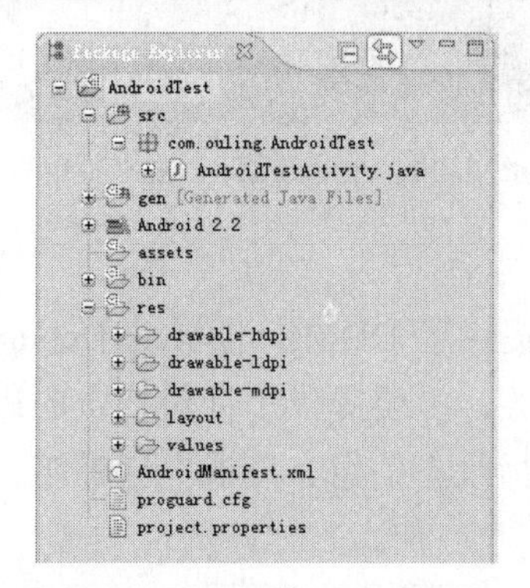

图 1-23　新建工程目录

1.4.2 运行调试 Android 项目

对于 Eclipse 新建的项目，不需要做任何修改就可以直接运行应用程序。在项目名称上单击 Run as|Android Application 命令。如果当前没有开启创建的 Android 模拟器则会自动启动模拟器；如果当前有两个及以上的 Android 设备（包括 Android 真机和模拟器），则会提示选择测试使用的 Android 设备。选择完成后，系统自动运行并显示出该应用程序。该应用程序只是在屏幕中显示“Hello World，AndroidTestActivity!”。

1. 使用 Android 模拟器

Android 模拟器运行的界面如图 1-24 所示。模拟器左边是显示屏幕，右边是输入键盘和常用的其他按钮。在模拟器中进行测试和真机测试基本是一致的，但是 Android 模拟器和真机有如下几个主要的不同。

（1）不支持实际的呼叫以及接听来电与短信，但可以通过控制台模拟电话和短信的呼入和呼出。

（2）不支持音频、视频、相机输入捕捉，但是支持输出。

（3）不能确定电池电量水平和交流充电状态。

（4）不能确定 SD 卡的插入、弹出状态。

（5）不支持蓝牙、重力感应器等硬件支持设备，但可以使用控制台模拟位置信息。

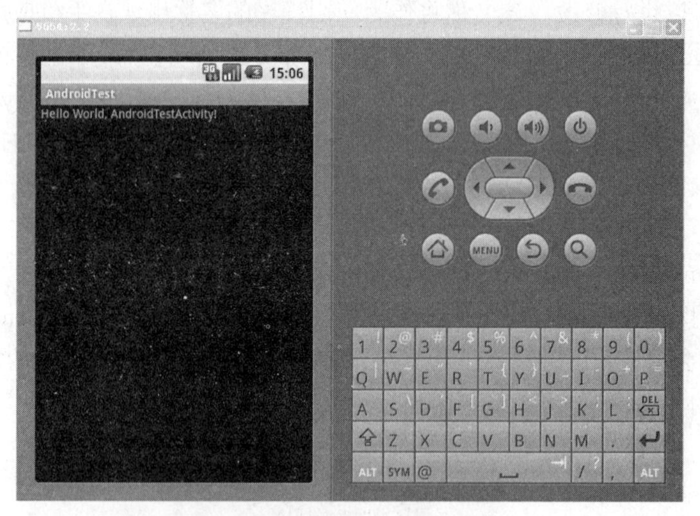

图 1-24 AndroidTest 模拟器运行

2. DDMS 使用

在 Android SDK 工具中，提供了 DDMS（Dalvik Debug Monitor Service）来对 Android 的应用程序进行调试和模拟服务，主要提供了针对特定的进程查看正在运行的线程以及堆信息、输入日志（Logcat）、广播状态信息、模拟电话呼叫、接收 SMS、虚拟地理坐标、为测试设备截屏等。

DDMS 会搭建 Eclipse 本地与测试终端（Emulator 或者真实设备）的链接，它们应用各自独立的端口监听调试器的信息，DDMS 可以实时监测到测试终端的连接情况。当有新的测试终端连接后，DDMS 将捕捉到终端的 ID，并通过 adb 工具建立调试器，从而实现发送指令到测试终端的目的。

（1）开启 DDMS 视图。在 Eclipse 的右上角有个界面的选择切换卡，选择 DDMS，如图 1-25 所示。如果没有找到 DDMS 视图，在 Eclipse 的菜单栏中执行“Window→Open Perspective”命令，选择“Other”选项，将会出现 Eclipse 中所有的视图界面，如图 1-26 所示。选择“DDMS”，切换到 DDMS 界面。

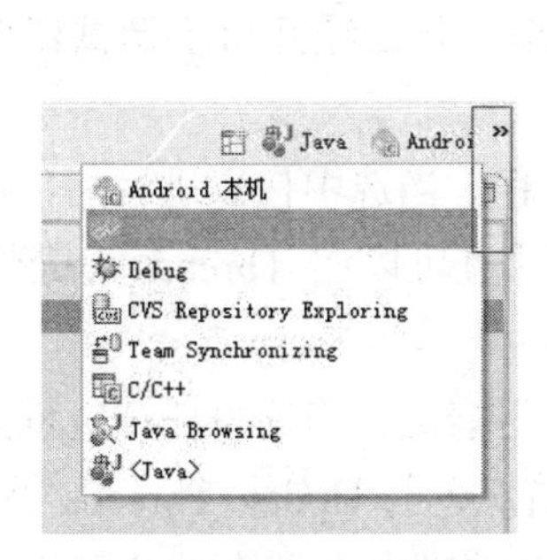

图 1-25　DDMS 视图

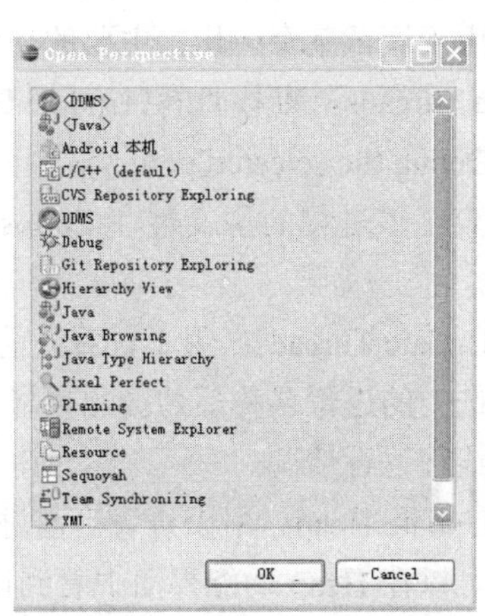

图 1-26　Open Perspective

（2）DDMS 功能。在 DDMS 视图界面中，有调试 Android 设备经常使用到的工具，主要包括了设备（Devices）、模拟器控制台（Emulator Control）、日志输出（LogCat）、文件目录（File Explorer）以及线程、堆栈等。这些功能都显示在 DDMS 界面中。如果在 DDMS 界面中没有找到这些功能选项，则在 Eclipse 的菜单栏中执行“Window→Show View”命令，选择“Other”选项，将会出现 Eclipse 中所有的功能视图，如图 1-27 所示，选择需要的功能视图进行添加。

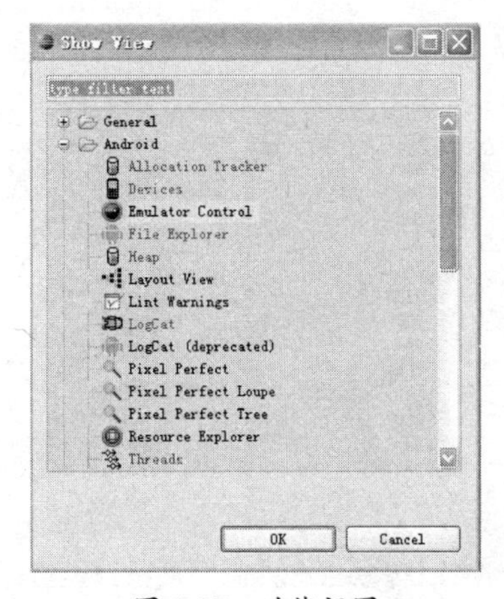

图 1-27　功能视图

在 DDMS 提供的功能中，最常用的主要有以下四个。

- 设备（Devices）：设备功能视图一般在 DDMS 的左上角，其标签为“Devices”，如图 1-28 所示。在该视图中显示所有连接的 Android 设备并且详细列出该 Android 设备中可连接调试的应用程序进程。从该图可以看出列表中从左到右分别是应用程序名、Linux 的常用 ID，以及与调试器链接的端口号。在进行调试时，我们一般只需要关心应用程序名。

当选择了列表中的某一个应用程序时，在视图的右上角有一排功能按钮就可以使用。它们主要用于调试某个应用，主要的功能有调试选项（Debug the selected process）、线程查看（Update Threads）、堆栈查看（Update Heap）、终止进程（Stop Process）和截屏（ScreenShot）。

（1）Debug the selected process：用于显示被选择进程与调试器连接状态。如果进程前带有绿色表示该进程的源文件在 Eclipse 中处于打开状态，并已经开启了调试器监听进程运行情况。

（2）Update Threads：用于查看当前进程所包含的线程。当选中任意进程后，单击该按钮后，被选中的进程名称后边会出现显示线程信息标识并且可以在 Threads 功能界面中看到详细的线程运行情况。

（3）Update Heap：用于查看当前进程堆栈内存的使用情况。当选中任意进程后，单击该按钮，可以在 Heap 功能界面中看到详细的堆栈使用情况，与 Update Threads 类似。

（4）Stop Process：终止当前进程。选择进程后，单击该按钮便强制终止了该进程。

（5）ScreenShot：截取当前测试终端桌面。

- 模拟器控制台（Emulator Control）：由于在模拟器中不能直接使用真机的电话、短信、GPS 位置等功能，当使用模拟区测试这些功能时，可以通过该控制台来实现对这些交互功能的模拟。

模拟器控制台视图一般在设备视图的下方，如图 1-29 所示。

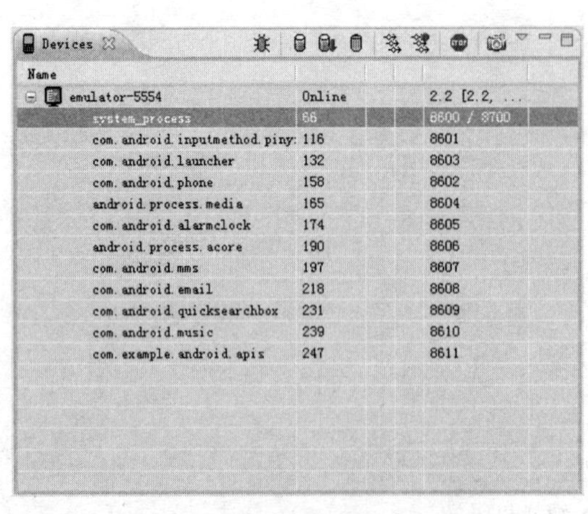

图 1-28　设备列表

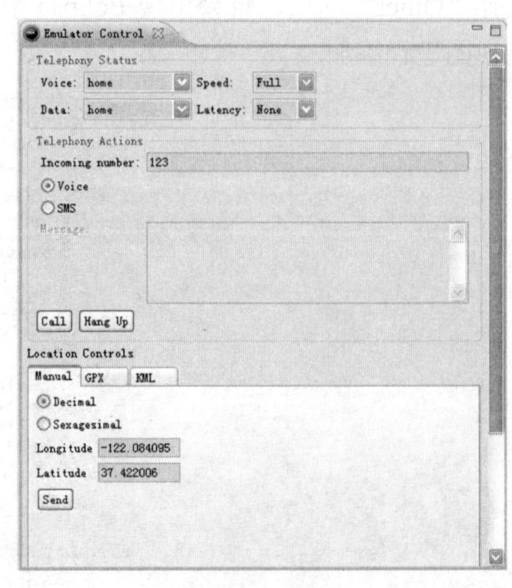

图 1-29　控制台

Telephony Status：选择模拟语音质量以及信号连接模式。

Telephony Actions：模拟电话呼入和发送短信到测试的模拟器。其中，“Incoming number”是设置本地呼入模拟器的号码；“Voice”选项表示模拟电话呼入模拟器；“SMS”选项表示模拟短信发送到模拟器中。

Location Controls：模拟地理坐标或者模拟动态的路线坐标变化并显示预设的地理标识。其中，有三个选项卡表示可以使用不同的三种方式，即 Manually 方式，手动为终端发送二维经纬坐标；GPX 方式，通过 GPX 文件导入序列动态变化地理坐标，从而模拟行进中 GPS 变化的数值；KML 方式，通过 KML 文件导入独特的地理标识，并以动态形式根据变化的地理坐标显示在测试终端。

- 文件目录（File Explorer）：在 DDMS 界面的右边，占用较大一块区域的便是模拟器运行的详细信息，有多个选项卡，其中“File Explorer”便是文件目录，如图 1-30 所示。

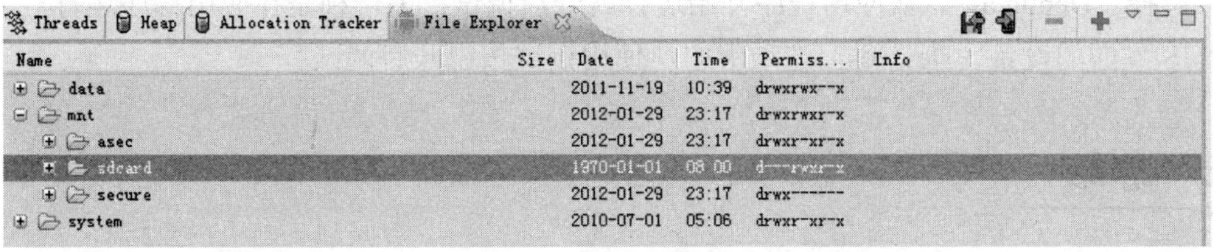

Threads | Heap | Allocation Tracker | File Explorer

Name	Size	Date	Time	Permiss...	Info
data		2011-11-19	10:39	drwxrwx--x	
mnt		2012-01-29	23:17	drwxrwxr-x	
asec		2012-01-29	23:17	drwxr-xr-x	
sdcard		1970-01-01	08:00	d---rwxr-x	
secure		2012-01-29	23:17	drwx------	
system		2010-07-01	05:06	drwxr-xr-x	

图 1-30 文件目录

在文件目录中显示 Android 设备的文件系统信息。一般情况下，File Explorer 会有如下三个目录：data、mnt 和 system。

data 目录对应手机的 RAM，会存放 Android 系统运行时的 Cache 等临时数据。如果没有 root 权限，apk 程序将安装在/data/app 中（只是存放 apk 文件本身）；在/data/data 中存放着所有程序（系统应用程序和第三方应用程序）的详细数据目录信息；

在 mnt 目录中最重要的是其目录下的“sdcard”目录。该目录即对应于 SD Card 的目录文件。

在 system 目录中对应手机的 ROM，存放 Android 系统以及系统自带的应用程序等。

除了可以查看到这三个目录之外，还可以使用 File Explorer 来对文件进行操作。选项卡右上角的操作按钮从左到右分别是从 Android 设备保存到本地、上传到 Android 设备、删除文件、添加文件夹。当然，在使用这四个功能时，需要对 Android 设备的文件系统具有相应的操作权限。

- 日志输出（LogCat）：在模拟器中的所有输出信息都显示在日志信息（LogCat）中，该视图一般在最下方，如图 1-31 所示。

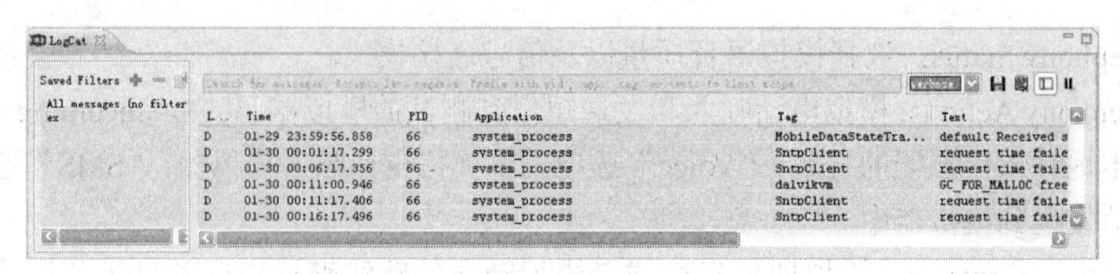

图 1-31　日志信息

在 LogCat 中显示所有测试终端操作的日志记录，通过不同颜色的输出可以很明显地区分警告信息和错误信息，并且可以使用右边的下拉菜单进行不同类型信息的筛选。

3．Debug 调试

由于 Android 应用程序使用 Java 语言编写，对 Android 应用程序的 Debug 调试和对标准 Java 语言的调试是相同的。

当在工程文件中标记了断点之后，可以使用两种方式开启调试。一种是用右键单击项目，选择“Debug as”，从应用程序开始运行就开启调试；另一种是在应用程序运行后，在 DDMS 界面的设备（Devices）选项卡中，使用调试按钮开启调试。

1.5　总结

如表 1-1 所示，本章介绍了 Android 平台的发展以及平台架构和特性，并详细介绍了在 Eclipse 中如何构建 Android 的开发环境，创建了第一个 Android 的应用程序。通过对本章的学习，读者应该已经对 Android 平台下应用程序的开发步骤有了初步的了解。

知 识 点	难 度 指 数（1～6）	占 用 时 间（1～3）
认识 Android	1	1
Android 的系统架构	4	2
Java 下载安装	2	3
Android SDK 下载	2	3
Eclipse 的配置	6	2
Android 模拟器的创建	5	3
创建 Android 项目	4	2
Android 调试介绍	3	3

1.6　习题

（1）Android 操作系统的四层架构及各层主要功能。

（2）搭建 Windows 平台上的 Android 开发环境使用的工具和步骤。

（3）创建和调试 Android 应用程序的方法。

第 2 章

飞龙在天：Android 应用程序的构成

在第 1 章，主要介绍了 Android 平台的发展以及平台架构和特性，并详细介绍了在 Eclipse 中如何构建 Android 的开发环境。在本章，将主要对 Android 应用程序的构成以及 Android 的基本组件进行介绍，让读者了解 Android 应用程序的构成，掌握 Android 基本组件的特性以及使用方法。

2.1 Android 工程目录分析

本节将介绍 Android 应用程序的目录结构，为之后的应用程序构建做好准备，首先来看一个 Android 项目的目录结构，如图 2-1 所示。

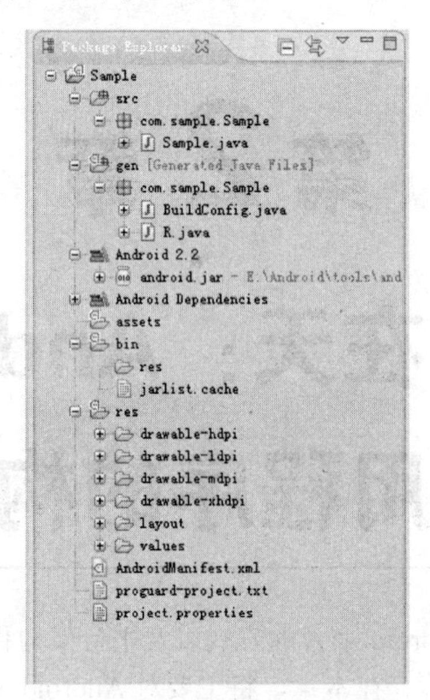

图 2-1　某 Android 项目的目录结构

从如图 2-1 所示的目录结构中，可以很明显地看出工程项目下包含的目录有：src、gen、Android2.2、assets、bin、res 六文件目录，以及 AndroidManifest.xml、proguard-project.txt 和 project.properties 三个文件。下面对这几个目录及文件进行分析。

1．src

在该目录中存放着源文件。有 Java 开发经验的开发者，应该对该目录并不陌生。在 Java 中我们也使用这样的目录来存放 Java 代码。在这个目录下的子目录（包）：com.sample.Sample，是我们新建项目时候自定义的包名，其下是创建的源文件，即 Sample.java 的源文件。

2．gen

该目录用来存放由 Android 开发工具所生成的目录，不用我们开发者进行维护。该目录下的所有文件都不是我们创建的，而是由 ADT 自动生成的。其中有一个与我们创建的包名同名的二级目录，目录中有一个 R.java 文件。该文件非常重要，里面的代码都是自动生成的，程序的运行离不开这个文件的配置。

```
public final class R {
    public static final class attr {
    }
    public static final class drawable {
```

```
        public static final int ic_launcher=0x7f020000;
    }
    public static final class layout {
        public static final int main=0x7f030000;
    }
    public static final class string {
        public static final int app_name=0x7f040001;
        public static final int hello=0x7f040000;
    }
}
```

该 R.java 文件中，维护着一个 public final class R 类，用于对资源文件进行全局定义和标识。在 R.java 文件中一般有 attr、drawable、id、raw、layout、string 及 xml 等分别用来标识在工程中使用到的不同类型的资源。如果没有该文件，应用程序将无法运行。当该文件丢失时，可以先使用 Eclipse 菜单栏中的“Project”|“clean”进行清理之后，再使用 Build 来对项目重新构建维护。

3．Android 2.2

这个目录用来存放 Android 自身的所有 class 文件。当工程使用不同的 Android 版本时，该文件夹名和版本名相同。在该目录中有一个 android.jar 文件，该文件包括了 Android 系统所有编译后的 class 文件，在这些包里较为重要的有如下 15 个。

- android.app：提供高层的程序模型、提供基本的运行环境；
- android.content：包含各种对设备上的数据进行访问和发布的类；
- android.database：通过内容提供者浏览和操作数据库；
- android.graphics：底层的图形库，包含画布、颜色过滤、点、矩形，可以将他们直接绘制到屏幕上；
- android.location：定位相关服务的类；
- android.media：提供一些类管理多种音频、视频的媒体接口；
- android.net：提供网络访问的类；
- android.os：提供了 Android 的系统服务、消息传输、IPC 机制等；
- android.opengl：提供 OpenGL 工具、3D 加速；
- android.provider：提供类访问 Android 的内容提供者；
- android.telephony：提供与拨打电话相关的处理类；
- android.view：提供基础的用户界面接口框架；
- android.util：涉及工具性的方法，例如时间、日期等操作；
- android.webkit：默认的浏览器操作接口；
- android.widget：包含各种在应用程序的屏幕中使用的 UI 元素。

这些包提供的类，在后续的 Android 开发中会经常用到。在实例开发的过程中，我们将依赖这些包完成开发。

4．assets

该目录用来存放资源文件，但是此目录用来存放不进行编译加工的原生文件，例如应用中使用到的类似于视频、MP3 等的媒体文件。

5. bin

在该目录下存放了生成的可执行文件。如果工程项目没有被执行，则该目录为空。当工程项目被执行后，该目录将存放这个执行文件。

在这里，我们介绍以下四个 Android 应用开发中基本的文件类型。

- Java 文件：该文件是应用程序源文件。
- Class 文件：该文件是 Java 编译后的目标文件。不过与标准 Java 不同，在 Android 平台上的 class 文件不能直接在 Android 设备上运行。由于 Google 使用了自己的 Dalvik 来运行应用，所以 Android 的 class 文件实际上只是编译过程中的中间目标文件。
- Dex 文件：该文件是 Android 平台上的可执行文件。Android 虚拟机 Dalvik 支持的字节码文件格式并非标准 Java 字节码，而是 dex 格式的字节码。
- Apk 文件：该文件是 Android 设备上的安装文件。该文件将 AndroidManifest.xml 文件、应用程序代码（.dex 文件）、资源文件和其他文件压缩成一个压缩包。一个工程就打包到了一个 apk 文件中。

6. res

该目录用于存放资源文件，这些资源文件都是图标等较小的文件。

该目录有三个以 drawable 开头的子文件夹，分别用来存放高分辨率、中等分辨率和低分辨率的图标文件，不同的分辨率照片适应不同的屏幕和运行环境。

layout 文件夹保存用于界面布局的 XML 文件。Android 系统使用 XML 来进行界面布局配置。在 Java 代码文件中，使用 setContentView(R.layout.main)方法来指定使用的布局文件。

value 子目录下有一个 string.xml 文件，这个文件用来存放使用的各种类型的数据，一般是文本信息和数值等。最常用的几种定义如下所述：

strings.xml 用于定义字符串和数值；

arrays.xml 用于定义数组；

colors.xml 用于定义颜色和颜色字串数值；

dimens.xml 用于定义尺寸数据；

styles.xml 用于定义样式。

7. AndroidManifest.xml

该文件提供了该应用程序的基本信息，相对于该应用程序的功能清单，当系统运行该程序之前必须知道这些信息。

在该文件中必须声明在应用程序中的活动（Activities）、服务（Services）、内容提供者（Content Providers）以及进行数据操作时需要的权限（Permissions）。在 Eclipse 中创建的项目中的 AndroidManifest.xml 文件如下：

```
01 <?xml version="1.0" encoding="utf-8"?>
02 <manifest xmlns:android="http://schemas.android.com/apk/res/android"
03     package="com.ouling.AndroidTest"
```

```
04     android:versionCode="1"
05     android:versionName="1.0" >
06
07     <uses-sdk android:minSdkVersion="8" />
08
09     <application
10        android:icon="@drawable/ic_launcher"
11        android:label="@string/app_name" >
12        <activity
13           android:name=".AndroidTestActivity"
14           android:label="@string/app_name" >
15           <intent-filter>
16              <action android:name="android.intent.action.MAIN" />
17
18              <category android:name="android.intent.category.LAUNCHER" />
19           </intent-filter>
20        </activity>
21     </application>
22
23 </manifest>
```

其中

02 行标记命名空间。绝大部分的 AndroidManifest.xml 的第一个元素都包含了命名空间的声明 xmlns:android="http://schemas.android.com/apk/res/android"。这样使得 Android 中各种标准属性都能在文件中使用，提供了大部分元素中的数据；

- 第 03 行，package 属性指定 Android 应用所在的包；
- 第 04 行，Android:versionCode 指定应用的版本号；
- 第 05 行，Android:versionName 是版本名称；
- 第 07 行，定义使用 Android SDK 的最低版本；
- 第 09 行，定义该应用的元素、组件和属性等。在该应用程序下使用到的组件都必须在该元素中定义；
- 第 10 行，icon 属性用来设定应用的图标。其中，属性值“@drawable/ic_launcher”表示 R.java 文件中的 drawable 静态内部类中的“ic_launcher”指向的资源。
- 第 11 行，label 属性用来设定应用的名称。其中，属性值“@string/app_name”表示 R.java 文件的 string 中的“app_name”指向的资源；
- 第 12～14 行，使用<activity>来注册一个 Activity 信息。所有在应用程序中使用到的 Activity 都必须在该文件中进行注册；
- 第 15～19 行，使用<intent-filter>来声明了指定的一组组件支持的 Intent 值，从而形成了 Intent Filter。一般在其中都会使用 action 组件支持的意图动作（Intent action），使用 category 组件支持的意图类型（Intent Category）。如果应用程序会被用户看作顶层应用程序来使用，那么其中至少需要一个 Activity 组件来支持 MAIN 操作和 LAUNCHER 类型。

除了上述的标记类型之外，还有一个非常重要的权限申请必须在该文件中完成。

其中，uses-permission 为请求你的 package 正常运作所需赋予的安全许可。当使用应用时出现使用的功能有安全限制的情况时，需要进行注册申请。

8．proguard.cfg 和 project.properties

这两个文件都是配置文件，一般不需要我们对其进行修改和维护。只有当我们导入已有的 Android 源工程时可能会使用到。如果该 Android 源工程使用的 Android SDK 版本，我们并没有下载，则可以通过更改 project.properties 中 target 来进行修改，例如：

```
target=android-8
```

该语句表示使用 Android SDK 的第 8 版，即 Android 2.2。

2.2 资源的管理与使用

前面已经介绍了应用程序的目录组成结构，其中 res 目录包含了各种资源的存放位置，对于不同的资源，其存放的具体目录是不一样的，如表 2-1 所示。

表 2-1 资源存放目录表

目录结构	资源类型
res/anim/	XML 动画文件
res/drawable	位图文件
res/layout/	XML 布局文件
res/values/	各种 XML 资源文件，主要包括以下几种。 Arrays.xml：XML 数组文件 Colors.xml：XML 颜色文件 Dimens.xml：XML 尺寸文件 Styles.xml：XML 风格文件
res/raw	原生文件

接下来将分别对各种资源的使用进行介绍。

2.2.1 布局资源的使用

布局资源文件是 Android 中最常使用的一种资源，Android 的界面设计布局可以通过 XML 的方式进行定义，然后通过 Activity 显示。这些布局文件都保持在 res/layout/文件夹中。我们通过显示一个文本显示视图和一个按钮视图来介绍布局资源的使用，步骤如下。

（1）首先创建一个名为 Sample_2_1 的 Android 项目。

（2）打开 res/layout 文件夹下的 main.xml 文件，用下列代码替换原有代码。

代码位置：见随书光盘中源代码/第 2 章/Sample_2_1/res/layout 目录下的 main.xml。

```
01 <?xml version="1.0" encoding="utf-8"?>
02 <LinearLayout xmlns:android="http://schemas.android.com/apk/res/android"
03     android:layout_width="fill_parent"
```

```
04      android:layout_height="fill_parent"
05      android:orientation="vertical" >
06
07      <TextView
08          android:layout_width="fill_parent"
09          android:layout_height="wrap_content"
10          android:text="@string/hello" />
11
12      <Button
13          android:id="@+id/button1"
14          android:layout_width="wrap_content"
15          android:layout_height="wrap_content"
16          android:text="Button" />
17  </LinearLayout>
```

- 第 01 行，声明了 XML 的版本以及编码方式。
- 第 02～05 行，在界面中添加一个垂直的线性布局。
- 第 07～10 行，在线性布局中添加一个 TextView 控件。
- 第 12～16 行，在线性布局中添加一个 Button 控件。

对于布局文件，需要理解的有以下几种。

（1）作为 XML 文件，在首行必须声明 XML 的版本以及编码方式。一般使用版本为 1.0，编码方式为“UTF-8”。

（2）在文件中，至少有一种布局方式，例如本例中的线性布局。

在线性布局中指明了四个属性，分别是命名空间、布局的宽度、高度以及控件布局方向。在布局中还包括了一个 TextView 控件和一个 Button 控件。关于空间的设置，我们在后面章节中详细讲解。

（3）此时打开项目 src/com.sample.Sample_2_1 目录下的 Sample_2_1.java，将其中已有的代码替换为如下代码。

代码位置：见随书光盘中源代码/第 2 章/Sample_2_1/src/com.sample.Sample_2_1 目录下的 Sample_2_1.java。

```
01 public class Sample_2_1 extends Activity {
02     /** Called when the activity is first created. */
03     @Override
04     public void onCreate(Bundle savedInstanceState) {
05         super.onCreate(savedInstanceState);
06         setContentView(R.layout.main);                                  //设置布局资源文件
07
08         Button btnButton=(Button)findViewById(R.id.button1);          //实例化获取控件
09     }
10 }
```

（4）运行该代码，在界面中我们可以很直观地看到一行文字以及一个按钮，如图 2-2 所示。

图 2-2　界面显示

2.2.2　颜色资源的使用

当我们需要在 Android 中使用不同颜色的时候，需要在 res/values 目录中新建 colors.xml 文件。在上一项目中的实现步骤如下。

（1）在打开的 Sample_2_1/res/values 目录中，添加一个新文件 color.xml，用下列代码替换原有代码。

代码位置：见随书光盘中源代码/第 2 章/Sample_2_1/res/values 目录下的 colors.xml 文件。

```
<?xml version="1.0" encoding="utf-8"?>
<resources>
  <color name="red">#f00000</color>
  <color name="blue">#0000ff</color>
</resources>
```

（2）打开 res/layout 目录下的 main.xml 文件，在其中添加不同控件的显示颜色，TextVriew 的颜色为红色，Button 显示文字的颜色为蓝色，代码如下。

代码位置：见随书光盘中源代码/第 2 章/Sample_2_1/res/layout 目录下的 main.xml。

```
01 <?xml version="1.0" encoding="utf-8"?>
02 <LinearLayout xmlns:android="http://schemas.android.com/apk/res/android"
03    android:layout_width="fill_parent"
04    android:layout_height="fill_parent"
05    android:orientation="vertical" >
06    <TextView
07       android:layout_width="fill_parent"
08       android:layout_height="wrap_content"
09       android:textColor="@color/red"
10       android:text="@string/hello" />
11    <Button
```

```
12        android:id="@+id/button1"
13        android:layout_width="wrap_content"
14        android:layout_height="wrap_content"
15        android:textColor="@color/blue"
16        android:text="Button" />
17 </LinearLayout>
```

（3）运行该代码，可以很明显地看出颜色已经有了不同。

在进行布局使用时，我们还经常使用以下颜色：

```
< ?xml version="1.0" encoding="utf-8" ?>
  < resources>
  < color name="white">#FFFFFF< /color>                    < !-- 白色 -->
  < color name="ivory">#FFFFF0< /color>                    < !-- 象牙色 -->
  < color name="lightyellow">#FFFFE0< /color>              < !-- 亮黄色 -->
  < color name="yellow">#FFFF00< /color>                   < !-- 黄色 -->
  < color name="lavenderblush">#FFF0F5< /color>            < !-- 淡紫红 -->
  < color name="papayawhip">#FFEFD5< /color>               < !-- 番木色 -->
  < color name="peachpuff">#FFDAB9< /color>                < !-- 桃色 -->
  < color name="gold">#FFD700< /color>                     < !-- 金色 -->
  < color name="pink">#FFC0CB< /color>                     < !-- 粉红色 -->
  < color name="lightpink">#FFB6C1< /color>                < !-- 亮粉红色 -->
  < color name="orange">#FFA500< /color>                   < !-- 橙色 -->
  < color name="lightsalmon">#FFA07A< /color>              < !-- 亮肉色 -->
  < color name="darkorange">#FF8C00< /color>               < !-- 暗橘黄色 -->
  < color name="coral">#FF7F50< /color>                    < !-- 珊瑚色 -->
  < color name="hotpink">#FF69B4< /color>                  < !-- 热粉红色 -->
  < color name="tomato">#FF6347< /color>                   < !-- 西红柿色 -->
  < color name="orangered">#FF4500< /color>                < !-- 红橙色 -->
  < color name="deeppink">#FF1493< /color>                 < !-- 深粉红色 -->
  < color name="fuchsia">#FF00FF< /color>                  < !-- 紫红色 -->
  < color name="magenta">#FF00FF< /color>                  < !-- 红紫色 -->
  < color name="red">#FF0000< /color>                      < !-- 红色 -->
  < color name="mintcream">#F5FFFA< /color>                < !-- 薄荷色 -->
  < color name="gainsboro">#DCDCDC< /color>                < !-- 淡灰色 -->
  < color name="crimson">#DC143C< /color>                  < !-- 暗深红色 -->
  < color name="palevioletred">#DB7093< /color>            < !-- 苍紫罗兰色 -->
  < color name="goldenrod">#DAA520< /color>                < !-- 金麒麟色 -->
  < color name="orchid">#DA70D6< /color>                   < !-- 淡紫色 -->
  < color name="silver">#C0C0C0< /color>                   < !-- 银色 -->
  < color name="darkkhaki">#BDB76B< /color>                < !-- 暗黄褐色 -->
  < color name="rosybrown">#BC8F8F< /color>                < !-- 褐玫瑰红 -->
  < color name="palegreen">#98FB98< /color>                < !-- 苍绿色 -->
  < color name="lightskyblue">#87CEFA< /color>             < !-- 亮天蓝色 -->
  < color name="skyblue">#87CEEB< /color>                  < !-- 天蓝色 -->
  < color name="slategray">#708090< /color>                < !-- 灰石色 -->
  < color name="olivedrab">#6B8E23< /color>                < !-- 深绿褐色 -->
  < color name="slateblue">#6A5ACD< /color>                < !-- 石蓝色 -->
  < color name="dimgray">#696969< /color>                  < !-- 暗灰色 -->
  < color name="mediumaquamarine">#66CDAA< /color>         < !-- 中绿色 -->
  < color name="cornflowerblue">#6495ED< /color>           < !-- 菊蓝色 -->
  < color name="cadetblue">#5F9EA0< /color>                < !-- 军蓝色 -->
  < color name="darkolivegreen">#556B2F< /color>           < !-- 暗橄榄绿 -->
```

```
< color name="indigo">#4B0082< /color>                < !-- 靛青色 -->
< color name="mediumturquoise">#48D1CC< /color>       < !-- 中绿宝石-->
< color name="darkslateblue">#483D8B< /color>         < !-- 暗灰蓝色 -->
< color name="steelblue">#4682B4< /color>             < !-- 钢蓝色 -->
< color name="royalblue">#4169E1< /color>             < !-- 皇家蓝 -->
< color name="teal">#008080< /color>                  < !-- 水鸭色 -->
< color name="green">#008000< /color>                 < !-- 绿色 -->
< color name="darkgreen">#006400< /color>             < !-- 暗绿色 -->
< color name="blue">#0000FF< /color>                  < !-- 蓝色 -->
< color name="mediumblue">#0000CD< /color>            < !-- 中蓝色 -->
< color name="darkblue">#00008B< /color>              < !-- 暗蓝色 -->
< color name="navy">#000080< /color>                  < !-- 海军色 -->
< color name="black">#000000< /color>                 < !-- 黑色 -->
< /resources>
```

2.2.3 图片资源的使用

图片资源的使用首先需要将图片资源保持在 res/drawable 目录中，然后再进行引用，具体使用步骤如下。

（1）将需要显示的图片资源 img.png 存放到 Sample_2_1/res/ drawable-mdpi 目录下。

（2）然后打开 res/layout 目录下的 main.xml 文件，在其他添加一个 ImageView，在该控件中使用图片。实现代码如下：

代码位置：见随书光盘中源代码/第 2 章/Sample_2_1/res/layout 目录下的 main.xml。

```
01 <?xml version="1.0" encoding="utf-8"?>                 <!-- XML 的版本以及编码方式 -->
02 <LinearLayout xmlns:android="http://schemas.android.com/apk/res/android"
03    android:orientation="vertical"
04    android:layout_width="fill_parent"
05    android:layout_height="fill_parent"
06    >                                                   <!-- 定义一个线性布局 -->
07     <ImageView
08        android:id="@+id/imageView"
09        android:layout_width="fill_parent"
10        android:layout_height="wrap_content"
11        android:src="@drawable/img"  />                 <!-- 再添加一个 ImageView 控件 -->
12 </LinearLayout>
```

其中：

- 第 01 行，声明了 XML 的版本以及编码方式。
- 第 02～12 行，向界面中添加一个垂直的线性布局。
- 第 07～11 行，向线性布局中添加一个 ImageView 控件，并且在第 11 行将之前准备好的图片资源显示到 ImageView 中。

（3）此时运行该项目，便可观察到如图 2-3 所示的效果，图片资源会在屏幕的上部显示。

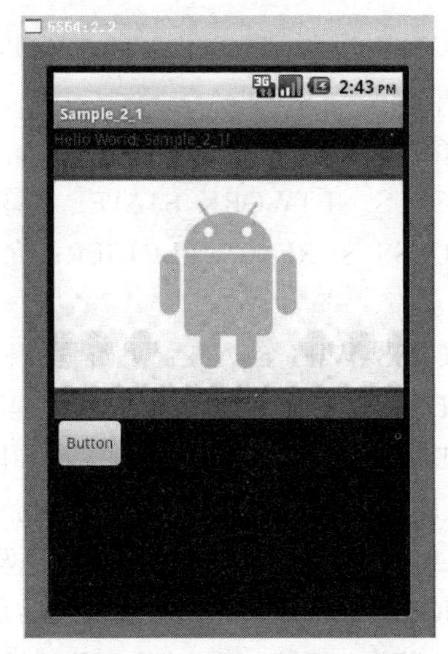

图 2-3　通过 XML 使用图片资源

2.3　权限控制

在 Android 程序执行的过程中，在需要读取到系统安全敏感项时，必须在 androidmanifest.xml 中声明相关权限请求，也就是 Android 的访问权限，在开发的过程中，不必把所有的权限都在 androidmanifest.xml 中声明，只需选取所需权限声明即可，完整的权限列表如下所述。

- android.permission.WRITE_APN_SETTINGS：允许程序写入 API 设置。
- android.permission.WRITE_CALENDAR：允许一个程序写入但不读取用户日历数据。
- android.permission.WRITE_CONTACTS：允许程序写入但不读取用户联系人数据。
- android.permission.WRITE_GSERVICES：允许程序修改 Google 服务地图。
- android.permission.WRITE_OWNER_DATA：允许一个程序写入但不读取所有者数据。
- android.permission.WRITE_SETTINGS：允许程序读取或写入系统设置。
- android.permission.WRITE_SMS：允许程序写短信。
- android.permission.WRITE_SYNC_SETTINGS：允许程序写入同步设置。
- android.permission.ACCESS_CHECKIN_PROPERTIES：允许读/写访问“properties”表，在 checkin 数据库中，该值可以修改上传。
- android.permission.ACCESS_COARSE_LOCATION：允许一个程序访问 Cellid 或 Wi-Fi 热点来获取粗略的位置。
- android.permission.ACCESS_FINE_LOCATION：允许一个程序访问精良位置（如 GPS）。

- android.permission.ACCESS_LOCATION_EXTRA_COMMANDS：提供命令允许应用程序访问额外的位置。
- android.permission.ACCESS_MOCK_LOCATION：允许程序创建模拟位置用于测试。
- android.permission.ACCESS_NETWORK_STATE：允许程序访问有关 GSM 网络信息。
- android.permission.ACCESS_SURFACE_FLINGER：允许程序使用 SurfaceFlinger 底层特性。
- android.permission.ACCESS_WIFI_STATE：允许程序访问 Wi-Fi 网络状态信息。
- android.permission.ADD_SYSTEM_SERVICE：允许程序发布系统级服务。
- android.permission.BATTERY_STATS：允许程序更新手机电池统计信息。
- android.permission.BLUETOOTH：允许程序连接到已配对的蓝牙设备。
- android.permission.BLUETOOTH_ADMIN：允许程序发现和配对蓝牙设备。
- android.permission.BRICK：请求能够禁用设备（非常危险）。
- android.permission.BROADCAST_PACKAGE_REMOVED：在一个应用程序包已经移除后允许程序广播一个提示消息。
- android.permission.BROADCAST_STICKY：允许一个程序广播常用 intents。
- android.permission.CALL_PHONE：允许一个程序初始化一个电话拨号，不需通过拨号用户界面确认。
- android.permission.CALL_PRIVILEGED：允许一个程序拨打任何号码，包含紧急号码，无须通过拨号用户界面确认。
- android.permission.CAMERA：请求访问使用照相设备。
- android.permission.CHANGE_COMPONENT_ENABLED_STATE：允许一个程序是否改变一个组件或其他的启用或禁用。
- android.permission.CHANGE_CONFIGURATION：允许一个程序修改当前设置，如本地化。
- android.permission.CHANGE_NETWORK_STATE：允许程序改变网络连接状态。
- android.permission.CHANGE_WIFI_STATE：允许程序改变 Wi-Fi 连接状态。
- android.permission.CLEAR_APP_CACHE：允许一个程序清除缓存从所有安装的程序的设备中。
- android.permission.CLEAR_APP_USER_DATA：允许一个程序清除用户设置。
- android.permission.CONTROL_LOCATION_UPDATES：允许启用禁止位置更新提示从无线模块。
- android.permission.DELETE_CACHE_FILES：允许程序删除缓存文件。
- android.permission.DELETE_PACKAGES：允许一个程序删除包。
- android.permission.DEVICE_POWER：允许访问底层电源管理。
- android.permission.DIAGNOSTIC：允许程序 RW 诊断资源。

- android.permission.DISABLE_KEYGUARD：允许程序禁用键盘锁。
- android.permission.DUMP：允许程序返回状态从系统服务抓取信息。
- android.permission.EXPAND_STATUS_BAR：允许一个程序扩展收缩在状态栏，Android 开发网提示应该是一个类似 Windows Mobile 中的托盘程序。
- android.permission.FACTORY_TEST：作为一个工厂测试程序，运行在 root 用户。
- android.permission.FLASHLIGHT：访问闪光灯。
- android.permission.FORCE_BACK：允许程序强行一个后退操作是否在顶层 activities。
- android.permission.FOTA_UPDATE：Android 预留权限。
- android.permission.GET_ACCOUNTS：访问一个账户列表在 AccountsService 中。
- android.permission.GET_PACKAGE_SIZE：允许一个程序获取任何 package 占用空间的容量。
- android.permission.GET_TASKS：允许一个程序获取信息有关当前或最近运行的任务、一个缩略的任务状态、是否活动等。
- android.permission.HARDWARE_TEST：允许访问硬件。
- android.permission.INJECT_EVENTS：允许一个程序截获用户事件如按键、触摸、轨迹球等到一个时间流。
- android.permission.INSTALL_PACKAGES：允许一个程序安装 packages。
- android.permission.INTERNAL_SYSTEM_WINDOW：允许打开窗口使用系统用户界面。
- android.permission.INTERNET：允许程序打开网络套接字。
- android.permission.MANAGE_APP_TOKENS：允许程序在窗口管理器中管理（创建、催后、z -order 默认向 Z 轴推移）程序引用。
- android.permission.MASTER_CLEAR：允许清除一切数据。
- android.permission.MODIFY_AUDIO_SETTINGS：允许程序修改全局音频设置。
- android.permission.MODIFY_PHONE_STATE：允许修改话机状态，如电源、人机接口等。
- android.permission.MOUNT_UNMOUNT_FILESYSTEMS：允许挂载和反挂载文件系统可移动存储。
- android.permission.PERSISTENT_ACTIVITY：允许一个程序设置它的 activities 显示。
- android.permission.PROCESS_OUTGOING_CALLS：允许程序监视、修改有关播出的电话。
- android.permission.READ_CALENDAR：允许程序读取用户日历数据。
- android.permission.READ_CONTACTS：允许程序读取用户联系人数据。
- android.permission.READ_FRAME_BUFFER：允许程序屏幕波或更多常规的访问帧缓冲数据。
- android.permission.READ_INPUT_STATE：允许程序返回当前按键状态。

- android.permission.READ_LOGS：允许程序读取底层系统日志文件。
- android.permission.READ_OWNER_DATA：允许程序读取所有者数据。
- android.permission.READ_SMS：允许程序读取短消息。
- android.permission.READ_SYNC_SETTINGS：允许程序读取同步设置。
- android.permission.READ_SYNC_STATS：允许程序读取同步状态。
- android.permission.REBOOT：请求能够重新启动设备。
- android.permission.RECEIVE_BOOT_COMPLETED：允许一个程序接收到广播在系统中完成启动（ACTION_BOOT_COMPLETED）。
- android.permission.RECEIVE_MMS：允许一个程序监控将收到的 MMS 彩信，并记录或处理。
- android.permission.RECEIVE_SMS：允许程序监控一个将收到的短信息，并记录或处理。
- android.permission.RECEIVE_WAP_PUSH：允许程序监控将收到的 WAP PUSH 信息。
- android.permission.RECORD_AUDIO：允许程序录制音频。
- android.permission.REORDER_TASKS：允许程序改变 Z 轴排列任务。
- android.permission.RESTART_PACKAGES：允许程序重新启动其他程序。
- android.permission.SEND_SMS：允许程序发送 SMS 短信。
- android.permission.SET_ACTIVITY_WATCHER：允许程序监控或控制 activities 启动全局系统中。
- android.permission.SET_ALWAYS_FINISH：允许程序控制是否活动间接完成在处于后台时。
- android.permission.SET_ANIMATION_SCALE：修改全局信息比例。
- android.permission.SET_DEBUG_APP：配置一个程序用于调试。
- android.permission.SET_ORIENTATION：允许底层访问设置屏幕方向和实际旋转。
- android.permission.SET_PREFERRED_APPLICATIONS：允许一个程序修改列表参数 PackageManager.addPackageToPreferred() PackageManager.removePackageFromPreferred()方法。
- android.permission.SET_PROCESS_FOREGROUND：允许程序当前运行程序强行到前台。
- android.permission.SET_PROCESS_LIMIT：允许设置最大的运行进程数量。
- android.permission.SET_TIME_ZONE：允许程序设置时间区域。
- android.permission.SET_WALLPAPER：允许程序设置壁纸。
- android.permission.SET_WALLPAPER_HINTS：允许程序设置壁纸 hits。
- android.permission.SIGNAL_PERSISTENT_PROCESSES：允许程序请求发送信号到所有显示的进程中。
- android.permission.STATUS_BAR：允许程序打开、关闭或禁用状态栏及图标。

- android.permission.SUBSCRIBED_FEEDS_READ：允许一个程序访问订阅 RSS Feed 内容提供。
- android.permission.SUBSCRIBED_FEEDS_WRITE：系统暂时保留该设置。
- android.permission.SYSTEM_ALERT_WINDOW：允许一个程序打开窗口使用 TYPE_SYSTEM_ALERT，显示在其他所有程序的顶层。
- android.permission.VIBRATE：允许访问振动设备。
- android.permission.WAKE_LOCK：允许使用 PowerManager 的 WakeLocks 保持进程在休眠时从屏幕消失。

在程序实际开发过程中，需要谨慎地选择权限声明，下面我们来动手声明权限，例如我们要声明一个网络权限，以便让程序联网，代码如下。

```
<?xml version="1.0" encoding="utf-8"?>
<manifest xmlns:android="http://schemas.android.com/apk/res/android"
   package="com." android:versionCode="1" android:versionName="1.0">
   <uses-permission android:name="android.permission.INTERNET"></uses-permission>
</manifest>
```

其中：

- < uses-permission>为 Android 系统安全敏感项权限声明标签。
- android:name 为< uses-permission>的标签元素，指定 Android 系统安全敏感项的名称。
- android.permission.INTERNET 允许程序打开网络套接字。

2.4 Android 基本组件的介绍

一个应用程序不可能只包含一个组件，一般是由两个甚至更多个组件组成，本节将对 Android 平台下的基本组件进行详细介绍，同时对 Android 应用程序的生命周期进行讲解，使读者了解应用程序的特性及工作机制。

2.4.1 应用程序的生命周期

从应用程序进程创建到结束的全过程便是应用程序的生命周期，与其他系统不同的是，Android 应用程序的生命周期是不受进程自身控制的，而是由 Android 系统来决定的。一般情况下，Android 系统会根据应用程序对用户的重要性及当前系统的负载来决定生命周期的长短。

Android 系统将所有的进程大致分为以下 5 类进行管理。

- 前台进程：前台进程，即当前正在前台运行的进程，说明用户当前正通过该进程与系统进行交互，所以该进程为最重要的进程，除非系统的内存已经到了不堪重负的地步，否则系统是不会将该进程中止的。
- 可见进程：可见进程一般显示在屏幕中，但是用户并没有直接与之进行交互，例如某个应用程序在运行时，正在根据用户的操作显示某个对话框，此时对话框后面的进程便为可见进程，该进程对用户来说同样是非常重要的进程，除非为了保证前台进程的正常运行，否则 Android 系统一般是不会将该进程中止的。

- 服务进程：服务进程便是拥有 Service 的进程，该进程一般是在后台为用户服务的，例如音乐播放器的播放、后台的任务管理等。一般情况下，Android 系统是不会将其中断的，除非系统的内存已经达到了要崩溃的边缘，并且必须通过释放该进程才能保证前台进程的正常运行时，才可能将其中止。
- 后台进程：该进程一般对用户的作用不大，缺少该进程并不会影响用户对系统的体验。所以如果系统需要中止某个进程才能保证系统的正常运行，那么会有非常大的几率将该进程中止。
- 空进程：空进程是对用户没有任何作用的进程，该进程一般是为缓存机制服务的，当系统需要中止某个进程来保证系统的正常服务时，会首先将该进程中止。

接下来通过图 2-4 来说明各个进程对用户的重要程度。

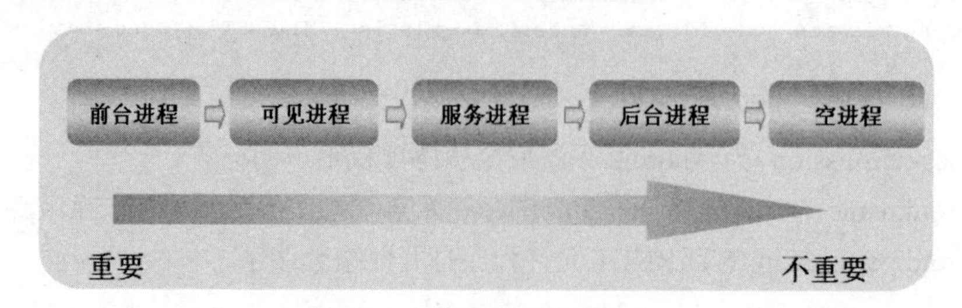

图 2-4 各个进程的重要程度

2.4.2 Activity 简介

活动是最基本的 Android 应用程序组件，在应用程序中，一个活动通常就是一个单独的屏幕。每一个活动都被实现为一个独立的类，并且从活动基类中继承而来，活动类将会显示由视图控件组成的用户接口，并对事件做出响应。大多数的应用由多个屏幕显示组成。例如，一个文本信息的应用也许有一个显示发送消息的联系人列表的屏幕，一个用来写文本消息和选择收件人的屏幕，还有一个用来查看历史消息或者消息设置操作的屏幕等。这里每一个这样的屏幕就是一个活动，很容易实现从一个屏幕转到一个新的屏幕并且完成新的活动。在某些情况下当前的屏幕也许需要向上一个屏幕活动提供返回值，例如让用户从手机中挑选一张照片并返回通讯录以作为电话拨入者的头像。

当一个新的屏幕打开后，前一个屏幕将会暂停，并保存在历史堆栈中。用户可以返回到历史堆栈中的前一个屏幕。当屏幕不再使用时，还可以从历史堆栈中删除。默认情况下，Android 将会保留从主屏幕到每一个应用的运行屏幕。

可以这样简单理解，Activity 代表一个用户所能看到的屏幕，Activity 主要处理一个应用的整体性工作，例如监听系统事件（按键事件、触摸屏事件等）、为用户显示指定的 View，启动其他 Activity 等。所有应用的 Activity 都继承于 android.app.Activity 类，该类是 Android 提供的基层类，其他 Activity 继承该父类后，通过 Override 父类的方法来实现各种功能，这种设计在其他领域也较为常见。

2.4.3 Service 简介

前面已经介绍了有用户界面的 Activity，本节将对没有用户界面的 Service 进行介绍。实际上，Service 是一个具有较长生命周期但是并没有用户界面的程序。

Service 一般由 Activity 启动，但是并不依赖于 Activity，即当 Activity 的生命周期结束时，Service 仍然会继续运行，直到自己的生命周期结束为止。Service 的启动方式有以下两种。

- startService 方式启动：当 Activity 调用 startService 方法启动 Service 时，会依次调用 onCreate 和 onStart 方法来启动 Service，而当调用 stopService 方法结束 Service 时，又会调用 onDestroy 方法结束 Service。Service 同样可以在自身调用 stopSelf 或 stopService 方法来结束 Service。
- bindService 方式启动：另一种启动方式是调用 bindService 方法启动 Service，此时会依次调用 onCreate 和 onBind 方法启动 Service，而当通过 unbindService 方法结束 Service 时，则会依次调用 onUnbind 和 onDestroy 方法。

2.4.4 BroadcastReceiver 简介

BroadcastReceiver 为用户接收广播通知的组件，当系统或某个应用程序发送广播时，可以使用 BroadcastReceiver 组件来接收广播消息并做相应处理。

在发送信息时，需要将信息封装后添加到一个 Intent 对象中，然后通过调用 Context.sendBroadcast()、sendOrderedBroadcast()或 sendStickyBroadcast()方法将 Intent 对象广播出去，然后接收者会检查注册的 IntentFilter 是否与收到的 Intent 相同，当相同时便会调用 onReceive()方法来接收消息。

三个发送方法的不同之处在于使用 sendBroadcast()或者 sendStickyBroadcast()方法发送广播时，所有满足条件的接收者会随机地执行，而使用 sendOrderedBroadcast()方法发送广播的接收者会根据 IntentFilter 中设置的优先级的顺序来执行。

BroadcastReceiver 的使用过程如下。

（1）将需要广播的消息封装到 Intent 中。

（2）通过 3 种发送方法中的一种将 Intent 广播出去。

（3）通过 IntentFilter 对象来过滤所发送的实体 Intent。

（4）实现一个重写了 onReceive 方法的 BroadcastReceiver。

需要注意的是，注册 BroadcastReceiver 对象的方式有两种：一种是在 AndroidManifest.xml 中声明，另一种是在 Java 代码中设置。

- 在 AndroidManifest.xml 中声明时，将注册的信息包裹在<receiver></receiver>标签中，并通过<intent-filter>标签来设置过滤条件。

- 在 Java 代码中设置时，需要先创建 IntentFilter 对象，并为 IntentFilter 对象设置 Intent 的过滤条件，并通过调用 Context.registerReceiver 方法来注册监听，然后通过 Context.unregisterReceiver 方法来取消监听，此种注册方式的缺点是当 Context 对象被销毁时，该 BroadcastReceiver 也就随之被摧毁了。

2.4.5 ContentProvider 简介

ContentProvider 是用来实现应用程序之间数据共享的类。当需要进行数据共享时，一般是利用 ContentProvider 为需要共享的数据定义一个 URI，然后其他应用程序可通过 Context 获得 ContentResolver 并将数据的 URI 传入。

Android 系统已经为一些常用的数据创建了 ContentProvider，这些 ContentProvider 都位于 android.provider 下，只要有相应的权限，自己开发的应用程序便可轻松地访问这些数据。

对于 ContentProvider，最重要的就是数据模型（data model）和 URI，接下来分别对其进行介绍。

- 数据模型（data model）：ContentProvider 为所有需要共享的数据创建一个数据表，在表中，每一行表示一条记录，每一列代表某个数据，并且其中每一条数据记录都包含一个名为“_ID”的字段来标识每条数据。
- URI：每个 ContentProvider 都会对外提供一个公开的 URI 来标识自己的数据集，而当管理多个数据集时，将会为每个数据集分配一个独立的 URI，所有的 URI 都是以“content://”开头的。

需要注意的是，使用 ContentProvider 访问共享资源时，需要为应用程序添加适当的权限才可。权限为“<uses-permission android:name="android.permission.READ_CONTACTS" />”。

接下来介绍使用 ContentProvider 来访问手机中电话簿的方法，步骤如下。

（1）首先向电话簿中添加若干条联系人的信息。

（2）为应用程序添加 ContentProvider 的访问权限。

（3）通过 getContentResolver()方法得到 ContentResolver 对象。

（4）调用 ContentResolver 类的 query()方法查询数据，该方法会返回一个 Cursor 对象。

（5）对得到的 Cursor 对象进行分析，得到需要的数据。

（6）调用 Cursor 类的 close()方法，将 Cursor 对象关闭。

除了以上介绍的使用系统的ContentProvider类外，还可以自己创建一个ContentProvider对象，扩展 ContentProvider 类还需要实现 6 个抽象方法，如表 2-2 所示。

表 2-2　ContentProvider 类的抽象方法

方 法 名	描　述
Cursor query(Uri uri,String[] projection,String selection,String[] selectionArgs, String sortOrder)	将查询的数据封装成 Cursor 对象返回
Uri insert(Uri uri,ContentValues values)	向 ContentProvider 中插入数据

续表

方法名	描述
int update(Uri uri,ContentValues values,String selection,String[] selectionArgs)	更新 ContentProvider 中已经存在的数据
int delete(Uri uri,String selection,String[] selectionArgs)	删除 ContentProvider 中的某条数据
String getType(Uri uri)	获得 ContentProvider 中数据的(MIME)类型
boolean onCreate()	ContentProvider 启动时被调用的方法

2.4.6 Intent 和 IntentFilter 简介

1. Intent 类的简介

所谓 Intent 就是一种运行时的绑定机制，在应用程序运行时连接两个不同的组件，一般在应用时通过 Intent 向 Android 系统发出某种请求，然后 Android 系统会根据请求查询各个组件声明的 IntentFilter，找到需要的组件并运行它。

前面介绍的 Activity、Service 及 BroadcastReceiver 组件之间的通信全部使用的是 Intent，但是各个组件使用的 Intent 机制不同。

- Activity 组件：当需要激活一个 Activity 组件时，需要调用 Context.startActivity 或 Context.startActivityForResult 方法来传递 Intent，此时的 Intent 参数称做 Activity Action Intent。
- Service 组件：当需要启动或绑定一个 Service 组件时，会通过 Context.startService 和 Context.bindService 方法实现 Intent 的传递。
- BroadcastReceiver 组件：BroadcastIntent 一般是通过 Context.sendBroadcast()、sendOrderedBroadcast()或 sendStickyBroadcast()方法传递的，当 BroadcastIntent 被广播后，所有满足 IntentFilter 过滤条件的组件都将被激活。

Intent 由组件名称、Action、Data、Category、Extra 及 Flag 6 部分组成，接下来将分别对其进行详细介绍。

（1）组件名称。组件名称实际上就是一个 ComponentName 对象，用于标识唯一的应用程序组件，即指明了期望的 Intent 组件，这个对象的名称是由目标组件的类名与目标组件的包名组合而成的。在 Intent 的传递过程中，组件名称是一个可选项，当指定它时，便是显式的 Intent 消息；当不指定它时，Android 系统则会根据其他信息及 IntentFilter 的过滤条件选择相应的组件。

（2）Action。Action 实际上就是一个描述了 Intent 所触发动作名称的字符串，在 Intent 类中，已经定义好很多字符串常量来表示不同的 Action，当然，开发人员也可以自定义 Action，其定义规则同样非常简单。

系统定义的常见的 Action 常量有很多，下面只列出其中一些较常见的。

- ACTION_CALL：拨打 Data 里封装的电话号码。
- ACTION_EDIT：打开 Data 里指定数据所对应的编辑程序。
- ACTION_VIEW：打开能够显示 Data 中所封装数据的应用程序。

- ACTION_MAIN：声明程序的入口，该 Action 并不接收任何数据，同时，结束后也不会返回任何数据。
- ACTION_BOOT_COMPLETED：BroadcastReceiver Action 的常量，表明系统启动完毕。
- ACTION_TIME_CHANGED：BroadcastReceiver Action 的常量，表示系统时间通过设置而改变。

（3）Data。Data 主要是对 Intent 消息中数据的封装，主要描述 Intent 动作封装数据的 URI 及类型。不同类型的 Action 会有不同的 Data 封装，例如打电话的 Intent 会封装 tel:// 格式的电话 URI，而 ACTION_VIEW 的 Intent 中的 Data 则会封装 http:格式的 URI。正确的 Data 封装对 Intent 匹配请求同样非常重要。

（4）Category。Category 是对目标组件类别信息的描述，同样为一个字符串对象，一个 Intent 中可以包含多个 Category，与 Category 相关的方法有三个：addCategory（添加一个 Category）、removeCategory（删除一个 Category）、getCategories（得到一个 Category）。Android 系统用样定义了一组静态字符常量来表示 Intent 的不同类别，下面列出一些常见的 Category 常量。

- CATEGORY_GADGET：表示目标 Activity 是可以嵌入到其他 Activity 中的。
- CATEGORY_HOME：表明目标 Activity 为 HOME Activity。
- CATEGORY_TAB：表明目标 Activity 是 TabActivity 的一个标签下的 Activity。
- CATEGORY_LAUNCHER：表明目标 Activity 是应用程序中最先被执行的 Activity。
- CATEGORY_PREFERNCE：表明目标 Activity 是一个偏好设置的 Activity。

（5）Extra。在 Extra 中封装了一些额外的附加信息，这些信息以键值对的形式存在。Intent 可以通过 putExtras()与 getExtras()方法来存储和获取 Extra。在 Android 系统的 Intent 类中，同样对一些常用的 Extra 键值进行了定义，下面列出一些常用的。

- EXTRA_BCC：装有邮件密送地址的字符串数组。
- EXTRA_EMAIL：装有邮件发送地址的字符串数组。
- EXTRA_UID：使用 ACTION_UID_REMOVED 动作时，描述删除用户的 id。
- EXTRA_TEXT：当使用 ACTION_SEND 动作时，描述要发送文本的信息。

（6）Flag。一些有关系统如何启动组件的标志位，Android 同样对其进行了封装。

2. IntentFilter 简介

IntentFilter 实际上相当于 Intent 的过滤器，一个应用程序开发完成后，需要告诉 Android 系统自己能够处理哪些隐性的 Intent 请求，这就需要声明 IntentFilter。IntentFilter 的使用实际上非常简单，只需声明该应用程序接收什么样的 Intent 请求即可。

IntentFilter 过滤 Intent 时，一般是通过 3 方面进行监测的，分别为 Action、Data 及 Category。接下来分别对这 3 方面进行介绍。

- 检查 Action：一个 Intent 只能设置一个 Action，但是一个 IntentFilter 却可以设置多个 Action 过滤，当 IntentFilter 设置了多个 Action 时，只需一个满足即可完成 Action

检查。

当IntentFilter中没有说明任何一个Action时，任何Action都不会与之匹配，而如果Intent中没有包含任何 Action，那么只要 IntentFilter 中含有 Action，便会匹配成功。

- 检查 Data：数据的监测主要包含两部分：数据的 URI 及数据类型，而数据的 URI 又被分成 3 部分进行匹配（scheme、authority 和 path），只有这些全部匹配时，Data 的验证才会成功。
- 检查 Category：IntentFilter 同样可以设置多个 Category，当 Intent 中的 Category 与 IntentFilter 中的一个 Category 完全匹配时，便会通过 Category 的检查，而其他 Category 并不受影响，但是当 IntentFilter 没有设置 Category 时，只能与没有设置 Category 的 Intent 相匹配。

2.5 总结

本章主要介绍了 Android 应用程序的基本架构以及 Android 系统的基本组件，使读者了解 Android 应用程序的基本组成，并掌握各个组件的使用方法。同时还介绍了 Android 应用程序的生命周期以及应用程序权限的声明。

知 识 点	难 度 指 数（1~6）	占 用 时 间（1~3）
Android 工程目录分析	1	1
界面布局资源使用	4	2
颜色资源使用	2	1
图片资源使用	3	2
系统权限介绍	5	3
Activity 简介	4	2
Service 简介	6	3
BroadcasTreceive 简介	5	3
ContentProvider 简介	5	2
Intent 简介	4	2

2.6 习题

（1）Android 工程主要目录存放文件作用。

（2）Android 工程中 3 种不同资源的使用。

（3）Android 基本组件有哪些及分别的使用场景如何？

第 3 章

运转乾坤：Android 布局管理器

Android 应用程序的界面开发，主要包括了界面显示和事件处理两方面内容。对于界面显示，可以通过两个大类实现：一个是通过 ViewGroup 类进行整体布局；另一个是通过 View 类进行控件使用。对于事件处理则包括了回调事件、监听事件等。在接下来的章节中，我们将对这些知识分别进行讲解。

手机应用程序相对于一般 PC 应用程序来说，有自己的独特之处，手机分辨率一般为 320×240 或 480×320，这使得界面控件相对有限，要想实现丰富的功能，就必须在开发中灵活使用各种 Layout（布局），并在 Layout 中布置合适的控件去完成程序的功能。这些布局就是使用布局管理器来进行定义的。

Android 程序通常都由几个页面组成，一个这样的页面通常对应一个 xml 文件，而在界面中放置控件之前，要确定这个页面是用什么样的 Layout，（Layout 定义了控件之间的视觉关系），是采用什么样的方式对齐的。当然也可以在一个 Layout 中再嵌套其他 Layout，控件的对齐方式是以包裹其的 Layout 为准的。

在 Android 中有以下几种基本的 Layout：帧布局（FrameLayout）、线性布局（LinearLayout）、相对布局（RelativeLayout）、绝对布局（AbsoluteLayout）、表格布局（TableLayout），除了以上的基本布局外，还有几种可以作为背景布局的控件，例如切换卡（Tabwidget）。

3.1 帧布局

本节将要介绍的帧布局是最容易理解的一种布局，本节将首先介绍 FrameLayout 类的相关知识，然后开发一个小案例来说明帧布局的用法。

3.1.1 FrameLayout 类简介

FrameLayout 帧布局在屏幕上开辟出了一块区域，在这个区域中可以添加多个子控件，但是所有的子控件都被对齐到屏幕的左上角。帧布局的大小由子控件中尺寸最大的那个子控件来决定，如果子控件同样大，那么同一时刻只能看到最上面的子控件。

FrameLayout 类继承自 ViewGroup，除了继承自父类的属性和方法，FrameLayout 类中包含了自己特有的属性和方法，如表 3-1 所示。

表 3-1 FrameLayout 属性及对应方法

属 性 名 称	对 应 方 法	描 述
android:foreground	setForeground(Drawable)	设置绘制在所有子控件之上的内容
android:foregroundGravity	setForegroundGravity(int)	设置绘制在所有子控件之上的内容的 gravity 属性

提示：在 FrameLayout 中，子控件是通过栈来绘制的，所以后添加的子控件会被绘制在上层。

3.1.2 帧布局使用

3.1.1 节对帧布局 FrameLayout 类进行了简单介绍，本小节将通过一个案例对帧布局的用法进行说明，该案例的开发步骤如下。

（1）在 Eclipse 中新建一个项目 Sample_3_1，首先打开其 res/values 目录下的 strings.xml 文件，在其中输入如下代码。

代码位置：见随书光盘中源代码/第 3 章/Sample_3_1/res/values 目录下的 strings.xml 文件。

```
01 <?xml version="1.0" encoding="utf-8"?>
02 <resources>
03     <string name="app_name">FrameExample</string> <!-- 声明名为 app_name 的字符串资源 -->
04     <string name="big">大字体</string>              <!-- 声明名为 big 的字符串资源 -->
05     <string name="middle">中字体</string>           <!-- 声明名为 middle 的字符串资源 -->
06     <string name="small">小字体</string>            <!-- 声明名为 small 的字符串资源 -->
07 </resources>
```

说明：在 strings.xml 中声明了在应用程序中会用到的字符串资源。

（2）在项目 rers/values 目录下新建一个 colors.xml 文件，在其中输入如下代码。

代码位置：见随书光盘中源代码/第 3 章/Sample_3_1/res/values 目录下的 colors.xml 文件。

```
01 <?xml version="1.0" encoding="utf-8"?>
02 <resources>
03     <color name="red">#FF0000</color>            <!--  声明名为 red 的颜色资源 -->
04      <color name="green">#00FF00</color>         <!--  声明名为 green 的颜色资源 -->
05      <color name="blue">#0000FF</color>          <!--  声明名为 blue 的颜色资源 -->
06      <color name="white">#FFFFFF</color>         <!--  声明名为 white 的颜色资源 -->
07 </resources>
```

说明：在 colors.xml 中声明了在应用程序中将会用到的颜色资源。这样，将所有颜色资源统一管理有助于提高程序的可读性及可维护性。

（3）打开项目 res/layout 目录下的 main.xml 文件，将其中已有的代码替换为如下代码，实现使用帧布局，显示 3 个不同颜色、不同大小的文字。

代码位置：见随书光盘中源代码/第 3 章/Sample_3_1/res/layout 目录下的 main.xml 文件。

```
01 <?xml version="1.0" encoding="utf-8"?>
02 <FrameLayout
03      android:id="@+id/FrameLayout01"
04      android:layout_width="fill_parent"
05      android:layout_height="fill_parent"
06      android:background="@color/white"
07      xmlns:android="http://schemas.android.com/apk/res/android">  <!--  声明帧布局  -->
08      <TextView
09         android:text="@string/big"
10         android:id="@+id/TextView01"
11         android:layout_width="wrap_content"
12         android:layout_height="wrap_content"
13         android:textSize="60px"
14         android:textColor="@color/green"
15      >                                              <!--  声明一个 TextView 控件  -->
```

```
16      </TextView>
17       <TextView
18          android:text="@string/middle"
19          android:id="@+id/TextView02"
20          android:layout_width="wrap_content"
21          android:layout_height="wrap_content"
22          android:textSize="40px"
23          android:textColor="@color/red"
24       >                                           <!-- 声明一个 TextView 控件 -->
25       </TextView>
26      <TextView
27         android:text="@string/small"
28         android:id="@+id/TextView03"
29         android:layout_width="wrap_content"
30         android:layout_height="wrap_content"
31         android:textSize="20px"
32         android:textColor="@color/blue"
33      >                                            <!-- 声明一个 TextView 控件 -->
34      </TextView>
35 </FrameLayout>
```

其中：

- 第 2～7 行，声明了一个帧布局，并设置其在父控件中的显示方式及自身的背景颜色。
- 第 8～16 行，声明了一个 TextView 控件，该控件的 id 为 TextView01，第 13 行定义了其显示内容的字号为 60px，第 14 行定义了所显示内容的字体颜色为绿色。
- 第 17～25 行，声明了一个 TextView 控件，该控件的 id 为 TextView02，第 22 行定义了其显示内容的字号为 40px，第 23 行定义了所显示内容的字体颜色为红色。
- 第 26～34 行，声明了一个 TextView 控件，该控件的 id 为 TextView03，第 22 行定义了其显示内容的字号为 20px，第 23 行定义了所显示内容的字体颜色为蓝色。

（4）最后来进行 Activity 部分的开发，打开程序的 Activity 文件 FrameActivity.java 文件，在其中输入如下代码。

代码位置：见随书光盘中源代码/第 3 章/Sample_3_1/src/com.sample.Sample_3_1/;目录下的 Sample_3_1Activity.java 文件。

```
01 package com.sample.Sample_3_1;                              //声明包语句
02 import android.app.Activity;                                //引入相关类
03 import android.os.Bundle;                                   //引入相关类
04 public class Sample_3_1Activity extends Activity {
05    @Override
06    public void onCreate(Bundle savedInstanceState) {        //重写 onCreate 方法
07       super.onCreate(savedInstanceState);
08       setContentView(R.layout.main);                        //设置当前屏幕
09    }
10 }
```

说明：Activity 部分的代码比较简单，其主要工作是在 onCreate 方法中将 Activity 的当前屏幕设置为 main.xml 布局文件。

完成了上述步骤的开发后，下面来运行 Sample_3_1，其效果如图 3-1 所示。

图 3-1　Sample_3_1 运行效果图

如图 3-1 所示，程序运行时所有子控件都自动对齐到容器的左上角，并且子控件的 TextView 是按照字号从大到小排列的。

3.2　线性布局

线性布局在布局管理器中是最常用的一种布局方式。在本节将会对线性布局进行简单介绍，首先向读者介绍 LinearLayout 类的相关知识，然后通过一个实例说明 LinearLayout 类的用法。

3.2.1　LinearLayout 类简介

线性布局是最简单的布局之一，其提供了控件水平或者垂直排列的模型。同时，使用此布局时可以通过设置控件的 weight 参数控制各个控件在容器中的相对大小。LinearLayout 布局的属性既可以在布局文件（XML）中设置，也可以通过成员方法进行设置，表 3-2 给出了 LinearLayout 常用的属性以及这些属性对应的设置方法。

表 3-2　LinearLayout 常用属性及对应方法

属性名称	对应方法	描　述
android:orientation	setOrientation(int)	设置线性布局的朝向，可取 horizontal 和 vertical 两种排列方式
android:gravity	setGravity(int)	设置线性布局的内部元素的布局方式

在线性布局中可使用 gravity 属性来设置控件的对齐方式，gravity 可取的值及说明如表 3-3 所示。

表 3-3 gravity 可取的属性及说明

属 性 值	说 明
top	不改变控件大小，对齐到容器顶部
bottom	不改变控件大小，对齐到容器底部
left	不改变控件大小，对齐到容器左侧
right	不改变控件大小，对齐到容器右侧
center_vertical	不改变控件大小，对齐到容器纵向中央位置
center-horizontal	不改变控件大小，对齐到容器横向中央位置
center	不改变控件大小，对齐到容器中央位置
fill_vertical	若有可能，纵向拉伸以填满容器
fill_horizontal	若有可能，横向拉伸以填满容器
fill	若有可能，纵向横向同时拉伸以填满容器

提示： 当需要为 gravity 设置多个值时，用“|”分隔即可。

3.2.2 线性布局使用

在前面的小节介绍了 LinearLayout 类的相关知识，本小节将通过一个案例来说明 LinearLayout 的用法，本案例的开发步骤如下。

（1）在 Eclipse 中新建一个项目 Sample_3_2，首先打开项目文件夹中 res/values 目录下的 strings.xml 文件，在其中输入如下代码。

代码位置：见随书光盘中源代码/第 3 章/Sample_3_2/res/values 目录下的 strings.xml 文件。

```
01 <?xml version="1.0" encoding="utf-8"?>
02 <resources>
03     <string name="app_name">LinearExample</string>
04     <string name="button">按钮</string>
05     <string name="add">添加</string>
06 </resources>
```

说明： 在 strings.xml 中主要声明了在程序中要用到的字符串资源，这样将所有字符串资源统一管理有助于提高程序的可读性及可维护性。

（2）打开项目文件夹下 res/layout 目录下的 main.xml 文件，将其中已有的代码替换为如下代码，实现使用线性布局显示按钮。

代码位置：见随书光盘中源代码/第 3 章/Sample_3_2/res/layout 目录下的 main.xml 文件。

```
01 <?xml version="1.0" encoding="utf-8"?>
02 <LinearLayout xmlns:android="http://schemas.android.com/apk/res/android"
```

```
03     android:orientation="vertical"
04     android:layout_width="fill_parent"
05     android:layout_height="fill_parent"
06     android:id="@+id/lla"
07     android:gravity="right"
08     >                              <!-- 声明一个 LinearLayout 布局，并设置其属性 -->
09     <Button
10        android:text="@string/add"
11        android:id="@+id/Button01"
12        android:layout_width="wrap_content"
13        android:layout_height="wrap_content">
14     </Button>                      <!-- 声明一个 Button 布局，并设置其 id 为 Button01 -->
15 </LinearLayout>
```

其中：

- 第 2～8 行，声明了一个线性布局，第 3 行设置线性布局的朝向为垂直排列。
- 第 4～5 行，设置该线性布局在其所属的父容器中的布局方式为横向和纵向填充父容器。
- 第 6 行，为该线性布局声明了 id。第 7 行设置该线性布局内部元素的布置方式为向右对齐。
- 第 9～14 行，声明了一个 Button 控件，其 id 为 Button01，第 10 行设置 Button 控件显示的文本内容为资源文件 strings.xml 中的属性值。
- 第 12～13 行，设置 Button 控件在父容器中的布局方式为只占据自身大小的空间。

（3）打开项目 Activity 目录下的 Sample_3_2Activity.java 文件，将其中已有的代码替换为如下代码。

代码位置：见随书光盘中源代码/第 3 章/Sample_3_2/src/com.sample.Sample_3_2;目录下的 Sample_3_2Activity.java 文件。

```
01 package com.sample.Sample_3_2;                                        //声明包语句
02 import android.app.Activity;                                          //引入相关类
03 import android.os.Bundle;                                             //引入相关类
04 import android.view.View;                                             //引入相关类
05 import android.widget.Button;                                          //引入相关类
06 import android.widget.LinearLayout;                                    //引入相关类
07 public class Sample_3_2Activity extends Activity {
08     int count=0;                                                      //计数器，记录按钮个数
09    @Override
10    public void onCreate(Bundle savedInstanceState) {                   //重写 onCreate 方法
11       super.onCreate(savedInstanceState);
12       setContentView(R.layout.main);
13       Button button = (Button) findViewById(R.id.Button01);  //获取屏幕中的按钮控件对象
14       button.setOnClickListener(                      //为按钮添加 OnClickListener 接口实现
15         new View.OnClickListener(){
16              public void onClick(View v){
17                   LinearLayout ll=(LinearLayout)findViewById(R.id.lla);//获取线性布局对象
18                   String msg= Sample_3_2Activity.this.getResources().getString(R.string. button);
19              Button tempbutton=new Button(Sample_3_2Activity.this);//创建一个 Button 对象
20                   tempbutton.setText(msg+(++count));                 //设置 Button 控件显示的内容
```

```
21                  tempbutton.setWidth(80);                    //设置 Button 的宽度
22                  ll.addView(tempbutton);                     //向线性布局中添加 View
23              }
24          });
25      }
26  }
```

其中：

- 第 8 行，声明了用于记录生成的按钮编号的计数器。
- 第 13 行，通过 findViewById 方法获取屏幕中的 Button 控件对象。
- 第 15～24 行，为 Button 对象添加了 OnClickListener 监听器的实现。
- 第 17～23 行，为对 OnClickListener 接口中 onClick 方法的实现，在该方法中首先获得线性布局 LinearLayout 对象的引用，然后创建一个 Button 对象并调用 LinearLayout 对象的 addView 方法将其添加到线性布局容器中。

（4）完成上述 3 个步骤的工作后，运行项目，在程序中单击“添加”按钮可向屏幕中添加新的按钮，其效果如图 3-2 所示。

程序最初运行时，只会在屏幕的右上角出现一个“添加”按钮。当单击添加按钮后，会自动生成其他按钮。如图 3-2 所示为当 LinearLayout 的 orientation 属性为 vertical 时的运行效果，即为纵向的线性排列时的运行效果。

如果将 XML 文件中线性布局管理器中的 orientation 值设置为 horizontal，就需要将步骤 2 中的第 3 行代码改为如下代码。

代码位置：见随书光盘中源代码/第 3 章/Sample_3_2/res/layout 目录下的 main.xml 文件。

```
01 android:orientation="horizontal"
```

运行项目 Sample_3_2，在程序中可以单击“添加”按钮向屏幕中添加新按钮，其运行效果如图 3-3 所示。

图 3-2 Sample_3_2 运行效果图 1

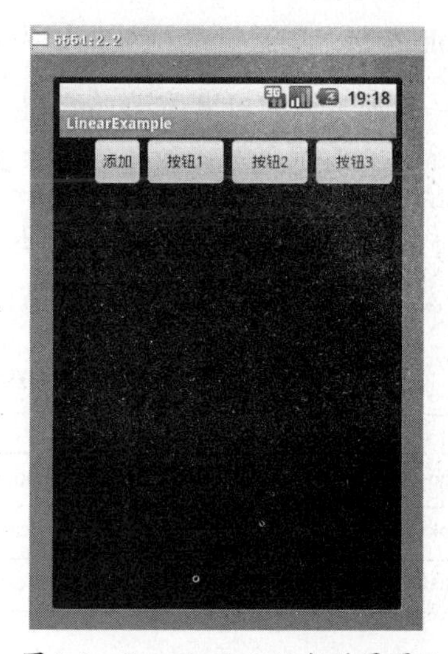

图 3-3 Sample_3_2 运行效果图 2

提示：在线性布局中垂直分布时占一列，水平分布时占一行。特别要注意的是，在水平或垂直分布时如果超过一行则不会像 Java SE 中的 FlowLayout 那样自动换行或换列，超出屏幕的子控件将不会被显示，除非将其放到 ScrollView 中。

3.3 表格布局

本节将要介绍的布局管理器是表格布局，首先对 TableLayout 类进行简单介绍，然后通过一个案例来说明表格布局的用法。

3.3.1 TableLayout 类简介

TableLayout 类以行和列的形式管理控件，每行为一个 TableRow 对象，也可以为一个 View 对象，当为 View 对象时，该 View 对象将跨越该行的所有列。在 TableRow 中可以添加子控件，每添加的一个子控件为一列。

在 TableLayout 布局中并不会为每一行、每一列或每一个单元格绘制边框，每一行可以有 0 个或多个单元格，每个单元格为一个 View 对象。在 TableLayout 中单元格可以为空，单元格也可以像在 HTML 中那样跨越多个列。

在表格布局中，一个列的宽度由该列中最宽的那个单元格指定，而表格的宽度由父容器指定。在 TableLayout 中，可以为列设置以下 3 种属性。

- Shrinkable：如果一个列被标识为 shrinkable，则该列的宽度可以进行收缩以使表格能够适应其父容器的大小。
- Stretchable：如果一个列被标识为 stretchable，则该列的宽度可以进行拉伸以使其填满表格中空闲的空间。
- Collapsed：如果一个列被标识为 collapsed，则该列将会被隐藏。

注意：一个列可以同时具有 shrinkable 和 stretchable 属性，在这种情况下，该列的宽度将任意拉伸或收缩以适应父容器的大小。

TableLayout 继承自 LinearLayout 类，除了继承来自父类的属性和方法，在 TableLayout 类中还包含表格布局所特有的属性和方法，这些属性和方法的说明如表 3-4 所示。

表 3-4　TableLayout 类常用属性及对应方法说明

属性名称	对应方法	描　述
android:collapseColumns	setColumnCollapsed(int,boolean)	设置指定列号的列为 Collapsed，列号从 0 开始计算
android:shrinkColumns	setShrinkAllColumns(boolean)	设置指定列号的列为 Shrinkable，列号从 0 开始计算
android:stretchColumns	setStretchAllColumns(boolean)	设置指定列号的列为 Stretchable，列号从 0 开始计算

> 说明：setShrinkAllColumns 和 setStretchAllColumns 实现的功能是将表格中的所有列设置为 Shrinkable 或 Stretchable。

3.3.2　表格布局使用

在 3.3.1 节介绍了 TableLayout 的相关知识，本小节将会通过一个案例来说明 TableLayout 布局管理器的用法，该案例的开发步骤如下。

（1）在 Eclipse 中创建一个项目 Sample_3_3，首先打开项目 res/values 目录下的 strings.xml 文件，在其中输入如下代码。

代码位置：见随书光盘中源代码/第 3 章/Sample_3_3/res/values 目录下的 strings.xml 文件。

```
01 <?xml version="1.0" encoding="utf-8"?>
02 <resources>
03     <string name="app_name">TableExample</string>
04     <string name="tv1">我自己是一行........我自己是一行</string><!-- 该值用于独占一行的列 -->
05     <string name="tvShort">我的内容少</string>                  <!-- 该值用于内容较少的列 -->
06     <string name="tvStrech">我是被拉伸的一列</string>           <!-- 该值用于被拉伸的列 -->
07     <string name="tvShrink">我是被收缩的一列被收缩的一列</string><!-- 该值用于被收缩的列 -->
08     <string name="tvLong">我的内容比较长比较长比较长</string>    <!-- 该值用于内容比较长的列 -->
09 </resources>
```

其中：

- 第 4 行，声明的字符串对象将会作为独占表格中一行的 TextView 的字符串内容。
- 第 5 行，声明的字符串对象将会作为表格某行中内容较少的 TextView 的字符串内容。
- 第 6 行，声明的字符串对象将会作为表格某行中内容较少地被拉伸的 TextView 的字符串内容。
- 第 7 行，声明的字符串对象将会作为表格某行中内容较多地被收缩的 Textview 的字符串内容。
- 第 8 行，声明的字符串对象将会作为表格某行中内容较多的 TextView 的字符串内容。

（2）下面来开发程序的布局文件，本案例在布局文件 main.xml 中定义了 3 个表格，每个表格只包含一行内容。其中，第 1 个表格只有一列，第 2 个有前宽后窄的两列，第 3 个表格有前窄后宽的两列。各表格的布局示意图如图 3-4 所示。

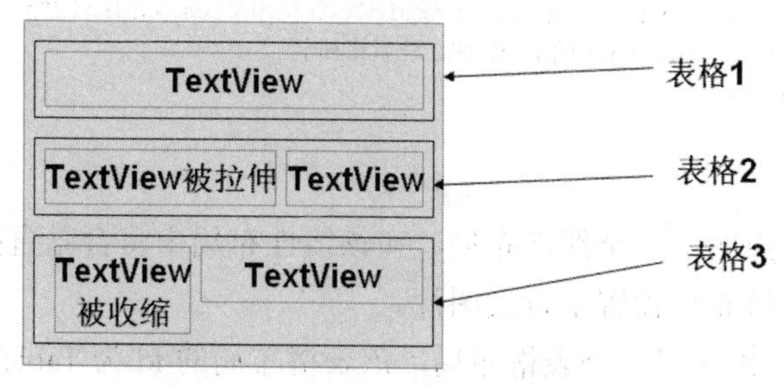

图 3-4　Sample_3_3 中表格布局示意图

下面将分别介绍每个表格的内部布局方式，首先打开项目 res/layout 目录下的 main.xml 文件，将其中已有的代码替换为如下代码。

代码位置：见随书光盘中源代码/第 3 章/Sample_3_3/res/layout 目录下的 main.xml 文件。

```
01 <?xml version="1.0" encoding="utf-8"?>
02 <LinearLayout
03     android:id="@+id/LinearLayout01"
04     android:layout_width="fill_parent"
05     android:layout_height="fill_parent"
06     xmlns:android="http://schemas.android.com/apk/res/android"
07     android:orientation="vertical"
08     android:background="@drawable/bbtc"
09     android:gravity="bottom"
10 >                                                    //声明一个垂直排列的线性布局
11     <TableLayout
12     android:id="@+id/TableLayout01"
13     android:layout_width="fill_parent"
14     android:layout_height="wrap_content"
15     android:background="@color/white"
16     xmlns:android="http://schemas.android.com/apk/res/android">     //声明一个表格布局
17     ……//此处省略 TableLayout 的部分代码，随后将补全
18     </TableLayout>
19     <TableLayout
20     android:id="@+id/TableLayout02"
21     android:layout_width="fill_parent"
22     android:layout_height="wrap_content"
23     android:background="@color/white"
24     android:stretchColumns="0"
25     xmlns:android="http://schemas.android.com/apk/res/android">     //声明一个表格布局
26     ……//此处省略 TableLayout 的部分代码，随后将补全
27     </TableLayout>
28     <TableLayout
29     android:id="@+id/TableLayout03"
30     android:layout_width="fill_parent"
31     android:layout_height="wrap_content"
32     android:background="@color/white"
33     android:collapseColumns="1"
34     android:shrinkColumns="0"
35     xmlns:android="http://schemas.android.com/apk/res/android">     //声明一个表格布局
36     ……//此处省略 TableLayout 的部分代码，随后将补全
37     </TableLayout>
38 </LinearLayout>
```

其中：

- 第 2～10 行，声明了一个线性布局，在该线性布局中将会垂直摆放 3 个表格布局，代码第 8 行为该布局设置了背景图片。
- 第 11～18 行，声明了一个表格布局，该表格布局的 id 为 TableLayout01，其背景色为白色。
- 第 19～28 行，声明了一个表格布局，该表格布局的 id 为 TableLayout02，其背景色

为白色，并且对编号为 0 的列设置了 Stretchable 属性。

- 第 29～37 行，声明了一个表格布局，该表格布局的 id 为 TableLayout03，其背景色为白色，并且对编号为 1 的列设置了 Collapse 属性，对编号为 0 的列设置了 Shrinkable 属性。

提示： 如果需要对多个列设置 Stretchable、Shrinkable 或 Stretchable 属性，需要用逗号隔开每个要设置的列的编号。

下面来具体实现每个 TableLayout，首先是 ID 为 TableLayout01 的表格布局的实现代码，如下所列。

代码位置：见随书光盘中源代码/第 3 章/Sample_3_3/res/layout 目录下的 main.xml 文件。

```
01    <TextView
02      android:text="@string/tv1"
03      android:id="@+id/TextView01"
04      android:layout_width="wrap_content"
05      android:layout_height="wrap_content"
06      android:layout_centerInParent="true"
07      android:background="@color/red"
08      android:textColor="@color/black"
09      android:layout_margin="4px"
10    >                              <!--  声明一个 TextView 控件，其 ID 为 TextView01  -->
11    </TextView>
```

其中：

- 第 2 行，为 TextView 控件设置了显示的内容。
- 第 7 行，设置 TextView 的背景色为红色。
- 第 8 行，设置 TextView 的字体颜色为黑色。

在上述表格布局中，在表格中只有一行，而在该行声明了一个 TextView 对象并占满所有的列。下面介绍 id 为 TextView02 的表格布局的实现代码，如下所述。

代码位置：见随书光盘中源代码/第 3 章/Sample_3_3/res/layout 目录下的 main.xml 文件。

```
01 <TableRow
02         android:id="@+id/TableRow01"
03         android:layout_width="wrap_content"
04         android:layout_height="wrap_content">      <!--  声明一个 TableRow  -->
05            <TextView
06             android:text="@string/tvStrech"
07             android:id="@+id/TextView02"
08             android:layout_width="wrap_content"
09             android:layout_height="wrap_content"
10             android:layout_centerInParent="true"
11             android:background="@color/green"
12             android:textColor="@color/black"
13             android:layout_margin="4px"
14            >                              <!--  声明一个 TextView,id 为 TextView02  -->
15            </TextView>
```

```
16          <TextView
17           android:text="@string/tvShort"
18           android:id="@+id/TextView03"
19           android:layout_width="wrap_content"
20           android:layout_height="wrap_content"
21           android:layout_centerInParent="true"
22           android:background="@color/blue"
23           android:textColor="@color/black"
24           android:layout_margin="4px"
25          >                                   <!-- 声明一个TextView,id为TextView03 -->
26          </TextView>
27 </TableRow>
```

其中：

- 第 1～4 行，声明了一个 TableRow，并设置其在父容器中的布局方式。
- 第 5～15 行，声明了 TextView，并为其指定了 id 和在父容器中的布局方式。该 TextView 所占的列被设置了 Stretchable 属性。
- 第 16～26 行，声明了一个 TextView 控件，并为其指定了 id，该 TextView 中所显示的内容较少，所以第 5～15 行声明的 TextView 控件会填充该 TextView 剩下的空间。

上述表格布局中只有一个用 TableRow 声明的行，在该行中包括两列，其中一列被设置了 Stretchable 属性。下面来看 id 为 TableLayout03 的表格布局的实现代码，如下所述。

代码位置：见随书光盘中源代码/第 3 章/Sample_3_3/res/layout 目录下的 main.xml 文件。

```
01 <TableRow  android:id="@+id/TableRow02"
02         android:layout_width="wrap_content"
03         android:layout_height="wrap_content"
04        >                                  <!-- 声明了一个 TableRow, id 为 TableRow02-->
05          <TextView
06           android:text="@string/tvShrink"
07           android:id="@+id/TextView04"
08           android:layout_width="wrap_content"
09           android:layout_height="wrap_content"
10           android:layout_centerInParent="true"
11           android:background="@color/green"
12           android:textColor="@color/black"
13           android:layout_margin="4px"
14          >                                <!-- 声明了一个 TextView, id 为 TextView04  -->
15          </TextView>
16          <TextView
17           android:text="@string/tvShort"
18           android:id="@+id/TextView05"
19           android:layout_width="wrap_content"
20           android:layout_height="wrap_content"
21           android:layout_centerInParent="true"
22           android:background="@color/blue"
23           android:textColor="@color/black"
24           android:layout_margin="4px"
25          >                                <!--  声明了一个 TableRow, TextView05  -->
26          </TextView>
27          <TextView
```

```
28             android:text="@string/tvLong"
29             android:id="@+id/TextView06"
30             android:layout_width="wrap_content"
31             android:layout_height="wrap_content"
32             android:layout_centerInParent="true"
33             android:background="@color/red"
34             android:textColor="@color/black"
35             android:layout_margin="4px"
36             >                           <!-- 声明了一个 TableRow，TextView06 -->
37             </TextView>
38 </TableRow>
```

其中：

- 第 1～4 行，声明了一个 TableRow，并设置了其在父容器中的布局。
- 第 5～15 行，声明了一个 TextView 控件，该 TextView 控件所占的列被设置了 Shrinkable 属性，可收缩的列将会纵向扩展。
- 第 16～26 行，声明了一个 TextView 控件，该 TextView 控件所占的列被设置了 Collapsed 属性，所以此 View 将不会被显示。
- 第 27～37 行，声明了一个 TextView 控件，该 TextView 控件所显示的内容比较长，所以会迫使第 5~15 行声明的 TextView 控件所占的列进行收缩。

（3）完成了布局文件 main.xml 的开发之后，最后来开发 Activity 部分的代码，打开项目的 Activity 类 TableActivity.java，在其中输入如下代码。

代码位置：见随书光盘中源代码/第 3 章/Sample_3_3/src/com.sample.Sample_3_3;目录下的 Sample_3_3Activity.java 文件。

```
1  package com.sample.Sample_3_3;                              //声明包语句
2  import android.app.Activity;                                //引入相关类
3  import android.os.Bundle;                                   //引入相关类
4  public class Sample_3_3Activity extends Activity {
5     @Override
6     public void onCreate(Bundle savedInstanceState) {    //重写 onCreate 方法
7        super.onCreate(savedInstanceState);
8        setContentView(R.layout.main);                         //设置布局文件 main.xml 为当前屏幕
9     }
10 }
```

说明：TableActivity 的代码比较简单，只是在 onCreate 方法中将当前屏幕设置为步骤（2）中开发好的 main.xml 文件。

完成上述步骤的开发后，下面运行本应用程序，如图 3-5 所示。

如图 3-5 所示，第 2 个表格的第 1 列和第 3 个表格的第 1 列分别设置了拉伸和收缩的属性，因此在该行的其他列所显示的内容比较少或比较多时，这些设置了拉伸和收缩属性的列会自动拉伸或收缩，以保证表格的宽度不变。

图 3-5　Sample_3_3 运行效果图

3.4　相对布局

本节将要介绍的是相对布局，相对布局比较容易理解，下面首先介绍 RelativeLayout 类的相关知识，然后通过一个案例来说明相对布局的用法。

3.4.1　RelativeLayout 类简介

在相对布局中，子控件的位置是相对于兄弟控件或是父容器而决定的。出于性能考虑，在设计相对布局时要按照控件之间的依赖关系排列，例如 View A 的位置相对于 View B 来决定，则需要保证在布局文件中 View B 在 View A 的前面。

在进行相对布局时用到的属性很多，首先来看属性值只为 true 或 false 的属性，如表 3-5 所示。

表 3-5　相对布局中只取 true 或 false 的属性

属性名称	属性说明
android:layout_centerHorizontal	当前控件位于父控件的横向中间位置
android:layout_centerVertical	当前控件位于父控件的纵向中间位置
android:layout_centerInParent	当前控件位于父控件的中央位置
android:layout_alignParentBottom	当前控件底端与父控件底端对齐
android:layout_alignParentLeft	当前控件左侧与父控件左侧对齐
android:layout_alignParentRight	当前控件右侧与父控件右侧对齐
android:layout_alignParentTop	当前控件顶端与父控件顶端对齐
android:layout_alignWithParentIfMissing	参照控件不存在或不可见时参照父控件

接下来再来看属性值为其他控件 id 的属性，如表 3-6 所示。

表 3-6 相对布局中取值为其他控件 id 的属性及说明

属 性 名 称	属 性 说 明
android:layout_toRightOf	使当前控件位于给出的 id 控件的右侧
android:layout_toLeftOf	使当前控件位于给出的 id 控件的左侧
android:layout_above	使当前控件位于给出的 id 控件的上方
android:layout_below	使当前控件位于给出的 id 控件的下方
android:layout_alignTop	使当前控件的上边界与给出的 id 控件的上边界对齐
android:layout_alignBottom	使当前控件的下边界与给出的 id 控件的下边界对齐
android:layout_alignLeft	使当前控件的左边界与给出的 id 控件的左边界对齐
android:layout_alignRight	使当前控件的右边界与给出的 id 控件的右边界对齐

最后要介绍的是属性值以像素为单位的属性及说明，如表 3-7 所示。

表 3-7 相对布局中取值为像素的属性及说明

属 性 名 称	属 性 说 明
android:layout_marginLeft	当前控件左侧的留白
android:layout_marginRight	当前控件右侧的留白
android:layout_marginTop	当前控件上方的留白
android:layout_marginBottom	当前控件下方的留白

需要注意的是，在进行相对布局时要避免出现循环依赖，例如，若设置相对布局在父容器中的排列方式为 WRAP_CONTENT，那么就不能再将相对布局的子控件设置为 ALIGN_PARENT_BOTTOM。因为这样会造成子控件和父控件相互依赖和参照的错误。

3.4.2 相对布局使用

3.4.1 节介绍了 RelativeLayout 类的相关知识，本节将会通过一个案例来说明 RelativeLayout 类的用法，该案例的开发步骤如下。

（1）在 Eclipse 中新建一个项目 Sample_3_4，首先进行布局文件 main.xml 的开发，打开 res/layout 目录下的 main.xml 文件，将其中已有的代码替换成如下代码。

代码位置：见随书光盘中源代码/第 3 章/Sample_3_4/res/layout 目录下的 main.xml 文件。

```
01 <?xml version="1.0" encoding="utf-8"?>
02 <RelativeLayout xmlns:android="http://schemas.android.com/apk/res/android"
03    android:id="@+id/RelativeLayout01"
04    android:layout_width="fill_parent"
05    android:layout_height="fill_parent" >
06  <!-- 声明一个相对布局 -->
07    <Button
08       android:id="@+id/button01"
09       android:layout_width="wrap_content"
```

```
10          android:layout_height="wrap_content"
11          android:layout_centerInParent="true"
12          android:text="居中" />
13
14      <Button
15          android:id="@+id/button02"
16          android:layout_width="wrap_content"
17          android:layout_height="wrap_content"
18          android:layout_alignTop="@+id/button01"
19          android:layout_toRightOf="@+id/button01"
20          android:text="右侧"/>
21
22      <Button
23          android:id="@+id/button03"
24          android:layout_width="wrap_content"
25          android:layout_height="wrap_content"
26          android:layout_above="@+id/button01"
27          android:layout_alignLeft="@+id/button01"
28          android:text="上方" />
29
30  </RelativeLayout>
```

其中：

- 第 2~6 行，声明了一个相对布局，声明了其 id 以及在父控件中的布局规则。
- 第 7~13 行，声明了一个 Button 控件，并在代码第 11 行设置其位置属性 android:layout_centerInParent 为 true，即该控件位于父控件的中央位置。
- 第 14~21 行，声明了一个 Button 控件，并在代码第 18 行和第 19 行设置其位置属性 android:layout_toRightOf 和 android:layout_alignTop 均为 button01，即位于 button01 的右侧。
- 第 22~29 行，声明了一个 Button 控件并在代码第 26 行和第 27 行设置其位置属性 android:layout_above 和 android:layout_alignLeft 均为 button01，即位于 button01 的上方。

（2）进行 Activity 部分的开发，打开项目的 Activity 文件 RelativeActivity.java，在其中输入如下代码。

代码位置：见随书光盘中源代码/第 3 章/Sample_3_4/src/com.sample.Sample_3_4; 目录下的 Sample_3_4Activity.java 文件。

```
1  package com.sample.Sample_3_4;                                //声明包语句
2  import android.app.Activity;                                 //引入相关类
3  import android.os.Bundle;                                    //引入相关类
4  public class Sample_3_4Activityextends Activity {
5      @Override
6      public void onCreate(Bundle savedInstanceState) {        //重写 onCreate 方法
7          super.onCreate(savedInstanceState);
8          setContentView(R.layout.main);                       //设置当前屏幕为 main.xml
9      }
10 }
```

说明：Activity 部分的代码比较简单，其主要的工作是在 onCreate 方法中将 Activity 的当前屏幕设置为 main.xml 布局文件。

完成上述步骤的开发后，运行本项目后的效果如图 3-6 所示。

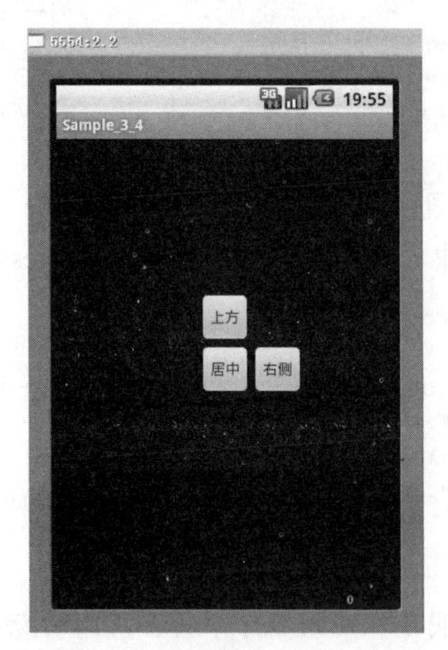

图 3-6　Sample_3_4 运行效果图

如图 3-6 所示，参照控件是屏幕中心显示内容为“居中”的按钮，“上方”的按钮相对于“居中”按钮在其上方，而“右侧”按钮相对于“居中”按钮在其右方。

3.5　绝对布局

本节要介绍的绝对布局是一种用起来比较费时的布局管理器，本节首先介绍 AbsoluteLayout 类的相关知识，然后通过一个案例来说明绝对布局的用法。

3.5.1　AbsoluteLayout 类简介

所谓绝对布局，是指屏幕中所有控件的摆放由开发人员通过设置控件的坐标来指定，控件容器不再负责管理其子控件的位置。由于子控件的位置和布局都通过坐标来指定，AbsoluteLayout 类中并没有开发特有的属性和方法。

3.5.2　绝对布局使用

在 3.5.1 节对 AbsoluteLayout 类进行了简单介绍，本小节将通过一个案例来说明绝对布局的使用方法。该案例的开发步骤如下。

（1）在 Eclipse 中新建一个项目 Sample_3_5，首先打开 res/values 目录下的 strings.xml 文件，在其中输入如下代码。

代码位置：见随书光盘中源代码/第 3 章/Sample_3_5/res/values 目录下的 strings.xml 文件。

```
01 <?xml version="1.0" encoding="utf-8"?>
02 <resources>
03    <string name="app_name">AbsoluteExample</string> <!-- 声明名为 app_name 的字符串资源 -->
04    <string name="uid">用户名</string>              <!-- 声明名为 uid 的字符串资源 -->
05    <string name="pwd">密 码</string>              <!-- 声明名为 pwd 的字符串资源 -->
06    <string name="ok">确定</string>                <!-- 声明名为 ok 的字符串资源 -->
07    <string name="cancel">取消</string>            <!-- 声明名为 cancel 的字符串资源 -->
08 </resources>
```

（2）在项目 res/values 目录下新建一个 colors.xml 文件，在其中输入如下代码。

代码位置：见随书光盘中源代码/第 3 章/Sample_3_5/res/values 目录下的 colors.xml。

```
01 <?xml version="1.0" encoding="utf-8"?>
02 <resources>
03    <color name="red">#fd8d8d</color>             <!-- 声明名为 red 的资源 -->
04     <color name="green">#9cfda3</color>          <!-- 声明名为 green 的资源 -->
05     <color name="blue">#8d9dfd</color>           <!-- 声明名为 blue 的资源 -->
06     <color name="white">#FFFFFF</color>          <!-- 声明名为 white 的资源 -->
07     <color name="black">#000000</color>          <!-- 声明名为 black 的资源 -->
08 </resources>
```

说明： 在 colors.xml 中声明了在应用程序中将会用到的颜色资源。这样，将所有颜色资源统一管理有助于提高程序的可读性和可维护性。

（3）进行布局文件的开发，程序中各个控件的布局如图 3-7 所示。其中，在 ScrollView 中放置了一个 EditText 子控件。

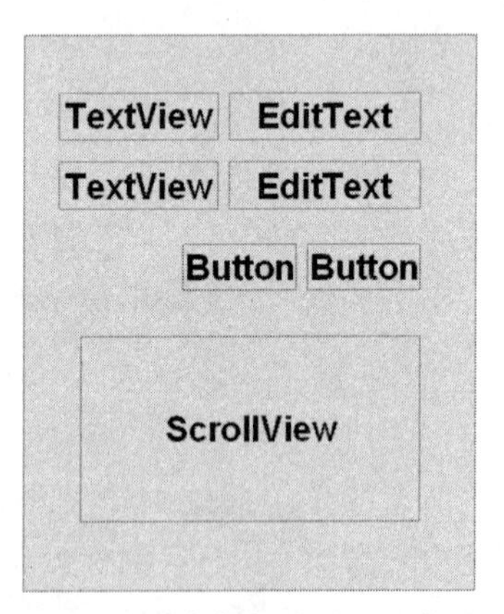

图 3-7　程序各控件位置示意图

打开项目 res/layout 目录下的 main.xml 文件，将其中已有的代码替换为如下代码。

代码位置：见随书光盘中源代码/第 3 章/Sample_3_5/res/layout 目录下的 main.xml 文件。

```
01 <?xml version="1.0" encoding="utf-8"?>
02 <AbsoluteLayout android:id="@+id/AbsoluteLayout01"
03    android:layout_width="fill_parent" android:layout_height="fill_parent"
04    android:background="@color/white"
```

```
05    xmlns:android="http://schemas.android.com/apk/res/android"> <!-- 声明一个绝对布局 -->
06    <TextView
07        android:layout_x="20dip" android:layout_y="20dip"
08        android:layout_height="wrap_content" android:layout_width="wrap_content"
09        android:id="@+id/TextView01" android:text="@string/uid"> <!-- 声明一个TextView控件 -->
10     </TextView>
11    <TextView
12        android:layout_x="20dip" android:layout_y="80dip"
13        android:layout_height="wrap_content"  android:layout_width="wrap_content"
14        android:id="@+id/TextView02" android:text="@string/pwd"> <!-- 声明一个TextView控件 -->
15    </TextView>
16    <EditText
17       android:layout_x="80dip" android:layout_y="20dip"
18       android:layout_height="wrap_content" android:layout_width="180dip"
19       android:id="@+id/EditText01">                    <!-- 声明一个 EditText 控件  -->
20    </EditText>
21    <EditText
22       android:layout_x="80dip" android:layout_y="80dip"
23       android:layout_height="wrap_content" android:layout_width="180dip"
24       android:id="@+id/EditText02" android:password="true"
25    >                                                   <!--  声明一个 EditText 控件 -->
26    </EditText>
27     <Button
28        android:layout_x="155dip" android:layout_y="140dip"
29        android:layout_height="wrap_content" android:id="@+id/Button01"
30        android:layout_width="wrap_content" android:text="@string/ok"
31        >                                               <!-- 声明一个 Button 控件  -->
32     </Button>
33     <Button
34        android:layout_x="210dip" android:layout_y="140dip"
35        android:layout_height="wrap_content" android:id="@+id/Button02"
36        android:layout_width="wrap_content" android:text="@string/cancel"
37        >                                               <!-- 声明一个 Button 控件  -->
38     </Button>
39     <ScrollView
40         android:layout_x="10dip" android:layout_y="200dip"
41         android:layout_height="150dip" android:layout_width="250dip"
42         android:id="@+id/ScrollView01">               <!-- 声明一个 ScrollView 控件  -->
43         <EditText
44              android:layout_width="fill_parent" android:layout_height="wrap_content"
45              android:id="@+id/EditText03" android:singleLine="false"
46              android:gravity="top"   >                 <!-- 声明一个 EditText 控件  -->
47         </EditText>
48     </ScrollView>
49 </AbsoluteLayout>
```

其中：

- 第 2～5 行，声明了一个 AbsoluteLayout，并设置了其在父容器中的显示方式。
- 第 6～10 行和第 11～15 行，分别声明了用于显示用户名和密码的 TextView 控件，代码第 7 行和第 12 行为设置绝对布局中子控件坐标的代码。

- 第 16～20 行和第 21～26 行，分别声明了用于输入用户名和密码的 EditText 控件，代码第 17 行和第 22 行为设置绝对布局中 EditText 控件的坐标，代码第 24 行将 android:password 属性设置为 true。
- 第 27～32 行和第 33～38 行，分别声明了确定和取消按钮控件，其中代码第 28 行和第 34 行设置了其在绝对布局中的坐标。
- 第 39～48 行，声明了一个 ScrollView 控件，在该控件中包含一个 EditText 控件。

（4）开发应用程序的 Activity，打开项目 src/wyf/jc 目录下的 AbsoluteActivity.java，在其中输入如下代码。

代码位置: 见随书光盘中源代码/第 3 章/Sample_3_5/src/com.sample.Sample_3_5;目录下的 Sample_3_5Activity.java。

```
01 package com.sample.Sample_3_5;                                   //声明包语句
02 import android.app.Activity;                                     //引入相关类
03 import android.os.Bundle;                                        //引入相关类
04 import android.view.View;                                        //引入相关类
05 import android.widget.Button;                                    //引入相关类
06 import android.widget.EditText;                                  //引入相关类
07 public class Sample_3_5Activityextends Activity {
08    @Override
09    public void onCreate(Bundle savedInstanceState) {             //重写 onCreate 方法
10       super.onCreate(savedInstanceState);
11       setContentView(R.layout.main);                             //设置当前屏幕
12       final Button OkButton = (Button) findViewById(R.id.Button01); //获取确定按钮对象
13       final Button cancelButton = (Button) findViewById(R.id.Button02); //获取取消按钮对象
14       final EditText uid=(EditText)findViewById(R.id.EditText01); //获取用户名文本框对象
15       final EditText pwd=(EditText)findViewById(R.id.EditText02);//获取密码文本框对象
16       final EditText log=(EditText)findViewById(R.id.EditText03);//获取登录日志文本框对象
17       OkButton.setOnClickListener(            //为按钮添加 OnClickListener 监听器实现
18             new View.OnClickListener(){
19                 public void onClick(View v){                     //重写 onClick 方法
20                     String uidStr=uid.getText().toString();      //获取用户名文本框的内容
21                     String pwdStr=pwd.getText().toString();      //获取密码文本框的内容
22                     log.append("用户名: "+uidStr+" 密码: "+pwdStr+"\n");
23                 }
24             });
25       cancelButton.setOnClickListener(        //为按钮添加 OnClickListener 监听器实现
26             new View.OnClickListener(){
27                 public void onClick(View v){                     //重写 onClick 方法
28                     uid.setText("");                             //清空用户名文本框内容
29                     pwd.setText("");                             //清空密码文本框内容
30                 }
31             });
32    }
33 }
```

其中：

- 第 12～16 行，通过 findViewById 方法获取了布局文件中的各个控件对象。
- 第 17～24 行，为确定按钮添加了 OnClickListener 监听器的实现。在重写的 onClick

方法中，主要进行的工作是将用户名和密码文本框中的内容添加到用于记录登录日志信息的 EditText 的内容中。

- 第 25～31 行，为取消按钮添加了 OnClickListener 监听器的实现。在重写的 onClick 方法中，主要进行的工作是将用户名和密码文本框中的内容清空。

完成上述步骤的开发之后，下面来运行本程序，在程序界面多次输入登录信息，如图 3-8 所示。

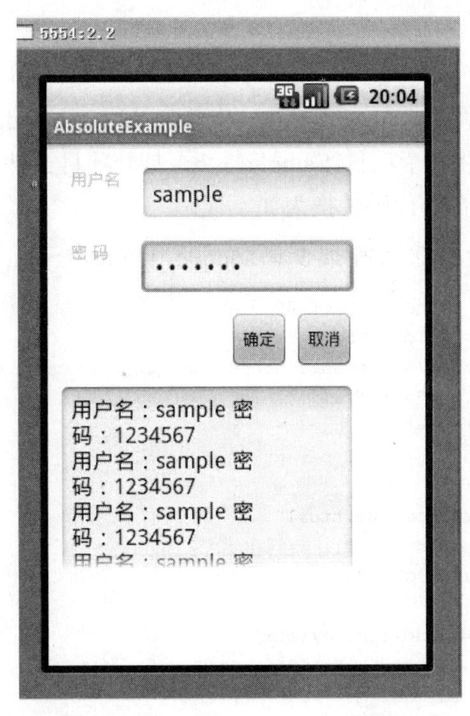

图 3-8　Sample_3_5 运行效果图

3.6　切换卡（TabWidget）

3.6.1　TabWidget 类简介

切换卡（TabWidget）是一种相对复杂的布局管理器，通过多个标签来切换显示不同的内容，一个 TabWidget 主要是由一个 TabHost 来存放多个 Tab 标签容器，再在 Tab 容器中加入其他控件，通过 addTab 方法可以增加新的 Tab，这些除了在 xml 文件中布置好控件外，当然还需要在 Java 文件中处理好事件的逻辑。

TabWidget 继承自 LinearLayout，是线性布局的一种，除了继承自父类的属性和方法，在 FrameLayout 类中包含了自己特有的属性和方法，如表 3-8 所示。

表 3-8　TabWidget 常用属性及对应方法

属 性 名 称	描　述
android:divider	可绘制对象，被绘制在选项卡窗口间充当分割物
android:tabStripEnabled	确定是否在选项卡绘制
android:tabStripLeft	被用来绘制选项卡下面的分割线左边部分的可视化对象
android:tabStripRight	被用来绘制选项卡下面的分割线右边部分的可视化对象

3.6.2　切换卡使用

对切换卡进行基本介绍后，在这一节通过实例来使用 TabWidget 实现网上商店的布局。

（1）在 Eclipse 中新建一个项目 Sample_3_6，打开项目文件夹中 res/layout 目录下的 main.xml 文件，将其中已有的代码替换为如下代码。

代码位置：见随书光盘中源代码/第 3 章/Sample_3_6/res/layout 目录下的 main.xml 文件。

```
01 <?xml version="1.0" encoding="utf-8"?>
02 <TabHost android:id="@+id/tabhost"
03     xmlns:android="http://schemas.android.com/apk/res/android"
04     android:orientation="vertical"
05     android:layout_width="fill_parent"
06     android:layout_height="fill_parent">                    <!-- 定义 TabHost -->
07     <RelativeLayout
08         android:orientation="vertical"
09         android:layout_width="fill_parent"
10         android:layout_height="fill_parent">                <!-- 定义相对布局 -->
11         <TabWidget
12             android:id="@android:id/tabs"
13             android:layout_width="fill_parent"
14             android:layout_height="wrap_content"
15             android:layout_alignParentBottom="true" />      <!-- 定义切换卡 -->
16         <FrameLayout
17             android:id="@android:id/tabcontent"
18             android:layout_width="fill_parent"
19             android:layout_height="fill_parent">            <!-- 定义帧布局 -->
20             <LinearLayout android:id="@+id/tab1"
21                 android:layout_width="fill_parent"
22                 android:layout_height="fill_parent"
23                 androidrientation="vertical">
24                 <TextView
25                     android:id="@+id/view1"
26                     android:layout_width="wrap_content"
27                     android:layout_height="wrap_content"
28                     android:text="电影列表："
29                     />
30             </LinearLayout>                                 <!-- 定义一个 TextView -->
31             <LinearLayout android:id="@+id/tab2"
32                 android:layout_width="fill_parent"
33                 android:layout_height="fill_parent"
34                 androidrientation="vertical">
```

```
35              <TextView android:id="@+id/view2"
36                 android:layout_width="wrap_content"
37                 android:layout_height="wrap_content"
38                 android:text="音乐列表："
39                 />
40          </LinearLayout>                          <!-- 定义一个 TextView -->
41          <LinearLayout android:id="@+id/tab3"
42              android:layout_width="fill_parent"
43              android:layout_height="fill_parent"
44              androidrientation="vertical">
45              <TextView android:id="@+id/view3"
46                 android:layout_width="wrap_content"
47                 android:layout_height="wrap_content"
48                 android:text="书籍列表："
49                 />
50          </LinearLayout>                          <!-- 定义一个 TextView -->
51       </FrameLayout>
52    </RelativeLayout>
53 </TabHost>
```

其中：

- 第 02～06 行，定义了 TabHost 布局，其 id 必须为@android:id/tabhost。
- 第 07～10 行，定义了 3 个切换卡的整体布局方式。
- 第 11～15 行，定义了切换卡 TabWidget，其 id 必须为@android:id/tabs。
- 第 16～19 行，定义了切换卡内的 FrameLayout 布局，其 id 必须是@android:id/tabcontent。
- 第 20～30 行、第 31～40 行、第 41～50 行，分别定义了 3 个不同的切换卡内部布局。每一个切换卡内都是一个 TextView，用于显示不同的文字。

（2）接下来进行 Activity 部分的开发，打开该项目 Activity 下的 Sample_3_6Activity.java 文件，在其中输入如下代码。

代码位置：见随书光盘中源代码/第 3 章/Sample_3_6/src/com.sample.Sample_3_6;目录下的 Sample_3_6Activity.java 文件。

```
01 package com.sample.Sample_3_6;                                    //声明包语句
02
03 import android.app.Activity;                                      //引入相关类
04 import android.os.Bundle;
05 import android.widget.TabHost;
06
07 public class Sample_3_6Activity extends Activity {                //继承 Activity
08    public void onCreate(Bundle icicle) {                          //重写 Oncreate 方法
09       super.onCreate(icicle);
10       setContentView(R.layout.main);                              //设置界面布局
11       TabHost tabs = (TabHost) findViewById(R.id.tabhost);        //获得 Tabhost 控件
12       tabs.setup();                                               //初始化 TabHost 控件
13       TabHost.TabSpec spec = tabs.newTabSpec("this is 1st tab");//实例化一个切换卡
14       spec.setContent(R.id.view1);                           //绑定布局控件
15       spec.setIndicator("Movie");                            //设置显示内容
```

```
16
17        //如果需要带 icon 图标，则使用 setIndicator(CharSequence label, Drawable icon)函数
18
19        tabs.addTab(spec);                                    //将切换卡添加到 TabHost 中
20        spec = tabs.newTabSpec("this is 2nd tab");
21        spec.setContent(R.id.view2);
22        spec.setIndicator("Music");
23        tabs.addTab(spec);                                    //设置第二个切换卡
24        spec = tabs.newTabSpec("this is 3rd tab");
25        spec.setContent(R.id.view3);
26        spec.setIndicator("Book");
27        tabs.addTab(spec);                                    //设置第三个切换卡
28        setTitle("Online Market");
29
30         tabs.setCurrentTab(0);                               //启动时，显示第一个切换卡
31    }
32 }
```

其中：

- 第 11～12 行，声明一个 TabHost 并且与布局绑定完成初始化。
- 第 13～18 行，实现一个切换卡。该切换卡的标签名为“this is 1st tab”，并且将该 Tab 和 xml 文件中写好的 Textview1 相互绑定，这样再次单击该 Tab 时，其内容就是 Textview1 的内容了；其显示内容为“Movie”。
- 第 19 行，将该切换卡添加到 TabHost 控件中。
- 第 19～27 行，类似地添加了另外两个选项卡，即 Music 和 Book。
- 第 28 行，设置标题显示内容。
- 第 32 行，设置该界面创建时显示的标签页，这里显示第一个。

（3）完成了以上步骤后，在模拟器中运行以上代码，可以得到如图 3-9 所示的结果，当然我们可以任意单击底部的标签，可以发现控件确实可以进行切换，如图 3-10 所示。

图 3-9　切换卡运行效果

图 3-10　切换卡切换后效果

3.7　总结

本章主要介绍的内容是 Android 平台下开发用户界面时使用的几种布局管理器，在介绍每种布局管理器时，都有案例进行辅助说明。本章是学习 Android 用户界面开发的过程中比较基础的一章，虽然本章的知识并不是很难，但是对于读者在后面章节的学习是十分有帮助的。

知 识 点	难 度 指 数（1～6）	占 用 时 间（1～3）
帧布局	1	1
线性布局	4	3
表格布局	6	3
相对布局	5	2
绝对布局	3	2
切换卡布局	5	3

3.8　习题

（1）掌握五大布局的基本布局方式，了解各种布局效果和差别。
（2）使用线性布局方式，实现表格布局和相对布局的实例效果。
（3）使用相对布局方式，实现线性布局和表格布局的实例效果。

第4章 仙人指路：Android 常用基本控件

本章将对在进行用户界面开发时常用的 Android 基本控件进行介绍，主要包括文本框、按钮、单选和复选按钮、图片显示和日期时间控件等。了解这些基本控件的工作方式有助于对后面章节中要介绍的 Android 高级控件的学习。

4.1 控件类概述

4.1.1 View 类简介

在介绍 Android 控件之前，有必要让读者了解 Android 平台下的控件类。首先要了解的是 View 类，该类为所有可视化控件的基类，主要提供了控件绘制和事件处理的方法。创建用户界面所使用的控件都继承自 View，例如 TextView、Button、CheckBox 等。

关于 View 及其子类的相关属性，既可以在布局 XML 文件中进行设置，也可以通过成员方法在代码中动态设置。View 类常用的属性及其对应方法见表 4-1。

表 4-1 View 类常用属性及对应方法说明

属性名称	对应方法	描述
android:background	setBackgroundResource(int)	设置背景
android:clickable	setClickable(boolean)	设置 View 是否响应单击事件
android:visibility	setVisibility(int)	控制 View 的可见性
android:focusable	setFocusable(boolean)	控制 View 是否可以获取焦点
android:id	setId(int)	为 View 设置标识符，可通过 findViewById 方法获取
android:longClickable	setLongClickable(boolean)	设置 View 是否响应长单击事件
android:soundEffectsEnabled	setSoundEffectsEnabled(boolean)	设置 View 触发单击等事件时是否播放音效
android:saveEnabled	setSaveEnabled(boolean)	如果未作设置，当 View 被冻结时将不会保存其状态
android:nextFocusDown	setNextFocusDownId(int)	定义向下搜索时应该获取焦点的 View，如果该 View 不存在或不可见，则会抛出 RuntimeException 异常
android:nextFocusLeft	setNextFocusLeftId(int)	定义向左搜索时应该获取焦点的 View
android:nextFocusRight	setNextFocusRightId(int)	定义向右搜索时应该获取焦点的 View
android:nextFocusUp	setNextFocusUpId(int)	定义向上搜索时应该获取焦点的 View，如果该 View 不存在或不可见，则会抛出 RuntimeException 异常

说明：任何继承自 View 的子类都将拥有 View 类的以上属性及对应方法。

4.1.2 ViewGroup 类简介

另外一个需要了解的是 ViewGroup 类，它也是 View 类的子类，但是可以充当其他控件的容器。GroupView 的子控件既可以是普通的 View，也可以是 ViewGroup，实际上，这是使用了 Composite 的设计模式。Android 中的一些高级控件如 Galley、GridView 等都继承自 ViewGroup。

与 Java SE 不同，在 Android 中并没有设计布局管理器，而是为每种不同的布局提供了一个 ViewGroup 的子类，在第 3 章讲解的常用布局及其类结构如图 4-1 所示。

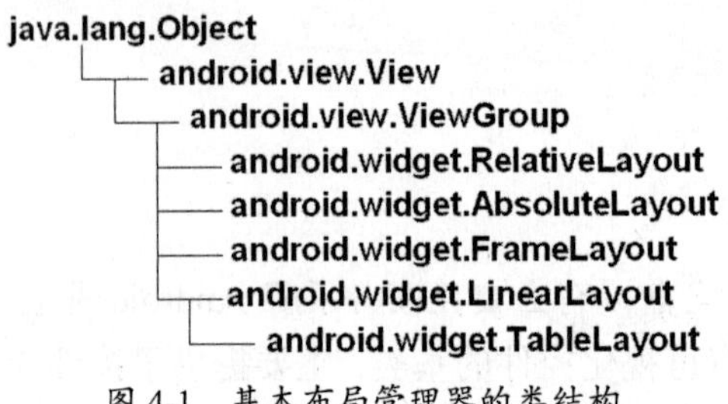

图 4-1 基本布局管理器的类结构

4.2 基本文本控件

在 Android 中，文本控件主要包括 TextView 控件和 EditText 控件，本节将会对这两个控件的用法进行详细介绍。

4.2.1 TextView 类简介

TextView 继承自 View 类，TextView 控件的功能是向用户显示文本内容，同时可选择性地让用户编辑文本。从功能上来讲，一个 TextView 就是一个完整的文本编辑器，只不过其本身被设置为不允许编辑，其子类 EditText 被设置为允许用户对内容进行编辑。

在 TextView 控件中包含很多可以在 XML 文件中设置的属性，这些属性同样可以在代码中动态声明，在 TextView 中常用的属性及其对应方法如表 4-2 所示。

表 4-2 TextView 常用属性及对应方法说明

属性名称	对应方法	说明
android:autoLink	setAutoLinkMask(int)	设置是否将指定格式的文本转化为可单击的超链接显示。传入的参数值可取 ALL、EMAIL_ADDRESSES、MAP_ADDRESSES、PHONE_NUMBERS 和 WEB_URLS
android:gravity	setGravity(int)	定义 TextView 在 x 轴和 y 轴方向上的显示方式
android:height	setHeight(int)	定义 TextView 的准确高度，以像素为单位
android:minHeight	setMinHeight(int)	定义 TextView 的最小高度，以像素为单位
android:maxHeight	setMaxHeight(int)	定义 TextView 的最大高度，以像素为单位
android:width	setWidth(int)	定义 TextView 的准确宽度，以像素为单位
android:minWidth	setMinWidth(int)	定义 TextView 的最小宽度，以像素为单位
android:maxWidth	setMaxWidth(int)	定义 TextView 的最大宽度，以像素为单位
android:hint	setHint(int)	当 TextView 中显示的内容为空时，显示该文本
android:text	setText(CharSequence)	为 TextView 设置显示的文本内容
android:textColor	setTextColor(ColorStateList)	设置 TextView 的文本颜色

续 表

属性名称	对应方法	说 明
android:textSize	setTextSize(float)	设置 TextView 的文本大小
android:typeface	setTypeface(Typeface)	设置 TextView 的文本字体
android:ellipsize	setEllipsize(TextUtils.TruncateAt)	如果设置了该属性，则当 TextView 中要显示的内容超过了 TextView 的长度时，会对内容进行省略，可取的值有 start、middle、end 和 marquee

提示：在 TextView 中的部分属性多用于 EditText 控件，这些属性将会在介绍 EditText 类时进行详细说明。

4.2.2 EditText 类简介

EditText 类继承自 TextView 类，EditText 类与 TextView 类最大的不同就是用户可以对 EditText 控件进行编辑。同时，用户还可以为 EditText 控件设置监听器，用来检测用户的输入是否合法等。表 4-3 列出了 EditText 类继承自 TextView 类中的常用属性及对应方法说明。

表 4-3 EditText 常用属性及对应方法说明

属性名称	对应方法	说 明
android:cursorVisible	setCursorVisible(boolean)	设置光标是否可见，默认为可见
android:lines	setLines(int)	通过设置固定的行数来决定 EditText 的高度
android:maxLines	setMaxLines(int)	设置最大行数
android:minLines	setMinLines(int)	设置最小行数
android:password	setTransformationMethod(TransformationMethod)	设置文本框中的内容是否显示为密码
android:phoneNumber	setKeyListener(KeyListener)	设置文本框中的内容只能是电话号码
android:scrollHorizontally	setHorizontallyScrolling(boolean)	设置文本框是否可以水平地进行滚动
android:selectAllOnFocus	setSelectAllOnFocus(boolean)	如果文本内容可选中，则当文本框获得焦点时自动选中全部文本内容
android:shadowColor	setShadowLayer(float,float,float,int)	为文本框设置指定颜色的阴影
android:shadowDx	setShadowLayer(float,float,float,int)	为文本框设置阴影的水平偏移，为浮点数
android:shadowDy	setShadowLayer(float,float,float,int)	为文本框设置阴影的垂直偏移，为浮点数
android:shadowRadius	setShadowLayer(float,float,float,int)	为文本框设置阴影的半径，为浮点数
android:singleLine	setTransformationMethod(TransformationMethod)	设置文本框为单行模式
android:maxLength	setFilters(InputFilter)	设置最大显示长度

4.2.3 文本框使用

对 TextView 类和 EditText 类进行了简单介绍后，本小节将通过一个案例来说明这两个文本控件的使用，本案例的主要功能是接收用户输入电子邮箱地址和电话号码，其开发步骤如下。

（1）在 Eclipse 中新建一个项目 Sample_4_1，首先在项目 res/values 目录下新建一个 colors.xml 文件，并在其中声明在程序中会用到的颜色资源，代码如下。

代码位置：见随书光盘中源代码/第 4 章/Sample_4_1/res/values 目录下的 colors.xml 文件。

```
01 <?xml version="1.0" encoding="utf-8"?>
02 <resources>
03     <color name="shadow">#fd8d8d</color>      <!-- 声明名为 shadow 的颜色资源 -->
04 </resources>
```

说明：代码第 3 行声明了一个名为 shadow 的颜色资源，该颜色将会作为 EditText 控件的文字阴影颜色。

（2）打开 res/values 目录下的 strings.xml 文件，在其中输入如下代码。

代码位置：见随书光盘中源代码/第 4 章/Sample_4_1/res/values 目录下的 strings.xml 文件。

```
01 <?xml version="1.0" encoding="utf-8"?>
02 <resources>
03     <string name="hello">Hello World, Sample_4_1!</string>
04     <string name="app_name">Sample_4_1</string>
05     <string name="tvEmail">邮箱地址\n(如: wyf12345678@wyf.com)</string>
06     <string name="etEmail">请输入电子邮件地址</string>
07     <string name="tvPhone">电话号码\n(如: 1234567890)</string>
08     <string name="etPhone">请输入电话号码</string>
09     <string name="etInfo">此处显示登记信息</string>
10 </resources>
```

说明：代码第 5～9 行声明了自定义的字符串资源，这些字符串资源将会作为 TextView 和 EditText 控件的显示内容。

（3）接下来设置应用程序的布局，本案例的布局方式如图 4-2 所示。

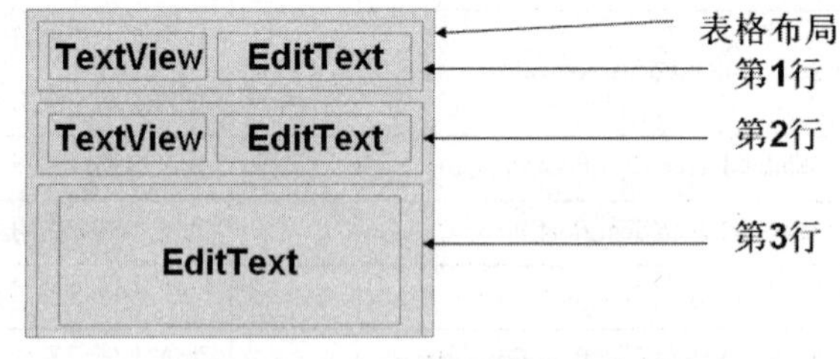

图 4-2　Sample_4_1 布局示意图

打开其布局文件 main.xml，在其中写入本程序布局代码的框架，代码如下。

代码位置：见随书光盘中源代码/第 4 章/Sample_4_1/res/layout 目录下的 main.xml 文件。

```
01 <?xml version="1.0" encoding="utf-8"?>
02 <TableLayout xmlns:android="http://schemas.android.com/apk/res/android"
03     android:layout_width="fill_parent"
04     android:layout_height="fill_parent"
05     android:shrinkColumns="0,2"
06     >                                          <!-- 声明一个 TableLayout -->
```

```
07     <TableRow
08         android:layout_width="fill_parent"
09         android:layout_height="wrap_content"
10         >                                                <!-- 声明一个TableRow控件 -->
11         <!—此处省略表格第 1 行的详细代码，将在随后补全 -->
12     </TableRow>
13     <TableRow
14         android:layout_width="fill_parent"
15         android:layout_height="wrap_content"
16         >                                                <!-- 声明一个TableRow -->
17         <!—此处省略表格第 2 行的详细代码，将在随后补全 -->
18     </TableRow>
19     <!—此处省略表格第 3 行的详细代码，将在随后补全 -->
20 </TableLayout>
```

其中：

- 第 2～6 行，声明了一个 TableLayout 布局管理器，并设置其第 0 列和第 2 列为可收缩的。
- 第 7～12 行和第 13～18 行，分别声明了一个 TableRow，并设置了其在父容器中的显示方式。

下面来逐步完成上述程序的布局代码，首先来看表格第一行的实现代码，代码如下。

代码位置：见随书光盘中源代码/第 4 章/Sample_4_1/res/layout 目录下的 main.xml 文件。

```
01 <TextView android:id="@+id/tvEmail"
02     android:layout_width="wrap_content" android:layout_height="wrap_content"
03     android:text="@string/tvEmail"
04     android:ellipsize="end"
05     android:autoLink="email"
06     />                                              <!-- 声明一个TextView控件 -->
07 <EditText android:id="@+id/etEmail"
08     android:hint="@string/etEmail"
09     android:layout_width="wrap_content" android:layout_height="wrap_content"
10     android:selectAllOnFocus="true"
11     />                                              <!-- 声明一个EditText控件 -->
```

其中：

- 表格中该行共有 2 列，分别为 1 个 TextView 控件和 1 个 EditText 控件。
- 第 4 行，设置了 TextView 控件的 ellipsize 属性为“end”，这样一来，当该列的内容长度超过 TextView 的宽度时，会省略末尾的字符。
- 第 5 行，设置了 TextView 的 autoLink 属性为“email”，当该 TextView 控件中的内容有电子邮件时，会自动将其标识为超链接。
- 第 8 行，设置 EditText 控件的 hint 属性值为 strings.xml 中指定的字符串资源，当该 EditText 控件中显示的内容为空时，将会显示 hint 属性指定的字符串。
- 第 10 行，设置了 EditText 控件的 selectAllOnFocus 属性为 true，当该 EditText 控件获得焦点时，会自动全选其所显示的内容。

接下来开发表格中第 2 行的代码，代码如下。

代码位置：见随书光盘中源代码/第 4 章/Sample_4_1/res/layout 目录下的 main.xml 文件。

```
01 <TextView android:id="@+id/tvPhone"
02     android:layout_width="wrap_content" android:layout_height="wrap_content"
03     android:text="@string/tvPhone"
04     android:ellipsize="middle"
05     android:autoLink="phone"
06     />                                         <!-- 声明一个 TextView 控件 -->
07 <EditText android:id="@+id/etPhone"
08     android:hint="@string/etPhone"
09     android:layout_width="wrap_content" android:layout_height="wrap_content"
10     android:selectAllOnFocus="true"
11     android:maxWidth="160px"
12     android:phoneNumber="true"
13     android:singleLine="true"
14     />                                         <!-- 声明一个 EditText 控件 -->
```

其中：

- 表格中该行共有 2 列，分别为 1 个 TextView 控件和 1 个 EditText 控件。
- 第 4 行，设置该 TextView 控件的 ellipsize 属性值为“middle”，即省略中间部分。
- 第 5 行，设置 TextView 控件的 autoLink 属性值为“phone”，即将文本内容中符合电话号码格式的内容显示为超链接。
- 第 12 行，设置该 EditText 控件的 phoneNumber 属性为 true，即在该 EditText 控件中只能输入电话号码。
- 第 13 行，设置该 EditText 控件的 singleLine 属性为 true，即该 EditText 将不会换行。

最后来开发表格中最后一行显示内容的代码，代码如下。

代码位置：见随书光盘中源代码/第 4 章/Sample_4_1/res/layout 目录下的 main.xml 文件。

```
01 <EditText android:id="@+id/etInfo"
02     android:layout_width="wrap_content"  android:layout_height="wrap_content"
03     android:editable="false"
04     android:hint="@string/etInfo"
05     android:cursorVisible="false"
06     android:lines="5"
07     android:shadowColor="@color/shadow"
08     android:shadowDx="2.5"
09     android:shadowDy="2.5"
10     android:shadowRadius="5.0"
11     />                                         <!-- 声明一个 EditText 控件 -->
```

其中：

- 第 03 行，设置该 EditText 控件不可编辑。
- 第 05 行，设置该 EditText 控件不显示光标。
- 第 06 行，设置该 EditText 控件的行数。
- 第 07～10 行，为该 EditText 控件中的文字设置了阴影，其中，第 7 行设定了阴影的颜色，第 8～10 行分别设置了阴影水平和垂直方向上的偏移量以及阴影的半径。

（4）开发完程序的布局文件后，最后来进行 Activity 部分的开发，打开项目 src/com.sample.Sample_4_1 目录下的 Sample_4_1Activity.java 文件，在其中输入如下代码。

代码位置：见随书光盘中源代码/第 4 章/Sample_4_1/src/com.sample.Sample_4_1 目录下的 Sample_4_1Activity.java 文件。

```
01 package com.sample.Sample_4_1;                              //声明包语句
02 import android.app.Activity;                                //引入相关类
03 import android.os.Bundle;                                   //引入相关类
04 import android.view.KeyEvent;                               //引入相关类
05 import android.view.View;                                   //引入相关类
06 import android.view.View.OnKeyListener;                     //引入相关类
07 import android.widget.EditText;                             //引入相关类
08 public class Sample_4_1Activity extends Activity {
09    @Override
10    public void onCreate(Bundle savedInstanceState) {        //重写 onCreate 方法
11       super.onCreate(savedInstanceState);
12       setContentView(R.layout.main);                        //设置当前屏幕
13       EditText etEmail = (EditText)findViewById(R.id.etEmail);
14       etEmail.setOnKeyListener(myOnKeyListener);            //为 EditText 控件设置监听器
15    }
   //自定义的 OnKeyListner 对象
16    private OnKeyListener myOnKeyListener = new OnKeyListener(){
17        @Override
18        public boolean onKey(View v, int keyCode, KeyEvent event) {  //重写 onKey 方法
19             EditText etInfo = (EditText)findViewById(R.id.etInfo);
20             EditText etEmail = (EditText)findViewById(R.id.etEmail);
             //设置 EditText 控件的显示内容
21             etInfo.setText("您输入的邮箱地址为: "+etEmail.getText());
22             return true;
23        }
24    };
25 }
```

其中：

- 第 10～15 行为 Activity 的 onCreate 方法，在该方法中主要进行的工作是切换当前屏幕到 main.xml，并为 id 是 etEmail 的 EditText 控件设置 OnKeyListener 监听器。
- 第 16～24 行为自定义的 OnKeyListener 对象，代码第 18～23 行为重写的 onKey 方法，在该方法中进行的工作是获取 id 为 etEmail 的控件中显示的内容，并将该内容设置到 id 为 etInfo 的 EditText 控件中。

完成了上述步骤的开发后，运行本程序，Sample_4_1 的运行效果如图 4-3 所示。

在如图 4-3（a）所示的电子邮件文本框中输入文字，该文本内容将会显示在下方的信息框中。单击输入电话号码的文本框，将会弹出如图 4-3（b）所示的数字键盘。

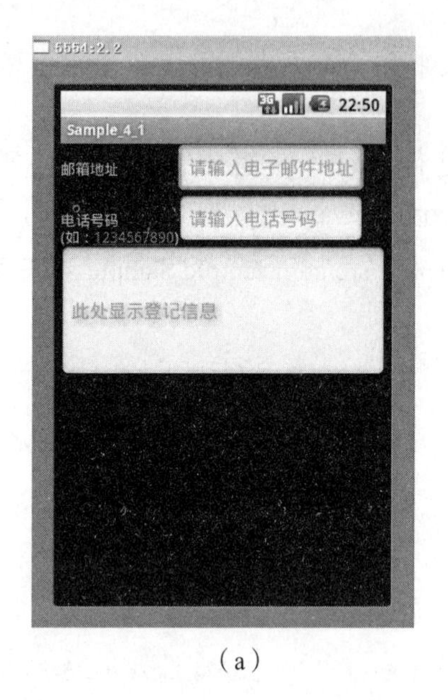

(a)

(b)

图 4-3 Sample_4_1 运行示意图

4.3 自动提示文本框

除了基本的文本控件外，本节将介绍自动提示文本框 AutoCompleteTextView 的使用方法，所谓的自动提示就是在文本框中输入文字时，会显示可能的关键字让你来选择。在其他系统下完成此功能可能非常麻烦，但是在 Android 中是非常容易达到的。

4.3.1 AutoCompleteTextView 类简介

AutoCompleteTextView 类继承自 EditText 类，位于 android.widget 包下。自动提示文本框的外观与图片文本框没有任何区别，只是当用户输入某些文字时，会自动出现下拉菜单，显示与用户输入文字相关的信息，用户直接单击需要的文字，便可自动填写到文本控件中。

对自动提示文本框的设置可以在 XML 文件中使用属性进行设置，也可以在 Java 代码中通过方法进行设置，下面同样给出常用属性与方法的对照表，如表 4-4 所示。

表 4-4 自动提示文本的属性与方法

属 性 名 称	对 应 方 法	说 明
android:completionThreshold	setThreshold(int)	定义需要用户输入的字符数
android:dropDownHeight	setDropDownHeight(int)	设置下拉菜单高度
android:dropDownWidth	setDropDownWidth	设置下拉菜单宽度
android:popupBackground	setDropDownBackgroundResource(int)	设置下拉菜单背景

4.3.2 自动提示文本使用

接下来通过一个简单的案例来介绍 AutoCompleteTextView 的使用方法，案例的开发步骤如下。

（1）在 Eclipse 中创建一个名为 Sample_4_2 的 Android 项目。

（2）打开 res/layout 目录下的 main.xml 文件，用下列代码替换原有代码。

代码位置：见随书光盘中源代码/第 4 章/Sample_4_2/res/layout 目录下的 main.xml 文件。

```
01 <?xml version="1.0" encoding="utf-8"?>                    <!-- XML 的版本以及编码方式 -->
02 <LinearLayout xmlns:android="http://schemas.android.com/apk/res/android"
03    android:orientation="vertical"
04    android:layout_width="fill_parent"
05    android:layout_height="fill_parent"
06    >                                                      <!--添加一个垂直的线性布局 -->
07     <AutoCompleteTextView
08        android:id="@+id/myAutoCompleteTextView"
09        android:layout_width="fill_parent"
10        android:layout_height="wrap_content" />            <!--添加一个自动提示文本框 -->
11 </LinearLayout>
```

说明： 该段代码非常简单，只是向线性布局中添加一个自动提示文本框，并为其添加 id 属性，以便在 Java 代码中可以得到该控件的引用。

（3）开发案例的主逻辑，编写 Sample_4_2Activity.java 文件，其代码如下。

代码位置：见随书光盘中源代码/第 4 章/Sample_4_2/src/com.sample.Sample_4_2 目录下的 Sample_4_2Activity.java 文件。

```
01 package com.sample.Sample_4_2;                                //声明所在包
02 import android.app.Activity;                                  //引入相关类
03 import android.os.Bundle;                                     //引入相关类
04 import android.widget.ArrayAdapter;                           //引入相关类
05 import android.widget.AutoCompleteTextView;                   //引入相关类
06 public class Sample_4_2Activity extends Activity {
07     private static final String[] myStr = new String[]{       //常量数组
08         "aaa", "bbb", "ccc", "aab", "aac", "aad"
09     };
10     public void onCreate(Bundle savedInstanceState) {         //重写的 onCreate 方法
11         super.onCreate(savedInstanceState);
12         setContentView(R.layout.main);                        //设置当前显示的用户界面
13         ArrayAdapter<String> aa = new ArrayAdapter<String> (//创建适配器
14             this,                                             //Context
15             android.R.layout.simple_dropdown_item_1line,      //布局
16             myStr);                                           //资源数组
17         AutoCompleteTextView myAutoCompleteTextView =         //得到控件的引用
18             (AutoCompleteTextView) findViewById(R.id.myAutoCompleteTextView);
19         myAutoCompleteTextView.setAdapter(aa);                //设置适配器
20         myAutoCompleteTextView.setThreshold(1);               //定义需要用户输入的字符数
21     }
22 }
```

其中：

- 第 7～9 行，定义一个常量数组充当适配器的资源数组。
- 第 13～16 行，创建适配器，第 15 行使用的是 Android 系统自带的简单布局，第 16 行将资源数组传入。
- 第 17～20 行，先得到 AutoCompleteTextView 的引用，然后为其添加适配器并设置相关属性。

（4）此时运行该案例，在文本框中输入字母“a”，将会看到如图 4-4 所示的效果。

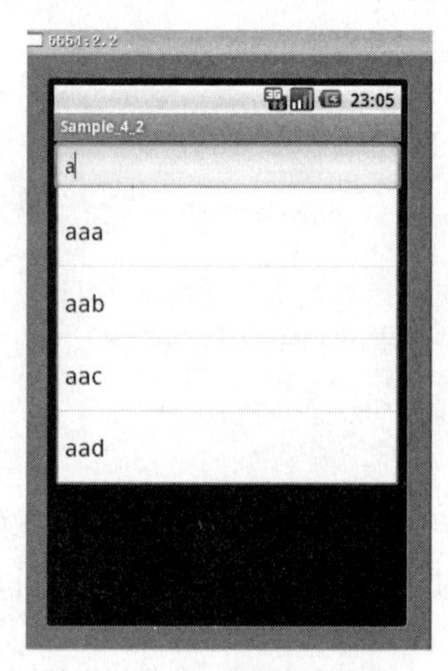

图 4-4　自动提示文本框

4.4　滚动视图

第 4.3 节已经介绍了自动提示文本框的使用方法，本节将对滚动视图 ScrollView 进行介绍，ScrollView 是当需要显示的信息一个屏幕显示不下时使用的控件。

4.4.1　ScrollView 类简介

ScrollView 类继承自 FrameLayout 类，同样位于 android.widget 包下，ScrollView 类实际上是一个帧布局，一般情况下，其中的控件是按照线性进行布局的，用户可以对其进行滚动，以达到在屏幕中显示更多信息的目的。

ScrollView 的使用与普通布局的使用没有太大区别，可以在 XML 文件中进行配置，也可以通过 Java 代码进行设置，在 ScrollView 中可以添加任意满足条件的控件，当一个屏幕显示不下其中所包含的所有控件或信息时，便会自动添加滚动功能。

4.4.2　滚动视图使用

本节同样通过一个简单案例的讲解来介绍滚动视图 ScrollView 的使用方法，案例的开发步骤如下。

（1）首先，创建一个名为 Sample_4_3 的 Android 项目。

（2）打开 Sample_4_3Activity.java 文件，用下列代码替换原有代码。

代码位置：见随书光盘中源代码/第 4 章/Sample_4_3/src/com.sample.Sample_4_3 目录下的 Sample_4_3Activity.java 文件。

```
01 package com.sample.Sample_4_3;                                    //声明所在包
02 import android.app.Activity;                                      //引入相关类
03 import android.os.Bundle;                                         //引入相关类
04 import android.widget.ScrollView;                                 //引入相关类
05 import android.widget.TextView;                                   //引入相关类
06 public class Sample_4_3Activity extends Activity {                //继承自 Activity
07     ScrollView scrollView;                                        //滚动视图的引用
08     String msg = "我是字符串，我很长很长！我是字符串，我很长很长！";
09     String str = "";                                              //声明字符串引用
10     public void onCreate(Bundle savedInstanceState) {             //重写的 onCreate 方法
11         super.onCreate(savedInstanceState);
12         scrollView = new ScrollView(this);                        //初始化滚动视图
13         TextView tv = new TextView(this);                         //初始化文本视图
14         tv.setTextSize(23);                                       //设置文本视图中文字的大小
15         for(int i=0 ;i<10; i++){                                  //循环组成一个较长的字符串
16              str = str + msg;
17         }
18         tv.se    tText(str);                                      //设置文本控件的内容
19         scrollView.addView(tv);                                   //将文本控件添加到滚动视图中
20         setContentView(scrollView);                               //设置当前显示的用户界面
21     }
22 }
```

说明： 滚动视图 ScrollView 的使用方法非常简单，只需将需要滚动的控件添加到 ScrollView 中即可。ScrollView 可以在 Java 代码中设置，也可通过 XML 文件进行设置。需要注意的是，ScrollView 中同一时刻只能包含 1 个 View。

（3）此时运行该案例，将会看到如图 4-5 所示的效果，可以通过按上下键来滚动窗体。

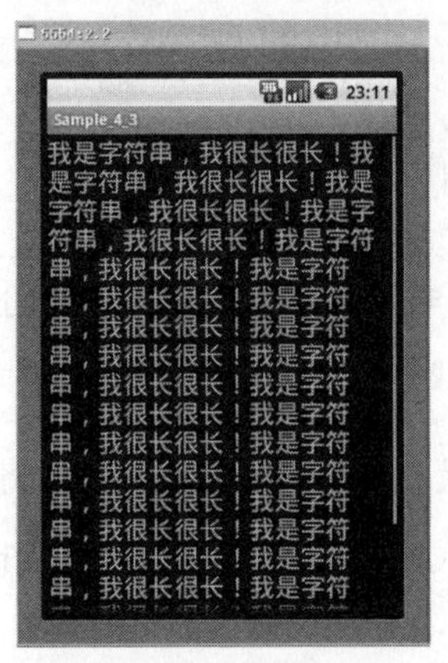

图 4-5　滚动视图效果

4.5 按钮控件

前面讲解了文本控件，在本节将会对用户界面中的按钮控件进行介绍，Android 中的按钮主要包括 Button 控件和 ImageButton 控件，本节就来对这两种控件进行详细介绍。

4.5.1 Button 控件的使用

Button 控件继承自 TextView 类，用户可以对 Button 控件进行按下或单击等操作，Button 控件的用法比较简单，主要是为 Button 控件设置 View.OnClickListener 监听器并在监听器的实现代码中开发按钮按下事件的处理代码。

Button 控件在前面的章节中也曾使用过，在前面的章节中使用 Button 控件只是在按钮上显示字符串，Button 控件还可以通过修改背景来显示图片等 Drawable 资源。下面通过一个案例来说明如何将图片作为 Button 按钮控件的背景，其开发步骤如下。

（1）在 Eclipse 新建一个项目 Sample_4_4，在 res/values 目录下新建一个 colors.xml 文件，在其中输入如下代码。

代码位置：见随书光盘中源代码/第 4 章/Sample_4_4/res/values 目录下的 colors.xml 文件。

```
01 <?xml version="1.0" encoding="utf-8"?>
02 <resources>
03     <color name="btn">#ff0000</color>          <!-- 声明一个名为 btn 的颜色资源 -->
04 </resources>
```

说明：代码第 3 行声明了一个名称为 btn 的颜色资源，该颜色将被用作按钮的背景色。

（2）打开项目 res/values 目录下的 strings.xml 文件，将其中的已有代码替换为以下代码。

代码位置：见随书光盘中源代码/第 4 章/Sample_4_4/res/values 目录下的 strings.xml 文件。

```
01 <?xml version="1.0" encoding="utf-8"?>
02 <resources>
03     <string name="hello">Hello World, Sample_4_4!</string>
04     <string name="app_name">Sample_4_4</string>
05     <string name="btn1">按钮无背景</string>              <!-- 声明名为 btn1 的字符串资源 -->
06     <string name="btn2">按钮有背景</string>              <!-- 声明名为 btn2 的字符串资源 -->
07 </resources>
```

说明：代码第 5 行和第 6 行声明了 2 个字符串资源，这 2 个字符串对象将作为按钮控件不同状态下的显示内容。

（3）打开项目 res/layout 目录下的 main.xml 文件，将其中的已有代码替换为以下代码。

代码位置：见随书光盘中源代码/第 4 章/Sample_4_4/res/layout 目录下的 main.xml 文件。

```
01 <?xml version="1.0" encoding="utf-8"?>
02 <LinearLayout xmlns:android="http://schemas.android.com/apk/res/android"
```

```
03     android:orientation="vertical"
04     android:layout_width="fill_parent"  android:layout_height="fill_parent"
05     >                                          <!-- 声明一个垂直分布的线性布局 -->
06     <Button android:id="@+id/btn"
07      android:layout_width="fill_parent" android:layout_height="wrap_content"
08      android:text="@string/btn1"
09      />                                        <!-- 声明一个 Button 控件 -->
10 </LinearLayout>
```

（4）完成了程序资源文件以及布局文件的开发之后，下面来开发程序 Activity 部分的代码，打开 src/ com.sample.Sample_4_4 目录下的 Sample_4_4Activity.java 文件，在其中输入如下代码。

代码位置：见随书光盘中源代码/第 4 章/Sample_4_4/src/com.sample.Sample_4_4 目录下的 Sample_4_4Activity.java 文件。

```
01 package com.sample.Sample_4_4;                                   //声明包语句
02 import android.app.Activity;                                     //引入相关类
03 import android.os.Bundle;                                        //引入相关类
04 import android.view.View;                                        //引入相关类
05 import android.view.View.OnClickListener;                        //引入相关类
06 import android.widget.Button;                                    //引入相关类
07 public class Sample_4_4Activity extends Activity {
08     @Override
09     public void onCreate(Bundle savedInstanceState) {            //重写 onCreate 方法
10         super.onCreate(savedInstanceState);
11         setContentView(R.layout.main);                           //设置当前屏幕
12         Button btn = (Button)findViewById(R.id.btn);             //获取 Button 控件对象
13         btn.setOnClickListener(new OnClickListener(){            //添加 OnClickListener 监听器
14                 @Override
15                 public void onClick(View v) {                    //重写 onClick 方法
16                         Button btn = (Button)findViewById(R.id.btn);   //获取 Button 对象
17                         btn.setBackgroundDrawable(getResources().getDrawable(R.color.btn));
18                         btn.setText(R.string.btn2);              //设置按钮显示文字
19                 }
20         });
21     }
22 }
```

其中：

- 第 9～21 行，为重写的 onCreate 方法，onCreate 方法的主要功能是设置当前显示的屏幕并为屏幕中的按钮控件添加 OnClickListener 监听器。
- 代码第 13～20 行，为按钮控件添加了 OnClickeListener 监听器，代码第 15～19 行为重写的 onClick 方法，该方法的主要功能是为 id 为 btn 的按钮控件设置红色背景。

完成了上述步骤的开发之后，运行本案例，Sample_4_4 的运行示意图如图 4-6 所示。在如图 4-6 所示的界面中单击按钮后，程序的运行效果如图 4-7 所示。

图 4-6 Sample_4_4 运行示意图 1

图 4-7 Sample_4_4 运行示意图 2

4.5.2 ImageButton 控件的使用

ImageButton 控件继承自 ImageView 类，ImageButton 控件与 Button 控件的主要区别是在 ImageButton 中没有 text 属性，即按钮将显示的是图片而不是文本。在 ImageButton 控件中设置按钮显示的图片可以通过 android:src 属性来设置，也可以通过 setImageResource(int) 方法来设置。

默认情况下，ImageButton 同 Button 一样具有背景色，当按钮处于不同的状态（如按下等）时，背景色也会随之变化。当 ImageButton 所显示的图片不能完全覆盖背景色时，这种显示效果将会非常糟糕，所以使用 ImageButton 一般要将背景色设置为其他图片或直接设置为透明的。

无论是像 4.5.1 小节那样修改 Button 的 background 属性，还是本节中设置 ImageButton 的 src 属性，都需要为按钮控件指定不同状态下显示的图片，否则用户将无法区别是否按下了按钮。设置按钮在不同状态下显示不同的图片可以通过编写 XML 文件来实现。

下面将通过一个案例来说明如何为 ImageButton 按钮控件的不同状态设置不同的显示图片，其开发步骤如下。

（1）在 Eclipse 中新建一个项目 Sample_4_5，向其 res/drawable-mdpi 目录中拷入两张图片 back.png 和 backdown.png，分别代表 ImageButton 按钮未被按下和被按下状态时的图片，如图 4-8、图 4-9 所示。

图 4-8 按钮未被按下时显示的图片

图 4-9 按钮被按下时显示的图片

提示：由于本书采用黑白印刷，故按钮在被按下和未按下等不同状态下显示的图片可能区别不够大，读者可直接运行光盘中的案例进行观察。

（2）在项目 res/values 目录下新建一个 colors.xml 文件，在其中输入如下代码。

代码位置：见随书光盘中源代码/第 4 章/Sample_4_5/res/values 目录下的 colors.xml 文件。

```
01 <?xml version="1.0" encoding="utf-8"?>
02 <resources>
03     <color name="back">#000000</color>        <!-- 声明名为 back 的颜色资源 -->
04 </resources>
```

说明：代码第 3 行声明了一个名为 back，颜色值为透明的颜色资源，该颜色将会被作为 ImageButton 按钮的背景色。

（3）在 res/drawable-mdpi 目录下新建一个 myselector.xml 文件，在其中输入如下代码。

代码位置：见随书光盘中源代码/第 4 章/Sample_4_5/res/drawable-mdpi 目录下的 myselector.xml 文件。

```
01 <?xml version="1.0" encoding="utf-8"?>
02 <selector xmlns:android="http://schemas.android.com/apk/res/android">
03     <item
04         android:state_pressed="false"
05         android:drawable="@drawable/back"/>        <!-- 设置按钮未被按下时显示的图片 -->
06     <item
07         android:state_pressed="true"
08         android:drawable="@drawable/backdown"/>    <!-- 设置按钮按下时显示的图片 -->
09 </selector>
```

说明：代码第 3～5 行设置了按钮未被按下时显示的图片，代码第 6～8 行设置了按钮被按下时显示的图片。除了对 state_pressed 属性进行判断外，还可以根据 state_focused 属性设置当按钮获得或未获得焦点时所显示的图片。

（4）打开项目 res/layout 目录下的 main.xml 文件，将其中已有的代码替换为如下代码。

代码位置：见随书光盘中源代码/第 4 章/Sample_4_5/res/layout 目录下的 main.xml 文件。

```
01 <?xml version="1.0" encoding="utf-8"?>
02 <LinearLayout xmlns:android="http://schemas.android.com/apk/res/android"
03     android:orientation="vertical"
04     android:layout_width="fill_parent" android:layout_height="fill_parent"
05     >                                                  <!-- 声明一个线性布局 -->
06 <ImageButton
07     android:layout_width="wrap_content" android:layout_height="wrap_content"
08     android:src="@drawable/myselector"
09     android:background="@color/back"
10     />                                                 <!-- 声明一个 ImageButton 控件 -->
11 </LinearLayout>
```

说明：代码第 6～10 行声明了一个 ImageButton 对象，代码第 8 行将 src 属性设置为 myselector.xml，代码第 9 行设置了 ImageButton 的背景色为透明。

（5）打开项目 src/com.sample.Sample_4_5 目录下的 Sample_4_5.java 文件，由于本案例并不需要在 Activity 部分进行额外的代码开发，故无须对创建项目时自动生成的代码进行修改。

完成上述步骤的开发之后，运行本案例，Sample_4_5 的运行示意图如图 4-10 和图 4-11 所示。

图 4-10　未按下按钮时的效果

图 4-11　按下按钮时的效果

提示：由于本书采用黑白印刷，故按钮在被按下和未被按下等不同状态下显示的图片可能区别不大，读者可直接运行光盘中的案例进行观察。

4.5.3　9Patch 图片的创建

9Patch 图片是一种特殊的以“.9.png”结尾的图片，其主要作用是作为按钮的背景时根据按钮所显示的文本长度合理地对图片进行拉伸或收缩。9Patch 图片与普通 png 图片的不同之处在于 9Patch 图片在原图片的上下左右边界各多出一个像素来指定图片的伸缩规则。

确定.9.png 图片的伸缩规则主要是对上下左右边界中多出的四条黑线进行编辑，四条黑线互相组合决定了图片的伸缩规则，如图 4-12 和图 4-13 所示。

- 左侧和上侧的黑线共同决定图片中的可伸缩区域，如图 4-12 所示的阴影部分即是图片的可伸缩部分，当图片需要拉伸时，只对该阴影部分的像素进行拉伸。
- 右侧和下侧的黑线共同决定图片中能显示内容的区域，如图 4-13 所示的阴影部分即是该图片内容的显示区域。

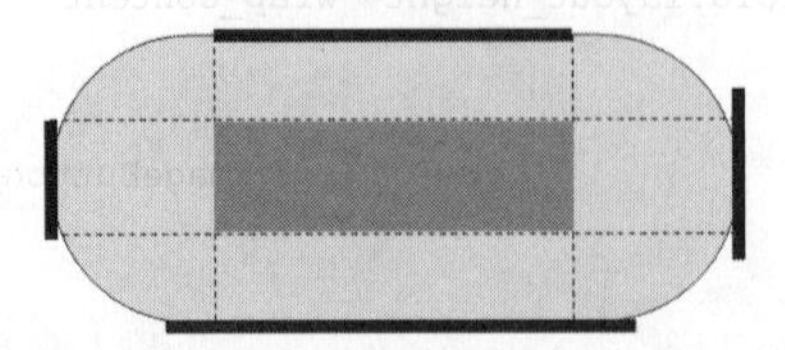
图 4-12　左侧和上侧的黑线所确定伸缩区域

图 4-13　右侧和下侧的黑行确定内容区域

下面就来介绍 9Patch 图片的制作方法，其操作步骤如下。

（1）在 Android SDK 安装路径的 tools 目录下找到 draw9patch.bat 文件，双击后运行。程序启动后在“File”菜单中选择“Open 9-patch”命令，导入 4.5.2 小节使用到的 back.png 图片。

（2）使用鼠标为 back.png 图片绘制伸缩规则，如图 4-14 所示。

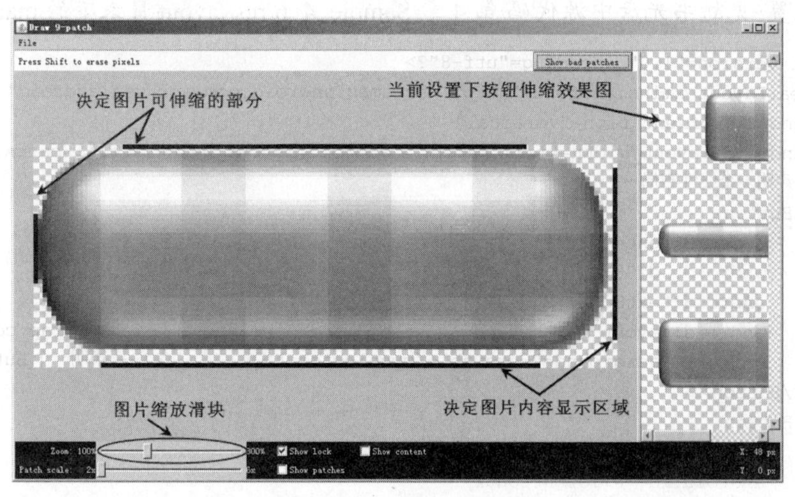

图 4-14　在 Draw 9-patch 中设置 PNG 图片的伸缩规则

（3）设置好之后，单击“File”菜单中的“Save 9-patch”命令，将.9.png 格式的图片保存到指定位置。

4.5.4　9Patch 图片的使用

在 4.5.3 节介绍了 9Patch 图片的原理，下面通过一个案例来说明 9Patch 图片在程序中的使用方法。该案例的开发步骤如下。

（1）在 Eclipse 中新建一个项目 Sample_4_6，首先向 res/drawable-mdpi 目录下拷入 4 张程序中会用到的图片，分别为 backa.png、backb.9.png、backdowna.png 和 backdownb.9.png，其中 backa.png 和 backdowna.png 是普通图片，backb.9.png 和 backdownb.9.png 是 9Patch 图片。

（2）在 res/drawable-mdpi 目录下新建 myselectora.xml 文件和 myselectorb.xml 文件，这两个 XML 文件分别用于指定按钮不同状态下显示的不同图片，其代码如下。

代码位置：见随书光盘中源代码/第 4 章/Sample_4_6/res/drawable-mdpi 目录下的 myselectora.xml 文件。

```
01 <?xml version="1.0" encoding="utf-8"?>
02 <selector xmlns:android="http://schemas.android.com/apk/res/android">
03     <item android:state_pressed="false"
04         android:drawable="@drawable/backa"/>            <!-- 设置按钮未被按下时的图片 -->
05     <item android:state_pressed="true"
06         android:drawable="@drawable/backdowna"/>        <!-- 设置按钮被按下时的图片 -->
07 </selector>
```

说明：myselectorb.xml 文件与 myselectora.xml 文件的代码十分类似，只是在 myselectorb.xml 文件中使用 backa.png 和 backdowna.png 设置按钮的背景，而在 myselectora.xml 文件中使用了 9Patch 图片。

（3）打开 res/values 中 main.xml 文件，将其中的已有代码替换为如下代码。

代码位置：见随书光盘中源代码/第 4 章/Sample_4_6/res/layout 目录下的 main.xml 文件。

```
01 <?xml version="1.0" encoding="utf-8"?>
02 <LinearLayout xmlns:android="http://schemas.android.com/apk/res/android"
03     android:orientation="vertical"
04     android:layout_width="fill_parent"  android:layout_height="fill_parent">
   <!-- 声明一个线性布局 -->
05     <Button
06        android:text="@string/largea"
07        android:id="@+id/Button01"
08        android:textSize="20dip"
09        android:layout_width="wrap_content" android:layout_height="wrap_content"
10        android:background="@drawable/myselectora">         <!-- 声明一个 Button 控件 -->
11     </Button>
12     <Button
13        android:text="@string/comm"
14        android:id="@+id/Button02"
15        android:textSize="20dip"
16        android:layout_width="wrap_content" android:layout_height="wrap_content"
17        android:background="@drawable/myselectora">         <!-- 声明一个 Button 控件 -->
18     </Button>
19     <Button
20        android:text="@string/largeb"
21        android:id="@+id/Button03"
22        android:textSize="20dip"
23        android:layout_width="wrap_content" ndroid:layout_height="wrap_content"
24        android:background="@drawable/myselectorb">         <!-- 声明一个 Button 控件 -->
25     </Button>
26     <Button
27        android:text="@string/comm"
28        android:id="@+id/Button04"
29        android:textSize="20dip"
30        android:layout_width="wrap_content" android:layout_height="wrap_content"
31        android:background="@drawable/myselectorb">         <!-- 声明一个 Button 控件 -->
32     </Button>
33 </LinearLayout>
```

其中：

- 第 2～4 行，声明了 1 个线性布局，该线性布局使用垂直分布的布局方式。
- 第 5～32 行，声明了 4 个 Button 按钮控件，分别用来表示普通图片做背景时显示内容过长和正常以及用 9Patch 图片做背景时显示内容过长或正常的 4 个按钮控件。

（4）打开项目 src/com.sample.Sample_4_6 目录下的 Sample_4_6.java 文件，由于本案例

并不需要在 Activity 部分编写额外的代码，故无须对项目创建时自动生成的 Activity 类的代码进行修改。

完成上述步骤的开发之后，运行本案例，Sample_4_6 的运行示意图如图 4-15 所示。可以看到在使用了 9Patch 图片作为按钮的背景后的拉伸效果。

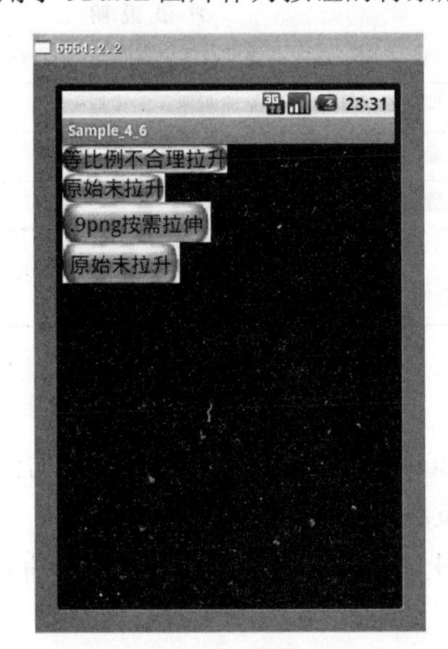

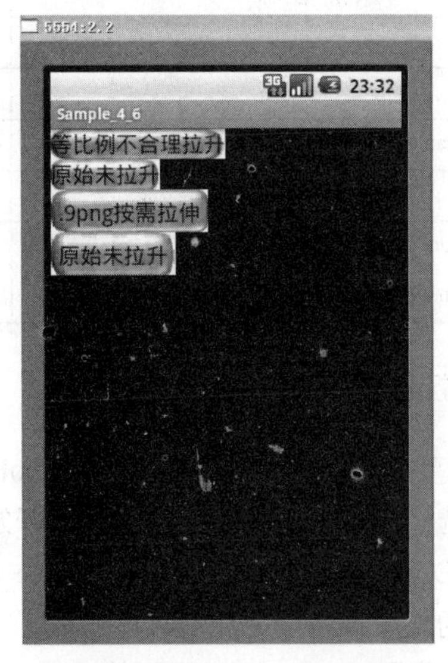

图 4-15　Sample_4_6 运行示意图

> 提示：由于本书采用黑白印刷，故按钮在按下和未按下等不同状态下显示的图片可能区别不够大，读者可直接运行光盘中的案例进行观察。

4.6 选择按钮

本节将要介绍的是单选按钮控件和复选按钮控件，首先将会对 CheckBox 类和 RadioButton 类进行简单介绍，然后通过一个案例来说明单选按钮与复选按钮的使用方法。

4.6.1 CheckBox 和 RadioButton 类简介

CheckBox 类和 RadioButton 类的继承关系如图 4-16 所示。CheckBox 控件和 RadioButton 控件都只有选中和未选中两种状态，不同的是 RadioButton 是单选按钮，它需要编制到一个 RadioGroup 中，同一时刻一个 RadioGroup 中只能有一个按钮处于选中状态。

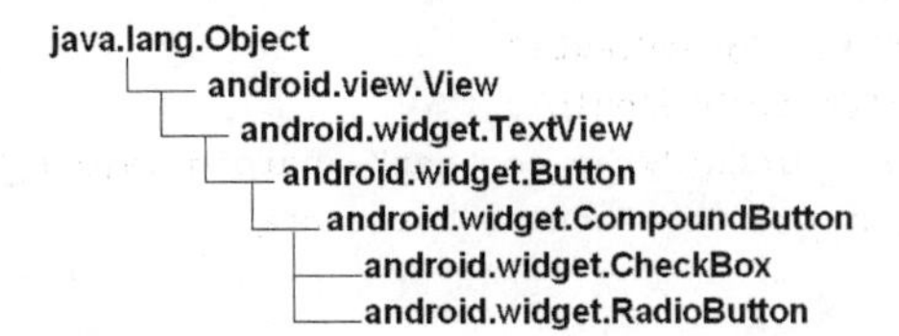

图 4-16　CheckBox 和 RadioButton 类的继承关系

CheckBox 和 RadioButton 都从父类 CompoundButton 中继承了一些成员方法，这些成员方法及说明如表 4-5 所示。

表 4-5　CheckBox 和 RadioButton 常用方法及说明

方 法 名 称	方 法 说 明
isChecked()	判断是否被选中，如果被选中返回 true，否则返回 false
performClick()	调用 OnClickListener 监听器，即模拟一次单击
setChecked(boolean checked)	通过传入的参数设置控件状态
toggle()	置反控件当前的状态
setOnCheckedChangeListener (CompoundButton.OnCheckedChangeListener listener)	为控件设置 OnCheckedChangeListener 监听器

4.6.2　选择按钮使用

在 4.6.1 节介绍了 CheckBox 类和 RadioButton 类，本小节将通过实际的使用来说明单选按钮和复选按钮的使用方法，该案例的开发步骤如下。

（1）在 Eclipse 中新建一个项目 Sample_4_7，同样，向 res/drawable-mdpi 目录中拷入程序要用到的代表灯泡点亮和熄灭的图片。

（2）打开项目 res/values 目录下的 strings.xml 文件，在其<resources>和</resources>标记之间加入如下代码。

代码位置：见随书光盘中源代码/第 4 章/Sample_4_7/res/values 目录下的 strings.xml 文件。

```
01      <string name="on">开灯</string>                    <!-- 声明名为 on 的字符串资源 -->
02      <string name="off">关灯</string>                   <!-- 声明名为 off 的字符串资源 -->
```

说明：代码第 1 行和第 2 行声明的字符串将会作为单选按钮和复选按钮控件不同状态下的显示内容。

（3）打开项目 res/layout 目录下的 main.xml 文件，将其中的已有代码替换为如下代码。

代码位置：见随书光盘中源代码/第 4 章/Sample_4_7/res/layout 目录下的 main.xml 文件。

```
01 <?xml version="1.0" encoding="utf-8"?>
02 <LinearLayout xmlns:android="http://schemas.android.com/apk/res/android"
03     android:orientation="vertical"
04     android:layout_width="fill_parent" android:layout_height="fill_parent">
       <!-- 声明一个线性布局 -->
05      <ImageView
06         android:id="@+id/ImageView01"
07         android:src="@drawable/bulb_off"
08         android:layout_width="wrap_content" android:layout_height="wrap_content"
09         android:layout_gravity="center_horizontal">
10      </ImageView>                                      <!-- 声明一个 ImageView 控件 -->
11      <RadioGroup
12         android:id="@+id/RadioGroup01"
```

```
13         android:orientation="horizontal"
14         android:layout_width="wrap_content" android:layout_height="wrap_content"
15         android:layout_gravity="center_horizontal">    <!-- 声明一个RadioGroup控件 -->
16         <RadioButton
17         android:text="@string/off"
18         android:id="@+id/off"
19         android:checked="true"
20         android:layout_width="wrap_content" android:layout_height="wrap_content">
21         </RadioButton>                                  <!-- 声明一个RadioButton控件 -->
22         <RadioButton
23         android:text="@string/on"
24         android:id="@+id/on"
25         android:layout_width="wrap_content" android:layout_height="wrap_content">
26         </RadioButton>                                  <!-- 声明一个RadioButton控件 -->
27      </RadioGroup>
28      <CheckBox
29         android:text="@string/on"
30         android:id="@+id/CheckBox01"
31         android:layout_width="wrap_content" android:layout_height="wrap_content"
32         android:layout_gravity="center_horizontal">
33      </CheckBox>                                        <!-- 声明一个CheckBox控件 -->
34 </LinearLayout>
```

其中：

- 第 2～4 行，声明了一个线性布局，该线性布局的排列方式为垂直分布.
- 第 5～10 行，声明了一个 ImageView 控件，并设置其在父控件中水平居中显示。
- 第 11～27 行，声明了一个 RadioGroup 控件，该空间中包含 2 个 RadioButton 控件。
- 第 28～33 行，声明了一个 CheckBox 控件，并设置其在父控件中水平居中显示。

（4）开发 Activity 部分的代码，打开项目 src/com.sample.Sample_4_7 目录下的 Sample_4_7.java 文件，将其中的已有代码替换为如下代码。

代码位置：见随书光盘中源代码/第 4 章/Sample_4_7/src/com.sample.Sample_4_7 目录下的 Sample_4_7.java 文件。

```
01 package com.sample.Sample_4_7;                                       //声明包语句
02 import android.app.Activity;                                         //引入相关类
03 import android.os.Bundle;                                            //引入相关类
04 import android.widget.CheckBox;                                      //引入相关类
05 import android.widget.CompoundButton;                                //引入相关类
06 import android.widget.ImageView;                                     //引入相关类
07 import android.widget.RadioButton;                                   //引入相关类
08 import android.widget.CompoundButton.OnCheckedChangeListener;        //引入相关类
09 public class Sample_4_7 extends Activity {
10    @Override
11    public void onCreate(Bundle savedInstanceState) {                 //重写onCreate方法
12       super.onCreate(savedInstanceState);
13       setContentView(R.layout.main);
14       CheckBox cb=(CheckBox)this.findViewById(R.id.CheckBox01);
         //为CheckBox添加监听器
```

```
15        cb.setOnCheckedChangeListener(new OnCheckedChangeListener(){
16            @Override
17            public void onCheckedChanged(CompoundButton buttonView,boolean isChecked) {
18                setBulbState(isChecked);                       //调用 setBulbState 方法
19            }
20        });
21        RadioButton rb=(RadioButton)findViewById(R.id.off);
          //为 RadioButton 添加监听器
22        rb.setOnCheckedChangeListener(new OnCheckedChangeListener(){
23            @Override
24            public void onCheckedChanged(CompoundButton buttonView,boolean isChecked)
{
25                setBulbState(!isChecked);                      //调用 setBulbState 方法
26            }
27        });
28    }
29    //方法：设置程序状态的
30    public void setBulbState(boolean state){
31        //设置图片状态
32        ImageView iv=(ImageView)findViewById(R.id.ImageView01);
33        iv.setImageResource((state)?R.drawable.bulb_on:R.drawable.bulb_off);
34        CheckBox cb=(CheckBox)this.findViewById(R.id.CheckBox01); //获取 CheckBox 对象引用
35        cb.setText((state)?R.string.off:R.string.on);
36        cb.setChecked(state);                                  //设置复选框文字状态
37        RadioButton rb=(RadioButton)findViewById(R.id.off); //获取 RadioButton 对象引用
38        rb.setChecked(!state);
39        rb=(RadioButton)findViewById(R.id.on);                 //获取 RadioButton 对象引用
40        rb.setChecked(state);                                  //设置单选按钮状态
41    }
42 }
```

其中：

- 第 11～28 行，为重写的 onCreate 方法，该方法主要为单选按钮及复选按钮设置 OnCheckedChangeListener 监听器。
- 第 30～41 行，为 setBulbState 方法，该方法将根据传入的参数设置 ImageView 控件显示的图片以及单选按钮和复选钮的选中状态。

完成上述步骤的开发之后，运行该案例，Sample_4_7 的运行效果如图 4-17 和图 4-18 所示。

图 4-17　按钮未被选中时

图 4-18　按钮被选中时

4.7　状态开关按钮

本节将要介绍状态开关按钮 ToggleButton 控件，首先介绍 ToggleButton 类的相关知识，然后通过一个案例来说明状态开关按钮的用法。

4.7.1　ToggleButton 类简介

ToggleButton 的继承关系如图 4-19 所示。ToggleButton 的状态只能是选中和未选中状态，并且需要为不同的状态设置不同的显示文本。除了继承自父类的一些属性和方法之外，ToggleButton 也具有一些自己的 ToggleButton 属性，如表 4-6 所示。

图 4-19　ToggleButton 的继承关系

表 4-6　ToggleButton 常用属性及说明

属 性 名 称	说　明
android:textOff	按钮未被选中时显示的文本内容
android:textOn	按钮被选中时显示的文本内容

4.7.2　开关按钮的使用

4.7.1 节介绍了 ToggleButton 类的相关知识，下面将通过一个案例来说明 ToggleButton 的用法，本案例的开发步骤如下。

（1）在 Eclipse 中新建一个项目 Sample_4_8，首先向 res/drawable-mdpi 文件夹中拷入程序会用到的图片资源 bulb_off.png 和 bulb_on.png，这两张图片分别代表灯泡点亮和熄灭的状态。

（2）打开项目 res/values 目录下的 strings.xml，将其中已有代码替换为如下代码。

代码位置：见随书光盘中源代码/第 4 章/Sample_4_8/res/values 目录下的 strings.xml 文件。

```
01 <?xml version="1.0" encoding="utf-8"?>
02 <resources>
03     <string name="hello">Hello World, Sample_4_8!</string>
04     <string name="app_name">Sample_4_8</string>
05     <string name="on">开灯</string>                    <!-- 声明名为 on 的字符串资源 -->
06     <string name="off">关灯</string>                   <!-- 声明名为 off 的字符串资源 -->
07 </resources>
```

说明：代码第 5 行和第 6 行声明的字符串将会作为 ToggleButton 控件不同状态下的显示内容。

（3）接下来开发应用程序的布局文件，打开 res/layout 目录下的 main.xml 文件，将其中的代码替换为如下代码。

代码位置：见随书光盘中源代码/第 4 章/Sample_4_8/res/layout 目录下的 main.xml 文件。

```
01 <?xml version="1.0" encoding="utf-8"?>
02 <LinearLayout xmlns:android="http://schemas.android.com/apk/res/android"
03    android:orientation="vertical"
04    android:layout_width="fill_parent"
05    android:layout_height="fill_parent">                  <!-- 声明一个垂直分布的线性布局 -->
06     <ImageView
07         android:id="@+id/ImageView01"
08         android:src="@drawable/bulb_off"
09         android:layout_width="wrap_content" android:layout_height="wrap_content"
10         android:layout_gravity="center_horizontal"/>   <!-- 声明一个 ImageView 控件 -->
11     <ToggleButton
12         android:textOn="@string/off"
13         android:textOff="@string/on"
14         android:id="@+id/ToggleButton01"
15         android:layout_width="140dip"    android:layout_height="wrap_content"
16         android:layout_gravity="center_horizontal"/>   <!-- 声明一个 ToggleButton 控件 -->
17 </LinearLayout>
```

其中：

- 第 2～5 行，声明了一个垂直分布的线性布局。
- 第 6～10 行，声明了一个 ImageView 控件，该控件将会根据 ToggleButton 的状态而显示不同的图片。
- 第 11～17 行，声明了一个 ToggleButton 控件，其中第 12 行和第 13 行分别设置了该控件在选中和未选中状态下显示的字符串。

（4）开发 Activity 部分的代码，打开项目 src/com.sample.Sample_4_8 目录下的 Sample_4_8，将其中的已有代码替换为如下代码。

代码位置：见随书光盘中源代码/第 4 章/Sample_4_8/src/com.sample.Sample_4_8 目录下的 Sample_4_8.java 文件。

```
01 package com.sample.Sample_4_8;                                        //声明包语句
02 import android.app.Activity;                                          //引入相关类
03 import android.os.Bundle;                                             //引入相关类
04 import android.widget.CompoundButton;                                 //引入相关类
05 import android.widget.ImageView;                                      //引入相关类
06 import android.widget.ToggleButton;                                   //引入相关类
07 import android.widget.CompoundButton.OnCheckedChangeListener;         //引入相关类
08 public class Sample_4_8 extends Activity {
09    @Override
10    public void onCreate(Bundle savedInstanceState) {
11       super.onCreate(savedInstanceState);
```

```
12          setContentView(R.layout.main);
13          ToggleButton tb=(ToggleButton)this.findViewById(R.id.ToggleButton01);
            //为 ToggleButton 添加监听器
14          tb.setOnCheckedChangeListener(new OnCheckedChangeListener(){
15              @Override
16                  public void onCheckedChanged(CompoundButton buttonView,
17                          boolean isChecked) {                    //重写 onCheckedChanged 方法
18                      setBulbState(isChecked);                    //设置控件状态
19                  }
20          });
21      }
22      //方法：设置程序状态的方法
23      public void setBulbState(boolean state){
24          //设置图片状态
25          ImageView iv=(ImageView)findViewById(R.id.ImageView01);
            //设置图片资源
26          iv.setImageResource((state)?R.drawable.bulb_on:R.drawable.bulb_off);
27          //设置 ToggleButton 状态
28          ToggleButton tb=(ToggleButton)this.findViewById(R.id.ToggleButton01);
29          tb.setChecked(state);                                   //设置 ToggleButton 选中状态
30      }
31  }
```

其中：

- 第 10～21 行，为 onCreate 方法的代码，该方法的主要工作是设置当前屏幕并为 ToggleButton 添加 OnCheckedChangeListener 监听器。
- 第 16～19 行，为重写的 onCheckedChanged 方法，在该方法中主要通过调用 setBulbState 方法来处理用户按下 ToggleButton 的事件。
- 第 22～30 行，为 setBulbState 方法的代码，该方法传入的参数 state 为 true 时表示按钮被选中，为 false 时表示按钮未被选中。

完成上述步骤的开发后，运行本案例，Sample_4_8 的运行示意图如图 4-20 和图 4-21 所示。

图 4-20　ToggleButton 未被选中

图 4-21　ToggleButton 被选中

4.8 图片控件

本节将要介绍的是图片控件 ImageView，首先对 ImageView 类进行简单介绍，然后通过一个案例来说明 ImageView 的用法。

4.8.1 ImageView 类简介

ImageView 控件负责显示图片，其图片的来源既可以是资源文件的 id，也可以是 Drawable 对象或 Bitmap 对象，还可以是 Content Provider 的 URI。ImageView 控件中常用到的属性如表 4-7 所示。

表 4-7 ImageView 中常用属性及对应方法说明

属性名称	对应方法	说明
android:adjustViewBounds	setAdjustViewBounds(boolean)	设置是否需要 ImageView 调整自己的边界来保证所显示图片的长宽比例
android:maxHeight	setMaxHeight(int)	ImageView 的最大高度，可选
android:maxWidth	setMaxWidth(int)	ImageView 的最大宽度，可选
android:scaleType	setScaleType(ImageView.ScaleType)	控制图片调整或移动来适合 ImageView 的尺寸
android:src	setImageResource(int)	设置 ImageView 要显示的图片

同时，ImageView 类中还有一些成员方法比较常用，如表 4-8 所示。

表 4-8 ImageView 中常用方法说明

方法名称	说明
setAlpha(int alpha)	设置 ImageView 的透明度
setImageBitmap(Bitmap bm)	设置 ImageView 所显示的内容为指定的 Bitmap 对象
setImageDrawable(Drawable drawable)	设置 ImageView 所显示的内容为指定的 Drawable 对象
setImageResource(int resId)	设置 ImageView 所显示的内容为指定 id 的资源
setImageURI(Uri uri)	设置 ImageView 所显示的内容为指定 Uri
setSelected(boolean selected)	设置 ImageView 的选中状态

4.8.2 图片查看器

在 4.8.1 节介绍了 ImageView 类，本小节将通过一个案例来说明 ImageView 的用法，该案例实现了简单的图片查看器的功能，开发步骤如下。

（1）在 Eclipse 中新建一个项目 Sample_4_9，首先在 res/drawable-mdpi 目录下拷入程序中会用到的图片资源。

（2）打开项目 res/values 目录下的 strings.xml 文件，在<resources>和</resources>标记之间加入如下代码。

代码位置：见随书光盘中源代码/第 4 章/Sample_4_9/res/values 目录下的 strings.xml 文件。

```
01      <string name="next">下一张</string>              <!-- 下一张按钮显示的文本内容 -->
02      <string name="previous">上一张</string>          <!-- 上一张按钮显示的文本内容 -->
03      <string name="alpha_plus">透明度增加</string>    <!-- 透明度增加按钮显示的文本内容 -->
04      <string name="alpha_minus">透明度减少</string>   <!-- 透明度减少按钮显示的文本内容 -->
```

说明：上述代码声明了 4 个字符串资源，将会被用作按钮上显示的文本内容。

（3）打开项目 res/layout 目录下的 main.xml 文件，将其中的已有代码替换成如下代码。

代码位置：见随书光盘中源代码/第 4 章/Sample_4_9/res/layout 目录下的 main.xml 文件。

```
01 <?xml version="1.0" encoding="utf-8"?>
02 <LinearLayout xmlns:android="http://schemas.android.com/apk/res/android"
03    android:orientation="vertical"
04    android:layout_width="fill_parent"  android:layout_height="fill_parent"
05    >                                             <!-- 声明了 1 个垂直分布的线性布局 -->
06     <ImageView
07         android:id="@+id/iv"
08         android:layout_width="wrap_content" android:layout_height="wrap_content"
09         android:layout_gravity="center_horizontal" android:src="@drawable/p1"
10         />                                       <!-- 声明了 ImageView 控件  -->
11     <LinearLayout xmlns:android="http://schemas.android.com/apk/res/android"
12         android:orientation="horizontal"
13         android:layout_width="fill_parent" android:layout_height="wrap_content"
14         android:layout_gravity="center_horizontal"
15         >                                        <!-- 声明了 1 个水平分布的线性布局 -->
16         <Button
17              android:id="@+id/previous" android:text="@string/previous"
18              android:layout_width="wrap_content" android:layout_height="wrap_content"
19              android:layout_gravity="center_horizontal"
20              />                                  <!-- 声明了 1 个 Button 控件 -->
21         <Button
22              android:id="@+id/alpha_plus" android:text="@string/alpha_plus"
23              android:layout_width="wrap_content" android:layout_height="wrap_content"
24              android:layout_gravity="center_horizontal"
25              />                                  <!-- 声明了 1 个 Button 控件 -->
26         <Button
27              android:id="@+id/alpha_minus" android:text="@string/alpha_minus"
28              android:layout_width="wrap_content" android:layout_height="wrap_content"
29              android:layout_gravity="center_horizontal"
30              />                                  <!-- 声明了 1 个 Button 控件 -->
31         <Button
32              android:id="@+id/next" android:text="@string/next"
33              android:layout_width="wrap_content" android:layout_height="wrap_content"
34              android:layout_gravity="center_horizontal"
35              />                                  <!-- 声明了 1 个 Button 控件 -->
36     </LinearLayout>
37 </LinearLayout>
```

其中：

- 第 2～5 行，声明了 1 个垂直分布的线性布局。
- 第 8～10 行，声明了 ImageView 控件，并设置其显示图片。
- 第 11～15 行，声明了 1 个水平分布的线性布局，在该线性布局中将会摆放 4 个按钮控件。
- 第 16～35 行，声明了 4 个按钮控件，分别是“上一张”、“增加透明度”、“减少透明度”和“下一张”按钮。

（4）下面开发 Activity 部分的代码，打开项目 src/com.sample.Sample_4_9 目录下的 Sample_4_9.java，将其中已有的代码替换为如下代码。

代码位置：见随书光盘中源代码/第 4 章/Sample_4_9/src/com.sample.Sample_4_9 目录下的 Sample_4_9.java 文件。

```
01 package com.sample.Sample_4_9;                              //声明包语句
02 import android.app.Activity;                                //引入相关类
03 import android.os.Bundle;                                   //引入相关类
04 import android.view.View;                                   //引入相关类
05 import android.widget.Button;                               //引入相关类
06 import android.widget.ImageView;                            //引入相关类
07 public class Sample_4_9 extends Activity {
08     ImageView iv;                                           //ImageView 对象引用
09     Button btnNext;                                         //Button 对象引用
10     Button btnPrevious;                                     //Button 对象引用
11     Button btnAlphaPlus;                                    //Button 对象引用
12     Button btnAlphaMinus;                                   //Button 对象引用
13     int currImgId = 0;                                      //记录当前 ImageView 显示的图片 id
14     int alpha=255;                                          //记录 ImageView 的透明度
15     int [] imgId = {                                        //ImageView 显示的图片数组
16         R.drawable.p1,
17         R.drawable.p2,
18         R.drawable.p3,
19         R.drawable.p4,
20         R.drawable.p5,
21         R.drawable.p6,
22         R.drawable.p7,
23         R.drawable.p8,
24     };
25     ……//此处省略定义 myListener 监听器的代码，将在随后补全
26    @Override
27    public void onCreate(Bundle savedInstanceState) {              //重写 onCreate 方法
28       super.onCreate(savedInstanceState);
29       setContentView(R.layout.main);
30       iv = (ImageView)findViewById(R.id.iv);                      //获得 ImageView 对象引用
31       btnNext = (Button)findViewById(R.id.next);                  //获得 ImageView 对象引用
32       btnPrevious = (Button)findViewById(R.id.previous);          //获得 ImageView 对象引用
33       btnAlphaPlus = (Button)findViewById(R.id.alpha_plus);       //获得 ImageView 对象引用
34       btnAlphaMinus = (Button)findViewById(R.id.alpha_minus);     //获得 ImageView 对象引用
35       btnNext.setOnClickListener(myListener);//为 Button 对象设置 OnClickListener 监听器
36       btnPrevious.setOnClickListener(myListener);   //为Button 对象设置 OnClickListener 监听器
```

```
37          btnAlphaPlus.setOnClickListener(myListener);//为Button对象设置OnClickListener监听器
38          btnAlphaMinus.setOnClickListener(myListener); //为Button对象设置OnClickListener
监听器
39      }
40  }
```

其中：

- 第 8～12 行，声明了 ImageView 和 Button 控件对象的引用，这些引用将会在 Activity 的方法中被初始化和使用。
- 第 13 行，声明了用于记录图片在 imgId 数组中下标的成员变量。当按“上一张”或“下一张”按钮时，该成员变量将会被修改。
- 第 14 行，声明了用于记录 ImageView 透明度的成员变量，当按“增加”或“减少透明度”按钮时，该成员变量的值将会被修改。
- 第 15～24 行，声明了 1 个存储图片资源 id 的数组，ImageView 控件中显示的内容就是从这里获取的。
- 第 27～39 行，为重写的 onCreate 方法，该方法主要的功能是为 4 个按钮添加 View.OnClickListener 监听器。

在上述代码第 25 行省略了 myListener 监听器的定义代码，下面将给出该监听器的定义代码。

代码位置：见随书光盘中源代码/第 4 章/Sample_4_9/src/com.sample.Sample_4_9 目录下的 Sample_4_9.java 文件。

```
    //自定义的OnClickListener监听器
01 private View.OnClickListener myListener = new View.OnClickListener(){
02     @Override
03     public void onClick(View v) {                          //判断点下的是哪个Button
04         if(v == btnNext){                                  //下一张图片按钮被按下
05             currImgId = (currImgId+1)%imgId.length;
06             iv.setImageResource(imgId[currImgId]);         //设置ImageView的显示图片
07         }
08         else if(v == btnPrevious){                         //上一张图片按钮被按下
09             currImgId = (currImgId-1+imgId.length)%imgId.length;
10
11             iv.setImageResource(imgId[currImgId]);         //设置ImageView的显示图片
12         }
13         else if(v == btnAlphaPlus){                        //增加透明度按钮被按下
14             alpha -= 25;
15             if(alpha < 0){
16                 alpha =0;
17             }
18             iv.setAlpha(alpha);                            //设置ImageView的透明度
19         }
20         else if(v == btnAlphaMinus){                       //减少透明度按钮被按下
21             alpha += 25;
22             if(alpha >255){
23                 alpha = 255;
24             }
```

```
25              iv.setAlpha(alpha);                    //设置 ImageView 的透明度
26          }
27      }
28  };
```

其中：

- myListener 是继承自 View.OnClickListener 的自定义类对象，该对象主要重写了 onClick 方法用于处理用户单击控件的事件。
- 第 3～27 行为重写的 onClick 方法，在该方法中首先判断单击事件的来源是哪个 View，然后根据不同的按钮处理不同的工作。

完成上述步骤的开发之后，运行本程序，Sample_4_9 的运行效果如图 4-22 所示。

图 4-22 Sample_4_9 运行效果

4.9 时钟控件

本节将对 Android 中的时钟控件进行介绍，时钟控件是 Android 用户界面中比较简单的控件，时钟控件包括 AnalogClock 控件和 DigitalClock 控件。本节首先介绍 AnalogClock 类和 Digital 类，然后通过一个示例说明时间控件的用法。

4.9.1 AnalogClock 类和 DigitalClock 类简介

AnalogClock 类和 DigitalClock 类的继承关系如图 4-23 所示，这两种控件都负责显示时钟，所不同的是 AnalogClock 控件显示模拟时钟，且只显示时针和分针，而 Digital 控件显示数字时钟，可精确到秒。

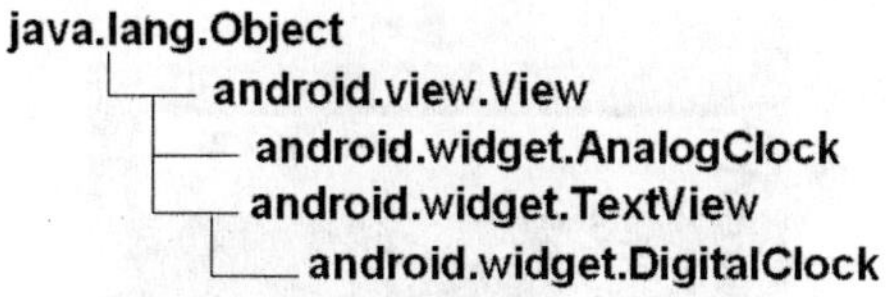

```
java.lang.Object
  └── android.view.View
        ├── android.widget.AnalogClock
        └── android.widget.TextView
              └── android.widget.DigitalClock
```

图 4-23 AnalogClock 和 DigitalClock 类的继承关系

4.9.2 时钟控件使用案例

在 4.9.1 节对时钟控件做了简单介绍，下面通过一个示例介绍时钟控件的使用，时钟控件的用法比较简单，只需要在布局文件中声明控件即可，本示例的开发步骤如下。

（1）在 Eclipse 中新建一个项目 Sample_4_10，打开其 res/layout 目录下的 main.xml 文件，将其中的已有代码替换为如下代码。

代码位置：见随书光盘中源代码/第 4 章/Sample_4_10/res/layout 目录下的 main.xml 文件。

```
01 <?xml version="1.0" encoding="utf-8"?>
02 <LinearLayout xmlns:android="http://schemas.android.com/apk/res/android"
03    android:orientation="vertical"
04    android:layout_width="fill_parent"  android:layout_height="fill_parent"
05    >                                        <!-- 声明一个垂直分布 LinearLayout 布局 -->
06     <AnalogClock
07        android:id="@+id/analog"
08        android:layout_width="wrap_content" android:layout_height="wrap_content"
09        android:layout_gravity="center_horizontal"
10        />                                   <!-- 声明一个 AnalogClock 控件 -->
11     <DigitalClock
12        android:id="@+id/digital"
13        android:layout_width="wrap_content" android:layout_height="wrap_content"
14        android:layout_gravity="center_horizontal"
15        />                                   <!-- 声明一个 DigitalClock 控件 -->
16 </LinearLayout>
```

其中：

- 第 2～5 行，声明了一个线性布局，该线性布局的排列方式为垂直方式。
- 第 7～10 行，声明了一个 AnalogClock 控件，并设置其在父控件中的显示方式为水平居中。
- 第 11～15 行，声明了一个 DigitalClock 控件，并设置其在父控件中的显示方式为水平居中

（2）由于本示例不需要在 Activity 中开发额外的代码，故在本示例中将不会对项目创建时自动生成的 Sample_4_10.java 文件中的代码进行修改。

完成上述步骤的开发之后，运行本程序，效果如图 4-24 所示。

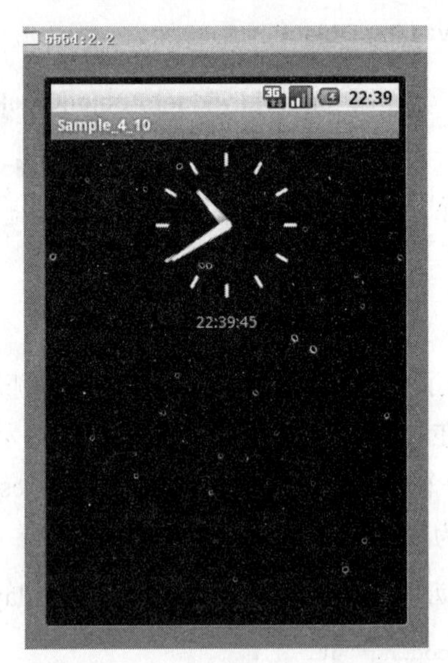

图 4-24　Sample_4_10 运行示意图

4.10　日期与时间选择控件

本节将介绍日期与时间选择控件，首先对 DatePicker 类和 TimePicker 类进行简单介绍，然后通过一个案例来说明如何在程序中使用日期和时间选择控件。

4.10.1　DatePicker 类简介

DatePicker 类继承自 FrameLayout 类，日期选择控件主要的功能向用户提供包含了年月日的日期数据并允许用户对其进行选择。如果要捕获用户修改日期选择控件中数据的事件，需要为 DatePicker 添加 onDateChangedListener 监听器。DatePicker 类的主要成员方法如表 4-9 所示。

表 4-9　DatePicker 类主要的成员方法及说明

方 法 名 称	方 法 说 明
getDayOfMonth ()	获取日期天数
getMonth()	获取日期月份
getYear()	获取日期年份
init(int year, int monthOfYear, int dayOfMonth, DatePicker.OnDateChangedListener onDateChangedListener)	初始化 DatePicker 控件的属性，参数 onDateChangedListener 为监听器对象，负责监听日期数据的变化
setEnabled(boolean enabled)	根据传入的参数设置日期选择控件是否可用
updateDate(int year, int monthOfYear, int dayOfMonth)	根据传入的参数更新日期选择控件的各个属性值

4.10.2　TimePicker 类简介

TimePicker 同样继承自 FrameLayout 类，时间选择控件向用户显示一天中的时间（可以为 24 小时制，也可以为 AM/PM 制），并允许用户进行选择。如果要捕获用户修改时间数据的事件，便需要为 TimePicker 添加 OnTimeChangedListener 监听器。TimePicker 类的主要成员方法如表 4-10 所示。

表 4-10　TimePicker 类主要成员方法及说明

方 法 名 称	方 法 说 明
getCurrentHour()	获取时间选择控件的当前小时，返回 Integer 对象
getCurrentMinute()	获取时间选择控件的当前分钟，返回 Integer 对象
is24HourView()	判断时间选择控件是否为 24 小时制
setCurrentHour(Integer　currentHour)	设置时间选择控件的当前小时，传入 Integer 对象
setCurrentMinute(Integer　currentMinute)	设置时间选择控件的当前分钟，传入 Integer 对象
setEnabled(boolean enabled)	根据传入的参数设置时间选择控件是否可用
setIs24HourView(Boolean　is24HourView)	根据传入的参数设置时间选择控件是否为 24 小时制
setOnTimeChangedListener(TimePicker.OnTimeChangedListener onTimeChangedListener)	为时间选择控件添加 OnTimeChangedListener 监听器

4.10.3　日期时间控件使用案例

在 4.10.2 节对 DatePicker 类和 TimePicker 类进行了简单介绍，本小节将通过一个案例来说明日期和时间选择控件的用法，本案例的开发步骤如下。

（1）在 Eclipse 中新建一个项目 Sample_4_11，打开 res/layout 目录下的 main.xml 文件，将其中已有的代码替换为如下代码。

代码位置：见随书光盘中源代码/第 4 章/Sample_4_11/res/layout 目录下的 main.xml 文件。

```
01 <?xml version="1.0" encoding="utf-8"?>
02 <LinearLayout xmlns:android="http://schemas.android.com/apk/res/android"
03    android:orientation="vertical"
04    android:layout_width="fill_parent"  android:layout_height="fill_parent"
05    >                                          <!-- 声明了一个垂直分布的线性布局 -->
06     <DatePicker
07        android:id="@+id/datepicker"
08        android:layout_width="wrap_content" android:layout_height="wrap_content"
09        android:layout_gravity="center_horizontal"
10        />                                     <!-- 声明了一个 DatePicker 控件 -->
11     <EditText
12        android:id="@+id/etDate"
13        android:layout_width="fill_parent" android:layout_height="wrap_content"
14        android:cursorVisible="false"
15        android:editable="false"
16        />                                     <!-- 声明了一个用于显示日期的EditText控件 -->
```

```
17     <TimePicker
18         android:id="@+id/timepicker"
19         android:layout_width="wrap_content" android:layout_height="wrap_content"
20         android:layout_gravity="center_horizontal"
21         />                                          <!-- 声明了一个TimePicker控件 -->
22     <EditText
23         android:id="@+id/etTime"
24         android:layout_width="fill_parent" android:layout_height="wrap_content"
25         android:cursorVisible="false"
26         android:editable="false"
27         />                                          <!-- 声明了一个用于显示时间的EditText控件 -->
28 </LinearLayout>
```

其中：

- 第 2～5 行，声明了一个垂直分布的线性布局。
- 第 6～10 行，声明了一个 DatePicker 控件，并设置其在父控件中水平居中。
- 第 11～16 行，声明了一个 EditText 控件，并设置为不可编辑，不显示光标，用于显示日期。
- 第 17～21 行，声明了一个 TimePicker 控件，并设置其在父控件中水平居中。
- 第 22～27 行，声明了一个 EditText 控件，并设置为不可编辑，不显示光标，用于显示时间。

（2）开发 Activity 部分的代码，打开项目 src/wyf/jc 目录下的 Sample_4_11.java 文件，将其中已有的代码替换为如下代码。

代码位置：见随书光盘中源代码/第 4 章/Sample_4_11/src/com.sample.Sample_4_11 目录下的 Sample_4_11.java 文件。

```
01 package com.sample.Sample_4_11;                                  //声明包语句
02 import java.util.Calendar;                                       //引入相关类
03 import android.app.Activity;                                     //引入相关类
04 import android.os.Bundle;                                        //引入相关类
05 import android.widget.DatePicker;                                //引入相关类
06 import android.widget.EditText;                                  //引入相关类
07 import android.widget.TimePicker;                                //引入相关类
08 import android.widget.DatePicker.OnDateChangedListener;          //引入相关类
09 import android.widget.TimePicker.OnTimeChangedListener;          //引入相关类
10 public class Sample_4_11 extends Activity {
11    @Override
12     public void onCreate(Bundle savedInstanceState) {            //重写onCreate方法
13       super.onCreate(savedInstanceState);
14       setContentView(R.layout.main);                             //设置当前屏幕
15       DatePicker dp = (DatePicker)findViewById(R.id.datepicker);
16       TimePicker tp = (TimePicker)findViewById(R.id.timepicker);
17       Calendar c = Calendar.getInstance();                       //获得Calendar对象
18       int year = c.get(Calendar.YEAR);
19       int monthOfYear = c.get(Calendar.MONTH);
20       int dayOfMonth = c.get(Calendar.DAY_OF_MONTH);
      //初始化DatePicker
21       dp.init(year, monthOfYear, dayOfMonth, new OnDateChangedListener(){
```

```
22              @Override
23          public void onDateChanged(DatePicker view, int year, int monthOfYear,int
  dayOfMonth) {
24                  flushDate(year,monthOfYear,dayOfMonth);    //更新 EditText 所显示内容
25              }
26          });
27          tp.setOnTimeChangedListener(new OnTimeChangedListener(){//为 TimePicker 添加监听器
28              @Override
29              public void onTimeChanged(TimePicker view, int hourOfDay, int minute) {
30                  flushTime(hourOfDay,minute);                 //更新 EditText 所显示内容
31              }
32          });
33      }
      //方法：刷新 EditText 所显示的内容
34      public void flushDate(int year, int monthOfYear,int dayOfMonth){
35          EditText et = (EditText)findViewById(R.id.etDate);
36          et.setText("您选择的日期是："+year+"年"+(monthOfYear+1)+"月"+dayOfMonth+"日。");
37      }
      //方法：刷新时间 EditText 所显示的内容
38      public void flushTime(int hourOfDay,int minute){
39          EditText et = (EditText)findViewById(R.id.etTime);
40          et.setText("您选择的时间是："+hourOfDay+"时"+minute+"分。");
41      }
42 }
```

其中：

- 第 12～33 行，为重写的 onCreate 方法，该方法主要的功能是为 DatePicker 控件和 TimePicker 控件分别设置 OnDateChangedListener 和 OnTimeChangedListener 监听器。其中，代码第 17 行获取了用于记录当前日期时间的 Calendar 对象。
- 第 34～37 行，为刷新显示日期的 EditText 内容的方法，代码第 38～41 行为刷新显示时间的 EditText 内容的方法。

完成上述步骤的开发之后，运行本程序，Sample_4_11 的运行效果如图 4-25 所示。

图 4-25　Sample_4_11 运行效果图

4.11 综合案例

在本节，我们将综合运用本章中已经介绍的内容来实现两个综合案例，分别是体重计算器和登录界面。

4.11.1 体重计算器

我们在前面已经介绍了文本框、按钮、选择控件等多种控件，在本节，将使用多种控件来实现体重计算器的界面，最终界面如图 4-26 所示。

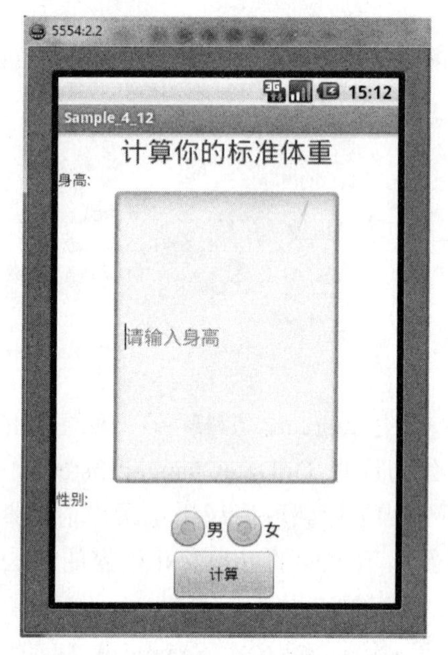

图 4-26 Sample_4_12 运行效果图

开发步骤如下。

（1）在 Eclipse 中新建一个项目 Sample_4_12。

（2）打开项目 res/values 目录下的 strings.xml 文件，在<resources>和</resources>标记之间加入如下代码。

代码位置：见随书光盘中源代码/第 4 章/Sample_4_12/res/values 目录下的 strings.xml 文件。

```
01      <string name="app_name">Sample_4_12</string>
02      <string name="hello_world">Hello world!</string>
03      <string name="menu_settings">Settings</string>
04      <string name="soft_name">计算你的标准体重</string>
05      <string name="height">身高:</string>
06      <string name="htext">请输入身高</string>
07      <string name="sex">性别:</string>
```

```
08    <string name="man">男</string>
09    <string name="woman">女</string>
10    <string name="ok">计算</string>
```

说明：上述代码声明了 10 个字符串资源，将会被用作按钮上显示的文本内容。

（3）打开项目 res/layout 目录下的 main.xml 文件，将其中的已有代码替换成如下代码。

代码位置：见随书光盘中源代码/第 4 章/Sample_4_9/res/layout 目录下的 main.xml 文件。

```
01 <LinearLayout xmlns:android="http://schemas.android.com/apk/res/android"
02    xmlns:tools="http://schemas.android.com/tools"
03    android:layout_width="match_parent"
04    android:layout_height="match_parent"
05    android:orientation="vertical"
06    tools:context=".MainActivity" >                    <!-- 声明一个线性布局 -->
07
08    <TextView
09       android:id="@+id/showtext"
10       android:layout_width="wrap_content"
11       android:layout_height="wrap_content"
12       android:layout_gravity="center"
13       android:text="@string/soft_name"
14       android:textSize="25sp" />                      <!-- 声明一个显示文本 -->
15
16    <TextView
17       android:id="@+id/text_Height"
18       android:layout_width="wrap_content"
19       android:layout_height="wrap_content"
20       android:text="@string/height" />                <!-- 声明一个显示文本 -->
21
22    <EditText
23       android:id="@+id/height_Edit"
24       android:layout_width="wrap_content"
25       android:layout_height="wrap_content"
26       android:layout_gravity="center"
27       android:layout_weight="0.05"
28       android:ems="10"
29       android:hint="@string/htext"
30       android:textSize="18sp" >                       <!-- 声明一个编辑文本，输入身高 -->
31
32       <requestFocus />
33    </EditText>
34
35    <TextView
36       android:id="@+id/text_sex"
37       android:layout_width="match_parent"
38       android:layout_height="wrap_content"
39       android:layout_gravity="center"
40       android:text="@string/sex" />                   <!-- 声明一个显示文本 -->
41
42    <RadioGroup
43       android:id="@+id/radiogroup"
```

```
44          android:layout_width="wrap_content"
45          android:layout_height="37px"
46          android:layout_gravity="center"
47          android:orientation="horizontal" >          <!-- 声明一个选择按钮 -->
48
49          <RadioButton
50             android:id="@+id/Sex_Man"
51             android:layout_width="wrap_content"
52             android:layout_height="wrap_content"
53             android:text="@string/man" />          <!-- 声明一个 RadioButton 控件 -->
54
55          <RadioButton
56             android:id="@+id/Sex_Woman"
57             android:layout_width="wrap_content"
58             android:layout_height="wrap_content"
59             android:text="@string/woman" />        <!-- 声明一个 RadioButton 控件 -->
60       </RadioGroup>
61
62       <Button
63          android:id="@+id/button_ok"
64          android:layout_width="100dp"
65          android:layout_height="wrap_content"
66          android:layout_gravity="center"
67          android:text="@string/ok" />              <!-- 声明一个 Button 控件 -->
68    </LinearLayout>
```

其中：

- 第 02～06 行，声明了一个垂直分布的线性布局。
- 第 08～14 行，声明了一个显示文本框，在界面中央显示标题说明。
- 第 16～20 行，声明了一个显示文本框，显示身高提示。
- 第 22～30 行，声明了一个文本输入框，用于输入身高。在未输入的情况下，提示用户输入。
- 第 35～40 行，声明了一个显示文本框，显示性别选择提示。
- 第 42～47 行，声明了一个选择按钮组 RadioGroup 控件，用于添加用户选择项。
- 第 49～59 行，声明了两个选择项 RadioButton 控件，用于选择性别。
- 第 62～67 行，声明了一个按钮控件，用于输入完成后提交计算。

（4）对于 Activity 部分的代码不做任何修改。

完成上述步骤的开发之后，运行本程序，Sample_4_12 的运行效果如图 4-26 所示。

4.11.2 登录界面

登录界面，对于绝大部分的应用来说都是有必要的。在这一小节中，通过实现一个登录界面来综合掌握常用的控件，运行效果如图 4-27 所示。

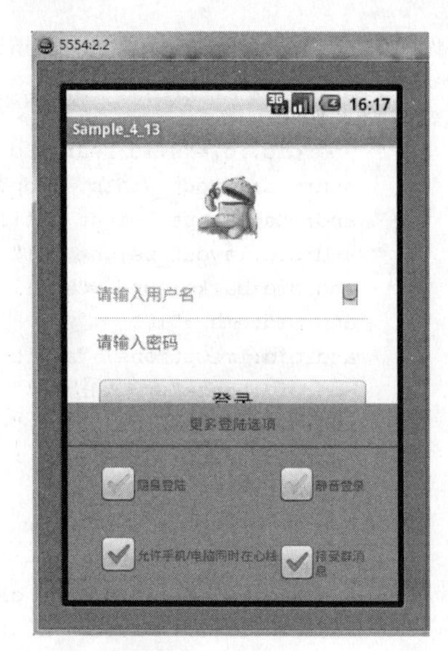

图 4-27 Sample_4_13 运行效果图

开发步骤如下。

（1）在 Eclipse 中新建一个项目 Sample_4_13。

（2）打开项目 res/layout 目录下的 main.xml 文件，修改其中代码。

代码位置：见随书光盘中源代码/第 4 章/Sample_4_9/res/layout 目录下的 main.xml 文件。

```
01 <RelativeLayout xmlns:android="http://schemas.android.com/apk/res/android"
02    xmlns:tools="http://schemas.android.com/tools"
03    android:layout_width="match_parent"
04    android:layout_height="match_parent"
05    tools:context=".MainActivity" >                  <!-- 声明一个相对布局 -->
06
07    <ImageView
08       android:id="@+id/loginbutton"
09       android:layout_width="120px"
10       android:layout_height="120px"
11       android:layout_centerHorizontal="true"
12       android:src="@drawable/a" />                  <!-- 声明一个图片控件 -->
13
14    <LinearLayout
15       android:id ="@+id/input"
16       android:layout_width ="fill_parent"
17       android:layout_height ="wrap_content"
18       android:layout_below ="@id/loginbutton"
19       android:layout_marginLeft ="28.0dip"
20       android:layout_marginRight ="28.0dip"
21       android:orientation ="vertical" >             <!-- 声明一个线性布局 -->
22
23       <LinearLayout
24          android:layout_width ="fill_parent"
25          android:layout_height ="44.0dip"
26          android:gravity ="center_vertical"
```

```
27          android:orientation ="horizontal" >      <!-- 声明一个线性布局 -->
28
29          <EditText
30             android:id ="@+id/searchEditText"
31             android:layout_width ="0dp"
32             android:layout_height ="fill_parent"
33             android:layout_weight ="1"
34             android:background ="@null"
35             android:ems ="10"
36             android:imeOptions ="actionDone"
37             android:hint="请输入用户名"
38             android:singleLine ="true"
39             android:textSize ="16sp" >
40          </EditText>                              <!-- 声明一个编辑框控件 -->
41
42          <Button
43             android:id ="@+id/button_clear"
44             android:layout_width ="20dip"
45             android:layout_height ="20dip"
46             android:layout_marginRight ="8dip"
47             android:visibility ="visible" />      <!-- 声明一个按钮控件 -->
48       </LinearLayout>
49
50       <View
51          android:layout_width ="fill_parent"
52          android:layout_height ="1.0px"
53          android:layout_marginLeft ="1.0px"
54          android:layout_marginRight ="1.0px"
55          android:background ="#ffc0c3c4" />       <!-- 声明一个 view 控件 -->
56
57       <EditText
58          android:id ="@+id/password"
59          android:layout_width ="fill_parent"
60          android:layout_height ="44.0dip"
61          android:background ="#00ffffff"
62          android:gravity ="center_vertical"
63          android:inputType ="textPassword"
64          android:maxLength ="16"
65          android:maxLines ="1"
66          android:textColor ="#ff1d1d1d"
67          android:textColorHint ="#ff666666"
68          android:hint="请输入密码"
69          android:textSize ="16.0sp" />            <!-- 声明一个编辑框控件 -->
70    </LinearLayout >
71
72    <Button
73       android:id ="@+id/buton1"
74       android:layout_width ="270dp"
75       android:paddingTop ="5.0dip"
76       android:layout_height ="50dp"
77       android:layout_marginLeft ="28.0dip"
78       android:layout_marginRight ="28.0dip"
```

```
79          android:layout_marginTop ="12.0dip"
80          android:layout_below ="@+id/input"
81          android:gravity ="center"
82          android:textSize ="20dp"
83          android:text = "登录" />                    <!-- 声明一个按钮控件 -->
84
85       <RelativeLayout
86          android:id ="@+id/relative"
87          android:layout_width ="fill_parent"
88          android:layout_height ="wrap_content"
89          android:layout_alignLeft ="@+id/input"
90          android:layout_alignRight ="@+id/input"
91          android:layout_below ="@id/buton1" >        <!-- 声明一个相对布局 -->
92
93           <CheckBox
94             android:id ="@+id/auto_save_password"
95             android:layout_width ="wrap_content"
96             android:layout_height ="wrap_content"
97             android:layout_alignParentLeft ="true"
98             android:checked ="true"
99             android:drawablePadding ="4.0dip"
100            android:text = "记住密码"
101            android:textSize ="12.0sp" />            <!-- 声明一个选择按钮控件 -->
102
103         <Button
104            android:id ="@+id/regist"
105            android:layout_width ="wrap_content"
106            android:layout_height ="wrap_content"
107            android:layout_alignParentRight ="true"
108            android:clickable ="true"
109            android:gravity ="left|center"
110            android:paddingLeft ="8.0dip"
111            android:paddingRight ="18.0dip"
112            android:text = "注册新账号"
113            android:textSize ="12.0sp" />            <!-- 声明一个按钮控件 -->
114      </RelativeLayout >
```

其中：

- 第 01～05 行，声明了一个相对布局，用于整个布局设计。
- 第 07～12 行，声明了一个图片显示框，在界面中央显示图片。
- 第 14～21 行，声明了一个线性布局，纵向布局方式，用于设置两个输入框的布局。
- 第 23～27 行，声明了一个线性布局，横行布局方式，用于设置输入输入框和删除按钮。
- 第 29～40 行，声明了一个编辑文本框，用于输入用户名。
- 第 42～47 行，声明了一个选择按钮控件，用于删除保存的用户名。
- 第 50～55 行，声明了 View 控件，用于显示一个线条，明显地分割开两个输入框。
- 第 57～69 行，声明了一个编辑文本框，用于输入密码。

- 第 72～83 行，声明了一个按钮控件，用于输入后登录。
- 第 85～91 行，声明了一个相对布局，用于设置密码和注册账号按钮。
- 第 93～101 行，声明了一个选择按钮 CheckBox，用于选择是否记住密码。
- 第 103～113 行，声明了一个按钮控件，用于注册新账号。

完成以上代码后，就已经完成了普通的显示，还有更多登录选项的界面布局设置。继续在布局文件 main.xml 中添加代码。

代码位置：见随书光盘中源代码/第 4 章/Sample_4_9/res/layout 目录下的 main.xml 文件。

```
01    <LinearLayout
02        android:id ="@+id/more_bottom"
03        android:layout_width ="fill_parent"
04        android:layout_height ="wrap_content"
05        android:layout_alignParentBottom ="true"
06        android:orientation ="vertical" >
07
08    <RelativeLayout
09        android:id ="@+id/input2"
10        android:layout_width ="fill_parent"
11        android:layout_height ="40dp"
12        android:background="#808080"
13        android:orientation ="vertical" >
14
15        <TextView
16            android:id ="@+id/more_text"
17            android:layout_width ="wrap_content"
18            android:layout_height ="wrap_content"
19            android:layout_centerInParent ="true"
20            android:background ="@null"
21            android:gravity ="center"
22            android:maxLines ="1"
23            android:text = "更多登录选项"
24            android:textColor ="#ff005484"
25            android:textSize ="14.0sp" />
26    </RelativeLayout >
27     <LinearLayout
28            android:id ="@+id/morehidebottom"
29            android:layout_width ="fill_parent"
30            android:layout_height ="wrap_content"
31            android:orientation ="vertical"
32            android:background="#808080"
33            android:visibility ="gone" >
34
35            <View
36                android:layout_width ="fill_parent"
37                android:layout_height ="1.0px"
38                android:background ="#ff005484" />
39
40            <View
41                android:layout_width ="fill_parent"
```

```
42              android:layout_height ="1.0px"
43              android:background ="#ff0883cb" />
44
45          <LinearLayout
46              android:layout_width ="fill_parent"
47              android:layout_height ="wrap_content"
48              android:layout_marginLeft ="30.0dip"
49              android:layout_marginRight ="30.0dip"
50              android:layout_marginTop ="12.0dip"
51              android:orientation ="horizontal" >
52
53              <CheckBox
54                  android:id ="@+id/hide_login"
55                  android:layout_width ="1.0px"
56                  android:layout_height ="wrap_content"
57                  android:layout_weight ="2.0"
58                  android:checked ="false"
59                  android:drawablePadding ="4.0dip"
60                  android:text = "隐身登录"
61                  android:textColor ="#ff005484"
62                  android:textSize ="12.0sp" />
63
64              <CheckBox
65                  android:id ="@+id/silence_login"
66                  android:layout_width ="1.0px"
67                  android:layout_height ="wrap_content"
68                  android:layout_weight ="1.0"
69                  android:checked ="false"
70                  android:drawablePadding ="4.0dip"
71                  android:text = "静音登录"
72                  android:textColor ="#ff005484"
73                  android:textSize ="12.0sp" />
74          </LinearLayout>
75
76          <LinearLayout
77              android:layout_width ="fill_parent"
78              android:layout_height ="wrap_content"
79              android:layout_marginBottom ="18.0dip"
80              android:layout_marginLeft ="30.0dip"
81              android:layout_marginRight ="30.0dip"
82              android:layout_marginTop ="18.0dip"
83              android:orientation ="horizontal"
84              android:background="#808080">
85
86              <CheckBox
87                  android:id ="@+id/accept_accounts"
88                  android:layout_width ="1.0px"
89                  android:layout_height ="wrap_content"
90                  android:layout_weight ="2.0"
91                  android:checked ="true"
92                  android:drawablePadding ="4.0dip"
93                  android:singleLine ="true"
```

```
94                  android:text = "允许手机/电脑同时在线"
95                  android:textColor ="#ff005484"
96                  android:textSize ="12.0sp" />
97
98               <CheckBox
99                  android:id ="@+id/accept_troopmsg"
100                 android:layout_width ="1.0px"
101                 android:layout_height ="wrap_content"
102                 android:layout_weight ="1.0"
103                 android:checked ="true"
104                 android:drawablePadding ="4.0dip"
105                 android:text = "接受系统消息"
106                 android:textColor ="#ff005484"
107                 android:textSize ="12.0sp" />
108           </LinearLayout>
109        </LinearLayout>
110     </LinearLayout >
111 </RelativeLayout>
```

其中：

- 第 01～06 行，声明了一个线性布局，用于设置隐藏的布局。
- 第 08～13 行，声明了一个相对布局，用于设置显示文本框及背景色。
- 第 15～25 行，声明了一个显示文本框，显示了提示内容。
- 第 27～33 行，声明了一个线性布局及纵向布局方式，用于设置更多选项的布局设计，默认为不显示。
- 第 35～43 行，声明了 View 控件用于线性一个线条，给予明显的分割。
- 第 45～51 行，声明了一个线性布局和横向布局方法，用于设置选择项。
- 第 53～62 行，声明了一个选择按钮 CheckBox，用于选择是否隐身登录。
- 第 64～73 行，声明了一个选择按钮 CheckBox，用于选择是否静音登录。
- 第 76～108 行，与代码第 45～73 行类似，用于实现另外两个选项。

（3）下面开发 Activity 部分的代码，打开项目 src/com.sample.Sample_4_13 目录下的 Sample_4_13.java 文件，将其中的已有代码替换为如下代码。

代码位置：见随书光盘中源代码/第 4 章/Sample_4_13/src/com.sample.Sample_4_13 目录下的 Sample_4_13.java 文件。

```
01 package com.sample.sample_4_13;                                  //声明包语句
02 import android.os.Bundle;                                        //引入相关类
03 import android.app.Activity;                                     //引入相关类
04 import android.view.Menu;                                        //引入相关类
05 import android.view.View;                                        //引入相关类
06 import android.view.View.OnClickListener;                        //引入相关类
07 import android.widget.Button;                                    //引入相关类
08 import android.widget.ImageView;                                 //引入相关类
09
  //继承 Activity 并实现接口
10 public class MainActivity extends Activity implements OnClickListener{
11     private Button login_Button;                                 //Button 对象
```

```
12     private View moreHideBottomView,input2;                    //View 对象
13     private boolean mShowBottom = false;                       //是否显示
14    @Override
15    public void onCreate(Bundle savedInstanceState) {           //重写 onCreate()方法
16       super.onCreate(savedInstanceState);
17       setContentView(R.layout.main);                           //界面布局
18       initView();                                              //初始化布局
19    }
20
21    private void initView() {
22        login_Button=(Button) findViewById(R.id.buton1);        //获得对象
23        login_Button.setOnClickListener(this);                  //设置单击监听
24        moreHideBottomView=findViewById(R.id.morehidebottom);      //获得对象
25        input2=findViewById(R.id.input2);                       //获得对象
26        input2.setOnClickListener( this);                       //设置单击监听
27     }
28
29    public void showBottom(boolean bShow){                      //实现隐藏视图显示
30        if(bShow){
31            moreHideBottomView.setVisibility(View.GONE);        //设置隐藏视图不可见
32            mShowBottom = true;
33        }else{
34            moreHideBottomView.setVisibility(View.VISIBLE);  //设置隐藏视图可见
35            mShowBottom = false;
36        }
37    }
38
39    public void onClick(View v) {                               //实现单击处理
40         switch(v.getId())
41         {
42         case R.id.input2:                                      //判断单击对象
43             showBottom(!mShowBottom);                          //调用显示隐藏界面方法
44             break;
45             default:
46                 break;
47         }
48     }
49
50
51     @Override
52    public boolean onCreateOptionsMenu(Menu menu) {             //重写 onCreateOptionsMenu
53       getMenuInflater().inflate(R.menu.activity_main, menu);
54       return true;
55    }
56 }
```

其中：

- 第 15～19 行，重写 onCreate()方法，实现初始化布局。
- 第 21～27 行，实现界面对象的获取；
- 第 29～37 行，实现隐藏界面的隐藏与显示的方法。
- 第 39～48 行，实现单击事件处理。

完成上述步骤的开发之后，运行本程序，Sample_4_13 的运行效果如图 4-27 所示。

4.12 总结

本章主要对 Android 中开发用户界面时用到的基本控件进行了简单的介绍，熟练掌握这些基本控件的使用方法，再结合前面章节介绍过的布局管理器的相关知识，就能够开发出各种各样的用户界面。同时学好本章的知识也有助于学习后面章节要介绍的高级控件。

知 识 点	难 度 指 数（1～6）	占 用 时 间（1～3）
View 介绍	1	1
ViewGroup 介绍	1	1
基本文本控件	2	2
自动提示文件框	3	2
滚动视图	2	1
按钮控件	4	3
图片按钮控件	3	2
图片的使用	6	3
选择按钮的使用	3	2
状态按钮的使用	3	2
图片视图的使用	4	3
时钟控件的使用	5	2
日期控件的使用	4	3

4.13 习题

（1）使用基本文本控件实现用户名和密码的输入。
（2）使用自动提示文本框实现全国主要城市的输入提示。
（3）使用按钮控件实现单击后按钮显示文字的改变。
（4）使用图片按钮控件实现单击后图片的改变，且至少可以变化 3 种不同的图片。
（5）使用选择按钮实现单项和多项选择题目对错的自动判断。
（6）使用状态开关按钮实现不同状态下显示不同的文本内容。
（7）使用图片控件实现查看多张图片。
（8）使用日期、时间以及时钟控件实现当前准确时间的显示。

第 5 章

渔樵问路：Android 常用高级控件和事件处理

第 4 章已经介绍了 Android 中的一些基本控件，本章将继续第 4 章的思路，对 Android 中常用的高级控件逐一进行介绍。而且，还将对使用到的控件中的监听事件的处理进行全面介绍。

5.1 下拉列表控件

下拉列表控件是最常用的控件之一，一般用来从多个选项中选择一个需要的，例如所在城市的选择、爱好的选择等。本节将对下拉列表控件 Spinner 的使用方法进行详细介绍，让读者能够真正掌握该控件的使用方法。

5.1.1 Spinner 类简介

Spinner 位于 android.widget 包下，它每次只显示用户选中的元素，当用户再次单击时，会弹出选择列表供用户选择，而选择列表中的元素同样来自适配器，如图 5-1 所示为该类的继承树，我们可以看到，Spinner 仍然为 View 的一个子类。

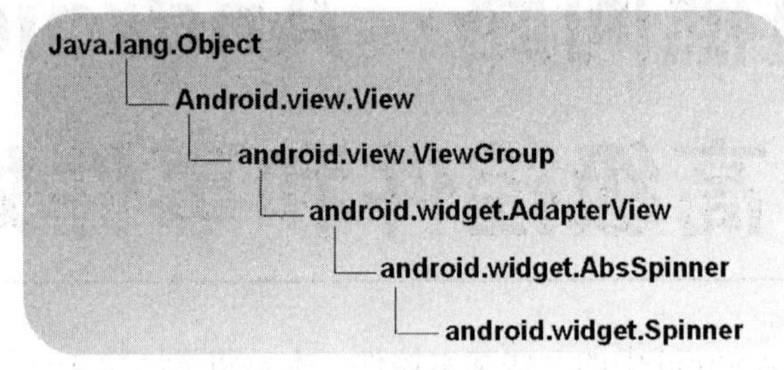

图 5-1　Spinner 类的继承树

5.1.2 下拉列表使用

接下来将通过一个选择爱好的案例来介绍 Spinner 类控件的使用方法，需要注意的是，Android 中的下拉列表并不像其他系统那样直接下拉来显示选项，而是相当于一个弹出菜单供用户选择的。

下面将详细介绍该案例的开发过程，步骤如下。

（1）创建一个新的 Android 项目，取名为 Sample_5_1。

（2）准备图片资源，将项目中用到的图片资源存放到项目目录的 res/drawable-mdpi 文件夹下，如图 5-2 所示。

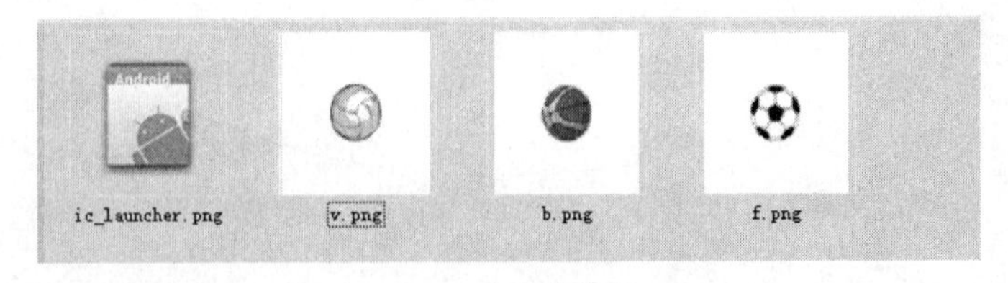

图 5-2　图片资源

（3）准备字符串资源，用下列代码替换 res/values 目录下 strings.xml 文件中的代码。

代码位置：见随书光盘中源代码/第 5 章/Sample_5_1/res/values 目录下的 strings.xml 文件。

```
01 <?xml version="1.0" encoding="utf-8"?>                        <!-- XML 的版本以及编码方式 -->
02 <resources>
03    <string name="hello">Hello World, SpinnerActivity!</string>    <!-- 定义 hello 字符串 -->
04    <string name="app_name">Sample_5_1</string>                <!-- 定义 app_name 字符串 -->
05    <string name="ys">您的爱好</string>                        <!-- 定义 ys 字符串 -->
06    <string name="lq">篮  球</string>                          <!-- 定义 lq 字符串 -->
07    <string name="zq">足  球</string>                          <!-- 定义 zq 字符串 -->
08    <string name="pq">排  球</string>                          <!-- 定义 pq 字符串 -->
09 </resources>
```

说明：将字符串声明到一个文件中是为了便于系统的管理与维护。

（4）准备颜色资源，在 res/values 目录下创建 colors.xml 文件，其开发代码如下。

代码位置：见随书光盘中源代码/第 5 章/Sample_5_1/res/values 目录下的 colors.xml 文件。

```
01 <?xml version="1.0" encoding="utf-8"?>                        <!-- XML 的版本以及编码方式 -->
02 <resources>
03    <color name="red">#fd8d8d</color>                          <!-- 定义 red 颜色 -->
04     <color name="green">#9cfda3</color>                       <!-- 定义 green 颜色 -->
05     <color name="blue">#8d9dfd</color>                        <!-- 定义 blue 颜色 -->
06     <color name="white">#FFFFFF</color>                       <!-- 定义 white 颜色 -->
07     <color name="black">#000000</color>                       <!-- 定义 black 颜色 -->
08 </resources>
```

（5）开发该案例的布局文件，打开 main.xml 文件，其代码如下。

代码位置：见随书光盘中源代码/第 5 章/Sample_5_1/res/layout 目录下的 main.xml 文件。

```
01 <?xml version="1.0" encoding="utf-8"?>                        <!-- XML 的版本以及编码方式 -->
02 <LinearLayout
03     android:id="@+id/LinearLayout01"
04     android:layout_width="fill_parent"
05     android:layout_height="fill_parent"
06     android:orientation="vertical"
07     xmlns:android="http://schemas.android.com/apk/res/android">    <!-- 添加一个线性布局 -->
08   <TextView
09     android:text="@string/ys"
10     android:id="@+id/TextView01"
11     android:layout_width="fill_parent"
12     android:layout_height="wrap_content"
13     android:textSize="28dip"/>                                <!-- 添加一个 TextView 控件 -->
14   <Spinner
15     android:id="@+id/Spinner01"
16     android:layout_width="fill_parent"
17     android:layout_height="wrap_content"/>                    <!-- 添加一个下拉列表控件 -->
18 </LinearLayout>
```

说明：该段代码整体为一个线性布局，第 8～13 行为向线性布局中添加一个 TextView 控件，第 14～17 行为向线性布局中添加一个下拉列表控件，并分别为其指定 id。

（6）接下来开发该案例的主要逻辑代码，打开 Sample_5_1.java，用下列代码替换其原有代码。

代码位置：见随书光盘中源代码/第 5 章/Sample_5_1/src/com.sample.Sample_5_1 目录下的 Sample_5_1.java 文件。

```
01 package com.sample.Sample_5_1;                              //声明所在包
02 import android.app.Activity;                                //引入相关类
03 ……//该处省略了部分类的引入代码，读者可自行查阅随书光盘中的源代码
04 import android.widget.AdapterView.OnItemSelectedListener;   //引入相关类
05 public class Sample_5_1 extends Activity {
06     final static int WRAP_CONTENT=-2;                       //表示WRAP_CONTENT的常量
07     //所有资源图片（足球、篮球、排球）id 的数组
08     int[] drawableIds={R.drawable.f,R.drawable.b,R.drawable.v};
09     //所有资源字符串（足球、篮球、排球）id 的数组
10     int[] msgIds={R.string.zq,R.string.lq,R.string.pq};
11    @Override
12    public void onCreate(Bundle savedInstanceState) {        //重写的onCreate方法
13       super.onCreate(savedInstanceState);
14       setContentView(R.layout.main);                        //设置当前的用户界面
15       Spinner sp=(Spinner)this.findViewById(R.id.Spinner01);    //初始化Spinner
16       BaseAdapter ba=new BaseAdapter(){                     //为Spinner准备内容适配器
17             @Override
18             public int getCount() {return 3;}               //总共三个选项
19             @Override
20             public Object getItem(int arg0) { return null; }    //重写的getItem方法
21             @Override
22             public long getItemId(int arg0) { return 0; }   //重写的getItemId方法
23             @Override
24             public View getView(int arg0, View arg1, ViewGroup arg2) {
25                   //动态生成每个下拉项对应的View，每个下拉项View由LinearLayout
26                   //中包含一个ImageView及一个TextView构成
27                   //初始化LinearLayout
28                   LinearLayout ll=new LinearLayout(Sample_5_1.this);
29                   ll.setOrientation(LinearLayout.HORIZONTAL);    //设置朝向
30                   //初始化ImageView
31                   ImageView  ii=new ImageView(Sample_5_1.this);
32
   ii.setImageDrawable(getResources().getDrawable(drawableIds[arg0]));//设置图片
33                   ll.addView(ii);                           //添加到LinearLayout中
34                   //初始化TextView
35                   TextView tv=new TextView(Sample_5_1.this);
36                   tv.setText(" "+getResources().getText(msgIds[arg0]));//设置内容
37                   tv.setTextSize(24);                       //设置字体大小
38                   tv.setTextColor(R.color.black);           //设置字体颜色
39                   ll.addView(tv);                           //添加到LinearLayout中
40                   return ll;                                //将LinearLayout返回
41             }
42       };
43       sp.setAdapter(ba);                                    //为Spinner设置内容适配器
44       sp.setOnItemSelectedListener(                         //设置选项选中的监听器
45          new OnItemSelectedListener(){
```

```
46              @Override
47              public void onItemSelected(AdapterView<?> arg0, View arg1,
48                      int arg2, long arg3) {                 //重写选项被选中事件的处理方法
                    //获取主界面 TextView
49                  TextView tv=(TextView)findViewById(R.id.TextView01);
50                  LinearLayout ll=(LinearLayout)arg1;//获取当前选中选项对应的 LinearLayout
51                  TextView tvn=(TextView)ll.getChildAt(1);  //获取其中的 TextView
                    //用 StringBuilder 动态生成信息
52                  StringBuilder sb=new StringBuilder();
53                  sb.append(getResources().getText(R.string.ys));
54                  sb.append(":");                        //添加一个冒号
55                  sb.append(tvn.getText());
56                  tv.setText(sb.toString());             //信息设置进主界面 TextView
57              }
                //重写的 onNothingSelected 方法
58              public void onNothingSelected(AdapterView<?> arg0) { }
59          });}}
```

其中：

- 第 7～10 行，初始化所有图片资源 id 及所有字符串资源数组。
- 第 15 行，得到 xml 文件中配置的 Spinner 控件的引用。
- 第 16～42 行，为内容适配器 BaseAdapter 的初始化代码，在其 getView 方法中创建一个 LinearLayout 布局，然后向该布局中添加若干控件后返回。第 42 行为 Spinner 控件设置内容适配器。
- 第 44～57 行，为 Spinner 控件的事件监听器，当有选项被选中时会自动调用 onItemSelected 方法，该方法根据选中的选项重新设置主界面 TextView 的内容。

（7）运行该案例，将观察到未选择时的界面如图 5-3 所示，单击进行下拉菜单选择时的界面如图 5-4 所示。

图 5-3　未被打开时的 Spinner

图 5-4　打开时的 Spinner

5.2 滑块与进度条

本节将对 Android 中的滑块以及进度条进行介绍。滑块类似于声音控制条，主要是完成与用户的简单交互，而进度条则是需要长时间加载某些资源时为用户显示加载进度的控件。

5.2.1 ProgressBar 类简介

ProgressBar 类同样位于 android.widget 包下，但其继承自 View 类，主要用于显示一些操作的进度，应用程序可以修改其长度来表示当前后台操作的完成情况，因为进度条会移动，所以长时间加载某些资源或者执行某些耗时的操作时，不会使用户界面失去响应。

ProgressBar 类的使用非常简单，只需将其显示到前台，然后启动一个后台线程定时更改表示进度的数值即可，关于进度条的详细使用方法，将在 5.2.3 小节中进行详细介绍。

5.2.2 SeekBar 类简介

SeekBar 继承自 ProgressBar，是用来接收用户输入的控件，SeekBar 类似于拖拉条，可以直观地显示用户需要的数据，常用于声音调节等场合，SeekBar 不但可以直观地显示数值的大小，而且还可以为其设置标度，类似于显示在屏幕中的一把尺子。

5.2.3 滑块和进度条使用

前面已经介绍了进度条以及滑块的基本知识，本小节将通过一个案例来介绍这两个控件的使用方法，该案例的搭建过程如下。

（1）首先创建一个名为 Sample_5_2 的 Android 项目。

（2）编写布局文件，打开 res/layout 目录下的 main.xml 文件，输入代码如下。

代码位置：见随书光盘中源代码/第 5 章/Sample_5_2/res/layout 目录下的 main.xml 文件。

```
01 <?xml version="1.0" encoding="utf-8"?>                    <!-- XML 的版本以及编码方式 -->
02 <LinearLayout xmlns:android="http://schemas.android.com/apk/res/android"
03    android:orientation="vertical"
04    android:layout_width="fill_parent"
05    android:layout_height="fill_parent">                    <!-- 添加一个垂直的线性布局 -->
06   <ProgressBar
07     android:id="@+id/ProgressBar01"
08     android:layout_width="fill_parent"
09     android:layout_height="wrap_content"
10     android:max="100"
11     android:progress="20"
12     style="@android:style/Widget.ProgressBar.Horizontal"/> <!-- 添加一个进度条控件 -->
13   <SeekBar
14     android:id="@+id/SeekBar01"
15     android:layout_width="fill_parent"
16     android:layout_height="wrap_content"
17     android:max="100"
```

```
18      android:progress="20"/>                          <!-- 添加一个滑块控件 -->
19 </LinearLayout>
```

说明：该段代码向屏幕中添加一个垂直的线性布局，然后再向线性布局中添加一个进度条控件以及一个滑块控件，并分别为其指定 id，以便在 Java 代码中可以访问各个控件。

（3）编写 Activity 的逻辑代码，打开 Sample_5_2.java 文件，用下列代码替换原有代码。

代码位置：见随书光盘中源代码/第 5 章/Sample_5_2/src/com.sample.Sample_5_2 目录下的 Sample_5_2.java 文件。

```
01 package com.sample.Sample_5_2;                              //声明所在包
02 import android.app.Activity;                                //引入相关类
03 import android.os.Bundle;                                   //引入相关类
04 import android.widget.ProgressBar;                          //引入相关类
05 import android.widget.SeekBar;                              //引入相关类
06 public class Sample_5_2 extends Activity {
07    final static double MAX=100;                          //SeekBar、ProgressBar 的最大值
08    public void onCreate(Bundle savedInstanceState) {        //重写的 onCreate 方法
09        super.onCreate(savedInstanceState);
10        setContentView(R.layout.main);                       //设置当前的用户界面
11        //普通拖拉条被拉动的处理代码
12        SeekBar sb=(SeekBar)this.findViewById(R.id.SeekBar01);  //得到 SeekBar 的引用
13        sb.setOnSeekBarChangeListener(                       //添加监听
14             new SeekBar.OnSeekBarChangeListener(){          //创建一个监听类
15                  public void onProgressChanged(SeekBar seekBar, int progress,
16                            boolean fromUser) {              //重写监听方法
17                       ProgressBar pb=(ProgressBar)findViewById(R.id.ProgressBar01);
18                       SeekBar sb=(SeekBar)findViewById(R.id.SeekBar01);
19                       pb.setProgress(sb.getProgress());     //设置进度
20                  }
21                  public void onStartTrackingTouch(SeekBar seekBar) {}
22                  public void onStopTrackingTouch(SeekBar seekBar) {}//方法的空实现
23             }
24        );
25    }
26 }
```

其中：

- 第 7 行，定义一个常量，表示 SeekBar 及 ProgressBar 的最大值。
- 第 12 行，得到滑块 SeekBar 的引用。
- 第 13～24 行，为滑块添加监听器，当用户拖动滑块时，先得到进度条的引用，然后将进度条的当前值设置成滑块的当前值。

（4）到此为止，本案例的开发便介绍完毕，接下来运行该案例，将观察到如图 5-5 所示的效果，如果用鼠标拖动滑块，会发现上方的进度条会同时跟着移动。

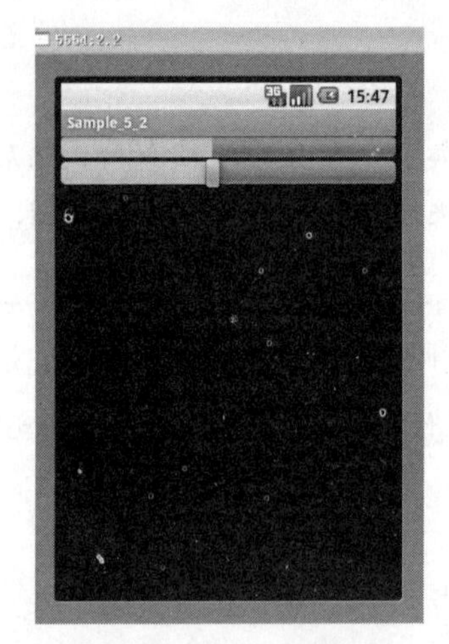

图 5-5　滑块与进度条

5.3　星级滑块

前面已经介绍过普通滑块的使用方法，本节将介绍另一种滑块——星级滑块，该控件的使用较少，一般用于星级评分的场合。

5.3.1　RatingBar 类简介

RatingBar 是另一种滑块，其位于 android.widget 包下，外观是 5 个星星，可以通过拖动来改变进度，它除了图片形式外，还有较小以及较大两种表现形式。

RatingBar 类的继承树如图 5-6 所示。

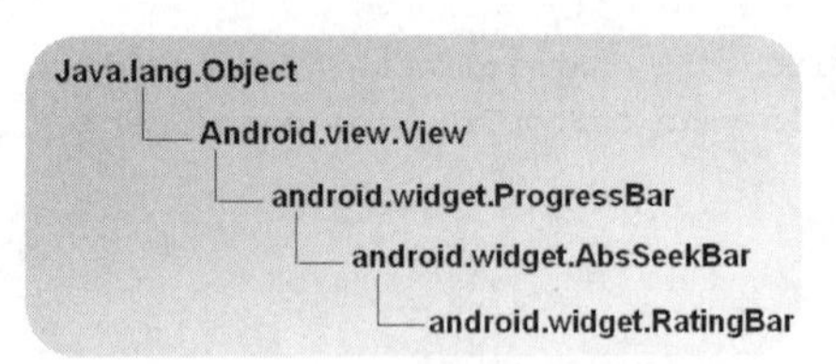

图 5-6　RatingBar 的继承树

5.3.2　星级滑块使用

本节将通过一个案例来介绍星级滑块的使用方法，步骤如下。

（1）先创建一个名为 Sample_5_3 的 Android 项目。

（2）然后编写 res/layout 目录下的布局文件 main.xml，其代码如下。

代码位置：见随书光盘中源代码/第 5 章/Sample_5_3/res/layout 目录下的 main.xml 文件。

```
01 <?xml version="1.0" encoding="utf-8"?>                   <!-- XML 的版本以及编码方式 -->
02 <LinearLayout xmlns:android="http://schemas.android.com/apk/res/android"
```

```
03     android:orientation="vertical"
04     android:layout_width="fill_parent"
05     android:layout_height="fill_parent"
06     >                                                         <!-- 添加一个线性布局 -->
07    <ProgressBar
08      android:id="@+id/ProgressBar01"
09      android:layout_width="fill_parent"
10      android:layout_height="wrap_content"
11      android:max="100"
12      android:progress="20"
13      style="@android:style/Widget.ProgressBar.Horizontal"
14    />                                                         <!-- 添加一个进度条控件 -->
15    <RatingBar
16      android:id="@+id/RatingBar01"
17      android:layout_width="wrap_content"
18      android:layout_height="wrap_content"
19      android:max="5"
20      android:rating="1"
21    />                                                         <!-- 添加一个星级滑块 -->
22  </LinearLayout>
```

说明：该段代码与前面各节中的布局文件形式基本相同，向垂直的线性布局中依次添加进度条控件及星级滑块控件，并分别为其指定 id。

（3）打开 src/com.sample.Sample_5_3 目录下的 Sample_5_3.java 文件，在其中输入如下代码。

代码位置：见随书光盘中源代码/第 5 章/Sample_5_3/src/com.sample.Sample_5_3 目录下的 Sample_5_3.java 文件。

```
01 package com.sample.Sample_5_3;                              //声明所在包
02 import android.app.Activity;                               //引入相关类
03 import android.os.Bundle;                                  //引入相关类
04 import android.widget.ProgressBar;                         //引入相关类
05 import android.widget.RatingBar;                           //引入相关类
06 public class Sample_5_3 extends Activity {
07    final static double MAX=100;                            //ProgressBar 的最大值
08    final static double MAX_STAR=5;                         //RatingBar 的最大星星数
09    public void onCreate(Bundle savedInstanceState) {
10       super.onCreate(savedInstanceState);
11       setContentView(R.layout.main);                       //设置当前的用户界面
12       //星级滑块被拉动的处理代码
13       RatingBar rb=(RatingBar)findViewById(R.id.RatingBar01);  //得到星级滑块的引用
14       rb.setOnRatingBarChangeListener(                     //添加监听
15             new RatingBar.OnRatingBarChangeListener(){          //创建监听器类
16                 @Override
17                 public void onRatingChanged(RatingBar ratingBar, float rating,
18                             boolean fromUser) {      //重写监听方法
19                     ProgressBar pb=(ProgressBar)findViewById(R.id.ProgressBar01);
20                     RatingBar rb=(RatingBar)findViewById(R.id.RatingBar01);
21                     float rate=rb.getRating();
                       //将星星数折算成 0～100 进度值
```

```
22                          pb.setProgress((int) (rate/MAX_STAR*MAX));
23                      }
24                  }
25          );
26      }
27 }
```

其中：

- 第 7～8 行，定义进度条的最大值以及星级滑块的最大星星数。
- 第 11 行，设置当前显示的用户界面。第 13 行得到星级滑块的引用。
- 在第 14～25 行，为星级滑块添加事件监听器，当滑块被推动时，得到滑块所表示的值，将其转换成 0～100 的进度值，然后设置给上方的进度条。

（4）此时运行该案例，会观察到如图 5-7 所示的效果，拖动星级滑块时，上方的进度条也会随之变动。

图 5-7　星级滑块案例

5.4　菜单功能

要想让 Android 应用程序有更完善的用户体验，除了设计人性化的用户界面以外，添加一些菜单可以让应用程序在功能上更完备。Android 平台所提供的菜单大体上可分为两类：选项菜单（Options Menu）和上下文菜单（Context Menu）。

5.4.1　选项菜单简介

当 Activity 在前台运行时，如果用户按下手机上的 Menu 键，此时就会在屏幕底端弹出相应的选项菜单。但这个功能是需要开发人员编程来实现的，如果在开发应用程序时没有实现该功能，那么程序运行时按下手机上的 Menu 键是不会起作用的。

对于携带图标的选项菜单，每次最多只能显示 6 个，当菜单选项多于 6 个时，将只显示前 5 个和 1 个扩展菜单选项，单击扩展菜单选项将会弹出其余菜单项。扩展菜单项中将不会显示图标，但是可以显示单选框及复选框。

在 Android 中通过回调方法来创建菜单并处理菜单项按下的事件，这些回调方法及说明如表 5-1 所示。

表 5-1 选项菜单相关的回调方法及说明

方 法 名	描 述
onCreateOptionsMenu(Menu menu)	初始化选项菜单，该方法只在第一次显示菜单时调用，如果需要每次显示菜单时更新菜单项，则需要重写 onPrepareOptionsMenu(Menu)方法
public boolean onOptionsItemSelected(MenuItem item)	当选项菜单中某个选项被选中时调用该方法，默认是一个返回 false 的空实现
public void onOptionsMenuClosed(Menu menu)	当选项菜单关闭时（或者由于用户按下了返回键或者是选择了某个菜单选项）调用该方法
public boolean onPrepareOptionsMenu (Menu menu)	为程序准备选项菜单，每次选项菜单显示前会调用该方法。可以通过该方法设置某些菜单项可用或不可用或者修改菜单项的内容。重写该方法时需要返回 true，否则选项菜单将不会显示

提示：除了使用开发回调方法 onOptionsItemSelected 来处理用户选中的菜单事件，还可以为每个菜单项 MenuItem 对象添加 OnMenuItemClickListener 监听器来处理菜单选中事件。

开发选项菜单将主要用到 Menu、MenuItem 及 SubMenu，下面对它们进行简单介绍。

1．Menu 类

一个 Menu 对象代表一个菜单，在 Menu 对象中可以添加菜单项 MenuItem，也可以添加子菜单 SubMenu。在 Menu 中常用的方法如表 5-2 所示。

表 5-2 Menu 的常用方法及说明

方 法 名 称	参 数 说 明	方 法 说 明
（1）MenuItem add(int groupId, int itemId, int order, CharSequence title)； （2）MenuItem add (int groupId, int itemId, int order, int titleRes)； （3）MenuItem add (CharSequence title)； （4）MenuItem add (int titleRes)	groupId：菜单项所在的组 id，通过分组可以对菜单项进行批量操作，如果菜单项不需要属于任何组，则传入 NONE； itemId：唯一标识菜单项的 id，可传入 NONE； order：菜单项的顺序，可传入 NONE； title：菜单项显示的文本内容； titleRes：String 对象的资源标识符	向 Menu 添加 1 个菜单项，返回 MenuItem 对象

续表

方法名称	参数说明	方法说明
（1）SubMenu addSubMenu (int titleRes); （2）SubMenu addSubMenu (int groupId, int itemId, int order, int titleRes); （3）SubMenu addSubMenu (CharSequence title); （4）SubMenu addSubMenu (int groupId, int itemId, int order, CharSequence title)	groupId：子菜单所在的组 id，通过分组可以对子菜单进行批量操作，如果子菜单不需要属于任何组，则传入 NONE； itemId：唯一标识子菜单的 id，可传入 NONE； order：子菜单的顺序，可传入 NONE； title：子菜单显示的文本内容； titleRes：String 对象的资源标识符	向 Menu 添加 1 个子菜单，返回 SubMenu 对象
void clear ()	—	移除菜单中所有的子项
void close ()	—	如果菜单正在显示，则关闭菜单
MenuItem findItem (int id)	id：MenuItem 的标识符	返回指定 id 的 MenuItem 对象
void removeGroup (int groupId)	groupId：组 id	如果指定 id 的组不为空，则从菜单中移除该组
void removeItem (int id)	id：MenuItem 的 id	移除指定 id 的 MenuItem
int size ()	—	返回 Menu 中菜单项的个数

2．MenuItem

MenuItem 对象代表一个菜单项，通常 MenuItem 实例通过 Menu 的 add 方法获得，在 MenuItem 中常用的成员方法及说明如表 5-3 所示。

表 5-3　选项菜单相关的回调方法及说明

方法名称	参数说明	方法说明
setAlphabeticShortcut(char alphaChar)	alphaChar：字母快捷键	设置 MenuItem 的字母快捷键
MenuItem setNumericShortcut(char numericChar)	numericChar：数字快捷键	设置 MenuItem 的数字快捷键
MenuItem setIcon(Drawable icon)	icon：图标 Drawable 对象	设置 MenuItem 的图标
MenuItem setIntent (Intent intent)	intent：与 MenuItem 绑定的 Intent 对象	为 MenuItem 绑定 Intent 对象，当被选中时，将会调用 startActivity 方法处理相应的 Intent
setOnMenuItemClickListener (MenuItem.OnMenuItemClickListener menuItemClickListener)	menuItemClickListener：监听器	为 MenuItem 设置自定义的监听器，一般情况下，使用回调方法 onOptionsItemSelected 会更有效率
setShortcut (char numericChar, char alphaChar)	numericChar：数字快捷键； alphaChar：字母快捷键	为 MenuItem 设置数字快捷键和字母快捷键，当按下快捷键或按住 Alt 键的同时按下快捷键时将会触发 MenuItem 的选中事件

续表

方法名称	参数说明	方法说明
setTitle(int title)	title：标题的资源 id	为 MenuItem 设置标题
setTitle(CharSequence title)	title：标题的名称	
setTitleCondensed (CharSequence title)	title：MenuItem 的缩略标题	设置 MenuItem 的缩略标题，当 MenuItem 不能显示全部的标题时，将显示缩略标题

3. SubMenu

SubMenu 继承自 Menu，每个 SubMenu 实例代表一个子菜单，SubMenu 中常用的方法及说明如表 5-4 所示。

表 5-4 SubMenu 中常用方法及说明

方法名称	参数说明	方法说明
setHeaderIcon(Drawable icon)	icon：标题图标 Drawable 对象	设置子菜单的标题图标
setHeaderIcon(int iconRes)	iconRes：标题图标的资源 id	
setHeaderTitle(int titleRes)	titleRes：标题文本的资源 id	设置子菜单的标题
setHeaderTitle(CharSequence title)	title：标题文本对象	
setIcon(Drawable icon)	icon：图标 Drawable 对象	设置子菜单在父菜单中显示的图标
setIcon(int iconRes)	iconRes：图标资源 id	
setHeaderView(View view)	view：用于子菜单标题的 View 对象	设置指定的 View 对象为子菜单图标

5.4.2 选项菜单使用

下面通过案例来说明选项菜单及子菜单的用法，本案例的主要功能是接收用户在菜单中的选项并输出到文本框控件中，其开发步骤如下。

（1）在 Eclipse 中新建一个项目 Sample_5_4，首先向 res/drawable-mdpi 目录下拷入本程序将会用到的图片资源 gender.png，作为子菜单的图标。

（2）打开项目 res/values/目录下的 strings.xml 文件，在其中的<resources>和</resources>标记之间加入如下代码。

代码位置：见随书光盘中源代码/第 5 章/Sample_5_4/res/values 目录下的 strings.xml 文件。

```
01    <string name="label">您的选择为\n</string>        <!-- 声明名为 label 的字符串资源 -->
02    <string name="gender">性别</string>              <!-- 声明名为 gender 的字符串资源 -->
03    <string name="male">男</string>                  <!-- 声明名为 male 的字符串资源 -->
04    <string name="female">女</string>                <!-- 声明名为 female 的字符串资源 -->
05    <string name="hobby">爱好</string>               <!-- 声明名为 hobby 的字符串资源 -->
06    <string name="hobby1">游泳</string>              <!-- 声明名为 hobby1 的字符串资源 -->
07    <string name="hobby2">唱歌</string>              <!-- 声明名为 hobby2 的字符串资源 -->
08    <string name="hobby3">吃货</string>              <!-- 声明名为 hobby3 的字符串资源 -->
09    <string name="ok">确定</string>                  <!-- 声明名为 ok 的字符串资源 -->
```

说明： 上述代码中声明的字符串资源将会用作菜单选项的标题以及 EditText 控件的显示内容。

（3）打开 res/layout 目录下的 main.xml 文件，将其中的已有代码替换为如下代码。

代码位置：见随书光盘中源代码/第 5 章/Sample_5_4/res/layout 目录下的 main.xml 文件。

```
01 <?xml version="1.0" encoding="utf-8"?>
02 <LinearLayout
03     android:id="@+id/LinearLayout01"
04     android:layout_width="fill_parent" android:layout_height="fill_parent"
05     android:orientation="vertical"
06     xmlns:android="http://schemas.android.com/apk/res/android">    <!-- 声明一个线性布局 -->
07     <ScrollView
08         android:id="@+id/ScrollView01"
           <!--声明 ScrollView 控件-->
09         android:layout_width="fill_parent" android:layout_height="fill_parent">
10         <EditText
11             android:id="@+id/EditText01"
12             android:layout_width="fill_parent" android:layout_height="fill_parent"
13             android:editable="false"
14             android:cursorVisible="false"
15             android:text="@string/label">          <!-- 声明一个 EditText 控件 -->
16         </EditText>
17     </ScrollView>
18 </LinearLayout>
```

其中：

- 第 2～18 行，声明了一个垂直分布的线性布局，该布局中主要包含一个 ScrollView 控件。
- 第 7～17 行，声明了一个 ScrollView 控件，该控件包含一个 EditText 控件。
- 第 10～16 行，声明了一个 EditText 控件，由于该控件主要用于显示内容，故设置其 editable 属性为 false，同时设置 cursorVisible 属性为 false。

（4）下面开发 Activity 部分的代码，打开项目 src/com.sample.Sample_5_4 目录下的 Sample_5_4.java 文件，将其中的已有代码替换成如下代码。

代码位置：见随书光盘中源代码/第 5 章/Sample_5_4/src/com.sample.Sample_5_4 目录下的 Sample_5_4.java 文件。

```
01 package com.sample.Sample_5_4;                              //声明包语句
02 import android.app.Activity;                               //引入相关类
03 import android.os.Bundle;                                  //引入相关类
04 import android.view.Menu;                                  //引入相关类
05 import android.view.MenuItem;                              //引入相关类
06 import android.view.SubMenu;                               //引入相关类
07 import android.view.MenuItem.OnMenuItemClickListener;      //引入相关类
08 import android.widget.EditText;                            //引入相关类
09 public class Sample_5_4 extends Activity {
10     final int MENU_GENDER_MALE=0;                          //性别为男选项的编号
11     final int MENU_GENDER_FEMALE=1;                        //性别为女选项的编号
```

```
12    final int MENU_HOBBY1=2;                              //爱好 1 选项的编号
13    final int MENU_HOBBY2=3;                              //爱好 2 选项的编号
14    final int MENU_HOBBY3=4;                              //爱好 3 选项的编号
15    final int MENU_OK=5;                                  //确定菜单选项的编号
16    final int MENU_GENDER=6;                              //性别子菜单的编号
17    final int MENU_HOBBY=7;                               //爱好子菜单的编号
18    final int GENDER_GROUP=0;                             //性别子菜单项组的编号
19    final int HOBBY_GROUP=1;                              //爱好子菜单项组的编号
20    final int MAIN_GROUP=2;                               //外层总菜单项组的编号
21    MenuItem[] miaHobby=new MenuItem[3];                  //爱好菜单项组
22    MenuItem male=null;                                   //男性性别菜单项
23    @Override
24    public void onCreate(Bundle savedInstanceState) {    //重写 onCreate 方法
25       super.onCreate(savedInstanceState);
26       setContentView(R.layout.main);                    //设置当前屏幕
27    }
28     ……//此处 onCreateOptionsMenu 方法的代码，将在随后补全
29     ……//此处 onOptionsItemSelected 方法的代码，将在随后补全
30     ……//此处 appendStateStr 方法的代码，将在随后补全
31 }
```

其中：

- 第 10～17 行，声明了程序中菜单选项及子菜单的编号，编号必须是唯一的。
- 第 18～20 行，声明了程序中菜单选项组的编号，该编号也是唯一的。
- 第 21 行，声明并创建了 1 个 MenuItem 数组。
- 第 24～27 行，为重写的 onCreate 方法，该方法的主要功能是设置当前的屏幕。

（5）程序中初始化菜单的操作是通过 onCreateOptionsMenu 方法实现的，本程序中的选项菜单共有 3 个选项，分别是性别子菜单、爱好子菜单以及确定菜单项。下面列出本程序中 onCreateOptionsMenu 方法的代码，代码如下所列。

代码位置：见随书光盘中源代码/第 5 章/Sample_5_4/src/com.sample.Sample_5_4 目录下的 Sample_5_4.java 文件。

```
01 public boolean onCreateOptionsMenu(Menu menu){
02      //性别单选菜单项组，对其进行编组，成为单选菜单项组
03     SubMenu subMenuGender = menu.addSubMenu(MAIN_GROUP,MENU_GENDER,0,R.string.gender);
04      subMenuGender.setIcon(R.drawable.gender);                    //设置子菜单图标
05      subMenuGender.setHeaderIcon(R.drawable.gender);              //设置子菜单标题图标
06      male=subMenuGender.add(GENDER_GROUP, MENU_GENDER_MALE, 0, R.string.male);
07      male.setChecked(true);                                       //设置默认选项
08      subMenuGender.add(GENDER_GROUP, MENU_GENDER_FEMALE, 0, R.string.female);
09      //设置 GENDER_GROUP 组是可选择的、互斥的
10      subMenuGender.setGroupCheckable(GENDER_GROUP, true,true);
11      //爱好复选菜单项组
12      SubMenu subMenuHobby = menu.addSubMenu(MAIN_GROUP,MENU_HOBBY,0,R.string.hobby);
13      subMenuHobby.setIcon(R.drawable.hobby);                      //设置子菜单图标
14      miaHobby[0]=subMenuHobby.add(HOBBY_GROUP, MENU_HOBBY1, 0, R.string.hobby1);
15      miaHobby[1]=subMenuHobby.add(HOBBY_GROUP, MENU_HOBBY2, 0, R.string.hobby2);
16      miaHobby[2]=subMenuHobby.add(HOBBY_GROUP, MENU_HOBBY3, 0, R.string.hobby3);
17      miaHobby[0].setCheckable(true);                              //设置菜单项为复选菜单项
```

```
18      miaHobby[1].setCheckable(true);                   //设置菜单项为复选菜单项
19      miaHobby[2].setCheckable(true);                   //设置菜单项为复选菜单项
20      //确定菜单项
21      MenuItem ok=menu.add(GENDER_GROUP+2,MENU_OK,0,R.string.ok);
        //实现菜单项单击事件监听接口
22      OnMenuItemClickListener lsn=new OnMenuItemClickListener(){
23          @Override
24          public boolean onMenuItemClick(MenuItem item) {
25              appendStateStr();                         //调用方法更新文本框信息
26              return true;
27          }
28      };
29      ok.setOnMenuItemClickListener(lsn);               //给确定的菜单项添加监听器
30      ok.setAlphabeticShortcut('o');                    //给确定的菜单项设置字符快捷键
31      return true;
32 }
```

其中：

- 第 2～10 行，为开发性别子菜单的代码，首先调用 Menu 的 addSubMenu 方法获取 SubMenu，然后向子菜单中添加 MenuItem，代码第 10 行设置了该子菜单选项组为可选的、互斥的。
- 第 11～19 行，为开发爱好复选菜单项组的代码，同样先通过 Menu 的 addSubMenu 方法获取子菜单，然后向子菜单中添加 MenuItem，并设置每个 MenuItem 都是可选的。
- 第 20～30 行，为开发确定菜单选项的代码，第 22～29 行为确定菜单选项添加了 1 个 OnMenuItemClickListener 监听器。代码第 30 行为确定菜单选项设置了字符快捷键。

（6）onCreateOptionsMenu 方法只为确定菜单选项设置了 OnMenuItemClickListener 监听器，其他菜单选项被选中时进行处理的代码放在了 onOptionsItemSelected 方法中，该方法代码如下。

代码位置：见随书光盘中源代码/第 5 章/Sample_5_4/src/com.sample.Sample_5_4 目录下的 Sample_5_4.java 文件。

```
01 public boolean onOptionsItemSelected(MenuItem mi){
02     switch(mi.getItemId()){
03         case MENU_GENDER_MALE:                 //单选菜单项状态的切换要自行写代码完成
04         case MENU_GENDER_FEMALE:
05             mi.setChecked(true);
06             appendStateStr();                  //当有效项目变化时记录在文本区中
07             break;
08         case MENU_HOBBY1:                      //复选菜单项状态的切换要自行写代码完成
09         case MENU_HOBBY2:
10         case MENU_HOBBY3:
11             mi.setChecked(!mi.isChecked());
12             appendStateStr();                  //当有效项目变化时记录在文本区中
13             break;
14     }
```

```
15     return true;
16 }
```

其中：

- onOptionsItemSelected 方法的主要功能是判断被选中的 MenuItem 的 id，根据其 id 的不同执行不同的功能。
- 第 3～7 行，为用户在性别子菜单选择了男或女之后触发的事件处理代码，由于单选菜单项被选中时需要自行写代码实现选中状态，所以代码第 5 行调用了 MenuItem 的 setChecked 方法，同时调用 appendStateStr 方法更新文本框的内容。
- 第 8～13 行，为用户在爱好子菜单选择了爱好之后触发的事件处理代码，同样需要自行写代码切换菜单选项的选中状态。

（7）在 onCreateOptionsMenu 和 onOptionsItemSelected 方法中均调用了 appendStateStr 方法，下面介绍 appendStateStr 方法的代码，代码如下。

代码位置：见随书光盘中源代码/第 5 章/Sample_5_4/src/com.sample.Sample_5_4 目录下的 Sample_5_4.java 文件。

```
01 public void appendStateStr(){
02     String result="您选择的性别为：";                    //声明用于返回的字符串
03     if(male.isChecked()){                              //判断性别子菜单是否选择了男
04         result=result+"男";
05     }
06     else{                                              //判断性别子菜单是否选择了女
07         result=result+"女";
08     }
09     String hobbyStr="";
10     for(MenuItem mi:miaHobby){                         //遍历爱好 MenuItem 数组
11         if(mi.isChecked()){
12             hobbyStr=hobbyStr+mi.getTitle()+"、"; //将爱好内容添加到字符串中
13         }
14     }
15     if(hobbyStr.length()>0){                           //判断用户是否选择了任何爱好
16         result=result+",您的爱好为："+hobbyStr.substring(0, hobbyStr.length()-1)+"。\n";
17     }
18     else{                                              //当用户没有选择任何爱好时
19         result=result+"。\n";
20     }
       //获取 EditText 控件对象
21     EditText et=(EditText)Sample_5_4.this.findViewById(R.id.EditText01);
22     et.append(result);                                 //设置 EditText 的文本内容
23 }
```

其中：

- 第 2～8 行，判断用户在性别子菜单上的选择并添加相应的字符串信息。
- 第 9～20 行，判断用户是否在爱好子菜单进行了选择，并将选择的结果添加到字符串中。
- 第 21～22 行，首先获取 EditText 控件对象，然后将用户的选择信息附加到其文本内容中。

完成上述步骤的开发之后，运行本案例。在初始界面中，单击键盘中的菜单键，出现了“性别”、“爱好”、“确定”3 个菜单，选择“性别菜单”，出现男女两个性别选项，如图 5-8 所示。

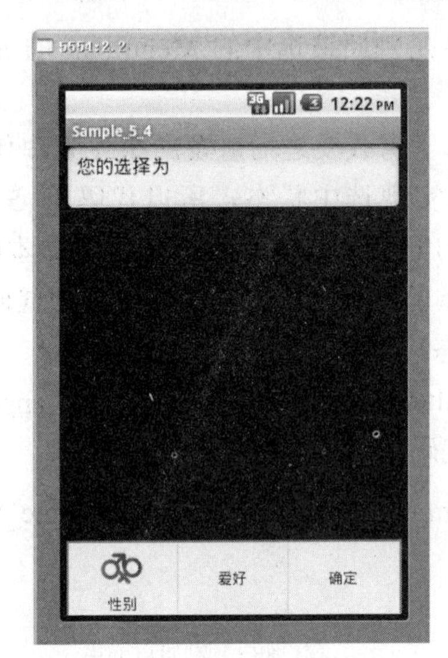

图 5-8　选项菜单运行效果

在如图 5-8 所示的界面选择“爱好”菜单，则会出现“游泳”、“唱歌”及“吃货”3 个选择项。选择之后，会在初始界面的输入框中显示你的选择。运行效果如图 5-9 所示。

图 5-9　爱好选择运行效果图

5.4.3　上下文菜单

本小节将要介绍的是上下文菜单（ContextMenu）的使用方法。ContextMenu 继承自 Menu。上下文菜单不同于选项菜单，选项菜单服务于 Activity，而上下文菜单是注册到某个 View 对象上的。如果一个 View 对象注册了上下文菜单，则用户可以通过长按（约 2 秒）该 View 对象以弹出上下文菜单。

上下文菜单不支持快捷键（shortcut），其菜单选项也不能附带图标，但是可以为上下文菜单的标题指定图标。使用上下文菜单时常用到 Activity 类的成员方法，如表 5-5 所示。

表 5-5 Activity 类中与 ContextMenu 相关的方法及说明

方法名称	参数说明	方法说明
onCreateContextMenu (ContextMenu menu, View v, ContextMenu.ContextMenuInfo menuInfo)	menu：创建的上下文菜单； v：上下文菜单依附的 View 对象； menuInfo：上下文菜单需要额外显示的信息	每次为 View 对象呼出上下文菜单时都将调用该方法
onContextItemSelected(MenuItem item)	item：被选中的上下文菜单选项	当用户选择了上下文菜单选项后调用该方法进行处理
onContextMenuClosed(Menu menu)	menu：被关闭的上下文菜单	当上下文菜单被关闭时调用该方法
registerForContextMenu (View view)	view：要显示上下文菜单的 View 对象	为指定的 View 对象注册一个上下文菜单

提示：registerForContextMenu 方法执行后会自动为指定的 View 对象添加一个 View.OnCreateContextMenuListener 监听器。这样，当长按 View 时就会呼出上下文菜单。

下面，通过一个案例来说明上下文菜单 ContextMenu 的用法，该案例将为 EditText 控件绑定一个 ContextMenu，其开发步骤如下。

（1）在 Eclipse 中新建一个项目 Sample_5_5，首先向 res/drawable-mdpi 目录下拷入程序会用到的图片资源 header.png，该图片将会作为上下文菜单的标题图标。

（2）打开项目 res/values 目录下的 strings.xml 文件，在其中的<resources>和</resources>标记之间加入如下代码。

代码位置：见随书光盘中源代码/第 5 章/Sample_5_5/res/values 目录下的 strings.xml 文件。

```
01    <string name="mi1">菜单项 1</string>            <!-- 声明名为 mi1 的字符串资源 -->
02    <string name="mi2">菜单项 2</string>            <!-- 声明名为 mi2 的字符串资源 -->
03    <string name="mi3">菜单项 3</string>            <!-- 声明名为 mi3 的字符串资源 -->
04    <string name="mi4">菜单项 4</string>            <!-- 声明名为 mi4 的字符串资源 -->
05    <string name="mi5">菜单项 5</string>            <!-- 声明名为 mi5 的字符串资源 -->
06    <string name="et1">第一文本框</string>          <!-- 声明名为 et1 的字符串资源 -->
07    <string name="et2">第二文本框</string>          <!-- 声明名为 et2 的字符串资源 -->
```

说明：上述代码声明的字符串资源将会作为上下文菜单中 MenuItem 的标题及 EditText 控件显示的文本内容。

（3）打开项目 res/layout 目录下的 main.xml 文件，将其中已有的代码替换为如下代码。

代码位置：见随书光盘中源代码/第 5 章/Sample_5_5/res/layout 目录下的 main.xml 文件。

```
01 <?xml version="1.0" encoding="utf-8"?>
02 <LinearLayout xmlns:android="http://schemas.android.com/apk/res/android"
03     android:id="@+id/LinearLayout01"
04     android:layout_width="fill_parent" android:layout_height="fill_parent"
05     android:orientation="vertical">                      <!-- 声明一个线性布局 -->
06     <EditText
07        android:text="@string/et1"
08        android:id="@+id/EditText01"
09        android:layout_width="fill_parent" android:layout_height="wrap_content"
10        xmlns:android="http://schemas.android.com/apk/res/android"
11        />                                                 <!-- 声明一个 EditText 控件 -->
12     <EditText
13        android:text="@string/et2"
14        android:id="@+id/EditText02"
15        android:layout_width="fill_parent" android:layout_height="wrap_content"
16        xmlns:android="http://schemas.android.com/apk/res/android"
17        />                                                 <!-- 声明一个 EditText 控件 -->
18 </LinearLayout>
```

其中：

- 第 2～5 行，声明了一个垂直分布的线性布局，该线性布局中包含两个 EditText 控件。
- 第 6～11 行和第 12～17 行，分别声明了两个 EditText 控件，程序中长按这两个控件将会呼出上下文菜单。

（4）下面来开发 Activity 部分的代码，打开项目 src/com.sample.Sample_5_5 目录下的 Sample_5_5.java 文件，将其中已有的代码替换成如下代码。

代码位置：见随书光盘中源代码/第 5 章/Sample_5_5/src/com.sample.Sample_5_5 目录下的 Sample_5_5.java 文件。

```
01 package com.sample.Sample_5_5;                          //声明包语句
02 import android.app.Activity;                            //引入相关类
03 import android.os.Bundle;                               //引入相关类
04 import android.view.ContextMenu;                        //引入相关类
05 import android.view.MenuItem;                           //引入相关类
06 import android.view.View;                               //引入相关类
07 import android.widget.EditText;                         //引入相关类
08 public class Sample_5_5 extends Activity {
09    final int MENU1=1;                                   //每个菜单项目的编号
10    final int MENU2=2;                                   //每个菜单项目的编号
11    final int MENU3=3;                                   //每个菜单项目的编号
12    final int MENU4=4;                                   //每个菜单项目的编号
13    final int MENU5=5;                                   //每个菜单项目的编号
14    @Override
15    public void onCreate(Bundle savedInstanceState) {   //重写 onCreate 方法
16       super.onCreate(savedInstanceState);
17       setContentView(R.layout.main);                    //设置当前屏幕
18                                                         //为两个文本框注册上下文菜单
19       this.registerForContextMenu(findViewById(R.id.EditText01));
```

```
20          this.registerForContextMenu(findViewById(R.id.EditText02));
21      }
22      ……//此处省略 onCreateContextMenu 方法的代码，将在随后的步骤补全
23      ……//此处省略 onContextItemSelected 方法的代码，将在随后的步骤补全
24  }
```

其中：

- 第 9～13 行，声明了程序用到的菜单选项的编号，这些编号是唯一的。
- 第 15～21 行，为重写 onCreate 方法，该方法的主要功能是设置当前屏幕并为 EditText 控件注册上下文菜单。

（5）在步骤（4）中代码第 22 行省略了 onCreateContextMenu 方法的代码，下面对该方法的代码进行详细介绍，代码如下。

代码位置：见随书光盘中源代码/第 5 章/Sample_5_5/src/com.sample.Sample_5_5 目录下的 Sample_5_5.java 文件。

```
01 public void onCreateContextMenu (ContextMenu menu, View v,
              //此方法在每次调出上下文菜单时都会被调用一次
02            ContextMenu.ContextMenuInfo menuInfo){
03     menu.setHeaderIcon(R.drawable.header);               //为上下文菜单设置标题图标
04     if(v==findViewById(R.id.EditText01)){                //若是第一个文本框
05         menu.add(0, MENU1, 0, R.string.mi1);             //为上下文菜单添加菜单选项
06         menu.add(0, MENU2, 0, R.string.mi2);             //为上下文菜单添加菜单选项
07         menu.add(0, MENU3, 0, R.string.mi3);             //为上下文菜单添加菜单选项
08     }
09     else if(v==findViewById(R.id.EditText02)){           //若是第二个文本框
10         menu.add(0, MENU4, 0, R.string.mi4);             //为上下文菜单添加菜单选项
11         menu.add(0, MENU5, 0, R.string.mi5);             //为上下文菜单添加菜单选项
12     }
13 }
```

说明：在 onCreateContextMenu 方法中，首先为上下文菜单设置标题图标，然后判断触发该方法的是哪个 View 对象，根据不同的 View 对象来执行不同的代码。

（6）最后来开发用于处理用户选择 ContextMenu 菜单项事件的 onContextItemSelected 方法，该方法的代码如下。

代码位置：见随书光盘中源代码/第 5 章/Sample_5_5/src/com.sample.Sample_5_5 目录下的 Sample_5_5.java 文件。

```
01     public boolean onContextItemSelected(MenuItem mi){ //菜单项选中状态变化后的回调方法
02         switch(mi.getItemId()){                         //判断被选中的 MenuItem
03           case MENU1:
04           case MENU2:
05           case MENU3:
                //获得 EditText 控件对象
06               EditText et1=(EditText)this.findViewById(R.id.EditText01);
07               et1.append("\n"+mi.getTitle()+" 被按下"); //修改 EditText 控件显示内容
08               break;
09           case MENU4:
```

```
10          case MENU5:
                //获得 EditText 控件对象
11              EditText et2=(EditText)this.findViewById(R.id.EditText02);
12              et2.append("\n"+mi.getTitle()+" 被按下");        //修改 EditText 控件显示内容
13             break;
14          }
15          return true;
16      }
```

说明：在 onContextItemSelected 方法中，首先判断被选中的 MenuItem，然后根据不同的 MenuItem 设置相应的 EditText 所显示的内容。

完成上述步骤的开发后，运行本程序。在初始界面中显示了两个输入文本框，长按第一个文本框，将弹出菜单，如图 5-10 左图所示；长按第二个文本框，将弹出另一个菜单，如图 5-10 右图所示。

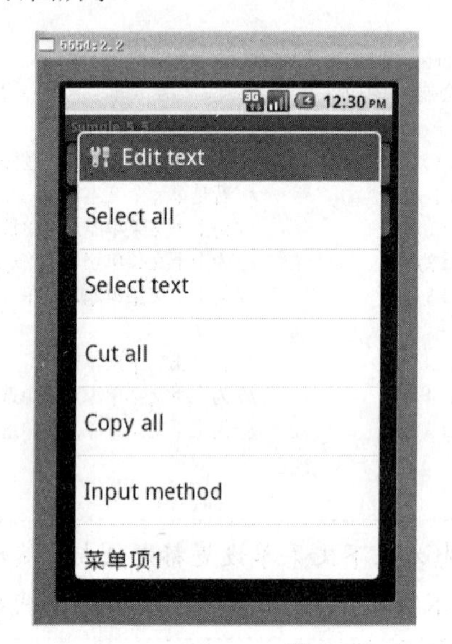

图 5-10　上下文菜单运行效果

5.5 对话框功能的开发

在用户界面中，除了经常用到的菜单之外，对话框也是程序与用户进行交互的主要途径之一，在 Android 平台下的对话框主要包括普通对话框、选项对话框、单选及多选对话框、日期与时间对话框等。本节对 Android 平台下对话框功能的开发进行简单介绍。

5.5.1 对话框简介

对话框是 Activity 运行时显示的小窗口，当显示对话框时，当前 Activity 失去焦点而由对话框负责所有的人机交互。一般来说，对话框用于提示消息或弹出一个与程序主进程直接相关的小程序。在 Android 平台下主要支持以下几种对话框。

- 提示对话框 AlertDialog：AlertDialog 对话框可以包含若干按钮（0～4 个不等）和一些可选的单选按钮或多选按钮项。一般来说，AlertDialog 的功能能够满足常见的用户界面对话框的需求。
- 进度对话框 ProgressDialog：ProgressDialog 可以显示进度轮（wheel）和进度条（bar），由于 ProgressDialog 继承自 AlertDialog，所以进度对话框中也可以添加按钮。
- 日期选择对话框 DatePickerDialog：DatePickerDialog 对话框可以显示并允许用户选择日期。
- 时间选择对话框 TimePickerDialog：TimePickerDialog 对话框可以显示并允许用户选择时间。

提示： 如果需要自定义对话框的外观等样式，可以继承 Dialog 或其子类并定义自己的布局。

对话框是作为 Activity 的一部分被创建和显示的，在程序中通过开发回调方法 onCreateDialog 来完成对话框的创建，该方法需要传入代表对话框的 id 参数。如果需要显示对话框，则调用 showDialog 方法传入对话框的 id 来显示指定的对话框。

当对话框第一次被显示时，Android 会调用 onCreateDialog 方法来创建对话框实例，之后将不再重复创建该实例，这点和选项菜单比较类似。同时，每次对话框在被显示之前都会调用 onPrepareDialog 方法，如果不重写该方法，那么每次显示的对话框将会是最初创建的那个。

当需要关闭对话框时，可以调用 Dialog 类的 dismiss 方法来实现，但是要注意的是以这种方式关闭的对话框并不会彻底消失，Android 会在后台保留其状态。如果需要让对话框在关闭之后彻底被清除，要调用 removeDialog 方法并传入 Dialog 的 id 值来彻底释放对话框。

提示： 如果需要在调用 dismiss 方法关闭对话框时执行一些特定的工作，则可以为对话框设置 OnDismissListener 并重写其中的 onDismiss 方法来开发特定的功能。

5.5.2 普通对话框

本节来介绍普通对话框的开发，普通对话框中只显示提示信息和 1 个确定按钮，通过 AlertDialog 来实现，下面将介绍 1 个普通对话框的案例，该案例的开发步骤如下。

（1）在 Eclipse 中新建一个项目 Sample_5_6，首先向项目的 res/drawable-mdpi 目录拷入程序中会用到的图片资源 header.png，该图片将作为对话框的标题图标。

（2）打开项目 res/values 目录下的 strings.xml 文件，在<resources>和</resources>标记之间输入如下代码。

代码位置：见随书光盘中源代码/第 5 章/Sample_5_6/res/values 目录下的 strings.xml 文件。

```
01    <string name="btn">显示普通对话框</string>              <!-- 声明名为 btn 的字符串资源 -->
02    <string name="title">普通对话框</string>               <!-- 声明名为 title 的字符串资源 -->
03    <string name="ok">确定</string>                         <!-- 声明名为 ok 的字符串资源 -->
04    <string name="dialog_msg">这是普通对话框中的内容!!! </string>    <!-- 声明字符串资源 -->
```

说明：上述声明中的字符串资源将会分别作为按钮的显示内容、对话框的标题、对话框中按钮的显示内容以及对话框中的显示信息。

（3）打开项目 res/layout 目录下的 main.xml 文件，将其中已有的代码替换成如下代码。

代码位置：见随书光盘中源代码/第 5 章/Sample_5_6/res/layout 目录下的 main.xml 文件。

```
01 <?xml version="1.0" encoding="utf-8"?>
02 <LinearLayout xmlns:android="http://schemas.android.com/apk/res/android"
03    android:orientation="vertical"
04    android:layout_width="fill_parent" android:layout_height="fill_parent"
05    >                                                 <!-- 声明一个线性布局 -->
06    <EditText
07       android:text=""
08       android:id="@+id/EditText01"
09       android:layout_width="fill_parent" android:layout_height="wrap_content"
10       android:editable="false"
11       android:cursorVisible="false"
12       />                                              <!-- 声明一个 EditText 控件 -->
13    <Button
14       android:text="@string/btn"
15       android:id="@+id/Button01"
16       android:layout_width="fill_parent" android:layout_height="wrap_content"
17       />                                              <!-- 声明一个 Button 控件 -->
18 </LinearLayout>
```

其中：

- 第 2～5 行，声明了一个垂直分布的线性布局，该布局中包含一个 EditText 控件和一个 Button 控件。
- 第 6～12 行，声明了一个 EditText 控件，在程序中该控件将主要用于显示信息。因此在代码第 10 行和第 11 行分别设置 EditText 控件不可编辑以及不显示光标。
- 第 13～17 行，声明了一个 Button 控件，在程序中将通过单击该按钮来弹出指定的对话框。

（4）打开项目 src/com.sample.Sample_5_6 目录下 Sample_5_6.java 文件，将其中已有的代码替换成如下代码。

代码位置：见随书光盘中源代码/第 5 章/Sample_5_6/scr/com.sample.Sample_5_6 目录下的 Sample_5_6.java 文件。

```
01 package com.sample.Sample_5_6;                        //声明包语句
02 import android.app.Activity;                          //引入相关类
03 import android.app.AlertDialog;                       //引入相关类
04 import android.app.Dialog;                            //引入相关类
```

```
05 ……//此处省略部分引入相关类的代码，读者可自行查阅随书光盘
06 import android.widget.Button;                              //引入相关类
07 import android.widget.EditText;                            //引入相关类
08 public class Sample_5_6 extends Activity {
09     final int COMMON_DIALOG = 1;                           //普通对话框 id
10     @Override
11     public void onCreate(Bundle savedInstanceState) {
12        super.onCreate(savedInstanceState);
13        setContentView(R.layout.main);                      //设置当前屏幕
14        Button btn = (Button)findViewById(R.id.Button01);   //获得 Button 对象
          //为 Button 设置 OnClickListener 监听器
15        btn.setOnClickListener(new View.OnClickListener(){
16              @Override
17              public void onClick(View v) {                 //重写 onClick 方法
18                   showDialog(COMMON_DIALOG);               //显示普通对话框
19              }
20          });
21     }
22     ……//此处省略 onCreateDialog 方法的代码，将在随后的步骤中补全
23 }
```

其中：

- 第 9 行，声明了用于存放对话框 id 的成员变量，在 onCreateDialog 方法中也将根据 id 值的不同执行不同的操作。
- 第 15～20 行，为按钮控件添加了 OnClickListener 监听器，其中重写的 onClick 方法主要进行的工作是调用 showDialog 方法显示指定 id 的对话框。

（5）在步骤（4）的代码第 22 行省略了 onCreateDialog 方法的实现，本步骤就来介绍 onCreateDialog 方法的开发，其代码如下。

代码位置：见随书光盘中源代码/第 5 章/Sample_5_6/scr/com.sample.Sample_5_6 目录下的 Sample_5_6.java 文件。

```
01 protected Dialog onCreateDialog(int id) {             //重写 onCreateDialog 方法
02     Dialog dialog = null;                             //声明一个 Dialog 对象，用于返回
03     switch(id){                                       //对 id 进行判断
04     case COMMON_DIALOG:
05        Builder b = new AlertDialog.Builder(this);
06        b.setIcon(R.drawable.header);                  //设置对话框的图标
07        b.setTitle(R.string.btn);                      //设置对话框的标题
08        b.setMessage(R.string.dialog_msg);             //设置对话框的显示内容
09        b.setPositiveButton(                           //添加按钮
10             R.string.ok,
11             new OnClickListener() {                   //为按钮添加监听器
12                  @Override
13                  public void onClick(DialogInterface dialog, int which) {
14                       EditText et = (EditText)findViewById(R.id.EditText01);
15                       et.setText(R.string.dialog_msg); //设置 EditText 内容
16                  }
17             });
18        dialog = b.create();                           //生成 Dialog 对象
```

```
19            break;
20        default:
21            break;
22        }
23        return dialog;                                        //返回生成 Dialog 的对象
24    }
```

其中：

- 第 2 行，首先创建一个 Dialog 对象的引用，用于返回。
- 第 5～18 行，为创建一个普通的信息提示对话框的过程，首先创建一个 Builder 对象，然后对其进行图标、标题、显示内容等设置，最后通过 Builder 对象生成 Dialog 对象并返回。
- 第 11～17 行，为对话框中的确定按钮添加了 OnClickListener 监听器，在重写的 onClick 方法中主要进行的工作是将当前对话框显示的信息更新到 EditText 控件中。

完成上述步骤的开发之后，运行本程序。在初始界面中，单击“显示普通对话框”按钮，就会出现普通对话框，效果如图 5-11 所示。

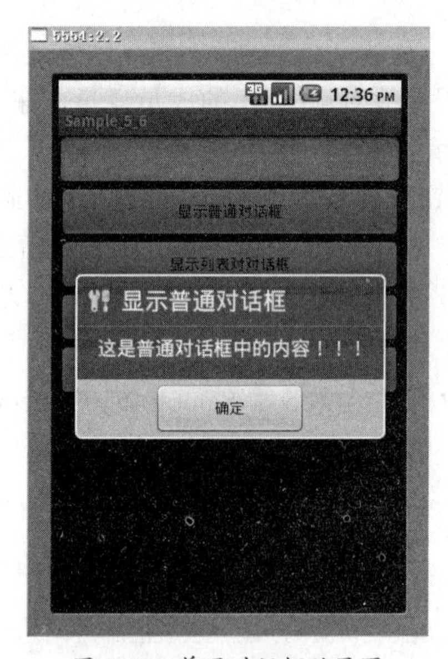

图 5-11　普通对话框效果图

5.5.3　列表对话框

本小节来介绍列表对话框的开发，列表对话框也属于 AlertDialog。本小节将通过一个爱好选择案例的开发来说明列表对话框的用法，在上一案例中继续进行开发，步骤如下。

（1）打开项目 res/values 目录下的 strings.xml 文件，在<resources>和</ resources >标记之间加入如下代码。

代码位置：见随书光盘中源代码/第 5 章/Sample_5_6/res/values 目录下的 strings.xml 文件。

```
01    <string name="listbtn">显示列表对对话框</string>        <!-- 声明名为btn 的字符串资源 -->
02    <string name="listtitle">列表对话框</string>            <!-- 声明名为title 的字符串资源 -->
```

说明：上述代码第 1 行的字符串将用作按钮的显示内容，第 2 行声明的字符串将作为对话框中的标题栏显示文字。

（2）在 res/values 目录下新建一个 XML 文件 array.xml，并在其中输入如下代码。

代码位置：见随书光盘中源代码/第 5 章/ Sample_5_6/res/values 目录下的 array.xml 文件。

```
01 <?xml version="1.0" encoding="utf-8"?>
02 <resources>
03   <string-array name="msa">                         <!-- 声明一个字符串数组 -->
04      <item>游泳</item>                              <!-- 向数组中加入元素 -->
05      <item>打篮球</item>                            <!-- 向数组中加入元素 -->
06      <item>吃货</item>                              <!-- 向数组中加入元素 -->
07   </string-array>
08 </resources>
```

说明：代码第 3～7 行声明了一个数组对象，其中 4～6 行为向字符串数组中加入的元素。该文件中定义的字符串可以通过 R.array.msa 获取到。

（3）开发程序的布局文件。在 main.xml 文件中添加一个按钮。其代码十分简单，就不在此列出了，读者可自行查阅随书光盘。

（4）开发 Activity 部分的代码，打开项目 src/com.sample.Sample_5_6 目录下的 Sample_5_6.java 文件，在其中的 onCreate()方法中添加新的按钮单击事件，代码如下。

代码位置：见随书光盘中源代码/第 5 章/ Sample_5_6/src/com.sample.Sample_5_6 目录下的 Sample_5_6.java 文件。

```
01     final int LIST_DIALOG = 2;                              //声明列表对话框的id
02    @Override
03    public void onCreate(Bundle savedInstanceState) {        //重写 onCreate 方法
04       super.onCreate(savedInstanceState);
05       setContentView(R.layout.main);                        //设置当前屏幕
06       Button btn = (Button)findViewById(R.id.Button01);
         //为按钮添加 OnClickListener 监听器
07       btn.setOnClickListener(new View.OnClickListener() {
08                 @Override
09             public void onClick(View v) {
10                     showDialog(LIST_DIALOG);                //显示列表对话框
11                 }
12             });
13     }
14     ……//此处省略 onCreateDialog 方法的代码，将在随后的步骤中补全
15 }
```

其中：

- 第 1 行，声明了用于存放列表对话框 id 的成员变量。该 id 将会被 showDialog 及 onCreateDialog 方法使用。

- 第 03～06 行，为重写的 onCreate 方法，该方法的主要功能是设置当前屏幕并为按钮添加 OnClickListener 监听器。
- 第 07 ～13 行，为按钮的监听器的创建代码，在重写的 onClick 方法中主要进行的工作是调用 showDialog 方法显示对话框。

（5）代码第 14 行省略了重写的 onCreateDialog 方法，代码如下。

代码位置：见随书光盘中源代码/第 5 章/Sample_5_6/src/com.sample.Sample_5_6 目录下的 Sample_5_6.java 文件。

```
01 protected Dialog onCreateDialog(int id) {                    //重写的onCreateDialog方法
02     Dialog dialog = null;
03     switch(id){                                              //对id进行判断
04     case LIST_DIALOG:
05         Builder b = new AlertDialog.Builder(this);           //创建Builder对象
06         b.setIcon(R.drawable.header);                        //设置图标
07         b.setTitle(R.string.title);                          //设置标题
08         b.setItems(                                          //设置列表中的各个属性
09                 R.array.msa,                                 //字符串数组
                   //为列表设置OnClickListener监听器
10                 new DialogInterface.OnClickListener() {
11                     @Override
12                     public void onClick(DialogInterface dialog, int which) {
13                         EditText et = (EditText)findViewById(R.id.EditText01);
14                         et.setText("您选择了："
15
   +getResources().getStringArray(R.array.msa)[which]);
16                     }
17                 });
18         dialog=b.create();                                   //生成Dialog对象
19         break;
20     default:
21         break;
22     }
23     return dialog;                                           //返回Dialog对象
24 }
```

其中：

- 第 2 行，声明了一个 Dialog 对象的引用，用于返回。
- 第 5～18 行，为创建列表对话框的过程，首先创建一个 Builder 对象，经过一系列的设置之后，生成 Dialog 对象并返回。
- 第 8～17 行，为对话框设置可选列表的代码，setItems 方法接收的参数为代表字符串数组的资源文件和 DialogInterface.OnClickListener 监听器。在重写的 onClick 方法中进行的主要工作是设置 EditText 控件所显示的信息。

完成上述步骤的开发后，运行本程序。单击显示列表对话框按钮，将出现列表对话框，如图 5-12 所示。

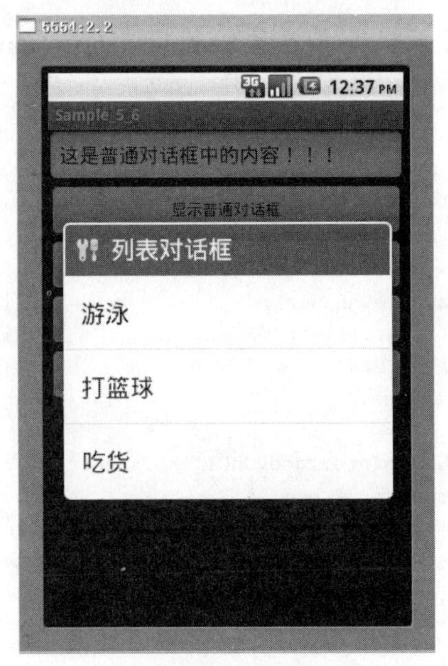

图 5-12 列表对话框

5.5.4 单选按钮对话框

本小节将介绍单选按钮对话框，该对话框同样是通过 AlertDialog 来实现的。本小节将继续在上一节对话框项目的基础上进行开发，演练单选按钮对话框的开发，开发步骤如下。

（1）打开项目 res/values 目录下的 strings.xml 文件，在<resources>和</ resources >标记之间加入如下代码。

代码位置：见随书光盘中源代码/第 5 章/Sample_5_6/res/values 目录下的 strings.xml 文件。

```
01    <string name="btn">显示单选列表对话框</string>          <!-- 声明名为 btn 的字符串资源 -->
02    <string name="ok">确定</string>                        <!-- 声明名为 ok 的字符串资源 -->
03    <string name="title">单选列表对话框</string>            <!-- 声明名为 title 的字符串资源 -->
```

说明：第 1 行声明的字符串将用于按钮显示的内容，第 2 行声明的字符串作为对话框中按钮显示的文本内容，第 3 行声明的字符串作为对话框的标题。

（2）在布局文件中添加一个新按钮，代码简单在此不再赘述。

（3）开发 Activity 部分的代码，打开项目 src/com.sample.Sample_5_6 目录下的 Sample_5_6.java 文件，首先在其中添加一个新的按钮及其监听事件，代码和 5.5.3 类似，不再赘述，请读者自己参考代码。

代码位置：见随书光盘中源代码/第 5 章/Sample_5_6/src/com.sample.Sample_5_6 目录下的 Sample_5_6.java 文件。

（4）开发对话框的代码，运用 onCreateDialog 方法进行介绍，其代码如下。

代码位置：见随书光盘中源代码/第 5 章/Sample_5_6/src/com.sample.Sample_5_6 目录下的 Sample_5_6.java 文件。

```
01 protected Dialog onCreateDialog(int id) {               //重写 onCreateDialog 方法
02     Dialog dialog = null;                               //声明一个 Dialog 对象，用于返回
03     switch(id){                                         //对 id 进行判断
04     case LIST_DIALOG_SINGLE:
05        Builder b = new AlertDialog.Builder(this);       //创建 Builder 对象
06        b.setIcon(R.drawable.header);                    //设置图标
07        b.setTitle(R.string.title);                      //设置标题
08        b.setSingleChoiceItems(                          //设置单选列表选项
09                 R.array.msa,
10                 0,
11                 new DialogInterface.OnClickListener() {
12                      @Override
13                      public void onClick(DialogInterface dialog, int which) {
14                           EditText et = (EditText)findViewById(R.id.EditText01);
15                           et.setText("您选择了："
16                                + getResources().getStringArray(R.array.msa)[which]);
17                      }
18                 });
19        b.setPositiveButton(                             //添加一个按钮
20        R.string.ok,                                     //按钮显示的文本
21        new DialogInterface.OnClickListener() {
22             @Override
23             public void onClick(DialogInterface dialog, int which){}
24        });
25        dialog = b.create();                             //生成 Dialog 对象
26        break;
27     default:
28        break;
29     }
30     return dialog;                                      //返回生成的 Dialog 对象
31 }
```

其中：

- 第 2 行，声明了一个 Dialog 对象用于返回。
- 第 5～25 行，为创建单选列表对话框的过程，首先创建一个 Builder 对象，然后通过设置对话框的单选列表选项和确定按钮来完成单选功能的开发，最后通过 Builder 对象生成 Dialog 对象并返回。

完成上述步骤的开发后，运行本案例。在初始界面中单击“显示单选列表”按钮，将出现单选列表对话框，如图 5-13 所示。

除了上述对话框外，还可以实现多选对话框（见图 5-14）、日期对话框及进度对话框。这些对话框的实现和上述对话框的实现类似，只需改变对话框创建的方法。

图 5-13 单选对话框

图 5-14 多选对话框

5.6 事件处理

在 Android 中对于各种 View 控件的单击、长按等操作，我们称之为 View 的监听事件。在前面介绍控件时，我们已经使用过其中的一些监听处理事件。在本节将全面介绍这些基于监听接口的机制处理事件。该模式更类似于 Java SE 中控件的事件处理模型，而在 Android 程序的开发中，应用该方式处理事件也很常见。

5.6.1 Android 的事件处理模型

对于一个 Android 应用程序来说，事件处理是必不可少的，用户与应用程序之间的交互便是通过事件处理来完成的。关于 Android 事件处理模型应该注意以下几点。

- 事件源与事件监听器：当用户与应用程序交互时，一定是通过触发某些事件来完成的，让事件来通知程序应该执行哪些操作，在这个繁杂的过程中主要涉及两个对象，即事件源与事件监听器。
  - 事件源指的是事件所发生的控件，各个控件在不同情况下触发的事件不尽相同，而且产生的事件对象也可能不同。
  - 事件监听器则是用来处理事件的对象，它实现了特定的接口，根据事件的不同重写不同的事件处理方法来处理事件。
- 将事件源与事件监听器联系到一起，就需要为事件源注册监听，当事件发生时，系统才会自动通知事件监听器来处理相应的事件。

接下来通过图来说明事件处理的整个流程，如图 5-15 所示。

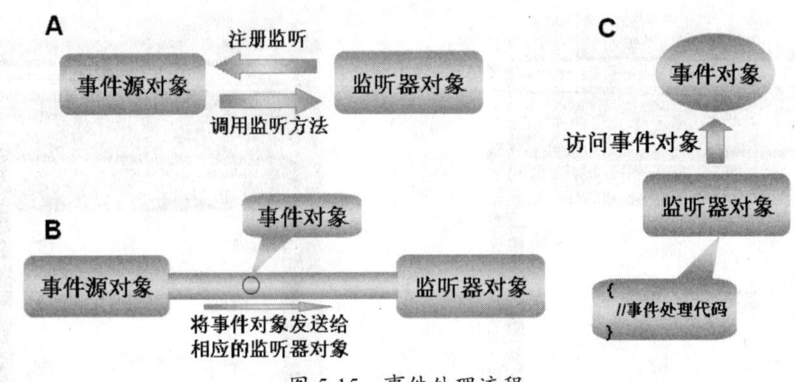

图 5-15　事件处理流程

事件处理的过程一般分为 3 步，如下所述。

（1）首先为事件源对象添加监听，这样当某个事件被触发时，系统才会知道通知谁来处理该事件，如图 5-15 中 A 图所示。

（2）当事件发生时，系统会将事件封装成相应类型的事件对象，并发送给注册到事件源的事件监听器，如图 5-15 中 B 图所示。

（3）当监听器对象接收到事件对象之后，系统会调用监听器中相应的事件处理方法来处理事件并给出响应，如图 5-15 中 C 图所示。

5.6.2　OnClickListener 接口简介

首先介绍的是 OnClickListener 接口，该接口处理的是单击事件。在触控模式下，操作是在某个 View 上按下并抬起的组合动作，而在键盘模式下，是某个 View 获得焦点后单击确定键或者按下轨迹球的事件。该接口对应的回调方法签名如下。

```
01 public void onClick(View v)
```

说明：参数 v 便为事件发生的事件源。

接下来同样是通过一个简单的案例来介绍该接口的使用方法，步骤如下。

（1）创建一个名为 Sample_5_7 的 Android 项目。

（2）准备字符串常量，打开 res/values 目录下的 strings.xml 文件，用下列代码替换其原有代码。

代码位置：见随书光盘中源代码/第 5 章/ Sample_5_7/res/values 目录下的 strings.xml 文件。

```
01 <?xml version="1.0" encoding="utf-8"?>                    <!-- XML 的版本以及编码方式 -->
02 <resources>
03     <string name="app_name">Sample_5_7</string>           <!--声明字符串 app_name -->
04     <string name="textView01">您没有单击任何按钮</string><!--声明字符串 textView01 -->
05     <string name="button01">按钮 1</string>                <!--声明字符串 button01 -->
06     <string name="button02">按钮 2</string>                <!--声明字符串 button02 -->
07     <string name="button03">按钮 3</string>                <!--声明字符串 button03 -->
08     <string name="button04">按钮 4</string>                <!--声明字符串 button04 -->
09 </resources>
```

说明：该文件主要是对字符串常量进行定义，方便管理与维护。

（3）接下来开始编写布局文件 main.xml，打开 res/layout 目录下的 main.xml 文件，同样用下列代码替换其原有代码。

代码位置：见随书光盘中源代码/第 5 章/ Sample_5_7/res/layout 目录下的 main.xml 文件。

```
01 <?xml version="1.0" encoding="utf-8"?>                     <!-- XML 的版本以及编码方式 -->
02 <LinearLayout xmlns:android="http://schemas.android.com/apk/res/android"
03    android:orientation="vertical"
04    android:layout_width="fill_parent"
05    android:layout_height="fill_parent">                    <!-- 添加一个垂直的线性布局 -->
06     <TextView
07        android:id="@+id/textView01"
08        android:layout_width="fill_parent"
09        android:layout_height="wrap_content"
10        android:text="@string/textView01"/>                 <!-- 向线性布局中添加一个文本控件 -->
11    <Button
12        android:id="@+id/button01"
13        android:layout_width="fill_parent"
14        android:layout_height="wrap_content"
15        android:text="@string/button01"/>                   <!-- 向线性布局中添加一个按钮 -->
16    <Button
17        android:id="@+id/button02"
18        android:layout_width="fill_parent"
19        android:layout_height="wrap_content"
20        android:text="@string/button02"/>                   <!-- 向线性布局中添加一个按钮 -->
21    <Button
22        android:id="@+id/button03"
23        android:layout_width="fill_parent"
24        android:layout_height="wrap_content"
25        android:text="@string/button03"/>                   <!-- 向线性布局中添加一个按钮 -->
26    <Button
27        android:id="@+id/button04"
28        android:layout_width="fill_parent"
29        android:layout_height="wrap_content"
30        android:text="@string/button04"/>                   <!-- 向线性布局中添加一个按钮 -->
31 </LinearLayout>
```

其中：

- 第 6～10 行，向垂直的线性布局中添加 1 个文本控件，用于显示按钮按下事件的文本内容。
- 第 11～30 行，继续向垂直的线性布局中添加 4 个按钮，并分别为其指定 id 和按钮上的文字。

（4）开发主要的逻辑代码，打开 Sample_5_7.java 文件，编写如下代码。

代码位置：见随书光盘中源代码/第 5 章/ Sample_5_7/src/com.sample.Sample_5_7 目录下的 Sample_5_7.java 文件。

```
01 package com.sample.Sample_5_7;                              //声明所在包
02 import android.app.Activity;                                //引入相关类
```

```
03 import android.os.Bundle;                                //引入相关类
04 import android.view.View;                                //引入相关类
05 import android.view.View.OnClickListener;                //引入相关类
06 import android.widget.Button;                            //引入相关类
07 import android.widget.TextView;                          //引入相关类
08 public class Sample_5_7 extends Activity implements OnClickListener{
09     Button[] buttons = new Button[4];                    //创建一个按钮数组
10     TextView textView;                                   //声明文本控件的引用
11     public void onCreate(Bundle savedInstanceState) {    //重写的 onCreate 方法
12       super.onCreate(savedInstanceState);
13       setContentView(R.layout.main);                     //设置当前显示的用户界面
14       buttons[0] = (Button) this.findViewById(R.id.button01);  //得到按钮 butto01 的引用
15       buttons[1] = (Button) this.findViewById(R.id.button02);  //得到按钮 butto02 的引用
16       buttons[2] = (Button) this.findViewById(R.id.button03);  //得到按钮 butto03 的引用
17       buttons[3] = (Button) this.findViewById(R.id.button04);  //得到按钮 butto04 的引用
         //得到按钮 textView01 的引用
18       textView = (TextView) this.findViewById(R.id.textView01);
19       textView.setTextSize(18);                          //设置文本控件中文字的大小
20       for(Button button : buttons){                      //对按钮数组循环
21            button.setOnClickListener(this);              //注册监听
22       }
23     }
24     @Override
25     public void onClick(View v) {                        //实现事件监听方法
26        if(v == buttons[0]){                              //按下第一个按钮时
27             textView.setText("您按下了"+((Button)v).getText()+"，此时是分开处理的！");
28        }
29        else{                                             //按下其他按钮时
30             textView.setText("您按下了" + ((Button)v).getText());//设置文本控件的文字
31        }
32     }
33 }
```

其中：

- 第 9～10 行，声明一个按钮数组，用于存放所有的按钮，并声明一个文本控件的引用。
- 第 11～23 行，为重写的 onCreate 方法，该方法会在 Activity 创建时被调用，在该方法中，先得到布局文件中配置的各个控件的引用（第 14～18 行），然后设置文本控件中文字的大小（第 19 行），最后为每个按钮注册监听（第 20～22 行）。
- 第 24～32 行，实现了监听接口中的抽象方法，在该方法中，根据对 View 的判断执行不同的操作，此处按下第一个按钮与按下其他按钮时显示的文字稍有不同。

（5）运行该案例，程序的初始界面的显示文字为“您没有单击任何按钮”，如图 5-16 中左图所示。当单击不同按钮时，会显示按下的按钮名称。当按下“按钮 3”时，其显示效果如图 5-16 中右图所示。当然，按下按钮 1 与按下其他按钮显示的文字不同。

图 5-16　按钮的事件响应

5.6.3　OnLongClickListener 接口简介

OnLongClickListener 接口与之前介绍的 OnClickListener 接口的原理基本相同，只是该接口为 View 长按事件的捕捉接口，即当长时间按下某个 View 时触发的事件，该接口对应的回调方法如下：

```
1   public boolean onLongClick(View v)
```

其中：

- 参数 v：为事件源控件，当长时间按下此控件时才会触发该方法。
- 返回值：该方法的返回值为一个 boolean 类型的变量，当返回 true 时，表示已经完整地处理了这个事件，并不希望其他回调方法再次进行处理，而当返回 false 时，表示并没有完全处理完该事件，更希望其他方法继续对其进行处理。

只有案例才能够让读者快速掌握该接口的使用方法，所以接下来同样构建一个简单的案例来介绍如何在 Android 中应用该接口，详细步骤如下所述。

（1）创建一个名为 Sample_5_8 的 Android 项目。

（2）打开 strings.xml 文件，用下面的代码替换其原有代码。

代码位置：见随书光盘中源代码/第 5 章/ Sample_5_8/res/values 目录下的 strings.xml 文件。

```
01 <?xml version="1.0" encoding="utf-8"?>                      <!-- XML 的版本以及编码方式 -->
02 <resources>
03     <string name="app_name">Sample_5_8</string>             <!-- 定义字符串 app_name -->
04     <string name="textView">请您长按下面的按钮</string>     <!-- 定义字符串 textView -->
05     <string name="button">长时间按我</string>               <!-- 定义字符串 button -->
06 </resources>
```

说明：该段代码同样是对字符串资源进行定义，供程序直接调用。

（3）编写布局文件 main.xml，其代码如下。

代码位置：见随书光盘中源代码/第 5 章/ Sample_5_8/res/layout 目录下的 main.xml 文件。

```
01 <?xml version="1.0" encoding="utf-8"?>                        <!-- XML 的版本以及编码方式 -->
02 <LinearLayout xmlns:android="http://schemas.android.com/apk/res/android"
03     android:orientation="vertical"
04     android:layout_width="fill_parent"
05     android:layout_height="fill_parent" >                     <!-- 添加一个垂直的线性布局 -->
06      <TextView
07          android:layout_width="fill_parent"   android:layout_height="wrap_content"
08          android:text="@string/textView"
09          android:textSize="20px"
10          android:gravity="center"/>                           <!-- 添加 TextView 控件 -->
11      <Button
12          android:id="@+id/button"
13          android:layout_width="fill_parent"  android:layout_height="wrap_content"
14          android:text="@string/button"/>                      <!-- 添加 Button 控件 -->
15 </LinearLayout>
```

其中：

- 第 2～15 行，定义一个垂直的线性布局，并且设置其宽度和高度使其全部填满父控件。
- 第 6～10 行，向垂直的线性布局中填入一个 TextView 控件，并为其指定 id。
- 第 11～14 行，向垂直的线性布局中填入一个 Button 控件，同样为其指定 id。

（4）打开 Sample_5_8.java 文件，编写代码如下。

代码位置：见随书光盘中源代码/第 5 章/ Sample_5_8/src/com.sample.Sample_5_8 目录下的 Sample_5_8.java 文件。

```
01 package com.sample.Sample_5_8;                                //声明所在包
02 import android.app.Activity;                                  //引入相关类
03 import android.os.Bundle;                                     //引入相关类
04 import android.view.View;                                     //引入相关类
05 import android.view.View.OnLongClickListener;                 //引入相关类
06 import android.widget.Button;                                 //引入相关类
07 import android.widget.Toast;                                  //引入相关类
08 public class Sample_5_8 extends Activity implements OnLongClickListener{
09     Button button;                                            //声明按钮的引用
10     public void onCreate(Bundle savedInstanceState) {  //重写的 onCreate 方法
11        super.onCreate(savedInstanceState);
12        setContentView(R.layout.main);                         //设置当前显示的用户界面
13        button = (Button) this.findViewById(R.id.button);     //得到按钮的引用
14        button.setTextSize(20);                                //设置按钮上文字的大小
15        button.setOnLongClickListener(this);                   //注册监听
16     }
17     @Override
18     public boolean onLongClick(View v) {                      //实现接口中的方法
19         if(v == button){                                      //当按下按钮时
20             Toast.makeText(
21                     this,                                     //Context
```

```
22                    "长时间按下了按钮",                  //需要显示的文字
23                    Toast. LENGTH_SHORT                  //显示的时间
24                    ).show();                            //显示提示
25          }
26          return false;
27      }
28 }
```

其中：

- 第 9 行，声明了按钮控件的引用。
- 第 10～16 行，为重写的 onCreate 方法，在方法中先设置当前显示的用户界面（第 12 行），第 13～14 行得到按钮控件的引用并设置按钮上文字的大小，然后在第 15 行再为按钮添加监听。
- 第 17～27 行，实现了接口中的抽象方法，在该方法中先判断事件源是否为该按钮，如果是，则创建一个 Toast 并将其显示。

（5）此时便可运行该案例，观察其运行效果，如图 5-17 所示。当长时间按下按钮时（大约 1 秒），会弹出 Toast 提示框提示用户按钮被按下了。

图 5-17　案例运行效果

5.6.4　OnFocusChangeListener 接口简介

OnFocusChangeListener 接口是用来处理控件焦点发生改变的事件的。如果注册了该接口，当某个控件失去焦点或者获得焦点时都会触发该接口中的回调方法，该接口对应的回调方法签名如下。

```
01 public void onFocusChange(View v, Boolean hasFocus)
```

其中：

- 参数 v 为触发该事件的事件源。
- 参数 hasFocus 表示 v 的新状态，即 v 是否获得焦点。

下面同样还是通过一个案例来介绍该接口的使用方法，步骤如下：

（1）创建一个名为 Sample_5_9 的 Android 项目。

（2）将程序需要的图片资源存放到 res/drawable-mdpi 目录下，如图 5-18 所示。

图 5-18　程序需要的图片资源

（3）定义字符串资源，打开 res/values 目录下的 strings.xml 文件，输入如下代码。

代码位置：见随书光盘中源代码/第 5 章/ Sample_5_9/res/lvalues 目录下的 strings.xml 文件。

```
01 <?xml version="1.0" encoding="utf-8"?>                <!-- XML 的版本以及编码方式 -->
02 <resources>
03     <string name="textView">请选择下列人物中的一种</string><!-- 定义字符串 textView -->
04     <string name="app_name">Sample_5_9</string>         <!-- 定义字符串 app_name -->
05 </resources>
```

说明：该段代码定义了两个字符串资源。

（4）编写布局文件 main.xml，其代码如下。

代码位置：见随书光盘中源代码/第 5 章/ Sample_5_9/res/layout 目录下的 main.xml 文件。

```
01 <?xml version="1.0" encoding="utf-8"?>                <!-- XML 的版本以及编码方式 -->
02 <LinearLayout xmlns:android="http://schemas.android.com/apk/res/android"
03     android:orientation="vertical"
04     android:layout_width="fill_parent"
05     android:layout_height="fill_parent"
06     android:gravity="center_horizontal">              <!-- 添加一个垂直线性布局 -->
07      <TextView
08         android:layout_width="fill_parent"  android:layout_height="wrap_content"
09         android:textSize="20px"
10         android:gravity="center"
11         android:text="@string/textView" />            <!-- 添加 TextView -->
12     <LinearLayout xmlns:android="http://schemas.android.com/apk/res/android"
```

```
13      android:orientation="horizontal"
14      android:layout_width="fill_parent"
15      android:layout_height="wrap_content"
16      android:gravity="center">                             <!-- 添加一个水平布局 -->
17      <ImageButton
18          android:id="@+id/button01"
19          android:layout_width="wrap_content"   android:layout_height="wrap_content"
20          android:focusableInTouchMode="true"
21          android:src="@drawable/a"/>                       <!-- 添加一个 ImageButton -->
22      <ImageButton
23          android:id="@+id/button02"
24          android:layout_width="wrap_content"   android:layout_height="wrap_content"
25          android:focusableInTouchMode="true"
26          android:src="@drawable/b"/>                       <!-- 添加一个 ImageButton -->
27     </LinearLayout>
28     <LinearLayout xmlns:android="http://schemas.android.com/apk/res/android"
29      android:orientation="horizontal"
30      android:layout_width="fill_parent"
31      android:layout_height="wrap_content"
32      android:gravity="center">                             <!-- 添加一个水平的线性布局 -->
33          <ImageButton
34              android:id="@+id/button03"
35              android:layout_width="wrap_content"
  android:layout_height="wrap_content"
36              android:focusableInTouchMode="true"
37              android:src="@drawable/c"/>                   <!-- 添加一个 ImageButton -->
38          <ImageButton
39              android:id="@+id/button04"
40              android:layout_width="wrap_content"
  android:layout_height="wrap_content"
41              android:focusableInTouchMode="true"
42              android:src="@drawable/d"/>                   <!-- 添加一个 ImageButton -->
43     </LinearLayout>
44     <TextView
45          android:id="@+id/myTextView"
46          android:textSize="30px"
47          android:layout_width="fill_parent"    android:layout_height="wrap_content"
48          android:gravity="center"/>                        <!-- 添加一个 TextView -->
49  </LinearLayout>
```

其中：

- 第 7～11 行，向垂直的线性布局中添加 TextView。
- 第 12～27 行，向垂直的线性布局中添加一个水平的线性布局，然后向水平的线性布局中添加两个 ImageButton 控件。
- 第 28～43 行，向垂直的线性布局中添加一个水平线性布局，然后向水平线性布局中添加两个 ImageButton 控件。
- 第 44 行，向垂直的线性布局中添加一个 TextView 控件，该布局文件的效果如图 5-19 所示。

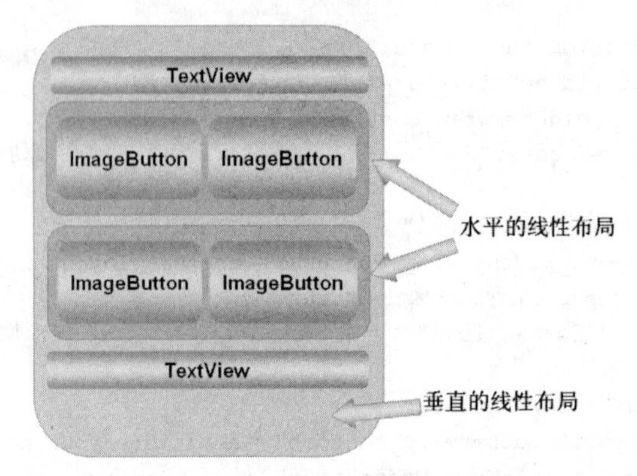

图 5-19 main.xml 文件布局格式

（5）开发主逻辑代码，用下列代码替换 src/com.sample.Sample_5_9 目录下的 Sample_5_9.Java 文件的代码。

代码位置：见随书光盘中源代码/第 5 章/Sample_5_9/src/com.sample.Sample_5_9 目录下的 Sample_5_9.Java 文件。

```
01 package com.sample.Sample_5_9;                                     //声明所在包
02 import android.app.Activity;                                       //引入相关类
03 import android.os.Bundle;                                          //引入相关类
04 import android.view.View;                                          //引入相关类
05 import android.view.View.OnFocusChangeListener;                    //引入相关类
06 import android.widget.ImageButton;                                 //引入相关类
07 import android.widget.TextView;                                    //引入相关类
08 public class Sample_5_9 extends Activity implements OnFocusChangeListener{
09     TextView myTextView;                                           //声明 TextView 的引用
10     ImageButton[] imageButtons = new ImageButton[4];               //声明按钮数组
11     @Override
12     public void onCreate(Bundle savedInstanceState) {              //重写的 onCreate 方法
13        super.onCreate(savedInstanceState);
14        setContentView(R.layout.main);                              //设置当前显示的用户界面
          //得到 myTextView 的引用
15        myTextView = (TextView) this.findViewById(R.id.myTextView);
          //得到 button01 的引用
16        imageButtons[0] = (ImageButton) this.findViewById(R.id.button01);
          //得到 button02 的引用
17        imageButtons[1] = (ImageButton) this.findViewById(R.id.button02);
          //得到 button03 的引用
18        imageButtons[2] = (ImageButton) this.findViewById(R.id.button03);
          //得到 button04 的引用
19        imageButtons[3] = (ImageButton) this.findViewById(R.id.button04);
20        for(ImageButton imageButton : imageButtons){
21              imageButton.setOnFocusChangeListener(this);     /添加监听
22        }
23     }
24     @Override
25     public void onFocusChange(View v, boolean hasFocus) {    //实现了接口中的方法
26         if(v.getId() == R.id.button01){                       //改变的是 button01 时
27              myTextView.setText("您选中了柯南！");
```

```
28          }else if(v.getId() == R.id.button02){                    //改变的是 button02 时
29              myTextView.setText("您选中了灰原哀！");
30          }else if(v.getId() == R.id.button03){                    //改变的是 button03 时
31              myTextView.setText("您选中了工藤新一！");
32          }else if(v.getId() == R.id.button04){                    //改变的是 button04 时
33              myTextView.setText("您选中了毛利兰！");
34          }else{                                                   //其他情况
35              myTextView.setText("您什么都没选中！");
36          }
37      }
38  }
```

其中：

- 第 9～10 行，声明 TextView 引用并创建图片数组。
- 第 12～23 行，为重写的 onCreate 方法，在方法中设置当前的用户界面，然后得到各个控件的引用并对需要注册监听的控件注册监听。
- 第 25～37 行，实现了接口中的抽象方法，在方法中根据事件源的 id 判断是哪个控件触发了该方法，然后设置 myTextView 显示的文字。

（6）运行该案例，便可观察到如图 5-20 所示的运行效果，当选择不同的人物时，下方的文本内容会随之改变。

图 5-20　焦点案例效果图

> **提示：** 由于本书采用单色印刷，故按钮在按下和未按下等不同状态下显示的图片可能区别不够明显，读者可直接运行光盘中的源代码进行观察。

5.6.5　OnKeyListener 接口简介

OnKeyListener 是对手机键盘进行监听的接口，通过对某个 View 注册该监听，在该 View 获得焦点并有键盘事件时，便会触发该接口中的回调方法，该接口中的抽象方法签名如下。

```
01 public boolean onKey(View v, int keyCode, KeyEvent event)
```

其中：

- 参数 v 为事件的事件源控件。
- 参数 keyCode 为手机键盘的键盘码。
- 参数 event 便为键盘事件封装类的对象，其中包含了事件的详细信息，例如发生的事件、事件的类型等。

接下来同样通过一个简单案例来介绍该接口的使用方法，步骤如下。

（1）新建一个名为 Sample_5_10 的 Android 项目。

（2）准备图片资源，将需要的图片存放到 res/drawable-mdpi 目录下，如图 5-21 所示。

图 5-21 图片资源

（3）准备字符串资源，同样打开 strings.xml 文件，用下列代码替换其原有代码。

代码位置：见随书光盘中源代码/第 5 章/ Sample_5_10/res/layout 目录下的 strings.xml 文件。

```
01 <?xml version="1.0" encoding="utf-8"?>                    <!-- XML 的版本以及编码方式 -->
02 <resources>
03     <string name="textView">使用键盘中的 ABCD 键控制四个按钮</string>        <!-- 定义字符串
textView -->
04     <string name="app_name">Sample_5_10</string>        <!-- 定义字符串 app_name -->
05 </resources>
```

说明：该段代码同样是定义程序中需要的字符串资源。

（4）编写 res/layout 目录下的布局文件 main.xml，其代码与第 7.2.4 小节案例中的布局文件完全相同，因本书篇幅有限，在此就不再赘述。

（5）开发主逻辑代码，打开 Sample_5_10.java 文件，用下列代码替代其原有代码。

代码位置：见随书光盘中源代码/第 5 章/ Sample_5_10/src/com.sample.Sample_5_10 目录下的 Sample_5_10.java 文件。

```
01 package com.sample.Sample_5_10;                              //声明所在包
02 import android.app.Activity;                                 //引入相关类
03 ……//该处省略了部分包的引入代码，读者可自行查阅随书光盘中的源代码
04 import android.widget.TextView;                              //引入相关类
05 public class Sample_5_10 extends Activity implements OnKeyListener,OnClickListener{
06     ImageButton[] imageButtons = new ImageButton[4];    //声明按钮数组
07     TextView myTextView;                                     //声明 TextView 的引用
08     @Override
```

```
09      public void onCreate(Bundle savedInstanceState) {         //重写的 onCreate 方法
10        super.onCreate(savedInstanceState);
11        this.setContentView(R.layout.main);                       //设置当前显示的用户界面
          //得到 myTextView 的引用
12        myTextView = (TextView) this.findViewById(R.id.myTextView);
          //得到 button01 的引用
13        imageButtons[0] = (ImageButton) this.findViewById(R.id.button01);
          //得到 button02 的引用
14        imageButtons[1] = (ImageButton) this.findViewById(R.id.button02);
          //得到 button03 的引用
15        imageButtons[2] = (ImageButton) this.findViewById(R.id.button03);
          //得到 button04 的引用
16        imageButtons[3] = (ImageButton) this.findViewById(R.id.button04);
17        for(ImageButton imageButton : imageButtons){
18         imageButton.setOnClickListener(this);                    //添加单击监听
19         imageButton.setOnKeyListener(this);                      //添加键盘监听
20        }
21      }
22      @Override
23      public void onClick(View v) {                               //实现了接口中的方法
24         if(v.getId() == R.id.button01){                          //改变的是 button01 时
25             myTextView.setText("您单击了按钮 1");
26         }else if(v.getId() == R.id.button02){                    //改变的是 button02 时
27             myTextView.setText("您单击了按钮 2");
28         }else if(v.getId() == R.id.button03){                    //改变的是 button03 时
29             myTextView.setText("您单击了按钮 3");
30         }else if(v.getId() == R.id.button04){                    //改变的是 button04 时
31             myTextView.setText("您单击了按钮 4");
32         }else{                                                   //其他情况
33             myTextView.setText("");
34         }
35      }
36      @Override
37      public boolean onKey(View v, int keyCode, KeyEvent event) {      //键盘监听
38         switch(keyCode){                                         //判断键盘码
39         case KeyEvent.KEYCODE_1:                                 //按键 1
40             imageButtons[0].performClick();                      //模拟单击
41             imageButtons[0].requestFocus();                      //尝试使之获得焦点
42             break;
43         case KeyEvent.KEYCODE_2:                                 //按键 2
44             imageButtons[1].performClick();                      //模拟单击
45             imageButtons[1].requestFocus();                      //尝试使之获得焦点
46             break;
47         case KeyEvent.KEYCODE_3:                                 //按键 3
48             imageButtons[2].performClick();                      //模拟单击
49             imageButtons[2].requestFocus();                      //尝试使之获得焦点
50             break;
51         case KeyEvent.KEYCODE_4:                                 //按键 4
52             imageButtons[3].performClick();                      //模拟单击
53             imageButtons[3].requestFocus();                      //尝试使之获得焦点
54             break;
55         }
```

```
56      return false;
57      }
58 }
```

其中：

- 第 6～7 行，声明 TextView 的引用并创建按钮数组。
- 第 9～21 行，重写了 Activity 的 onCreate 方法，在该方法中先设置当前的用户界面，然后得到各个控件的引用并为各个控件添加监听。
- 第 22～35 行，实现了接口中的 onClick 方法，在方法中，根据事件源的 id 判断是哪个按钮被按下，然后设置 myTextView 的文字。
- 第 36～57 行，实现了接口中的 onKey 方法，在方法中，根据键盘码的不同执行不同的代码。当 A 键被按下时，模拟单击按钮 0（第 40 行），随后尝试使该按钮获得焦点（第 41 行）。其他按键被按下时的处理方法相同。

（6）此时运行该案例，观察到的效果如图 5-22 所示，当单击手机键盘上的数字键 1、2、3、4 时，相当于单击了 1、2、3、4 按钮。

图 5-22 键盘监听案例

5.6.6 OnTouchListener 接口简介

OnTouchListener 接口是用来处理手机屏幕事件的监听接口，View 范围内的触摸按下、抬起或滑动等动作都会触发该事件，该接口中的监听方法签名如下。

```
1  public boolean onTouch(View v, MotionEvent event)
```

其中：

- 参数 v 同样为事件源对象。

- 参数 event 为事件封装类的对象，其中封装了触发事件的详细信息，同样包括事件的类型、触发时间等信息。

在第 7.1.3 小节中介绍了一个在屏幕中拖动矩形移动的案例，本小节将继续采用该案例的思路，通过监听接口的方式实现在屏幕上拖动按钮移动的案例，该案例的开发步骤如下所示：

（1）创建一个名为 Sample_5_11 的 Android 项目。

（2）准备字符串资源，打开 strings.xml 文件，用下列代码替换原有代码。

代码位置：见随书光盘中源代码/第 5 章/ Sample_5_11/res/values 目录下的 strings.xml 文件。

```
01 <?xml version="1.0" encoding="utf-8"?>                      <!-- XML 的版本以及编码方式 -->
02 <resources>
03    <string name="hello">Hello World, Sample_5_11!</string> <!-- 定义 hello 字符串 -->
04    <string name="app_name">Sample_5_11</string>           <!-- 定义 app_name 字符串 -->
05    <string name="location">位置</string>                   <!-- 定义 location 字符串 -->
06 </resources>
```

说明：与前面介绍的案例相同，对程序中用到的字符串资源进行定义。

（3）开发布局文件，打开 res/layout 目录下的 main.xml 文件，用下列代码替换其原有代码。

代码位置：见随书光盘中源代码/第 5 章/ Sample_5_11/res/layout 目录下的 main.xml 文件。

```
01 <?xml version="1.0" encoding="utf-8"?>                      <!-- XML 的版本以及编码方式 -->
02 <AbsoluteLayout
03     android:id="@+id/AbsoluteLayout01"
04     android:layout_width="fill_parent"
05     android:layout_height="fill_parent"
       <!-- XML 的版本以及编码方式 -->
06     xmlns:android="http://schemas.android.com/apk/res/android">
07   <Button
08        android:layout_y="123dip"
09        android:layout_x="106dip"
10        android:text="@string/location"
11        android:layout_height="wrap_content"
12        android:id="@+id/Button01"
13        android:layout_width="wrap_content"/>              <!-- XML 的版本以及编码方式 -->
14 </AbsoluteLayout>
```

说明：该布局文件非常简单，只是在一个绝对布局中添加一个按钮控件即可，需要注意的是应该为该按钮指定 ID，以便在 Java 代码中可以得到该按钮的引用。

（4）接下来开始开发主要的逻辑代码，编写 Sample_5_11.java 文件，其代码如下。

```
1  package com.sample.Sample_5_11;                                    //声明所在包
2  import android.app.Activity;                                       //引入相关类
3  ……//该处省略了部分类的引入代码，读者可以自行查阅随书光盘中的源代码\
4  import android.widget.Button;                                      //引入相关类
```

```
5  public class Sample_5_11 extends Activity {
6      final static int WRAP_CONTENT=-2;                        //表示 WRAP_CONTENT 的常量
7      final static int X_MODIFY=4;                             //在非全屏模式下 X 坐标的修正值
8      final static int Y_MODIFY=52;                            //在非全屏模式下 Y 坐标的修正值
9      int xSpan;                                   //在触控笔单击按钮的情况下相对于按钮自己坐标系的
10     int ySpan;                                               //X,Y 位置
11     public void onCreate(Bundle savedInstanceState) {        //重写的 onCreate 方法
12        super.onCreate(savedInstanceState);
13        setContentView(R.layout.main);           //设置当前的用户界面
14        Button bok=(Button)this.findViewById(R.id.Button01); //得到按钮的引用
15        bok.setOnTouchListener(                               //添加监听
16             new OnTouchListener(){                           //创建监听类
17                  public boolean onTouch(View view, MotionEvent event) {//重写的监听方法
18                       switch(event.getAction()){             //监听事件
19                        case MotionEvent.ACTION_DOWN:         //触控笔按下
20                             xSpan=(int)event.getX();         //得到 x 坐标
21                             ySpan=(int)event.getY();         //得到 y 坐标
22                        break;
23                        case MotionEvent.ACTION_MOVE:         //触控笔移动
24                             Button bok=(Button)findViewById(R.id.Button01);
25                             //让按钮随着触控笔的移动一起移动
26                             ViewGroup.LayoutParams lp=
27                                  new AbsoluteLayout.LayoutParams(
28                                            WRAP_CONTENT,
29                                            WRAP_CONTENT,
30                                            (int)event.getRawX()-xSpan-X_MODIFY,
31                                            (int)event.getRawY()-ySpan-Y_MODIFY
32                                  );
33                             bok.setLayoutParams(lp);         //设置按钮的坐标
34                       break;
35                       }
36                       return true;
37                  }
38             }
39     );
40     }
41     public boolean onKeyDown (int keyCode, KeyEvent event){ //键盘键按下的方法
42         Button bok=(Button)this.findViewById(R.id.Button01);//得到按钮的引用
43         bok.setText(keyCode+" Down");                        //设置按钮的文字
44         return true;
45     }
46     public boolean onKeyUp (int keyCode, KeyEvent event){   //键盘键抬起的方法
47         Button bok=(Button)this.findViewById(R.id.Button01);//得到按钮的引用
48         bok.setText(keyCode+" Up");                          //设置按钮的文字
49         return true;
50     }
51     public boolean onTouchEvent (MotionEvent event){         //让按钮随触控笔的移动一起移动
52         Button bok=(Button)this.findViewById(R.id.Button01);//得到按钮引用
53         ViewGroup.LayoutParams lp=
54              new AbsoluteLayout.LayoutParams(                //创建 LayoutParams
55                        WRAP_CONTENT, WRAP_CONTENT,
56                        (int)event.getRawX()-xSpan-X_MODIFY,  //x 坐标
```

```
57                      (int)event.getRawY()-ySpan-Y_MODIFY   //y坐标
58              ) ;
59          bok.setLayoutParams(lp);
60          return true;
61      }
62  }
```

其中：

- 第 6～10 行，声明了一些程序中需要的变量。
- 第 11～40 行，重写了 Activity 中的 onCreate 方法，在方法中设置当前的用户界面，然后得到按钮的引用并为其注册监听。
- 第 16～38 行，创建监听器类并重写 onTouch 方法，然后根据事件的类型执行不同的操作。
- 第 41～45 行，重写了 onKeyDown 回调方法，在该方法中得到按钮的引用并设置按钮上的文字。
- 第 46～50 行，重写了 onKeyUp 回调方法，同样也是设置按钮上的文字。
- 第 51～61 行，重写了 onTouchEvent 回调方法，用来处理屏幕事件的监听方法，在方法中得到按钮的引用，然后设置按钮的坐标。

（5）此时运行该案例，通过触控笔便可拖动屏幕中的按钮进行移动，如图 5-23 所示。

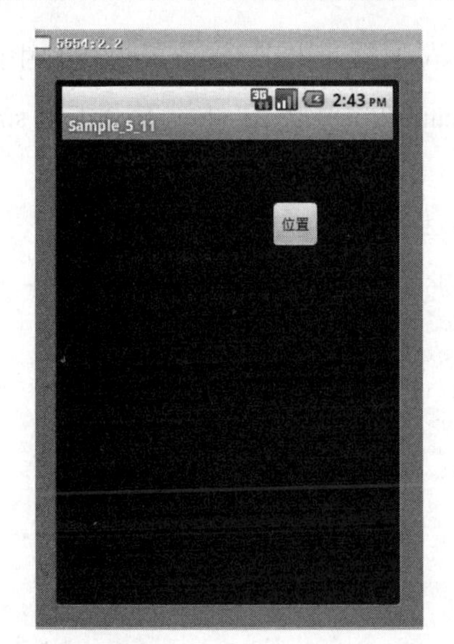

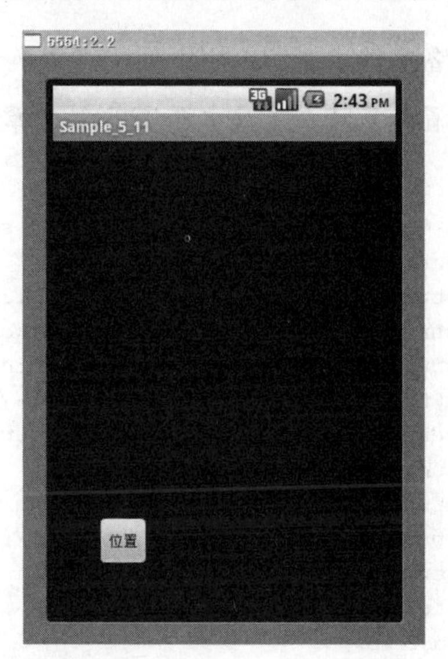

图 5-23　屏幕事件的监听案例

5.7　综合案例

我们在前面介绍了常用的高级控件及在 Android 中对控件的事件处理接口。在本节，我们将对本章中已经介绍的控件进行综合使用。

5.7.1 人物评分

所谓的人物评分就是选择人物并对该人物进行评分。在本小节中，我们将进行代码实现。下面将详细介绍该案例的开发过程，步骤如下。

（1）创建一个新的 Android 项目，取名为 Sample_5_12。

（2）准备图片资源，将项目中用到的图片资源存放到项目目录中的 res/drawable-mdpi 文件夹下，如图 5-24 所示。

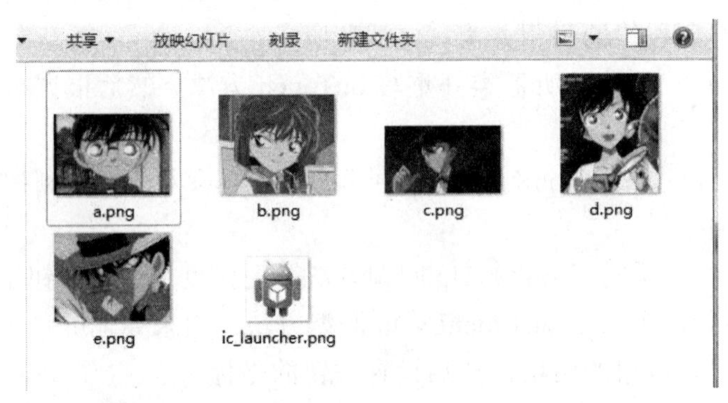

图 5-24　图片资源

（3）准备字符串资源，用下列代码替换 res/values 目录下 strings.xml 文件中的代码。

代码位置：见随书光盘中源代码/第 5 章/Sample_5_12/res/values 目录下的 strings.xml 文件。

```
01 <?xml version="1.0" encoding="utf-8" standalone="no"?>
02 <resources>
03     <string name="app_name">Sample_5_12</string>
04     <string name="hello_world">Hello world!</string>
05     <string name="menu_settings">Settings</string>
06     <string name="show_text">请选择人物</string>
07     <string name="ping">请给人物评分</string>
08     <string name="a">柯南</string>
09     <string name="b">灰原哀</string>
10     <string name="c">工藤新一</string>
11     <string name="d">毛利兰</string>
12     <string name="e">基德</string>
13 </resources>
```

说明：将字符串声明到一个文件中是为了便于系统的管理与维护。

（4）开发该案例的布局文件，打开 main.xml 文件，其代码如下。

代码位置：见随书光盘中源代码/第 5 章/Sample_5_12/res/layout 目录下的 main.xml 文件。

```
01 <RelativeLayout xmlns:android="http://schemas.android.com/apk/res/android"
02     xmlns:tools="http://schemas.android.com/tools"
03     android:layout_width="match_parent"
04     android:layout_height="match_parent"
```

```
05    tools:context=".MainActivity" >
06
07    <TextView
08       android:id="@+id/textView1"
09       android:layout_width="wrap_content"
10       android:layout_height="wrap_content"
11       android:text="@string/show_text" />
12
13    <Spinner
14       android:id="@+id/spinner1"
15       android:layout_width="wrap_content"
16       android:layout_height="wrap_content"
17       android:layout_alignParentLeft="true"
18       android:layout_alignParentRight="true"
19       android:layout_below="@+id/textView1" />
20
21    <ImageView
22       android:id="@+id/imageView1"
23       android:layout_width="200px"
24       android:layout_height="200px"
25       android:layout_centerHorizontal="true"
26       android:layout_centerVertical="true" />
27
28    <RatingBar
29       android:id="@+id/ratingBar1"
30       android:layout_width="wrap_content"
31       android:layout_height="wrap_content"
32       android:layout_alignParentBottom="true"
33       android:layout_alignParentLeft="true" />
34
35    <TextView
36       android:layout_width="wrap_content"
37       android:layout_height="wrap_content"
38       android:layout_above="@+id/ratingBar1"
39       android:layout_alignParentLeft="true"
40       android:text="@string/ping" />
41
42 </RelativeLayout>
```

说明： 该段代码整体为一个相对布局，分别添加了文本显示框，下拉列表控件、图片显示控件以及星级滑块控件，并且分别为其指定 ID。

（5）接下来开发该案例的主要逻辑代码，打开 Sample_5_12.java，用下列代码替换其原有代码。

代码位置：见随书光盘中源代码/第 5 章/Sample_5_12/src/com.sample.Sample_5_12 目录下的 Sample_5_12.java 文件。

```
01 package com.sample.sample_5_12;                          //包名
02 import android.os.Bundle;                                //引入相关类
03 import android.app.Activity;                             //引入相关类
04 import android.view.Menu;                                //引入相关类
```

```
05 import android.view.View;                                    //引入相关类
06 import android.widget.AdapterView;                           //引入相关类
07 import android.widget.ArrayAdapter;                          //引入相关类
08 import android.widget.ImageView;                             //引入相关类
09 import android.widget.RatingBar;                             //引入相关类
10 import android.widget.RatingBar.OnRatingBarChangeListener;       //引入相关类
11 import android.widget.Spinner;                               //引入相关类
12 import android.widget.Toast;                                 //引入相关类
13
14 public class MainActivity extends Activity {                 //继承Activity
15     Spinner sp;                                              //定义Spinner
16     ImageView iview;                                         //定义Imageview
17     RatingBar rb;                                            //定义RatingBar
18     private ArrayAdapter<String> adapter;                    //定义适配器
19     // 人物图片
20     int[] draws = { R.drawable.a, R.drawable.b, R.drawable.c, R.drawable.d,
21             R.drawable.e };
22     @Override
23     protected void onCreate(Bundle savedInstanceState) {     //重写onCreate()方法
24         super.onCreate(savedInstanceState);
25         setContentView(R.layout.main);
26         String[] items = { this.getString(R.string.a),
27                 this.getString(R.string.b), this.getString(R.string.c),
                   //定义下拉列表显示数据
28                 this.getString(R.string.d), this.getString(R.string.e) };
29
30         sp = (Spinner) findViewById(R.id.spinner1);
31         iview = (ImageView) findViewById(R.id.imageView1);
32         rb = (RatingBar) findViewById(R.id.ratingBar1);
33
34         adapter = new ArrayAdapter<String>(this,
35                 android.R.layout.simple_spinner_item, items);  //定义适配器
36         sp.setAdapter(adapter);                              //设置使用适配器
37
adapter.setDropDownViewResource(android.R.layout.simple_spinner_dropdown_item);
                                                             //下拉显示效果
38         sp.setOnItemSelectedListener(new Spinner.OnItemSelectedListener() {//选择事件
39             @Override
40             public void onItemSelected(AdapterView<?> arg0, View arg1,
41                     int arg2, long arg3) {                   //下拉列表项显示
42                 // TODO Auto-generated method stub
43                 iview.setImageResource(draws[arg2]);         //图片更改
44             }
45             @Override
46             public void onNothingSelected(AdapterView<?> arg0) {
47                 // TODO Auto-generated method stub
48             }
49         });
50
        //星级滑块改变监听
51         rb.setOnRatingBarChangeListener(new OnRatingBarChangeListener() {
52             @Override
```

```
53              public void onRatingChanged(RatingBar ratingBar, float rating,
54                      boolean fromUser) {
55                  // TODO Auto-generated method stub
56                  Toast.makeText(MainActivity.this, "请的评分为" + rating,
57                          Toast.LENGTH_LONG).show();   //提示评分
58              }
59          });
60      }
61
62      @Override
63      public boolean onCreateOptionsMenu(Menu menu) {    //重写 onCreateOptionsMenu()方法
64          // Inflate the menu; this adds items to the action bar if it is present.
65          getMenuInflater().inflate(R.menu.main, menu);
66          return true;
67      }
68  }
```

其中：

- 第 20～21 行，初始化所有图片资源 id。
- 第 26～28 行，初始化下拉列表的显示数据。
- 第 30～32 行，初始化所有控件。
- 第 34～37 行，为内容适配器的初始化代码，使用了 Android 默认定义的布局方式和预先的显示内容。
- 第 38～49 行，定义了下拉列表的选择事件处理，当下拉选择项发生改变时，将改变相应的图片显示内容。
- 第 51～60 行，定义了星级滑块变化时的监听事件。当评分改变时，提示当前的评分。

（6）运行该案例，人物选择的界面如图 5-25 所示，通过单击进行选择，并给该人物评分后的效果如图 5-26 所示。

图 5-25 人物选择的界面

图 5-26 人物评分效果

5.7.2 爱好调查

爱好调查就是通过用户对问题的回答情况来判断其爱好，需要获取被调查者的姓名、性别、最喜欢的人物以及对人物的评价，初始界面的效果如图 5-27 所示。姓名由被调查者输入，性别通过单击按钮后在对话框中输入，喜欢的人物通过单击图片输入；对于人物评价，通过长按人物图片，在弹出的输入对话框中进行输入。评价完成后的效果如图 5-28 所示。

图 5-27　初始界面

图 5-28　调查结果

在本小节中，我们将进行代码实现。下面将详细介绍该案例的开发过程，步骤如下。

（1）创建一个新的 Android 项目，取名为 Sample_5_13。

（2）准备图片资源，将项目中要用到的图片资源存放到项目目录的 res/drawable-mdpi 文件夹下，本项目依然使用上一节中用到的图片。

（3）准备字符串资源，用下列代码替换 res/values 目录下 strings.xml 文件中的代码。

代码位置：见随书光盘中源代码/第 5 章/Sample_5_13/res/values 目录下的 strings.xml。

```
01 <?xml version="1.0" encoding="utf-8" standalone="no"?>
02 <resources>
03     <string name="app_name">Sample_5_13</string>
04     <string name="hello_world">Hello world!</string>
05     <string name="menu_settings">Settings</string>
06     <string name="show_text">爱好调查</string>
07     <string name="show_fa">下列最喜欢的人物是：</string>
08     <string name="show_noreason">请输入评价</string>
09     <string name="show_sex">性别</string>
10     <string name="show_reason">长按给出对下列人物的评价</string>
11     <string name="show_exit">退出</string>
12     <string name="show_com">提交</string>
```

```
13     <string name="show_name">姓名</string>
14     <string name="show_noname">请输入姓名</string>
15 </resources>
```

说明：将字符串声明到一个文件中是为了便于系统的管理与维护。

（4）开发该案例的布局文件，打开 main.xml 文件，其代码如下。

代码位置：见随书光盘中源代码/第 5 章/Sample_5_13/res/layout 目录下的 main.xml 文件。

```
01 <RelativeLayout xmlns:android="http://schemas.android.com/apk/res/android"
02     xmlns:tools="http://schemas.android.com/tools"
03     android:layout_width="match_parent"
04     android:layout_height="match_parent"
05     tools:context=".MainActivity" >
06
07     <ImageView
08        android:layout_width="60px"
09        android:layout_height="60px"
10        android:layout_above="@+id/textView1"
11        android:layout_alignParentLeft="true"
12        android:layout_marginLeft="25dp"
13        android:src="@drawable/e" />
14
15     <TextView
16        android:id="@+id/textView1"
17        android:layout_width="wrap_content"
18        android:layout_height="wrap_content"
19        android:layout_alignParentTop="true"
20        android:layout_centerHorizontal="true"
21        android:text="@string/show_text" />
22
23     <TextView
24        android:id="@+id/textView2"
25        android:layout_width="wrap_content"
26        android:layout_height="wrap_content"
27        android:layout_above="@+id/imageView1"
28        android:layout_alignParentLeft="true"
29        android:text="@string/show_fa" />
30
31     <ImageView
32        android:id="@+id/imageView2"
33        android:layout_width="120px"
34        android:layout_height="120px"
35        android:layout_alignParentLeft="true"
36        android:layout_centerVertical="true"
37        android:layout_marginLeft="17dp"
38        android:src="@drawable/c" />
39
40     <ImageView
41        android:id="@+id/imageView3"
42        android:layout_width="120px"
43        android:layout_height="120px"
```

```
44         android:layout_centerVertical="true"
45         android:layout_marginLeft="26dp"
46         android:layout_toRightOf="@+id/textView1"
47         android:src="@drawable/e" />
48
49     <ImageView
50         android:id="@+id/imageView1"
51         android:layout_width="120px"
52         android:layout_height="120px"
53         android:layout_alignTop="@+id/imageView2"
54         android:layout_centerHorizontal="true"
55         android:src="@drawable/a" />
56
57     <TextView
58         android:id="@+id/textView3"
59         android:layout_width="wrap_content"
60         android:layout_height="wrap_content"
61         android:layout_alignParentLeft="true"
62         android:layout_below="@+id/textView1"
63         android:layout_marginTop="20dp"
64         android:text="@string/show_name" />
65
66     <EditText
67         android:id="@+id/editText1"
68         android:layout_width="wrap_content"
69         android:layout_height="wrap_content"
70         android:layout_alignBaseline="@+id/textView3"
71         android:layout_alignBottom="@+id/textView3"
72         android:layout_marginLeft="36dp"
73         android:layout_toRightOf="@+id/textView3"
74         android:ems="10"
75         android:text="@string/show_noname" />
76
77     <TextView
78         android:id="@+id/textView4"
79         android:layout_width="wrap_content"
80         android:layout_height="wrap_content"
81         android:layout_above="@+id/textView2"
82         android:layout_marginBottom="31dp"
83         android:layout_toLeftOf="@+id/editText1"
84         android:text="@string/show_sex" />
85
86     <Button
87         android:id="@+id/button1"
88         android:layout_width="wrap_content"
89         android:layout_height="wrap_content"
90         android:layout_alignBaseline="@+id/textView4"
91         android:layout_alignBottom="@+id/textView4"
92         android:layout_alignLeft="@+id/editText1"
93         android:layout_alignRight="@+id/editText1"
94         android:text="@string/show_sex" />
95
```

```
96     <TextView
97        android:id="@+id/textView5"
98        android:layout_width="wrap_content"
99        android:layout_height="wrap_content"
100       android:layout_alignParentLeft="true"
101       android:layout_below="@+id/imageView2"
102       android:text="@string/show_reason" />
103
104    <ImageView
105       android:id="@+id/imageView4"
106       android:layout_width="120px"
107       android:layout_height="120px"
108       android:layout_below="@+id/textView5"
109       android:layout_marginTop="24dp"
110       android:layout_toLeftOf="@+id/imageView1"
111       android:src="@drawable/d" />
112
113    <ImageView
114       android:id="@+id/imageView5"
115       android:layout_width="120px"
116       android:layout_height="120px"
117       android:layout_alignTop="@+id/imageView4"
118       android:layout_toRightOf="@+id/textView1"
119       android:src="@drawable/b" />
120
121 </RelativeLayout>
```

说明： 该段代码整体为一个相对布局，分别添加了文本显示框、按钮、图片显示控件，并且分别为其指定 id。

（5）接下来开发该案例的主要逻辑代码，打开 Sample_5_13.java 文件，用下列代码替换其原有代码。

代码位置：见随书光盘中源代码/第 5 章/Sample_5_13/src/com.sample.Sample_5_13 目录下的 Sample_5_13.java 文件。

```
01 package com.sample.sample_5_13;                              //包名
02 import android.os.Bundle;                                    //引入相关类
03 import android.app.Activity;                                 //引入相关类
04 import android.app.AlertDialog;                              //引入相关类
05 import android.content.DialogInterface;                      //引入相关类
06 import android.view.Menu;                                    //引入相关类
07 import android.view.SubMenu;                                 //引入相关类
08 import android.view.View;                                    //引入相关类
09 import android.view.View.OnClickListener;                    //引入相关类
10 import android.view.View.OnLongClickListener;                //引入相关类
11 import android.widget.Button;                                //引入相关类
12 import android.widget.EditText;                              //引入相关类
13 import android.widget.ImageView;                             //引入相关类
14 import android.widget.TextView;                              //引入相关类
15
16 public class MainActivity extends Activity {                 //继承Activity
```

```
17      private EditText et_name, et_reason;                    //定义EditText
18      private Button btn_sex;                                  //定义Button
19      private ImageView iview1, iview2, iview3, iview4, iview5;  //定义ImageView
20      private TextView tView, tfaView;                         //定义TextView
21      private String[] sexStrings = { "男", "女" };            //定义性别选项
22      private String[] fa_name = { "柯南", "工藤新一", "基德" };//定义名字
23
24      @Override
25      protected void onCreate(Bundle savedInstanceState) {   //重写onCreate()方法
26          super.onCreate(savedInstanceState);
27          setContentView(R.layout.main);
28
29          et_name = (EditText) findViewById(R.id.editText1); //控件
30          btn_sex = (Button) findViewById(R.id.button1);
31          iview1 = (ImageView) findViewById(R.id.imageView1);
32          iview2 = (ImageView) findViewById(R.id.imageView2);
33          iview3 = (ImageView) findViewById(R.id.imageView3);
34          iview4 = (ImageView) findViewById(R.id.imageView4);
35          iview5 = (ImageView) findViewById(R.id.imageView5);
36          tfaView = (TextView) findViewById(R.id.textView2);
37          tView = (TextView) findViewById(R.id.textView5);
38          // 性别选择
39          btn_sex.setOnClickListener(new OnClickListener() { //按钮单击处理
40              @Override
41              public void onClick(View v) {
42                  // TODO Auto-generated method stub
43                  new AlertDialog.Builder(MainActivity.this)     //单选提示框
44                          .setTitle("请选择性别")
45                          .setIcon(android.R.drawable.ic_dialog_info)
46                          .setSingleChoiceItems(sexStrings, 0,
47                                  new DialogInterface.OnClickListener() {
48                                      public void onClick(DialogInterface dialog,
49                                              int which) {
                                            //设置选择的性别
50                                          btn_sex.setText(sexStrings[which]);
51                                          dialog.dismiss();
52                                      }
53                                  }).setNegativeButton("取消", null).show();
54              }
55          });
56
57          // 选择喜欢人物
58          OnClickListener clickListener = new OnClickListener() { //单击事件监听
59              @Override
60              public void onClick(View v) {
61                  // TODO Auto-generated method stub
62                  switch (v.getId()) {                               //判断选择的图片
63                  case R.id.imageView1:
64                      tfaView.setText("下列人物中，你最喜欢的是柯南");
65                      break;
66                  case R.id.imageView2:
67                      tfaView.setText("下列人物中，你最喜欢的是工藤新一");
```

```
68                  break;
69              case R.id.imageView3:
70                  tfaView.setText("下列人物中，你最喜欢的是基德");
71                  break;
72              default:
73                  break;
74              }
75          }
76      };
77      iview1.setOnClickListener(clickListener);              //添加图片单击处理事件
78      iview2.setOnClickListener(clickListener);
79      iview3.setOnClickListener(clickListener);
80
        //实现长按单击事件监听
81      OnLongClickListener longClickListener = new OnLongClickListener() {
82          @Override
83          public boolean onLongClick(View v) {
84              // TODO Auto-generated method stub
85              et_reason = new EditText(MainActivity.this);   //定义输入框
86              new AlertDialog.Builder(MainActivity.this)     //输入对话框
87                      .setTitle("请输入理由")
88                      .setIcon(android.R.drawable.ic_dialog_info)
89                      .setView(et_reason)
90                      .setPositiveButton("确定",
91                              new DialogInterface.OnClickListener() {
92                                  @Override
93                                  public void onClick(DialogInterface dialog,
94                                          int which) {
95                                      String reasonString = et_reason
96                                          .getText().toString();//获得输入文字
97                                      if (reasonString.equals("")) {
98                                          reasonString = "请输入评价";
99                                      }
100                                     tView.setText(reasonString);//设置文字
101                                 }
102                             }).setNegativeButton("取消", null).show();
103             return false;
104         }
105     };
106     iview4.setOnLongClickListener(longClickListener);         //设置长按单击事件监听
107     iview5.setOnLongClickListener(longClickListener);
108 }
109
110 @Override
111 public boolean onCreateOptionsMenu(Menu menu) {    //重写 onCreateOptionsMenu()方法
112     return true;
113 }
114 }
```

其中：

- 第 17～22 行，初始化需要的所有资源。
- 第 29～37 行，初始化所有控件。

- 第 39～55 行，实现按钮单击处理，出现单选对话框用于选择性别。
- 第 57～76 行，实现单击处理监听，单击每一个图片时显示对应的提示。
- 第 77～79 行，为图片控件添加单击监听。
- 第 81～108 行，实现长按处理监听，并为长按的图片添加长按处理监听。

（6）运行该案例，选择性别的界面如图 5-29 所示，对人物进行评价的界面如图 5-30 所示。

图 5-29　选择人物

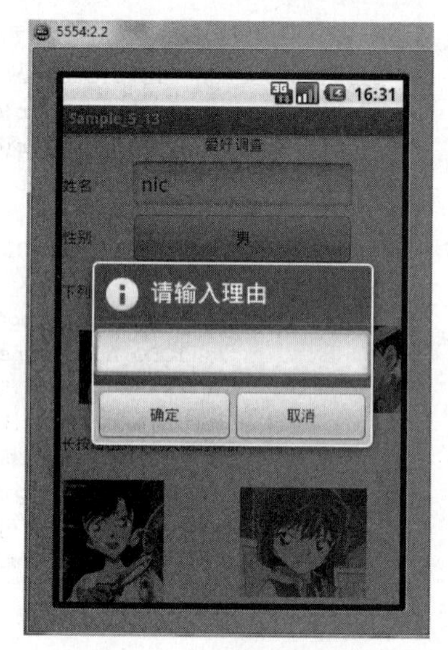

图 5-30　人物评分效果

5.8 总结

本章主要对 Android 平台中常用的高级控件进行介绍，包括下拉列表、滑块、进度条、菜单及对话框等，并且对 Android 中的控件事件处理进行了全面讲解。希望读者通过本章的学习，能够真正掌握各种控件的使用方法，熟练地搭建出美观友好的用户界面。

知 识 点	难 度 指 数（1～6）	占 用 时 间（1～3）
下拉菜单使用	5	3
进度条使用	2	2
滑块使用	3	2
星级滑块使用	1	1
选项菜单使用	5	3
上下文菜单使用	4	3
普通对话框使用	3	2
列表对话框使用	4	3
单选对话框使用	2	2
事件处理	6	3

5.9　习题

（1）使用下拉列表，实现填写归属地时对全国主要城市的选择。

（2）使用滑块和进度条，实现滑动滑块后，滑块值和进度条值之和为 100。

（3）使用星级滑块，实现对图片喜好程度的点评。

（4）使用选项菜单，实现六个以上菜单选项的菜单。

（5）使用上下文菜单，实现文本输入框中内容的复制和粘贴功能。

（6）结合 5.5 节的介绍，分别实现普通对话框、列表对话框和单选对话框。

第 6 章

推窗望月：高级视图与动画

在前面的章节中，介绍了 Android 平台下开发用户界面时常用的基本控件与高级控件，除了这些控件外，我们为了界面的美观和友好性还会使用到其他视图及动画效果，同时还会对 Android 平台下的提示消息的 Toast 和 Notification 进行介绍。

6.1　列表视图

在第 5 章介绍了几种常用的高级控件，接下来讲解几种常用的高级视图。ListView 是最常用的列表布局，本节将对列表视图 ListView 进行介绍，使读者掌握列表视图的使用方法。

6.1.1　ListView 类简介

ListView 类位于 android.widget 包下，是一种列表视图，它将 ListAdapter 所提供的各个控件显示在一个垂直且可滚动的列表中。

该类的使用方法非常简单，只需先初始化所需要的数据，然后创建适配器并将其设置给 ListView。ListView 便将信息以列表的形式显示到页面中。该类的继承树如图 6-1 所示。

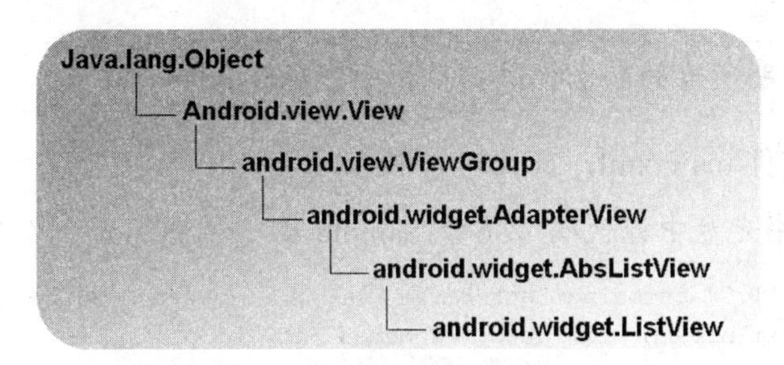

图 6-1　ListView 类的继承树

6.1.2　列表视图使用

本节将通过 ListView 实现一个简单的名人录，其中包括各个名人的照片以及描述，该案例的开发步骤如下。

（1）创建一个名为 Sample_6_1 的 Android 项目。

（2）将在程序中要用到的图片资源存放到 res/drawable-mdpi 目录下。

（3）打开 res/values 目录下的 strings.xml 文件，代码如下。

代码位置：见随书光盘中源代码/第 6 章/Sample_6_1/res/values 目录下的 strings.xml 文件。

```
01 <?xml version="1.0" encoding="utf-8"?>                      <!-- XML 的版本以及编码方式 -->
02 <resources>
03     <string name="hello">您选择了</string>                   <!-- 定义 hello 字符串 -->
04     <string name="app_name">ListViewExample</string>
05     <string name="andy">Andy Rubin \nAndroid 的创造者</string>      <!-- 定义 andy 字符串 -->
06     <string name="bill">Bill Joy \nJava 创造者之一</string>         <!-- 定义 bill 字符串 -->
07     <string name="edgar">Edgar F. Codd \n 关系数据库之父</string><!-- 定义 edgar 字符串 -->
       <!-- 定义 torvalds 字符串 -->
08     <string name="torvalds">Linus Torvalds \nLinux 之父</string>
       <!-- 定义 turing 字符串式 -->
09     <string name="turing">Turing Alan    \nIT 的祖师爷</string>
```

```
10      <string name="ys">您选择了</string>                    <!-- 定义 ys 字符串 -->
11  </resources>
```

说明：该文件对所有的字符串资源进行了声明，与前一节中字符串文件的声明方式完全相同，因本书篇幅有限，在此就不再赘述。

（4）在 res/values 目录下创建一个 colors.xml 文件，并输入如下代码。

代码位置：见随书光盘中源代码/第 6 章/Sample_6_1/res/values 目录下的 colors.xml 文件。

```
01 <?xml version="1.0" encoding="utf-8"?>                    <!-- XML 的版本以及编码方式 -->
02 <resources>
03     <color name="red">#fd8d8d</color>                     <!-- 声明 red 颜色 -->
04     <color name="green">#9cfda3</color>                   <!-- 声明 green 颜色 -->
05     <color name="blue">#8d9dfd</color>                    <!-- 声明 blue 颜色 -->
06     <color name="white">#FFFFFF</color>                   <!-- 声明 white 颜色 -->
07     <color name="black">#000000</color>                   <!-- 声明 black 颜色 -->
08     <color name="gray">#050505</color>                    <!-- 声明 gray 颜色 -->
09 </resources>
```

说明：该段代码声明所有的颜色资源，在程序中通过 R 类来引用。

（5）编写布局文件 main.xml，其代码如下。

代码位置：见随书光盘中源代码/第 6 章/Sample_6_1/res/layout 目录下的 main.xml 文件。

```
01 <?xml version="1.0" encoding="utf-8"?>                    <!-- XML 的版本以及编码方式 -->
02 <LinearLayout xmlns:android="http://schemas.android.com/apk/res/android"
03     android:orientation="vertical"
04     android:layout_width="fill_parent"
05     android:layout_height="fill_parent">                  <!-- 添加一个线性布局 -->
06     <TextView
07         android:id="@+id/TextView01"
08         android:layout_width="fill_parent"
09         android:layout_height="wrap_content"
10         android:textSize="24dip"
11         android:textColor="@color/white"
12         android:text="@string/hello"/>                    <!-- 添加一个 TextView 控件 -->
13     <ListView
14         android:id="@+id/ListView01"
15         android:layout_width="fill_parent"
16         android:layout_height="wrap_content"
17         android:choiceMode="singleChoice"/>               <!-- 添加一个 ListView 控件 -->
18 </LinearLayout>
```

说明：首先添加一个垂直的线性布局，然后向线性布局中添加一个 TextView 及 ListView 控件。

（6）编写 Sample_6_1.java 文件，其代码如下。

代码位置：见随书光盘中源代码/第 6 章/Sample_6_1/src/com.sample.Sample_6_1 目录下的 Sample_6_1.java 文件。

```
01 package com.sample.Sample_6_1;                          //声明所在包
02 import android.app.Activity;                            //引入相关类
03 ……//该处省略了部分类的引入代码，读者可自行查阅随书光盘中的源代码
04 import android.widget.AdapterView.OnItemSelectedListener;  //引入相关类
05 public class Sample_6_1 extends Activity {
06     //所有资源图片 id 的数组
07     int[] drawableIds=
08     {R.drawable.a,R.drawable.b,R.drawable.c,R.drawable.d,R.drawable.e};
09     //所有资源字符串（id 的数组
10     int[] msgIds={R.string.a,R.string.b,R.string.c,R.string.d,R.string.e};
11     public void onCreate(Bundle savedInstanceState) {       //重写的 onCreate 方法
12        super.onCreate(savedInstanceState);
13        setContentView(R.layout.main);                       //设置当前的用户界面
14        ListView lv=(ListView)this.findViewById(R.id.ListView01);//初始化 ListView
15        BaseAdapter ba=new BaseAdapter(){                    //为 ListView 准备内容适配器
16              public int getCount() {return 5;}              //总共 5 个选项
17              public Object getItem(int arg0) { return null; }    //重写的 getItem 方法
18              public long getItemId(int arg0) { return 0; }       //重写的 getItemId 方法
19              public View getView(int arg0, View arg1, ViewGroup arg2) {
20                   //动态生成每个下拉项对应的 View，每个下拉项 View 由 LinearLayout
21                   //中包含一个 ImageView 及一个 TextView 构成
22                   LinearLayout ll=new LinearLayout(Sample_6_1.this);//初始化 LinearLayout
23                   ll.setOrientation(LinearLayout.HORIZONTAL);     //设置朝向
24                   ll.setPadding(5,5,5,5);                         //设置四周留白
25                   ImageView  ii=new ImageView(Sample_6_1.this);   //初始化 ImageView
26
   ii.setImageDrawable(getResources().getDrawable(drawableIds[arg0]));//设置图片
27                   ii.setScaleType(ImageView.ScaleType.FIT_XY);
28                   ii.setLayoutParams(new Gallery.LayoutParams(100,98));
29                   ll.addView(ii);                                 //添加到 LinearLayout 中
30                   TextView tv=new TextView(Sample_6_1.this);//初始化 TextView
31                   tv.setText(getResources().getText(msgIds[arg0]));  //设置内容
32                   tv.setTextSize(24);                             //设置字体大小
33
   tv.setTextColor(Sample_6_1.this.getResources().getColor(R.color.white));//字体颜色
34                   tv.setPadding(5,5,5,5);                         //设置四周留白
35                   tv.setGravity(Gravity.LEFT);
36                   ll.addView(tv);                                 //添加到 LinearLayout 中
37                   return ll;
38              }
39        };
40        lv.setAdapter(ba);                                   //为 ListView 设置内容适配器
41        lv.setOnItemSelectedListener(                        //设置选项选中的监听器
42           new OnItemSelectedListener(){
43              public void onItemSelected(AdapterView<?> arg0, View arg1,
44                       int arg2, long arg3) {                //重写选项被选中事件的处理方法
45                   TextView tv=(TextView)findViewById(R.id.TextView01);//获取主界面 TextView
46                   LinearLayout ll=(LinearLayout)arg1;//获取当前选中选项对应的 LinearLayout
47                   TextView tvn=(TextView)ll.getChildAt(1);  //获取其中的 TextView
48                   StringBuilder sb=new StringBuilder(); //用 StringBuilder 动态生成信息
49                   sb.append(getResources().getText(R.string.ys));
50                   sb.append(":");
```

```
51                  sb.append(tvn.getText());
52                  String stemp=sb.toString();
53                  tv.setText(stemp.split("\\n")[0]);         //信息设置进主界面 TextView
54              }
55              public void onNothingSelected(AdapterView<?> arg0){}
56          }
57          );
58          lv.setOnItemClickListener(                          //设置选项被单击的监听器
59            new OnItemClickListener(){
60              public void onItemClick(AdapterView<?> arg0, View arg1, int arg2,
61                      long arg3) {                            //重写选项被单击事件的处理方法
62                  TextView tv=(TextView)findViewById(R.id.TextView01);//获取主界面 TextView
63                  LinearLayout ll=(LinearLayout)arg1;//获取当前选中选项对应的 LinearLayout
64                  TextView tvn=(TextView)ll.getChildAt(1);  //获取其中的 TextView
65                  StringBuilder sb=new StringBuilder();//用 StringBuilder 动态生成信息
66                  sb.append(getResources().getText(R.string.ys));
67                  sb.append(":");                             //添加一个冒号
68                  sb.append(tvn.getText());                   //得到文本
69                  String stemp=sb.toString();
70                  tv.setText(stemp.split("\\n")[0]);         //信息设置进主界面 TextView
71              } });} }
```

其中：

- 第 6～11 行，为资源数组，分别存放着各个资源的 id。
- 第 15～39 行，为 ListView 准备内容适配器，其中主要是重写了 getView 方法，在方法中创建一个 LinearLayout 布局，然后向其中添加控件，并将内容填充进去。
- 第 41～56 行，为 ListView 添加选择监听器，在监听器中得到所选中元素的信息，并将信息设置进主界面 TextView。
- 第 58～71 行，为选项被单击的事件监听器，其中执行的操作与选中监听器基本相同，因本书篇幅有限，在此就不再赘述。

（7）到本步骤为止，本案例已开发完毕，运行程序，将会观察到如图 6-2 所示的效果。

图 6-2　ListView 案例效果图

6.2　网格视图

前面已经介绍过列表视图的使用方法，本节将继续介绍另一种视图——网格视图，网格视图也是在应用程序中比较常见的视图。

6.2.1　GridView 类简介

网格视图 GridView 类同样位于 android.widget 包下，该视图是将其他控件以二维格式显示到表格中的，而这些控件全部来自于 ListAdapter 适配器。

GridView 类的属性同样有两种配置方式，即 XML 属性配置和 Java 代码中配置。表 6-1 中列出了一些比较常用的属性和方法。

表 6-1　网格视图的属性与方法

属 性 名 称	对 应 方 法	说　　明
android:columnWidth	setColumnWidth(int)	设置列的宽度
android:gravity	setGravity(int)	设置对齐方式
android:horizontalSpacing	setHorizontalSpacing(int)	设置各个元素之间的水平距离
android:numColumns	setNumColumns(int)	设置列数
android:verticalSpacing	setVerticalSpacing(int)	设置各个元素之间的竖直距离

6.2.2　网格视图使用

本节将通过一个完整的案例详细介绍网格视图的使用方法，在该案例中同样列出了各个动漫名人，包括其照片及描述，案例的开发步骤如下。

（1）创建一个新的 Android 项目，名称为 Sample_6_2。

（2）将要用到的图片资源存放到 res/drawable-mdpi 目录下，如图 6-3 所示。

图 6-3　图片资源

（3）定义程序中将用到的字符串资源，打开 res/values 目录下的 strings.xml 文件，将下列代码填入该文件中。

代码位置：见随书光盘中源代码/第 6 章/Sample_6_2/res/values 目录下的 strings.xml 文件。

```
01 <?xml version="1.0" encoding="utf-8"?>
02 <resources>
03
04     <string name="hello">当前无选中选项</string>
05     <string name="app_name">Sample_6_2</string>
06
07     <string name="a">江户川柯南</string>
08     <string name="b">灰原哀</string>
09     <string name="c">工藤新一</string>
10     <string name="d">毛利兰</string>
11     <string name="e">怪盗基德</string>
12
13     <string name="adis">中毒后，身体成 6 岁小学生的模样</string>
14     <string name="bdis">原黑衣组织成员，服毒后变成小学生模样</string>
15     <string name="cdis">著名高中生侦探</string>
16     <string name="ddis">女主角</string>
17     <string name="edis">充满传奇色彩超级怪盗</string>
18
19 </resources>
```

说明：该段代码定义了各个字符串资源，在其他位置可以通过 R 类得到该处定义的各个字符串资源。

（4）在 res/values 目录下创建 colors.xml 文件，并输入如下代码。

代码位置：见随书光盘中源代码/第 6 章/Sample_6_2/res/values 目录下的 colors.xml 文件。

```
1  <?xml version="1.0" encoding="utf-8"?>                     <!-- XML 的版本以及编码方式 -->
2  <resources>
3      <color name="red">#fd8d8d</color>                       <!-- 定义 red 颜色 -->
4      <color name="green">#9cfda3</color>                     <!-- 定义 green 颜色 -->
5      <color name="blue">#8d9dfd</color>                      <!-- 定义 blue 颜色 -->
6      <color name="white">#FFFFFF</color>                     <!-- 定义 white 颜色 -->
7      <color name="black">#000000</color>                     <!-- 定义 black 颜色 -->
8      <color name="gray">#050505</color>                      <!-- 定义 gray 颜色 -->
9  </resources>
```

说明：colors.xml 文件为程序中所有颜色资源的定义位置，在该文件中，定义了所有的颜色资源，在程序中通过 R 类来使用该资源。

（5）打开 res/layout 目录下的 main.xml 文件，同样用下列代码代替其原有代码。

代码位置：见随书光盘中源代码/第 6 章/Sample_6_2/res/layout 目录下的 main.xml 文件。

```
1  <?xml version="1.0" encoding="utf-8"?>                     <!-- XML 的版本以及编码方式 -->
2  <LinearLayout xmlns:android="http://schemas.android.com/apk/res/android"
3     android:orientation="vertical"
4     android:layout_width="fill_parent"
5     android:layout_height="fill_parent">                     <!-- 定义一个线性布局 -->
6     <TextView
7         android:id="@+id/TextView01"
```

```
8          android:layout_width="fill_parent"
9          android:layout_height="wrap_content"
10         android:text="@string/hello"
11         android:textColor="@color/white"
12         android:textSize="24dip"/>                   <!-- 添加一个 TextView 控件 -->
13     <GridView
14         android:id="@+id/GridView01"
15         android:layout_width="fill_parent"
16         android:layout_height="fill_parent"
17         android:verticalSpacing="5dip"
18         android:horizontalSpacing="5dip"
19         android:stretchMode="columnWidth"/>          <!-- 添加一个 GridView 控件 -->
20 </LinearLayout>
```

其中：

- 第 2～5 行，对线性布局进行设置，设置布局方向为垂直方向，宽度和高度自适应父控件即窗口。
- 第 6～12 行，向线性布局中添加一个 TextView 控件，并为其指定 ID。
- 第 13～19 行，向线性布局中添加一个网格视图 GridView，并设置其相关属性。

（6）在 res/layout 目录下创建 grid_row.xml 文件，并且输入如下代码。

代码位置：见随书光盘中源代码/第 6 章/Sample_6_2/res/layout 目录下的 grid_row.xml 文件。

```
1  <?xml version="1.0" encoding="utf-8"?>                <!-- XML 的版本以及编码方式 -->
2  <LinearLayout
3      android:id="@+id/LinearLayout01"
4      android:layout_width="fill_parent"
5      android:layout_height="wrap_content"
6      android:orientation="horizontal"
       <!-- 添加一个水平线性布局 -->
7      xmlns:android="http://schemas.android.com/apk/res/android">
8      <ImageView
9          android:id="@+id/ImageView01"
10         android:scaleType="fitXY"
11         android:layout_width="100dip"
12         android:layout_height="98dip"/>              <!-- 添加一个 ImageView 控件 -->
13     <TextView
14         android:id="@+id/TextView02"
15         android:layout_width="100dip"
16         android:layout_height="wrap_content"
17         android:textColor="@color/white"
18         android:textSize="24dip"
19         android:paddingLeft="5dip"/>                 <!-- 添加一个 TextView 控件 -->
20     <TextView
21         android:id="@+id/TextView03"
22         android:layout_width="wrap_content"
23         android:layout_height="wrap_content"
24         android:textColor="@color/white"
25         android:textSize="24dip"
26         android:paddingLeft="5dip"/>                 <!-- 再添加一个 TextView 控件 -->
27 </LinearLayout>
```

> **说明：**该文件为 GridView 中每个元素的布局文件，GridView 中每个元素包含一个 ImageView 控件及两个 TextView 控件，且各个控件是水平排布的。

（7）下面将进入该案例最重要的环节——Activity 类的开发，其代码如下。

代码位置：见随书光盘中源代码/第 6 章/Sample_6_2/src/com.sample.Sample_6_2 目录下的 Sample_6_2.java 文件。

```
1  package com.sample.Sample_6_2;                                   //声明所在包
2  import java.util.ArrayList;                                      //引入相关类
3  ……//该处省略了引入相关类的代码，读者可自行查阅随书光盘中的源代码
4  import android.widget.AdapterView.OnItemSelectedListener;        //引入相关类
5  public class Sample_6_2 extends Activity {
6                                                       //所有资源图片 id 的数组
7  int[] drawableIds = { R.drawable.a, R.drawable.b, R.drawable.c,
8          R.drawable.d, R.drawable.e };
9                                                       //所有资源字符串 id 的数组
10 int[] nameIds = { R.string.a, R.string.b, R.string.c, R.string.d,
11         R.string.e };
12                                                      //所有描述字符串 id 数组
13 int[] msgIds = { R.string.adis, R.string.bdis, R.string.cdis,
14         R.string.ddis, R.string.edis };
15     public List<? extends Map<String, ?>> generateDataList(){    //得到数据
16         ArrayList<Map<String,Object>> list=new ArrayList<Map<String,Object>>();;
17         int rowCounter=drawableIds.length;                       //得到表格的行数
           //循环生成每行包含对应各个列数据的 Map；col1、col2、col3 为列名
18         for(int i=0;i<rowCounter;i++){
19             HashMap<String,Object> hmap=new HashMap<String,Object>();
20             hmap.put("col1", drawableIds[i]);                             //第一列为图片
21             hmap.put("col2", this.getResources().getString(nameIds[i])); //第二列为姓名
22             hmap.put("col3", this.getResources().getString(msgIds[i]));  //第三列为描述
23             list.add(hmap);
24         }
25         return list;                                             //将 List 返回
26     }
27     public void onCreate(Bundle savedInstanceState) {            //重写的 onCreate 方法
28         super.onCreate(savedInstanceState);
29         setContentView(R.layout.main);                           //设置当前显示的用户界面
30         GridView gv=(GridView)this.findViewById(R.id.GridView01);//得到 GridView 的引用
31         SimpleAdapter sca=new SimpleAdapter(                     //创建适配器
32                 this,                                            //Context
33                 generateDataList(),                              //数据 List
34                 R.layout.grid_row,                               //行对应 layout 的 id
35                 new String[]{"col1","col2","col3"},              //列名列表
                   //列对应控件 id 列表
36                 new int[]{R.id.ImageView01,R.id.TextView02,R.id.TextView03}
37         );
38         gv.setAdapter(sca);                          //为 GridView 设置数据适配器
39         gv.setOnItemSelectedListener(                //设置选项选中的监听器
40             new OnItemSelectedListener(){
41                 public void onItemSelected(AdapterView<?> arg0, View arg1,
42                         int arg2, long arg3) {       //重写选项被选中事件的处理方法
```

```
                    //获取主界面 TextView
43                  TextView tv=(TextView)findViewById(R.id.TextView01);
                    //获取当前选中选项对应的 LinearLayout
44                  LinearLayout ll=(LinearLayout)arg1;
45                  TextView tvn=(TextView)ll.getChildAt(1);  //获取其中的 TextView
46                  TextView tvnL=(TextView)ll.getChildAt(2); //获取其中的 TextView
47                  StringBuilder sb=new StringBuilder();
48                  sb.append(tvn.getText());          //获取姓名信息
49                  sb.append(" ");
50                  sb.append(tvnL.getText());         //获取描述信息
51                  tv.setText(sb.toString());         //信息设置进主界面 TextView
52              }
53              public void onNothingSelected(AdapterView<?> arg0){}
54          }
55      );
56      gv.setOnItemClickListener(                    //设置选项被单击的监听器
57          new OnItemClickListener(){
58              public void onItemClick(AdapterView<?> arg0, View arg1, int arg2,
59                      long arg3) {                   //重写选项被单击事件的处理方法
                    //得到 TextView
60                  TextView tv=(TextView)findViewById(R.id.TextView01);
                    //获取当前选中选项对应的 LinearLayout
61                  LinearLayout ll=(LinearLayout)arg1;
62                  TextView tvn=(TextView)ll.getChildAt(1);  //获取其中的 TextView
63                  TextView tvnL=(TextView)ll.getChildAt(2)  //获取其中的 TextView
64                  StringBuilder sb=new StringBuilder();
65                  sb.append(tvn.getText());          //获取姓名信息
66                  sb.append(" ");
67                  sb.append(tvnL.getText());         //获取描述信息
68                  tv.setText(sb.toString());         //信息设置进主界面 TextView
69              } }); }}
```

其中：

- 第 6～14 行，为所有图片资源的 id 数组、所有名字的数组及所有描述的数组。
- 第 15～26 行，为得到数据的方法，该方法负责动态根据 xml 文件中配置的资源个数初始化一个 ArrayList，最后将该 ArrayList 返回。
- 第 27 行，开始为重写的 onCreate 方法，该方法会在 Activity 创建时被调用。第 30 行得到 GridView 的引用。
- 第 31～37 行，初始化资源的适配器，将数据和列名填充到相应的控件之中。
- 第 39～55 行，为 GridView 的选中监听器，在该监听器方法中，根据选中记录的信息设置主界面的 TextView，使之显示需要的信息。
- 第 56～69 行，为 GridView 被单击的监听器，在该监听器中的操作与选中监听器基本相同，都是根据当前记录设置信息到主界面的 TextView。

（8）到此，该案例便开发完毕，接下来运行程序，运行效果如图 6-4 所示。

图 6-4 GridView 案例运行效果

6.3 画廊视图

画廊视图是一种较为常见的控件，其效果酷炫，且使用方式简单，是设计相册或者图片选择器时首选的控件。

6.3.1 Gallery 类简介

Gallery 是一种水平滚动的列表，一般情况下用来显示图片等资源，可以使图片在屏幕上滑动。Gallery 所显示的图片资源同样来自于适配器。

Gallery 是 View 的子类，其完整的继承树如图 6-5 所示。

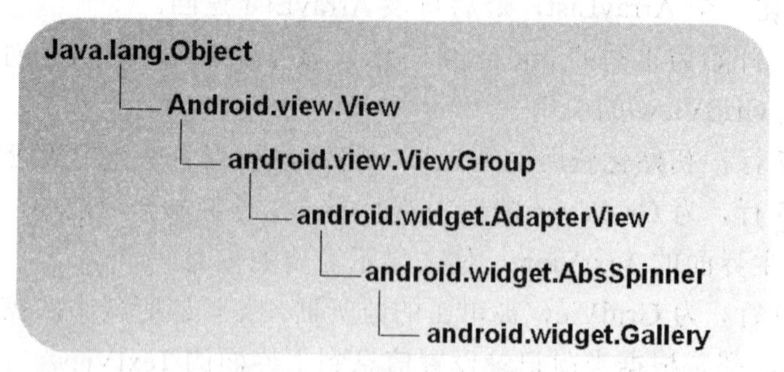

图 6-5 Gallery 的继承树

Gallery 控件可以在 XML 布局文件中配置，也可以通过 Java 代码直接操控，如表 6-2 所示列出了该控件常用的 xml 文件中的属性与 Java 代码中方法的对应关系。

表 6-2　Gallery 的属性与方法

属 性 名 称	对 应 方 法	说　　明
android:animationDuration	setAnimationDuration(int)	设置动画过渡时间
android:gravity	setGravity(int)	在父控件中的对齐方式
android:unselectedAlpha	setUnselectedAlpha(float)	设置选中的图片的透明度
android:spacing	setSpacing(int)	图片之间的空白大小

6.3.2　画廊使用

接下来通过介绍一个画廊的案例来向读者介绍 Gallery 控件的使用方法，在该案例中，首先将需要显示的控件存放到 BaseAdapter 中，然后在适当的时间将此 BaseAdapter 设置给 Gallery 控件使之显示。该案例的开发步骤如下：

（1）新建一个名为 Sample_6_3 的 Android 项目。

（2）我们依然使用上一节中的图片，将所用到图片资源存放到该项目的 res/drawable-mdpi 目录下，如图 6-6 所示。

图 6-6　图片资源

（3）编写布局文件 main.xml，其代码如下。

代码位置：见随书光盘中源代码/第 6 章/Sample_6_3/res/layout 目录下的 main.xml 文件。

```
01 <?xml version="1.0" encoding="utf-8"?>                    <!-- XML 的版本以及编码方式 -->
02 <LinearLayout xmlns:android="http://schemas.android.com/apk/res/android"
03     android:orientation="vertical"
04     android:layout_width="fill_parent"   android:layout_height="fill_parent"
05     android:gravity="center_vertical" >                    <!-- 添加一个线性布局 -->
06    <Gallery
07      android:id="@+id/Gallery01"
08      android:layout_width="fill_parent"   android:layout_height="wrap_content"
09      android:spacing="10dip"
10      android:unselectedAlpha="1" />                         <!-- 添加一个 Gallery 控件 -->
11 </LinearLayout>
```

说明：该布局非常简单，只需向一个垂直的线性布局中添加一个 Gallery 控件，然后指定其 ID 即可。代码第 9 行设置了图片与图片之间的空白大小。

（4）开发主逻辑代码，打开 Sample_6_3.java 文件，用下列代码替换原有代码。

代码位置：见随书光盘中源代码/第 6 章/Sample_6_3/src/com.sample.Sample_6_3 目录下的 Sample_6_3.java 文件。

```
01 package com.sample.Sample_6_3;                                    //声明所在包
02 import android.app.Activity;                                      //引入相关类
03 ……//该处省略了部分类的引入代码，读者可自行查阅随书光盘的源代码
04 import android.widget.AdapterView.OnItemClickListener;            //引入相关类
05 public class Sample_6_3 extends Activity {
06     int[] imageIDs={                                              //图片的 ID 数组
07             R.drawable.a,R.drawable.b,R.drawable.c,
08             R.drawable.d,R.drawable.e
09     };
10
11    @Override
12    public void onCreate(Bundle savedInstanceState) {              //重写的 onCreate 方法
13       super.onCreate(savedInstanceState);
14       setContentView(R.layout.main);                              //设置当前用户界面
15       Gallery gl=(Gallery)this.findViewById(R.id.Gallery01);     //得到 Gallery 的引用
16       BaseAdapter ba=new BaseAdapter(){                           //初始化适配器
17             @Override
18             public int getCount() {                               //重写的 getCount 方法
19                  return imageIDs.length;
20             }
21             @Override
22             public Object getItem(int arg0) {                     //重写的 getItem 方法
23                  return null;
24             }
25             @Override
26             public long getItemId(int arg0) {                     //重写的 getItemId 方法
27                  return 0;
28             }
29             @Override
               //重写的 getView 方法
30             public View getView(int arg0, View arg1, ViewGroup arg2) {
31                  ImageView iv = new ImageView(Sample_6_3.this); //初始化 ImageView
32                  iv.setImageResource(imageIDs[arg0]);          //设置图片资源
33                  iv.setScaleType(ImageView.ScaleType.FIT_XY);
34                  iv.setLayoutParams(new Gallery.LayoutParams(188,250));
35                  return iv;                                     //将 ImageView 返回
36             }
37       };
38       gl.setAdapter(ba);                                          //设置适配器
39       gl.setOnItemClickListener(
40             new OnItemClickListener(){                            //添加监听
41                       @Override
42                       public void onItemClick(AdapterView<?> arg0, View arg1,
43                                 int arg2, long arg3) {          //监听方法
44                            Gallery gl=(Gallery)findViewById(R.id.Gallery01);
45                            gl.setSelection(arg2);               //设置选中项
46                       }});}}
```

其中：

- 第 6～10 行，为图片资源的 ID 数组，存放到一起方便管理与添加。
- 第 14～15 行，设置当前显示的用户界面并得到 Gallery 的引用。
- 第 16～37 行，初始化 BaseAdapter 适配器，第 38 行将刚刚创建的适配器设置给 Gallery 控件。
- 第 39～46 行，为 Gallery 控件添加监听，在监听方法中设置了选中的元素。

（5）此时运行该案例，便可观察到如图 6-7 所示的效果。

图 6-7 画廊控件的使用案例

6.4 HorizontalScrollView 控件

在 6.3 节中，我们介绍了 Gallery 的使用，而对于图片的显示我们还经常使用 HorizontalScrollView 控件或者 ViewPager 控件。在本节中，我们将介绍 HorizontalScrollView 控件。

6.4.1 HorizontalScrollView 类简介

HorizontalScrollView 和 Gallery 一样是一种水平滚动视图，是用于布局的容器，可以放置让用户使用滚动条查看的视图层次结构，允许视图结构比手机的屏幕大。

HorizontalScrollView 继承至 FrameLayout，继承关系如图 6-8 所示。它是一种布局方式，其子项被滚动查看时是整体移动的，并且子项本身可以是一个有复杂层次结构的布局管理器。一个常见的应用是子项在水平方向中，用户可以滚动显示顶层的水平排列的子项（items）。

但是 HorizontalScrollView 只支持水平方向的滚动显示。

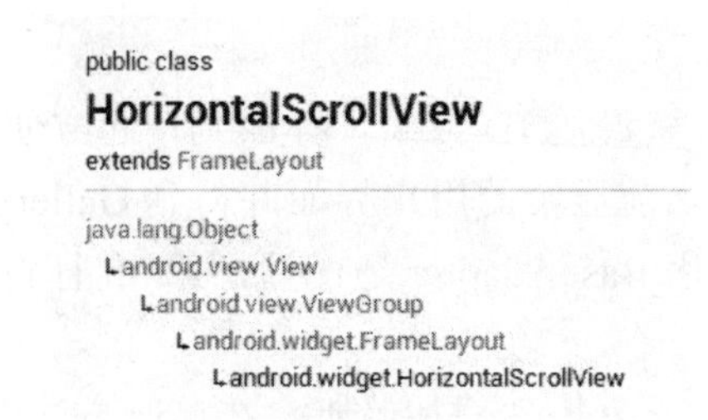

图 6-8 HorizontalScrollView 的继承树

6.4.2 HorizontalScrollView 控件使用案例

本节通过介绍一个画廊的案例来向读者介绍 HorizontalScrollView 控件的使用方法，在该案例中，首先将 HorizontalScrollView 设置在布局中，然后向布局中添加需要显示的图片。该案例的开发步骤如下。

（1）新建一个名为 Sample_6_4 的 Android 项目。

（2）将所用到的图片资源存放到该项目的 res/drawable-mdpi 目录下，使用的资源同 6.3 节中的图片资源。

（3）编写布局文件 activity_main.xml，代码如下。

代码位置: 见随书光盘中源代码/第 6 章/Sample_6_4/res/layout 目录下的 main.xml 文件。

```
01 <?xml version="1.0" encoding="utf-8"?>            <!-- XML 的版本及编码方式 -->
02 <LinearLayout xmlns:android="http://schemas.android.com/apk/res/android"
03    android:orientation="vertical"
04    android:layout_width="fill_parent"   android:layout_height="fill_parent"
05    android:gravity="center_vertical" >             <!-- 添加一个线性布局 -->
06   <HorizontalScrollView
07      android:layout_width="match_parent"
08      android:layout_height="wrap_content" >
09      <LinearLayout
10         android:orientation="horizontal"
11         android:id="@+id/mygallery"
12         android:layout_width="wrap_content"
13         android:layout_height="wrap_content"
14         />                                         <!-- 添加 LinearLayout -->
15   </HorizontalScrollView>                          <!-- 添加 HorizontalScrollView -->
17 </LinearLayout>
```

（4）开发主逻辑代码。打开 Sample_6_4.java 文件，用下列代码替换原有代码。

代码位置: 见随书光盘中源代码/第 6 章/Sample_6_4/src/com.sample.Sample_6_4 目录下的 Sample_6_4.java 文件。

```
01 package com.sample.sample_6_4                                  //添加包名
02 import android.os.Bundle;                                      //引入相关类
03 import android.app.Activity;
04 import android.view.Gravity;
05 import android.view.Menu;
06 import android.view.View;
```

```
07 import android.view.ViewGroup.LayoutParams;
08 import android.widget.ImageView;
09 import android.widget.LinearLayout;
10
11 public class Sample_6_4 extends Activity {                    //继承Activity
12     private LinearLayout myGallery;                            //声明线性布局
13    @Override
14    public void onCreate(Bundle savedInstanceState) {         //重写 onCreate()
15       super.onCreate(savedInstanceState);
16       setContentView(R.layout.activity_main);                 //设置界面布局文件
17       myGallery=(LinearLayout) findViewById(R.id.mygallery);//使用控件引用
18      int[] imageIDs={
19             R.drawable.bbta,R.drawable.bbtb,R.drawable.bbtc,
20             R.drawable.bbtd,R.drawable.bbte,R.drawable.bbtf,
21             R.drawable.bbtg
22     };                                                          //图片 id 数据
23       for(Integer id:imageIDs){
24        myGallery.addView(insertImage(id));                      //添加图片在线性布局中
25       }
26    }
27
28     private View insertImage(Integer id) {                     //实现添加图片
29        LinearLayout layout=new LinearLayout(getApplicationContext());//线性布局
30        layout.setLayoutParams(new LayoutParams(320,320)); //设置大小
31        layout.setGravity(Gravity.CENTER);                      //设置居中位置
32
33        ImageView imageView=new ImageView(getApplicationContext());//图片控件
34        imageView.setLayoutParams(new LayoutParams(300,300));    //设置大小
35        imageView.setBackgroundResource(id);                     //设置图片
36        layout.addView(imageView);                               //添加到线性布局中
37        return layout;                                           //返回视图
38     }
39
40     @Override
41     public boolean onCreateOptionsMenu(Menu menu) {
42        // Inflate the menu; this adds items to the action bar if it is present.
43        getMenuInflater().inflate(R.menu.activity_main, menu);
44        return true;
45     }
46
47 }
```

其中：

- 第 16～17 行，设置布局界面以及添加 HorizontalScrollView 的引用。
- 第 18～22 行，为图片资源的 ID 数组，存放到一起方便管理与添加。
- 第 23～25 行，为布局添加了需要显示的图片。
- 第 28～38 行，实现了添加图片的方法。

（5）此时运行该案例，便可观察到如图 6-9 所示的效果。

图 6-9　运行效果

6.5　多页视图

在 6.4 节中介绍了 HorizontalScrollView 来实现图片的浏览，在本节我们使用 ViewPager 控件来实现图片的浏览效果。

6.5.1　ViewPager 类简介

ViewPager 用于实现多页面的切换效果，该类存在于 Google 的兼容包里面，所以在引用时记住在 BuilldPath 中加入“android-support-v4.jar”。

6.5.2　ViewPager 使用

接下来通过介绍一个画廊的案例来向读者介绍 Gallery 控件的使用方法。在该案例中，首先将需要显示的控件存放到 BaseAdapter 中，然后在适当的时间将此 BaseAdapter 设置给 Gallery 控件使之显示。该案例的开发步骤如下。

（1）新建一个名为 Sample_6_5 的 Android 项目。

（2）我们依然使用 6.4 节中的图片，将所用到的图片资源存放到该项目的 res/drawable-mdpi 目录下。

（3）编写布局文件 main.xml，其代码如下。

代码位置：见随书光盘中源代码/第 6 章/Sample_6_5/res/layout 目录下的 main.xml 文件。

```
01 <?xml version="1.0" encoding="utf-8"?>
02 <LinearLayout xmlns:android="http://schemas.android.com/apk/res/android"
03     android:layout_width="fill_parent"
04     android:layout_height="fill_parent"
05     android:orientation="vertical" >                          <!-- 声明一个线性布局 -->
06
07     <android.support.v4.view.ViewPager
```

```
08        android:id="@+id/viewpager"
09        android:layout_width="wrap_content"
10        android:layout_height="wrap_content"
11        android:layout_gravity="center" >          <!-- 声明一个 viewPager 控件 -->
12
13        <android.support.v4.view.PagerTitleStrip
14           android:id="@+id/pagertitle"
15           android:layout_width="wrap_content"
16           android:layout_height="wrap_content"
17           android:layout_gravity="top" />          <!-- 声明一个 PagerTitleStrip 控件 -->
18    </android.support.v4.view.ViewPager>
19</LinearLayout>
```

（4）开发主逻辑代码，打开 Sample_6_5.java 文件，用下列代码替换原有代码。

代码位置：见随书光盘中源代码/第 6 章/Sample_6_5/src/com.sample.Sample_6_5 目录下的 Sample_6_5.java 文件。

```
01 package com.sample.sample_6_5;                                  //包名
02 import java.util.ArrayList;                                     //引入相关类
03 import android.os.Bundle;
04 import android.app.Activity;
05 import android.graphics.drawable.Drawable;
06 import android.support.v4.view.PagerAdapter;                    //引入相关类
07 import android.support.v4.view.PagerTitleStrip;                 //引入相关类
08 import android.support.v4.view.ViewPager;                       //引入相关类
09 import android.view.LayoutInflater;
10 import android.view.Menu;
11 import android.view.View;
12 import android.widget.ImageView;
13 import android.widget.LinearLayout;
14
15 public class MainActivity extends Activity {                          //继承 Activity 类
16     /** Called when the activity is first created. */
17     private ViewPager mViewPager;                                      //定义 ViewPager
18     private PagerTitleStrip mPagerTitleStrip;                          //定义 PagerTitleStrip
19     private int[] pics = { R.drawable.a, R.drawable.b, R.drawable.c };   //定义图片数组
20     final ArrayList<View> views = new ArrayList<View>();               //定义视图数组
21
22     @Override
23     public void onCreate(Bundle savedInstanceState) {                  //重写 onCreate()方法
24         super.onCreate(savedInstanceState);
25         setContentView(R.layout.main);
26         mViewPager = (ViewPager) findViewById(R.id.viewpager);
27         mPagerTitleStrip = (PagerTitleStrip) findViewById(R.id.pagertitle);
28         LinearLayout.LayoutParams mParams = new LinearLayout.LayoutParams(
29                 LinearLayout.LayoutParams.WRAP_CONTENT,
30                 LinearLayout.LayoutParams.WRAP_CONTENT);              //实例化线性布局
31         // 将要分页显示的 View 装入数组中
32         for (int i = 0; i < pics.length; i++) {
33             ImageView iv = new ImageView(this);
34             iv.setLayoutParams(mParams);
35             iv.setImageResource(pics[i]);
```

```
36              views.add(iv);
37          }
38
39          // 每个页面的Title数据
40          final ArrayList<String> titles = new ArrayList<String>();
41          titles.add("tab1");
42          titles.add("tab2");
43          titles.add("tab3");
```

其中：

- 第 17～20 行，定义了需要的资源变量。
- 第 26～27 行，初始化了 viewpager 控件。
- 第 28～37 行，初始化了在每一个 ViewPager 中显示的内容 View。
- 第 39～43 行，初始化了在每一个 ViewPager 中显示的标题名称。

除了实现了控件的初始化之外，还需要给实现 ViewPager 的适配器，用来显示每一个页面的图片。在 Sample_6_5.java 文件中进行修改。

代码位置：见随书光盘中源代码/第 6 章/Sample_6_5/src/com.sample.Sample_6_5 目录下的 Sample_6_5.java 文件。

```
01      // 填充ViewPager的数据适配器
02      PagerAdapter mPagerAdapter = new PagerAdapter() {      //实现PagerAdapter
03          @Override
04          public boolean isViewFromObject(View arg0, Object arg1) {
05              return arg0 == arg1;
06          }
07              @Override
08          public int getCount() {
09              return views.size();
10          }
11          @Override
12          public void destroyItem(View container, int position, Object object) {
13              ((ViewPager) container).removeView(views.get(position));
14          }
15          @Override
16          public CharSequence getPageTitle(int position) {
17              return titles.get(position);
18          }
19          @Override
20          public Object instantiateItem(View container, int position) {
21              ((ViewPager) container).addView(views.get(position));
22              return views.get(position);
23          }
24      };
25      mViewPager.setAdapter(mPagerAdapter);
```

其中：

- 第 02 行，实现 PagerAdapter 类，完成页面的适配器，重写需要实现的方法。
- 第 04～18 行，重写 isViewFromObject()、getCount()、destroyItem()、getPageTitle()等方法。
- 第 19～23 行，重写 instantiateItem()方法。该方法完成显示图像的绘制。

- 第 25 行，设置 ViewPager 的适配器。

（5）此时运行该案例，便可观察到如图 6-10 所示的效果。

图 6-10　ViewPager 的使用案例

6.6　动画播放技术

除了这些控件之外，还可以进行动画播放。在本节将要介绍在 Android 平台下动画播放的技术，在进行用户界面的开发时，除了为控件设置合理的布局和外观之外，让控件播放动画或许更能提高用户的体验。在 Android 平台下通过简单的开发便可让 View 对象播放指定的动画。

本节要介绍的动画播放技术主要有两种：帧动画和补间动画。补间动画主要包括对位置、角度、尺寸等属性的变换，而帧动画则是通过若干帧图片的轮流显示来实现的。

6.6.1　帧动画（Frame Animation）简介

帧动画是比较传统的动画方式，帧动画将一系列的图片文件像放电影般依次进行播放，帧动画主要用到的类是 AnimationDrawable，每个帧动画都是一个 AnimationDrawable 对象。

定义帧动画可以在代码中直接进行，也可以通过 XML 文件定义，定义帧动画的 XML 文件将存放在项目的 res/anim 目录下。在 XML 文件中指定了图片帧出现的顺序及每个帧的持续时间。在帧动画的 XML 文件中主要用到的标记及其属性值如表 6-3 所示。

表 6-3　Frame Animation 中标记及其属性说明

标 记 名 称	属 性 值	说 明
<animation-list>	android:oneshot：如果设置为 true，则该动画只播放一次，然后停止在最后一帧	Frame Animation 的根标记，包含若干<item>标记
<item>	android:drawable：图片帧的引用； android:duration：图片帧的停留时间； android:visible：图片帧是否可见	每个<item>标记定义了一个图片帧，其中包含图片资源的引用等属性

提示：AnimationDrawable 对象的 start 方法不可以在 Activity 的 onCreate 方法中调用，如果希望程序一启动就播放动画，则应该在 onWindowFocusChanged()方法中调用 start 方法。

6.6.2 帧动画的使用

在 6.6.1 小节介绍了帧动画的相关知识，本小节将通过一个案例来说明帧动画的使用方式，该案例的开发步骤如下。

（1）在 Eclipse 中新建一个项目 Sample_6_6，首先向 res/drawable-mdpi 目录下拷入在程序中需要用到的图片帧。

（2）在 res 目录下新建一个 anim 目录，在该目录新建一个 XML 文件 frame_ani.xml，在其中输入如下代码。

代码位置：见随书光盘中源代码/第 6 章/Sample_6_6/res/anim 目录下的 frame_ani.xml 文件。

```
01 <?xml version="1.0" encoding="utf-8"?>
02  <animation-list xmlns:android="http://schemas.android.com/apk/res/android"
03     android:oneshot="false">                                <!-- 设置 oneShot 属性为 false -->
04    <item android:drawable="@drawable/f1" android:duration="500" android:visible="true"/>
05    <item android:drawable="@drawable/f2" android:duration="500" android:visible="true"/>
06    <item android:drawable="@drawable/f3" android:duration="500" android:visible="true"/>
07    <item android:drawable="@drawable/f4" android:duration="500" android:visible="true"/>
08  </animation-list>
```

说明：上述代码中第 4～7 行声明了在帧动画中使用到的图片帧的资源 id 以及持续时间等属性。

（3）打开 res/layout 目录下的 main.xml 文件，将其中已有的代码替换成如下代码。

代码位置：见随书光盘中源代码/第 6 章/Sample_6_6/res/layout 目录下的 main.xml 文件。

```
01 <?xml version="1.0" encoding="utf-8"?>
02 <LinearLayout xmlns:android="http://schemas.android.com/apk/res/android"
03    android:orientation="vertical"
04    android:layout_width="fill_parent"  android:layout_height="fill_parent"
05    >                                                  <!-- 声明一个垂直分布的线性布局 -->
06     <ImageView
07        android:id="@+id/iv"
08        android:layout_width="wrap_content"
09        android:layout_height="wrap_content"
10        android:layout_gravity="center_horizontal"
11        />                                             <!-- 声明一个 ImageView 对象 -->
12     <Button
13        android:id="@+id/btn"
14        android:text="Click"
15        android:layout_width="fill_parent" android:layout_height="wrap_content"
16        android:layout_gravity="center_horizontal"
```

```
17          />                                              <!-- 声明一个 Button 对象 -->
18 </LinearLayout>
```

其中：

- 第 2～5 行，声明了一个垂直分布的线性布局，该线性布局中包括一个 ImageView 控件和一个 Button 控件。
- 第 6～11 行，声明了一个 ImageView 控件，并设置其显示图片为帧动画的 XML 文件。
- 第 12～16 行，声明了一个 Button 控件，并设置其在父控件中水平居中显示。

（4）开发 Activity 部分的代码，打开项目 src/com.sample.Sample_6_6 目录下的 Sample_6_6.java 文件，将其中已有的代码替换为如下代码。

代码位置：见随书光盘中源代码/第 6 章/Sample_6_6/src/com.sample.Sample_6_6 目录下的 Sample_6_6.java 文件。

```
01 package com.sample.Sample_6_6;                                  //声明包语句
02 import android.app.Activity;                                    //引入相关类
03 import android.graphics.drawable.AnimationDrawable;             //引入相关类
04 import android.os.Bundle;                                       //引入相关类
05 import android.view.View;                                       //引入相关类
06 import android.view.View.OnClickListener;                       //引入相关类
07 import android.widget.Button;                                   //引入相关类
08 import android.widget.ImageView;                                //引入相关类
09 public class Sample_6_6 extends Activity {
10    @Override
11    public void onCreate(Bundle savedInstanceState) {            //重写 onCreate 方法
12       super.onCreate(savedInstanceState);
13       setContentView(R.layout.main);
14       Button btn = (Button)findViewById(R.id.btn);
15       btn.setOnClickListener(new OnClickListener() {            //为按钮设置监听器
16             @Override
17             public void onClick(View v) {                       //重写 onClick 方法
18              ImageView iv = (ImageView)findViewById(R.id.iv);
19              iv.setBackgroundResource(R.anim.frame_ani);
20              AnimationDrawable ad = (AnimationDrawable)iv.getBackground();
21              ad.start();                                        //启动 AnimationDrawable
22             }
23          });
24    }
25 }
```

其中：

- 第 11～24 行，为重写的 onCreate 方法，该方法主要用来切换屏幕并为按钮设置 OnClickListener 监听器。
- 第 15～23 行，为按钮控件设置了 OnClickListener 监听器，在重写的 onClick 方法中主要进行的工作是调用 AnimationDrawable 类对象的 start 方法来启动动画。

完成上述步骤的开发之后，运行本案例，Sample_6_6 的运行效果如图 6-11 所示。

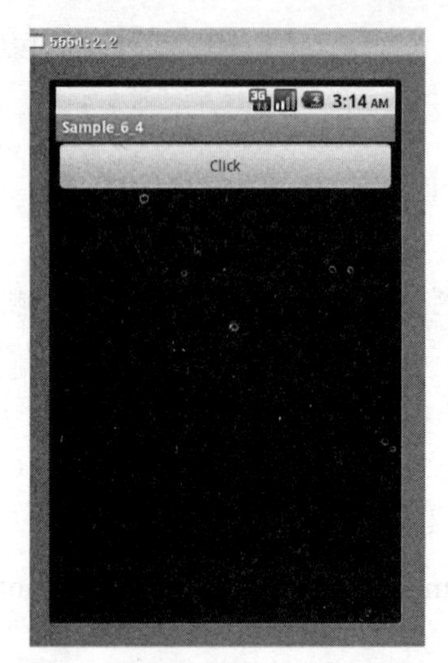

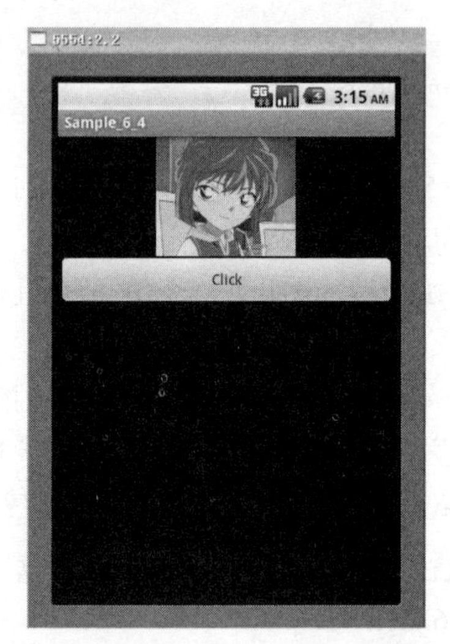

图 6-11　帧动画运行效果图

提示： AnimationDrawable 对象的 start 方法不可以在 Activity 的 onCreate 方法中调用，如果希望程序一启动就播放动画，则应该在 onWindowFocusChanged()方法中调用 start 方法。

6.6.3　补间动画（Tween Animation）简介

本小节将要介绍的是补间动画的开发工作，补间动画作用于 View 对象，主要包括对 View 对象的位置、尺寸、旋转角度和透明度的变换。补间动画涉及的类主要有 Animation、AnimationSet 等，这些类都位于 android.view.animation 包下。

补间动画通过一系列的指令来定义，和布局管理器一样，补间动画既可以在 XML 文件中声明，也可以在代码中动态定义。本书推荐使用 XML 文件定义动画，因为 XML 文件可读性及可用性高，而且便于替换。

补间动画的 XML 文件位于程序的 res/anim 目录下，在 XML 文件中可以指定进行何种变换、何时进行变换以及持续多长时间。当需要在 XML 文件中定义多个变换时，需要将多个变换包含在一组<set></set>标记中，如表 6-4 所示列出了补间动画的几种变换的标记及属性值说明。

表 6-4　Tween Animation 中标记及属性值说明

标记名称	属性值	说明
<set>	shareInterpolator：是否在子元素中共享插入器	可以包含其他动画变换的容器，同时也可以包含<set>标记
<alpha>	fromAlpha：变换的起始透明度； toAlpha：变换的终止透明度；取值为 0.0～1.0，其中 0.0 代表全透明	实现透明度变换效果

续表

标记名称	属性值	说明
<scale>	fromXScale：起始的 X 方向上的尺寸； toXScale：终止的 X 方向上的尺寸； fromYScale：起始的 Y 方向上的尺寸； toYScale：终止的 Y 方向上的尺寸，其中 1.0 代表原始大小； pivotX：进行尺寸变换的中心 X 坐标； pivotY：进行尺寸变换的中心 Y 坐标	实现尺寸变换效果，可以指定一个变换中心，例如指定 pivotX 和 pivotY 为(0,0)，则尺寸的拉伸或收缩均从左上角的位置开始
<translate>	fromXDelta：起始 X 位置； toXDelta：终止 Y 位置； fromYDelta：起始 Y 位置； toYDelta：终止 Y 位置	实现水平或竖直方向上的移动效果。如果属性值以“%”结尾，则代表相对于自身的比例；如果以“%p”结尾，则代表相对于父控件的比例；如果不以任何后缀结尾，则代表绝对的值
<rotate>	fromDegree：开始旋转位置； toDegree：结束旋转位置；以角度为单位。 pivotX：旋转中心点的 X 坐标； pivotY：旋转中心点的 Y 坐标	实现旋转效果，可以指定旋转定位点
<interpolator tag>		插入器，描述变换的速度曲线。例如先慢后快、先快后慢等

表 6-4 列出了各个标记中特有的属性，下面介绍标记的一些共有属性，如表 6-5 所示。

表 6-5 Tween Animation 中标记共有属性值说明

属性值	说明
duration	变换持续的时间，以毫秒为单位
startOffset	变换开始的时间，以毫秒为单位
repeatCount	定义该动画重复的次数
interpolator	为每个子标记变换设置插入器，系统已经设置好一些插入器，可以在 R.anim 包下找到

6.6.4 补间动画的使用

在 6.6.3 小节对补间动画作了简单介绍，下面通过一个案例的开发来说明补间动画的使用方法，该案例的开发步骤如下：

（1）新建一个项目 Sample_6_7，并拷贝程序中会用到的图片资源到 res/drawable 目录下。

（2）在 Eclipse 中开发一个定义了补间动画的 XML 文件，在本项目中为 tween_ani.xml，位于 res/anim 目录下（该目录需要手动创建），其代码如下。

代码位置：见随书光盘中源代码/第 6 章/Sample_6_7/res/anim 目录下的 tween_ani.xml 文件。

```
01 <?xml version="1.0" encoding="utf-8"?><!-- XML的版本以及编码方式 -->
02 <set xmlns:android="http://schemas.android.com/apk/res/android">
03   <alpha
04     android:fromAlpha="0.0" android:toAlpha="1.0"
05     android:duration="6000"
06   />                                                  <!-- 透明度的变换 -->
07   <scale
08     android:interpolator= "@android:anim/accelerate_decelerate_interpolator"
09     android:fromXScale="0.0"  android:toXScale="1.0"
10     android:fromYScale="0.0" android:toYScale="1.0"
11     android:pivotX="50%" android:pivotY="50%"
12     android:duration="9000"
13   />                                                  <!-- 尺寸的变换 -->
14   <translate
15     android:fromXDelta="30" android:toXDelta="0"
16     android:fromYDelta="30" android:toYDelta="0"
17     android:duration="10000"
18   />                                                  <!-- 位置的变换 -->
19   <rotate
20     android:interpolator="@android:anim/accelerate_decelerate_interpolator"
21     android:fromDegrees="0" android:toDegrees="+360"
22     android:pivotX="50%" android:pivotY="50%"
23     android:duration="10000"
24   />                                                  <!-- 旋转变换 -->
25 </set>
```

其中：

- 第 2 行，声明了一个<set>标记，该标记包含了<alpha>、<scale>、<translate>和<rotate>子标记。
- 第 3～6 行，声明了一个透明度变化，从透明变换到不透明。
- 第 7～13 行，声明了一个尺寸变换，从无到有，变换中心点位于 View 对象的中心。
- 第 14～18 行，声明了一个位置变换。
- 第 19～24 行，声明了一个旋转变换，以 View 对象为中心旋转 360 度。

（3）打开项目 res/layout 目录下的 main.xml 文件，将其中已有的代码替换为如下代码。

代码位置：见随书光盘中源代码/第 6 章/Sample_6_7/res/layout 目录下的 main.xml 文件。

```
01 <?xml version="1.0" encoding="utf-8"?>
02 <LinearLayout xmlns:android="http://schemas.android.com/apk/res/android"
03     android:orientation="vertical"
04     android:layout_width="fill_parent" android:layout_height="fill_parent"
05     >                                          <!-- 声明一个垂直分布的线性布局 -->
06      <ImageView
07         android:id="@+id/iv"
08         android:src="@drawable/p1"
09         android:layout_width="wrap_content" android:layout_height="wrap_content"
10         android:layout_gravity="center_horizontal"
11         />                                     <!-- 声明一个 ImageView 控件 -->
12      <Button
```

```
13         android:id="@+id/btn"
14         android:text="Click"
15         android:layout_width="fill_parent" android:layout_height="wrap_content"
16         />                                          <!-- 声明一个Button控件 -->
17 </LinearLayout>
```

其中：

- 第 2～5 行，声明了一个垂直分布的线性布局。
- 第 6～11 行，声明了一个 ImageView 控件，并设置其显示图片及在父控件中的显示方式。
- 第 12～16 行，声明了一个 Button 控件。

（4）开发 Activity 部分的代码，打开项目 src/com.sample.Sample_6_7 目录下的 Sample_6_7.java 文件，将其中已有的代码替换成如下代码。

代码位置：见随书光盘中源代码/第 6 章/Sample_6_7/src/com.sample.Sample_6_7 目录下的 Sample_6_7.java 文件。

```
01 package com.sample.Sample_6_7;                              //声明包语句
02 import android.app.Activity;                                //引入相关类
03 import android.os.Bundle;                                   //引入相关类
04 import android.view.View;                                   //引入相关类
05 import android.view.View.OnClickListener;                   //引入相关类
06 import android.view.animation.Animation;                    //引入相关类
07 import android.view.animation.AnimationUtils;               //引入相关类
08 import android.widget.Button;                               //引入相关类
09 import android.widget.ImageView;                            //引入相关类
10 public class Sample_6_7 extends Activity {
11     @Override
12     public void onCreate(Bundle savedInstanceState) {       //重写onCreate方法
13         super.onCreate(savedInstanceState);
14         setContentView(R.layout.main);                      //设置屏幕
15         Button btn = (Button)findViewById(R.id.btn);        //获取Button对象
           //为Button对象添加OnClickListener监听器
16         btn.setOnClickListener(new OnClickListener() {
17                 @Override
18                 public void onClick(View v) {               //重写onClick方法
19                   ImageView iv = (ImageView)findViewById(R.id.iv);
20                   Animation animation = AnimationUtils.loadAnimation(Sample_6_7.this,
21                             R.anim.tween_ani);              //加载并获取Animation对象
22                   iv.startAnimation(animation);             //启动动画
23                 }
24             });
25     }
26 }
```

其中：

- 第 12～25 行，重写了 onCreate 方法，该方法主要的功能是切换屏幕并为按钮添加 OnClickListener 监听器。
- 第 16～24 行，为按钮对象添加了 OnClickListener 监听器，在第 18～23 行重写了 onClick 方法，该方法的主要功能是从 XML 文件中加载动画并传给 ImageView 启动动画。

完成上述步骤的开发之后，运行本程序，Sample_6_7 的运行效果如图 6-12 所示。

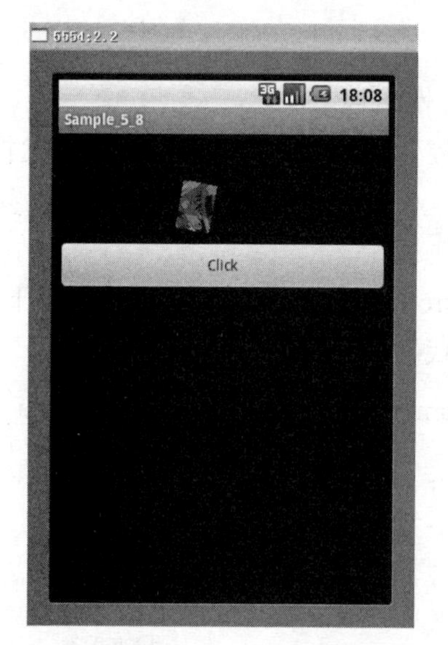

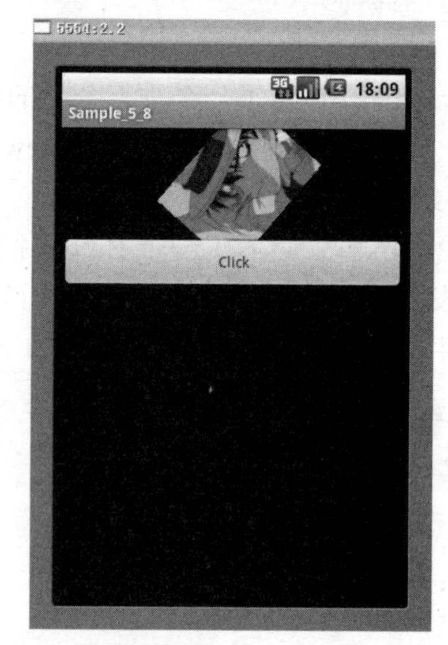

图 6-12　补间动画的运行效果图

6.7 消息提示

本节将要介绍的是 Android 平台下用户界面中的消息提示功能，除了使用前面介绍过的对话框来向用户提示消息外，Android 还提供了另外两种提示用户的方式，那就是 Toast 和 Notification，本节将介绍这两种消息提示方式的基本用法。

6.7.1 Toast 的使用

Toast 向用户提供比较快速的即时消息，当 Toast 被显示时，虽然其悬浮于应用程序的最上方，但是 Toast 从不获得焦点。因为设计 Toast 时就是为了让其在提示有用信息时尽量不显眼。Toast 应用于提示用户某项设置成功等。

Toast 对象的创建通过 Toast 类的静态方法 makeText 来实现，该方法有两个重载实现，主要的不同是一个接收字符串，而另一个接收字符串的资源标识符作为参数。Toast 对象创建好之后，调用其 show 方法即可将消息提示显示到屏幕上。

一般来讲，Toast 只显示比较简短的文本消息，不过 Toast 也是可以显示图片的，下面就通过一个案例来说明如何让 Toast 显示图片，该案例开发步骤如下。

（1）在 Eclipse 中新建一个项目 Sample_6_8，首先向其 res/drawable-mdpi 目录中拷入程序中要用到的图片 header.png，该图片将在 Toast 中显示。

（2）打开项目 res/layout 目录下的 main.xml，将其中已有代码替换为如下代码。

代码位置：见随书光盘中源代码/第 6 章/Sample_6_8/res/layout 目录下的 main.xml 文件。

```
01 <?xml version="1.0" encoding="utf-8"?>
02 <LinearLayout xmlns:android="http://schemas.android.com/apk/res/android"
03    android:orientation="vertical"
04    android:layout_width="fill_parent" android:layout_height="fill_parent"
05    >                                                      <!-- 声明一个线性布局 -->
06    <Button
07        android:id="@+id/btn"
08        android:layout_width="fill_parent" android:layout_height="wrap_content"
09        android:text="单击"
10        />                                                 <!-- 声明一个 Button 控件 -->
11 </LinearLayout>
```

说明：上述代码中声明了一个垂直分布的线性布局，该布局中只包含一个 Button 控件，在程序运行时按下该按钮会弹出 Toast 提示。

（3）下面来开发 Activity 部分的代码，打开项目 src/com.sample.Sample_6_8 目录下的 Sample_6_8.java 文件，将其中已有代码替换为如下代码。

代码位置：见随书光盘中源代码/第 6 章/Sample_6_8/src/com.sample.Sample_6_8 目录下的 Sample_6_8.java 文件。

```
01 package com.sample.Sample_6_8;                            //声明包语句
02 import android.app.Activity;                              //引入相关类
03 import android.os.Bundle;                                 //引入相关类
04 ……//此处省略部分引入相关类的代码，读者可自行查阅随书光盘
05 import android.widget.LinearLayout;                       //引入相关类
06 import android.widget.Toast;                              //引入相关类
07 public class Sample_6_8 extends Activity {
08    @Override
09    public void onCreate(Bundle savedInstanceState) {      //重写 onCreate 方法
10       super.onCreate(savedInstanceState);
11       setContentView(R.layout.main);                      //设置当前屏幕
12       Button btn = (Button)findViewById(R.id.btn);
13       btn.setOnClickListener(new View.OnClickListener() {  //为按钮添加监听器
14             @Override
15             public void onClick(View v) {
16                  ImageView iv = new ImageView(Sample_6_8.this); //创建 ImageView
17                  iv.setImageResource(R.drawable.header2);   //设置 ImageView 的显示内容
18                  LinearLayout ll = new LinearLayout(Sample_6_8.this);//创建一个线性布局
19                  Toast toast = Toast.makeText(Sample_6_8.this, "这是一个带图片的 Toast"
20                                              , Toast.LENGTH_LONG);
21                  toast.setGravity(Gravity.CENTER, 0, 0);    //设置 Toast 的 gravity 属性
22                  View toastView = toast.getView();         //获得 Toast 的 View
23                  ll.setOrientation(LinearLayout.HORIZONTAL);//设置线性布局的排列方式
24                  ll.addView(iv);                           //将 ImageView 添加到线性布局
25                  ll.addView(toastView);                    //将 Toast 的 View 添加到线性布局
26                  toast.setView(ll);
27                  toast.show();                             //显示 Toast
28             }
29          });
```

```
30     }
31 }
```

其中：

- 第 9～29 行，为重写的 onCreate 方法，该方法的主要功能是设置当前显示的屏幕并为按钮添加 OnClickListener 监听器。
- 第 13～28 行，为按钮添加了 OnClickListener 监听器，在重写的 onClick 方法中，创建了一个 LinearLayout 对象，并将图片和 Toast 中的文本内容添加到该线性布局中，最后将该线性布局作为 Toast 的 View 显示。

完成上述步骤之后，下面运行本案例。在程序初始化界面中，只有一个“单击”按钮，单击该按钮后，出现提示语言，如图 6-13 所示。

图 6-13　提示效果图

6.7.2　Notification 的使用

Notification 是另外一种消息提示方式，Notification 位于手机的状态栏（Status Bar），状态栏位于手机屏幕的最上层，通常显示电池电量、信号强度等信息，在 Android 手机中，用手指按下状态栏并往下拉可以打开状态栏查看系统的提示消息。

在应用程序中可以开发自己的 Notification 并将其添加到系统的状态栏中，下面通过一个案例来说明如何向状态栏添加 Notification，该案例的开发步骤如下。

（1）在 Eclipse 中新建一个项目 Sample_6_9，首先向其 res/drawable-mdpi 目录中拷入程序中要用到的图片资源 header.png，该图片将作为图标显示到手机屏幕的状态栏。

（2）打开项目 res/values 目录下的 strings.xml 文件，在< resources >和</resources>标记之间插入如下代码。

代码位置：见随书光盘中源代码/第 6 章/Sample_6_9/res/values 目录下的 strings.xml 文件。

```
1      <string name="btn">单击添加Notification</string>
2      <string name="tv">我是通过Notification启动的! </string>
3      <string name="notification">单击查看</string>
```

说明：名为 btn 的字符串将会作为按钮的显示文本，名为 tv 的字符串将会作为 EditText 的显示内容；名为 notification 的字符串将会作为 Notification 的提示信息。

（3）打开项目 res/layout 目录下的 main.xml，将其中已有代码替换为如下代码。

代码位置：见随书光盘中源代码/第 6 章/Sample_6_9/res/layout 目录下的 main.xml 文件。

```
01 <?xml version="1.0" encoding="utf-8"?>
02 <LinearLayout xmlns:android="http://schemas.android.com/apk/res/android"
03     android:orientation="vertical"
04     android:layout_width="fill_parent" android:layout_height="fill_parent"
05     >                                                    <!-- 声明一个线性布局 -->
06      <Button
07          android:id="@+id/btn"
08         android:layout_width="fill_parent" android:layout_height="wrap_content"
09         android:text="@string/btn"
10         />                                               <!-- 声明一个Button对象 -->
11 </LinearLayout>
```

说明：上述代码声明了一个线性布局，该布局中包含一个 Button 控件，在程序运行时按下该按钮将会向系统状态栏添加 Notification。

（4）打开项目 src/com.sample.Sample_6_9 目录下的 Sample_6_9.java 文件，将其中已有代码替换为如下代码。

代码位置：见随书光盘中源代码/第 6 章/Sample_6_9/src/com.sample.Sample_6_9 目录下的 Sample_6_9.java 文件。

```
01 package com.sample.Sample_6_9;                              //声明包语句
02 import android.app.Activity;                                //引入相关类
03 import android.app.Notification;                            //引入相关类
04 ……//此处省略部分声明包语句的代码，读者可自行查阅随书光盘
05 import android.view.View;                                   //引入相关类
06 import android.widget.Button;                               //引入相关类
07 public class Sample_6_9 extends Activity {
08 boolean is_send = false;                                    //定义是否发送通知
09 Notification myNotification;                                //定义通知
10 NotificationManager notificationManager;                    //定义通知管理器
11 Button btn;                                                 //定义按钮
12     @Override
13     public void onCreate(Bundle savedInstanceState) {       //重写onCreate方法
14         super.onCreate(savedInstanceState);
15         setContentView(R.layout.main);                      //设置当前屏幕
16         btn = (Button)findViewById(R.id.btn);               //获取Button对象
17         btn.setOnClickListener(new View.OnClickListener() {  //为按钮设置监听器
18                 @Override
19                 public void onClick(View v) {               //重写onClick方法
20                 if (!is_send) {
```

```
21                  Intent i = new Intent(Sample_6_8.this, NotifiedActivity.class);
22                  PendingIntent pi = PendingIntent.getActivity(Sample_6_8.this, 0, i, 0);
23                  myNotification = new Notification();          //创建一个Notification对象
24                  myNotification.icon=R.drawable.header;      //设置Notification的图标
25
    myNotification.tickerText=getResources().getString(R.string.notification);
26                  myNotification.defaults=Notification.DEFAULT_SOUND;
27                  myNotification.setLatestEventInfo(Sample_6_8.this, "示例", "单击查看", pi);
28                  notificationManager =
29
    (NotificationManager)getSystemService(NOTIFICATION_SERVICE);
30                  notificationManager.notify(0, myNotification); //发送Notification
31                  is_send=true;
32                  btn.setText("关闭消息提示");
33              }else {
34                  notificationManager.cancelAll();
35                  is_send=false;
36                  btn.setText(R.string.btn);
37              }
38              }
39          });
40      }
41 }
```

其中：

- 第 13～40 行，为重写的 onCreate 方法，在该方法中主要进行的工作是设置当前的屏幕，并为按钮添加 OnClickListener 监听器。
- 第 19～39 行，为 OnClickListener 接口中 onClick 方法的实现代码，在该方法中首先创建一个 Notification 对象，并设置该对象的图标、提示信息等属性，其中最主要的是设置点下状态栏中该 Notification 时发送的 Intent 对象，在本例中，系统将根据该 Intent 对象启动另一个 Activity。当发送了 Notification 后，可以通过再次单击按钮取消通知。
- 第 28～32 行，首先获取 NotificationManager 对象，调用该对象的 notify 方法将新建的 Notification 发布。

（5）在步骤（4）中代码第 16 行创建了一个 Intent，该 Intent 指向了 NotifiedActivity，当用户在系统状态栏单击该 Notification 时，会启动该 Activity，该 Activity 是自己开发的，其代码如下。

代码位置：见随书光盘中源代码/第 6 章/Sample_6_9/src/com.sample.Sample_6_9 目录下的 NotifiedActivity.java 文件。

```
01 package com.sample.Sample_6_9;                                   //声明包语句
02 import android.app.Activity;                                     //引入相关类
03 import android.os.Bundle;                                        //引入相关类
04 public class NotifiedActivity extends Activity {
05    @Override
06    public void onCreate(Bundle savedInstanceState) {             //重写onCreate方法
07       super.onCreate(savedInstanceState);
```

```
08        setContentView(R.layout.notified);                    //设置当前屏幕
09    }
10 }
```

说明： NotifiedActivity 继承自 Activity，在其 onCreate 方法中主要进行的工作是设置当前屏幕。

（6）在步骤（5）中代码第 8 行调用了 setContentView 方法将屏幕设置到了 notified.xml 指定的布局文件。下面来开发 notified.xml 的代码，打开 res/layout 目录，新建一个 notified.xml 文件，在其中输入如下代码。

代码位置：见随书光盘中源代码/第 6 章/Sample_6_9/res/layout 目录下的 notified.xml 文件。

```
01 <?xml version="1.0" encoding="utf-8"?>
02 <LinearLayout
03   xmlns:android="http://schemas.android.com/apk/res/android"
     <!-- 声明线性布局 -->
04   android:layout_width="fill_parent" android:layout_height="wrap_content">
05     <EditText
06         android:text="@string/tv"
07         android:layout_width="fill_parent" android:layout_height="wrap_content"
08         android:editable="false"
09         android:cursorVisible="false"
10         android:layout_gravity="center_horizontal"
11         />                                          <!-- 声明 EditText 控件 -->
12 </LinearLayout>
```

说明： 上述代码声明了一个垂直分布的线性布局，该布局中包含一个 EditText 控件。

（7）开发了一个新的 Activity 对象 NotifiedActivity，需要在 AndroidManifest.xml 文件中对其进行声明，否则系统将无法得知该 Activity 的存在。打开项目的 AndroidManifest.xml，在其中的<application>和</application>标记之间加入如下代码。

代码位置：见随书光盘中源代码/第 6 章/Sample_6_9/目录下的 AndroidManifest.xml 文件。

```
01 <activity android:name=".NotifiedActivity" android:label="@string/app_name">
02 </activity>
```

完成上述步骤的开发之后，下面运行本案例。在初始界面中，单击如图 6-14 左图所示的按钮，该按钮的文字内容改变并且在系统的状态栏多出一个自定义通知，如图 6-14 右图所示。当再次单击“关闭消息提示”按钮时，该按钮的文字内容改变并且在系统状态栏的通知消失，返回如图 6-14 左图效果。

在状态栏中有通知消息时，将状态栏拉开，可以看到本例中添加的 Notification 的详细信息，单击该 Notification，将会启动另外一个 Activity，如图 6-15 所示。

图 6-14　通知运行效果图 1

图 6-15　通知运行效果图 2

6.8　综合案例

在本章中介绍了 Android 中几种常用的高级视图以及动画的使用。在本节中，将综合使用已经介绍的内容来完成两个综合案例。

6.8.1　四宫格

在 Android 开发中，我们经常要使用到宫格。例如，在查看 Android 手机所有程序的列表时，就是使用宫格来实现的，根据大小，有十二宫格、九宫格、十六宫格等，比较常用的是十二宫格。宫格使得界面看起来简洁、整齐。下面就通过一个简单的宫格来学习宫格的写法，这里的例子是写个四宫格，举一反三，九宫格的方法类似。

通过之前的“ListView”、“Gallery”等控件的使用，我们先来想想宫格需要怎样实现。

单个的宫格肯定需要适配器来统一配置，每个宫格内按实际情况可能需要一个“ImageView”来显示每项的图片和一个“TextView”来显示每项的名称。接下来，我们来着手写宫格的界面程序，该案例的开发步骤如下。

（1）新建一个名为 Sample_6_10 的 Android 项目。

（2）此处仍然使用上一节中的图片，将所用到的图片资源存放到该项目的 res/drawable-mdpi 目录下，如图 6-16 所示。

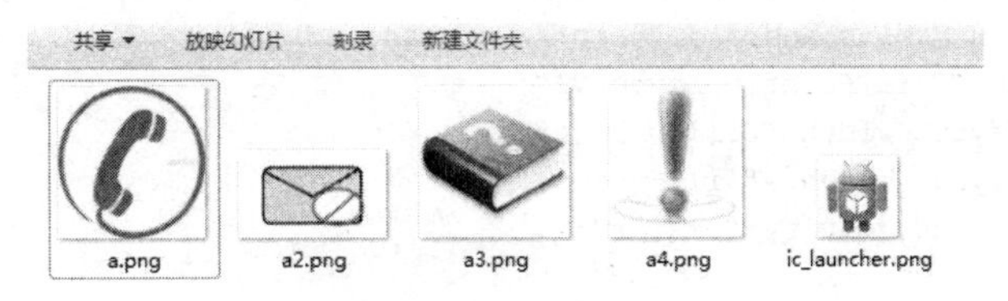

图 6-16　图片资源

（3）定义程序中用到的字符串资源，打开 res/values 目录下的 strings.xml，将下列代码填入该文件中。

代码位置：见随书光盘中源代码/第 6 章/Sample_6_10/res/values 目录下的 strings.xml 文件。

```
01 <?xml version="1.0" encoding="utf-8" standalone="no"?>
02 <resources>
03    <string name="app_name">Sample_6_10</string>
04    <string name="hello_world">Hello world!</string>
05    <string name="menu_settings">Settings</string>
06    <string name="a1">来电伪装</string>
07    <string name="b1">短信伪装</string>
08    <string name="c1">帮助</string>
09    <string name="d1">关于</string>
10 </resources>
```

说明：该段代码定义了各个字符串资源。在其他位置可以通过 R 类得到该处定义的各个字符串资源。

（4）重写 main.xml 文件，在其中加入“GridView”控件，代码如下。

代码位置：见随书光盘中源代码/第 6 章/Sample_6_10/res/layout 目录下的 main.xml 文件。

```
01 <RelativeLayout xmlns:android="http://schemas.android.com/apk/res/android"
02    xmlns:tools="http://schemas.android.com/tools"
03    android:layout_width="match_parent"
04    android:layout_height="match_parent"
05    tools:context=".MainActivity" >
06
07    <GridView
08       android:id="@+id/mygridview"
09       android:layout_width="wrap_content"
10       android:layout_height="wrap_content"
11       android:gravity="center_horizontal"
```

```
12        android:numColumns="2" >
13     </GridView>
14 </RelativeLayout>
```

（5）编写每一个宫格中的布局文件 grid_item.xml，其代码如下。

代码位置: 见随书光盘中源代码/第 6 章/Sample_6_10/res/layout 目录下的 grid_item.xml 文件。

```
01 <?xml version="1.0" encoding="utf-8"?>
02 <RelativeLayout xmlns:android="http://schemas.android.com/apk/res/android"
03     android:id="@+id/RelativeLayout01"
04     android:layout_width="fill_parent"
05     android:layout_height="fill_parent"
06     android:layout_gravity="center" >
07
08     <ImageView
09        android:id="@+id/image_item"
10        android:layout_width="120px"
11        android:layout_height="120px"
12        android:layout_centerInParent="true" >
13     </ImageView>
14
15     <TextView
16        android:id="@+id/text_item"
17        android:layout_width="wrap_content"
18        android:layout_height="wrap_content"
19        android:layout_below="@+id/image_item"
20        android:layout_centerHorizontal="true" >
21     </TextView>
22 </RelativeLayout>
```

（6）开发主逻辑代码，打开 Sample_6_10.java 文件，用下列代码替换原有代码。

代码位置: 见随书光盘中源代码/第 6 章/Sample_6_10/src/com.sample.Sample_6_10 目录下的 Sample_6_10.java 文件。

```
01 package com.sample.sample_6_10;                                  //包名
02 import java.util.ArrayList;                                      //引用相关类
03 import java.util.HashMap;
04 import java.util.List;
05 import java.util.Map;
06 import android.app.Activity;
07 import android.app.AlertDialog;
08 import android.content.Intent;                                   //引用相关类
09 import android.os.Bundle;
10 import android.widget.AdapterView;                               //引用相关类
11 import android.widget.GridView;                                  //引用相关类
12 import android.widget.SimpleAdapter;                             //引用相关类
13
14 public class Callinfakeup extends Activity {                     //继承Activity类
15     /** Called when the activity is first created. */
16      private GridView gridview;                                  //定义GridView
17     @Override
```

```
18      public void onCreate(Bundle savedInstanceState) {       //重写 onCreate()
19          super.onCreate(savedInstanceState);
20          setContentView(R.layout.main);
21                          //使用 List 来生成数据，此处为自己填写数据，也可以用别的方法获得数据
22          List<Map<String, Object>> items = new ArrayList<Map<String,Object>>();
23          for (int i = 0; i < 4; i++) {
24           String xString="";
25             Map<String, Object> item = new HashMap<String, Object>();
26             item.put("imageItem", R.drawable.navi1+i);
27             xString=getString(R.string.navi1+i);
28             item.put("textItem", xString);
29             items.add(item);
30          }
31          SimpleAdapter adapter = new SimpleAdapter(this, items, R.layout.grid_item, new
   //数据适配器
32  String[]{"imageItem", "textItem"}, new int[]{R.id.image_item, R.id.text_item});
33        gridview = (GridView)findViewById(R.id.mygridview);   //初始化 gridview
34        gridview.setAdapter(adapter);                          //设置适配器
```

其中：

- 第 21～30 行，实现了对需要显示的数据的保存。
- 第 31～34 行，显示数据与显示界面的匹配。

通过上述步骤，我们实现了四宫格的显示。但是，除了宫格显示之外，最重要的是选择功能后的界面跳转。在宫格中需要进行单击事件处理。

```
01          gridview.setOnItemClickListener(new AdapterView.OnItemClickListener() {
02                  @Override
03                  public void onItemClick(AdapterView<?> arg0, View arg1, int arg2,
04                          long arg3) {
05  // 此处 switch 是选择单击事件，判断单击的是哪一项
06
07                      switch (arg2) {
08                      case 0:
09                          Toast.makeText(MainActivity.this, "开启了来电伪装功能",
10                              Toast.LENGTH_SHORT).show();
11                          break;
12
13                      case 1:
14                          Toast.makeText(MainActivity.this, "开启了短信伪装功能",
15                              Toast.LENGTH_LONG).show();
16                          break;
17
18                      case 2:
19
20  // AlertDialog.Builder 的用法
21
22                          new AlertDialog.Builder(Callinfakeup.this)
23                          .setTitle("使用帮助")
24                          .setMessage(
25                                  "1.来电伪装：\n\r 来电号码处填入电话号码,时间处填上您期望在多少
26  分钟之后来电.\n\r 2.短信伪装:\n\r 短信号码填入手机号码,短信内容处填上将要接收到的短信内容,在时间处
27  填上您期望在多少分钟之后接收到该短信.")
28                          .setPositiveButton("OK",
```

```
29                              new DialogInterface.OnClickListener() {
30                                  public void onClick(DialogInterface dialog,
31                                          int whichButton) {
32                                  }
33                              }).show();
34                      break;
35                  case 3:
36                      new AlertDialog.Builder(Callinfakeup.this)
37                      .setTitle("关于")
38                      .setMessage("软件版本：1.1.0\n\r 开发者：xxx \n\r")
39                      .setPositiveButton("OK",
40                              new DialogInterface.OnClickListener() {
41                                  public void onClick(DialogInterface dialog,
42                                          int whichButton) {
43                                  }
44                              }).show();//show 方法 和 Toast 控件类似
45                      break;
46                  default:
47                      break;
48                  }
49              }
50          });
51      }
52  }
```

其中：

- 01～03 行，添加了宫格中每一项的单击处理事件。需要注意的是函数 onItemClick()，这个函数的参数 arg2 是表示单击的次序，在宫格中，每项的序号，从上往下、从左至右依次从 0 开始递增。
- 07 行，判断单击的是宫格中的哪一项。
- 08～17 行，实现对于功能的提示信息。
- 20～34 行，实现了一个可操作的提示警告界面 AlertDialog。

（7）此时运行该案例，便可观察到如图 6-17 所示的效果。

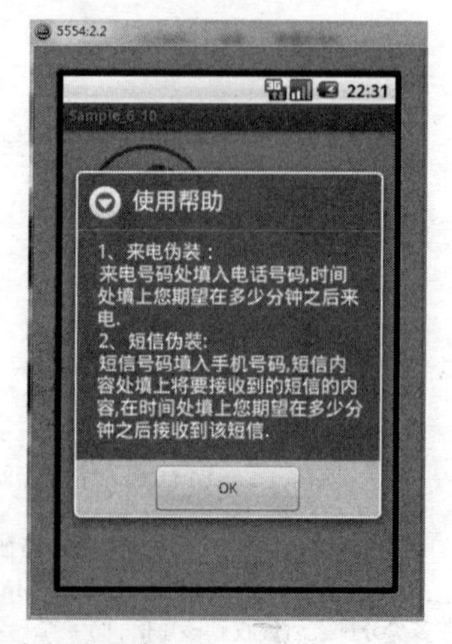

图 6-17　画廊控件的使用案例

6.8.2　镜像特效

之前学习 Gallery 时，可以看到 Gallery 中保存了一系列图片，图片在容器中可以是横向排列或者是垂直排列，而在现在一些手机应用中，经常可以看到一些非常立体的图片在类似 Gallery 的容器中显示，这就需要用到镜像特效来使图片变得更加立体。

镜像特效，顾名思义，在图片下方加上本身图片的“倒影”，同时生成的“倒影”经过模糊和适当的压缩等处理，使得原来的图片像是放在一面镜子上，从而使得图片本身看起来更加立体，这就是镜像特效。为了完成镜像特效，结合之前所学，可能需要重写“Gallery”类、自己的“ImageView”类和适配器“Adapter”类。实现的效果如图 6-18 所示。

图 6-18　镜像特效

要实现这样的镜像特效，开发的步骤如下。

（1）实现相簿显示。在相簿显示中，我们实现的图像显示不再是同一水平线上的显示，对于两侧的图片进行了一定角度的旋转以及远小近大的处理。新建 MyMirrorGallery.java 文件，用下列代码替换原有代码。

代码位置：见随书光盘中源代码/第 6 章/Sample_6_11/src/com.sample.Sample_6_11 目录下的 MyMirrorGallery.java 文件。

```
01 public class MyMirrorGallery extends Gallery {
02     private Camera mCamera = new Camera();
03     private int mMaxRotationAngle = 60;//绕 y 轴角度
04     private int mMaxZoom = -380;//是图片在 z 轴平移的距离
05     private int mCoveflowCenter;
06     private boolean mAlphaMode = true;
07     private boolean mCircleMode = false;
08
09     public int getMaxRotationAngle() {
```

```
10          return mMaxRotationAngle;
11      }
12      public void setMaxRotationAngle(int maxRotationAngle) {
13          mMaxRotationAngle = maxRotationAngle;
14      }
15      public boolean getCircleMode() {
16          return mCircleMode;
17      }
18      public void setCircleMode(boolean isCircle) {
19          mCircleMode = isCircle;
20      }
21      public boolean getAlphaMode() {
22          return mAlphaMode;
23      }
24      public void setAlphaMode(boolean isAlpha) {
25          mAlphaMode = isAlpha;
26      }
27      public int getMaxZoom() {
28          return mMaxZoom;
29      }
30      public void setMaxZoom(int maxZoom) {
31          mMaxZoom = maxZoom;
32      }
33
34      private int getCenterOfCoverflow() {
35          return (getWidth() - getPaddingLeft() - getPaddingRight()) / 2
36                  + getPaddingLeft();
37      }
38      //得到子对象的中线
39      private static int getCenterOfView(View view) {
40          return view.getLeft() + view.getWidth() / 2;
41      }
42
43      protected boolean getChildStaticTransformation(View child, Transformation t) {
44          final int childCenter = getCenterOfView(child);
45          final int childWidth = child.getWidth();
46          int rotationAngle = 0;
47          t.clear();
48          t.setTransformationType(Transformation.TYPE_MATRIX);
49          if (childCenter == mCoveflowCenter) {
50              transformImageBitmap((ImageView) child, t, 0);
51          } else {
52              rotationAngle = (int) (((float) (mCoveflowCenter - childCenter) / childWidth) *
53                              mMaxRotationAngle);
54              if (Math.abs(rotationAngle) > mMaxRotationAngle) {
55                  rotationAngle = (rotationAngle < 0) ? -mMaxRotationAngle
56                          : mMaxRotationAngle;
57              }
58              transformImageBitmap((ImageView) child, t, rotationAngle);
59          }
60          return true;
61      }
```

```
62
63      protected void onSizeChanged(int w, int h, int oldw, int oldh) {
64          mCoveflowCenter = getCenterOfCoverflow();
65          super.onSizeChanged(w, h, oldw, oldh);
66      }
67
68      private void transformImageBitmap(ImageView child, Transformation t,
69              int rotationAngle) {
70          mCamera.save();
71          final Matrix imageMatrix = t.getMatrix();
72          final int imageHeight = child.getLayoutParams().height;
73          final int imageWidth = child.getLayoutParams().width;
74          final int rotation = Math.abs(rotationAngle);
75          mCamera.translate(0.0f, 0.0f, 100.0f);
76
77          //远小近大的视觉效果
78
79          if (rotation <= mMaxRotationAngle) {
80               float zoomAmount = (float) (mMaxZoom + (rotation * 1.5));
81               mCamera.translate(0.0f, 0.0f, zoomAmount);
82               if (mCircleMode) {
83                    if (rotation < 40)
84                         mCamera.translate(0.0f, 155, 0.0f);
85                    else
86                         mCamera.translate(0.0f, (255 - rotation * 2.5f), 0.0f);
87               }
88               if (mAlphaMode) {
89                    ((ImageView) (child)).setAlpha((int) (255 - rotation * 2.5));
90               }
91          }
92          mCamera.rotateY(rotationAngle);
93          mCamera.getMatrix(imageMatrix);
94          imageMatrix.preTranslate(-(imageWidth / 2), -(imageHeight / 2));
95          imageMatrix.postTranslate((imageWidth / 2), (imageHeight / 2));
96          mCamera.restore();
97      }
98  }
```

其中，Camera 是声明的 android.graphics 包中的 Camera 类，是用来做图像 3D 效果处理的，比如 *Z* 轴方向上的平移，绕 *Y* 轴的旋转等。

变量 mMaxRotationAngle 是用来记录一个旋转的角度，我们都知道 Gallery 中一般很少只显示一个图片，那么除了正中央的图片外，还有两侧的图片，为了能让中央图片更加立体化，可以让两侧图片适当向内侧倾斜一个角度，即以屏幕垂直线为 *Y* 轴的话，这个角度是绕 *Y* 轴旋转的角度。

变量 mMaxZoom 是让两侧图片的高度向内逐步缩小，视觉上给人一种远小近大的感觉。Android 中的 *Z* 轴是垂直屏幕向外的，所以这里的值是负值。

transformImageBitmap 函数中完成的工作主要是让两侧的图片向内旋转，左侧图片和右侧图片角度一样只是正负不同。

（2）实现镜像效果。此时图像已实现了基本的正向显示，并且在正向显示中具有了立体效果。接下来，我们实现其镜面的效果。新建 MyImage.java 文件，用下列代码替换原有代码。

代码位置: 见随书光盘中源代码/第 6 章/Sample_6_11/src/com.sample.Sample_6_11 目录下的 MyImage.java 文件。

```
01      public class MyImage extends ImageView {
02          private boolean mReflectionMode = true;
03      public void setReflectionMode(boolean isRef) {
04          mReflectionMode = isRef;
05      }
06
07      public boolean getReflectionMode() {
08          return mReflectionMode;
09      }
10      @Override
11      public void setImageResource(int resId) {
12          Bitmap originalImage = BitmapFactory.decodeResource(getResources(),
13                  resId);
14          DoReflection(originalImage);
15      }
16
17      private void DoReflection(Bitmap originalImage) {
18          final int reflectionGap = 4; //原始图片和反射图片中间的间距
19          int width = originalImage.getWidth();
20          int height = originalImage.getHeight();
21
22          //反转原始图片
23          Matrix matrix = new Matrix();
24          matrix.preScale(1, -1);
25          Bitmap reflectionImage = Bitmap.createBitmap(originalImage, 0, 0,
26                  width, (height/4)*3, matrix, false);
27          // 创建一个新的bitmap,高度为原来的两倍，其中填充原图和"倒影"
28          Bitmap bitmapWithReflection = Bitmap.createBitmap(width,
29                  (height + height), Config.ARGB_8888);
30          Canvas canvasRef = new Canvas(bitmapWithReflection);
31          // 先画原始的图片
32          canvasRef.drawBitmap(originalImage, 0, 0, null);
33          // 画间距
34          Paint deafaultPaint = new Paint();
35          canvasRef.drawRect(0, height, width, height + reflectionGap,
36                  deafaultPaint);
37          // 画被反转以后的图片
38          canvasRef.drawBitmap(reflectionImage, 0, height + reflectionGap, null);
39          Paint paint = new Paint();
40          LinearGradient shader = new LinearGradient(0,
41                  originalImage.getHeight(), 0, bitmapWithReflection.getHeight()
42                          + reflectionGap, 0x80ffffff, 0x00ffffff, TileMode.CLAMP);
43          paint.setShader(shader);
44          paint.setXfermode(new PorterDuffXfermode(Mode.DST_IN));
```

```
45          canvasRef.drawRect(0, height, width, bitmapWithReflection.getHeight()
46                  + reflectionGap, paint);
47          this.setImageBitmap(bitmapWithReflection);
48      }
49 }
```

其中，在 DoReflection 函数中，reflectionImage 是创建一个新图片，即倒影。为了使创建的倒影更加逼真，将高度设置成原来图片高度的 3/4，这是为了模仿水和空气不同的折射率造成人视觉上对水中物体感觉比空气中原始物体更短。

bitmapWithReflection 用来画出原始图片和“倒影”。shader 是线性蒙化方法，为“倒影”加上阴影，使得“倒影”更加真实。

（3）实现显示数据的适配器。关于 Adapter 适配器，之前我们学习了很多，此处我们只学习其中 getView 函数的写法。新建 MyAdapter.java 文件，用下列代码替换原有代码。

代码位置：见随书光盘中源代码/第 6 章/Sample_6_11/src/com.sample.Sample_6_11 目录下的 MyAdapter.java 文件。

```
01      public View getView(int position, View convertView, ViewGroup parent) {
02          MyImage i = new MyImage(mContext);
03          i.setImageResource(Imgid[position]);
04          i.setLayoutParams(new MyMirrorGallery.LayoutParams(160, 240));//设置图像大小
05          i.setScaleType(ImageView.ScaleType.CENTER_INSIDE);
06          BitmapDrawable drawable = (BitmapDrawable) i.getDrawable();
07          drawable.setAntiAlias(true);//设置抗锯齿
08          return i;
09      }
```

以上代码中，setLayoutParams 函数中使用了新的“Gallery”类。drawable.setAntiAlias(true) 函数为设置抗锯齿。

（4）自定义控件布局。由于此处需要用到新的自定义 MyMirrorGallery 控件，和以往有些不同，在 main.xml 布局文件，代码如下。

代码位置：见随书光盘中源代码/第 6 章/Sample_6_11/res/layout 目录下的 main.xml 文件。

```
01 <?xml version="1.0" encoding="utf-8"?>
02 <LinearLayout xmlns:android="http://schemas.android.com/apk/res/android"
03     android:layout_width="fill_parent"
04     android:layout_height="fill_parent"
05     android:orientation="vertical"
06     android:gravity="center">
07
08     <com.sample.sample_6_11.MyMirrorGallery
09         xmlns:android="http://schemas.android.com/apk/res/android"
10         android:id="@+id/Mygallery"
11         android:layout_width="fill_parent"
12         android:layout_height="fill_parent" />
13
14 </LinearLayout>
```

其中，整体是一个 LinearLayout 线性布局，显示了一个自定义的控件。对于自定义控件使用该控件定义类的全路径来标识，本例中使用 com.sample.sample_6_11.MyMirrorGallery

来指定程序所在包中的新自定义控件。

对于这样的镜像特效，还有待改进之处，可以使用复杂的算法来将图片“倒影”进一步虚化，将边角模糊，使得“倒影”更真实，有兴趣的读者可以自己进行尝试。

6.9 总结

本章介绍的内容主要有三个部分：常用的高级视图、动画播放以及消息提示。常用的高级视图包括了列表视图、网格视图以及画廊视图等，使用这些视图可以更好地进行界面布局；动画播放可以提高程序的界面友好性和美观性；消息提示可以更好地及时提醒用户。掌握了本章所学的知识，再结合前面章节对控件的介绍，读者已经可以开发出比较完善的 Android 应用程序了。

知 识 点	难 度 指 数（1～6）	占 用 时 间（1～3）
列表使用	6	3
网格视图使用	5	3
画廊视图	5	2
HorizontalScrollView	2	1
ViewPager 使用	5	2
帧动画	3	3
补间动画	2	2
Toast 提示	1	1
Notification 通知	4	3

6.10 习题

（1）使用列表视图，实现通信录。在通信录的记录中包括了联系人姓名、头像以及号码。

（2）使用网格视图，实现上一题的通信录的功能。

（3）使用画廊视图，实现图片的选择。

（4）使用动画播放技术，分别实现帧动画和补间动画。

（5）结合 6.4 节，实现单击按钮后，不仅出现状态栏通知 Notification，并且给出 Toast 提示信息。

第 7 章 大鹏展翅：应用程序组件

Android 应用程序使用 Java 语言来进行编写，在支持标准 Java 语言的同时，也根据自身结构设计了特有组件和机制。Android 中有四大组件，分别是 Activity、Service、BroadcastReceiver 和 Content Provider。而在组件和程序之间进行消息传递则使用 Intent。同时，针对线程之间的信息传递也提出了自己特有的通信机制。本章主要围绕 Android 应用程序的 Activity、Service、BroadcastReceiver 三个组件和线程间通信来进行实例讲解。

7.1 Activity——活动

Android 应用程序由四大组件来构成最基本的框架。其中，Activity 是最重要也是使用频率最高的组件。一个 Activity 通常是一个单独的全屏显示界面，在其中有若干视图控件以及对应的事件处理。大部分应用程序都包含了多个 Activity，当多个 Activity 相互跳转切换时，就形成了一个 Activity 栈，以及 Activity 之间的数据交换。本节中，我们将对 Activity 的创建、生命周期以及相互跳转切换等进行讲解。

7.1.1 Activity 简介

Activity 类继承自 Context，提供和用户进行交互的可视化界面，类结构如图 7-1 所示。通过调用 setContentView()方法来展示需要显示的视图，调用 findViewById()方法和视图中的控件进行绑定。

```
java.lang.Object
  ↳ android.content.Context
      ↳ android.content.ContextWrapper
          ↳ android.view.ContextThemeWrapper
              ↳ android.app.Activity
```

图 7-1 Activity 类结构

1．Activity 生命周期

在 Android 系统中，Activity 在 Activity 栈中被管理，当前活动的 Activity 处于栈顶，其他的 Activity 被压入栈中处于非活动状态。Activity 有 4 种基本的状态，分别如下。

- 活动（Running）：Activity 位于屏幕的最前端，可见状态并且可与用户交互。
- 暂停（Paused）：Activity 被另一个透明的或者非全屏的 Activity 覆盖，虽然可见但不可与用户交互。
- 停止（Stop）：Activity 被另一个 Activity 覆盖，界面不可见。
- 销毁（Killed）：Activity 被系统结束或者被进程结束。

系统通过回调 Activity 中的方法来改变当前 Activity 的状态，这些方法一共有七个，分别是：

```
public class Activity extends ApplicationContext {
    //创建时调用
    protected void onCreate(Bundle savedInstanceState);
    //启动时调用
    protected void onStart();
    //重新启动时调用
    protected void onRestart();
    //恢复时调用
    protected void onResume();
```

```
    //暂停时调用
    protected void onPause();
    //停止时调用
    protected void onStop();
    //销毁时调用
    protected void onDestroy();
}
```

接下来，我们通过重写这七个方法来观察一个 Activity 的生命周期变化。其开发步骤如下。

在 Eclipse 中新建一个项目 Sample_7_1。不需要对界面布局进行修改，直接打开项目 src/com.sample.Sample_7_1 目录下的 Sample_7_1.java，在七个方法中各自输出其方法名称，具体代码如下。

代码位置：见随书光盘中源代码/第 7 章/Sample_7_1/src/com.sample.Sample_7_1 目录下的 Sample_7_1.java 文件。

```
01 package com.sample.Sample_7_1;                              //声明包语句
02 import android.app.Activity;                               //引入相关类
03 import android.os.Bundle;                                  //引入相关类
04 import android.util.Log;                                   //引入相关类
05
06 public class Sample_7_1 extends Activity {                 //继承Activity类
07     String TAG="Sample";                                   //输入标识
08
09     @Override
10     public void onCreate(Bundle savedInstanceState) {      //重写onCreate()方法
11         super.onCreate(savedInstanceState);
12         setContentView(R.layout.main);                     //设置界面显示
13         Log.i(TAG, "this is onCreate");                    //状态输出
14     }
15
16     @Override
17     protected void onDestroy() {                           //重写onDestroy()方法
18         super.onDestroy();
19         Log.i(TAG, "this is onDestroy");                   //状态输出
20     }
21
22     @Override
23     protected void onStart() {                             //重写onStart()方法
24         super.onStart();
25         Log.i(TAG, "this is onStart");                     //状态输出
26     }
27
28     @Override
29     protected void onPause() {                             //重写onPause()方法
30         super.onPause();
31         Log.i(TAG, "this is onPause");                     //状态输出
32     }
33
34     @Override
35     protected void onRestart() {                           //重写onRestart()方法
```

```
36          super.onRestart();
37        Log.i(TAG, "this is onRestart");                    //状态输出
38      }
39
40      @Override
41      protected void onResume() {                           //重写 onResume()方法
42          super.onResume();
43        Log.i(TAG, "this is onResume");                     //状态输出
44      }
45
46      @Override
47      protected void onStop() {                             //重写 onStop()方法
48          super.onStop();
49        Log.i(TAG, "this is onStop");                       //状态输出
50      }
51 }
```

其中：

- 代码 09～14 行，重写 onCreate()方法，实现界面的显示设置以及该方法的输出。
- 代码 16～20 行，22～26 行，28～32 行，34～38 行，40～44 行，46～50 行，分别实现对 onDestroy()、onStart()、onPause()、onRestart()、onResume()、onStop()方法的重写，在各自方法中打印输出其状态。

实现了这样的代码后，使用模拟器运行，默认此时是竖屏。按“Ctrl＋F11”组合键来对屏幕方向进行切换。在日志信息中，查看结果如图 7-2 所示。

	PID	Application	Tag	Text
114	286	com.sample.Sample_7_1	Sample	this is onCreate
147	286	com.sample.Sample_7_1	Sample	this is onStart
147	286	com.sample.Sample_7_1	Sample	this is onResume
174	286	com.sample.Sample_7_1	Sample	this is onPause
174	286	com.sample.Sample_7_1	Sample	this is onStop
174	286	com.sample.Sample_7_1	Sample	this is onDestroy
405	286	com.sample.Sample_7_1	Sample	this is onCreate
405	286	com.sample.Sample_7_1	Sample	this is onStart
441	286	com.sample.Sample_7_1	Sample	this is onResume

图 7-2　生命周期

其中，横线以上的部分是 Activity 在切换之前的打印结果，可以看出 Activity 通过创建（onCreate）、启动（onStart）、恢复（onResume）之后才进入了活动状态（Running）。这时可对其进行操作。在切换屏幕方向时，该 Activity 分别经过了暂停（onPause）、停止（onStop），在最后销毁（onDestroy）后，又重新创建了一个新的 Activity，整个过程如图 7-3 所示。

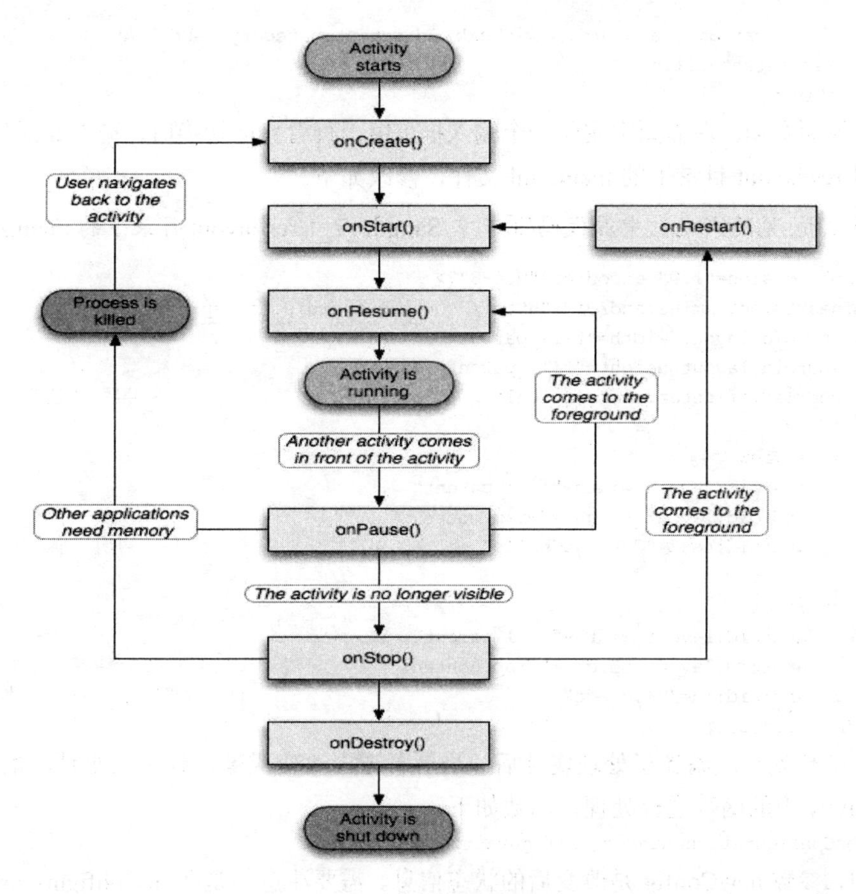

图 7-3 生命周期流程图

2．横、竖屏切换

由于 Android 设备一般都带有重力感应系统，当我们改变设备的摆放位置时，系统会根据当前设备的位置来实现 Activity 的横、竖屏转换。但是，在横竖屏切换时，由于 Activity 的声明周期的原因，当前的 Activity 会被销毁，然后重新创建一个新的 Activity，这样会导致输入的数据丢失，为了避免这样的情况，在实现横、竖屏切换时不销毁当前 Activity 的实现步骤如下。

（1）添加 Activity 属性。在 Mainifest.xml 中的 Activity 声明中加入 android:configChanges= "orientation| keyboardHidden"属性，这样应用程序就可以在屏幕方向或者键盘状态改变时做出相应处理。实现代码如下。

代码位置：见随书光盘中源代码/第 7 章/Sample_7_1/目录下的 AndroidManifest.xml 文件。

```
<activity
        android:configChanges="orientation|keyboardHidden"
        android:name=".Sample_7_1"
        android:label="@string/app_name" >
        <intent-filter>
           <action android:name="android.intent.action.MAIN" />
```

```
        <category android:name="android.intent.category.LAUNCHER" />
    </intent-filter>
</activity>
```

（2）界面布局。在界面中实现一个输入框，用于查看界面切换时，输入数据是否改变。打开项目 res/layout 目录下的 main.xml 文件，修改如下。

代码位置：见随书光盘中源代码/第 7 章/Sample_7_1/res/layout 目录下的 main.xml 文件。

```
01 <?xml version="1.0" encoding="utf-8"?>
02 <LinearLayout xmlns:android="http://schemas.android.com/apk/res/android"
03     android:layout_width="fill_parent"
04     android:layout_height="fill_parent"
05     android:orientation="vertical" >                         <!-- 声明一个线性布局 -->
06
07     <TextView
08         android:layout_width="fill_parent"
09         android:layout_height="wrap_content"
10         android:text="@string/hello" />                      <!-- 声明一个 TextView 控件
-->
11     <EditText
12         android:layout_width="fill_parent"
13         android:layout_height="wrap_content"
14         android:id="@+id/edt"/>                           <!-- 声明一个 EditText 控件 -->
15 </LinearLayout>
```

（3）变化处理。添加了处理属性后，当屏幕方向改变或键盘状态改变时，系统会自己回调 Activity 中的函数进行处理，函数如下。

```
void onConfigurationChanged(Configuration newConfig)
```

其中，参数 newConfig 是改变后的状态信息。需要注意的是在 onConfigurationChanged 中只会监测应用程序在 AnroidMainifest.xml 中通过 android:configChanges="xxxx"指定的配置类型的改动，对未指定的配置改变后，不会调用该函数进行处理而使用系统默认处理，即调用 onDestroy()销毁当前 Activity，然后重启一个新的 Activity 实例。在本实例中，我们先不对其做任何操作，只打印改变信息，具体实现如下。

代码位置：见随书光盘中源代码/第 7 章/Sample_7_1/src/com.sample.Sample_7_1 目录下的 Sample_7_1.java 文件。

```
01 public void onConfigurationChanged(Configuration newConfig) {
02     super.onConfigurationChanged(newConfig);
03     Log.i(TAG, "this is onConfigurationChanged");
04     if (newConfig.orientation == Configuration.ORIENTATION_LANDSCAPE) {
05         //横屏时
06         Log.i(TAG, "this is ORIENTATION_LANDSCAPE");
07     } else if (newConfig.orientation == Configuration.ORIENTATION_PORTRAIT) {
08         //竖屏时
09         Log.i(TAG, "this is ORIENTATION_PORTRAIT");
10     }
11
12     //检测实体键盘的状态：推出或者合上
13     if (newConfig.hardKeyboardHidden == Configuration.HARDKEYBOARDHIDDEN_NO) {
```

```
14          //实体键盘处于推出状态，在此处添加额外的处理代码
15          Log.i(TAG, "this is HARDKEYBOARDHIDDEN_NO");
16      } else if (newConfig.hardKeyboardHidden == Configuration.HARDKEYBOARDHIDDEN_YES) {
17          //实体键盘处于合上状态，在此处添加额外的处理代码
18          Log.i(TAG, "this is HARDKEYBOARDHIDDEN_YES");
19      }
20  }
```

其中：

- 第 01 行，重写 onConfigurationChanged()函数，对指定的变化进行自定义处理。
- 第 04～10 行，当屏幕方向改变时，进行相应处理，这里只打印信息。
- 第 12～19 行，当键盘状态改变时，进行相应处理，这里只打印信息。

（4）运行分析。使用上面的方法进行处理后，在模拟器中按“Ctrl＋F11”组合键来对屏幕方向进行切换测试。在开始的竖屏，我们在输入框中输入文字，如图 7-4 所示。切换屏幕方向后，显示如图 7-5 所示。显然，输入框中的内容没有改变，数据保存完好。最后再看打印的调试信息，判断 Activity 是否被销毁。

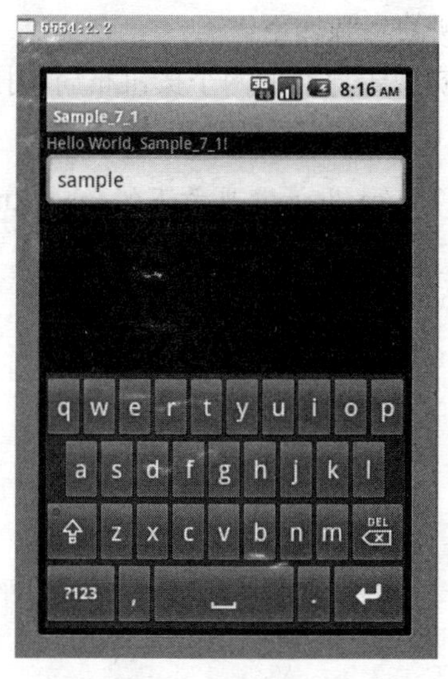

图 7-4　竖屏显示

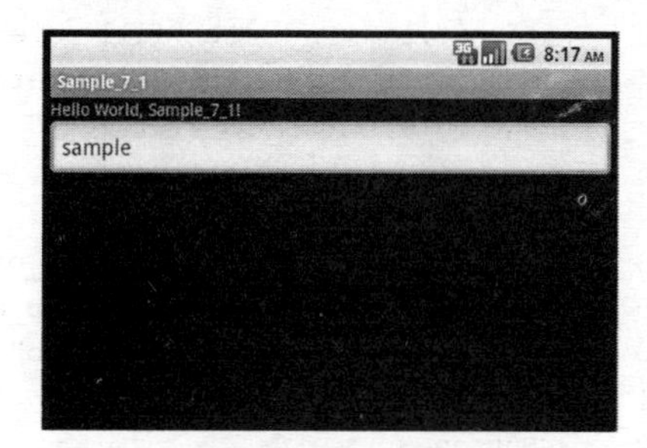

图 7-5　横屏显示

调试的日志信息打印如图 7-6 所示，可以看出 Activity 创建运行后，没有被再次销毁。而当屏幕方向改变时，则调用了我们实现的 onConfigurationChanged()函数进行处理。

PID	Application	Tag	Text
1022	com.sample.Sample_7_1	Sample	this is onCreate
1022	com.sample.Sample_7_1	Sample	this is onStart
1022	com.sample.Sample_7_1	Sample	this is onResume
1022	com.sample.Sample_7_1	Sample	this is onConfigurationChanged
1022	com.sample.Sample_7_1	Sample	this is ORIENTATION_LANDSCAPE
1022	com.sample.Sample_7_1	Sample	this is HARDKEYBOARDHIDDEN_NO

图 7-6　横、竖屏切换不销毁

7.1.2 Activity 跳转

在应用程序中，一般不会只有一个 Activity，在多个 Activity 之间也进行跳转的时候，大部分也会携带相关数据。在这一节中，我们通过调用系统电话拨号界面来讲解不同情况下 Activity 间跳转的处理。

在本实例中，我们实现了拨打电话和发送邮件两个功能，在主界面中给出功能选择按钮。当选择不同的功能时，跳转到对应的详细界面。例如，选择“拨打电话”功能，则跳转到拨打电话的新界面中。在新界面中有需要输入拨打电话的号码并且有跳转到系统拨号界面进行电话拨出和返回主界面两个功能选项。这两个功能选择分别使用带数据的跳转和有数据返回的跳转两种方式。

1．不带数据跳转

不带数据的 Activity 跳转，即是从 Activity A 直接跳转到 Activity B，在 A 跳转到 B 时没有任何数据，同时从 B 返回 A 时也没有任何数据。接下来，我们通过单击功能选择界面的“拨打电话”按钮直接跳转到拨打电话界面。实现的步骤如下。

（1）在 Eclipse 中新建一个项目 Sample_7_2。实现主界面的两个按钮布局，打开项目 res/layout 目录下的 main.xml 文件，将其中已有的代码替换为如下代码。

代码位置：见随书光盘中源代码/第 7 章/Sample_7_2/res/layout 目录下的 main.xml 文件。

```
01 <?xml version="1.0" encoding="utf-8"?>
02 <LinearLayout xmlns:android="http://schemas.android.com/apk/res/android"
03    android:layout_width="fill_parent"
04    android:layout_height="fill_parent"
05    android:orientation="vertical" >                    <!-- 声明一个线性布局 -->
06
07    <TextView
08       android:layout_width="fill_parent"
09       android:layout_height="wrap_content"
10       android:text="@string/hello" />                  <!-- 声明一个 TextView 控件 -->
11
12    <Button
13       android:id="@+id/call"
14       android:layout_width="wrap_content"
15       android:layout_height="wrap_content"
16       android:text="拨打电话" />                       <!-- 声明一个 Button 控件 -->
17
18    <Button
19       android:id="@+id/email"
20       android:layout_width="wrap_content"
21       android:layout_height="wrap_content"
22       android:text="发送邮件" />                       <!-- 声明一个 Button 控件 -->
23
24 </LinearLayout>
```

其中：

- 第 02～05 行，声明了一个线性布局，该线性布局的排列方式为垂直分布。
- 第 06～10 行，声明了一个 TextView 控件，显示项目名。
- 第 11～16 行，声明了一个 Button 控件，该控件用于拨打电话的跳转。
- 第 18～23 行，声明了一个 Button 控件，该控件用于发送邮件的跳转。

（2）新建布局文件。在 res/layout 目录中，新建 XML 文件。该文件作为新建的 Activity 界面布局文件，在其中编写该 Activity 的布局，编写方法和规范与 Eclipse 默认建立的 main.xml 文件是一致的。在 res/layout 目录中新建布局文件 call_phone.xml，代码如下。

代码位置：见随书光盘中源代码/第 7 章/Sample_7_2/res/layout 目录下的 call_phone.xml 文件。

```
01 <?xml version="1.0" encoding="utf-8"?>
02 <LinearLayout xmlns:android="http://schemas.android.com/apk/res/android"
03    android:layout_width="fill_parent"
04    android:layout_height="fill_parent"
05    android:orientation="vertical" >                    <!-- 声明一个线性布局 -->
06
07    <TextView
08       android:layout_width="fill_parent"
09       android:layout_height="wrap_content"
10       android:background="#FFFFFF"
11       android:text="请输入电话号码:" />                  <!-- 声明一个 TextView 控件 -->
12
13    <EditText
14       android:id="@+id/edt_call_num"
15       android:layout_width="wrap_content"
16       android:layout_height="wrap_content" />          <!-- 声明一个 EditText 控件 -->
17
18    <Button
19       android:id="@+id/sys_call"
20       android:layout_width="wrap_content"
21       android:layout_height="wrap_content"
22       android:text="拨打电话" />                        <!-- 声明一个 Button 控件 -->
23
24    <Button android:layout_width="wrap_content"
25       android:layout_height="wrap_content"
26       android:id="@+id/Previous"
27       android:text="上一步"/>                           <!-- 声明一个 Button 控件 -->
28 </LinearLayout>
```

其中：

- 第 02～05 行，声明了一个线性布局，该线性布局的排列方式为垂直分布。
- 第 06～11 行，声明了一个 TextView 控件，用于显示输入号码提示。
- 第 12～17 行，声明了一个 EditText 控件，用于用户输入号码。
- 第 18～22 行，声明了一个 Button 控件，该控件用于拨打电话。
- 第 24～27 行，声明了一个 Button 控件，该控件用于返回上一级界面。

（3）新建源文件。在 src 目录中新建一个类继承 Activity 类，在 Java 文件中实现布局以及按键的处理等，与创建的第一个 Activity 类相似。本实例中，创建了 Input_numActivity 类来实现对输入号码拨打电话的处理。在 src/com.sample.Sample_7_2 目录中，新建一个 Input_numActivity.java 类，具体代码如下。

代码位置：见随书光盘中源代码/第 7 章/Sample_7_2/src/com.sample.Sample_7_2 目录下的 Input_numActivity.java 文件。

```
01 public class Input_numActivity extends Activity {                //继承Activity类
02     @Override
03     protected void onCreate(Bundle savedInstanceState) {         //重写onCreate()方法
04         // TODO Auto-generated method stub
05         super.onCreate(savedInstanceState);
06         setContentView(R.layout.call_phone);                     // 设置布局
07     }
08 }
```

（4）注册声明。在 Mainifest.xml 中，注册声明新建的 Activity 类，只需要在 application 标签内添加该 Activity 类即可。在本实例中，新建 Activity 的类名为 Input_numActivity，实现代码如下。

代码位置：见随书光盘中源代码/第 7 章/Sample_7_2/目录下的 AndroidManifest.xml 文件。

```
<application
   android:icon="@drawable/ic_launcher"
   android:label="@string/app_name" >
      <activity android:name=".Input_numActivity"/>
</application>
```

（5）跳转实现。完成以上步骤，已经新建了一个界面。在其中，输入需拨打的电话号码，然后通过单击拨打电话按钮来实现跳转到系统拨号界面。Android 提供了 Intent 来实现跳转。

掌握了整个实现方法，实现具体的跳转。打开项目 src/com.sample.Sample_7_2 目录下的 Sample_7_2.java 文件，将其中已有代码替换为如下代码。

代码位置：见随书光盘中源代码/第 7 章/Sample_7_2/src/com.sample.Sample_7_2 目录下的 Sample_7_2.java 文件。

```
01 package com.sample.Sample_7_2;                                     //声明包语句
02 import android.app.Activity;                                       //引入相关类
03 import android.content.Intent;                                     //引入相关类
04 import android.os.Bundle;                                          //引入相关类
05 import android.view.View;                                          //引入相关类
06 import android.view.View.OnClickListener;                          //引入相关类
07 import android.widget.Button;                                      //引入相关类
08 import android.widget.Toast;                                       //引入相关类
09
10 public class Sample_7_2 extends Activity {                         //继承Activity类
11     Button btn_call,btn_email;                                     //定义Button控件
12
```

```
13     @Override
14     public void onCreate(Bundle savedInstanceState) {              //重写 onCreate()方法
15        super.onCreate(savedInstanceState);
16        setContentView(R.layout.main);                              //设置布局
17        btn_call=(Button)findViewById(R.id.call);                   //绑定控件
18        btn_email=(Button)findViewById(R.id.email);                 //绑定控件
19        btn_call.setOnClickListener(new OnClickListener() {         //拨出电话按钮的单击监听
20              @Override
21              public void onClick(View v) {                         //按钮的单击事件
22                  Intent   call_intent=new   Intent(Sample_7_2.this,Input_numActivity.
class);//跳转
23                  startActivity(call_intent);                       //直接跳转
24              }
25         });
26     }
27  }
```

其中：

- 第 14～18 行，重写 onCreate()方法，实现界面布局以及控件的绑定。
- 第 19～25 行，设置电话按钮的单击监听事件，实现直接跳转。

对于上述代码，我们需要重点理解的是 Intent。

在第 2 章中，我们详细讲解过 Intent，是目标、意图的意思，用于对执行某个操作的一个抽象描述，包括了动作、操作数据以及附加数据的描述。在 Android 系统中，Intent 负责提供组件之间相互调用的相关信息传递，实现组件之间的调用耦合。

Intent 的常用构造函数有如下几种，分别定义不同的意图。

```
Intent()
Intent(String action)
Intent(String action, Uri uri)
Intent(Context packageContext, Class<?> cls)
```

其中，参数 action 是定义的动作，该动作可以是系统定义的也可以是自定义的。在本实例中，跳转到系统拨号界面使用系统定义的动作 ACTION_DIAL。系统还有很多其他的动作定义，在后面的章节中会逐步涉及。参数 uri 是操作数据的标识符；参数 packageContext 是跳转的上下文 context；参数 cls 是跳转到的组件的 Class 名。

在跳转的时候，Activity 提供了常用的两种跳转方法，分别如下。

```
void   startActivity(Intent intent)
void   startActivityForResult(Intent intent, int requestCode)
```

其中，第一种方法实现一个活动（Activity）A 到另一个活动 B 的跳转，之间不会从 B 传递结果到 A。第二个方法实现活动 A 跳转到活动 B，当活动 B 处理完成后，将数据结果返回到活动 A。在这里，只需要跳转到系统拨号界面，使用第一种方法。

（6）运行分析。完成以上步骤后，运行该实例。首先出现功能选择界面，如图 7-7 所示。单击“拨打电话”按钮后，跳转到拨打电话的新界面，如图 7-8 所示。

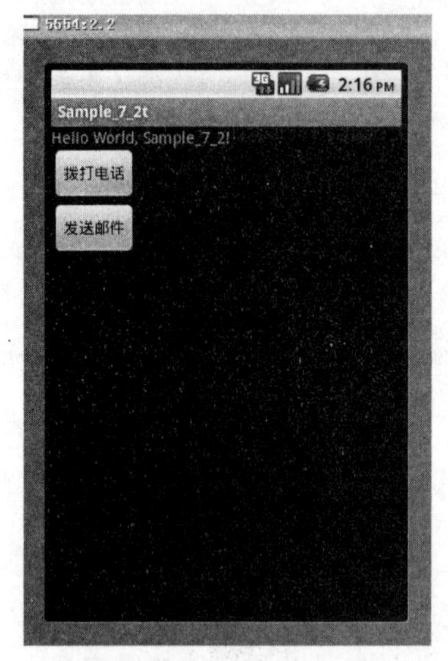

图 7-7　功能选择界面

图 7-8　输入号码 Activity

2．带数据的跳转

前一节中，我们已经实现了从一个界面到另一个界面的直接跳转，接下来我们实现有数据的跳转。有数据的跳转，即从活动 A 跳转到活动 B 时应携带数据，但是从 B 返回 A 时却没有任何数据。实现从自定义的界面跳转到系统拨号界面，实现步骤如下。

（1）修改 src/com.sample.Sample_7_2 目录中的 Input_numActivity.java，实现拨号跳转。具体代码如下。

代码位置：见随书光盘中源代码/第 7 章/Sample_7_2/src/com.sample.Sample_7_2 目录下的 Input_numActivity.java 文件。

```
01      protected void onCreate(Bundle savedInstanceState) {          //重写 onCreate()方法
02          super.onCreate(savedInstanceState);
03          setContentView(R.layout.call_phone);                        //设置布局
04          edt_num = (EditText) findViewById(R.id.edt_call_num);       //绑定输入号码控件
05          btn_call = (Button) findViewById(R.id.sys_call);            //绑定拨打电话控件
06          btn_previous = (Button) findViewById(R.id.Previous);        //绑定上一步控件
07
08          btn_call.setOnClickListener(new OnClickListener() {        //设置拨打电话单击监听
09              @Override
10              public void onClick(View v) {                           //重写单击处理
11                  String phoneString = edt_num.getText().toString(); //获取输入的内容
12                  Pattern pattern = Pattern.compile("[0-9]*");       //正则表达式
13                  if (pattern.matcher(phoneString).matches()) {      //判断输入是否为数字
14                      Uri uri = Uri.parse("tel:" + phoneString);//实现拨号的 URI
                        //实现意图
15                      Intent sys_call_Intent = new Intent(Intent.ACTION_DIAL, uri);
16                      startActivity(sys_call_Intent);                 //界面跳转
17                  }
18              }
19          });
```

其中：

- 第 01～06 行，重写 onCreate()方法，实现界面布局和控件绑定。
- 第 07～19 行，实现拨号按钮的单击监听事件。
- 第 11～12 行，获取在输入框中的号码，并判断该输入是否由 0 到 9 的数字组成。
- 第 13～17 行，实现从输入界面到系统拨号界面的跳转。第 14 行，定义拨打的号码；第 15 行，定义了拨号的 Intent；第 16 行，实现跳转。

（2）运行分析。完成步骤后，运行该实例。在拨号界面中输入拨出号码，如 10086。单击“拨打电话”按钮，跳转到系统的拨号电话界面，可以看出拨打的号码为 10086，只需要单击通话按钮就可以拨出电话，如图 7-9 所示。

图 7-9 系统拨号

3. 有数据返回的跳转

在前面章节，我们已经实现了无数据的跳转、有数据的跳转。接下来，我们实现有数据返回的跳转。所谓有数据返回的跳转，即从活动 A 跳转到活动 B 时可以携带或者不携带数据，但是从活动 B 返回活动 A 时必须携带数据。

在这里，我们已经实现了从输入号码界面到系统拨号的返回跳转时，携带在输入框中输入的号码。其具体实现步骤如下。

（1）启动跳转。在无数据返回时，我们使用 startActivity()方法直接启动跳转。在有数据返回时，则使用另一个跳转方法 startActivityForResult(Intent intent, int requestCode)。其中，intent 是跳转的操作描述，requestCode 是自定义的请求标识。修改 src/com.sample.Sample_7_2 目录中的 Sample_7_2.java，实现跳转，具体代码如下。

代码位置：见随书光盘中源代码/第 7 章/Sample_7_2/src/com.sample.Sample_7_2 目录下的 Sample_7_2.java 文件。

```
01 public void onCreate(Bundle savedInstanceState) {                    //重写 onCreate()方法
02       super.onCreate(savedInstanceState);
03       setContentView(R.layout.main);                                  //设置界面布局
04
05       btn_call=(Button)findViewById(R.id.call);                       //绑定控件
06       btn_email=(Button)findViewById(R.id.email);                     //绑定控件
07
08       btn_call.setOnClickListener(new OnClickListener() {             //实现单击监听
09             @Override
10             public void onClick(View v) {                             //实现单击处理
11                  //有返回结果的跳转
12                  Intent                                                      call_intent=new
Intent(Sample_7_2.this,Input_numActivity.class);
13                  startActivityForResult(call_intent, CALL_REQUEST);
14                  //直接跳转
15                  //startActivity(call_intent);
16             }
17        });
18    }
```

其中：

- 第 01～07 行，重写 onCreate()方法，设置界面布局并绑定相关控件。
- 第 08～17 行，定义单击“拨打电话”按钮的事件监听，完成单击事件 onClick()的处理。
- 第 11～13 行，定义跳转 Intent，实现有返回结果的跳转。
- 第 14～15 行，在直接跳转中所使用的代码。

（2）从 B 返回数据。从活动 B 返回到活动 A 时，需要携带数据。修改 src/com.sample.Sample_7_2 目录下的 Input_numActivity.java，实现携带数据，具体代码如下。

代码位置：见随书光盘中源代码/第 7 章/Sample_7_2/src/com.sample.Sample_7_2 目录下的 Input_numActivity.java 文件。

```
01     void on_Previous(){                                              //定义返回携带数据方法
02         Bundle bundle = new Bundle();
03         String phoneString = edt_num.getText().toString();           //获取输入的数据
04         bundle.putString("PHONE_NUM", phoneString);                  //保存数据在 Bundle 中
05         Input_numActivity.this.setResult(RESULT_CANCELED,
06                   Input_numActivity.this.getIntent().putExtras(bundle));//设置返回结果
07         Input_numActivity.this.finish();                             //结束当前活动 B
08     }
09
10     btn_previous.setOnClickListener(new OnClickListener() {         //定义“上一步”按钮
11         @Override
12         public void onClick(View v) {                                //实现单击事件处理
13              on_Previous();                                          //调用返回数据方法
14         }
15     });
16
17     @Override
18     public boolean onKeyDown(int keyCode, KeyEvent event) {         //重写按钮单击监听
```

```
19          if (keyCode==KeyEvent.KEYCODE_BACK) {                    //判断是否单击返回键
20              on_Previous();                                       //调用返回数据方法
21              return true;
22          }else {
23              return super.onKeyDown(keyCode, event);              //其他键时，不另做处理
24          }
25      }
```

其中：

- 第 01～08 行，实现了从活动 B 返回时，数据的携带。
- 第 02～04 行，将拨打的号码保存到 bundle 中。
- 第 05～06 行，调用 setResult 方法返回到之前的 Activity。其中，标识为 RESULT_CANCELED，数据 Intent 中添加保存了号码的 bundle。
- 第 07 行，调用 finish()销毁当前的 Activity。
- 第 10～15 行，当单击“上一步”按钮时，实现单击返回处理。
- 第 17～25 行，当单击键盘的返回键时，实现单击返回处理。

对于从 B 返回数据的代码中，我们需要重点理解以下 3 点。

①在 Intent 中使用 Bundle 类型来对附加数据进行描述。

Bundle 类似于哈希表 HashMap 的类型，保存一个键值对。使用如下方法来获取和添加数据。

```
Object get(String key)
void   putString(String key, String value)
```

其中，参数 key 是键名；参数 value 是键值。

在 Intent 中，对附加数据 Bundle 的获取和添加使用如下方法。

```
Bundle getExtras()
Intent putExtras(Bundle extras)
```

其中，getExtras 方法返回 Bundle 类型数据；参数 extras 为添加的 Bundle，返回为 Intent。

②获得数据后，返回上一个 Activity，使用方法如下。

```
void   setResult(int resultCode)
void   setResult(int resultCode, Intent data)
```

其中，参数 resultCode 是结果标识，常用系统定义的 RESULT_CANCELED 或者 RESULT_OK。参数 data 是返回的数据。

③需要特别注意的是在 setResult 后，要调用 finish()销毁当前的 Activity，否则无法返回到原来的 Activity，致使无法执行原来 Activity 的 onActivityResult 函数。

（3）返回数据处理。修改 src/com.sample.Sample_7_2 目录中的 Sample_7_2.java，实现返回数据处理，具体代码如下。

代码位置：见随书光盘中源代码/第 7 章/Sample_7_2/src/com.sample.Sample_7_2 目录下的 Sample_7_2.java 文件。

```
01      @Override
02      protected void onActivityResult(int requestCode, int resultCode, Intent data) {
03          super.onActivityResult(requestCode, resultCode, data);
04          if (requestCode == CALL_REQUEST) {
05              if (resultCode == RESULT_CANCELED) {
```

```
06                    Bundle bundle = data.getExtras();
07                    String phone_num=bundle.getString("PHONE_NUM");
08                    Toast.makeText(this, "拨打的号码是："+phone_num, 1000).show();

09               }
10          }
11     }
```

其中：

- 第 01～03 行，重写函数 onActivityResult()。
- 第 04 行，判断请求标识是否为电话跳转标识 CALL_REQUEST。
- 第 05 行，判断结果标识是否为标识 RESULT_CANCELED。
- 第 06～08 行，从数据 Intent 中获取附带的电话号码，并且显示。

当数据从活动 B 返回到活动 A 时，A 需要对返回数据进行处理。需要重写 Activity 中的方法如下。

```
onActivityResult(int requestCode, int resultCode, Intent data)
```

其中，参数 requestCode 即跳转时函数 startActivityForResult()中的请求标识 requestCode；参数 resultCode 就是返回时函数 setResult()中的结果标识 resultCode；参数 data 是具体的返回数据结果。本实例中，请求标识为 CALL_REQUEST，返回结果标识为 RESULT_CANCELED，返回的数据只有拨打的电话号码。

（4）运行分析。完成以上步骤后，运行该代码。从拨打号码界面跳转回功能选择界面时，其效果如图 7-10 所示。

图 7-10　有数据返回的跳转

7.2 Service——服务

Service 是 Android 系统中提供的四大组件之一，虽然没有 Activity 使用的频率高，但是在应用程序中与 Activity 同等重要。它是运行在后台的一种服务程序，一般生命周期较长，不直接与用户进行交互，因此没有可视化的界面。在服务中，最典型的应用实例是音乐播放器。在播放器中，可能会提供一个或多个 Activity 界面给用户操作，但是音乐不会因为 Activity 的切换而停止，这时就需要服务来保证实现这样的效果。在第 10 章会详细介绍这样的播放器实现。在本节中，将通过实例来对 Service 的两种方式进行讲解分析。

Service 是不能自己启动运行的，需要通过 Activity 或者其他的 Context 对象来调用才能运行。启动服务有两种方式，分别是 Context.startService()和 Context.bindService()。这两种方式在启动过程和生命周期方面是有区别的。下面，我们实现一个服务，并分别使用这两种方式进行启动。

7.2.1 创建服务

由于 Service 是不能自己启动运行的，所以需要手动添加代码。整个过程和新建一个 Activity 类似，具体实现如下。

（1）注册声明。在 Eclipse 中新建一个项目 Sample_7_3，在 AndroidManifest.xml 文件中，注册声明新建的 Service，只需要在 application 标签内添加该 Service 即可。在本实例中，新建 Service 的类名为 LocalService，声明如下。

代码位置：见随书光盘中源代码/第 7 章/Sample_7_3/目录下的 AndroidManifest.xml 文件。

```
<application
   android:icon="@drawable/ic_launcher"
   android:label="@string/app_name" >
      <service android:name=".LocalService"></service>
</application>
```

（2）修改字符串。打开项目文件夹 res/values 目录下的 strings.xml，在其中输入如下代码。

代码位置：见随书光盘中源代码/第 7 章/Sample_7_3/res/values 目录下的 string.xml 文件。

```
<?xml version="1.0" encoding="utf-8" standalone="no"?>
<resources>
   <string name="hello">Hello World, Sample_7_3!</string>
   <string name="app_name">Sample_7_3</string>
   <string name="local_service_started">Local service has started</string>
   <string name="local_service_stopped">Local service has stopped</string>
   <string name="local_service_label">Sample Local Service</string>
   <string name="bind_service">Bind Service</string>
   <string name="unbind_service">Unbind Service</string>
   <string name="local_service_connected">Connected to local service</string>
   <string name="local_service_disconnected">Disconnected from local service</string>
```

```
</resources>
```

（3）界面布局。在主界面中，两种不同的创建方法的开启、关闭服务，一共需要四个按钮，打开项目 res/layout 目录下的 main.xml 文件，将其中已有的代码替换为如下代码。

代码位置：见随书光盘中源代码/第 7 章/Sample_7_3/res/layout 目录下的 main.xml 文件。

```
01 <?xml version="1.0" encoding="utf-8"?>
02 <LinearLayout xmlns:android="http://schemas.android.com/apk/res/android"
03     android:layout_width="fill_parent"
04     android:layout_height="fill_parent"
05     android:orientation="vertical" >                     <!-- 声明一个线性布局 -->
06
07     <TextView
08        android:layout_width="fill_parent"
09        android:layout_height="wrap_content"
10        android:text="@string/hello" />                    <!-- 声明一个文字显示 -->
11
12     <Button
13        android:id="@+id/start"
14        android:layout_width="wrap_content"
15        android:layout_height="wrap_content"
16        android:enabled="true"
17        android:text="开启服务" >                           <!-- 声明一个 Button 控件 -->
18     </Button>
19
20     <Button
21        android:id="@+id/stop"
22        android:layout_width="wrap_content"
23        android:layout_height="wrap_content"
24        android:enabled="true"
25        android:text="停止服务" >                           <!-- 声明一个 Button 控件 -->
26     </Button>
27
28     <Button
29        android:id="@+id/binded"
30        android:layout_width="wrap_content"
31        android:layout_height="wrap_content"
32        android:text="bind 开启服务" >                      <!-- 声明一个 Button 控件 -->
33
34        <requestFocus />
35     </Button>
36
37     <Button
38        android:id="@+id/unbind"
39        android:layout_width="wrap_content"
40        android:layout_height="wrap_content"
41        android:text="bind 停止服务" >                      <!-- 声明一个 Button 控件 -->
42     </Button>
43
44 </LinearLayout>
```

其中：

- 第 02～05 行，声明了一个线性布局，该线性布局的排列方式为垂直分布。
- 第 06～10 行，声明了一个 TextView 控件，显示项目名。
- 第 11～18 行，声明了一个 Button 控件，该控件用于开启服务。
- 第 19～26 行，声明了一个 Button 控件，该控件用于停止服务。
- 第 27～35 行，声明了一个 Button 控件，该控件用于 bind 开启服务。
- 第 36～42 行，声明了一个 Button 控件，该控件用于 bind 停止服务。

（4）实现 Service。在 src 目录中新建一个类继承 Service 类即可。在 Service 中有一系列与其生命周期相关的方法，这些方法主要有如下 5 种。

- abstract IBinder onBind(Intent intent)：必须实现的方法，返回一个绑定的接口给 Service。
- void onCreate()：当 Service 第一次被创建时，调用该方法。
- int onStartCommand(Intent intent, int flags, int startId)：当通过 startService()方法启动 Service 时，调用该方法。
- void onDestroy()：当 Service 结束不再使用时，调用该方法。
- boolean onUnbind(Intent intent)：当通过 bindService()方法启动 Service 时，取消绑定，调用该方法。

在项目 src/com.sample.Sample_7_3 目录下新建 LocalService.java，在其五个方法中各自输出状态并给出相应通知，具体代码如下。

代码位置：见随书光盘中源代码/第 7 章/Sample_7_3/src/com.sample.Sample_7_3 目录下的 LocalService.java 文件。

```
01 package com.sample.Sample_7_3;                                   //声明包语句
02
03 import android.app.Notification;                                 //引入相关类
04 import android.app.NotificationManager;                          //引入相关类
05 import android.app.PendingIntent;                                //引入相关类
06 import android.app.Service;                                      //引入相关类
07 import android.content.Intent;                                   //引入相关类
08 import android.os.Binder;                                        //引入相关类
09 import android.os.IBinder;                                       //引入相关类
10 import android.util.Log;                                         //引入相关类
11 import android.widget.Toast;                                     //引入相关类
12
13 public class LocalService extends Service {                      //继承 Service 类
14     private String TAG = "LOCALSERVICE";                         //定义打印标识
15     private NotificationManager mNM;                             //定义通知管理器
16     private final IBinder mBinder = new LocalBinder();           //定义 IBinder
17
18     public class LocalBinder extends Binder {                    //继承实现 Binder
19        LocalService getService() {                               //获取服务
20             return LocalService.this;
21        }
22     }
23
```

```
24      @Override
25      public IBinder onBind(Intent intent) {                          //重写 onBind()
26          // TODO Auto-generated method stub
27          Log.i(TAG, "this is onbind");                               //打印输出状态
28          return mBinder;
29      }
30
31      @Override
32      public void onCreate() {                                        //重写 onCreate()方法
33          mNM = (NotificationManager) getSystemService(NOTIFICATION_SERVICE);//获取管理器
34          Log.i(TAG, "this is oncreate");                             //打印输出状态
35          showNotification();                                         //显示消息
36      }
37
38      @Override
    //重写 onStartCommand()方法
39      public int onStartCommand(Intent intent, int flags, int startId) {
40          Log.i(TAG, "Received start id " + startId + ": " + intent);  //打印输出状态
41          return START_STICKY;
42      }
43
44      @Override
45      public void onDestroy() {                                       //重写 onDestroy()方法
46          mNM.cancel(R.string.local_service_started);                 //取消信息
47          Log.i(TAG, "this is ondestroy");                            //打印输出状态
48          Toast
49                  .makeText(this, R.string.local_service_stopped,
50                          Toast.LENGTH_SHORT).show();                 //显示提示消息
51      }
52
53      @Override
54      public boolean onUnbind(Intent intent) {                        //重写 onUnbind()方法
55          // TODO Auto-generated method stub
56          Log.i(TAG, "this is onUnbind");                             //打印输出状态
57          return super.onUnbind(intent);
58      }
59
60      // 显示 Notification
61      private void showNotification() {                               //定义显示通知方法
62          CharSequence text = "Local service has started";            //通知提示内容
63          Notification notification = new Notification(R.drawable.ic_launcher,
64                  text, System.currentTimeMillis());                  //定义通知
65          PendingIntent contentIntent = PendingIntent.getActivity(this, 0,
66                  new Intent(this, Sample_7_3.class), 0);             //定义跳转 Intent
67          notification.setLatestEventInfo(this, "Local Service", text,
68                  contentIntent);                                     //单击通知处理
69          mNM.notify(R.string.local_service_started, notification);//显示在通知栏中
70      }
71
72  }
```

其中：

- 第 13～22 行，继承 Service 基类，定义和初始化全局变量。
- 第 24～30 行，重写 onBind()函数，打印该状态。
- 第 31～37 行，重写 onCreate()函数，打印该状态并在通知栏通知。
- 第 38～43 行，重写 onStartCommand()函数，打印该状态以及 id 号。
- 第 44～51 行，重写 onDestroy()函数，打印该状态并取消通知。
- 第 53～58 行，重写 onUnbind()函数，打印该状态。
- 第 60～70 行，定义显示状态栏通知的方法。
- 第 62～64 行，构造一个状态通知，显示内容是“Local service has started”。
- 第 65～68 行，实现在通知栏中单击该通知后跳转到主界面。
- 第 69 行，实现将通知传递给通知管理器，显示在通知栏中。

通过上述步骤，实现了一个服务，接下来我们实现它的两种不同的开启方式。

7.2.2 开始服务方式

Service 不能自己启动，所以建立一个 Acitivty 来控制 Service 的启动与停止。我们使用两个按钮来实现开启服务和停止服务。

（1）打开项目 src/com.sample.Sample_7_3 目录下的 Sample_7_3.java 文件，将其中已有代码替换为如下代码。

代码位置：见随书光盘中源代码/第 7 章/Sample_7_3/src/com.sample.Sample_7_3 目录下的 Sample_7_3.java 文件。

```
01 package com.sample.Sample_7_3;                                    //声明包语句
02 import android.app.Activity;                                      //引入相关类
03 import android.content.ComponentName;                             //引入相关类
04 import android.content.Context;                                   //引入相关类
05 import android.content.Intent;                                    //引入相关类
06 import android.content.ServiceConnection;                         //引入相关类
07 import android.os.Bundle;                                         //引入相关类
08 import android.os.IBinder;                                        //引入相关类
09 import android.util.Log;                                          //引入相关类
10 import android.view.View;                                         //引入相关类
11 import android.view.View.OnClickListener;                         //引入相关类
12 import android.widget.Button;                                     //引入相关类
13 import android.widget.Toast;                                      //引入相关类
14
15 public class Sample_7_3 extends Activity {                        //继承Activity类
16    @Override
17    protected void onCreate(Bundle savedInstanceState) {           //重写onCreate()类
18       super.onCreate(savedInstanceState);
19       setContentView(R.layout.main);                              //设置界面布局
20
21       // start
22       Button button = (Button)findViewById(R.id.start);           //绑定控件
23       button.setOnClickListener(mStartListener);                  //设置按钮单击事件
24       button = (Button)findViewById(R.id.stop);
```

```
25          button.setOnClickListener(mStopListener);
26      }
27
28      private OnClickListener mStartListener = new OnClickListener() { //实现按钮单击监听
29          public void onClick(View v) {
30              startService(new Intent(Sample_7_3.this,
31                      LocalService.class));                         //开启服务
32          }
33      };
34
35      private OnClickListener mStopListener = new OnClickListener() {  //实现按钮单击监听
36          public void onClick(View v) {
37              stopService(new Intent(Sample_7_3.this,
38                      LocalService.class));                        //停止服务
39          }
40      };
```

其中：

- 第 15～26 行，继承 Activity 类，重写 onCreate()方法，绑定控件并设置监听处理事件。
- 第 27～33 行，实现开启服务监听处理事件。
- 第 34～40 行，实现停止服务监听处理事件。

对于上述启动服务和停止服务代码，需要重点理解如下两点。

①在 Acitvity 中，使用 startService 方式启动服务直接调用方法：

```
startService(Intent service)
```

其中，参数 service 是从当前上下文 Context 跳转到需要开启服务的 Intent。本实例中，具体实现如下。

```
startService(new Intent(Ex_localServiceActivity.this,LocalService.class));
```

②停止服务直接调用方法：

```
boolean   stopService(Intent name)
```

其中，参数 name 是需要停止的服务说明 Intent。本实例中，具体实现如下。

```
stopService(new Intent(Ex_localServiceActivity.this,LocalService.class));
```

（2）运行分析。完成以上步骤后，运行该代码，单击“开启服务”按钮，在最上方的通知栏中给出提示信息“Local service has started”，效果如图 7-11 所示。单击“停止服务”按钮，在当前给出短暂提示框“Local service has stopped”，效果如图 7-12 所示。

图 7-11 开启服务

图 7-12 停止服务

当开启服务后，单击“Back”键，返回到系统主界面时，此时 Activity 已经销毁，但是该服务依然处于运行状态，效果如图 7-13 所示。

图 7-13 返回主界面

调试打印状态信息的结果，如图 7-14 所示。

PID	Application	Tag	Text
282	com.ouling.Sample_7_3	LOCALSERVICE	this is oncreate
282	com.ouling.Sample_7_3	LOCALSERVICE	Received start id 1: Intent { cmp=com.ouling.Sample_7_3/.LocalService }
282	com.ouling.Sample_7_3	LOCALSERVICE	Received start id 2: Intent { cmp=com.ouling.Sample_7_3/.LocalService }
282	com.ouling.Sample_7_3	LOCALSERVICE	Received start id 3: Intent { cmp=com.ouling.Sample_7_3/.LocalService }
282	com.ouling.Sample_7_3	LOCALSERVICE	Activity is ondestroy
282	com.ouling.Sample_7_3	LOCALSERVICE	this is ondestroy

图 7-14 打印状态信息

从图中可以很明显地看出，Service 被一个 Activity 调用 startService()方法启动，该

Service 在后台运行。如果一个 Service 被 startService 方法多次启动，那么 onCreate 方法只会调用一次，而 onStart 方法每次都会被调用，但是系统只会创建 Service 的一个实例，在停止时只需要调用一次 stopService()即可停止该 Service。并且，当该 Service 启动之后，不管启动该 Service 的 Activity 是否存在，其都会一直运行，直到调用 stopService()才会结束该 Service。

7.2.3 绑定服务方式

在前面讲解了 startService 的方式来启动一个服务，接下来讲解使用 bindService 方式启动服务。同样的，添加两个按钮用于开启和停止服务。

（1）打开项目 src/com.sample.Sample_7_3 目录下的 Sample_7_3.java 文件，在其中添加如下代码。

代码位置：见随书光盘中源代码/第 7 章/Sample_7_3/src/com.sample.Sample_7_3 目录下的 Sample_7_3.java 文件。

```
01      protected void onCreate(Bundle savedInstanceState) {          //重写 onCreate()方法
02         super.onCreate(savedInstanceState);
03         setContentView(R.layout.main);                             //设置界面布局
04
05         //bind
06         Button bind_button = (Button)findViewById(R.id.binded);   //绑定控件
07         bind_button.setOnClickListener(mBindListener);             //设置监听
08         bind_button = (Button)findViewById(R.id.unbind);
09         bind_button.setOnClickListener(mUnbindListener);
10      }
11
12      private OnClickListener mBindListener = new OnClickListener() {  //实现按钮监听
13         public void onClick(View v) {
14            doBindService();                                        //绑定服务
15         }
16      };
17
18      private OnClickListener mUnbindListener = new OnClickListener() {//实现按钮监听
19         public void onClick(View v) {
20            doUnbindService();                                      //取消绑定
21         }
22      };
23
24      private boolean mIsBound;                                     //定义变量
25      private LocalService mBoundService;                           //定义服务
26
        //实例化 ServiceConnection
27      private ServiceConnection mConnection = new ServiceConnection() {
28         public void onServiceConnected(ComponentName className, IBinder service) {
29            mBoundService = ((LocalService.LocalBinder)service).getService();//获取服务
30            Toast.makeText(Sample_7_3.this, R.string.local_service_connected,
31                  Toast.LENGTH_SHORT).show();                       //显示提示信息
```

```
32          }
33
34          public void onServiceDisconnected(ComponentName className) {   //实例化断开服务
35              mBoundService = null;
36              Toast.makeText(Sample_7_3.this, R.string.local_service_disconnected,
37                      Toast.LENGTH_SHORT).show();                     //显示提示信息
38          }
39      };
40
41      void doBindService() {                                          //定义 bind 服务方法
42          bindService(new Intent(Sample_7_3.this,
43                  LocalService.class), mConnection, Context.BIND_AUTO_CREATE);//bind 服务
44          mIsBound = true;                                            //已 bind
45      }
46
47      void doUnbindService() {                                        //定义解除 bind 服务方法
48          if (mIsBound) {
49              unbindService(mConnection);                             //解除 bind 服务
50              mIsBound = false;                                       //未 bind
51          }
```

其中：

- 第 01～10 行，重写 onCreate()方法，绑定控件并设置其监听处理事件。
- 第 11～16 行，实现 bind 服务监听处理事件。
- 第 17～22 行，实现取消 bind 服务监听处理事件。
- 第 24～25 行，定义变量。
- 第 27 行，实例化一个 ServiceConnection 对象。
- 第 28～32 行，实现 onServiceConnected()方法，在当前界面中显示已连接的提示信息。
- 第 34～39 行，实现 onServiceDisconnected()方法，在当前界面中显示断开连接的提示信息。
- 第 41～45 行，实现 bind 服务的方法。
- 第 46～51 行，实现解除 bind 服务，停止服务方法。

在实现的代码中，需要着重理解以下两部分。

①Acitvity 绑定、停止服务。在 Acitvity 中，使用 bind 方式启动服务直接调用方法如下。

```
boolean bindService (Intent service, ServiceConnection conn, int flags)
```

其中，参数 service 是描述跳转到服务的 Intent；参数 conn 是用于监测服务的状态接口；参数 flags 是绑定的操作选项，一般使用系统定义的 0、BIND_AUTO_CREATE、BIND_DEBUG_UNBINDor BIND_NOT_FOREGROUND。在本实例中，具体的实现代码如下。

```
    bindService(new Intent(Ex_localServiceActivity.this,
            LocalService.class), mConnection, Context.BIND_AUTO_CREATE);
```

停止服务直接调用方法如下。

```
void unbindService (ServiceConnection conn)
```

其中，参数 conn 是绑定时的检测服务状态的接口 ServiceConnection 类。

②实现 ServiceConnection。ServiceConnection 类是用于检测服务状态的接口，实例化该类，必须实现如下两个方法。

```
void onServiceConnected(ComponentName name, IBinder service)
void onServiceDisconnected(ComponentName name)
```

其中，当服务被调用时将调用第一个方法；当服务停止时将调用第二个方法。

（2）运行分析。完成了以上步骤后，运行该代码，当单击“bind 开启服务”按钮后，在当前界面给出提示框“Connected to local service”，并且在最上方的通知栏中给出提示信息“Local service has started”，效果如图 7-15 所示。单击“bind 停止服务”按钮，在当前给出短暂提示框“Local service has stopped”，效果如图 7-16 所示。

图 7-15　bind 开启服务

图 7-16　bind 停止服务

当开启服务后，单击“Back”键，返回到系统主界面时，此时 Activity 已经销毁，服务也随之停止，出现短暂提示框“Local service has stopped”，效果如图 7-17 所示。

图 7-17 返回主界面

调试打印状态信息的结果如图 7-18 所示。

PID	Application	Tag	Text
282	com.ouling.Sample_7_3	LOCALSERVICE	this is oncreate
282	com.ouling.Sample_7_3	LOCALSERVICE	this is onbind
282	com.ouling.Sample_7_3	LOCALSERVICE	Activity is ondestroy
282	com.ouling.Sample_7_3	LOCALSERVICE	this is onUnbind
282	com.ouling.Sample_7_3	LOCALSERVICE	this is ondestroy

图 7-18 bind 方式打印信息

从图中可以很明显地看出，当一个 Service 被一个 Activity 通过 bindService 的方法绑定启动，不管调用 bindService 几次，onCreate 方法都只会调用一次，onBind 方法只调用一次，并且 onStart 方法始终不会被调用。当连接建立之后，Service 会一直运行，直到 Activity 调用 unbindService 断开连接，Service 调用 onUnbind 方法和 onDestroy 方法来停止销毁该 Service。使用 bind 方式启动服务，当 Activity 销毁后，调用 bindService 的 Context 不存在了，系统将会自动停止 Service，对应的 onUnbind 和 onDestroy 方法被调用。

7.2.4 服务总结

在本节中我们介绍了 Android 应用程序中另外一个重要的组件 Service。通过实例，分别使用 Context.startService()和 Context.bindService()方式启动同一个 Service，分别详细介绍了这两种方式启动和停止服务的方法以及各自生命周期的区别。如果想要启动一个后台服务长期进行某项任务，那么使用 startService 方式即可。如果想要与正在运行的 Service 取得联系，一般使用 bindService 方式来完成。

除此之外，还有一个问题需要注意，即 Android 中的 Service 组件和标准 Java 中的线程 Thread 的区别。虽然两者都用于后台运行，但是它们却毫无关系。Service 是 Android 的一种机制，它是运行在对应的主进程的 main 线程上的，而 Thread 是另外开启一个线程来执行一些异步的操作。

7.3 BroadcastReceiver——广播

BroadcastReceiver 即广播接收器，是 Android 系统级别的事件处理机制。在实际应用中，我们经常会遇到点亮屏幕、接收到短信等事件，Android 提供了 BroadcastReceiver 机制来处理这种系统级的事件。在 Android 系统中定义了很多标准的事件 Intent，通过广播的方式发送 Intent 到系统中的所有应用，在应用中监听到该广播，使用广播事件对应的广播接收器进行处理。当然，除了系统标准事件外，还可以自定义广播事件。在第 2 章中，已经对 BroadcastReceiver 类进行了简单介绍，在本节中，我们通过实例介绍对自定义广播和系统广播的使用。

7.3.1 自定义广播

广播机制分为两部分，一部分是被广播的 Intent，另一部分是接收该 Intent 的广播接收器（BroadcastReceiver）。在自定义广播中，需要分别实现这两部分。具体实现步骤如下。

（1）在 Eclipse 中新建一个项目 Sample_7_4。实现主界面的布局，需要注册自定义广播、取消自定义广播、发送自定义广播以及注册系统广播、取消注册系统广播五个按钮。打开项目 res/layout 目录下的 main.xml 文件，将其中已有的代码替换为如下代码。

代码位置：见随书光盘中源代码/第 7 章/Sample_7_4/res/layout 目录下的 main.xml 文件。

```
01 <?xml version="1.0" encoding="utf-8"?>
02 <LinearLayout xmlns:android="http://schemas.android.com/apk/res/android"
03    android:layout_width="fill_parent"
04    android:layout_height="fill_parent"
05    android:orientation="vertical" >                <!-- 声明一个线性布局 -->
06
07    <LinearLayout
08       android:layout_width="fill_parent"
09       android:layout_height="wrap_content"
10       android:layout_weight="1"
11       android:orientation="vertical" >             <!-- 声明一个线性布局 -->
12
13       <TextView
14          android:layout_width="fill_parent"
15          android:layout_height="wrap_content"
16          android:text="@string/hello" />           <!-- 声明一个 TextView 控件 -->
17
18       <Button
19          android:id="@+id/regist_self"
20          android:layout_width="wrap_content"
21          android:layout_height="wrap_content"
22          android:enabled="true"
23          android:text="注册自定义广播" >
```

```
24        </Button>                                        <!-- 声明一个 Button 控件 -->
25
26        <Button
27           android:id="@+id/unregist_self"
28           android:layout_width="wrap_content"
29           android:layout_height="wrap_content"
30           android:enabled="true"
31           android:text="取消自定义广播" >
32        </Button>                                        <!-- 声明一个 Button 控件 -->
33
34        <Button
35           android:id="@+id/regist_sys"
36           android:layout_width="wrap_content"
37           android:layout_height="wrap_content"
38           android:enabled="true"
39           android:text="注册系统短信广播" >
40        </Button>                                        <!-- 声明一个 Button 控件 -->
41
42        <Button
43           android:id="@+id/unregist_sys"
44           android:layout_width="wrap_content"
45           android:layout_height="wrap_content"
46           android:enabled="true"
47           android:text="取消系统短信广播" >
48        </Button>                                        <!-- 声明一个 Button 控件 -->
49     </LinearLayout>
50
51     <Button
52        android:id="@+id/send_self"
53        android:layout_width="wrap_content"
54        android:layout_height="wrap_content"
55        android:layout_gravity="bottom"
56        android:text="发送自定义广播" />                  <!-- 声明一个 Button 控件 -->
57
58  </LinearLayout>
```

其中：

- 第 02～05 行，声明了一个线性布局，此为全界面布局，该线性布局的排列方式为垂直分布。
- 第 07～12 行，声明了一个线性布局，此为广播按钮布局，该线性布局的排列方式为垂直分布。
- 第 13～16 行，声明了一个 TextView 控件，显示项目名。
- 第 18～24 行，声明了一个 Button 控件，该控件用于注册自定义广播。
- 第 26～32 行，声明了一个 Button 控件，该控件用于取消自定义广播注册。
- 第 34～40 行，声明了一个 Button 控件，该控件用于注册系统广播。
- 第 42～48 行，声明了一个 Button 控件，该控件用于取消系统广播的注册。
- 第 51～56 行，声明了一个 Button 控件，该控件用于发送自定义广播。

（2）发送广播。打开项目 src/com.sample.Sample_7_4 目录下的 Sample_7_4.java 文件，

在其中添加界面布局、控件绑定以及发送广播的代码，具体代码如下。

代码位置：见随书光盘中源代码/第 7 章/Sample_7_4/src/com.sample.Sample_7_4 目录下的 Sample_7_4.java 文件。

```
01 package com.sample.Sample_7_4;                              //声明包语句
02 import android.app.Activity;                                //引入相关类
03 import android.content.Context;                             //引入相关类
04 import android.content.Intent;                              //引入相关类
05 import android.content.IntentFilter;                        //引入相关类
06 import android.os.Bundle;                                   //引入相关类
07 import android.util.Log;                                    //引入相关类
08 import android.view.View;                                   //引入相关类
09 import android.view.View.OnClickListener;                   //引入相关类
10 import android.widget.Button;                               //引入相关类
11 import android.widget.Toast;                                //引入相关类
12
13 public class Sample_7_4 extends Activity {                  //继承Activity类
14
15     Button btn_registself, btn_unregistself, btn_sendbroadcast; //定义Button
16     Button btn_registsys, btn_unregistsys;
17     Self_broadcast selfBroadcast;                           //定义广播
18     Sms_broadcast smsBroadcast;                             //定义广播
       //定义自定义动作
19     static final String SELF_ACTION = "com.sample.ex_broadcast.Internal";
       //系统动作
20     static final String SMS_ACTION = "android.provider.Telephony.SMS_RECEIVED";
21     static final String TAG = "BROADCAST";                  //打印输出标识
22     private Context context;                                //定义context
23     @Override
24     public void onCreate(Bundle savedInstanceState) {       //重写onCreate()方法
25         super.onCreate(savedInstanceState);
26         setContentView(R.layout.main);                      //设置界面布局
27         context = this;
28
29         btn_registself = (Button) findViewById(R.id.regist_self);    //绑定控件
30         btn_unregistself = (Button) findViewById(R.id.unregist_self);
31         btn_sendbroadcast = (Button) findViewById(R.id.send_self);
32         btn_registsys = (Button) findViewById(R.id.regist_sys);
33         btn_unregistsys = (Button) findViewById(R.id.unregist_sys);
34
       //设置发送广播按钮监听
35         btn_sendbroadcast.setOnClickListener(new OnClickListener() {
36             @Override
37             public void onClick(View v) {                   //单击处理事件
38                 Intent intent = new Intent(SELF_ACTION);    //定义Intent
39                 sendBroadcast(intent);                      //发送广播
40                 Log.i(TAG, "send self broadcast");          //打印输出
41                 Toast.makeText(context, "send self broadcast", 1000).show(); //提示消
息
42             }
43         });
```

其中：

- 第 13～33 行，继承 Activity 类，定义需要的变量，重写其 onCreate()方法，绑定控件并设置其监听处理事件。
- 第 34～43 行，实现单击按钮发送广播的监听处理。其中，第 19 行，自定义广播动作；第 38 行，构造最基础的广播 Intent；第 39 行，将该 Intent 广播到系统中。

在上述代码中，需要重点讲解的是广播发送相关的代码：

在广播接收器中，通过 Intent 中不同的动作来区别接收到的广播是否需要处理，所以构造 Intent 使用的构造函数如下。

```
Intent(String action)
```

除此之外，在 Intent 中也可以定义其他附带的数据，用于处理接收器中的广播。定义了需要广播的 Intent 后，将该 Intent 广播到系统中，使用 Context 的方法如下。

```
void   sendBroadcast(Intent intent)
void   sendBroadcast(Intent intent, String receiverPermission)
void   sendOrderedBroadcast(Intent intent, String receiverPermission)
```

其中，参数 intent 是需要广播的 Intent；参数 receiverPermission 是广播接收器需要的权限。第二种方法要求应用程序具有一定的权限，才能接收处理该广播，一般为系统标准广播使用。

前两种方法发送的广播是无序广播，所有的广播接收器以无序方式运行，是完全异步的。往往在同一时间接收。这样效率较高，但是意味着接收者不能终止广播数据的传播。

第三种方法发送的广播是有序广播，一次传递给一个广播接收器，当该接收器处理完成后才会传递给下一个接收器。由于每个接收器依次执行，因此它可以传播到下一个接收器，也可以完全终止传播该广播，从而使其他接收器无法接收到该广播。接收器的运行顺序可由匹配的意图过滤器（intent-filter）的 android:priority 属性控制。

（3）广播接收器。在 src 目录中新建一个类继承 BroadcastReceiver 类，在 Java 文件中实现广播接收后的处理。本实例中，创建了 Self_broadcast 类。在 src/com.sample.Sample_7_4 目录中，新建一个 Self_broadcast.java 类，具体代码如下。

代码位置：见随书光盘中源代码/第 7 章/Sample_7_4/src/com.sample.Sample_7_4 目录下的 Self_broadcast.java 文件。

```
01 package com.sample.Sample_7_4;                              //声明包语句
02 import android.content.BroadcastReceiver;                   //引入相关类
03 import android.content.Context;                             //引入相关类
04 import android.content.Intent;                              //引入相关类
05 import android.util.Log;                                    //引入相关类
06 import android.widget.Toast;                                //引入相关类
07
08 public class Self_broadcast extends BroadcastReceiver{      //继承BroadcastReceiver类
09     @Override
10     public void onReceive(Context context, Intent intent) {     //重写onReceive()方法
11         Log.i("BROADCAST", "Self_broadcast onreceive "+intent.toString());//打印输出
```

```
12          Toast.makeText(context,     "Self_broadcast    onreceive     "+intent.toString(),
1000).show();
13      }
14  }
```

其中：

- 第 08 行，定义自己的广播接收器 Self_broadcast 继承 BroadcastReceiver 类。
- 第 10～13 行，实现 onReceive()方法，在方法中提示接收的 Intent 信息。

（4）动态注册广播。广播接收器需要注册到应用程序中才可以监听广播，并使用该接收器进行处理。广播接收器可以动态地注册到应用程序中，并且可以根据需要动态地取消掉。

打开项目 src/com.sample.Sample_7_4 目录下的 Sample_7_4.java 文件，在其中添加注册和取消注册自定义广播的代码，具体如下。

代码位置：见随书光盘中源代码/第 7 章/Sample_7_4/src/com.sample.Sample_7_4 目录下的 Sample_7_4.java 文件。

```
01      // 注册自定义广播
02      btn_registself.setOnClickListener(new OnClickListener() {        //按钮单击事件监听
03          @Override
04          public void onClick(View v) {
05              registerReceiver(selfBroadcast, new IntentFilter(SELF_ACTION));//注册广播
06              Log.i(TAG, "register self broadcast");                  //打印输出
07              Toast.makeText(context, "register self broadcast", 1000).show();//提示信息
08          }
09      });
10      // 取消自定义 广播
11      btn_unregistself.setOnClickListener(new OnClickListener() {      //按钮单击事件监听
12          @Override
13          public void onClick(View v) {
14              unregisterReceiver(selfBroadcast);                  //取消广播注册
15              Log.i(TAG, "unregister self broadcast");            //打印输出
16              Toast.makeText(context, "unregister self broadcast", 1000)
17                      .show();                                    //提示信息
18          }
19      });
```

其中：

- 第 01～09 行，单击按钮后，完成注册自定义广播。05 行，实现动态注册广播，其过滤器中广播的动作与被广播的 Intent 动作必须是一致的。
- 第 10～19 行，单击按钮后，完成自定义广播的取消注册。14 行，实现动态取消广播，其广播类必须是注册的广播。

对于上述代码中的广播注册和取消注册，我们需要了解的是在上下文环境中注册广播，常用的方法如下。

```
Intent registerReceiver(BroadcastReceiver receiver, IntentFilter filter)
Intent registerReceiver(BroadcastReceiver   receiver,   IntentFilter   filter,   String
broadcastPermission, Handler scheduler)
```

其中，参数 receiver 是注册的广播接收器；参数 filter 是使用该接收器处理的广播事

件 Intent 的过滤器。在 filter 中定义广播事件的动作，用于标识需要处理的广播事件。参数 broadcastPermission 是接收事件 Intent 需要的权限；参数 scheduler 是处理该广播事件的线程。

（5）运行分析。完成以上步骤，运行该代码。当没有注册广播时，单击“发送自定义广播”按钮，只会给出发送广播的提示，如图 7-19 所示。当单击“注册自定义广播”按钮时，显示成功注册的提示，如图 7-20 所示。

图 7-19　未注册时发送广播

图 7-20　注册自定义广播

注册广播后，再发送自定义广播，不仅会提示发送广播，广播接收器会提示接收到的 Intent 信息，如图 7-21 所示。当取消广播之后，发送自定义广播就不会再显示广播接收器的提示信息，如图 7-22 所示。

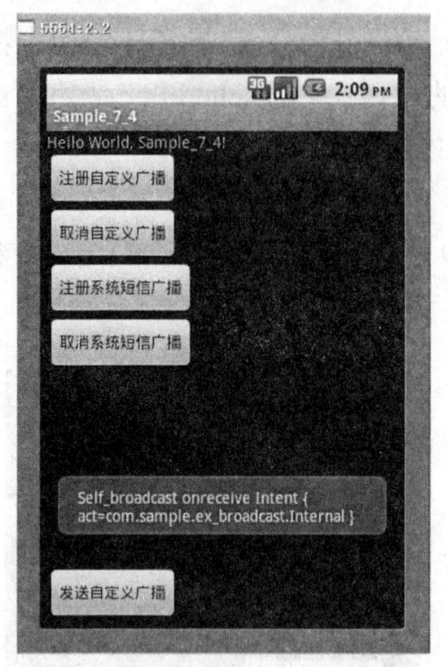

图 7-21　接收到广播

图 7-22　取消自定义广播

这样，整个过程在输入的调试信息中可以更清晰地看到，如图 7-23 所示。

PID	Application	Tag	Text
299	com.sample.Sample_7_4	BROADCAST	send self broadcast
299	com.sample.Sample_7_4	BROADCAST	register self broadcast
299	com.sample.Sample_7_4	BROADCAST	send self broadcast
299	com.sample.Sample_7_4	BROADCAST	Self_broadcast onreceive Intent { act=com.sample.ex_broadcast.Internal }
299	com.sample.Sample_7_4	BROADCAST	unregister self broadcast
299	com.sample.Sample_7_4	BROADCAST	send self broadcast
299	com.sample.Sample_7_4	BROADCAST	send self broadcast

图 7-23　调试信息

7.3.2　系统广播——短信广播

广播的注册方式有两种，一种是在代码中动态注册，另一种是在 AndroidManifest.xml 中静态注册。自定义广播一般使用动态注册，而系统广播则根据需要选择使用动态注册还是静态注册方式。我们分别使用动态注册和静态注册两种方式来完成对短信广播的注册。

1．动态注册

系统广播的广播接收器以及动态注册方式和我们自定义的广播在使用上是一样的，只是广播的动作已经由系统定义，而且大部分的系统广播都是需要相应的权限才能进行接收广播的。接下来，以最常见的短信广播为例进行讲解。具体步骤如下。

（1）广播接收器。在 src 目录中新建一个类继承 BroadcastReceiver 类，在 Java 文件中实现广播接收后的处理。本实例中，创建了 Sms_broadcast 类。在 src/com.sample.Sample_7_4 目录中，新建一个 Sms_broadcast.java 类，具体代码如下。

代码位置：见随书光盘中源代码/第 7 章/Sample_7_4/src/com.sample.Sample_7_4 目录下的 Sms_broadcast.java 文件。

```
01 package com.sample.Sample_7_4;                                   //声明包语句
02 import android.content.BroadcastReceiver;                        //引入相关类
```

```
03 import android.content.Context;                                  //引入相关类
04 import android.content.Intent;                                   //引入相关类
05 import android.util.Log;                                         //引入相关类
06 import android.widget.Toast;                                     //引入相关类
07
08 public class Sms_broadcast extends BroadcastReceiver {      //继承 BroadcastReceiver 类
09     @Override
10     public void onReceive(Context context, Intent intent) {      //重写 onReceive()方法
11         Log.i("BROADCAST", "SMS_broadcast onreceive "+intent.toString()); //打印输出
12         Toast.makeText(context,    "SMS_broadcast    onreceive    "+intent.toString(),
1000).show();//提示
13     }
14 }
```

其中：

- 第 08 行，定义自己的广播接收器 Sms_broadcast 继承 BroadcastReceiver 类。
- 第 10～13 行，实现 onReceive()方法，在其中提示接收的 Intent 信息。

（2）权限声明。要接收系统发出的短信广播，必须有短信接收权限，在 AndroidManifest.xml 中声明如下。

代码位置：见随书光盘中源代码/第 7 章/Sample_7_4/目录下的 AndroidManifest.xml 文件。

```
    <uses-permission android:name="android.permission.RECEIVE_SMS" />
```

（3）动态注册和取消广播。打开项目 src/com.sample.Sample_7_4 目录下的 Sample_7_4.java 文件，在其中添加注册和取消注册系统广播的代码，具体代码如下。

代码位置：见随书光盘中源代码/第 7 章/Sample_7_4/src/com.sample.Sample_7_4 目录下的 Sample_7_4.java 文件。

```
01     //注册短信广播
02     btn_registsys.setOnClickListener(new OnClickListener() {     //按钮单击事件监听
03         @Override
04         public void onClick(View v) {
05             registerReceiver(smsBroadcast, new IntentFilter(SMS_ACTION));//注册广播
06             Log.i(TAG, "register sms broadcast");               //打印输出
07             Toast.makeText(context, "register sms broadcast", 1000).show();//提示信息
08         }
09     });
10     //取消短信广播
11     btn_unregistsys.setOnClickListener(new OnClickListener() { //按钮单击事件监听
12         @Override
13         public void onClick(View v) {
14             if (smsBroadcast != null) {                          //广播已注册
15                 unregisterReceiver(smsBroadcast);                //取消注册短信广播
16                 Log.i(TAG, "unregister sms broadcast");          //打印输出
17                 Toast.makeText(context, "unregister sms broadcast", 1000)
18                         .show();                                 //提示消息
19             } else {
20                 Log.i(TAG, "smsBroadcast is null");        //未注册广播
21             }
22         }
```

```
23        });
```

其中：

- 第 01～09 行，单击按钮后，完成注册短信广播。05 行，实现动态注册广播，其过滤器中广播的动作与系统广播的 Intent 动作必须是一致的。
- 第 10～19 行，单击按钮后，完成自定义广播的取消注册。14 行，实现动态取消广播，其广播类必须是注册的广播。

（4）运行分析。在界面中有“注册短信广播”和“取消短信广播”两个按钮，分别用于注册短信广播和取消短信广播，单击这两个按钮，效果如图 7-24 和图 7-25 所示。

图 7-24　注册短信广播

图 7-25　取消短信广播

在 Eclipse 中，可以完成向模拟器中发送短信和拨打电话等操作。选择 Eclipse 的 DDMS 界面，在左边栏中可以看到“Emulator Control”界面，如图 7-26 所示。其中，Incoming number 是呼入模拟器的号码，可以填写任意的数字串；选择 SMS 选项，即可在 Message 中输入短信的内容，通过 Send 按钮发送到模拟器中。

当动态注册短信广播后，使用 Eclipse 的模拟器控制端向模拟器中发送短信，显示了广播接收器中的提示信息，如图 7-27 所示。从提示信息中，可以看出该广播还有附带信息，这将在后面的章节中详细介绍如何读取短信的内容。

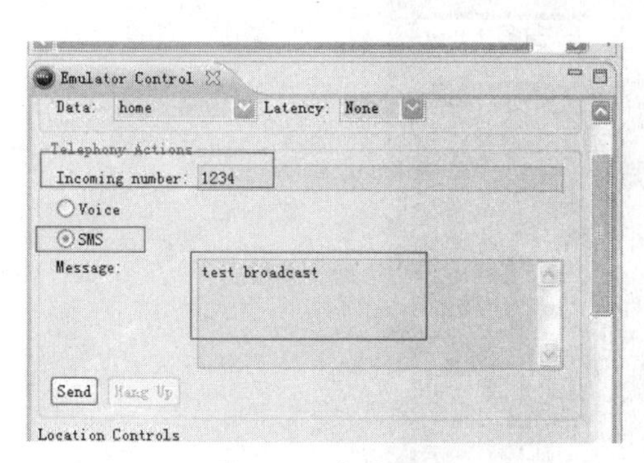

图 7-26　发送短信

图 7-27　接收到提示信息

2. 静态注册

（1）实现注册。对于短信这样的系统广播，更常用的注册方式是静态注册。只需要在 AndroidManifest.xml 文件中进行声明广播组件。声明的广播组件中包括了广播接收器的名称、广播接收器处理广播的动作。在本实例中实现如下。

代码位置：见随书光盘中源代码/第 7 章/Sample_7_4/目录下的 AndroidManifest.xml 文件。

```
01 <application
02       android:icon="@drawable/ic_launcher"
03       android:label="@string/app_name" >
04       <receiver
05          android:name=".Sms_broadcast" >
06          <intent-filter >
07             <action android:name="android.provider.Telephony.SMS_RECEIVED" />
08         </intent-filter>
09     </receiver>
10  </application>
```

其中：

- 第 01～03 行，已有应用程序定义，广播接收器的声明在应用程序标签内。
- 第 04～05 行，定义广播接收器标签以及广播接收器的名称，名称和动态注册名称一样。
- 第 06～08 行，定义处理广播的动作，动作名称和动态注册名称需一致。

（2）运行分析。此处同样使用 Eclipse 的模拟器控制端对模拟器发送短信进行静态注册的测试。模拟器成功接收短信后，和动态注册接收短信后的效果相同，如图 7-28 所示。

（3）动态注册与静态注册的区别。在 Android 中通过动态和静态方式注册广播，在收到指定的 action 后处理的效果是相同的，但是这两种方式注册的广播的生命周期是有区别的。

使用动态方式注册的广播是非常住型广播，也就是说广播的生命周期跟动态注册到应用程序的生命周期是一致的，即应用程序结束后，动态注册的广播接收器不再接收处理广播。而静态方式注册的广播是常住型广播，也就是说当应用程序关闭后，如果有广播信息，程序也会被系统调用自动运行。

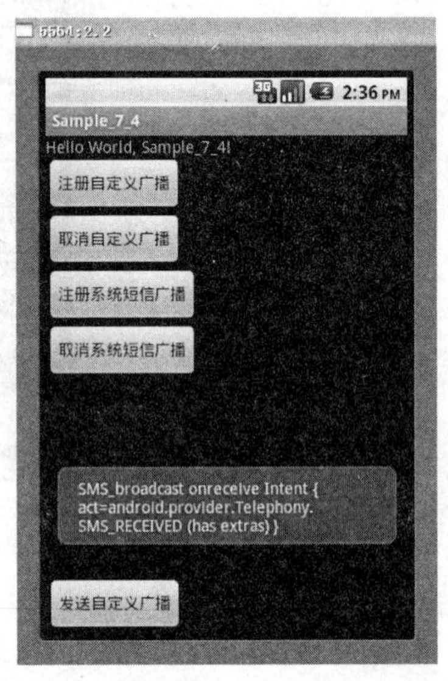

图 7-28　静态注册

在本实例中，使用动态方式注册广播接收器后，在不动态取消该广播接收器的情况下，结束该应用程序返回到主界面。模拟器成功接收到短信后，在通知栏中有短信提示，但是没有实现的广播接收提示，效果如图 7-29 所示。同时，使用静态方式注册广播接收器后，结束该应用程序返回主界面。当成功接收到短信后，在主界面中显示实现的广播接收提示，效果如图 7-30 所示。

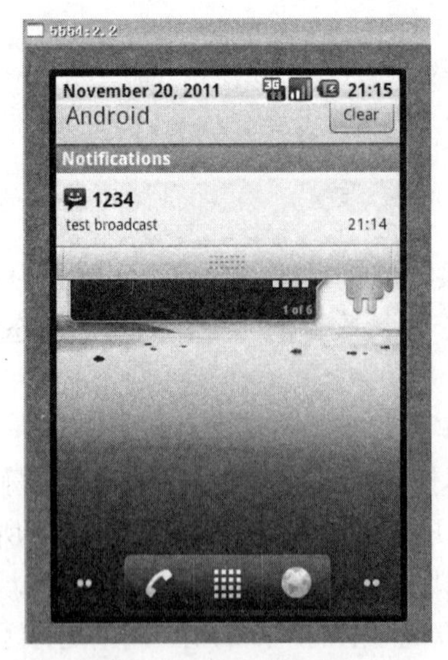

图 7-29　动态注册方式

图 7-30　静态注册方式

7.4　消息处理

在 Android 系统中遵循单线程模型，即对 Android 应用程序的 UI 操作并不是线程安全的，所有 UI 操作必须在 UI 线程中执行，所以其他线程是不允许更改 UI 界面的。但是，当我们需要进行一个耗时的操作，如联网读取数据、读取本地较大文件时，这些操作又不能够放在主线程中。如果放在主线程中的话，界面会出现假死现象。Android 作为实时操作系统，当发现 UI 线程 5 秒钟还没有完成时，会发出一个错误提示"强制关闭"。这时候，我们需要把这些耗时的操作放在一个子线程中，同时需要根据子线程的进度更新 UI 界面。Android 系统提供了消息处理机制来解决这一问题。

7.4.1　Handler 类简介

Google 在 Android 系统中通过 Looper、Handler 来实现消息循环机制。其消息循环是针对线程实现的，即每个线程都可以有自己的消息队列和消息循环。其中，Looper 负责管理线程的消息队列和消息循环；Handler 的作用是把消息加入特定的（Looper）消息队列中，并分发和处理该消息队列中的消息。接下来，通过更新进度条来介绍 Handler 的使用。

Handler 类位于 android.os 包下，主要功能是完成 Activity 的 Widget 与应用程序中线程之间的交互。接下来对该类中常用的方法进行介绍，如表 7-1 所示。

表 7-1　Handler 类的常用方法

方 法 签 名	描　述
public void handleMessage (Message msg)	子类对象通过该方法接收信息
public final boolean sendEmptyMessage (int what)	发送一个只含有 what 值的消息
public final boolean sendMessage (Message msg)	发送消息到 Handler，通过 handleMessage 方法接收
public final boolean hasMessages (int what)	监测消息队列中是否还有 what 值的消息
public final boolean post (Runnable r)	将一个线程添加到消息队列

开发带有 Handler 类的程序步骤如下。

（1）在 Activity 或 Activity 的 Widget 中开发 Handler 类的对象，并重写 handleMessage 方法。

（2）在新启的线程中调用 sendEmptyMessage 或者 sendMessage 方法向 Handler 发送消息。

（3）Handler 类的对象用 handleMessage 方法接收消息，然后根据消息的不同执行不同的操作。

7.4.2　进度条更新

本实例中实现进度条的更新，每间隔 1 秒进度条前进 5%；当进度条达到 100%时，每间隔 1 秒进度条回退 5%。在界面中，只需要一个进度条。具体实现步骤如下。

（1）在 Eclipse 中新建一个项目 Sample_7_5。实现主界面的布局，需要一个进度条控件。打开项目 res/layout 目录下的 main.xml 文件，将其中已有的代码替换为如下代码。

代码位置：见随书光盘中源代码/第 7 章/Sample_7_5/res/layout 目录下的 main.xml 文件。

```
01 <?xml version="1.0" encoding="utf-8"?>
02 <LinearLayout xmlns:android="http://schemas.android.com/apk/res/android"
03    android:layout_width="fill_parent"
04    android:layout_height="fill_parent"
05    android:orientation="vertical" >                    <!-- 声明一个线性布局 -->
06
07    <TextView
08       android:layout_width="fill_parent"
09       android:layout_height="wrap_content"
10       android:text="@string/hello" />                  <!-- 声明一个文字显示 -->
11
12    <ProgressBar
13       android:id="@+id/progress"
14       style="?android:attr/progressBarStyleHorizontal"
15       android:layout_width="fill_parent"
16       android:layout_height="wrap_content"
17       />                                               <!-- 声明一个 ProgressBar 控件 -->
18 </LinearLayout>
```

其中：

- 第 02～05 行，声明了一个线性布局，该线性布局的排列方式为垂直分布。
- 第 06～10 行，声明了一个 TextView 控件，显示项目名。
- 第 11～17 行，声明了一个 ProgressBar 控件，该控件用于显示进度条的进度。

（2）Handler 实现。打开项目 src/com.sample.Sample_7_5 目录下的 Sample_7_5.java 文件，在其中添加 Handler 实现进度条变化的代码，具体代码如下。

代码位置：见随书光盘中源代码/第 7 章/Sample_7_5/src/com.sample.Sample_7_5 目录下的 Sample_7_5.java 文件。

```
01 package com.sample.Sample_7_5;                          //声明包语句
02 import android.app.Activity;                            //引入相关类
03 import android.os.Bundle;                               //引入相关类
04 import android.os.Handler;                              //引入相关类
05 import android.os.Message;                              //引入相关类
06 import android.util.Log;                                //引入相关类
07 import android.widget.ProgressBar;                      //引入相关类
08
09 public class Sample_7_5 extends Activity {              //继承 Activity 类
10     final String TAG="HANDLER";                         //定义打印标识
11     ProgressBar bar;                                    //定义进度条
12     final int INC = 1;                                  //定义增长的标识
13     final int DEC = 2;                                  //定义减少的标识
14     boolean is_running = false;                         //定义是否运行线程
15
16     Handler handler = new Handler() {                   //实例化 Handler
17         @Override
```

```
18          public void handleMessage(Message msg) {              //重写handleMessage()方法
19              super.handleMessage(msg);
20              switch (msg.what) {                               //处理消息
21              case INC:                                         //进度条增长标识
22                  bar.incrementProgressBy(5);                   //进度条增长5%
23                  Log.i(TAG,  "Thread  id  "+Thread.currentThread().getId()+",handler
INC");
24                  break;
25              case DEC:                                         //进度条减少标识
26                  bar.incrementProgressBy(-5);                  //进度条减少5%
27                  Log.i(TAG,  "Thread  id  "+Thread.currentThread().getId()+",handler
DEC");
28                  break;
29              default:                                          //其他标识
30                  Log.i(TAG,  "Thread  id  "+Thread.currentThread().getId()+",handler
DEFAULT");
31                  break;
32              }
33          }
34      };
```

其中：

- 第 12～13 行，定义了消息的标识，用于判断是增长还是减少的消息。
- 第 16 行，实例化一个消息处理类 Handler。
- 第 17～19 行，重写实现消息处理函数 handleMessage()。
- 第 21～24 行，判断消息，当是增长信息时，进度条增长并打印该线程号和消息号。
- 第 25～28 行，判断消息为减少信息时，进度条进度减少并打印该线程号和信息号。

对于 Handler 的实现代码中，需要重点讲解如下两点。

①创建 Looper。Activity 是一个 UI 线程，运行于主线程中，Android 系统在启动时会为 Activity 创建一个消息队列和消息循环（Looper）。所以，一般情况下不用创建 Looper。但是，创建非 UI 线程默认是没有消息循环和消息队列的，如果想让该线程具有消息队列和消息循环，需要在线程中首先调用 Looper.prepare()来创建消息队列，然后调用 Looper.loop()进入消息循环。

②Handler 的方法。Handler 负责分发和处理消息循环中的消息。其中，实现一个 Handler 类，必须实现 Handler 中的消息处理函数：

```
void handleMessage(Message msg)
```

其中，参数 msg 是在消息队列中的消息类 Message。在其中包含描述和任意数据对象，其中使用 Message 类中的 what 变量来定义消息代码，以使收件人能识别此消息。

（3）消息发送线程。接下来我们需要新建一个线程用于完成耗时的操作并及时向消息循环队列中发送消息包。打开项目 src/com.sample.Sample_7_5 目录下的 Sample_7_5.java 文件，在其中添加 Handler 实现消息发送线程的相关代码，具体代码如下。

代码位置：见随书光盘中源代码/第 7 章/Sample_7_5/src/com.sample.Sample_7_5 目录下的 Sample_7_5.java 文件。

```
01 @Override
02 protected void onStart() {                                            //重写 onStart()方法
03     super.onStart();
04
05     bar.setProgress(0);                                               //设置进度条当前进度
06     //使用 handler 方式
07     Thread handlerBarThread = new Thread(new Runnable() {             //新建线程
08         @Override
09         public void run() {                                           //重写 run()方法
10             //进度条增长
11             for (int i = 0; i < 20 && is_running; i++) {              //进度条增长
12                 try {
13                     Thread.sleep(1000);                               //暂停 1 秒
14                     Message msg = new Message();                      //实例化消息类
15                     msg.what = INC;                                   //设置消息值
16                     handler.sendMessage(msg);                         //发送消息
17                     Log.i(TAG,"Thread      id      "+Thread.currentThread().getId()+
",sendmessage INC");
18                 } catch (Exception e) {
19                     // TODO: handle exception                         //异常处理
20                 }
21             }
22             // 进度条减少
23             for (int i = 0; i < 20 && is_running; i++) {              //进度条减少
24                 try {
25                     Thread.sleep(1000);                               //暂停 1 秒
26                     Message msg = new Message();                      //实例化消息类
27                     msg.what = DEC;                                   //设置消息值
28                     handler.sendMessage(msg);                         //发送消息
29                     Log.i(TAG,"Thread  id  "+Thread.currentThread().getId()+",sendm-
essage DEC");
30                 } catch (Exception e) {
31                     // TODO: handle exception
32                 }
33             }
34         }
35     });
36     is_running=true;                                                  //运行线程标识
37     handlerBarThread.start();                                         //线程开启
38 }
```

其中：

- 第 01～05 行，重写 onStart()方法，初始化进度条。
- 第 06～07 行，新建一个线程。
- 第 08～09 行，实现新线程运行的 run()方法。
- 第 11～21 行，发送 20 个进度条增长消息，每次消息间隔时间为 1 秒。
- 第 22～33 行，发送 20 个进度条减少消息，每次消息间隔时间为 1 秒。
- 第 36～37 行，启动线程，并设置其标识为启动。

对于上述代码实现的 Handler 中，再使用其来进行发送消息包，常用的方法如下。

```
boolean    sendEmptyMessage(int what)
```

```
boolean    sendMessage(Message msg)
boolean    sendMessageAtTime(Message msg, long uptimeMillis)
boolean    sendMessageDelayed(Message msg, long delayMillis)
```

其中，第一种方法表示发送一个只有 what 值的消息；第二种方法表示立即发送一个消息，参数 msg 是发送的消息；第三种方法表示在确定的时间发送消息，参数 uptimeMillis 指定了该时间；第四种方法表示延迟一段时间后发送消息，参数 delayMillis 指定了延迟时间。

（4）运行分析。调试运行该代码，可以看到进度条每隔 1 秒前进一些，当达到 100%后，再逐步减少，效果如图 7-31 所示。

图 7-31　运行后的效果

输出的调试信息如图 7-32 所示。

Application	Tag	Text
com.sample.Sample 7 5	HANDLER	oncreate thread id 1
com.sample.Sample 7 5	HANDLER	Thread id 8,sendmessage INC
com.sample.Sample 7 5	HANDLER	Thread id 1,handler INC
com.sample.Sample 7 5	HANDLER	Thread id 8,sendmessage INC
com.sample.Sample 7 5	HANDLER	Thread id 1,handler INC
com.sample.Sample 7 5	HANDLER	Thread id 8,sendmessage INC
com.sample.Sample 7 5	HANDLER	Thread id 1,handler INC

图 7-32　Handler 调试信息

由以上可以看出，Activity 在创建函数 onCreate()中的线程号是 1，发送消息的线程号是 8，而 handler 处理线程号是 1。由于消息处理是在主线程中处理的，所以在消息处理函数中可以安全地调用主线程中的任何资源，包括刷新界面。工作线程和主线程运行在不同的线程中，所以必须要注意这两个线程间的竞争关系，发送信息和处理消息不一定会交错进行。在发送多个信息后，handler 才逐个处理信息。

7.4.3　搜索 SD 卡文件

Android 中除了提供了 Handler 的消息循环机制外，还提供了一种有别于线程的处理方式 AsyncTask（异步任务）来处理耗时操作。接下来，我们通过搜索 SD 卡文件来介绍 AsyncTask 的使用。

（1）在 Eclipse 中新建一个项目 Sample_7_6。实现主界面的布局，需要一个搜索文件名的输入框以及一个搜索按钮。打开项目 res/layout 目录下的 main.xml 文件，将其中已有的代码替换为如下代码。

代码位置：见随书光盘中源代码/第 7 章/Sample_7_6/res/layout 目录下的 main.xml 文件。

```
01 <?xml version="1.0" encoding="utf-8"?>
02 <LinearLayout xmlns:android="http://schemas.android.com/apk/res/android"
03    android:layout_width="fill_parent"
04    android:layout_height="fill_parent"
05    android:orientation="vertical" >                    <!-- 声明一个线性布局 -->
06
07 <EditText
08    android:layout_width="fill_parent"
09    android:layout_height="wrap_content"
10    android:id="@+id/edit"
11    android:hint="请输入查找的文件名"
12    />                                                  <!-- 声明一个EditText控件 -->
13
14 <Button
15    android:layout_width="wrap_content"
16    android:layout_height="wrap_content"
17    android:id="@+id/serch"
18    android:text="开始搜索SD卡"
19    />                                                  <!-- 声明一个Button控件 -->
20 </LinearLayout>
```

其中：

- 第 02～05 行，声明了一个线性布局，该线性布局的排列方式为垂直分布。
- 第 06～10 行，声明了一个 EditText 控件，该控件用于输入需要查找的文件名。
- 第 11～18 行，声明了一个 Button 控件，该控件用于开始搜索 SD 卡。

（2）AsyncTask 实现。AsyncTask 是 Android 系统提供的异步处理类，适用于常用的异步交互处理。在 AsyncTask 的抽象类中定义了三种泛型 Params、Progress 和 Result。抽象类表示如下。

```
new AsyncTask<Params, Progress, Result>
```

其中，参数 Params 是启动任务执行的输入参数；参数 Progress 是后台任务执行的进度百分比；参数 Result 是后台执行任务最终返回的结果。

为了实现一个异步任务，可以分为四步，使用四个方法来实现。

```
onPreExecute()
doInBackground(Params...)
onProgressUpdate(Progress...)
onPostExecute(Result)
```

打开项目 src/com.sample.Sample_7_6 目录下的 Sample_7_6.java 文件，在其中添加异步实现的代码，具体如下。

代码位置：见随书光盘中源代码/第 7 章/Sample_7_6/src/com.sample.Sample_7_6 目录下的 Sample_7_6.java 文件。

```
01 package com.sample.Sample_7_6;                                  //声明包语句
02 import java.io.File;                                            //引入相关类
03 import java.util.ArrayList;                                     //引入相关类
04 import java.util.List;                                          //引入相关类
05 import java.util.regex.Pattern;                                 //引入相关类
06 import android.app.Activity;                                    //引入相关类
07 import android.app.AlertDialog;                                 //引入相关类
08 import android.app.ProgressDialog;                              //引入相关类
09 import android.content.Context;                                 //引入相关类
10 import android.content.Intent;                                  //引入相关类
11 import android.os.AsyncTask;                                    //引入相关类
12 import android.os.Bundle;                                       //引入相关类
13 import android.os.Environment;                                  //引入相关类
14 import android.util.Log;                                        //引入相关类
15 import android.view.View;                                       //引入相关类
16 import android.view.View.OnClickListener;                       //引入相关类
17 import android.widget.Button;                                   //引入相关类
18 import android.widget.EditText;                                 //引入相关类
19 import android.widget.Toast;                                    //引入相关类
20
21 public class Sample_7_6 extends Activity {                      //继承 Activity 类
22     final String TAG="ASYNCTASK";                               //定义打印标识
23     List<String> filelist;                                      //搜索到的文件
24     EditText editText;                                          //定义控件
25     Button btn_search;
26     Context context;
27
28     @Override
29     public void onCreate(Bundle savedInstanceState) {           //重写 onCreate()方法
30        super.onCreate(savedInstanceState);
31        setContentView(R.layout.main);                           //设置界面
32        context = this;
33        editText = (EditText) findViewById(R.id.edit);           //绑定控件
34        btn_search = (Button) findViewById(R.id.serch);
35        filelist = new ArrayList<String>();                      //实例化文件数组
36
37        btn_search.setOnClickListener(new OnClickListener() {    //添加按钮单击监听
38            @Override
39            public void onClick(View v) {                        //按钮单击处理
40                Log.i(TAG, "onclik start Thread id "+Thread.currentThread(). getId());
                                                                   //打印输出
41                // 搜索文件的异步任务
42                new AsyncTask<Integer, Integer, String>() {      //实例化 AsyncTask

43                    private ProgressDialog dialog;               //定义提示框
44
45                    protected void onPreExecute() {       //实现 onPreExecute()方法
46                        Log.i(TAG, "onPreExecute Thread id "+Thread.currentThread().
                          getId());
```

```
47                  dialog = ProgressDialog.show(
48                          Sample_7_6.this, "",
49                          "正在扫描SD卡,请稍候...");//显示提示框
50                  super.onPreExecute();
51              }
52              //后台执行
53              protected String doInBackground(Integer... params) {
54              Log.i(TAG, "doInBackground Thread id "+Thread.currentThread().
getId());
                    //判断是否有SD卡
55                  if (!android.os.Environment.getExternalStorageState()
56                          .equals(android.os.Environment.MEDIA_MOUNTED)) {
57
58                  } else {
                        //判断输入不为空
59                      if (!editText.getText().toString().equals("")) {
60                          filelist.clear();           //清空文件列表
61                          return Search_Files(Environment
                                    //调用搜索方法
62                                  .getExternalStorageDirectory());
63                      }
64                  }
65                  return null;
66              }
67
68              //搜索完毕后，结果处理
69              protected void onPostExecute(String result) {
70                  Log.i(TAG, "onPostExecute Thread id "+Thread.currentThread().
getId());
71                  dialog.dismiss();                       //提示框消失
72                  if (editText.getText().toString().equals("")) {//输入为空时
73                      Toast.makeText(Sample_7_6.this,
74                              "请输入搜索的文件名", 1000).show();
75                  } else {
76                      new AlertDialog.Builder(Sample_7_6.this) //有结果时
77                      .setTitle("SD卡搜索结果")
78               .setMessage(result)
79              .create().show();                           //显示搜索结果
80                  }
81                  super.onPostExecute(result);
82              }
83          }.execute(0);
84
85          Log.i(TAG, "onClick stop Thread id "+Thread.currentThread().getId());
86      };
87  });
88  }
```

其中：

- 第 21～35 行，继承 Activity 类，定义、初始化变量，并重写 onCreate()方法，实现界面布局和控件的绑定。
- 第 37～40 行，设置按钮单击监听并实现单击处理。

- 第 42～44 行，实例化 AsyncTask 类，定义提示框。
- 第 45～51 行，实现 onPreExecute()方法，在界面中显示进度条。
- 第 52～66 行，实现 doInBackground()方法。第 55～57 行，检测 SD 卡是否可用。当不可用时，不做任何操作。关于 SD 卡的操作，在后面的数据存储章节将有更详细的介绍。第 58～64 行，当 SD 卡可用时，调用 Search_Files()方法实现搜索。
- 第 68～83 行，实现 onPostExecute()方法。第 72～75 行，判断输入文字，如果输入为空则提示输入搜索文件；第 76～80 行，实例一个提示框，显示搜索结果。

对于上述异步任务的实现代码中，需要明白如下几点。

①onPreExecute()。该方法将在执行实际的后台操作前被 UI 线程调用。一般在该方法中做一些准备工作。

②doInBackground(Params...)。该方法将在 onPreExecute()方法执行后马上执行。该方法运行在新的后台线程中，用于完成耗时的后台操作工作。该方法是抽象方法，在子类必须实现。

其参数 Params 即是在实例化 AsyncTask 时的泛型 Params；而且返回的数据是 AsyncTask 中的泛型 Result。同时在该方法中可以调用 publishProgress()方法来更新实时的任务进度 Progress。

③onProgressUpdate(Progress...)。该方法在每次调用 publishProgress()方法后被 UI 线程调用。UI 线程调用该方法在界面上展示任务的进展情况，通常情况下，是对进度条进行更新。本实例中，没有实现该方法。

④onPostExecute(Result)。该方法在 doInBackground()执行完成后被 UI 线程调用。UI 线程调用该方法得到后台的计算结果 Result，并对结果进行处理。

（3）文件搜索的实现。打开项目 src/com.sample.Sample_7_6 目录下的 Sample_7_6.java，在其中添加文件搜索实现的代码，搜索 SD 卡文件名中含有输入字符的所有文件，具体如下。

代码位置：见随书光盘中源代码/第 7 章/Sample_7_6/src/com.sample.Sample_7_6 目录下的 Sample_7_6.java 文件。

```
01      public String Search_Files(File filePath) {
02         File[] files = filePath.listFiles();
03         String tempString=editText.getText().toString().toLowerCase();
04         if (files != null) {
05              for (int i = 0; i < files.length; i++) {
06                   if (files[i].isDirectory()) {
07                        Search_Files(files[i]);
08                   } else {
09                        //匹配文件名
10                        if(files[i].getName().toLowerCase().contains(tempString)){
11                             filelist.add(files[i].getAbsolutePath()+"\n");

12                        }
13                   }
```

```
14                  }
15              }
16              return filelist.toString();
17      }
```

其中：

- 第 02 行，获取文件夹 filePath 中的所有文件以及文件夹。
- 第 05～08 行，判断 File 是否为文件夹，是文件夹时，递归调用 Search_Files()方法，继续遍历下一层目录。
- 第 09～12 行，当 File 为文件时，匹配文件名中是否含有输入文字，如果含有则保存到 filelist 中。

（4）运行分析。完成上述步骤后，运行该代码。例如搜索文件名中含有“b”字母的文件，整个过程如图 7-33 和图 7-34 所示。

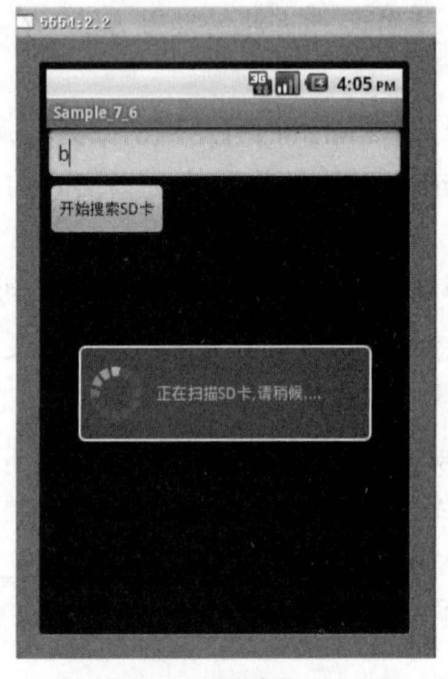

图 7-33 搜索文件

图 7-34 搜索结果显示

查看调试输出结果，如图 7-35 所示。从结果中，可以很明显地看出，AsyncTask 的处理过程分为 onPreExecute()、doInBackground(Params...)、onProgressUpdate(Progress...)、onPostExecute(Result)四步。并且，doInBackground()方法运行的线程号为 9，其他方法都运行在主线程 1 中。

PID	Application	Tag	Text
2133	com.sample.Sample_7_6	ASYNCTASK	onclik start Thread id 1
2133	com.sample.Sample_7_6	ASYNCTASK	onPreExecute Thread id 1
2133	com.sample.Sample_7_6	ASYNCTASK	onClick stop Thread id 1
2133	com.sample.Sample_7_6	ASYNCTASK	doInBackground Thread id 9
2133	com.sample.Sample_7_6	ASYNCTASK	onPostExecute Thread id 1

图 7-35 AsyncTask 调试输出结果

7.4.4 异步处理总结

在本节中我们介绍了 Android 对于耗时操作线程与 UI 主线程的更新。本节通过实例，分别使用 Android 中的消息循环机制（Looper——Handler）和异步任务（AsyncTask）实现了耗时操作和 UI 界面的交互。当使用消息循环机制时，我们需要新建线程、自定义发送的信息以及自定义针对不同消息的处理；而当使用异步任务时，只需要实现异步任务中的四步即可。但是，异步任务本质上也是使用 Android 信息循环机制，对线程和 Handler 进行了封装，方便使用。

7.5 综合案例

在前面的章节中，我们已经详细介绍了 Android 应用程序中的三大组件以及消息机制。在本节中，我们将综合使用这些知识来完成案例。

7.5.1 开机欢迎

对于不少 Android 程序在开机完成之后会自启动一个服务在后台一直运行。在本节中，我们将实现一个开机自启动的欢迎应用程序。该程序在开机完成后，显示滚动提示“欢迎来到美妙的 Android 世界”，效果如图 7-36 所示。

图 7-36 开机欢迎界面

由于在 Android 系统启动完成后，会发送一个开机完成的广播，在接收到该广播时，启动界面 Activity。下面将详细介绍该案例的开发过程，步骤如下。

（1）创建一个新的 Android 项目，取名为 Sample_7_7。

（2）准备图片资源，将项目中用到的图片资源存放到项目目录中的 res/drawable-mdpi 文件夹下。

（3）准备字符串资源，用下列代码替换 res/values 目录下 strings.xml 文件中的代码。

代码位置：见随书光盘中源代码/第 7 章/Sample_7_7/res/values 目录下的 strings.xml 文件。

```
01 <?xml version="1.0" encoding="utf-8" standalone="no"?>
02 <resources>
03     <string name="app_name">Sample_7_7</string>
04     <string name="hello_world">欢迎来到美妙的Android世界</string>
05     <string name="menu_settings">Settings</string>
06 </resources>
```

说明：将字符串声明到一个文件中是为了便于系统的管理与维护。

（4）开发该案例的布局文件，打开 main.xml 文件，其代码如下。

代码位置：见随书光盘中源代码/第 7 章/Sample_7_7/res/layout 目录下的 main.xml 文件。

```
01 <RelativeLayout xmlns:android="http://schemas.android.com/apk/res/android"
02     xmlns:tools="http://schemas.android.com/tools"
03     android:layout_width="match_parent"
04     android:layout_height="match_parent"
05     android:orientation="vertical"
06     android:background="@drawable/a"
07     tools:context=".MainActivity" >                          <!-- 添加一个相对布局 -->
08 
09     <TextView
10         android:layout_width="wrap_content"
11         android:layout_height="wrap_content"
12         android:layout_centerHorizontal="true"
13         android:layout_centerVertical="true"
14         android:textSize="40dp"
15         android:focusable="true"
16         android:ellipsize="marquee"
17         android:marqueeRepeatLimit="marquee_forever"
18         android:focusableInTouchMode="true"
19         android:scrollHorizontally="true"
20         android:text="@string/hello_world" />             <!-- 添加一个 TextView -->
21 </RelativeLayout>
```

（5）接下来开发该案例的广播代码，新建 BootBReceriver.java 文件，用下列代码替换其原有代码。

代码位置：见随书光盘中源代码/第 7 章/Sample_7_7/src/com.sample. Sample_7_7 目录下的 BootBReceriver.java.java 文件。

```
01 package com.sample.sample_7_7;                                  //包名
02 import android.content.BroadcastReceiver;                       //引入相关类
03 import android.content.Context;                                 //引入相关类
04 import android.content.Intent;                                  //引入相关类
05 public class BootBReceriver extends BroadcastReceiver {         //继承广播接收器
06 static final String ACTION_BOOT_STRING="android.intent.action.BOOT_COMPLETED";//动作
```

```
07     @Override
08     public void onReceive(Context context, Intent intent) {     //重写 onReceive()方法
09         // TODO Auto-generated method stub
10         if (intent.getAction().equals(ACTION_BOOT_STRING)) {
11             Intent startintent=new Intent(context, MainActivity.class);
12             context.startActivity(startintent);                 //启动 Activity
13         }
14     }
15 }
```

其中：

- 第 05 行，继承广播接收器。
- 第 06 行，定义开启自启动广播动作，该动作为系统已定义动作。
- 第 08～13 行，实现接收到该广播后，启动 Activity。

（6）接下来开发该案例的主要逻辑代码，打开 Sample_7_7.java 文件，用下列代码替换其原有代码。

代码位置：见随书光盘中源代码/第 7 章/Sample_7_7/src/com.sample.Sample_7_7 目录下的 Sample_7_7.java 文件。

```
01 package com.sample.sample_7_7;                              //包名
02 import android.os.Bundle;                                   //引入相关类
03 import android.app.Activity;                                //引入相关类
04 import android.view.Menu;                                   //引入相关类
05 import android.view.Window;                                 //引入相关类
06 import android.view.WindowManager;                          //引入相关类
07 public class MainActivity extends Activity {                //继承 Activity
08     @Override
09     public void onCreate(Bundle savedInstanceState) {
10         super.onCreate(savedInstanceState);
11         requestWindowFeature(Window.FEATURE_NO_TITLE);      //设置为无标题
12         getWindow().setFlags(WindowManager.LayoutParams.FLAG_FULLSCREEN,
13                 WindowManager.LayoutParams.FLAG_FULLSCREEN);  //设置为全屏
14         setContentView(R.layout.main);                      //设置布局
15 
16         new Thread(){                                       //新线程
17             public void run(){
18                 try{
19                     sleep(10*1000);                         //暂停 10s
20                 }catch (Exception e) {
21                     e.printStackTrace();
22                 }finally{
23                     System.exit(0);                         //退出程序
24                 }
25             }
26         }.start();
27     }
```

其中：

- 第 11～14 行，设置程序布局为全屏无标题栏。
- 第 16～26 行，启动一个新线程。在 10s 后结束该程序。

（7）在 AndroidManifest.xml 文件中，注册广播以及添加接收启动完成广播的权限。打开 AndroidManifest.xml 文件，添加如下代码。

代码位置：见随书光盘中源代码/第 7 章/Sample_7_7 目录下的 AndroidManifest.xml 文件。

```
01    <uses-permission android:name="android.permission.RECEIVE_BOOT_COMPLETED" />
02     <application
03        android:allowBackup="true"
04        android:icon="@drawable/ic_launcher"
05        android:label="@string/app_name"
06        android:theme="@style/AppTheme" >
07        <activity
08           android:name="com.sample.sample_7_7.MainActivity"
09           android:label="@string/app_name" >
10           <intent-filter>
11              <action android:name="android.intent.action.MAIN" />
12              <category android:name="android.intent.category.LAUNCHER" />
13           </intent-filter>
14        </activity>
15        <receiver android:name=".BootBReceriver" >
16           <intent-filter>
17              <action android:name="android.intent.action.BOOT_COMPLETED" />
18              <category android:name="android.intent.category.HOME" />
19           </intent-filter>
20        </receiver>
21     </application>
```

其中：

- 第 01 行，添加接收 Android 系统启动完成的广播。
- 第 15～20 行，注册广播接收器，该广播接收系统启动广场广播。

（8）运行该案例。当安装成功后，重启模拟器。当模拟器再次启动完成后，便会执行本案例，可以看到如图 7-36 所示的效果。

需要注意的是，该实例是在 Android 系统启动完成后运行的，和 Android 系统启动过程中的欢迎界面是两个完全不同的实现方法和运行时间。

7.5.2 组件通信

在实际开发中，经常遇到在 Service 中下载文件完成或者其他长时间的操作完成后，需要通知用户知晓当前的状态。除了 Service 直接向 Activity 传输数据外，我们还可以通过 Service 发送广播，Activity 负责以接收的方式来完成消息的更新。在本小节中，我们将进行实现多组件之间的通信。

下面将详细介绍该案例的开发过程，步骤如下。

（1）创建一个新的 Android 项目，取名为 Sample_7_8。

（2）开发该案例的布局文件，打开 main.xml 文件，其代码如下。

代码位置：见随书光盘中源代码/第 7 章/Sample_7_8/res/layout 目录下的 main.xml 文件。

```
01 <RelativeLayout xmlns:android="http://schemas.android.com/apk/res/android"
02    xmlns:tools="http://schemas.android.com/tools"
03    android:layout_width="match_parent"
04    android:layout_height="match_parent"
05    tools:context=".MainActivity" >                        <!-- 添加一个相对布局 -->
06 
07    <TextView
08       android:id="@+id/tv"
09       android:layout_width="wrap_content"
10       android:layout_height="wrap_content"
11       android:layout_centerHorizontal="true"
12       android:layout_centerVertical="true"
13       android:text="@string/hello_world" />               <!-- 添加一个文本框 -->
14 </RelativeLayout>
```

（3）接下来开发该案例的 Service 代码。在 Service 中开启一个线程，每一秒发送一个广播。新建 Myservice.java 文件，用下列代码替换原有代码。

代码位置：见随书光盘中源代码/第 7 章/Sample_7_8/src/com.sample.Sample_7_8 目录下的 Myservice.java 文件。

```
01 package com.sample.sample_7_8;                          //包名
02 import android.app.Service;                             //引入相关类
03 import android.content.Intent;                          //引入相关类
04 import android.os.IBinder;                              //引入相关类
05 import android.util.Log;                                //引入相关类
06 
07 public class Myservice extends Service {                //继承 Service
08    static final String TAG="Sample_7_8";                //打印标志
09    static final String SELF_ACTION="sample.intent.action.test";    //定义动作
10    boolean isstop=false;                                //线程是否停止
11    @Override
12    public IBinder onBind(Intent intent) {               //重写 onBind ()
13       // TODO Auto-generated method stub
14       return null;
15    }
16    public void onCreate() {                             //重写 onCreate()方法
17       Log.i(TAG, "Services onCreate");
18       super.onCreate();
19    }
20    public void onStart(Intent intent, int startId) { //重写 onStart()
21       Log.i(TAG, "Services onStart");
22       super.onStart(intent, startId);
23       new Thread() {              //新建线程，每隔 1 秒发送一次广播，同时把 i 放进 intent 传出
24          public void run() {
25             int i = 0;
26             while (!isstop) {
27                Intent intent = new Intent();
28                intent.putExtra("i", i);          //intent 添加数据
29                i++;
30                intent.setAction(SELF_ACTION);    //action 与接收器相同
31                sendBroadcast(intent);
32                Log.i(TAG, String.valueOf(i));
```

```
33                      try {
34                          sleep(1000);
35                      } catch (InterruptedException e) {
36                          // TODO Auto-generated catch block
37                          e.printStackTrace();
38                      }
39                  }
40              }
41          }.start();
42      }
43
44      @Override
45      public void onDestroy() {
46          Log.i("TAG", "Services onDestory");
47          isstop = true;//即使service销毁线程也不会停止，所以这里通过设置isStop来停止线程
48          super.onDestroy();
49      }
50  }
```

其中：

- 第 08～10 行，初始化需要使用的标志字符串。
- 第 20～42 行，当服务启动时，新建一个线程，每一秒发送一个广播，在广播中携带当前的 i 值。
- 第 45～49 行，当服务销毁时，停止线程。

（4）实现广播接收器。该广播接收器作为 sample_7_8 类中的一个内部类。打开 Sample_7_8.java 文件，新建如下类。

代码位置：见随书光盘中源代码/第 7 章/Sample_7_8/src/com.sample.Sample_7_8 目录下的 Sample_7_8.java 文件。

```
01      public class MyReceiver extends BroadcastReceiver {
02          @Override
03          public void onReceive(Context context, Intent intent) {
04              Log.i(Myservice.TAG,"OnReceiver");
05              Bundle bundle = intent.getExtras();
06              int i = bundle.getInt("i");
07                          // 处理接收到的内容
08              tv.setText("已经过去了 "+i+" 秒");
09          }
10          public MyReceiver() {
11              Log.i(Myservice.TAG,"MyReceiver");
12          }
13      }
```

其中：

- 第 01 行，继承 BroadcastReceiver 类，实现广播接收器。
- 第 05～08 行，获取从 Service 中传递的数据，在界面中显示该数据。

（5）开发该案例的主要逻辑代码，打开 Sample_7_8.java 文件，用下列代码替换原有代码。

代码位置：见随书光盘中源代码/第 7 章/Sample_7_8/src/com.sample.Sample_7_8 目录下的 Sample_7_8.java 文件。

```
01 package com.sample.sample_7_8;
02 import android.os.Bundle;
03 import android.app.Activity;
04 import android.content.BroadcastReceiver;
05 import android.content.Context;
06 import android.content.Intent;
07 import android.content.IntentFilter;
08 import android.util.Log;
09 import android.view.Menu;
10 import android.widget.TextView;
11
12 public class sample_7_8 extends Activity {
13     private TextView tv;
14     Myservice mService;
15     MyReceiver receiver;
16     @Override
17     protected void onCreate(Bundle savedInstanceState) {
18         super.onCreate(savedInstanceState);
19         setContentView(R.layout.main);
20         tv=(TextView)findViewById(R.id.tv);
21         //注册广播
22         receiver=new MyReceiver();
23         IntentFilter intentFilter=new IntentFilter(Myservice.SELF_ACTION);
24         this.registerReceiver(receiver, intentFilter);
25
26         //启动服务
27         Intent intent=new Intent(sample_7_8.this, Myservice.class);
28         startService(intent);
29     }
```

其中：

- 第 13～15 行，定义需要使用的变量。
- 第 21～24 行，动态注册广播，用于接收 Service 发送的信息。
- 第 26～28 行，启动服务。

（6）在 AndroidManifest.xml 文件中，添加 Service 的声明。打开 AndroidManifest.xml，添加如下代码。

代码位置：见随书光盘中源代码/第 7 章/Sample_7_8 目录下的 AndroidManifest.xml 文件。

```
<service android:name=".Myservice"></service>
```

（7）运行该案例，会观察到秒数在不断增加，如图 7-37 所示。

图 7-37 运行效果

在 DDMS 界面中，广场打印输出 LogCat 的结果，如图 7-38 所示。可以很明显地看出，广播的注册、服务的启动以及广播接收器接收的数据。

PID	TID	Application	Tag	Text
602	602	com.sample.sample_7_8	Sample_7_8	MyReceiver
602	602	com.sample.sample_7_8	Sample_7_8	Services onCreate
602	602	com.sample.sample_7_8	Sample_7_8	Services onStart
602	608	com.sample.sample_7_8	Sample_7_8	1
602	602	com.sample.sample_7_8	Sample_7_8	OnReceiver
602	608	com.sample.sample_7_8	Sample_7_8	2
602	602	com.sample.sample_7_8	Sample_7_8	OnReceiver
602	602	com.sample.sample_7_8	Sample_7_8	OnReceiver
602	608	com.sample.sample_7_8	Sample_7_8	3
602	602	com.sample.sample_7_8	Sample_7_8	OnReceiver

图 7-38 运行效果

7.6 总结

本章介绍了 Android 应用程序中的 Activity、Service、BroadCastReceiver 3 大组件、组件间“信使”Intent 以及 Android 中的消息循环机制。通过实例讲解了 3 大组件的使用，分析了各自的生命周期、常用情况；并且通过工作线程和 UI 线程的更新，讲解了 Android 中的消息循环机制。这些组件作为 Android 应用程序中的基础，在开发应用程序中是必不可少的组件；信息循环机制作为处理应用程序的多线程通信，必不可少。这些都是本章的重点也是难点，并且是实际开发中必须熟练使用的技能。

知 识 点	难 度 指 数（1～6）	占 用 时 间（1～3）
Activity 介绍	2	2
Activity 跳转	4	3
Service 介绍	1	1
Service 使用	6	3
BroadcastReceiver 介绍	3	1
BroadcastReceiver 使用	5	3
Handler 使用	4	2
AsyncTask 使用	5	3

7.7 习题

（1）实现活动 A 到活动 B 界面的跳转，要求从 A 到 B 时携带数据，并且从 B 返回 A 时也要有数据。

（2）实现服务的两种启动方式。

（3）使用系统广播机制，实现开机启动服务。

（4）结合异步消息处理的内容，用手动消息循环实现异步搜索 SD 卡文件。

第 8 章

凌波微步：Android 数据存储

Android 的数据存储方式主要有两种：一种是本机的文件存储，另一种是数据库存储方式。本章将对 Android 的数据存储进行详细讲解。主要包括对 Android 系统文件的功能阐述、Android 程序中文件的各种操作以及数据库的操作进行讲解。

8.1 Android 文件结构

“工欲善其事，必先利其器”，在学习 Android 程序中对文件的各种操作之前，让我们先来了解 Android 的文件结构。对于 Android 的文件结构可以分为三大类，分别是系统文件、数据文件、外部储存文件。

8.1.1 系统文件

Android 的系统文件主要存储在\system 文件里，下面就来详细了解\system 文件夹的结构。system 文件夹的结构如图 8-1 所示。

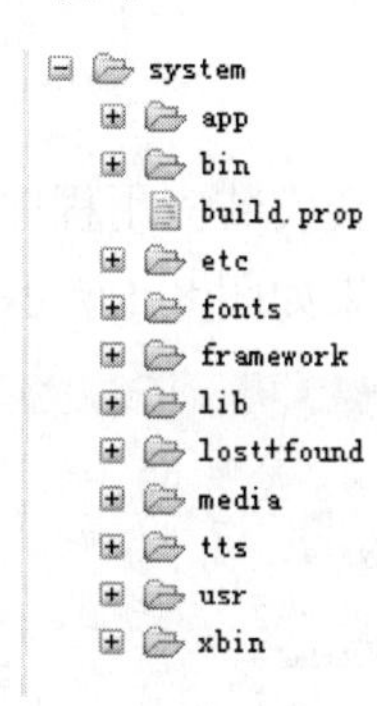

图 8-1　system 文件夹结构图

system 文件夹详细说明如下。

- \system\app：该目录主要存放的是常规下载的应用程序，可以看到都是以 APK 格式结尾的 APK 文件，\app 文件夹下的程序为系统默认的组件，当然安装的软件是不会出现在这里的，而是存储在\data 文件夹中。
- \system\bin：该目录文件夹下的文件都是系统的本地程序，也就是二进制的程序，主要都是 Linux 系统自带的组件（命令）。
- \system\etc：该目录文件夹主要存储着 Android 的系统配置文件，比如 GPS 设置文件（gps.conf）、存储挂载配置文件（mountd.conf）等。
- \system\fonts：该目录文件夹主要存储着与 Android 系统字体相关的文件，如字体样式、中文字库、unicode 字库等。
- \system\framework：该目录文件夹主要存储着 Android 系统核心文件、系统平台框架核心文件，如核心库（core.jar）、系统服务（svc.jar）等。
- \system\lib：该目录文件夹主要存储着 Android 系统底层库，如系统服务组件（libandroid_servers.so）、蓝牙组件（libbluetooth.so）等。
- \system\media：该目录文件夹主要存储着 Android 系统提示事件音和一些常规的铃声，如闹铃音（alarms）、提示音（notifications）等。

- \system\xbin：该目录文件夹主要存储着 Android 系统管理工具和配置工具。
- \system\build.prop：该目录文件是一个属性文件，记录着 Android 系统内核、机型、版本，以及系统设置和改变等信息。
- \system\usr：该目录文件夹是 Android 用户文件夹，如共享、键盘布局、时间区域文件等。
- \system\modules：该目录文件夹主要存储着 Android 系统内核模块（主要是 fs 和 net）及模块配置文件。
- \system\lost+found：该目录文件夹是基于 YAFFS（Yet Another Flash Filing System）文件系统固有的，类似回收站的文件夹。
- \system\sd：该目录文件夹是 SD 卡中的 EXT2 分区的挂载目录。

8.1.2 数据文件

用户在使用 Android 系统的过程中，会安装应用程序、产生临时数据等，这些用户数据大部分都保存在 data 目录中，其目录结果如图 8-2 所示。

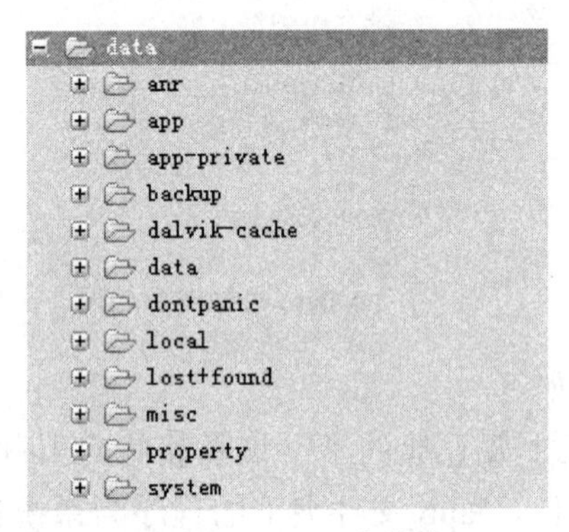

图 8-2 data 目录结构

\data 文件目录详细说明如下。

- \data\anr：该目录中保存了/data/anr/traces.txt 文件。当应用程序发生 ANR（Application is Not Responding）错误时，Android 会自动将问题点的 code stack list 写在这个档案内，直接在 Linux 中用 cat 命令查看其内容。
- \data\app：该目录主要存放的是常规下载的应用程序，可以看到都是以 APK 格式结尾的 APK 文件，与系统文件夹下的不同，在该文件夹中存放的是使用者自己安装的应用程序执行文件 （*.apk）。
- \data\app-private：该目录中同样存放的是用户安装的应用程序执行文件，不过这些文件都是有 DRM 保护的 APK 文件。这类文件较少，该目录一般为空。
- \data\backup：该目录中存放的是备份文件。
- \data\dalvik-cache：该目录中将 apk 中的 dex 文件安装到 dalvik-cache 目录下（dex 文件是 dalvik 虚拟机的可执行文件，其大小约为原始 apk 文件大小的四分之一）。

当 Android 启动时，DalvikVM 监视所有的程序（APK 文件）和框架，并且为它们创建一个依存关系树。DalvikVM 通过这个依存关系树来为每个程序优化代码并存储在 Dalvik 缓存中。这样，所有程序在运行时都会使用优化过的代码。有时候第一次启动时间非常长的原因就在于当一个程序（或者框架库）发生变更，DalvikVM 将会重新优化代码并且再次将其存在缓存中。

- \data\data：该目录中以应用程序名称保存程序的数据。在 data\data\<app-package-name>目录中，在程序中用 Context.openFileOutput() 所建立的文件都放在这个目录下的 files 子目录内；而用 Context.getSharedPreferences() 所建立的 preferences 文件（*.xml），则是放在 shared_pref 这个子目录中；建立的数据库文件（*.db）则保存在 databases 子目录中。
- /data/system/：该目录中存放一些配置文件，比如，触摸屏产生的屏校准值，就保存在/data/system/calibration 文件中。
- /data/misc：该目录中存放的各杂项（功能）所产生的配置文件。

8.1.3 外部储存文件

所谓的外部储存，即 SD 卡储存。对于较大的文件，我们一般都保存在 SD 卡中。该目录简单，不再赘述。

对于这三类文件结构，在我们进行操作时有一定的区别：

- 对于系统文件，如果没有 root 权限，是无法进行更改甚至读取文件的，所以一般不访问其数据。
- 对于数据文件，我们的应用程序产生的数据默认都保存在其 data\data 目录中，且其他应用程序在没有权限的情况下无法访问，在很大程度上保存了我们的私有数据。

对于外部储存的 SD 卡文件，由于其储存容量大，对于保存大文件有天然优势。但是，对于 SD 卡中的文件，只要应用程序拥有 SD 卡访问权限，就可以访问其中所有的文件，可能存在被其他程序篡改、删除的风险。

8.2 数据存储的方式

掌握了 Android 的文件结构后，Android 中一共提供了以下 4 种数据存储方式。

- SharedPreference：该存储方式适用于简单数据的保存，如配置属性、保存用户名等具有配置性质的数据保存，但是不适合数据比较大的保存方式。
- 文件存储（File）：文件存储方式是较常适用的一种保存数据方式，可以保存较大的数据。而且文件存储不仅能把数据存储在系统中也能将数据保存到 SDcard 中。
- 数据库存储（SQLite）：Android 系统提供了 SQLite 标准的数据库，完整支持的

SQL 语句。同样的，它可以保存较大数据，并且可以保存在系统中也可以保存在 SDcard 中。数据库存储具有一定规范的数据非常高效，但是相应需要数据库的操作规范，相对前两个较复杂。

- 网络存储（NetWork）：该存储方式通过网络来获取和存储数据，需要与 Android 网络数据包打交道，与网络相关应用一般都会使用到该存储方式。

当然，在 Android 系统中，很多数据并非只提供给一个应用来使用，为了减少数据的冗余，达到多应用对数据的共享，Android 提供了 Content Providers 来实现数据共享。

接下来的章节中，将会针对这四种数据存储方式以及数据共享来进行详细讲解。

8.3 SharedPreferences 存储

SharedPreferences 存储是 Android 提供用来存储一些简单的配置信息的一种机制，其以键值对的方式存储，使得我们可以很方便地读取和存入。例如，登录的用户名或密码、一些默认的欢迎语句等。

在这个范例中，我们实现了一个登录的效果，首先输入用户名和密码，单击登录按钮，程序将用户名和密码数据信息保存到自定义的 XML(user_info.xml)中，user_info.xml 中的用户数据以键值对方式存储，然后程序读取 user_info.xml 中的数据信息，并弹出信息框，提示用户登录成功。先让我们来看一下运行后的效果，如图 8-3、图 8-4 所示。

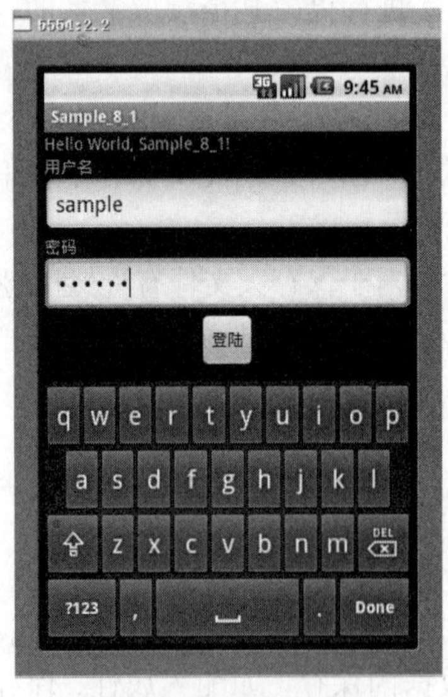

图 8-3　登录界面

图 8-4　登录成功界面

实现该项目的步骤如下。

（1）在 Eclipse 中创建一个名为 Sample_8_1 的 Android 项目。

（2）打开 res/layout 目录下的 main.xml 文件，修改该文件进行界面布局。在界面中，只需要提示用户输入用户名以及密码的两个提示 TextView 和两个输入框 EditText 以及登录按钮 Button。该界面布局简单，不再赘述其具体实现。

代码位置：见随书光盘中源代码/第 8 章/Sample_8_1/res/layout 目录下的 main.xml 文件。

（3）运行逻辑。在本例中，当界面启动时，从 SharedPreferences 中读取保存的用户名和密码显示在界面中。当单击“登录”按钮后，保存输入的用户名和密码并弹出提示消息。

实现整个程序逻辑，打开项目 src/com.sample.Sample_8_1 目录下的 Sample_8_1.java 文件，将其中已有代码替换为如下代码。

代码位置：见随书光盘中源代码/第 8 章/Sample_8_1/src/com.sample.Sample_8_1 目录下的 Sample_8_1.java 文件。

```
01 package com.sample.Sample_8_1;                                  //声明包语句
02 import android.app.Activity;                                    //引入相关类
03 import android.app.AlertDialog;                                 //引入相关类
04 import android.content.DialogInterface;                         //引入相关类
05 import android.content.DialogInterface.OnClickListener;         //引入相关类
06 import android.content.SharedPreferences;                       //引入相关类
07 import android.content.SharedPreferences.Editor;                //引入相关类
08 import android.os.Bundle;                                       //引入相关类
09 import android.view.View;                                       //引入相关类
10 import android.widget.Button;                                   //引入相关类
11 import android.widget.EditText;                                 //引入相关类
12
13 public class Sample_8_1 extends Activity {
14     private String info = "user_info";                          //共享文件名
15     private String user = "";                                   //用户名
16     private String password = "";                               //密码
17     private EditText userText = null;                           //用户名 EditText 组件对象
18     private EditText passwordText = null;                       //密码 EditText 组件对象
19
20     @Override
21     public void onCreate(Bundle savedInstanceState) {
22         super.onCreate(savedInstanceState);
23         setContentView(R.layout.main);
           //实例化用户名 EditText 组件对象
24         userText = (EditText) findViewById(R.id.user);
           //实例化密码 EditText 组件对象
25         passwordText = (EditText) findViewById(R.id.password);
26         getData();                                              //调用获取文件中的数据
27         Button button = (Button) findViewById(R.id.submit);     //实例化登录 Button 组件
对象
28         //为登录 Button 组件对象添加单击事件监听
29         button.setOnClickListener(new Button.OnClickListener() {
30             @Override
31             public void onClick(View arg0) {
32                 user = userText.getText().toString().trim();    //获取用户输入框的值
33                 password = passwordText.getText().toString().trim();  //获取密码输入框
的值
34                 saveData();                                     //调用保存数据到文件
```

```
35          }
36      });
37  }
```

其中：

- 13～14 行，继承 Activity 类，定义使用到的变量。
- 20～36 行，重写 onCreate()方法，设置界面、绑定按钮以及获取数据和保存数据。

（4）保存数据。实现对数据的保存，打开项目 src/com.sample.Sample_8_1 目录下的 Sample_8_1.java 文件，添加保存用户名和密码的代码如下。

代码位置：见随书光盘中源代码/第 8 章/Sample_8_1/src/com.sample.Sample_8_1 目录下的 Sample_8_1.java 文件。

```
01 public void saveData() {
       //获取 SharedPreferences
02     SharedPreferences sPreferences = getSharedPreferences(info, 0);
03     //打开 SharedPreferences 的编辑状态
04     Editor editor = sPreferences.edit();
05     editor.putString("User", user);                          //存储用户名
06     editor.putString("Password", password);                  //存储密码
07     editor.commit();                                         //保存数据
08     //提示用户登录成功，并获取先保存的文件中
09     new AlertDialog.Builder(SharedData.this).setTitle("登录信息").setMessage(
10             "用户 " + sPreferences.getString("User", "") + " 登录成功")
11             .setPositiveButton("确定", new OnClickListener() {
12                 @Override
13                 public void onClick(DialogInterface arg0, int arg1) {
14                 }
15             }).show();
16     }
```

其中：

- 第 02 行，获取保存数据的 SharedPreferences 类。
- 第 03～04 行，打开该类的可编辑状态。
- 第 05～06 行，保存用户名和密码。
- 第 07 行，提交保存。
- 第 08～16 行，用户成功登录的提示框。

对于上述代码，我们需要重点掌握 SharedPreferences 类的使用。

①使用 SharedPreferences 之前必须获取一个 SharedPreferences 对象。其使用的方法如下。

```
getSharedPreferences (String name, int mode)
```

其中，第一个参数是文件名称，第二个参数是操作模式。操作模式一共有 3 种模式。

- Context.MODE_PRIVATE：值为 0，私有模式，新内容覆盖原内容。
- Context.MODE_WORLD_READABLE：值为 1，允许其他应用程序读取。
- Context.MODE_WORLD_WRITEABLE：值为 2，允许其他应用程序写入，会覆盖原数据。

②要修改 SharedPreferences 对象文件，需要 3 个步骤。

a. 需要对象文件在可编辑状态 Editor 下。获取编辑权限，使用的方法为：

```
edit()
```

该方法返回一个 SharedPreferences.Editor 类对象，从而使用 Editor 类对象来修改数据。

b. 使用 Editor 修改数据。由于其针对不同的数据类型，提供了不同的修改数据的方法，如对 String 类型的修改：

```
putString(String key, String value)
```

其中，第一个参数是键的名称，第二个参数是该键的值。Editor 还提供了 putBoolean、putInt、putLong 等方法来保存其他基本数据类型。

c. 当完成数据修改后，需要提交才能保存对数据的修改，否则修改是无效的。提交的方法为：

```
commit()
```

（5）读取数据。在界面显示时就需要实现对数据的读取，打开项目 src/com.sample.Sample_8_1 目录下的 Sample_8_1.java 文件，添加读取用户名和密码的代码如下。

代码位置：见随书光盘中源代码/第 8 章/Sample_8_1/src/com.sample.Sample_8_1 目录下的 Sample_8_1.java 文件。

```
01      public void getData() {
02          SharedPreferences sPreferences = getSharedPreferences(info, 0);
03          //获取 info 文件中 User 对应的数据
04          user = sPreferences.getString("User", "");
05          //获取 info 文件中 Password 对应的数据
06          password = sPreferences.getString("Password", "");
07          //把 user 赋值给用户 EditText 组件对象
08          userText.setText(user);
09          //把 password 赋值给密码 EditText 组件对象
10          passwordText.setText(password);
11      }
12  }
```

其中：

- 第 02 行，获取保存数据的 SharedPreferences 类。
- 第 03～06 行，从文件中读取 User 和 Password 的值。
- 第 07～10 行，将获取的数据显示在输入框中。

对于上述代码，我们需要重点掌握从 SharedPreferences 读取数据的方法：

```
getString(String key, String defValue)
```

其中，第一个参数是键的名称，第二个参数是当没有找到对应的第一个参数（key）时，返回的值。SharedPreferences 也提供了 getBoolean、getInt、getLong 等方法来获取其他基本数据类型。

（6）运行分析。完成上述步骤后，运行该代码。输入用户名和密码后，单击，提醒用户登录。另一方面，也已经保存了用户信息到文件中。那么现在我们来看看保存用户信息的文件是否存储成功。找到保存的位置，在/data/data/PACKAGE_NAME/shared_prefs 目录下。在 Eclipse 中切换到 DDMS 视图，选择 File Explorer 标签。打开目录，就找到了用来保存数据的 user_info.xml 文件，如图 8-5 所示。

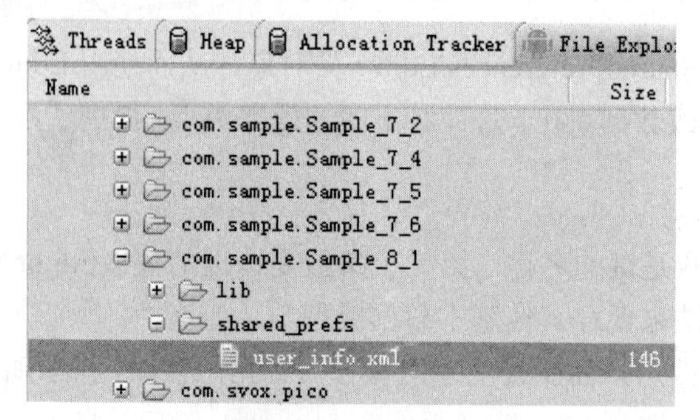

图 8-5　文件结构图

如图 8-5 所示，com.sample.Sample_8_1 是程序的包名，在程序包名目录下，有一个 shared_prefs 的文件夹，该文件夹存储着 XML 格式的数据文件。user_info.xml 就是程序存储用户信息的文件。

我们知道 SharedPreferences 是以键值对来存储应用程序的配置信息的一种方式，它只能存储基本数据类型，导出该文件，user_info.xml 文件的具体内容如下。

```
<?xml version='1.0' encoding='utf-8' standalone='yes' ?>
<map>
<string name="User">sample</string>
<string name="Password">123456</string>
</map>
```

其中：

- <string name="User">：这里定义了一个字符串，名称是 User，值是 admin。
- <string name="Password">：这里是密码字符串的定义，值是 123。

由此可以看出，user_info.xml 文件中的具体内容和输入的信息相吻合，操作成功。再次运行程序，可以看到上次登录所用的用户名和密码就自动显示在输入框中了。

8.4　程序私有文件

在 Android 文件结构中，文件分为 3 大类。在进行操作时，一般只操作程序的私有数据和 SD 卡文件。接下来的章节中，分别讲解了程序私有文件和 SD 卡文件的操作。

应用程序安装到 Android 系统后，这个应用程序的私有文件夹就会被创建，位于 Android 系统的/data/data/<应用程序包名>目录下，默认情况下其他的应用程序都无法在这个文件夹中写入数据。

Android 平台支持 Java 平台下的 I/O 文件操作，实现文件的存储与读取主要使用 FileOutputStream 和 FileInputStream 两个类。下面我们通过一个小例子来实现 Android 平台下的 I/O 操作。

在这个范例中，我们读取数据并显示到屏幕，其主要功能是在程序启动时，创建一个名为 test.txt 的文件，文件存放在应用程序私有的数据文件夹下，并向文件中写入自定义数据内容，然后读取 test.txt 文件中的数据内容，并显示到手机屏幕上。先让我们来看一下运行后的效果，如图 8-6 所示。

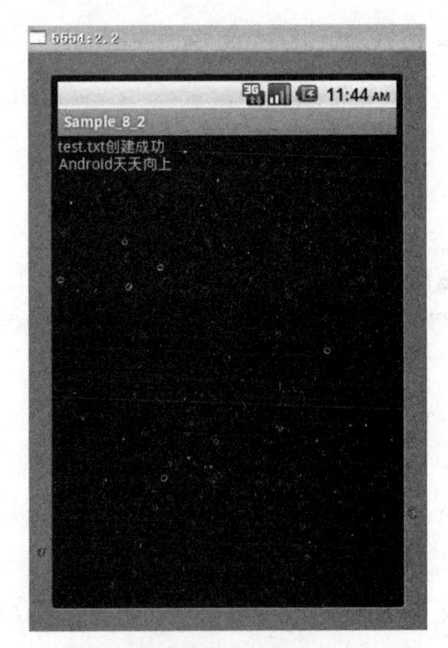

图 8-6 运行效果图

实现该项目的步骤如下。

（1）在 Eclipse 中创建一个名为 Sample_8_2 的 Android 项目。

（2）打开 res/layout 目录下的 main.xml 文件，修改该文件进行界面布局。在界面中，只有一个显示文件内容的 TextView，效果如图 8-6 所示。该界面布局简单，此处不再赘述其具体实现。

代码位置：见随书光盘中源代码/第 8 章/Sample_8_2/res/layout 目录下的 main.xml 文件。

（3）运行逻辑。在本例中，当界面启动时，创建一个文件并向其中写入数据，然后读取该文件中的数据内容，并显示到界面中。实现整个程序逻辑，打开项目 src/com.sample.Sample_8_2 目录下的 Sample_8_2.java 文件，将其中已有代码替换为如下代码。

代码位置：见随书光盘中源代码/第 8 章/Sample_8_2/src/com.sample.Sample_8_2 目录下的 Sample_8_2.java 文件。

```
01 package com.sample.Sample_8_2;                                  //声明包语句
02 import java.io.FileInputStream;                                 //引入相关类
03 import java.io.FileOutputStream;                                //引入相关类
04 import android.app.Activity;                                    //引入相关类
05 import android.os.Bundle;                                       //引入相关类
06 import android.widget.TextView;                                 //引入相关类
07
08 public class Sample_8_2 extends Activity {                      //继承Activity类
09     @Override
10     public void onCreate(Bundle savedInstanceState) {           //重写onCreate()方法
```

```
11          super.onCreate(savedInstanceState);
12          setContentView(R.layout.example);
13          String fileName="test.txt";                          //文件名称
14          String content=" Android天天向上";                   //指定数据内容
15          String result="";                                    //读取文件返回的String对象
16          boolean istrue = writeFile(fileName, content);       //调用写入数据到文件的方法
17          if (istrue) {                                        //判断写入数据是否成功
18              result+=fileName+"创建成功\n\r";
19          }else {
20              result+=fileName+"创建失败\n\r";
21          }
22          //调用读取文件方法，获取返回String对象
23          result+=readFile(fileName);
24          TextView textView = (TextView) findViewById(R.id.textView);      //初始化TextView
25          //把读取文件的返回结果显示到TextView中
26          textView.setText(result);
27      }
```

其中：

- 第 08～15 行，继承 Activity 类，重写 onCreate()方法，设置界面、定义使用到的变量。
- 第 16～26 行，写入文件后读取文件内容，并将读取内容显示在界面中。

（4）写入文件。实现创建文件并向其中写入数据，打开项目 src/com.sample.Sample_8_2 目录下的 Sample_8_2.java 文件，添加保存用户名和密码的代码如下。

代码位置：见随书光盘中源代码/第 8 章/Sample_8_2/src/com.sample.Sample_8_2 目录下的 Sample_8_2.java 文件。

```
01      public boolean writeFile(String fileName, String content) {
02          try {
03              //创建FileOutputStream对象，MODE_PRIVATE：默认模式
04              FileOutputStream fOutputStream = openFileOutput(fileName,MODE_PRIVATE);
05              //将写入的字符串转换成byte数组
06              byte[] buffer = content.getBytes();
07              fOutputStream.write(buffer);                  //将byte数组写入文件
08              fOutputStream.flush();                        //清空缓存
09              fOutputStream.close();                        //关闭FileOutputStream对象
10              return true;
11          } catch (Exception e) {
12              e.printStackTrace();
13              return false;
14          }
15  }
```

其中：

- 第 03～04 行，创建文件流 FileOutputStream。
- 第 05～10 行，获取需要写入的内容，写入文件并清空缓存、关闭文件流。
- 第 11～13 行，异常处理，抛出异常并返回失败。

在上述代码中，需要重点掌握的是创建文件流的方法：

```
openFileOutput(String name, int mode)
```

其中，String name 参数是文件名称，int mode 参数是操作模式。该方法为写入数据做准备而打开应用程序私有文件。若不存在，则在应用程序目录下创建一个文件。其操作模式共有如下 4 种。

- Context.MODE_PRIVATE：值为 0，私有模式，也是默认操作模式。新内容将覆盖原内容。
- Context.MODE_APPEND：值为 32768，追加模式。新内容将追加到原文件后面。
- Context.MODE_WORLD_READABLE：值为 1，允许其他应用程序读取。
- Context.MODE_WORLD_WRITEABLE：值为 2，允许其他应用程序写入，会覆盖原数据。

（5）读取数据。在界面显示时就需要实现对文件的读取，打开项目 src/com.sample.Sample_8_2 目录下的 Sample_8_2.java 文件，添加读取用户名和密码的代码如下。

代码位置：见随书光盘中源代码/第 8 章/Sample_8_1/src/com.sample.Sample_8_2 目录下的 Sample_8_2.java 文件。

```
01      public String readFile(String fileName) {
02          String result = "";//返回字符串结果
03          try {
                //创建 FileInputStream 对象
04              FileInputStream fInputStream = openFileInput(fileName);
05              int len = fInputStream.available();              //获取文件的长度
06                          //创建文件长度大小的 byte 数组
07              byte[] buffer = new byte[len];
08              fInputStream.read(buffer);                        //将文件流写入 byte 数组
09                          //将 byte 数组转换为 String 对象
10              result = new String(buffer);
11          } catch (Exception e) {
12              e.printStackTrace();
13          }
14          return result;                                        //返回字符串结果
15      }
16  }
```

其中：

- 第 02 行，定义读取的文件返回内容。
- 第 04～10 行，创建文件输入流读取文件内容，保存内容在结果中。

（6）运行分析。完成上述步骤后，运行该代码。把文件写入数据和读取文件信息，程序的私有文件夹结构如图 8-7 所示。

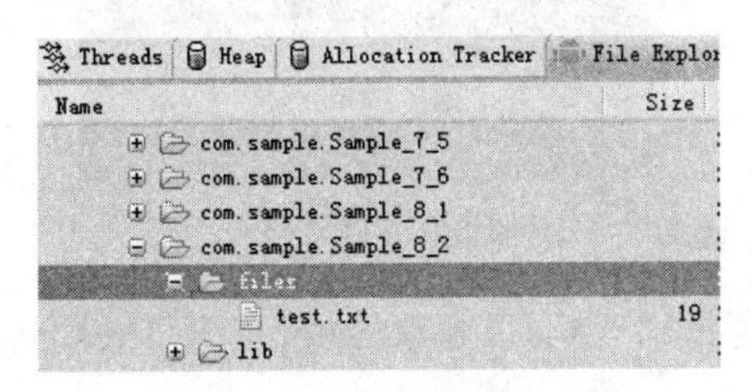

图 8-7　程序私有文件夹结构

如图 8-7 所示，com.sample.Sample_8_2 是程序的包名，在 com.sample.Sample_8_2 目录下的 files 文件夹中的 test.txt 就是写入数据并创建的私有文件。导出该文件，打开查看其内容，如图 8-8 所示。

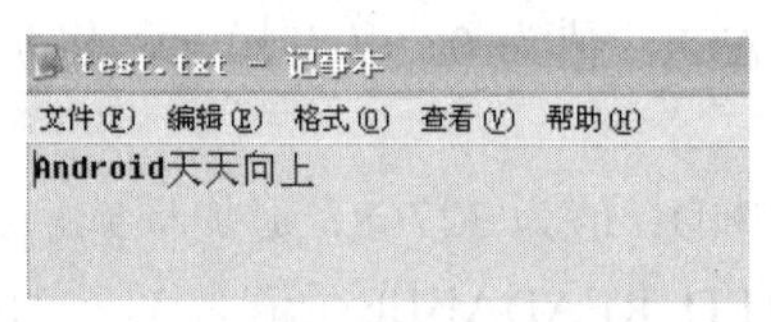

图 8-8 私有文件

8.5 读/写 SD 卡文件

在 8.4 节中，我们实现了对私有文件的写入和读取操作。在这一节中，将实现对 SD 卡中文件的读/写操作，在学习的过程中，请读者注意对比两者的区别。

本例中，初始界面为 SD 卡中指定目录下的所有文件列表和一个“创建文件”按钮。其中，单击“创建文件”按钮后进入创建文件界面。在该界面中实现文件的创建；单击已有文件列表，则进入文件内容显示界面。具体实现步骤如下。

（1）在 Eclipse 中创建一个名为 Sample_8_3 的 Android 项目。

（2）打开 res/layout 目录下的 main.xml 文件，修改该文件进行界面布局。在界面中，有一个显示文件目录的 ListView 以及一个“创建文件”按钮，效果如图 8-9 所示。其中，ListView 的项目布局使用 TextView 即可。整个界面布局简单，此处不再赘述其具体实现。

图 8-9 初始界面

代码位置：见随书光盘中源代码/第 8 章/Sample_8_3/res/layout 目录下的 main.xml 和 file_list.xml 文件。

（3）运行逻辑。在初始界面时，要实现指定文件目录中文件的读取以及按钮单击后的跳转。实现整个功能，打开项目 src/com.sample.Sample_8_3 目录下的 Sample_8_3.java 文件，将其中已有代码替换为如下代码。

代码位置：见随书光盘中源代码/第 8 章/Sample_8_3/src/com.sample.Sample_8_3 目录下的 Sample_8_3.java 文件。

```
01 package com.sample.Sample_8_3;
02 ......//该处省略了部分类的导入代码，读者可自行查阅随书光盘中的源代码
03 public class Sample_8_3 extends Activity {
04     private ListView listView = null;              //用于显示文件列表的 ListView 组件对象
05     private File[] files = null;                    //File 数组
06     private Button createButton = null;             //创建按钮的 Button 组件对象
07     private String dirPath = "";                    //文件读/写指定目录
08     @Override
09     public void onCreate(Bundle savedInstanceState) {
10         super.onCreate(savedInstanceState);
11         setContentView(R.layout.main);              //为当前活动的 Activity 设置一个视图
12         listView = (ListView) findViewById(R.id.listView); //实例化 ListView 组件对象
13         createButton = (Button) findViewById(R.id.createButton); //实例化 Button 组件对象
14         setData();                                  //加载数据
           //为 ListView 添加单击监听
15         listView.setOnItemClickListener(new OnItemClickListener() {
16                 @Override
17                 public void onItemClick(AdapterView<?> arg0, View arg1,
18                         int arg2, long arg3) {
19                     Intent intent = new Intent();        //初始化 Intent
                       //指定 intent 对象启动的类
20                     intent.setClass(Sample_8_3.this, ShowActivity.class);
21 
22                     intent.putExtra("filePath", files[arg2].getPath());//函数传
递
23                     startActivity(intent);    //启动新的 Activity
24                 }
25             });
26 
           //为 Button 添加单击监听
27         createButton.setOnClickListener(new Button.OnClickListener() {
28             @Override
29             public void onClick(View arg0) {
30                 Intent intent = new Intent();     //初始化 Intent
                   //指定 intent 对象启动的类
31                 intent.setClass(Sample_8_3.this, CreateActivity.class);
32                 intent.putExtra("dirPath", dirPath); //函数传递
33                 startActivity(intent);                //启动新的 Activity
34             }
35         });
36 }
```

其中：

- 第 03～07 行，继承 Activity 类，定义使用到的全局变量。

- 第 08～13 行，重写 onCreate()方法，设备布局、绑定控件。
- 第 14 行，加载数据，用该方法获取 SD 卡中的文件目录。
- 第 15～25 行，添加 ListView 的单击监听。单击后跳转到显示该文件具体内容的显示界面中。
- 第 26～35 行，添加 Button 的单击监听。单击后跳转到创建文件的界面。

（4）获取 SD 卡数据并显示在 ListView 中。实现了整体逻辑后，对于 ListView 中显示文件目录的核心功能，即对获得 SD 卡指定目录的所有文件的功能进行添加。打开项目 src/com.sample.Sample_8_3 目录下的 Sample_8_3.java 文件，在其中添加该功能的代码如下。

代码位置：见随书光盘中源代码/第 8 章/Sample_8_3/src/com.sample.Sample_8_3 目录下的 Sample_8_3.java 文件。

```
01      public void setData() {
02          boolean sdStatus = getStorageState();           //调用获取手机 SDCard 的存储状态
03                  //判断 SDCard 的存储状态，如果是 false，提示并结束本程序
04          if (!sdStatus) {
05              AlertDialog alertDialog = new AlertDialog.Builder(Sample_8_3.this)
06                      .create();                          //创建 AlertDialog 对象
07              alertDialog.setTitle("提示信息");              //设置信息标题
08              alertDialog.setMessage("未安装 SD 卡，请检查你的设备");//设置信息内容
09              //设置确定按钮，并添加按钮监听事件
10              alertDialog.setButton("确定", new OnClickListener() {
11                  @Override
12                  public void onClick(DialogInterface arg0, int arg1) {
13                      Sample_8_3.this.finish();           //结束应用程序
14                  }
15              });
16              alertDialog.show();                         //设置弹出提示框
17          }
18
            //获取 SDCard 根目录 File 对象
19          File sdCardFile = Environment.getExternalStorageDirectory();
20          dirPath = sdCardFile.getPath() + File.separator + "FileIO";  //指定文件存放目录
21          File dirFile = new File(dirPath);
22          if (!dirFile.exists()) {                        //判断文件存放目录是否存在
23              dirFile.mkdir();                            //创建文件存放目录
24          }
25          files = dirFile.listFiles();                    //获取文件存放目录中的文件对象
26          List<HashMap<String, Object>> list = getList(files);          //调用获取相应的集合
27          setAdapter(list, files);              //调用构造适配器并为 ListView 添加适配器
28      }
29
30      /**
31       * 获取手机 SDCard 的存储状态
32       */
33      public boolean getStorageState() {
34          if (Environment.getExternalStorageState().equals(
35                  Environment.MEDIA_MOUNTED)) {           //判断手机 SDCard 的存储状态
36              return true;
```

```
37          } else {
38              return false;
39          }
40      }
```

其中：

- 第 02 行，获取 SD 卡的状态。
- 第 04～17 行，如果 SD 卡不可用，弹出提示框提示 SD 卡不可用，退出应用。
- 第 19～25 行，获取或创建 SD 卡中指定的目录，并获得该目录下所有的文件。
- 第 26～27 行，将获得的文件名显示在 ListView 中。
- 第 30～40 行，判断 SD 卡的状态。

对于上述代码，大部分都是之前学习过的，而对于 SD 的状态，则需要进行重点讲解。

查看 SDCard 设备是否准备就绪、是否可以读/写等。使用 Environment 类来访问环境变量，使用方法如下。

```
String getExternalStorageState ()
```

返回设备状态，一共有九种不同的状态，分别如下。

- MEDIA_BAD_REMOVAL：表明 SDCard 被卸载前已被移除。
- MEDIA_CHECKING：表明对象正在进行磁盘检查。
- MEDIA_MOUNTED：表明对象存在并具有读/写权限。
- MEDIA_MOUNTED_READ_ONLY：表明对象权限为只读。
- MEDIA_NOFS：表明对象为空白或正在使用不受支持的文件系统。
- MEDIA_REMOVED：表明不存在。
- MEDIA_SHARED：表明 SDCard 未安装，并通过 USB 大容量存储共享。
- MEDIA_UNMOUNTABLE：表明 SDCard 不可被安装，即使 SDCard 存在但也是不可以被安装的。
- MEDIA_UNMOUNTED：表明 SDCard 已卸掉，如果 SDCard 存在，则没有被安装。

要将文件保存到 SDCard 中，SDCard 必须存在并且可读/写，即 MEDIA_MOUNTED 状态。

在 ListView 控件中对于获得的文件名进行显示，其实现的代码如下。

```
01      /**
02       * 根据 File[]获取相应的集合
03       */
04      public List<HashMap<String, Object>> getList(File[] files) {
05          List<HashMap<String, Object>> list = new ArrayList<HashMap<String, Object>>();
06                                              //创建 List 集合
07          for (int i = 0; i < files.length; i++) {                    //循环 File 数组
                //创建 HashMap
08              HashMap<String, Object> hashMap = new HashMap<String, Object>();
09              hashMap.put("file_name", files[i].getName());          //往 HashMap 中添加文件名
10              list.add(hashMap);                                    //将 HashMap 添加到 List 集合
11          }
12          return list;                                              //返回 List 集合
13      }
```

```
14
15      /**
16       * 构造适配器并为 ListView 添加适配器
17       */
18      public void setAdapter(List<HashMap<String, Object>> list, File[] files) {
19          SimpleAdapter simpleAdapter = new SimpleAdapter(Sample_8_3.this,
20                  list, R.layout.file_list, new String[] { "file_name" },
21                  new int[] { R.id.fileName });              //实例化 SimpleAdapter
22          listView.setAdapter(simpleAdapter);                 //为 ListView 添加适配器
23      }
24  }
```

其中：

- 第 01～13 行，获得指定目录下的所有文件名，保存在 list 数组中。
- 第 15～23 行，添加 ListView 的适配器，在 ListView 中显示文件名列表。

（5）创建文件界面。新建一个界面用于创建新的 SD 卡文件。在创建文件界面中，将需要创建的文件名和文件内容输入文本框（EditText），之后单击按钮，程序将自动创建该文件，界面效果如图 8-10 所示。文件创建成功界面如图 8-11 所示。

该界面布局简单，此处不再赘述，请读者自己参考源码。

代码位置：见随书光盘中源代码/第 8 章/Sample_8_3/res/layout 目录下的 create_file.xml 文件。

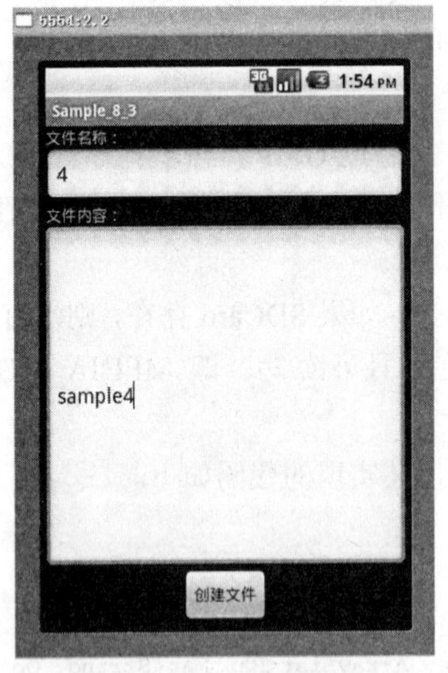

图 8-10　创建文件界面

图 8-11　创建成功

界面设计完成后，新建一个 CreateActivity 类用于实现创建新文件的功能。需要实现的功能是单击按钮后，自动在 SD 卡目录下生成文件。文件名和文件内容用户可自己确定。在 src/com.sample.Sample_8_3 目录下新建 CreateActivity.java 文件，将其中已有代码替换为如下代码。

代码位置：见随书光盘中源代码/第 8 章/Sample_8_3/src/com.sample.Sample_8_3 目录下的 CreateActivity.java 文件。

```
01 public class CreateActivity extends Activity {
02     private EditText nameEditText = null;                //文件名称的EditText组件对象
03     private EditText contentEditText = null;             //文件内容的EditText组件对象
04     private Button createFileButton = null;              //创建文件按钮的Button组件对象
05     private String dirPath = "";                         //文件读/写指定目录
06
07     @Override
08     protected void onCreate(Bundle savedInstanceState) {
09         super.onCreate(savedInstanceState);
10         setContentView(R.layout.create_file);            //为当前活动的Activity设置一个视图
           //实例化EditText组件对象
11         nameEditText = (EditText) findViewById(R.id.createName);
           //实例化EditText组件对象
12         contentEditText = (EditText) findViewById(R.id.createContent);
           //实例化Button组件对象
13         createFileButton = (Button) findViewById(R.id.createFileButton);
14         Intent intent = getIntent(); //获取Intent
15         dirPath = intent.getCharSequenceExtra("dirPath").toString();//获取文件存放目录
           //为Button添加单击监听
16         createFileButton.setOnClickListener(new Button.OnClickListener() {
17                     @Override
18                     public void onClick(View arg0) {
                           //获取输入文件的名称
19                         String fileName = nameEditText.getText().toString();
20                         String fileContent = contentEditText.getText()
21                                 .toString();         //获取输入文件内容
                           //调用写文件方法
22                         boolean isTrue = writeFile(fileName, fileContent);
23                         if (isTrue) {                //判断文件是否创建成功
24                         //调用消息弹出方法，弹出写文件成功消息提示
25                             showMessage("创建文件成功");
26                         } else {
27                             //调用消息弹出方法，弹出写文件失败消息提示
28                             showMessage("创建文件失败");
29                         }
30                     }
31                 });
32     }
33     /**
34      * 写文件
35      **/
36     public boolean writeFile(String fileName, String fileContent) {
37         try {
38             File file = new File(dirPath + File.separator + fileName + ".txt");
39                                     //根据文件路径，创建.txt文本文件
40             OutputStream outputStream = new FileOutputStream(file); //实例化OutputStream
对象
41             byte[] contents = fileContent.getBytes(); //把字符串内容转换为byte数组
42             outputStream.write(contents);
```

```
43                                    //将 contents.length 字节从指定的 contents 数组写入此输出流
44            outputStream.flush();          //刷新此输出流并强制写出所有缓冲的输出字节
45            outputStream.close();          //关闭此输出流并释放与此流有关的所有系统资源
46            return true;
47        } catch (Exception e) {
48            e.printStackTrace();
49            return false;
50        }
51 }
```

其中：

- 第 01～05 行，创建新类继承 Activity 类，定义全局变量。
- 第 08～15 行，重写 onCreate()方法，设置界面、绑定控件。
- 第 16～21 行，设置按钮单击监听，获取输入的文件名和文件内容。
- 第 22 行，调用创建文件的方法创建文件。
- 第 23～28 行，判断是否创建文件成功，给出相应提示。
- 第 33～50 行，实现创建文件的方法。

对于以上代码，需重点熟悉写文件的方法。在对 SDCard 写入文件时，不能使用 openFileOutput()方法。因为它仅仅能写入应用程序自有目录，需要使用标准文件输出流方法：

```
FileOutputStream (File file, boolean append)
```

其中，第一个参数是写入数据的文件类；第二个参数是是否以追加方式添加数据，若是 true，则以追加方式添加数据，否则以覆盖方式添加数据。

对于创建文件后的提示框实现如下。

```
01      /**
02       * 消息提示并跳转到首页
03       */
04      public void showMessage(String message) {
05          new AlertDialog.Builder(CreateActivity.this).setTitle("提示信息")  //设置消息标题
06                  .setMessage(message)                                  //设置消息内容
                    //设置确定按钮及单击事件
07                  .setNegativeButton("确定", new OnClickListener() {
08                      public void onClick(DialogInterface arg0, int arg1) {
09                          Intent intent = new Intent();              //实例化 Intent
10                          intent.setClass(CreateActivity.this, Sample_8_3.class);
11                          startActivity(intent);                     //启动新的Activity
12                          CreateActivity.this.finish();
13                      }
14                  }).show();
15      }
16 }
```

其中：

- 第 04～06 行，创建提示框，定义其标题和内容。
- 第 07～13 行，定义提示框的“确定”按钮，单击，实现跳转回主界面并关闭当前界面。
- 第 14 行，显示提示框。

（6）显示文件界面。新建一个界面用于显示已有的 SD 卡文件内容。在显示文件界面中，需要显示文件名的 TextView 和显示文件内容的 TextView，界面效果如图 8-12 所示。该界面布局简单，此处不再赘述，请读者自己参考源码。

代码位置：见随书光盘中源代码/第 8 章/Sample_8_3/res/layout 目录下的 show_file.xml 文件。

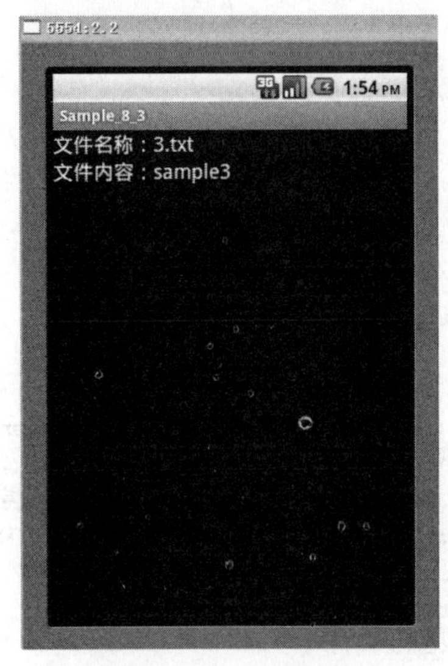

图 8-12　显示文件

界面设计完成后，新建一个 ShowActivity 类用于实现显示文件的功能。需要显示的内容包括了文件名和文件内容。在 src/com.sample.Sample_8_3 目录下新建 ShowActivity.java 文件，将其中已有代码替换为如下代码。

代码位置：见随书光盘中源代码/第 8 章/Sample_8_3/src/com.sample.Sample_8_3 目录下的 ShowActivity.java 文件。

```
01 package com.sample.Sample_8_3;                          //声明包语句
02 import java.io.File;                                    //引入相关类
03 import java.io.FileInputStream;                         //引入相关类
04 import java.io.InputStream;                             //引入相关类
05 import android.app.Activity;                            //引入相关类
06 import android.content.Intent;                          //引入相关类
07 import android.os.Bundle;                               //引入相关类
08 import android.widget.TextView;                         //引入相关类
09
10 public class ShowActivity extends Activity {
11     private TextView nameTextView = null;               //文件名称的 TextView 组件对象
12     private TextView contentTextView = null;            //文件内容的 TextView 组件对象
13
14     @Override
15     protected void onCreate(Bundle savedInstanceState) {
16         super.onCreate(savedInstanceState);
17         setContentView(R.layout.show_file);             //为当前活动的 Activity 设置一个视图
```

```
        //实例化文件名称的TextView组件19    对象
18      nameTextView = (TextView) findViewById(R.id.showName);
20      //实例化文件内容的TextView组件对象
21      contentTextView = (TextView) findViewById(R.id.showContent);
22      Intent intent = getIntent();                        //获取Intent
        //获取文件路径
23      String filePath = intent.getCharSequenceExtra("filePath").toString();
24      String name = new File(filePath).getName();         //获取文件名
25      String content = readFile(filePath);                //调用读取文件方法,获取文件内容
26      nameTextView.setText("文件名称: " + name);            //设置文件名称
27      contentTextView.setText("文件内容: " + content);      //设置文件内容
28    }
29
30    /**
31     * 读文件
32     */
33    public String readFile(String filePath) {
34      try {
35          File file = new File(filePath);                 //实例化File对象
36          InputStream inputStream = new FileInputStream(file);//实例化InputStream对象
37          byte[] b = new byte[inputStream.available()];
38          inputStream.read(b);          //从输入流中读取字节，并将其存储在缓冲区数组b中
39          inputStream.close();          //关闭此输入流并释放与该流关联的所有系统资源
40          return new String(b);         //返回字符串内容
41      } catch (Exception e) {
42          e.printStackTrace();
43          return "";
44      }
45    }
46 }
```

其中：

- 第10～13行，创建新类继承Activity类，定义全局变量。
- 第14～22行，重写onCreate()方法，设置界面、绑定控件。
- 第23～28行，获取显示文件的文件路径，读取其文件名和文件内容，并显示在对应的控件中。
- 第30～45行，实现读取文件内容的方法。

在读取文件的实现中，使用的方法和读取程序私有文件方法不同，方法如下。

```
FileInputStream(File file)
```

其中，参数 File file 是读取数据的文件类。能够读取数据，则返回文件输入流FileInputStream，否则，返回FileNotFoundException异常。

（7）权限申请。在上述读取文件的实现中，我们需要有对SD卡的读取、修改等权限，需要在AndroidManifest.xml文件中申请。对于其他的Activity同样需要在其中注册，具体实现如下。

代码位置：见随书光盘中源代码/第8章/Sample_8_3/目录下的AndroidManifest.xml文件。

```
<!-- 在SDCard中创建与删除文件权限 -->
   <uses-permission android:name="android.permission.MOUNT_UNMOUNT_FILESYSTEMS"/>
```

```
<!-- 往SDCard写入数据权限 -->
<uses-permission android:name="android.permission.WRITE_EXTERNAL_STORAGE"/>

<application
   <activity android:name=".CreateActivity"></activity>
   <activity android:name=".ShowActivity"></activity>
</application>
```

（8）运行分析。通过以上步骤，实现了对 SD 卡文件的读/写。Sample_8_3.java 是实现程序首页的 Java 类，主要是展示文件的动态列表。应用了 ListView 来动态显示文件列表，Environment.getExternalStorageState()判断了手机内存卡的状态，AlertDialog 用于进行消息提示，Intent 用于实现组件间的相互调用。

CreateActivity.java 用于实现程序创建文件页的 Java 类，主要是实现文件的创建。getIntent()用于获取 Intent，从而获取页面参数，EditText 组件对象获取用户输入的文件名及文件内容，OutputStream 对象实现文件的创建，文件创建成功以 AlertDialog 来进行消息提示。

ShowActivity.java 是实现文件内容展示页的 Java 类，主要用于文件内容的展示。TextView 组件对象用于展示文件名及文件内容，InputStream 对象用于实现对文件的读取操作。

运行该代码，以实现正确地创建文件和读取文件。SD 卡目录中的文件如图 8-13 所示。

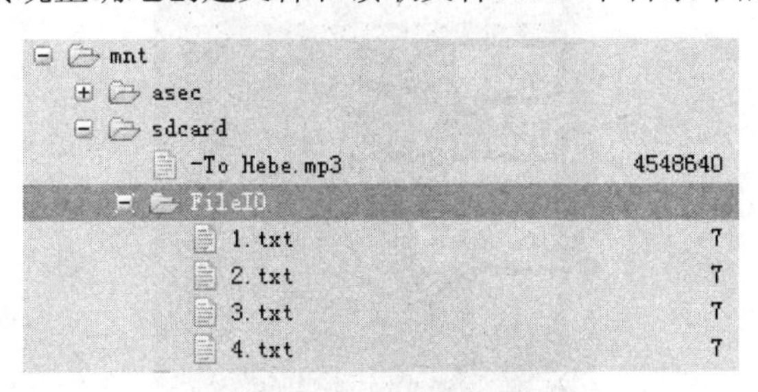

图 8-13　SD 卡文件

实现了程序私有文件和 SD 卡文件的读取和写入后，下面来比较两者的差别。

对程序目录下的文件，不需要额外的权限和检测，直接使用 Android 提供的 openFileOutput()和 openFileInput()来获取文件输出流 FileOutputStream 和文件输入流 FileInputStream。

对 SD 卡中的文件，由于 Android 的安全机制，需要申请访问 SD 卡的权限；然后通过 SD 卡的状态，来判断是否可以保存、读取 SD 卡文件。最后使用标准的文件输入/输出流获取 FileOutputStream()和 FileInputStream()方法得到输入/输出流。

8.6　SQLite 数据库的使用

在 Android 中使用了标准的 SQLite 数据库。该数据库是一款以嵌入式为目的设计的轻型数据库，运行起来占用的资源非常小，通常只需要几百 KB 就可以支持它的各项功能。

SQLite 具有良好的兼容性，支持标准的 SQL 语句，可以通过 Android SDK 提供的接口来轻松使用它。

在本节中，就来研究如何在 Android 应用系统中使用 SQLite 数据库。对于数据库的使用，可以分为数据库的创建、表的创建以及表中数据的增、删、改、查操作。

8.6.1 数据库的创建

本实例着重演示对于数据库的各种操作，在界面控件上，只需进行各种触发按钮的操作即可。每一个按钮分别完成不同的功能。实现该项目的步骤如下。

（1）在 Eclipse 中创建一个名为 Sample_8_4 的 Android 项目。

（2）打开 res/layout 目录下的 main.xml 文件，修改该文件进行界面布局。在界面中，有创建数据库、创建表、SQL 语句修改数据、Android 修改数据以及查询数据 5 个不同的按钮，效果如图 8-14 所示。该界面布局简单，不再赘述其具体实现。

代码位置：见随书光盘中源代码/第 8 章/Sample_8_4/res/layout 目录下的 main.xml 文件。

图 8-14 创建数据库成功

（3）创建数据库。在本例中，单击“创建数据库”按钮后，实现对数据库的创建。打开项目 src/com.sample.Sample_8_4 目录下的 Sample_8_4.java 文件，将其中已有代码替换为如下代码。

代码位置：见随书光盘中源代码/第 8 章/Sample_8_4/src/com.sample.Sample_8_4 目录下的 Sample_8_4.java 文件。

```
01 package com.sample.Sample_8_4;                              //声明包语句
02 import android.app.Activity;                                //引入相关类
03 import android.app.AlertDialog;                             //引入相关类
04 import android.content.ContentValues;                       //引入相关类
05 import android.content.DialogInterface;                     //引入相关类
```

```
06 import android.database.Cursor;                              //引入相关类
07 import android.database.sqlite.SQLiteDatabase;               //引入相关类
08 import android.os.Bundle;                                    //引入相关类
09 import android.view.View;                                    //引入相关类
10 import android.view.View.OnClickListener;                    //引入相关类
11 import android.widget.Button;                                //引入相关类
12 import android.widget.Toast;                                 //引入相关类
13
14 public class Sample_8_4 extends Activity {                   //继承 Activity 类
15     private Button baseButton;                               //定义创建数据库按钮
16     private Button tableButton;                              //定义创建表按钮
17     private Button btn_sqlmod, btn_cvmod, btn_qur;           //定义数据操作按钮
18     private final String dbName = "mydb";                    //定义数据库名称
19     private final String tableName = "users";                //定义表名
20     private SQLiteDatabase db = null;                        //定义数据库类
21     private int i = 1;                                       //初始化变量
22
23     public void onCreate(Bundle savedInstanceState) {
24         super.onCreate(savedInstanceState);
25         this.setContentView(R.layout.main);
26         baseButton = (Button) findViewById(R.id.base);       //实例化 Button 对象
27         baseButton.setOnClickListener(new OnClickListener() { //为 Button 对象添加监听
28                     public void onClick(View v) {
29                         db = openOrCreateDatabase(dbName, MODE_PRIVATE, null);
30                             //创建名为"mydb"的数据库
31                         Toast.makeText(getApplicationContext(), "创建数据库成功",
1000)
32                                 .show();
33                     }
34                 });
```

其中：

- 第 14～21 行，初始化全局变量。
- 第 23～26 行，重写 onCreate()方法，实现界面布局以及控件绑定。
- 第 27～34 行，实现按钮监听事件，创建数据库。

在 Android 应用程序中创建 SQLite 数据库，是一件非常简单的事情，调用方法如下。

```
openOrCreateDatabase(String name, int mode, SQLiteDatabase.CursorFactory factory)
```

openOrCreateDatabase 是 android.content.ContextWrapper 类的方法，而 Activity 是 ContextWrapper 的子类，MySQLite 类继承了 Activity 类，所以可以直接使用该方法。

从名字就可以看出，openOrCreateDatabase 是打开或创建数据库。它的作用是打开指定的数据库，如果该数据库不存在，则创建它。

openOrCreateDatabase 方法有三个参数，第一个参数是数据的名字，用字符串表示；第二个参数是该数据的类型，是个整数常量；第三个参数是 SQLiteDatabase.CursorFactory 类型的对象，使用 null 表示用默认的 CursorFactory 创建数据库。

MODE_PRIVATE 表示创建的数据库只能被当前创建它的应用程序使用。该参数还有另外两个选择：MODE_WORLD_READABLE 表示创建的数据库允许所有应用程序读取数据；MODE_WORLD_WRITEABLE 表示创建的数据库允许所有应用程序写入数据。

（4）运行分析。完成上述步骤，运行该代码。当数据库被创建出来后，在模拟器的data/data/应用程序目录下就可以看到数据库文件。用一个数据库文件表示一个数据库，效果如图 8-15 所示。

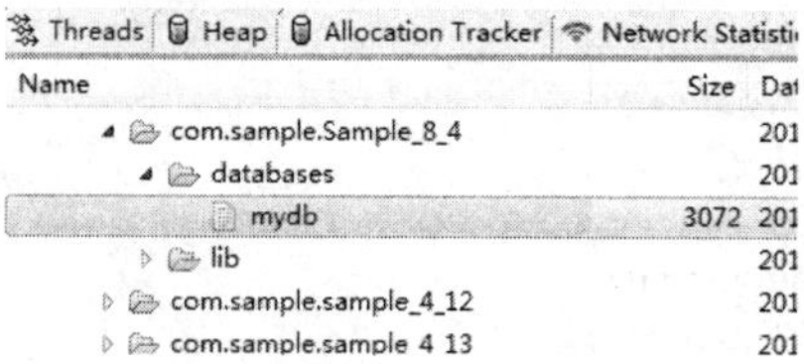

图 8-15　数据库创建位置

8.6.2　表的创建

当使用 openOrCreateDatabase 方法后，会返回一个 android.database.sqlite.SQLiteDatabase 对象，通过该数据库对象，就可以执行创建表、插入数据等的数据库操作了。

打开项目 src/com.sample.Sample_8_4 目录下的 Sample_8_4.java 文件，在其中添加表创建的代码如下。

代码位置: 见随书光盘中源代码/第 8 章/Sample_8_4/src/com.sample.Sample_8_4 目录下的 Sample_8_4.java 文件。

```
01      tableButton = (Button) findViewById(R.id.table);        //实例化 Button 对象
02          tableButton.setOnClickListener(new OnClickListener() {  //为 Button 对象添加监听
03                      public void onClick(View v) {
04                          if (db != null) {
05                              creatTable();                     //开始创建数据库表
06                          } else {
07                              Toast.makeText(getApplicationContext(), "没有数据库",
08                                      1000).show();
09                          }
10                      }
11              });
12
13      public void creatTable() {
14          //创建表的 SQL 语句，创建一个名为 users 的表，该表有 id、uname 和 pwd 3 个字段
15          String sql = "CREATE TABLE IF NOT EXISTS "
16                  + tableName
17                  + " (id INTEGER PRIMARY KEY AUTOINCREMENT, uname VARCHAR(50),
18                      pwd VARCHAR(50));";
19          db.execSQL(sql);                                      //执行 sql 语句
20                              //查询 sqlite_master 表中类型为 table 记录的 name 字段
21          Cursor cursor = db.query("sqlite_master", new String[] { "name" },
22                  "type = ?", new String[] { "table" }, null, null, null, null);
23          String tables = "";
24          if (cursor.getCount() != 0) {                         //判断查询结果的条数是否为 0
25              cursor.moveToFirst();                             //游标指向第一条记录
26              for (int i = 0; i < cursor.getCount(); i += 1) {
27                  tables = tables + cursor.getString(0) + " ";  //累加字符串
```

```
28                  cursor.moveToNext();                    //游标下移
29              }
30          }
31                                                          //把累加的结果显示在一个信息框中
32          new AlertDialog.Builder(Sample_8_4.this).setTitle("Message")
33                  .setMessage(tables)
34                  .setNegativeButton("确定", new DialogInterface.OnClickListener() {
35                      public void onClick(DialogInterface dialog, int which) {
36                      }
37                  }).show();
38      }
```

其中：

- 第 01～11 行，添加创建表的按钮单击事件。如果数据库不为空，则调用创建表的方法，否则提示无数据库。
- 第 13～38 行，创建表 users，在表中有 3 个字段。创建表后，查询显示该数据库中所有的表名。

对于上述代码，需要着重讲解如下几点。

①execSQL 是 SQLiteDatabase 对象的一个方法，该方法可以执行一条标准的 SQL 语句，用来创建表，或者操作表中的数据。但是 execSQL 方法的返回值是 void，所以不能进行查询操作。

②query 是 SQLiteDatabase 对象的查询方法。SQLiteDatabase 还提供了 insert、update、delete 等方法来处理数据。

③SQLiteDatabase 的查询操作会返回一个 Cursor 对象，包含了查询出来的各种信息。

④sqlite_master 表是 SQLite 数据库中的管理表，用来定义数据库的模式。这个表是只读的，用户不能对它执行添加、更新或删除操作。sqlite_master 表中的数据会在用户创建或删除表、索引的时候自动更新。

添加了以上代码后，运行该代码。首先在数据库中创建一个名为 users 的表，然后把当前数据库中的所有表名称查询出来显示在信息框中，运行效果如图 8-16 所示。

图 8-16　查询表名称信息框

为了验证查询结果是否有误，我们可以使用 Android SDK 开发包中的工具进行查询。启动模拟器后，在 Windows 系统的命令行中依次输入如下语句。

```
01 D:\Documents and Settings\Owner>adb shell                  //使用 adb 的 shell 命令
02 # cd data/data/com.sample.Sample_8_4                       //进入应用数据目录
03 cd data/data/com.sample.Sample_8_4
04 # cd databases                                             //进入数据库目录
05 cd databases
06 # sqlite3 mydb                                             //使用 sqlite 命令查询数据库
07 sqlite3 mydb
08 SQLite version 3.6.22
09 Enter ".help" for instructions
10 Enter SQL statements terminated with a ";"
11 sqlite> .tables                                            //显示所有表命令
12 .tables
13 android_metadata  users                                    //表名
```

其中：

- 第 01 行，使用 Android SDK 开发包的 adb 功能。该功能在%android_home%/tools 目录下，需要在目录中才能正确使用 shell 命令。
- 第 02 ～ 05 行，进入数据库所在的模拟器目录中，即 data/data/com.sample.Sample_8_4/databases 目录。
- 第 06 行，使用 sqlite3 打开 mydb 数据库。正常开启数据库，会显示 07～10 行的内容，并有 11 行的 sqlite>标识。
- 第 11 行，显示该数据库中的所有表名。

通过 Android 工具查询到数据库的所有表名，可知表 users 创建成功。

8.6.3 表中数据的增、删、改操作

在 Android 应用程序中，要对表中的数据进行添加、删除、修改操作，有两种方式：一是通过标准 SQL 语句，另一种是 Android 提供的方式。接下来将分别进行介绍。

（1）SQL 语句。最直接的方法就像上一节中创建表一样，通过 SQLiteDataBase 对象的 execSQL 方法来执行准备好的 SQL 语句。打开项目 src/com.sample.Sample_8_4 目录下的 Sample_8_4.java 文件，在其中添加 SQL 语句的数据操作代码如下。

代码位置：见随书光盘中源代码/第 8 章/Sample_8_4/src/com.sample.Sample_8_4 目录下的 Sample_8_4.java 文件。

```
01      btn_sqlmod = (Button) findViewById(R.id.sql_mod);               //绑定控件
02      btn_sqlmod.setOnClickListener(new OnClickListener() {           //添加按钮单击监听
03          @Override
04          public void onClick(View v) {                               //按钮单击处理事件
05              if (db != null) {
06                  sql_executeData();                                  //调用方法
07              } else {
08                  Toast.makeText(getApplicationContext(), "没有数据库", 1000)
09                          .show();                                    //显示提示
```

```
10              }
11          }
12      });
13
14      public void sql_executeData() {
15          String sql;                                              //定义 sql 语句
16          for (; i < 4; i++) {                                    //总共添加 3 条记录
17              sql = "insert into " + tableName + " values ('" + i
18                      + "','a','123456')";                           //添加一条记录
19              db.execSQL(sql);
20          }
21
22          sql = "update " + tableName + " set pwd='654321' where id='1'"; //修改一条记录
23          db.execSQL(sql);
24
25          sql = "delete from " + tableName + " where id='2'";       //删除一条记录
26          db.execSQL(sql);
27          Toast.makeText(getApplicationContext(), "使用 SQL 语句修改数据成功", 1000).show();
28      }
```

其中：

- 第 01～12 行，绑定按钮，实现添加处理事件。当数据库不为空时，调用方法修改数据；否则提示没有数据库。
- 第 15～20 行，使用 SQL 语句向 users 表中添加 3 条记录。每一条记录的 uname 为 a，pwd 为 123456，id 从 1 开始依次递增。
- 第 22～23 行，使用 SQL 语句修改 users 表中记录，将 id 为 1 的记录的 pwd 修改为 654321。
- 第 25～26 行，使用 SQL 语句删除 users 表中记录，将 id 为 2 的记录删除。

在上述代码中，重点是标准的 SQL 语句的实现。SQL 语句的构造不是本书的讲解内容，有疑问可以查看相关书籍。

当执行上述的数据修改操作后，使用 Android 工具查看表中内容如下。

```
sqlite> select * from users;
select * from users;
1|a|654321
3|a|123456
```

在表中只有两条记录：id 分别为 1 和 3。id 为 1 的记录 pwd 已修改为 654321，id 为 2 的记录已经删除，id 为 3 的记录和添加时一致，没有修改。

（2）Android 方式。除了使用标准 SQL 语句外，还可以使用 Android 提供的方法。打开项目 src/com.sample.Sample_8_4 目录下的 Sample_8_4.java 文件，在其中添加 Android 方法来实现对于数据的操作，代码如下。

代码位置：见随书光盘中源代码/第 8 章/Sample_8_4/src/com.sample.Sample_8_4 目录下的 Sample_8_4.java 文件。

```
01      btn_cvmod = (Button) findViewById(R.id.cv_mod);          //绑定控件
02      btn_cvmod.setOnClickListener(new OnClickListener() {     //添加监听事件
03          @Override
```

```
04          public void onClick(View v) {                          //实现监听处理
05              if (db != null) {
06                  cv_executeData();                              //调用方法
07              } else {
08                  Toast.makeText(getApplicationContext(), "没有数据库", 1000).show();
09              }
10          }
11      });
12      public void cv_executeData() {
13          ContentValues cv = new ContentValues();                //实例化ContentValues对象
14          cv.put("uname", "b");                                  //插入字段值
15          cv.put("pwd", "987654");                               //插入字段值
16          db.insert(tableName, null, cv);                        //执行insert方法
17          db.insert(tableName, null, cv);                        //执行insert方法
18          db.insert(tableName, null, cv);                        //执行insert方法
19
20          cv = new ContentValues();                              //实例化ContentValues对象
21          cv.put("pwd", "456789");                               //插入字段值
22          db.update(tableName, cv, "id=?", new String[] { "4" }); //执行update方法
23
24          db.delete(tableName, "id=?", new String[] { "5" });//执行delete操作
25
26          Toast.makeText(getApplicationContext(), "使用 Android 语句修改数据成功",
1000).show();
27      }
```

其中：

- 第 01～11 行，绑定按钮，实现添加处理事件。当数据库不为空时，调用方法修改数据；否则提示没有数据库。
- 第 13～18 行，使用数据库类的方法向 users 表中添加 3 条记录。每一条记录的 uname 为 b，pwd 为 987654，id 从表中现有值依次递增。
- 第 20～22 行，使用数据库类的方法修改 users 表中的记录，将 id 为 4 的记录的 pwd 修改为 456789；
- 第 24 行，使用数据库类的方法删除 users 表中的记录，将 id 为 5 的记录删除。

对于上述代码，需要重点掌握的是数据库类进行数据的添加、修改、删除的方法，分别介绍如下。

```
insert(String table, String nullColumnHack, ContentValues values)
```

insert 参数方法带有三个参数，第一个参数是要插入数据的表名，字符串形式；第二个参数为空字段的名称，字符串形式；第三个参数是要插入的数据内容，ContentValues 对象。

ContentValues 是一个 map 形式的集合，用来保存一条记录的字段信息。key 为字段的名称，values 为该字段的值。

```
update(String table, ContentValues values, String whereClause, String[] whereArgs)
```

update 方法带有四个参数，第一个参数是要插入数据的表名，字符串形式；第二个参数是要更新的数据内容，ContentValues 对象；第三个参数是更新条件，字符串形式；第四个参数是更新条件的值，字符串数组形式。

更新条件的字符串中的“？”表示一个占位符，其具体的数值由第四个参数提供。如果直接将参数写入到字符串中，如"id='4'"的形式，那么第四个参数写 null 即可。

```
delete(String table, String whereClause, String[] whereArgs)
```

delete 方法带有三个参数，第一个参数是要插入数据的表名，字符串形式；第二个参数是删除条件，字符串形式；第三个参数是删除条件的值，字符串数组形式。

执行完成表中的记录操作，使用 Android 工具查看表中的内容如下。

```
sqlite> select * from users;
select * from users;
1|a|654321
3|a|123456
4|b|456789
6|b|987654
```

在表中有 4 条记录，前两条是使用 SQL 语句进行数据操作后保存的，后两条是使用 Android 的数据库类进行操作后保存的。

8.6.4 表中数据的查询操作

查询是在数据的各项操作中使用最多、最复杂的操作，在前面章节中已经有了简单说明，本节将会进行详细讲解。

如果是 sql 语句的话，使用下面语句即可。

```
select * from users
```

（1）查询实现。在使用 Android 提供的方法时，需要使用的是 query 方法，该方法会返回一个 Cursor 对象，通过对 Cursor 对象的各种操作，就可以获得所需的数据。打开项目 src/com.sample.Sample_8_4 目录下的 Sample_8_4.java 文件，在其中添加表中记录的查询代码如下。

代码位置：见随书光盘中源代码/第 8 章/Sample_8_4/src/com.sample.Sample_8_4 目录下的 Sample_8_4.java 文件。

```
01        btn_qur = (Button) findViewById(R.id.que);      //绑定控件
02        btn_qur.setOnClickListener(new OnClickListener() {        //添加监听事件
03            @Override
04            public void onClick(View v) {                //事件处理
05                if (db != null) {
06                    queryData();                         //调用查询方法
07                } else {
08                    Toast.makeText(getApplicationContext(),  " 没 有 数 据 库 ",
1000).show();
09                }
10            }
11        });
12
13    public void queryData() {
14        Cursor cursor = db.query(tableName, null, null, null, null, null, null,
15                null);                                   //执行 query 操作获得 Cursor 对象
16        String str = "";
```

```
17          if (cursor.getCount() != 0) {                         //判断返回的记录条数
18              cursor.moveToFirst();                             //游标指向第一条记录
19              for (int i = 0; i < cursor.getCount(); i += 1) {
20                  str = str + cursor.getString(0) + " " + cursor.getString(1)
21                          + " " + cursor.getString(2) + "\n";//获取一条记录的每个字段的值
22                  cursor.moveToNext();                          //游标指向下一条记录
23              }
24          }
25                                                                //在信息框上显示所有记录信息
26          new AlertDialog.Builder(Sample_8_4.this).setTitle("Message")
27                  .setMessage(str)
28                  .setNegativeButton("确定", new DialogInterface.OnClickListener() {
29                      public void onClick(DialogInterface dialog, int which) {
30                      }
31                  }).show();
32      }
```

其中：

- 第 01～11 行，绑定按钮，实现添加处理事件。当数据库不为空时，调用方法查询数据；否则提示没有数据库。
- 第 13～15 行，定义查询语句，进行表中所有数据的查询。
- 第 16～24 行，遍历获得所有的查询结果。

对于上述代码，需要重点讲解的是查询记录和遍历记录的方法。

①查询方法 query，其有多种重载形式，通常情况下，使用带 7 个参数的方法：

```
query(String table, String[] columns, String selection, String[] selectionArgs, String
groupBy, String having, String orderBy)
```

第一个参数是查询表的名字，字符串形式；第二个参数是查询的字段名，字符串数组形式；第三个参数是查询条件，字符串形式；第四个参数是查询条件的值，字符串数组形式；第五个参数是分组字段名，字符串形式；第六个参数是分组后筛选条件，字符串形式；第七个参数是排序字段名，字符串形式；第八个参数是查询结果返回记录条数限制，字符串形式。

当需要设置查询条件时，参数设置的方式和有条件更新或删除操作是一样的。例如，要查询 uname 值为“张三”的记录，query 方法的参数设置如下。

```
Cursor cursor = db.query(tableName, null,  "uname = ?", new String[] { "张三" }, null, null,
null, null);
```

如果要对 pwd 字段进行模糊查询，比如查询包含字符“3”的记录，那么 query 方法的参数设置如下。

```
Cursor cursor = db.query(tableName, null, "pwd like ?",new String[]{"%3%"}, null, null,
null,null);
```

由于设置这些参数很麻烦，且拼接 SQL 语句比较烦琐，故 SQLiteDatabase 对象提供了另一种类似于 java.sql.PreparedStatement 的查询方式——rawQuery，代码如下。

```
String sql="select * from users where uname=? And pwd like ?";
Cursor cursor = db.rawQuery(sql, new String[]{"张三","%3%"});
```

其中，rawQuery 方法有两个参数，第一个是 sql 语句，其中用占位符表示数值；第二个是字符串数组，依次替换 sql 语句中的占位符。

②结果遍历 Cursor 对象，其包含了查询结果，并提供了多种方法来操作这些数据。

当 Cursor 对象处理某一条记录的时候，需要将游标指向该条记录。Cursor 对象提供了 moveToFirst、moveToLast、moveToNext、moveToPrevious 方法将游标指向结果集的第一条、最后一条、下一条、上一条记录，也可以使用 moveToPosition 方法移动到指定位置，该方法需要一个整数位参数。

刚从 query 方法获得 Cursor 对象时，Cursor 对象的游标并非指向第一条记录，而是指向第一条记录的上一行。可以通过 isBeforeFirst 或 isAfterLast 方法判断游标是否指向第一条记录之前或最后一条记录之后，也可以通过 isFirst 或 isLast 方法判断游标是否执行第一条记录或最后一条记录。

Cursor 对象通过一组 getXXX 方法获取一条记录的各个字段的值。这组方法需要一个整数为参数，该整数就是字段的下标，从 0 开始，也可以通过 Cursor 对象的 getColumnCount 方法获取字段的数量。

（2）运行分析。完成了上述步骤后，运行该代码。查询结果如图 8-17 所示。从该结果中可以很明显地看出和上一节中通过 Android 工具查询的结果是一致的。

图 8-17　查询操作

8.7　SQLiteOpenHelper 的使用

对于数据库的操作，除了上一节讲到的直接操作外，Android SDK 还提供了一个数据库帮助类 SQLiteOpenHelper，它提供了一套自动执行机制来帮助开发者创建、更新、打开数据库。对于 SQLiteOpenHelper 类的使用，通常通过实例来进行具体讲解，实现步骤如下。

（1）在 Eclipse 中创建一个名为 Sample_8_5 的 Android 项目。

（2）打开 res/layout 目录下的 main.xml 文件，修改该文件进行界面布局。在界面中，只需要两个触发版本更新的 Button，效果如图 8-18 所示。该界面布局简单，此处不再赘述其具体实现。

代码位置: 见随书光盘中源代码/第 8 章/Sample_8_5/res/layout 目录下的 main.xml 文件。

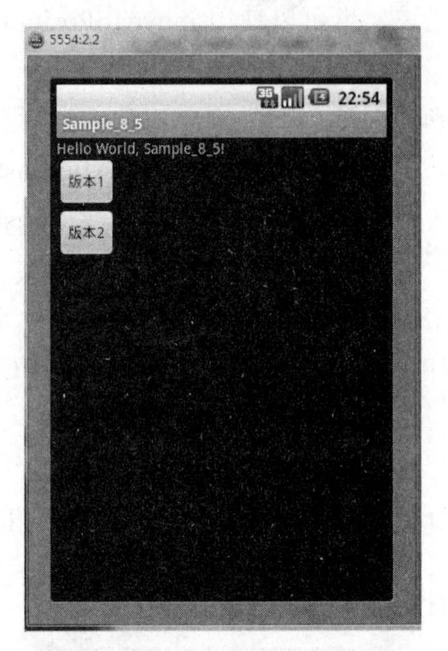

图 8-18　界面布局

（3）数据库辅助类。在本例中，首先实现数据库辅助类 SQLiteOpenHelper。在项目 src/com.sample.Sample_8_5 目录下新建一个 SQLiteDB 类，在该类中实现辅助类中的方法以及对表的查询操作。将 SQLiteDB.java 已有代码替换为如下代码。

代码位置: 见随书光盘中源代码/第 8 章/Sample_8_5/src/com.sample.Sample_8_5 目录下的 SQLiteDB.java 文件。

```
01 package com.sample.Sample_8_5;                              //声明包语句
02 import android.content.Context;                             //引入相关类
03 import android.database.Cursor;                             //引入相关类
04 import android.database.sqlite.SQLiteDatabase;              //引入相关类
05 import android.database.sqlite.SQLiteDatabase.CursorFactory;//引入相关类
06 import android.database.sqlite.SQLiteOpenHelper;            //引入相关类
07
08 public class SQLiteDB extends SQLiteOpenHelper{             //继承 SQLiteOpenHelper
09
10     public SQLiteDB(Context context, String name, CursorFactory factory, int version)
{
11         super(context, name, factory, version);   //调用父类 SQLiteOpenHelper 类的构造方法
12     }
13
14     public void onCreate(SQLiteDatabase db) {
15         String sql = "CREATE TABLE IF NOT EXISTS tableOne "//创建数据库表 sql 语句
16                 + "(uname VARCHAR(50), pwd VARCHAR(50));";
17         db.execSQL(sql);                                    //执行 sql 语句
```

```
18      }
19
20      public void onUpgrade(SQLiteDatabase db, int oldVersion, int newVersion) {
21          String sql = "CREATE TABLE IF NOT EXISTS tableTwo "       //创建数据库表 sql 语句
22                  + "(uname VARCHAR(50), pwd VARCHAR(50));";
23          db.execSQL(sql);                                        //执行 sql 语句
24      }
25
26      public String showTable() {
27          SQLiteDatabase db = this.getReadableDatabase();      //获取 SQLiteDatabase 对象
28          Cursor cursor = db.query("sqlite_master", new String[] { "name" },
            //查询所有数据库表名字
29                  "type = ?", new String[] { "table" }, null, null, null, null);
30          String tables = "";
31          if (cursor.getCount() != 0) {                           //判断获取结果的记录条数
32              cursor.moveToFirst();                               //游标定位到第一条记录
33              for (int i = 0; i < cursor.getCount(); i += 1) {
34                  tables = tables + cursor.getString(0) + "\n";  //用表名称累加字符串
35                  cursor.moveToNext();                            //游标指向到下一条记录
36              }
37          }
38          return tables;                                          //获取查询结果
39      }
40  }
```

其中：

- 第 08 行，继承 SQLiteOpenHelper 类。
- 第 10～12 行，SQLiteDB 的构造方法，调用 SQLiteOpenHelper 的构造方法。
- 第 14～18 行，重写 onCreate()方法，实现对表 tableOne 的创建。
- 第 20～24 行，重写 onUpgrade()方法，实现对表 tableTwo 的创建。
- 第 26～39 行，实现对数据库中所有表的查询。

对于上述代码大部分都在上一节中讲解过，这里需要重点注意的是：

①继承 SQLiteOpenHelper 的子类必须要调用父类的构造方法。

②onCreate 方法会在第一次实例化类对象的时候自动调用，且自动创建数据库。可以重写这个方法，添加一些建表或初始化数值的操作。

③onUpgrade 方法只有在版本信息发生变化时才会被调用。可以将在改变版本时需要修改的内容添加在里面。版本信息由实例化类的对象时传入。

（4）辅助类使用。辅助类主要用于帮助完成对数据库的获取和更新操作，在主界面中实现使用辅助类进行数据库的版本更新。打开项目 src/com.sample.Sample_8_5 目录下的 Sample_8_5.java 文件，将其中已有代码替换为如下代码。

代码位置：见随书光盘中源代码/第 8 章/Sample_8_5/src/com.sample.Sample_8_5 目录下的 Sample_8_5.java 文件。

```
01 public class Sample_8_5 extends Activity {                   //继承Activity类
02     private Button firstButton;                              //定义按钮
03     private Button secondButton;                             //定义按钮
```

```
04      private SQLiteDB dbHelper;                                   //定义数据库辅助类
05      private final String dbName = "helperdb";                    //定义数据库名称
06      public void onCreate(Bundle savedInstanceState) {            //重写 onCreate()方法
07          super.onCreate(savedInstanceState);
08          this.setContentView(R.layout.main);
09          firstButton = (Button) findViewById(R.id.button1);       //实例化 Button 对象
10          firstButton.setOnClickListener(new OnClickListener() {   //为 Button 对象添加监听
11              public void onClick(View v) {
12                  dbVersion(1);                                    //方法调用
13              }
14          });
15
16          secondButton = (Button) findViewById(R.id.button2);      //实例化 Button 对象
17          secondButton.setOnClickListener(new OnClickListener() {  //为 Button 对象添加监听
18              public void onClick(View v) {
19                  dbVersion(2);                                    //调用方法
20              }
21          });
22      }
23
24      public void dbVersion(int version){
25          dbHelper=new SQLiteDB(this,dbName,null,version);         //实例化 SQLiteDB 类对象
26          showMessage(dbHelper.showTable());                       //显示数据库表信息
27      }
28
29      public void showMessage(String msg){                 //定义信息框显示数据库表信息
30          new AlertDialog.Builder(Sample_8_5.this).setTitle("Message")
31          .setMessage(msg).setNegativeButton("确定",
32              new DialogInterface.OnClickListener() {
33                  public void onClick(DialogInterface dialog,int which) {
34                  }
35          }).show();
36      }
37  }
```

其中：

- 第 01～05 行，定义使用的全局遍历。
- 第 09～14 行，绑定按钮 1，并设置其单击事件为调用实现数据库版本 1 的创建。
- 第 16～21 行，绑定按钮 2，并设置其单击事件为调用实现数据库版本 2 的创建。
- 第 24～27 行，实现版本更新。
- 第 29～36 行，将获取的信息显示在提示框中。

（5）运行分析。对于上述代码，当单击“first”按钮时，实例化 SQLiteOpenHelper 类对象的操作会自动创建数据库并执行 onCreate 方法中的代码，查询数据库中表的结果如图 8-19 所示；当单击“second” 按钮时，实例化 SQLiteOpenHelper 类对象的操作因为版本参数的变化会执行 onUpgrade 方法中的代码，查询数据库中表的结果如图 8-20 所示。

在 SQLiteOpenHelper 类中可以执行前面章节中了解到的所有对 SQLite 数据库中的数据的增、删、改、查操作，区别在于在 SQLiteOpenHelper 类中需要通过下面的代码获取

SQLiteDatabase 类的对象。

```
SQLiteDatabase db = this.getReadableDatabase();
SQLiteDatabase db = this.getWritableDatabase();
```

图 8-19 版本 1 运行效果

图 8-20 版本 2 运行效果

8.8 数据共享

Android 中的数据并不仅仅只能够提供给创建该数据的应用程序使用，同样可以将自己的数据暴露在外，供其他应用程序使用。这样可以减少系统中数据的冗余，达到应用程序之间数据的共享。关于数据共享，在 Android 中，实现应用程序间的数据共享的最常用也是最标准的方式是使用内容提供者（ContentProvider）来实现。

这种方式分为内容提供者（ContentProvider）和内容解析器（ContentResolver）两部分实现。其中 ContentProvider 负责组织应用程序的数据并向其他应用程序提供数据；ContentResolver 则负责获取 ContentProvider 提供的数据以及进行数据的添加、删除、修改、查询等操作。下面通过实现自定义的 ContentProvider 在两个应用程序之间实现图书信息的数据共享来详细讲解 ContentProvider。使用程序 Sample_8_6 来提供数据，Sample_8_6_test 来操作数据。

8.8.1 共享的图书信息

本实例中，将在应用程序之间共享图书信息。图书信息包括图书名称、图书的 ISBN 编号以及作者名。这些信息以数据库中表的形式保存。创建一个 books.db 数据库，其中使用 books 的表来记录图书信息。

实现该项目的步骤如下。

（1）在 Eclipse 中创建一个名为 Sample_8_6 的 Android 项目。

（2）在该项目中，仅仅提供数据，没有界面显示。对于图书信息，使用类 Bookinfo_provider 来进行定义。在项目 src/com.sample.Sample_8_6 目录下新建一个类 Bookinfo_provider，在该类中实现图书信息，将 Bookinfo_provider.java 已有代码替换为如下代码。

代码位置：见随书光盘中源代码/第 8 章/Sample_8_6/src/com.sample.Sample_8_6 目录下的 Bookinfo_provider.java 文件。

```
01 package com.sample.Sample_8_6;
02 import android.net.Uri;
03 import android.provider.BaseColumns;
04
05 //图书属性
06 public class Bookinfo_provider {
07     public static final String DATABASE_NAME = "books.db";
08     public static final int DATABASE_VERSION = 1;
09     public static final String AUTHORITY = "com.sample.bookinfo_provoider";
10     public static final String BOOKS_TABLE_NAME = "books";
11
12     public static final class Bookinfo implements BaseColumns {
13                 //表名
14         public static final String TABLE_NAME = "books";
15                 //String,图书名
16         public static final String BOOK_NAME = "name";
17                 //String,图书 isbn 号
18         public static final String BOOK_ISBN = "isbn";
19                 //String,作者名
20         public static final String BOOK_AUTHOR = "author";
21                 //Integer,id 号
22         public static final String _ID = "id";
23                 //地址
24         public static final Uri CONTENT_URI = Uri.parse("content://"
25                 + AUTHORITY + "/books");
26         //多记录,数据集的 MIME 类型字符串则应该以 vnd.android.cursor.dir/开头
27         public   static   final   String   CONTENT_TYPE   =   "vnd.android.cursor.dir/vnd.
androidbook.book";
28         //单记录,单一数据的 MIME 类型字符串应该以 vnd.android.cursor.item/开头
29         public static final String CONTENT_ITEM_TYPE =
30                 "vnd.android.cursor.item/vnd.androidbook.book";
31
32         public static final String DEFAULT_SORT_ORDER = "id DESC";
33     }
34 }
```

其中，定义了图书的基本信息，包括图书名、图书 isbn 号、图书作者名；以及保存这些图书信息的数据库的数据库名、表名等信息。

（3）数据库辅助类。对于保存在数据库中的图书信息，我们采用数据库辅助类进行管理。在项目 src/com.sample.Sample_8_6 目录下新建一个 DB_helper 类，将 DB_helper.java

类已有代码替换为如下代码。

代码位置：见随书光盘中源代码/第 8 章/Sample_8_6/src/com.sample.Sample_8_6 目录下的 DB_helper.java 文件。

```
01 package com.sample.Sample_8_6;                                //声明包语句
02 import com.sample.Sample_8_6.Bookinfo_provider.Bookinfo;     //引入相关类
03 import android.content.Context;                              //引入相关类
04 import android.database.sqlite.SQLiteDatabase;               //引入相关类
05 import android.database.sqlite.SQLiteOpenHelper;             //引入相关类
06
07 public class DB_helper extends SQLiteOpenHelper {            //继承 SQLiteOpenHelper 类
08
09     public DB_helper(Context context) {                      //构造方法
10         super(context, Bookinfo_provider.DATABASE_NAME, null,
11                 Bookinfo_provider.DATABASE_VERSION);         //继承父类方法
12     }
13
14     @Override
15     public void onCreate(SQLiteDatabase db) {                //重写 onCreate()方法
16         String sql = "CREATE TABLE " + Bookinfo.TABLE_NAME + " ("
17                 + Bookinfo._ID + " INTEGER PRIMARY KEY AUTOINCREMENT,"
18                 + Bookinfo.BOOK_NAME + " TEXT," + Bookinfo.BOOK_ISBN + " TEXT,"
19                 + Bookinfo.BOOK_AUTHOR + " TEXT);";          //创建表 SQL 语句
20         db.execSQL(sql);                                     //创建表
21     }
22
23     @Override
24     public void onUpgrade(SQLiteDatabase db, int oldVersion, int newVersion) {
25         String sql = "DROP TABLE IF EXISTS " + Bookinfo.TABLE_NAME;  //删除表 SQL 语句
26         db.execSQL(sql);                                     //执行 SQL
27         onCreate(db);                                        //调用方法，重新创建表
28     }
29 }
```

对于数据库辅助类，前面已经进行了讲解，这里不再赘述。其中，16～20 行，创建 books 表。表中记录 id、书名、图书 ISBN 编号、图书作者信息。

8.8.2 内容提供者（ContentProvider）

为了提供的数据方便其他应用程序共享，ContentProvider 以类似数据库中表的方式将数据暴露。外界也通过这一标准统一的接口共享这个程序中的数据。实现自定义的 ContentProvider 通过如下 3 部分：定义 URI；继承 ContentProvider 类，重写实现其方法；在 AndroidManifest 文件中，对该 ContentProvider 类进行配置。

（1）URI 定义。要让外部访问共享数据，必须指定可访问数据的地址。打开项目 src/com.sample.Sample_8_6 目录下的 Sample_8_6.java 文件，将该文件已有代码替换为如下代码。

代码位置：见随书光盘中源代码/第 8 章/Sample_8_6/src/com.sample.Sample_8_6 目录下的 Sample_8_6.java 文件。

```
01 package com.sample.Sample_8_6;                                    //声明包语句
02 import com.sample.Sample_8_6.Bookinfo_provider.Bookinfo;         //引入相关类
03 import android.content.ContentProvider;                          //引入相关类
04 import android.content.ContentResolver;                          //引入相关类
05 import android.content.ContentUris;                              //引入相关类
06 import android.content.ContentValues;                            //引入相关类
07 import android.content.UriMatcher;                               //引入相关类
08 import android.database.Cursor;                                  //引入相关类
09 import android.database.SQLException;                            //引入相关类
10 import android.database.sqlite.SQLiteDatabase;                   //引入相关类
11 import android.net.Uri;                                          //引入相关类
12 import android.text.TextUtils;                                   //引入相关类
13
14 public class Sample_8_6 extends ContentProvider {         //继承ContentProvider类
15     private DB_helper dbhelper = null;
16
17                     //-- 创建URI最佳匹配器
18     private static UriMatcher sUriMatcher = null;
19     private static final int BOOKS_RECORDS = 1;                  //多条记录
20     private static final int BOOK_RECORD = 2;                    //单条记录
21     static {
22         sUriMatcher = new UriMatcher(UriMatcher.NO_MATCH);
23         sUriMatcher.addURI(Bookinfo_provider.AUTHORITY, "books", BOOKS_RECORDS);
24         sUriMatcher.addURI(Bookinfo_provider.AUTHORITY, "books/#", BOOK_RECORD);
25     }
```

其中：

- 第 18～20 行，定义、初始化需要用到的变量。
- 第 22 行，初始化 UriMatcher，添加常量 UriMatcher.NO_MATCH，表示不匹配任何路径的返回码。
- 第 23 行，添加匹配的 URI 地址。当地址为 content://com.ouling.bookinfo_ provovider/books 时，匹配返回码为 BOOKS_RECORDS，即 1。
- 第 24 行，添加匹配的 URI 地址。当地址为 content://com.ouling.bookinfo_ provovider/books/任意数字时，匹配返回码为 BOOK_RECORD，即 2。

对于上述代码，首先需要理解如下两点。

①URI 的意义和格式。URI 代表了要操作的数据，一个 URI 由名称（scheme）、主机名和路径三部分组成，如图 8-21 所示。

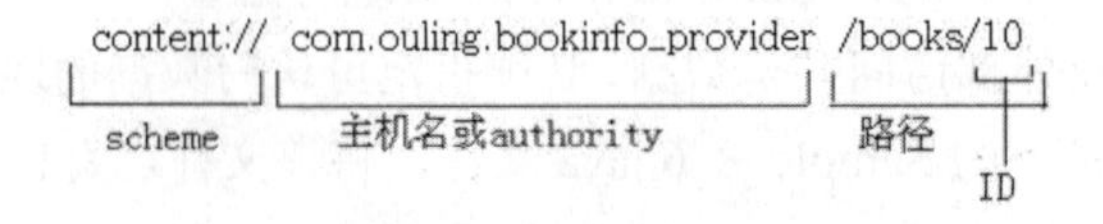

图 8-21 URI 地址

其中，scheme 已经由 Android 规定为 content://。

主机名（或叫 Authority）用于唯一标识这个 ContentProvider，外部调用者可以根据这个标识来找到该 ContentProvider。

路径（path）可以用来表示要操作的数据。图 8-21 路径表示 books 表中 id 为 10 的记录。

②URI 地址解析。理解了 URI 代表数据的格式，在外部调用传入 URI 地址时，在 ContentProvider 中，需要对 URI 格式进行解析，使用 UriMatcher 类来解析 URI 地址。使用 UriMatcher 来解析，首先需要将要匹配的 URI 路径全部注册到 UriMatcher 中，使用如下方法来注册。

```
addURI(String authority, String path, int code)
```

其中，第一个参数代表传入标识 ContentProvider 的 AUTHORITY 字符串；第二个参数代表要匹配的路径，使用#代表任意数字，用*来匹配任意文本；第三个参数代表必须传入一个大于零的匹配码，用于 match()方法对相匹配的 URI 返回相对应的匹配码。

解析的地址全部注册后，使用如下方法来匹配 URI 地址。

```
match(Uri uri)
```

该方法返回 URI 地址的返回码。

（2）继承 ContentProvider 类。由于 ContentProvider 以类似数据库中表的方式将数据暴露，所以在继承了 ContentProvider 类后，需要重写实现的方法和操作数据库的方法类似添加（insert）、删除（delete）、查询（query）、修改（update）。除了数据操作相关的方法外，还有类的初始化和处理数据的 MIME 类型。具体需要重写的方法如下。

```
public class PersonContentProvider extends ContentProvider{
   public boolean onCreate()
   public Uri insert(Uri uri, ContentValues values)
   public int delete(Uri uri, String selection, String[] selectionArgs)
   public int update(Uri uri, ContentValues values, String selection, String[] selectionArgs)
   public Cursor query(Uri uri, String[] projection, String selection, String[] selectionArgs,
String sortOrder)
   public String getType(Uri uri)
}
```

打开项目 src/com.sample.Sample_8_6 目录下的 Sample 8 6.java 文件，实现 ContentProvider 类的上述六种方法，将如下代码添加到其中。

代码位置：见随书光盘中源代码/第 8 章/Sample_8_6/src/com.sample.Sample_8_6 目录下的 Sample_8_6.java 文件。

```
01      @Override
02      public boolean onCreate() {                                  //重写 onCreate()方法
03          dbhelper = new DB_helper(this.getContext());
04          return true;
05      }
06
07      //多记录,数据集的 MIME 类型字符串则应该以 vnd.android.cursor.dir/开头
08      public static final String CONTENT_TYPE = "vnd.android.cursor.dir/vnd.androidbook.book";
09      //单记录,单一数据的 MIME 类型字符串应该以 vnd.android.cursor.item/开头
10      public  static  final  String  CONTENT_ITEM_TYPE  =  "vnd.android.cursor.item/vnd.
```

```
androidbook.book";
11      @Override
12      public String getType(Uri uri) {                    //重写 getType()方法
13          //TODO Auto-generated method stub
14          switch (sUriMatcher.match(uri)) {               //匹配 URI
15          case BOOKS_RECORDS:
16              return Bookinfo.CONTENT_TYPE;               //多条记录
17          case BOOK_RECORD:
18              return Bookinfo.CONTENT_ITEM_TYPE;          //单条记录
19          default:
20              throw new IllegalArgumentException("Unknown URI " + uri);
21          }
22      }
```

其中：

- 第 01～05 行，重写 onCreate()方法，实例化数据库辅助类。
- 第 07～10 行，定义集合类型和非集合类型的 MIME 类型字符串。
- 第 11～21 行，根据 URI 地址匹配的结果，返回相应的 MIME 类型字符串。

对于上述代码，我们需要理解这两种方法的作用：

①onCreate()方法。当 ContentProvider 启动时都会回调 onCreate()方法。该方法主要执行一些 ContentProvider 初始化的工作，返回 true 表示初始化成功，返回 false 则初始化失败。

②getType(Uri uri)方法。该方法返回数据的 MIME 类型。使用 UriMatcher 类对 URI 进行匹配，并返回相应的 MIME 类型字符串。如果操作的数据属于集合类型，那么 MIME 类型字符串应该以 vnd.android.cursor.dir/开头；如果要操作的数据属于非集合类型数据，那么 MIME 类型字符串应该以 vnd.android.cursor.item/开头。

除了以上方法外，还需要实现数据的增、删、改、查操作。在 Sample_8_6.java 中继续添加如下代码。

代码位置：见随书光盘中源代码/第 8 章/Sample_8_6/src/com.sample.Sample_8_6 目录下的 Sample_8_6.java 文件。

```
01      @Override
02      public Uri insert(Uri uri, ContentValues values) {      //重写 insert()方法
03          if (sUriMatcher.match(uri) != BOOKS_RECORDS) {      //判断 URI 地址
04              throw new IllegalArgumentException("Unknown URI " + uri);
05          }
06          if (values.containsKey(Bookinfo.BOOK_NAME) == false) {   //判断书名
07              throw new SQLException("Failed to insert,please input Book Name" + uri);
08          }
09          if (values.containsKey(Bookinfo.BOOK_ISBN) == false) {        //判断书号 ISBN
10              values.put(Bookinfo.BOOK_ISBN, "Unknown ISBN");
11          }
12          if (values.containsKey(Bookinfo.BOOK_AUTHOR) == false) {      //判断作者
13              values.put(Bookinfo.BOOK_AUTHOR, "Unknown author");
14          }
15
16          SQLiteDatabase db = dbhelper.getWritableDatabase(); //获取数据库类
17          long rowID = db.insert(Bookinfo.TABLE_NAME, Bookinfo.BOOK_NAME, values);
```

```
18          //得到的是记录的行号，主键为 int，实际上就是主键值
19          if (rowID > 0) {
20              Uri insertBookedUri = ContentUris.withAppendedId(
21                          Bookinfo.CONTENT_URI, rowID);          //获得 URI 地址
22              getContext().getContentResolver().notifyChange(insertBookedUri,null);
23              return insertBookedUri;
24          }
25
26          throw new SQLException("Failed to insert row into " + uri);
27      }
28
29      @Override
        //重写 delete()方法
30      public int delete(Uri uri, String selection, String[] selectionArgs) {
31          SQLiteDatabase db = dbhelper.getWritableDatabase(); //获取数据库类
32          int count = 0;
33          switch (sUriMatcher.match(uri)) {                 //判断 URI 地址
34          case BOOKS_RECORDS:                               //多条记录时
35              count = db.delete(Bookinfo.TABLE_NAME, selection, selectionArgs); //删除
36              break;
37          case BOOK_RECORD:                                 //单条记录时
38              String rowID = uri.getPathSegments().get(1);
39              String where = Bookinfo._ID+ "="+ rowID
40                      + (!TextUtils.isEmpty(selection) ? " AND (" + selectionArgs+ ')' :
"");
41              count = db.delete(Bookinfo.TABLE_NAME, where, selectionArgs);//删除
42              break;
43          default:
44              throw new IllegalArgumentException("Unknown URI " + uri);    //异常处理
45          }
46          db.close();
47          this.getContext().getContentResolver().notifyChange(uri, null);   //通知更新
48          return count;
49      }
50
51      @Override                                         //重写 update()方法
52      public int update(Uri uri, ContentValues values, String selection,String[]
        selectionArgs) {
53          SQLiteDatabase db = dbhelper.getWritableDatabase(); //获取数据库类
54          int count = 0;
55          switch (sUriMatcher.match(uri)) {                 //匹配 URI 地址
56          case BOOKS_RECORDS:                               //多条记录
57              count = db.update(Bookinfo_provider.BOOKS_TABLE_NAME, values,
58                      selection, selectionArgs);
59              break;
60          case BOOK_RECORD:                                 //单条记录
61              String rowID = uri.getPathSegments().get(1);
62              String where = Bookinfo._ID+ "="+ rowID
63                      + (!TextUtils.isEmpty(selection) ? " AND(" + selection+ ')' : "");
64              count = db.update(Bookinfo_provider.BOOKS_TABLE_NAME, values,
65                      where, selectionArgs);
66              break;
```

```
67          default:                                                //异常处理
68              throw new IllegalArgumentException("Unknown URI " + uri);
69          }
70          getContext().getContentResolver().notifyChange(uri, null);   //通知更新
71          return count;
72      }
73
74      @Override                                                   //重写 query()方法
75      public Cursor query(Uri uri, String[] projection, String selection,  String[]
    selectionArgs, String sortOrder) 76       {
77          Cursor cursor = null;
78          SQLiteDatabase db = dbhelper.getReadableDatabase(); //获取数据库类
79          switch (sUriMatcher.match(uri)) {                       //匹配 URI 地址
80          case BOOKS_RECORDS:                                     //多条记录
81              cursor = db.query(Bookinfo_provider.BOOKS_TABLE_NAME, projection,
82                      selection, selectionArgs, null, null, sortOrder);
83              break;
84          case BOOK_RECORD:                                       //单条记录
85              String id = uri.getPathSegments().get(1);
86              cursor = db.query(Bookinfo_provider.BOOKS_TABLE_NAME, projection,
87                      Bookinfo._ID+"="+ id+ (!TextUtils.isEmpty(selection) ? " AND ("
88                      +selectionArgs+')':""), selectionArgs, null, null, sortOrder);
89              break;
90          default:                                                //异常处理
91              throw new IllegalArgumentException("Unknown URI " + uri);
92          }
93          ContentResolver cr = this.getContext().getContentResolver();
94          cursor.setNotificationUri(cr, uri);                     //通知更新
95          return cursor;
96      }
```

其中：

- 第 03～15 行，对 URI 地址以及添加的数据进行检查，当为空值时添加一个默认值。
- 第 16～17 行，完成当添加数据时，在 ContentProvider 中的具体添加数据的实现。在本实例中，由于操作的是数据库，就使用数据库的添加方法。如果 ContentProvider 中操作的是 XML 文件，则使用 XML 文件的添加方式来添加数据 values。
- 第 19～22 行，添加变化后的 URI 地址，并使用 notifyChange()方法来通知注册在此 URI 上的观察者数据发生了改变。
- 第 29～32 行，定义需要使用到的变量。
- 第 33～45 行，对 URI 地址进行判断，当删除的是多个数据时，直接使用数据库的删除方法删除数据。当删除的是单个数据时，首先从地址中获取需要删除的记录的 id 号，然后加入其他附加条件，最后执行数据删除操作；其他情况时，表明是错误地址。
- 第 46～49 行，数据库操作完成后，关闭数据库，并且通知数据发生变化。
- 第 56～59 行，对修改的数据为集合时的处理，直接使用数据库修改方法。

- 第 60～66 行，对修改的数据为单个数据的处理，需要的查询条件更多，和 delete 方法的处理类似。
- 第 80～83 行，对多个数据的查询处理，直接使用数据库查询方法。
- 第 84～89 行，对单个数据的查询处理，需要的查询条件更多，和 delete 方法的处理类似。

（3）注册。为了能让其他应用找到该 ContentProvider ，ContentProvider 采用了 authorities（主机名/域名）对它进行唯一标识。这个标识必须在 AndroidManifest.xml 文件中进行定义，具体实现如下。

代码位置：见随书光盘中源代码/第 8 章/Sample_8_6/目录下的 AndroidManifest.xml 文件。

```
<application android:icon="@drawable/icon" android:label="@string/app_name">
    <provider android:name=".Sample_8_6"
        android:authorities="com.sample.bookinfo_provoider" />
</application>
```

8.8.3 内容解析器（ContentResolver）

实现了内容提供者之后，需要新建一个程序来实现对数据的访问。该应用主要用于访问数据，无须界面布局。实现该项目的步骤如下。

（1）在 Eclipse 中创建一个名为 Sample_8_6_test 的 Android 项目。

（2）打开项目 src/com.sample.Sample_8_6_test 目录下的 Sample_8_6_test.java 文件，将文件下的已有代码替换为如下代码。

代码位置：见随书光盘中源代码/第 8 章/Sample_8_6_test/src/com.sample.Sample_8_6_test 目录下的 Sample_8_6_test.java 文件。

```
01 package com.sample.Sample_8_6_test;                          //声明包语句
02 import android.app.Activity;                                  //引入相关类
03 import android.content.ContentResolver;                       //引入相关类
04 import android.content.ContentValues;                         //引入相关类
05 import android.database.Cursor;                               //引入相关类
06 import android.net.Uri;                                       //引入相关类
07 import android.os.Bundle;                                     //引入相关类
08
09 public class Sample_8_6_test extends Activity {               //继续Activity类
10     @Override
11     public void onCreate(Bundle savedInstanceState) {         //重写onCreate()方法
12         super.onCreate(savedInstanceState);
13         setContentView(R.layout.main);
14         try {
15             test_insert();                                    //调用添加记录方法
16             test_insert();                                    //调用添加记录方法
17             test_insert();                                    //调用添加记录方法
18             test_delete();                                    //调用删除记录方法
19             test_update();                                    //调用修改记录方法
20             test_find();                                      //显示查询的结果
```

```
21        } catch (Throwable e) {
22            System.out.println(e.toString());
23            e.printStackTrace();
24        }
25    }
```

（3）数据修改操作。在新程序中分别对内容提供者的添加、删除、修改、查询方法进行测试，在 Sample_8_6_test.java 中添加相关代码如下。

代码位置：见随书光盘中源代码/第 8 章/Sample_8_6_test/src/com.sample.Sample_8_6_test 目录下的 Sample_8_6_test.java 文件。

```
01    //添加
02    public void test_insert() throws Throwable {
03        ContentResolver cr = this.getContentResolver();          //获取 ContentResolver
          //URI
04        Uri inserturi = Uri.parse("content://com.ouling.bookinfo_provoider/books");
05        ContentValues cv = new ContentValues();
06        cv.put("name", "Android");
07        cv.put("isbn", "123456");
08        Uri re_uri = cr.insert(inserturi, cv);                    //添加数据
09        System.out.println("test_insert:" + re_uri);
10    }
11
12    //删除
13    public void test_delete() throws Throwable {
14        ContentResolver contentResolver = getContentResolver(); //获取 ContentResolver
          //URI
15        Uri uri = Uri.parse("content://com.ouling.bookinfo_provoider/books/1");
16        contentResolver.delete(uri, null, null);                  //删除数据
17    }
18
19    //修改
20    public void test_update() throws Throwable {
21        ContentResolver contentResolver = getContentResolver(); //获取 ContentResolver
          //URI
22        Uri updateUri = Uri.parse("content://com.ouling.bookinfo_provoider/books/2");
23        ContentValues values = new ContentValues();
24        values.put("name", "Android 示例");
25        contentResolver.update(updateUri, values, null, null);  //修改数据
26        System.out.println("修改完成");
27    }
28
29    //查询
30    public void test_find() throws Throwable {
31        ContentResolver contentResolver = getContentResolver(); //获取 ContentResolver
32        Uri uri = Uri.parse("content://com.ouling.bookinfo_provoider/books"); //URI
33        Cursor cursor = contentResolver.query(uri, null, null, null, "id asc");//查询
34        System.out.println("查询结果一共有" + cursor.getCount() + "条记录，具体是：");
35        while (cursor.moveToNext()) {
36            String id = cursor.getString(0);
37            String name=cursor.getString(1);
38            String isbn=cursor.getString(2);
```

```
39              String author=cursor.getString(3);
40              System.out.println("id=" + id + ",name=" + name+ ",isbn=" + isbn+",author
="+author);
41          }
42          cursor.close();                                         //关闭游标
43      }
```

其中：

- 第 01～11 行，使用 ContentResolver 来添加数据。04 行的地址表示 com.ouling.bookinfo_provoider 中的 books 表。
- 第 12～18 行，使用 ContentResolver 来删除数据。15 行的地址表示 com.ouling.bookinfo_provoider 中的 books 表的 id 为 1 的记录。
- 第 19～28 行，使用 ContentResolver 来修改数据。22 行的地址表示 com.ouling.bookinfo_provoider 中的 books 表的 id 为 2 的记录。
- 第 29～43 行，使用 ContentResolver 来查询数据。32 行的地址表示 com.ouling.bookinfo_provoider 中的 books 表，查询的结果即表中的所有数据。

8.8.4　运行分析总结

分别安装调试内容提供者 ContentProvider 程序和内容解析器 ContentResolver 程序。在数据使用的程序 Sample_8_6_test 中，通过调用 3 次添加数据方法后，再调用删除数据方法、修改数据方法和查询数据的方法。其打印输出的结果如图 8-22 所示。

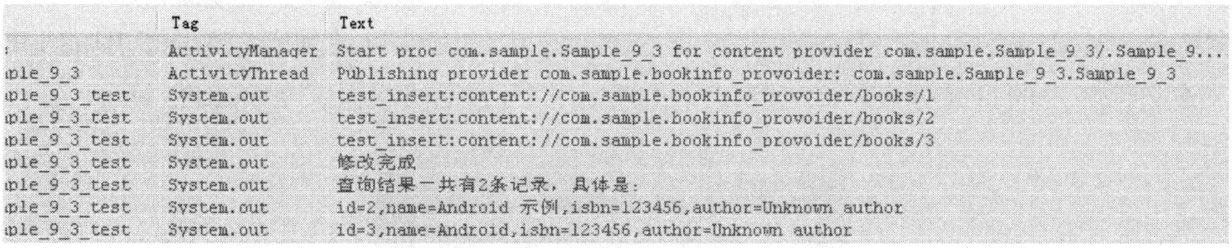

	Tag	Text
:	ActivityManager	Start proc com.sample.Sample_9_3 for content provider com.sample.Sample_9_3/.Sample_9...
iple_9_3	ActivityThread	Publishing provider com.sample.bookinfo_provoider: com.sample.Sample_9_3.Sample_9_3
iple_9_3_test	System.out	test_insert:content://com.sample.bookinfo_provoider/books/1
iple_9_3_test	System.out	test_insert:content://com.sample.bookinfo_provoider/books/2
iple_9_3_test	System.out	test_insert:content://com.sample.bookinfo_provoider/books/3
iple_9_3_test	System.out	修改完成
iple_9_3_test	System.out	查询结果一共有2条记录，具体是:
iple_9_3_test	System.out	id=2,name=Android 示例,isbn=123456,author=Unknown author
iple_9_3_test	System.out	id=3,name=Android,isbn=123456,author=Unknown author

图 8-22　打印输出

从结果中可以看出首先在 books 表中，添加了 id 为 1、2、3 的 3 条记录。从最后查询的结果可以看出，已经删除了 id 为 1 的记录，将 id 为 2 的记录的书名修改为“Android 示例”。

再看一下两个应用程序中的文件，内容提供者程序 Sample_8_6 中是否有提供的数据库文件，内容解析器程序 Sample_8_6_test 中又包含哪些文件，结果如图 8-23 所示。

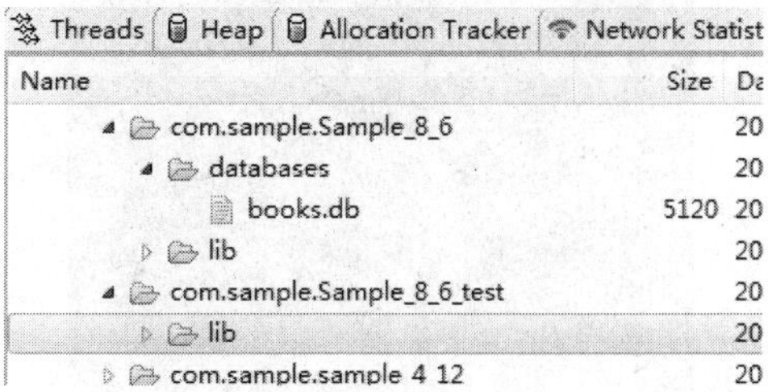

Threads | Heap | Allocation Tracker | Network Statist

Name	Size	Da
com.sample.Sample_8_6		20
databases		20
books.db	5120	20
lib		20
com.sample.Sample_8_6_test		20
lib		20
com.sample.sample_4_12		20

图 8-23　文件目录

可以明显地看出，数据库文件 books.db 存在于 Sample_8_6 程序目录中，而操作数据的程序 Sample_8_6_test 目录中没有任何文件。由此说明实现了数据的共享。

将数据库文件 books.db 导出，使用 SQLite 工具查看数据库结果，如图 8-24 所示。

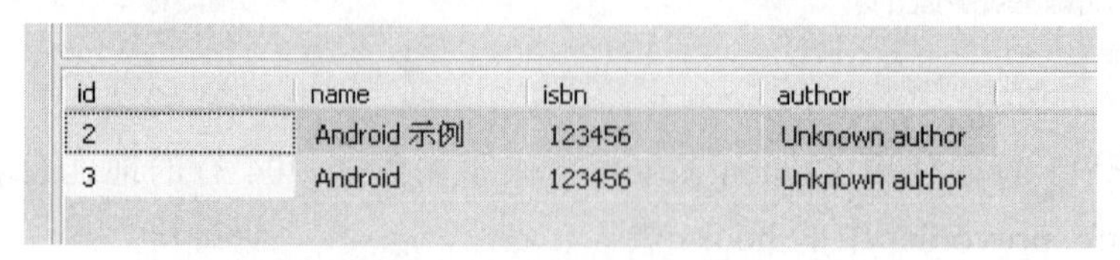

id	name	isbn	author
2	Android 示例	123456	Unknown author
3	Android	123456	Unknown author

图 8-24 数据表内容

books 表中的内容和查询的结果是一致的。这样更确定了 Sample_8_6_test 程序能够操作 Sample_8_6 程序中的数据，实现数据共享。

8.9 综合案例

在本章中，针对 Android 系统中的数据存储方式进行了讲解。在本节中，我们将综合利用前面章节中已经介绍的知识来实现综合案例。

8.9.1 文件浏览器

通过前面一节中，实现了 SD 卡中文件内容的读取。在这一节中，我们实现了一个文件浏览器。当程序启动时，默认列出当前 SDCard 中的文件目录列表，单击其中的文件夹进入该文件夹中的目录列表，单击手机返回按钮，回到上级目录，如图 8-25 所示。

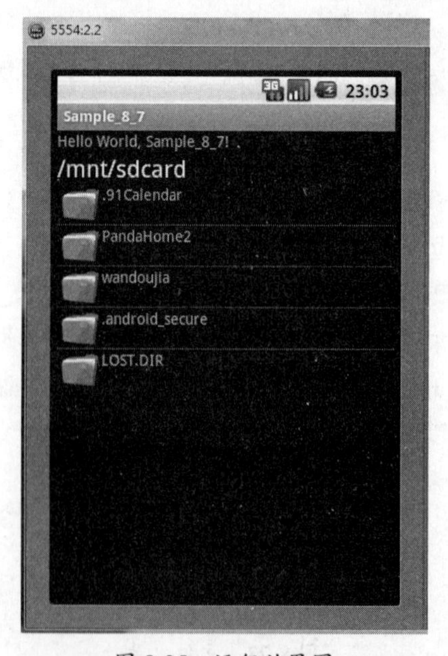

图 8-25 运行效果图

实现该项目的步骤如下。

（1）在 Eclipse 中创建一个名为 Sample_8_7 的 Android 项目。

（2）打开 res/layout 目录下的 main.xml 文件，修改该文件进行界面布局。在界面中，需要一个显示当前路径的 TextView 和一个显示当前路径下所有文件的 ListView。对于 ListView 中的每一项由图片和文件名组成。

代码位置：见随书光盘中源代码/第 8 章/Sample_8_7/res/layout 目录下的 main.xml 文件。

```
<?xml version="1.0" encoding="utf-8"?>
<LinearLayout xmlns:android="http://schemas.android.com/apk/res/android"
   android:layout_width="fill_parent"
   android:layout_height="fill_parent"
   android:orientation="vertical" >                    <!-- 声明一个线性布局 -->

   <TextView
      android:layout_width="fill_parent"
      android:layout_height="wrap_content"
      android:text="@string/hello" />                  <!-- 声明一个 TextView 控件 -->

   <TextView
      android:id="@+id/text_view"
      android:layout_width="wrap_content"
      android:layout_height="wrap_content"
      android:text="Large Text"
      android:textAppearance="?android:attr/textAppearanceLarge" /><!-- 声明一个 TextView 
控件 -->

   <ListView
      android:id="@+id/listView"
      android:layout_width="wrap_content"
      android:layout_height="wrap_content" >
   </ListView>                                         <!-- 声明一个 ListView 控件 -->
</LinearLayout>
```

（3）ListView 项布局。在打开 res/layout 目录下新建布局文件 folder_list.xml，该文件对应于 ListView 中的每一项布局，由一个图片 ImageView 和文件名 TextView 组成，具体实现如下。

代码位置：见随书光盘中源代码/第 8 章/Sample_8_7/res/layout 目录下的 folder_list.xml 文件。

```
<LinearLayout xmlns:android="http://schemas.android.com/apk/res/android"
   android:id="@+id/linearLayout1"
   android:layout_width="fill_parent"
   android:layout_height="fill_parent" >               <!-- 声明一个线性布局 -->

   <ImageView
      android:id="@+id/imageView1"
      android:layout_width="wrap_content"
      android:layout_height="wrap_content"
      android:src="@drawable/dir" />                   <!-- 声明一个 ImageView 控件 -->
```

```
        <TextView
            android:id="@+id/textView1"
            android:layout_width="wrap_content"
            android:layout_height="wrap_content"
            android:text="TextView" />                          <!-- 声明一个 TextView 控件 -->
    </LinearLayout>
```

（4）运行逻辑。在本例中，初始界面时默认列出当前 SDCard 中的文件目录列表，单击其中的文件夹进入该文件夹中的目录列表，单击手机返回按钮，回到上级目录。

实现整个程序逻辑，打开项目 src/com.sample.Sample_8_7 目录下的 Sample_8_7.java 文件，将其中已有代码替换为如下代码。

代码位置：见随书光盘中源代码/第 8 章/Sample_8_7/src/com.sample.Sample_8_7 目录下的 Sample_8_7.java 文件。

```
01      public class Sample_8_7 extends Activity {
02          private TextView textView = null;           //用于显示目录结构的 TextView 组件对象
03          private File[] files = null;                //File 数组
04          private ListView listView = null;           //用于显示文件的 ListView 组件对象
05
06          @Override
07          public void onCreate(Bundle savedInstanceState) {
08              super.onCreate(savedInstanceState);
09              setContentView(R.layout.main);
                //实例化 ListView 组件对象
10              listView = (ListView) findViewById(R.id.listView);
                //实例化 TextView 组件对象
11              textView = (TextView) findViewById(R.id.text_view);
12              boolean sdStatus = getStorageState();       //调用获取手机 SDCard 的存储状态
13                          //判断 SDCard 的存储状态，如果是 false,提示并结束本程序
14              if (!sdStatus) {
15                  AlertDialog alertDialog = new AlertDialog.Builder(
16                          Sample_8_7.this).create();   //创建 AlertDialog 对象
17                  alertDialog.setTitle("提示信息");        //设置信息标题
18                  alertDialog.setMessage("未安装 SD 卡，请检查你的设备");  //设置信息内容
19                  //设置确定按钮，并添加按钮监听事件
20                  alertDialog.setButton("确定", new OnClickListener() {

21                      @Override
22                      public void onClick(DialogInterface arg0, int arg1) {
23                          Sample_8_7.this.finish();     //结束应用程序
24                      }
25                  });
26                  alertDialog.show();                       //设置弹出提示框
27              }
28
29              Intent intent = getIntent();                  //获取 Intent
30                          //获取 CharSequence 对象
31              CharSequence charSequence = intent.getCharSequenceExtra("filePath");
32          //判断 CharSequence 对象是否为空，为空就获取 SDCard 根目录，否则就获取传过来的文件目录
33              if (charSequence != null) {
```

```
34                  File file = new File(charSequence.toString());         //实例化 File
35                  textView.setText(file.getPath());      //更新 TextView 组件显示的目录结构
36                  files = file.listFiles();              //获取该目录的所有文件及目录
37              } else {
38                                  //获取 SDCard 根目录 File 对象
39                  File sdCardFile = Environment.getExternalStorageDirectory();
40                  textView.setText(sdCardFile.getPath());//设置 TextView 组件显示的目录结构
41                  files = sdCardFile.listFiles();        //获取 SDCard 根目录的所有文件及目录
42              }
43
44              List<HashMap<String, Object>> list = getList(files);  //调用获取相应的集合
45                  //调用构造适配器并为 ListView 添加适配器
46              setAdapter(list, files);
                //为 ListView 添加单击监听事件
47              listView.setOnItemClickListener(new OnItemClickListener(){
48                  @Override
49                  public void onItemClick(AdapterView<?> arg0, View arg1, int arg2,
50                          long arg3) {
51                      if (files[arg2].isDirectory()) {      //判断所单击的文件是否是文件夹
52                              //获取该单击文件夹下的所有文件及文件夹
53                          File[] childFiles = files[arg2].listFiles();
                            //判断该单击不为空
54                          if (childFiles != null && childFiles.length >= 0) {
55                              Intent intent = new Intent();          //初始化 Intent
56                              intent.setClass(Sample_8_7.this,
57                                      Sample_8_7.class); //指定 Intent 对象启动的类
                                //函数传递
58                              intent.putExtra("filePath", files[arg2].getPath());
59                              startActivity(intent);         //启动新的 Activity
60                          }
61                      }
62                  }
63              });
64          }
```

其中：

- 第 01～04 行，继承 Activity 类，定义使用到的全局变量；
- 第 06～11 行，重写 onCreate()方法，设备布局、绑定控件；
- 第 12 行，调用方法，判断 SD 卡状态；
- 第 13～27 行，如果 SD 卡不可用，则显示提示框，并且在单击提示框后退出应用；
- 第 28～36 行，获取传递的文件路径，判断该路径是否为空，不为空，则获取该路径下所有文件；
- 第 37～42 行，如果路径为空，则获取 SD 卡根目录下所有文件；
- 第 43～46 行，调用适配器，在 ListView 中显示文件；
- 第 47～63 行，设置 ListView 的单击事件，如果单击的是文件夹，则进入该文件夹显示该文件夹下的文件目录。

对于 SD 卡状态和 ListView 的适配器，实现代码如下。

```
01          /**
02           * 获取手机 SDCard 的存储状态
03           */
04          public boolean getStorageState() {
05              if (Environment.getExternalStorageState().equals(
06                      Environment.MEDIA_MOUNTED)) {      //判断手机 SDCard 的存储状态
07                  return true;
08              } else {
09                  return false;
10              }
11          }
12
13          /**
14           * 构造适配器并为 ListView 添加适配器
15           */
16          public void setAdapter(List<HashMap<String, Object>> list, File[] files) {
17              SimpleAdapter simpleAdapter = new SimpleAdapter(Sample_8_7.this,
18                      list, R.layout.folder_list, new String[] { "image_view",
19                              "folder_name" }, new int[] { R.id.imageView1,
20                              R.id.textView1 });          //实例化 SimpleAdapter
21              listView.setAdapter(simpleAdapter);          //为 ListView 添加适配器
22              this.files = files;                          //给当前 File 数组赋值
23          }
24
25
26          /**
27           * 根据 File[]获取相应的集合
28           */
29          public List<HashMap<String, Object>> getList(File[] files) {
30              List<HashMap<String,  Object>>  list  =  new  ArrayList<HashMap<String,
Object>>();
31              for (int i = 0; i < files.length; i++) {  //循环 File 数组
32                  HashMap<String, Object> hashMap = new HashMap<String, Object>();
33                  if (files[i].isDirectory()) {          //判断该文件是否是文件夹
34                      hashMap.put("image_view", R.drawable.dir); //往 HashMap 中添加文件
夹图片
35                  } else {
36                      hashMap.put("image_view", R.drawable.file); //往 HashMap 中添加文件
图片
37                  }
38                  hashMap.put("folder_name", files[i].getName());  //往 HashMap 中添加文件
名
39                  list.add(hashMap);                           //将 HashMap 添加到 List 集合
40              }
41              return list;                                     //返回 List 集合
42          }
43      }
```

其中：

- 第 01～11 行，获取 SD 卡的储存状态。
- 第 13～23 行，为 ListView 添加适配器。指定显示的布局、数据和控件绑定。

- 第 25～43 行，对于文件数组，构造其对应的 HashMap。对于文件夹和文件使用不同的图片。

（5）权限申请。在上述实现中，我们需要有对 SD 卡的读取、修改等权限，需要在 AndroidManifest.xml 文件中申请，具体实现如下。

代码位置：见随书光盘中源代码/第 8 章/Sample_8_7/目录下的 AndroidManifest.xml 文件。

```
<!-- 在SDCard中创建与删除文件权限 -->
<uses-permission android:name="android.permission.MOUNT_UNMOUNT_FILESYSTEMS"/>
<!-- 往SDCard中写入数据权限 -->
<uses-permission android:name="android.permission.WRITE_EXTERNAL_STORAGE"/>
```

（6）运行分析。通过以上步骤，就实现了对 SD 卡的文件浏览器功能。运行该代码，可以浏览 SD 卡中的所有文件，该目录和在 Eclipse 的 DDMS 界面中看到的 SD 卡目录是一致的。

8.9.2 个人通讯录

通讯录是 Android 中最常用的一种应用。个人通讯录主要包括联系人列表和联系人详细信息等界面。本节将实现一个通讯录的实例。

开发步骤如下。

（1）通讯录的数据相对固定，使用数据库来进行保存。数据库的数据设计如下。

```
_id     integer 所插入记录的编号
name    varchar 联系人名称
phone   varchar 联系人电话
mobile  varchar 手机号码
email   varchar 联系人电子邮箱地址
post        varchar  联系人固定电话
addr        varchar  联系人地址
comp    varchar 联系人所在地
```

（2）在 Eclipse 中新建一个项目 Sample_8_8，首先向其 res/drawable-mdpi 目录下复制应用程序中将会使用到的图片资源，如图 8-26 所示。

图 8-26 Sample_8_8 所用到的图片资源

（3）打开 res/values 目录下的 strings.xml 文件，在其中的<resources>和</resources>标记之间输入如下代码。

代码位置：见随书光盘中源代码/第 8 章/Sample_8_8/res/values 目录下的 strings.xml 文件。

```
01    <string name="tvName">姓名：</string>                    <!-- TextView 控件显示的内容 -->
02    <string name="tvPhone">固定电话：</string>               <!-- TextView 控件显示的内容 -->
03    <string name="tvMobile">移动电话：</string>              <!-- TextView 控件显示的内容 -->
04    <string name="tvEmail">电子邮件：</string>               <!-- TextView 控件显示的内容 -->
05    <string name="tvPost">邮政编码：</string>                <!-- TextView 控件显示的内容 -->
06    <string name="tvAddr">通信地址：</string>                <!-- TextView 控件显示的内容 -->
07    <string name="tvComp">公司名称：</string>                <!-- TextView 控件显示的内容 -->
08    <string name="menu_add">添加</string>                    <!--  菜单选项显示的内容 -->
09    <string name="menu_delete">删除</string>                 <!-- 菜单选项显示的内容 -->
10    <string name="menu_save">保存</string>                   <!-- 菜单选项显示的内容 -->
11    <string name="dialog_message">确定删除此人吗？</string>    <!-- 对话框显示的内容 -->
12    <string name="ok">确定</string>                          <!-- 对话框按钮显示的内容 -->
13    <string name="cancel">取消</string>                      <!-- 对话框按钮显示的内容 -->
14    <string name="title">联系人列表</string>                 <!-- 联系人列表的标题显示的内容 -->
```

（4）打开项目 res/layout 目录下的 main.xml 文件，将其中已有的代码替换为如下代码。

代码位置：见随书光盘中源代码/第 8 章/Sample_8_8/res/layout 目录下的 main.xml 文件。

```
01 <?xml version="1.0" encoding="utf-8"?>
02 <LinearLayout xmlns:android="http://schemas.android.com/apk/res/android"
03    android:orientation="vertical"
04    android:layout_width="fill_parent"  android:layout_height="fill_parent"
05    android:background="@drawable/back"
06    >                                                    <!--  声明线性布局 -->
07    <LinearLayout
08     android:orientation="horizontal"
09     android:layout_width="wrap_content" android:layout_height="wrap_content"
10     android:layout_gravity="center_horizontal"
11     >                                                   <!--  声明线性布局 -->
12         <TextView
13         android:layout_width="wrap_content" android:layout_height="wrap_content"
14         android:layout_gravity="center_horizontal" android:text="@string/title"
15         android:textSize="24px" android:textColor="@color/text"
16         />                                              <!-- 声明一个 TextView 控件 -->
17         <ImageView
18         android:layout_width="wrap_content" android:layout_height="wrap_content"
19         android:src="@drawable/title"
20         />                                              <!-- 显示 Logo 的 ImageView 控件 -->
21     </LinearLayout>
22    <ScrollView
23     android:layout_width="fill_parent" android:layout_height="fill_parent"
24     android:fillViewport="true"
25     >                                                   <!-- 显示联系人列表的 ScrollView -->
26         <ListView
27              android:id="@+id/lv"
28              android:layout_width="fill_parent" android:layout_height="fill_parent"
29              android:choiceMode="singleChoice"
30              />                                         <!-- 显示联系人列表的 ListView -->
31         </ScrollView>
32 </LinearLayout>
```

其中：

- 第 02～06 行，声明了一个垂直分布的线性布局，该线性布局中主要包括一个水平分布的线性布局和一个 ScrollView 控件。
- 第 07～21 行，声明了一个水平分布的线性布局，该布局中包括一个代表标题的 TextView 和一个代表 Logo 的 ImageView。
- 第 22～25 行，声明了一个 ScrollView，该控件中包含了一个 ListView 控件，ListView 控件负责显示联系人的列表。

（5）在布局文件 main.xml 中包含了显示联系人列表。还需要为显示联系人的详细信息开发布局文件。在 res/layout 目录下新建一个 detail.xml 文件，在其中输入如下代码。

代码位置：见随书光盘中源代码/第 8 章/Sample_8_8/res/layout 目录下的 detail.xml 文件。

```
1  <?xml version="1.0" encoding="utf-8"?>
2  <LinearLayout
3      xmlns:android="http://schemas.android.com/apk/res/android"
4      android:orientation="vertical"
5      android:layout_width="fill_parent" android:layout_height="wrap_content"
6      android:background="@drawable/back"
7      >                                          <!-- 声明显示所有详细信息的线性布局 -->
8      <LinearLayout
9          xmlns:android="http://schemas.android.com/apk/res/android"
10         android:orientation="horizontal"
11         android:layout_width="fill_parent" android:layout_height="wrap_content"
12         android:layout_gravity="center_horizontal"
13         >                                      <!-- 显示联系人姓名线性布局 -->
14         <TextView
15             android:layout_width="100px" android:layout_height="wrap_content"
16             android:textSize="18px" android:textColor="@color/text"
17             android:layout_gravity="left|center_vertical"
18             android:text="@string/tvName"
19             />                                 <!-- 显示联系人姓名的 TextView -->
20         <EditText
21             android:id="@+id/etName"
22             android:layout_width="fill_parent" android:layout_height="wrap_content"
23             />                                 <!-- 显示联系人姓名的 EditText -->
24         </LinearLayout>
25     <!-- 此处省略部分布局代码，读者可自行查阅随书光盘 -->
26     <ImageButton
27         android:id="@+id/ibSave"
28         android:layout_width="fill_parent" android:layout_height="wrap_content"
29         android:src="@drawable/save"
30         />                                     <!-- 保存数据的 ImageButton -->
31 </LinearLayout>
```

其中：

- 第 2～7 行，声明了一个垂直分布的线性布局，该线性布局主要包括多个水平分布的线性布局和一个 ImageButton 控件。
- 第 8～24 行，声明了一个水平分布的线性布局，该线性布局主要包括用于显示联系人名称的 TextView 和用于输入姓名的 EditText 控件。

- 第 25 行，省略了程序中其他水平分布的线性布局的声明，这些声明与第 8～24 行的代码相类似。每个水平分布的线性布局在程序中代表一行记录。
- 第 26 行，声明了一个 ImageButton，该按钮保存用于输入的信息。

（6）完成了主要的界面布局开发后，接下来对主要功能的代码进行开发。

开发数据库的辅助类 MyOpenHelper。打开项目的 src/com.sample.Sample_8_8 目录，创建文件 MyOpenHelper.java，在其中输入如下代码。

代码位置：见随书光盘中源代码/第 8 章/Sample_8_8/src/com.sample.Sample_8_8 目录下的 MyOpenHelper.java 文件。

```
1  package com.sample.sample_8_8;                                   //声明包语句
2  import android.content.Context;                                 //引入相关类
3  import android.database.sqlite.SQLiteDatabase;                  //引入相关类
4  import android.database.sqlite.SQLiteOpenHelper;                //引入相关类
5  import android.database.sqlite.SQLiteDatabase.CursorFactory;    //引入相关类
6  public class MyOpenHelper extends SQLiteOpenHelper{
7     public static final String DB_NAME = "personal_contacts";    //数据库文件名称
8     public static final String TABLE_NAME = "contacts";          //表名
9     public static final String ID="_id";                         //ID
10    public static final String NAME="name";                      //名称
11    public static final String PHONE="phone";                    //固定电话
12    public static final String MOBILE="mobile";                  //手机号码
13    public static final String EMAIL="email";                    //电子邮件地址
14    public static final String POST="post";                      //邮政编码
15    public static final String ADDR="addr";                      //通信地址
16    public static final String COMP="comp";                      //公司
17    public MyOpenHelper(Context context, String name, CursorFactory factory,
18             int version) {
19       super(context, name, factory, version);                   //调用父类构造器
20    }
21    @Override
22    public void onCreate(SQLiteDatabase db) {                    //重写 onCreate 方法
23       db.execSQL("create table if not exists "+TABLE_NAME+" ("//调用 execSQL
       方法创建表
24                + ID + " integer primary key,"
25                + NAME + " varchar,"
26                + PHONE+" varchar,"
27                + MOBILE + " varchar,"
28                + EMAIL + " varchar,"
29                + POST + " varchar,"
30                + ADDR + " varchar,"
31                + COMP + " varchar)");
32    }
33    @Override
34    public void onUpgrade(SQLiteDatabase db, int oldVersion, int newVersion) {
                                                                   //重写 onUpgrade 方法}
35 }
```

其中：

- 第 7～16 行，对 SQLite 数据库中的表及其字段进行定义，将这些表名、字段名封装成静态常量有助于代码管理，且不容易出错。
- 第 17～20 行，是 SQLiteOpenHelper 子类的构造器，主要通过调用父类构造器来完成。
- 第 21～32 行，为重写的 onCreate 方法，该方法只在第一次创建数据库时被调用。本程序在该方法中写入了表的创建工作。
- 第 34 行，为重写的 onUpgrade 方法，在此为空实现。

（7）接下来开发案例中主 Activity 类的 Sample_8_8。Sample_8_8 主要显示联系人的列表，打开 res/layout 目录下的 Sample_8_8.java 文件，其代码如下。

代码位置：见随书光盘中源代码/第 8 章/Sample_8_8/src/com.sample.Sample_8_8 目录下的 Sample_8_8.java 文件。

```
1  package com.sample.sample_8_8;                         //声明包语句
2  import static com.sample.sample_8_8.MyOpenHelper.*;    //引入相关类
3  import android.app.Activity;                           //引入相关类
4  ……//此处省略部分引入相关类的代码，读者可自行查阅随书光盘
5  import android.widget.TextView;                        //引入相关类
6  import android.widget.AdapterView.OnItemClickListener;//引入相关类
7  public class Sample_8_8 extends Activity {
8      MyOpenHelper myHelper;                             //声明 MyOpenHelper 对象
9      String [] contactsName;                            //声明用于存放联系人姓名的数组
10     String [] contactsPhone;                           //声明用于存放联系人电话的数组
11     int [] contactsId;                                 //声明用于存放联系人 id 的数组
12     final int MENU_ADD = Menu.FIRST;                   //声明菜单选行的 ID
13     final int MENU_DELETE = Menu.FIRST+1;              //声明菜单项的编号
14     final int DIALOG_DELETE = 0;                       //确认删除对话框的 ID
15     ListView lv;                                       //声明 ListView 对象
16     BaseAdapter myAdapter = new BaseAdapter(){         //开发继承自 BaseAdapter 的子类};
17     public void onCreate(Bundle savedInstanceState) {  //重写 onCreate 方法}
18     protected void onResume() {                        //重写 onResume 方法}
19     public void getBasicInfo(MyOpenHelper helper){     //方法：获取所有联系人的姓名、电话}
20     public boolean onCreateOptionsMenu(Menu menu) {    //重写 onCreateOptionsMenu 方法}
21     public boolean onOptionsItemSelected(MenuItem item) {//重写 onOptionsItemSelected
       方法}
22     protected Dialog onCreateDialog(int id) {          //重写 onCreateDialog 方法}
23     public void deleteContact(int id){                 //方法：删除指定 ID 的行}
24 }
```

其中：

- 第 9～11 行，声明了分别用于记录当前所有联系人的名称、号码及 ID 的数组。
- 第 12～14 行，声明了程序中菜单选项的 ID。
- 第 16 行，为自定义的 BaseAdapter 对象，该对象的主要功能是为 ListView 提供后台数据模型及前台的绘制方法。
- 第 17～23 行，为 Sample_8_8 类的主要成员方法，在 Sample_8_8 中使用了菜单

和对话框，所以需要重写 onCreateOptionsMenu、onOptionsItemSelected 和 onCreateDialog 方法，本书由于篇幅所限，不再对这几个方法进行介绍，读者可自行查阅随书光盘。

上述代码第 23 行为 deleteContact 方法，该方法的主要功能是删除表中指定 id 的记录，代码如下所示。

代码位置：见随书光盘中源代码/第 8 章/Sample_8_8/src/com.sample.Sample_8_8 目录下的 Sample_8_8.java 文件。

```
1  public void deleteContact(int id){                                  //方法：删除指定联系人
2      SQLiteDatabase db = myHelper.getWritableDatabase();              //获得数据库对象
3      db.delete(TABLE_NAME, ID+"=?", new String[]{id+""});             //删除记录
4      db.close();                                                      //关闭数据库
5  }
```

（8）对于显示联系人详细信息界面，在目录下新建一个 DetailActivity.java 文件，其代码如下。

代码位置：见随书光盘中源代码/第 8 章/Sample_8_8/src/com.sample.Sample_8_8 目录下的 DetailActivity.java 文件。

```
1  package com.sample.sample_8_8;                                //声明包语句
2  import static com.sample.sample_8_8.MyOpenHelper.*;           //引入相关类
3  import android.app.Activity;                                  //引入相关类
4  ……//此处省略部分引入相关类的代码，读者可自行查阅随书光盘
5  import android.widget.ImageButton;                            //引入相关类
6  import android.widget.Toast;                                  //引入相关类
7  public class DetailActivity extends Activity{
8      MyOpenHelper myHelper;                                    //声明一个 MyOpenHelper 对象
9      int id = -1;                                              //记录当前显示的联系人 id
10     int [] textIds ={                                         //声明记录 EditText 控件 ID 的数组
11         R.id.etName,R.id.etPhone,R.id.etMobile,R.id.etEmail,
12         R.id.etPost,R.id.etAddr,R.id.etComp
13     };
14     EditText [] textArray;                                    //存放界面中的 EditText 控件的数组
15     ImageButton ibSave;                                       //保存按钮
16     int status = -1;                                          //0 表示查看信息，1 表示添加联系人
       //自定义的 View.OnClickListener};
17     View.OnClickListener myListener = new View.OnClickListener() {
18     protected void onCreate(Bundle savedInstanceState) {//重写 onCreate 方法}
19     public void insertContact(String [] strArray){      //方法：添加指定联系人}
20     public void updateContact(String [] strArray){      //方法：更新某个联系人信息}
21 }
```

其中：

- 第 9 行，声明了记录当前显示的联系人 ID 的成员变量。
- 第 10 行，创建了存放程序中 EditText 控件 ID 的数组，控件编组方便操作，可维护性也高。
- 第 14 行，为 EditText 的数组，该数组通过 textIds 来创建。

- 第 15 行，声明了一个 ImageButton 对象，在程序中按下该按钮将会保存用户输入的信息。
- 第 16 行，声明了用于记录状态的成员变量 status，由于 DetailActivity 不仅用来显示指定联系人的详细信息，还是用户新建联系人的界面，所以需要创建一个变量记录状态。
- 第 17 行，为自定义的 OnClickListener 监听器，该监听器将在程序中与 ImageButton 绑定，当按下 ImageButton 时，将根据当前的状态更新数据库或向数据库中插入数据。

接下来，对 DetailActivity 类 onCreate 方法的开发进行介绍，代码如下。

代码位置：见随书光盘中源代码/第 8 章/Sample_8_8/src/com.sample.Sample_8_8 目录下的 DetailActivity.java 文件。

```
1  protected void onCreate(Bundle savedInstanceState) {          //重写 onCreate 方法
2      super.onCreate(savedInstanceState);
3      setContentView(R.layout.detail);                          //设置当前屏幕
4      textArray = new EditText[textIds.length];
5      for(int i=0;i<textIds.length;i++){
6         textArray[i] = (EditText)findViewById(textIds[i]); //创建 EditText 对象数组
7      }
8      ibSave = (ImageButton)findViewById(R.id.ibSave);          //获得 ImageButton 对象
9      ibSave.setOnClickListener(myListener);                    //设置 OnClickListener 监听器
10     myHelper = new MyOpenHelper(this, MyOpenHelper.DB_NAME, null, 1);
                                                                 //创建数据库辅助对象
11     Intent intent = getIntent();                              //获得 Intent
12     status = intent.getExtras().getInt("cmd");                //读取命令
13     switch(status){                                           //判断命令类型
14     case 0:                                                   //命令为查看联系人的详细信息
15        id = intent.getExtras().getInt("id");                  //获得要显示的联系人的 ID
16        SQLiteDatabase db = myHelper.getWritableDatabase(); //获得数据库对象
17        Cursor c = db.query(MyOpenHelper.TABLE_NAME, new String[]{NAME,PHONE,MOBILE,
18                    EMAIL,POST,ADDR,COMP}, ID+"=?", new String[]{id+""},
                      null, null, null);
19        if(c.getCount() == 0){                                 //没有查询到指定的联系人
20            Toast.makeText(this, "对不起，没有找到指定的联系人！",
              Toast.LENGTH_LONG).show();
21        }
22        else{                                                  //查询到了这个人
23            c.moveToFirst();                                   //移动到第一条记录
24            textArray[0].setText(c.getString(0));              //设置姓名框中的内容
25            textArray[1].setText(c.getString(1));              //设置固话框中的内容
26            textArray[2].setText(c.getString(2));              //设置手机号码框中的内容
27            textArray[3].setText(c.getString(3));              //设置电子邮件框中的内容
28            textArray[4].setText(c.getString(4));              //设置邮政编码框中的内容
29            textArray[5].setText(c.getString(5));              //设置地址框中的内容
30            textArray[6].setText(c.getString(6));              //设置公司框中的内容
31        }
32        c.close();                                             //关闭 Cursor 对象
33        db.close();                                            //关闭数据库连接
```

```
34          break;
35      case 1:                                           //命令为新建详细人信息
36          for(EditText et:textArray){
37              et.getEditableText().clear();             //清空各个EditText控件中的内容
38          }
39          break;
40      }
41  }
```

其中：

- 第 4～8 行，获得了布局文件中各个控件对象的引用。
- 第 9 行，为 ImageButton 设置了监听器。
- 第 11 行，调用 getIntent 方法获取启动该 Activity 的 Intent 并获取其中名为 cmd 的信息。
- 第 13～40 行，对 cmd 进行分支判断，如果为 0，则从数据库中取出指定联系人的信息，将其显示到屏幕中的对应控件中；如果为 1，则清空所有控件的内容等待用户输入。

接下来介绍 DetailActivity 类的 insertContact 及 updateContact 方法的代码，这两个方法分别负责向数据库中插入新记录和更新指定记录，代码如下。

代码位置：见随书光盘中源代码/第 8 章/Sample_8_8/src/com.sample.Sample_8_8 目录下的 DetailActivity.java 文件。

```
1   public void insertContact(String [] strArray){    //方法：添加指定联系人
2       SQLiteDatabase db = myHelper.getWritableDatabase();     //获得数据库对象
3       ContentValues values = new ContentValues();   //创建ContentValues对象
4       values.put(NAME, strArray[0]);                //将name列的值存放到ContentValues
5       values.put(PHONE, strArray[1]);               //将phone列的值存放到ContentValues
6       values.put(MOBILE, strArray[2]);              //将mobile列的值存放到ContentValues
7       values.put(EMAIL, strArray[3]);               //将E-mail列的值存放到ContentValues
8       values.put(POST, strArray[4]);                //将post列的值存放到ContentValues
9       values.put(ADDR, strArray[5]);                //将addr列的值存放到ContentValues
10      values.put(COMP, strArray[6]);                //将comp列的值存放到ContentValues
11      long count = db.insert(TABLE_NAME, ID, values);//插入数据
12      db.close();                                   //关闭数据库对象
13      if(count == -1){                              //判断返回结果
14          Toast.makeText(this, "添加联系人失败！", Toast.LENGTH_LONG).show();
15      }else{
16          Toast.makeText(this, "添加联系人成功！", Toast.LENGTH_LONG).show();
17      }
18  }
19  public void updateContact(String [] strArray){    //方法：更新某个联系人信息
20      SQLiteDatabase db = myHelper.getWritableDatabase();     //获得数据库对象
21      ContentValues values = new ContentValues();
22      values.put(NAME, strArray[0]);                //将name列的值存放到ContentValues
23      values.put(PHONE, strArray[1]);               //将phone列的值存放到ContentValues
24      values.put(MOBILE, strArray[2]);              //将mobile列的值存放到ContentValues
25      values.put(EMAIL, strArray[3]);               //将E-mail列的值存放到ContentValues
26      values.put(POST, strArray[4]);                //将post列的值存放到ContentValues
```

```
27      values.put(ADDR, strArray[5]);                  //将 addr 列的值存放到 ContentValues
28      values.put(COMP, strArray[6]);                  //将 comp 列的值存放到 ContentValues
29      int count = db.update(TABLE_NAME, values, ID+"=?", new String[]{id+""});
                                                        //更新数据库
30      db.close();                                     //关闭数据库对象
31      if(count == 1){                                 //判断返回结果
32          Toast.makeText(this, "修改联系人成功！", Toast.LENGTH_LONG).show();
33      }else{
34          Toast.makeText(this, "修改联系人失败！", Toast.LENGTH_LONG).show();
35      }
36  }
```

（9）完成了 DetailActivity 类的开发之后，还需要在 AndroidManifest.xml 文件中声明该 Activity。打开 AndroidManifest.xml，在</application>标记之前输入如下代码。

```
1   <activity android:name=".DetailActivity"/>              <!-- 声明Activity -->
```

到本节为止，个人通讯录的案例已经基本开发完成，下面运行本程序。由于第一次运行程序时数据库中还没有数据，所以首先按照如图 8-27 所示添加一些联系人的信息。添加之后的联系人列表如图 8-28 所示。

图 8-27　添加联系人示意图

图 8-28　联系人列表

8.10　总结

本章主要对 Android 系统中的数据存储方式进行了介绍，包括 Android 的文件结构、SharedPreference 存储、文件存储以及数据库存储的方式。希望通过本章的学习，读者能够真正掌握 Android 平台中的数据存储方式，可以熟练地选取合适的方式进行数据存储。

知 识 点	难 度 指 数（1～6）	占 用 时 间（1～3）
文件结构	1	1
SharedPreference 使用	4	2
程序私有文件	3	2
SD 卡文件	3	3
数据库的创建	2	1
表的创建	3	2
数据库数据的修改	6	3
SQLiteOpenHelper 使用	4	2
数据共享	5	3

8.11 习题

（1）熟悉 Android 的文件结构，了解系统文件夹下各目录储存文件的性质以及用户数据保存的位置。

（2）使用 SharedPreference 方式保存所有的登录名。

（3）结合访问文件的相关知识，实现 TXT 阅读器的功能。通过遍历 SD 卡获得所有的 TXT 类型文件，并使用私有文件保存这些文件的列表。对于具体显示文件内容，使用读取 SD 卡文件相关知识。

（4）结合数据库存储的相关内容，实现信息的数据库存储及其增、删、改、查的操作。

（5）结合数据共享的内容，实现对信息数据库的共享。

第9章 斗转星移：网络通信

网络通信是交换网络数据的手段，它具有浏览网页、收发电子邮件，进行视频通话、电视直播等功能。不只在PC上，网络通信必不可少，在手机中，网络通信也是一个重要的功能。在Android系统中，人们同样可以通过网络通信来随时随地地浏览网页、即时聊天、收发微博等。本章主要围绕网络通信中的主要通信方式来进行讲解。

9.1 网络通信方式

Android 的应用层采用的是 Java 语言，所以 Java 支持的网络编程方式 Android 都是支持的，同时 Android 还引入了 Apache 的 HTTP 扩展包并且针对 Wi-Fi、蓝牙等分别提供了单独的开发 API。因此，在 Android 平台中，总共提供了 3 种网络接口，分别是：java.net.*（Java 标准接口）、org.apache（Apache 接口）和 android.net.*（Android 网络接口）。

其中：

- java.net.*（Java 标准接口），提供包括流和数据包套接字、Internet 协议、常用 HTTP 处理。该包是一个功能很全面的网络通信包，方便有经验的 Java 开发人员直接使用。
- org.apache（Apache 接口），为 HTTP 通信提供了高效、精确、功能丰富的工具包支持。
- android.net.*（Android 网络接口），提供了网络访问的 SOCKET、URI 类以及和 Wi-Fi 相关的类，并且提供了网络状态监视管理等接口。

有了这些工具包的支持，在 Android 中具体使用的几种网络编程的方式如下。

（1）针对 TCP/IP 的 Socket、ServerSocket；

（2）针对 UDP 的 DatagramSocket、DatagramPackage；

（3）针对直接 URL 的 HttpURLConnection；

（4）Google 集成了 Apache HTTP 客户端，可使用 HTTP 进行网络编程；

（5）使用 Web Service 进行网络编程；

（6）直接使用 WebView 视图组件显示网页。

其中，方式（1）和（2）都是 Socket 通信方式，（3）、（4）、（5）是 HTTP 通信方式，而（6）是 Android 提供的网页浏览控件。

9.2 TCP 通信

本实例中使用面向连接的 Socket 通信。在此模式下，Socket 必须在发送数据之前和目的地的 Socket 建立好连接。所以，该模式下的通信，服务器端先启动侦听服务，等待客户端的连接。客户端连接到服务器端后发送请求到服务器端，服务器端处理请求并做出相应的应答，实现通信，流程如图 9-1 所示。

在这一节中，我们可以使用 TCP 通信方式来实现 Android 远程控制 PC 的效果，主要分为 PC 服务器端以及 Android 控制端。

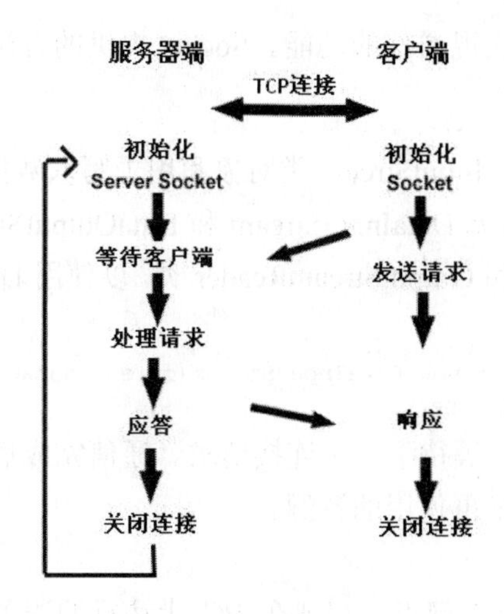

图 9-1　TCP 通信流程

9.2.1　PC 服务器端

PC 的 IP 相对固定，作为服务器端运行，需要完成服务器端的 TCP 通信流程以及关闭 PC 的操作。需要注意的是，由于服务器端是运行在 PC 的程序，所以需要创建的是一个 Java 的标准项目，不再是 Android 项目。

1．通信过程

由 TCP 的通信流程可以看出，在服务器端需要完成以下四个步骤。

（1）创建服务器端套接字并绑定到一个端口。在 Java 标准接口中，提供了两个类 ServerSocket 和 Socket，分别用来表示服务器端和客户端。服务器端的 ServerSocket 有如下几种构造函数。

```
ServerSocket()
ServerSocket(int aport)
ServerSocket(int aport, int backlog)
ServerSocket(int aport, int backlog, InetAddress localAddr)
```

其中，参数 aport 指定服务器要绑定的端口即是服务器要监听的端口，参数 backlog 指定客户连接请求队列的长度，参数 localAddr 指定服务器要绑定的 IP 地址。一般来说端口号 0 到 923 是系统预留的，使用的端口最好大于 924。例如，创建一个监听端口号为 3333 的服务套接字，代码如下。

```
ServerSocket serversocket = new ServerSocket(3333);
```

（2）套接字设置监听模式等待连接请求。创建服务套接字后，接下来就监听端口等待客户端的连接，使用 ServerSocket 类的方法如下。

```
Socket  accept()
```

该方法是一个阻塞方法，调用该方法后将一直监听端口等待客户端的请求，直到有客户端连接到该端口后，才会返回一个对应于客户端的 Socket，继续执行之后的代码。

（3）接受连接请求后进行通信。Socket 连接建立后，服务器端和客户端通过 Socket 的输入、输出流来读/写数据，实现通信的功能。Socket 提供的方法如下。

```
InputStream getInputStream()
OutputStream getOutputStream()
```

分别返回用于读取数据的 InputStream 类对象和用于写入数据的 OutputStream 类对象。为了方便读/写数据，可以使用流 DataInputStream 和 DataOutputStream 类；对于文本流对象，可以使用 InputStreamReader 和 OutputStreamReader 类。以使用 DataInputStream 类读取输入请求为例，代码如下。

```
DataInputStream data_input = new DataInputStream(client_socket.getInputStream());
String msg = data_input.readUTF();
```

（4）关闭该 Socket 返回，等待下一个连接请求。通信完成后，需要将输入、输出流以及 Socket 关闭，以主动释放不再使用的资源。

2. 代码实现

熟悉了整个通信过程以及关键点，实现在 PC 上运行的服务器端，对客户端输入的命令进行判断，执行不同命令对应的关机、重启、注销操作。具体步骤如下。

（1）首先实现 PC 端的网络连接处理。打开项目 src/pc_service 目录下的 Pc_service.java 文件，在其中修改如下代码。

代码位置：见随书光盘中源代码/第 9 章/Sample_9_1_PC/scr/pc_service 目录下的 Pc_service.java 文件。

```
01    static ServerSocket serversocket = null;                //服务 socket
02    static DataInputStream data_input = null;               //输入流
03    static DataOutputStream data_output = null;             //输出流
04    public static void main(String[] args) {
05        try {
06            //创建套接字，并监听
07            serversocket = new ServerSocket(3333);
08            System.out.println("listening 3333 port");
09
10            while (true) {
11                //获取客户端套接字
12                Socket client_socket = serversocket.accept();
13                try {
14                    //获取输入流，读取客户端传来的数据
15                    data_input = new DataInputStream(client_socket.getInputStream());
16                    String msg = data_input.readUTF();
17                    System.out.println(msg);
18                    //判断输入，进行相应的操作
19                    if (msg.equals("shutdown")) {
20                        Shutdown();
21                    } else if (msg.equals("restart")) {
22                        Restart();
23                    } else if (msg.equals("logoff")) {
24                        Logoff();
25                    }
26                } catch (Exception e) {
27                    e.printStackTrace();
```

```
28                  } finally {
29                      try {//关闭连接
30                          data_input.close();
31                          client_socket.close();
32                      } catch (IOException e) {
33                          e.printStackTrace();
34                      }
35                  }
36              }
37          } catch (Exception e) {
38              e.printStackTrace();
39          }
40
41      }
```

其中：

- 第 01～03 行，定义全局使用的 ServerSocket，输入、输出流等变量；
- 第 04 行，标准 Java 程序的主函数入口点；
- 第 06～09 行，创建一个用于监听 3333 端口的服务 Socket，并输出提示；
- 第 10 行，一个永真的循环，使程序可以不断监听连接的客户端，处理一个连接后等待下一个连接；
- 第 11～12 行，监听端口，等待客户端的连接；
- 第 13～17 行，连接成功后，获取输入流，读取由客户端发送来的请求数据；
- 第 18～25 行，解析接收的命令数据，根据不同的命令执行相应的操作；
- 第 29～31 行，处理完成后，关闭输入流以及套接字。

（2）实现 PC 相应操作。现在使用的桌面操作系统大部分是 Windows 操作系统，在该系统中可以调用其关机程序，即调用 Shutdown 程序来实现关机。Shutdown 程序的常用参数如下。

```
-s 关闭此计算机
-r 关闭并重启此计算机
-l 注销登录用户
-a 放弃系统关机
-t xx 设置关闭的超时为 xx 秒
```

在 Java 中可以调用运行其他程序进程，通过 java.lang.Runtime 类的方法来实现。

```
Process  exec(String command)
```

该方法返回一个 Process 对象，参数为在单独的进程中执行指定的字符串命令。例如，实现 Windows 系统的关机，代码如下。

```
Runtime r = Runtime.getRuntime();
r.exec("shutdown -s");
```

掌握了实现关机的方法后，实现相关操作。打开项目 src/pc_service 目录下的 Pc_service.java 文件，在其中修改如下代码。

代码位置：见随书光盘中源代码/第 9 章/Sample_9_1_PC/scr/pc_service 目录下的 Pc_service.java 文件。

```
01      //关机
02      private static void Shutdown() throws IOException {
```

```
03        Process p = Runtime.getRuntime().exec("shutdown -s -t 60");
04        System.out.println("shutdown ,60 seconds later ");
05     }
06     //重启
07     private static void Restart() throws IOException {
08        Process p = Runtime.getRuntime().exec("shutdown -r -t 60");
09        System.out.println("restart ,60 seconds later ");
10     }
11     //注销
12     private static void Logoff() throws IOException {
13        Process p = Runtime.getRuntime().exec("shutdown -l -t 60");
14        System.out.println("logoff,60 seconds later ");
15     }
```

其中：

- 第 01～05 行，实现在 60s 后自动关机；
- 第 06～10 行，实现在 60s 后自动重启计算机；
- 第 11～15 行，实现在 60s 后注销登录的用户。

9.2.2 Android 控制端

1. 通信过程

对于客户端，实现 TCP 通信需要实现如下步骤。

（1）创建客户端套接字，指定服务器端 IP 地址与端口号，客户端 Socket 常用的套接字有以下几种构造。

```
Socket()
Socket(String dstName, int dstPort)
Socket(String dstName, int dstPort, InetAddress localAddress, int localPort)
Socket(InetAddress dstAddress, int dstPort)
Socket(InetAddress dstAddress, int dstPort, InetAddress localAddress, int localPort)
```

其中，参数 dstName 是连接到的主机名，dstPort 是连接到的端口号，dstAddress 是连接到的 IP 地址，而 localAddress 和 localPort 表示本地计算机的地址和端口号。例如，连接到服务器 3333 端口，代码如下。

```
Socket client_socket = new Socket("9.20.233.164", 3333);
```

当创建客户端的 Socket 时会根据指定的地址和端口号连接到服务器端。

（2）与服务器端进行通信。与服务器端的通信同样使用输入、输出流 InputStream 和 OutputStream 类对象。在对应的按钮被单击后，发送相应的命令数据。

（3）关闭套接字。通信完成后，同样需要将输入、输出流以及 Socket 关闭，以主动释放这些资源。

2. 案例实现

Android 控制端作为客户端，通过 TCP 的 Socket 连接到 PC 服务器端后，发送控制命令到服务器端。对于 PC 端的控制有关机、重启、注销三种操作，所以在 Android 中设计三个按钮分别发送这三个命令，界面实现如图 9-2 所示。具体实现步骤如下。

图 9-2 Android 控制端

（1）在 Eclipse 中新建一个项目 Sample_9_1。

（2）打开项目 res/layout 目录下的 main.xml 文件，实现如图 9-2 所示的界面。

代码位置：见随书光盘中源代码/第 9 章/Sample_9_1/res/layout 目录下的 main.xml 文件。

（3）打开项目 src/com.sample.Sample_9_1 目录下的 Sample_9_1.java 文件，在其中添加如下代码。

代码位置：见随书光盘中源代码/第 9 章/Sample_9_1/scr/com.sample.Sample_9_1 目录下的 Sample_9_1.java 文件。

```
01      public void onClick(View v) {
02      //连接服务器
03      try {
04          client_socket = new Socket("9.20.233.164", 3333);
05          data_output = new DataOutputStream(client_socket.getOutputStream());
06          data_input = new DataInputStream(client_socket.getInputStream());
07      } catch (Exception e) {
08          e.printStackTrace();
09      }
10
11      String text = "";
12      switch (v.getId()) {
13      case R.id.shutdown:
14          text = "shutdown";
15          break;
16      case R.id.restart:
17          text = "restart";
18          break;
19      case R.id.logoff:
20          text = "logoff";
21          break;
```

```
22      default:
23          break;
24      }
25      try {
26          if ((data_output != null) && (!text.equals(""))) {
27              data_output.writeUTF(text);
28              data_output.close();
29              client_socket.close();
30          }
31      } catch (Exception e) {
32          e.printStackTrace();
33      }
34  }
```

其中：

- 第 02～09 行，创建客户端套接字，自动连接到 IP 地址为 9.20.233.164 的端口 3333，即服务器端监听的端口。需要注意的是 IP 地址使用服务器端的地址，常用的测试回环地址 127.0.0.1 代表的是 Android 模拟器的地址，不是 PC 的地址。
- 第 11～24 行，根据不同的按钮，分别发送命令数据 shutdown、restart、logoff。
- 第 29～27 行，通过输出流将数据发送到服务器端。
- 第 28～29 行，关闭不再使用的输出流 data_output 和套接字 client_socket。

（4）在 Android 中使用网络需要在 AndroidManifest.xml 文件中申请权限，代码如下。

```
<uses-permission android:name="android.permission.INTERNET"></uses-permission>
```

（5）先运行服务器端，在输出“listening 3333 port”后，等待客户端的连接。此时，开启客户端，如图 9-2 所示，单击“注销登录”按钮，发送命令到服务器端。在服务器端输出中可以看到发送的信息“logoff”，并在 60s 后，Windows 将关闭所有应用程序，注销登录。在服务器端的输入如图 9-3 所示。

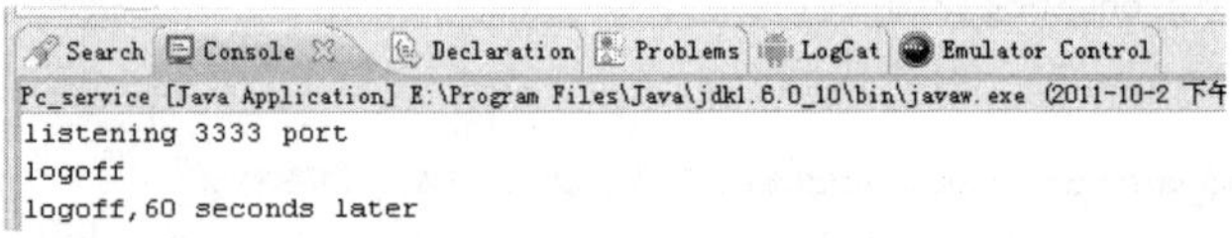

```
Search | Console | Declaration | Problems | LogCat | Emulator Control
Pc_service [Java Application] E:\Program Files\Java\jdk1.6.0_10\bin\javaw.exe (2011-10-2 下午
listening 3333 port
logoff
logoff,60 seconds later
```

图 9-3　服务器端输入

9.3　UDP 通信

UDP 通信方式是无连接的 Socket 通信，所以不需要像 TCP 那样先建立连接再发送数据，可以直接对目标地址发送数据。这样的方式更加快速、高效，但是不能保证数据能够完全到达目标端。

9.3.1　UDP 简介

UDP 通信相对 TCP 通信而言比较简单，不需要事先建立连接。只需要创建一个接收和发送的套接字便可以实现数据处理和发送，UDP 的通信流程如图 9-4 所示。

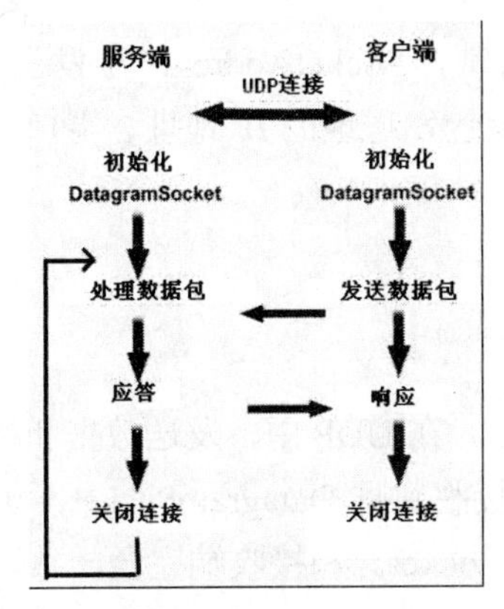

图 9-4　UDP 通信流程

UDP 通信同样分为服务器端和客户端两部分。

在 Android 的服务器端，主要用于开启端口、等待客户端的数据输入和应答。在服务器端实现需要如下几个步骤。

（1）创建套接字并绑定到一个端口。在 UDP 中使用套接字 DatagramSocket 来表示数据的接收站和发送站。常用的构造函数如下。

```
DatagramSocket()
DatagramSocket(int aPort)
DatagramSocket(int aPort, InetAddress addr)
DatagramSocket(SocketAddress localAddr)
```

其中，aPort 是本地绑定的端口号，InetAddress 是指定的地址，SocketAddress 是表明绑定到特定的套接字地址。例如，创建一个监听端口号为 3000 的 UDP 套接字，实现代码如下。

```
DatagramSocket  = new DatagramSocket(3000)
```

（2）接收数据。有了套接字后，就可以直接使用其来接收数据，使用 DatagramSocket 类的方法。

```
receive(DatagramPacket pack)
```

其中，参数 pack 是 DatagramPacket 类型，其表示存放数据的数据包。

（3）处理数据。无论是发送还是接收的数据都以 DatagramPacket 类型来表示，处理数据之前必须构造此类，但是对于接收数据包和发送数据包是有区别的。常用接收数据构造函数如下。

```
DatagramPacket(byte[] data, int length)
```

其中，参数 data 为接收的数据，length 为数据的长度。例如，创建一个可以存放 924 字节数据的接收数据包，实现代码如下。

```
byte buf[] = new byte[924];
DatagramPacket dp = new DatagramPacket(buf, 924);
```

常用的发送数据构造函数如下。

```
DatagramPacket(byte[] data, int length, InetAddress host, int port)
DatagramPacket(byte[] data, int length, SocketAddress sockAddr)
```

其中，参数 data 为发送的数据，length 为数据的长度，InetAddress 为发送到的目标地址，port 为发送到的目标端口，SocketAddress 为发送到的指定的套接字地址。在DatagramPacket 类中可以获取该包发送地的 IP 地址、端口、套接字地址以及数据内容，分别使用如下方法。

```
InetAddress getAddress()
Int getPort()
SocketAddress getSocketAddress()
byte[] getData()
```

对于 Android 的客户端而言，在 UDP 中，发送数据和接收数据的流程类似，都是通过套接字 DatagramSocket 发送或接收数据 DatagramPacket。实现需要如下几步。

（1）创建套接字 DatagramSocket。和接收端完全一致，在本聊天示例中，使用同一个DatagramSocket。

（2）发送数据 DatagramPacket。

在发送端，数据包为发送数据包，必须指定数据包发送到的目标地址和端口，使用DatagramPacket 的发送构造数据包，例如，数据包目标地址为 IP 值，端口为 3000 的数据，实现代码如下。

```
DatagramPacket dp = new DatagramPacket(buf, buf.length, InetAddress.getByName(ip), 3000);
```

数据构造好后，使用 DatagramSocket 的发送数据方法如下。

```
send(DatagramPacket pack)
```

9.3.2 UDP 的使用

使用 UDP 来实现一个即时聊天的软件，软件本身既是服务器端用于接收对方发来的数据，又是客户端用于发送数据到对方。通信过程中，需要明确数据发送到目标的 IP 地址以及端口和需要发送的数据，同时需要保存已有的通话记录。实现步骤如下。

（1）在 Eclipse 中新建一个项目 Sample_9_2。

（2）打开项目 res/layout 目录下的 main.xml 文件，实现如图 9-5 所示的聊天界面。

图 9-5 聊天界面

代码位置：见随书光盘中源代码/第 9 章/Sample_9_2/res/layout 目录下的 main.xml 文件。

（3）实现服务器代码，等待客户端的连接。打开项目 src/com.sample.Sample_9_2 目录下的 Sample_9_2.java 文件，在其中添加如下代码。

代码位置：见随书光盘中源代码/第 9 章/Sample_9_2/scr/com.sample.Sample_9_2 目录下的 Sample_9_2.java 文件。

```
01      //服务器端，接收消息
02      public void Chat_init(final Handler handler) {
03          try {
04              ds = new DatagramSocket(3000);                //端口号为3000
05          } catch (Exception ex) {
06              ex.printStackTrace();
07          }
08          new Thread(new Runnable() {
09              public void run() {
10                  byte buf[] = new byte[924];
11                  DatagramPacket dp = new DatagramPacket(buf, 924);
12                  while (true) {
13                      try {
14                          ds.receive(dp);
15                          String text = "\n来自" + dp.getAddress().getHostAddress()
16                                  + "的消息：\n" + new String(buf, 0, dp.getLength());
17                          System.out.println(text);
18                          Message message = new Message();
19                          Bundle bundle = new Bundle();
20                          bundle.putString("text", text);
21                          message.setData(bundle);
22                          handler.sendMessage(message);
23                      } catch (Exception e) {
24                          e.printStackTrace();
25                      }
26                  }
27              }
28          }).start();
29      }
```

其中：

- 第 03～07 行，创建一个监听端口号为 3000 的 UDP 套接字，用于接收数据包；
- 第 08～09 行，开启一个新的线程来接收数据，为了将 Android 界面处理与接收数据过程的永真循环隔离，防止 UI 界面卡死不能操作；
- 第 10～11 行，创建一个可接收数据 924 字节的 DatagramPacket 来处理数据；
- 第 12～17 行，从套接字 DatagramSocket 中接收数据包 dp，获取数据包的发送地址和内容；
- 第 18～22 行，接收数据线程与 UI 线程通信，将接收到的数据发送给 UI 线程。

（4）实现消息的显示。在这里使用 7.4.1 小节介绍过的 Handler 方式进行线程通信。

代码位置: 见随书光盘中源代码/第 9 章/Sample_9_2/scr/com.sample.Sample_9_2 目录下的 Sample_9_2.java 文件。

```
01      my_handler=new Handler(){
02          @Override
03          public void handleMessage(Message msg) {
04              super.handleMessage(msg);
05              String text=msg.getData().getString("text");
06              display.getText().append(text);
07          }
08      };
```

其中:

- 第 05 行，获得 Message 中的显示数据。
- 第 06 行，将数据添加到消息记录中。

（5）实现了服务器端的代码之后，实现客户端的连接代码。具体实现如下。

代码位置: 见随书光盘中源代码/第 9 章/Sample_9_2/scr/com.sample.Sample_9_2 目录下的 Sample_9_2.java 文件。

```
01 public void onClick(View v) {
02      String ip = ip_edtext.getText().toString();
03      String port = port_edtext.getText().toString();
04      String msg = content.getText().toString();
05
06      if ((ip.equals("")) || (port.equals("")) || (msg.equals(""))) {
07          Toast.makeText(context, "请输入对方的 IP 地址和端口号以及需要发送的消息", 900).show();
08          return;
09      }
10      display.getText().append("\n 本机发送到"+ip+"的信息为\n"+msg);
11      byte[] buf;
12      buf = msg.getBytes();
13      try {
14          DatagramPacket dp = new DatagramPacket(buf, buf.length,
15                      InetAddress.getByName(ip), Integer.valueOf(port));
16          ds.send(dp);
17      } catch (Exception ex) {
18          ex.printStackTrace();
19      }
20      content.setText("");
21 }
```

其中:

- 第 01～09 行，获取输入的目标 IP 地址、端口号以及发送的内容，并判断这些内容是否为空，当任一为空时，提示用户输入相应数据;
- 第 11～12 行，将输入的发送内容复制到发送缓冲区中;
- 第 13～15 行，根据输入的目标 IP 地址、端口号以及发送内容，构造发送的数据包 dp;
- 第 16 行，通过套接字 ds 将数据包 dp 发送到目标地址。

（6）和 TCP 中一样，Android 中需要使用到网络，必须在 AndroidManifest.xml 文件中申请权限，代码如下。

```
<uses-permission android:name="android.permission.INTERNET"></uses-permission>
```

9.3.3 运行测试

1．单个模拟器测试

为了方便，可通过 Android 虚拟机本身的回环地址来测试是否实现了即时聊天的功能。在 IP 地址中输入回环地址 127.0.0.1，端口号为 3000，实现聊天结果如图 9-6 所示。

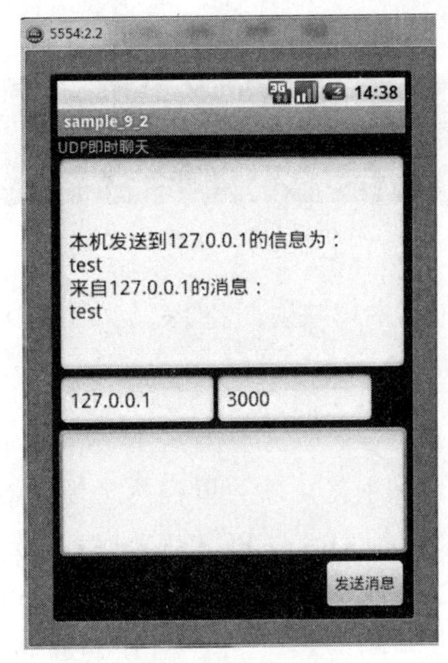

图 9-6 即时聊天

2．两个模拟器之间通信

在同一台 PC 上启动两个 Android 模拟器，分别为模拟器 1（emulator-5554）和模拟器 2（emulator-5556），这两个模拟器的 IP 地址是一样的，都为 10.0.2.3，这样是无法在这两个模拟器之间进行网络通信的。如果要在两个模拟器之间进行通信，需要由 PC 做端口映射。步骤如下。

（1）同时启动两个 Android 模拟器。如图 9-7 所示，单击 Eclipse 工具栏中机器人头像（图 9-7 中左上角圈出），弹出“Android SDK and AVD Manager”对话框，同时开启两个模拟器。

（2）Android 模拟器中的端口重定向。在 Windows 的 cmd 窗口中，执行 adb devices，查看两个设备是否启动好，如图 9-8 所示。

启动完成后，对 emulator-5554 进行端口映射。在窗口下执行 telnet localhost 5554，连上模拟器 emulator-5554。成功连接后，继续执行 redir add udp:4000:3000。这样就将所有在 PC 上属于 4000 端口的 UDP 通信都重定向到 Android 模拟器的 3000 端口上。添加成功后，可以用 redir list 命令来列出已经添加的映射端口，redir del 可以进行删除。

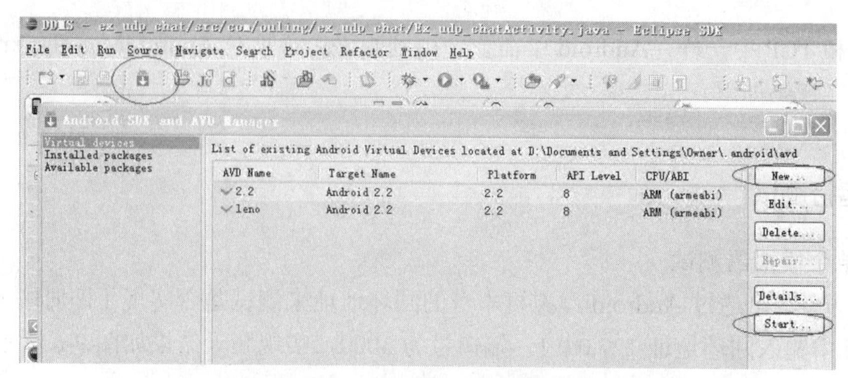

图 9-7　同时开启两个模拟器

```
E:\Android\tools\android-sdk-windows\platform-tools>adb devices
List of devices attached
emulator-5554   device
emulator-5556   device
```

图 9-8　查看模拟器设备

同理，对 emulator-5556 进行端口映射，将 PC 的 4321 端口映射到模拟器的 3000 端口上，代码如下。

```
telnet localhost 5556
redir add udp:4321:3000
```

（3）通信测试。完成了端口映射之后就可以在两个模拟器之间进行网络通信了。不过，通信的 IP 地址为 PC 的 IP 地址，端口号为 PC 的映射端口号。即在本例中，与 5554 通信，其通信 IP 地址为 PC 地址 10.20.233.164，端口号为 4000；5556 的 IP 地址为 10.20.233.164，端口号为 4321。读者在实际操作中，以自己 PC 的 IP 地址以及映射端口为准。

由 5556 发送“hello”到 5554，然后 5554 回答发送“你好”到 5556。这样就实现了在两个 Android 设备之间的即时聊天，效果如图 9-9 所示。

图 9-9　模拟器之间聊天

9.4 HTTP 通信

最常用的 HTTP 请求分为 GET 和 POST 两类。GET 请求可以获取静态页面，也可以把参数放在 URL 字串后面传递给服务器；而 POST 与 GET 的不同之处在于 POST 的参数不是放在 URL 字串里面，而是放在 HTTP 请求的正文内。在 Android 中可以使用 HttpURLConnection 发送这两种请求。接下来，分别通过这两种方式来获取手机号码的归属地等基本信息。

9.4.1 GET 请求方式

1. GET 简介

在 Android 中使用 GET 方式连接发送 HTTP 请求，使用的是 Java 的标准类，大家应该比较熟悉，其操作也比较简单。通过如下几步即可实现。

（1）构造 URL。在访问网络时都是通过 URL 来标定目标位置的，构造一个 URL 实例，使用如下方法。

```
URL(String spec)
```

其中，参数 spec 是 URL 地址的字符串。需要注意的是，由于使用的是 GET 方式发送请求，请求的参数是放在 URL 字符串后面传递给服务器，即直接访问的是查询结果的网页。例如，在百度页面中，搜索“Android”，搜索结果显示的网址就是 http://www.baidu.com/s?wd=Android。因此，在 GET 中访问 URL 地址就应该是 http://www.baidu.com/s?wd=Android。

（2）设置连接。在 URL 连接中，使用 URLConnection 类来定义一个连接。当知道了访问的网络地址后，需要获取一个 URL 连接实例，使用 URL 类的方法如下。

```
URLConnection openConnection()
```

该方法返回不同的 URLConnection 的子类的对象。在本实例中 URL 是一个 HTTP 地址，因此实际返回的是 HttpURLConnection。此时，可以对连接进行设置。在 GET 方式中，一般只设置连接超时时间。

```
Void setReadTimeout(int timeout)
```

其中，参数为超时时间，以毫秒计算。对于是否已经连接到目标地址，通过远程 HTTP 服务器返回的响应代码来进行判断。获取响应代码方法如下。

```
int     getResponseCode()
```

其中，返回值为响应编号。经常使用的有 HTTP_OK，表示已经连接；HTTP_NOT_FOUND，表示没有找到网址等。

（3）获取返回数据。当请求发送连接成功后，HTTP 服务器将会将应答数据返回输入流中。使用 InputStreamReader 来读取返回的数据。获取返回的输入流，使用 HttpURLConnection 类的方法如下。

```
InputStream     getInputStream()
```

其中，返回值是一个输入流。由于网页采用的是 UTF-8 的编码方式，所以在读取返回的输入流时，使用如下方法。

```
InputStreamReader(InputStream in, String enc)
```

其中，参数 enc 为编码方式。这里，使用 UTF-8 编码。

（4）关闭连接。代码如下。

```
void   disconnect()
```

2. GET 查询实例

熟悉了整个 GET 方式发送请求的过程。使用这种方式来查询获取手机号码的基本信息。具体实现步骤如下。

（1）在 Eclipse 中新建一个项目 Sample_9_3。

（2）打开项目 res/layout 目录下的 main.xml 文件，实现如图 9-10 所示的界面。

代码位置: 见随书光盘中源代码/第 9 章/Sample_9_3/res/layout 目录下的 main.xml 文件。

图 9-10　GET 获取手机号码信息

（3）实现 GET 获取信息代码。打开项目 src/com.sample.Sample_9_3 目录下的 Sample_9_3.java 文件，在其中添加如下代码。

代码位置: 见随书光盘中源代码/第 9 章/Sample_9_3/scr/com.sample.Sample_9_3 目录下的 Sample_9_3.java 文件。

```
01      final static String phoneUrl="http://api.showji.com/Locating/default.aspx";
02  //使用 GET 连接查询
03      private void Get_url() {
04          try {
05          //拼凑 URL 地址
06          String phonenum = edt_input.getText().toString();
07          phonenum = phonenum.replace(" ", "%20");
08          URL geturl = new URL( phoneUrl+"?m="+phonenum+"&output=xml");
09          HttpURLConnection httpconn = (HttpURLConnection) geturl.openConnection();
10          httpconn.setReadTimeout(9000); //设置超时时间
```

```
11          if (httpconn.getResponseCode() == HttpURLConnection.HTTP_OK) {
12              Toast.makeText(getApplicationContext(),"GET 连接 手机在线 API 成功!",
900).show();
13              //InputStreamReader,得到数据流
14              InputStreamReader isr = new InputStreamReader(httpconn.getInputStream(),
"utf-8");
15              int i;
16              String content = "";
17              //read，读取获取的数据
18              while ((i = isr.read()) != -1) {
19                  content = content + (char) i;
20              }
21              isr.close();
22              //设置 TextView
23              tv_result.setText(content);
24          }
25          //关闭连接
26          httpconn.disconnect();
27      } catch (Exception e) {
28          Toast.makeText(getApplicationContext(), "GET 连接 手机在线 API 失败",900).show();
29          e.printStackTrace();
30      }
31  }
```

其中：

- 第 01 行，查询手机号码信息的基本网址，用于与需要查询的手机号码的拼接。
- 第 05～08 行，构造 URL。根据具体的查询号码，对访问 URL 进行构造。地址中的 m=接的是查询的手机号码，output=xml 表示返回的查询网页格式为 XML 文件格式。
- 第 09～10 行，对连接实例 HttpURLConnection 获取并设置。
- 第 11 行，对连接状态进行判断，当连接成功后，获取返回的数据。
- 第 14～21 行，读取返回的数据。
- 第 26 行，获取数据后，关闭连接。

（4）在实现网络请求之前，必须在 AndroidManifest.xml 文件中申请权限，代码如下。

```
<uses-permission android:name="android.permission.INTERNET"></uses-permission>
```

（5）完成上述步骤的开发后，下面运行本程序。在输入框中输入任意一个电话号码，单击“使用 GET 方式获得信息”按钮，获得查询的电话号码的信息，如图 9-10 所示。

9.4.2　POST 请求方式

1．POST 简介

POST 方式相对 GET 方式而言，要复杂一些。因为该方式需要将请求的参数放在 HTTP 请求的正文内，所以需要构造请求的报文。POST 方式进行的步骤和 GET 方式相同，只是需要对连接进行更多的设置。步骤如下。

（1）构造 URL。方法和 GET 的方法一样，不过 URL 地址是不带参数的。依旧以在百

度页面中搜索“Android”为例，此时的 URL 地址为百度的网址 http://www.baidu.com。本实例中访问的 URL 为：

```
URL geturl = new URL("http://api.showji.com/Locating/default.aspx ");
```

（2）设置连接。在 GET 方式中，获取连接类 URLConnection 后，使用了 URLConnection 的默认设置，不需要再对设置进行修改，而在 POST 方式中，需要更改的设置如下。

```
setDoOutput(true)
setDoInput(true)
```

这两个方法分别用来设置是否向该 URLConnection 连接输出和输入。由于在 POST 请求中，查询的参数是在 HTTP 的正文内，所以需要进行输入和输出。因此，将这两个方法设置为 true。

```
setRequestMethod("POST")
```

该方法用来设置请求的方式，默认为 GET 方式，需要将其设置为 POST 方式。

```
setUseCaches(false)
```

该方法用来设置是否使用缓存，在 POST 请求中不能使用缓存，将其设置为 false。

```
setRequestProperty("Content-Type","application/x-www-form-urlencoded")
```

该方法用来设置请求正文的类型。由于在正文内容中将使用 URLEncoder.encode 来进行编码，所以设置如上，表示正文是 urlencoded 编码过的 form 参数。

完成这些设置后，就可以连接到远程 URL，使用后方法如下。

```
connect()
```

（3）写入请求正文。在 POST 方式中，需要将请求的内容写在请求正文中发送到远程服务器。首先需要获取连接的输出流，使用方法如下。

```
OutputStream   getOutputStream()
```

获取了输出流后，需要将参数写入该输出流中。写入的内容和 GET 方式中的 URL 中“?”后的参数字符串是一致的。需要注意的是，对于从输入框中输入的查询电话号码必须进行 URL 编码。例如，在本实例中，写入的内容如下。

```
String content = "m="+URLEncoder.encode(phonenum, "utf-8")+"&output=xml";
```

（4）读取返回数据、关闭连接。完成数据的请求后，读取返回数据和关闭连接的方法和 GET 请求方式是一样的。

2. POST 查询实例

熟悉了整个 POST 方式发送请求的过程后，使用这种方式来查询获取手机号码的基本信息。具体实现步骤如下。

实现 POST 获取信息代码。打开项目 src/com.sample.Sample_9_3 目录下的 Sample_9_3.java 文件，在其中添加如下代码。

代码位置：见随书光盘中源代码/第 9 章/Sample_9_3/scr/com.sample.Sample_9_3 目录下的 Sample_9_3.java 文件。

```
01      final static String phoneUrl="http://api.showji.com/Locating/default.aspx";
02  //POST 方式
03      private void Post_url() {
04          String phonenum = edt_input.getText().toString();
05          try {
```

```
06              URL url = new URL(phoneUrl);
07              HttpURLConnection urlConn = (HttpURLConnection) url.openConnection();
08              //因为这个是post 请求，需要设置为 true
09              urlConn.setDoOutput(true);
10              urlConn.setDoInput(true);
11              //设置超时时间
12              urlConn.setReadTimeout(9000);
13              //设置以 POST 方式
14              urlConn.setRequestMethod("POST");
15              //Post 请求不使用缓存
16              urlConn.setUseCaches(false);
17              urlConn.setInstanceFollowRedirects(true);
18              //配置本次连接的 Content-type，配置为 application/x-www-form-urlencoded 的
19              urlConn.setRequestProperty("Content-Type","application/x-www-form-
                urlencoded");
20              urlConn.connect();
21
22              //DataOutputStream 流
23              DataOutputStream out = new DataOutputStream(urlConn.getOutputStream());
24              //要上传的参数
25              String content = "m="+URLEncoder.encode(phonenum, "utf-8")+"&output=xml";
26              //将要上传的内容写入流中
27              out.writeBytes(content);
28              //刷新、关闭
29              out.flush();
30              out.close();
31              InputStreamReader isr = new InputStreamReader(urlConn.getInputStream());
32              int i;
33              String content_post = "";
34              //read
35              while ((i = isr.read()) != -1) {
36                  content_post = content_post + (char) i;
37              }
38              isr.close();
39              //设置 TextView
40              tv_result.setText(content_post);
41              //关闭 http 连接
42              urlConn.disconnect();
43              Toast.makeText(getApplicationContext(), "POST 连接手机在线 API 成功",900).show();
44          } catch (Exception e) {
45              Toast.makeText(getApplicationContext(), "POST 连接手机在线 API 失败",900).show();
46              e.printStackTrace();
47          }
48      }
```

其中：

- 第 01 行，是查询手机号码信息的 URL 地址。
- 第 05～06 行，构造 URL，直接使用查询信息的网址。
- 第 07～20 行，获取连接实例 HttpURLConnection 并进行 POST 相关设置。注意设置了连接的“是否允许输入/输出”、“超时时间”、“请求方式”、“是否使用缓存”以及“内容编码类型”等。

- 第 22～30 行，构造上次的请求内容以及发送该请求。
- 第 31～40 行，读取返回的数据，并显示在界面中。
- 第 42 行，完成获取数据后，关闭连接，效果如图 9-11 所示。

图 9-11　POST 获取手机号码信息

9.4.3　XML 解析

在前面获取的数据中，无论是通过 GET 还是 POST 方式，获得的数据都是 XML 文件格式的数据，直接显示给用户查看，如图 9-10 和图 9-11 所示，明显是不友好的。这一节中，我们将实现解析这样的 XML 文件，呈现给用户友好的显示结果，效果如图 9-12 所示。

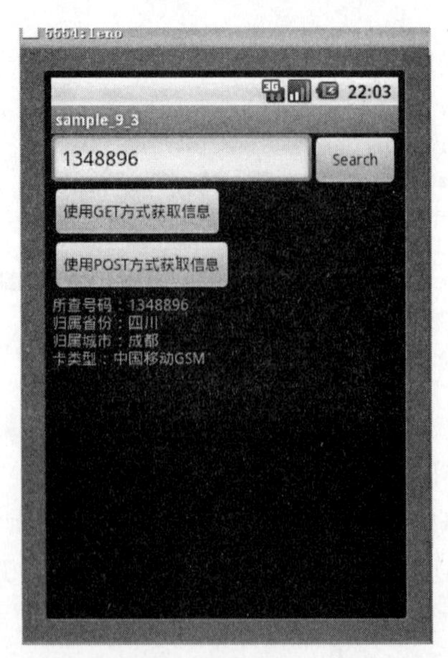

图 9-12　XML 解析显示

1. XML 解析简介

在 Android 中解析 XML 文件常用的有 3 种方法，分别是 DOM、SAX 和 PULL，3 种方法各有优劣。此处使用 Java 中比较熟悉的 DOM 方法来解析 XML 文件。步骤如下。

（1）定义信息类。XML 文件返回的信息都是具有一定格式的信息，对于该格式我们可以新建一个类进行数据的保存，有利于信息在类之间的传递。

（2）XML 格式解析。一个 XML 文件，一般都包含了根元素、属性、子节点等，解析 XML 文件就是获取需要的节点的值，例如，在获得的 XML 文件中，其根节点是 QueryResponse，子节点有 Mobile、QueryResult 等，每个子节点都有自己的内容。使用 DOM 解析 XML 文件需要如下几步来实现。

①获得 DOM 解析器。要获得 DOM 解析器，首先需要得到解析器的工厂实例，使用方法如下。

```
DocumentBuilderFactory   newInstance()
```

其中，返回为一个工厂类 DocumentBuilderFactory，然后从该实例中获取 DOM 解析器，使用方法如下。

```
DocumentBuilder      newDocumentBuilder()
```

其中，返回即为 DOM 解析器。

②获得 Document 类。使用 DOM 解析器将输入的 XML 文件输入流，解析得到一个 DOM 文件树，便于内容的获取，使用方法如下。

```
Document   parse(InputStream is)
```

③获得 XML 根节点。XML 文件是一个类似于树形结构的文件，需要获得 XML 文件中某个节点的属性、内容，和树一样需要从根节点遍历整个树。获得根节点，使用 Document 类的方法如下。

```
Element    getDocumentElement()
```

其中，返回为 Element 类。

④获得子节点。从根节点起，获得子节点，然后子节点继续获取其子节点，从而不断地轮询子节点达到遍历整个树的目的。获得子节点的方法如下。

```
NodeList  getChildNodes()
```

⑤获得节点属性。在节点中，通过属性的名称来获取该属性值，使用方法如下。

```
String getAttribute(String name)
```

其中，参数 name 为属性名。

（3）数据显示。当 XML 格式解析完成之后，就需要在界面中进行显示。

2. XML 解析实现

（1）通过分析返回的 XML 文件，可以发现返回的结果主要包括了查询的手机号码、是否有该号码的信息、归属的省份、归属的城市、运营商以及卡的类型等信息，定义一个类来保存这些信息，并且定义修改和获取这些信息的方法。信息类定义如下。

代码位置：见随书光盘中源代码/第 9 章/Sample_9_3/scr/com.sample.Sample_9_3 目录下的 Phone_info.java 文件。

```
01 public class Phone_info {
02     String query_result;                    //是否有结果
03     String number;                          //号码
04     String province;                        //省份
05     String city;                            //城市
06     String corp;                            //运营商，移动、联通等
07     String card;                            //类型，GSM、CDMA 等
08
09     public void set_ number (String result){
10         this. number =result;
11     }
12     public String get_ number (){
13         return number;
14     }
15     ……其他信息的修改、获取方法
16 }
```

其中：

- 第 01 行，定义信息类 Phone_info；
- 第 02～07 行，定义需要记录的信息；
- 第 09～14 行，分别定义了修改查询号码和获取查询号码的方法。另外的五个信息同样需要定义查询和获取的方法，和该方法类似。

（2）使用 DOM 来解析获得的手机号码的基本信息的具体实现如下。

代码位置：见随书光盘中源代码/第 9 章/Sample_9_3/scr/com.sample.Sample_9_3 目录下的 DOMXML_Reader.java 文件。

```
01 public static List<Phone_info> read_XML(InputStream in_Stream){
02         List<Phone_info> phone_infos = new ArrayList<Phone_info>();
03         DocumentBuilderFactory factory =DocumentBuilderFactory.newInstance();
04         try {
05             DocumentBuilder builder = factory.newDocumentBuilder();
06             Document dom=builder.parse(in_Stream);
07             Element root = dom.getDocumentElement();
08
09             NodeList items=root.getElementsByTagName("QueryResponse");
10             for (int i = 0; i < items.getLength(); i++) {
11                 Phone_info phone_info = new Phone_info();
12                 //获得第一个 QueryResponse 节点
13                 Element query_node =(Element) items.item(i);
14                 //获得 QueryResponse 节点下的所有子节点
15                 NodeList childnodes=query_node.getChildNodes();
16                 for (int j = 0; j < childnodes.getLength(); j++) {
17                     Node node=childnodes.item(j);
18                     if (node.getNodeType() == Node.ELEMENT_NODE) {
19                         Element child_node=(Element)node;
20                         //获取各项值
21                         if ("QueryResult".equals(child_node.getNodeName())) {
```

```
22                      phone_info.set_query_result(child_node.getFirstChild().
                        getNodeValue() );
23                          }else if ("Mobile".equals(child_node.getNodeName())) {
24                              phone_info.set_number(child_node.getFirstChild().
                                getNodeValue());
25                          }else if ("Province".equals(child_node.getNodeName())) {
26                  phone_info.set_province(child_node.getFirstChild().getNodeValue());
27                          }else if ("City".equals(child_node.getNodeName())) {
28                      phone_info.set_city(child_node.getFirstChild().getNodeValue());
29                          }else if ("Corp".equals(child_node.getNodeName())) {
30                      phone_info.set_corp(child_node.getFirstChild().getNodeValue());
31                          }else if ("Card".equals(child_node.getNodeName())) {
32                      phone_info.set_card(child_node.getFirstChild().getNodeValue());
33                          }
34                      }
35                  }
36                  phone_infos.add(phone_info);
37              }
38              in_Stream.close();
40      } catch (Exception e) {
41              e.printStackTrace();
42          }
43
44          return phone_infos;
45      }
```

其中：

- 第 03 行，得到解析器的工厂实例 factory。
- 第 09 行，DOM 解析器 builder。
- 第 06 行，使用解析器从 XML 文件输入流中 Document 类。
- 第 07 行，获得根节点。
- 第 09～13 行，获得根节点下所有标签名为 QueryResponse 的子节点。由于在查询结果中，每一个号码的查询结果在一个节点 QueryResponse 中，为了保证查询多个号码时的正确性，获取所有的该节点。每一个节点中包含了所有的查询结果，对应于一个手机信息类 Phone_info 来保存信息。
- 第 14～16 行，获得 QueryResponse 的所有子节点，这些子节点即是号码的属性信息。
- 第 17～36 行，根据子节点标签名，获取需要的信息，保存到信息列表中。从标签 QueryResult、Mobile、Province、City、Corp、Card 中获得是否有结果、查询号码、归属省份、归属城市、运营商以及卡类型的信息。
- 第 44 行，处理完成后，返回所获得的号码信息列表。

（3）获得了号码信息列表后，将这些信息显示在界面中，方法简单，此处不再讲解。

9.5 WebView

在 Android 中可以很容易地实现一个定制的浏览器，因为 Android 提供了 WebView 控件专门用来浏览网页，使用非常方便。在这一节中，将使用 WebView 控件来实现定制浏览器，使浏览器具有网页拍照的功能。WebView 的网页渲染引擎使用的是 Webkit，它同样也是 Safari、Chrome 浏览器的网页渲染引擎。

9.5.1 WebView 简介

1. WebView 控件

在 Android 中，浏览网页使用 WebView 控件就能实现，其方法如下。

（1）获取设置。对于 WebView 的一些属性、状态等都是通过 WebSetting 来进行设置的，获取 WebSetting 的方法如下。

```
WebSettings    getSettings()
```

（2）常见设置。在设置时，常用的属性和状态设置有如下几种方法。

```
void setAllowFileAccess(boolean allow)                    允许或禁止访问文件数据
void setBlockNetworkImage(boolean flag)                   是否显示网络图像
void setBuiltInZoomControls(boolean enabled)              是否支持缩放
void setCacheMode(int mode)                               设置缓存模式
void setDefaultFontSize(int size)                         设置默认字体大小
void setDefaultTextEncodingName(String encoding)          设置默认编码
void setDisplayZoomControls(boolean enabled)              设置是否使用缩放按钮
void setJavaScriptEnabled(boolean flag)                   设置是否支持 JavaScript
void setSupportZoom(boolean support)                      设置是否支持缩放
```

（3）浏览。在 WebView 中浏览加载网页采用两种方式，分别如下。

```
void loadUrl(String url)
```

直接加载网页、图片并显示，对于网页中嵌套的图片地址也将加载地址显示图片，参数为网络地址。

```
void loadData(String data, String mimeType, String encoding)
```

显示网页中的文件和图片，对于网页中嵌套的地址不会显示。其中，参数 data 是显示的数据；参数 mimeType 是文件类型；参数 encoding 是编码方式。

2. 事件处理

如何才能让跳转的网页在 WebView 中显示呢？这里就必须使用到 WebView 的另外两个辅助对象 WebViewClient 和 WebChromeClient。

（1）WebViewClient。WebViewClient 就是帮助 WebView 处理各种通知、请求事件等。WebViewClient 中提供的常用方法如下。

```
void doUpdateVisitedHistory(WebView view, String url, boolean isReload) 更新历史记录
void onFormResubmission(WebView view, Message dontResend, Message resend) 重新请求网页数据
void onPageFinished(WebView view, String url)                          网页加载完毕
void onPageStarted(WebView view, String url, Bitmap favicon)           网页开始加载
void onReceivedError(WebView view, int errorCode, String description, String failingUrl)
    报告错误信息
```

```
void onScaleChanged(WebView view, float oldScale, float newScale)        WebView 发生改变
boolean    shouldOverrideKeyEvent(WebView view, KeyEvent event)          控制新连接在当前
WebView 打开
```

（2）WebChromeClient。WebChromeClient 是辅助 WebView 处理 JavaScript 的对话框、网站图标、网站标题、加载进度等。WebChromeClient 中的常用方法如下。

```
void onCloseWindow(WebView window)                                关闭 WebView
boolean    onCreateWindow(WebView view, boolean dialog, boolean userGesture, Message
resultMsg)
创建 WebView
boolean    onJsAlert(WebView view, String url, String message, JsResult result)
处理 JavaScript 中的 Alert 对话框
boolean    onJsConfirm(WebView view, String url, String message, JsResult result)
处理 JavaScript 中的 Confirm 对话框
boolean    onJsPrompt(WebView view, String url, String message, String defaultValue,
JsPromptResult result)
处理 JavaScript 中的 Prompt 对话框
void onProgressChanged(WebView view, int newProgress)             加载进度条改变
void onReceivedIcon(WebView view, Bitmap icon)                    网页图标改变
void onReceivedTitle(WebView view, String title)                  网页标题改变
```

9.5.2　简易浏览器

介绍了 WebView 控件以及网页事件处理的方法，接下来实现一个简易浏览器。具体步骤如下。

（1）在 Eclipse 中新建一个项目 Sample_9_4。

（2）打开项目 res/layout 目录下的 main.xml 文件，实现如图 9-13 所示的界面。

代码位置：见随书光盘中源代码/第 9 章/Sample_9_4/res/layout 目录下的 main.xml 文件。

```
01 <?xml version="1.0" encoding="utf-8"?>
02 <LinearLayout xmlns:android="http://schemas.android.com/apk/res/android"
03    android:layout_width="fill_parent"
04    android:layout_height="fill_parent"
05    android:orientation="vertical" >
06    <LinearLayout
07       android:layout_width="match_parent"
08       android:layout_height="wrap_content" >
09       <EditText
10          android:id="@+id/editText"
11          android:layout_width="match_parent"
12          android:layout_height="wrap_content"
13          android:layout_weight="1"
14          android:hint="请输入访问的网址"
15          android:inputType="text" >
16       </EditText>
17
18       <Button
19          android:id="@+id/goQuery"
20          android:layout_width="match_parent"
21          android:layout_height="wrap_content"
```

```
22            android:layout_weight="3"
23            android:text="转到" >
24         </Button>
25     </LinearLayout>
26
27     <Button
28         android:id="@+id/loaddata"
29         android:layout_width="match_parent"
30         android:layout_height="wrap_content"
31         android:text="只加载内容" >
32     </Button>
33
34     <Button
35         android:id="@+id/save"
36         android:layout_width="match_parent"
37         android:layout_height="wrap_content"
38         android:text="保存网页为图片" >
39     </Button>
40
41     <WebView
42         android:id="@+id/webview"
43         android:layout_width="fill_parent"
44         android:layout_height="wrap_content" />
45 </LinearLayout>
```

图 9-13　浏览百度

（3）实现 WebView 控件的设置。打开项目 src/com.sample.Sample_9_4 目录下的 Sample_9_4.java 文件，在其中添加如下代码。

代码位置：见随书光盘中源代码/第 9 章/Sample_9_4/scr/com.sample.Sample_9_4 目录下的 Sample_9_4.java 文件。

```
01          webView = (WebView) findViewById(R.id.webview);
02          //得到WebSetting对象，设置支持JavaScript的参数
03          webView.getSettings().setJavaScriptEnabled(true);
```

```
04        //设置可以支持缩放
05        webView.getSettings().setSupportZoom(true);
06        //设置默认缩放方式尺寸是 far
07        webView.getSettings().setDefaultZoom(ZoomDensity.FAR);
08        //设置出现缩放工具
09        webView.getSettings().setBuiltInZoomControls(true);
10        //载入 URL
11        webView.loadUrl("http://www.baidu.com");
12        //使页面获得焦点
13        webView.requestFocus();
14        //给按钮绑定单击监听器
15        btn_visit.setOnClickListener(new View.OnClickListener() {
16            @Override
17            public void onClick(View v) {
18                //访问编辑框中的网址
19                webView.loadUrl("http://" + edt_url.getText().toString());
20            }
21        });
```

（4）除了设置 WebView 控件之外，还需要对网页事件进行处理。

需要控制新的连接在当前 WebView 中打开即可，也就是说只需要重写 shouldOverrideUrlLoading() 方法，打开项目 src/com.sample.Sample_9_4 目录下的 Sample_9_4.java 文件，在其中添加如下代码。

代码位置：见随书光盘中源代码/第 9 章/Sample_9_4/scr/com.sample.Sample_9_4 目录下的 Sample_9_4.java 文件。

```
01        //创建 webviewclient，实现在只有 webview 响应 url，不使用默认浏览器
02        webView.setWebViewClient(new WebViewClient() {
03            @Override
04            public boolean shouldOverrideUrlLoading(WebView view, String url) {
05                Toast.makeText(context, "webvc shouldOverrideUrlLoading", 900).show();
06                //使用自己的 WebView 加载
07                view.loadUrl(url);
08                return true;
09            }
10        });
```

其中：

- 第 02 行，设置 WebView 的通知请求处理辅助类 WebViewClient；
- 第 03～04 行，重写 WebViewClient 类的方法 shouldOverrideUrlLoading()，在方法中实现新的连接在当前 WebView 中打开；
- 第 07～08 行，在当前 WebView 中加载页面，返回 true。

在上述实现的浏览器的基础上，不断添加新的功能。例如，实现网页加载过程中进度条的修改（见图 9-14），打开项目 src/com.sample.Sample_9_4 目录下的 Sample_9_4.java 文件，将其中添加如下代码。

代码位置：见随书光盘中源代码/第 9 章/Sample_9_4/scr/com.sample.Sample_9_4 目录下的 Sample_9_4.java 文件。

```
01      //进度条
02      final Activity activity = this;
03      webView.setWebChromeClient(new WebChromeClient() {
04          @Override
05          public void onProgressChanged(WebView view, int newProgress) {
06              activity.setTitle("加载中…");
07              if (newProgress == 90) {
08                  activity.setTitle(R.string.app_name);
09              }
10          }
11      });
```

其中：

- 第 03 行，设置 WebView 的通知请求处理辅助类 WebChromeClient;
- 第 09～10 行，重写 WebChromeClient 类的方法 onProgressChanged()，在方法中实现在页面加载过程中将应用程序的标题修改为“加载中…”，加载完成后，程序标题又修改回初始标题。

除了以上两个辅助类外，最常用的是处理网页回退事件。当使用 WebView 链接浏览了很多网页以后，如果不做任何处理，单击系统“Back”键，整个浏览器会调用 finish()而关闭。而我们习惯用 Back 键来实现浏览的网页回退而不是退出浏览器，所以需要在当前 Activity 中处理并取消该 Back 事件。这个过程实现简单，打开项目 src/com.sample.Sample_9_4 目录下的 Sample_9_4.java 文件，在其中添加如下代码。

代码位置：见随书光盘中源代码/第 9 章/Sample_9_4/scr/com.sample.Sample_9_4 目录下的 Sample_9_4.java 文件。

```
01      //设置默认后退按钮为返回前一页面
02      webView.setOnKeyListener(new OnKeyListener() {
03          @Override
04          public boolean onKey(View v, int keyCode, KeyEvent event) {
05              if (event.getAction() == KeyEvent.ACTION_DOWN) {
06                  if ((keyCode == KeyEvent.KEYCODE_BACK) && webView.canGoBack()) {
07                      webView.goBack();
08                      return true;
09                  }
10              }
11              return false;
12          }
13      });
```

其中：

- 第 02 行，设置 WebView 的按键监听事件;
- 第 03～11 行，重写 onKey，当发现按键为“Back”键并且网页可以回退时，回退网页。这样就屏蔽了系统的“Back”键，不会直接退出浏览器。

（5）网页拍照。在前面，已经实现了浏览器的常用浏览、设置、当前 WebView 加载、进度条、网页回退等事件处理，这些都是一般浏览器都有的功能。接下来，实现一个网页拍照的功能，将浏览的网页保存为图片格式。在 WebView 中提供了保存当前显示内容为图片的方法。

```
Picture    capturePicture()
```

其中，返回值为图片类 Picture。图片的绘制使用记录图片的画布类 Canvas 以及绘制的 draw 方法，打开项目 src/com.sample.Sample_9_4 目录下的 Sample_9_4.java 文件，在其中添加如下代码。

代码位置：见随书光盘中源代码/第 9 章/Sample_9_4/scr/com.sample.Sample_9_4 目录下的 Sample_9_4.java 文件。

```
01 //保存页面截图
02     btn_save.setOnClickListener(new OnClickListener() {
03         @Override
04         public void onClick(View v) {
05              Picture pic = webView.capturePicture();
06              int width = pic.getWidth();
07              int height = pic.getHeight();
08              if (width > 0 && height > 0) {
09                   Bitmap bmp=Bitmap.createBitmap(width, height, Bitmap.Config.ARGB_8888);
10                   Canvas canvas=new Canvas(bmp);
11                   pic.draw(canvas);
12                   //保存
13                   try {
14                        String filename="sdcard/"+System.currentTimeMillis()+".jpg";
15                        FileOutputStream fos=new FileOutputStream(filename);
16                        if(fos!=null){
17                             bmp.compress(Bitmap.CompressFormat.JPEG, 90, fos);
18                             fos.close();
19                        }
20                        Toast.makeText(context, "截图成功，文件名为："+filename, 900).show();
21                   } catch (Exception e) {
22                        e.printStackTrace();
23                   }
24              }
25         }
26     });
```

其中：

- 第 05 行，实现拍照，将当前 WebView 显示内容保存为 Picture；
- 第 09～11 行，将 Picture 绘制到画布容器中；
- 第 13～19 行，保存图片内容到 SD 卡中，保存为 jpg 格式文件。实现效果如图 9-15 所示。

（6）在 AndroidManifest.xml 文件中需要申请相应的权限，包括了网络访问权限以及 SDCard 创建写入文件的权限。

```
<uses-permission android:name="android.permission.INTERNET"></uses-permission>
<!-- 在 SDCard 中创建与删除文件权限 -->
<uses-permission android:name="android.permission.MOUNT_UNMOUNT_FILESYSTEMS" />
<!-- 往 SDCard 中写入数据权限 -->
<uses-permission android:name="android.permission.WRITE_EXTERNAL_STORAGE" />
```

图 9-14　当前 WebView 加载中

图 9-15　网页拍照

（7）完成上述步骤的开发后，下面运行本程序。我们已经实现了一个简易的浏览器，并且可以通过该浏览器将需要保存的网页即时拍照保存。通过查看 Eclipse 中 DDMS 界面的 File Explorer 选项卡，可以看到 SD 卡中保存的文件目录如图 9-16 所示。

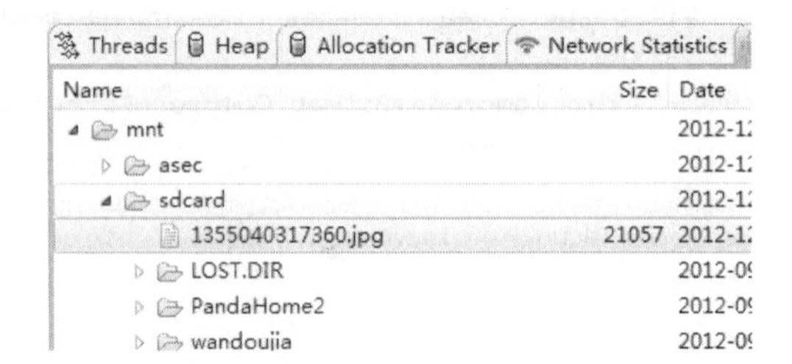

图 9-16　保存的文件目录

9.6　综合案例

在前面的章节中，已介绍了网络通信的主要方式，在本节中，将对本章中已经介绍的网络通信方式进行综合使用。

9.6.1　Android 鼠标

了解了 Android 的网络通信方式及实现了 Android 对 PC 的简单控制后，在本节中，将实现更实用的鼠标功能。可以通过 Android 的应用程序来实现鼠标的移动和左击、右击功能。鼠标功能分为两个部分，一个是 PC 服务端，另一个是 Android 端。

1．Android 端

Android 端作为客户端，连接到 PC 后，发送使用者在 Android 应用中的移动与左击、右击操作。实现步骤如下。

（1）创建一个新的 Android 项目，取名为 Sample_9_5。

（2）开发该案例的布局文件，打开 main.xml 文件，其代码如下，效果如图 9-17 所示。

图 9-17　Android 界面

代码位置：见随书光盘中源代码/第 9 章/Sample_9_5/res/layout 目录下的 main.xml 文件。

```
01 <?xml version="1.0" encoding="utf-8"?>
02 <LinearLayout xmlns:android="http://schemas.android.com/apk/res/android"
03    android:id="@+id/mouse"
04    android:layout_width="fill_parent"
05    android:layout_height="fill_parent"
06    android:orientation="vertical" >
07
08    <LinearLayout
09       android:id="@+id/buttons"
10       android:layout_width="fill_parent"
11       android:layout_height="wrap_content"
12       android:layout_gravity="bottom"
13       android:layout_weight="1"
14       android:gravity="bottom"
15       android:orientation="horizontal" >
16
17       <Button
18          android:id="@+id/leftButton"
19          android:layout_width="wrap_content"
20          android:layout_height="wrap_content"
21          android:layout_weight="1"
22          android:gravity="center_horizontal"
23          android:text="Left "
24          android:textSize="15pt" >
25       </Button>
26
```

```
27       <Button
28          android:id="@+id/rightButton"
29          android:layout_width="wrap_content"
30          android:layout_height="wrap_content"
31          android:layout_weight="1"
32          android:gravity="center_horizontal"
33          android:text="Right"
34          android:textSize="15pt" >
35       </Button>
36    </LinearLayout>
37
38 </LinearLayout>
```

（3）开发主界面的逻辑代码，包括界面初始化以及按钮单击效果。打开 Sample_9_5.java 文件，用下列代码替换其原有代码。

代码位置：见随书光盘中源代码/第 9 章/Sample_9_5/src/com.sample.Sample_9_5 目录下的 Sample_9_5.java 文件。

```
01     @Override
02     public void onCreate(Bundle savedInstanceState) {              //重写 onCreate()方法
03        super.onCreate(savedInstanceState);
04        try {
05            clientSocket = ClientSocket.getClientSocket();        //获得网络连接类
06        } catch (SocketException e) {
07            e.printStackTrace();
08        }
09        setContentView(R.layout.main);                            //设置界面布局
10        mainLayout = (LinearLayout) findViewById(R.id.mouse);
11        mainLayout.setFocusable(true);
12        blankLayout = (LinearLayout) findViewById(R.id.blank);   //引用控件
13        leftBtn = (Button) findViewById(R.id.leftButton);
14        Button rightBtn = (Button) findViewById(R.id.rightButton);
15        leftBtn.setOnTouchListener(new OnTouchListener() {        //添加右键按钮监听
16            @Override
17            public boolean onTouch(View v, MotionEvent event) { //重写 onTouch()方法
18                 //TODO Auto-generated method stub
19                 try {
20                      switch (event.getAction()) {               //判断动作类型
21                      case MotionEvent.ACTION_DOWN:
22                           msg = new MsgInfo(MsgInfo.LEFT_BUTTON_PRESSED, -1, 0, 0);
23                           clientSocket.sendMsg(addr, port, msg);//发送信息
24                           break;
25                      case MotionEvent.ACTION_UP:
26                           msg = new MsgInfo(MsgInfo.LEFT_BUTTON_RELEASED, -1, 0, 0);
27                           clientSocket.sendMsg(addr, port, msg);//发送信息
28                           break;
29                      }
30                      event.setLocation(0, 0);                    //设置事件
31                      mouseView.dispatchTouchEvent(event);
32                 } catch (IOException e) {
33                      e.printStackTrace();
34                 }
```

```
35                  return false;
36              }
37          });
38
39          rightBtn.setOnTouchListener(new OnTouchListener() {       //添加右键按钮监听
40              @Override
41              public boolean onTouch(View v, MotionEvent event) {
42                  //TODO Auto-generated method stub
43                  try {
44                      switch (event.getAction()) {               //判断动作
45                      case MotionEvent.ACTION_DOWN:
46                          msg = new MsgInfo(MsgInfo.RIGHT_BUTTON_PRESSED, -1, 0, 0);
47                          clientSocket.sendMsg(addr, port, msg);//发送信息
48                      case MotionEvent.ACTION_UP:
49                          msg = new MsgInfo(MsgInfo.RIGHT_BUTTON_RELEASED, -1, 0, 0);
50                          clientSocket.sendMsg(addr, port, msg);//发送信息
51                      }
52                  } catch (IOException e) {
53                      e.printStackTrace();
54                  }
55                  return false;
56              }
57          });
58
            //实例化 mouseView
59          mouseView = new MouseView(sample_9_5.this, "10.20.233.163", 3355);
60          blankLayout.addView(mouseView);                              //添加 mouseView 控件
61      }
```

其中：

- 第 04～08 行，获得连接类 ClientSocket，该类是实现的连接类。
- 第 09～14 行，初始化界面，实例化各种控件。
- 第 15～37 行，添加左键按钮的监听事件，根据不同的操作发送不同的信息。
- 第 39～57 行，添加右键按钮的监听事件。
- 第 59～60 行，添加 MouseView 控件。该控件是本小节中实现的核心控件，用于发送鼠标的移动位置信息。

（4）对于需要传递的信息包括了鼠标位移距离 X、Y 以及鼠标事件，可单独使用一个类来处理这些数据。打开 MouseView.java 文件，用下列代码替换其原有代码。

代码位置：见随书光盘中源代码/第 9 章/Sample_9_5/src/com.sample.Sample_9_5 目录下的 MouseView.java 文件。

```
01 public class MsgInfo {
02     //eventType 鼠标的动作定义
03     public static String LEFT_BUTTON_PRESSED = "leftButtonPressed";
04     public static String LEFT_BUTTON_RELEASED = "leftButtonReleased";
05     public static String RIGHT_BUTTON_PRESSED = "rightButtonPressed";
06     public static String RIGHT_BUTTON_RELEASED = "rightButtonReleased";
07     public static String MOUSE_WHEEL_SCROLLED = "mouseWheelScrolled";
08     public static String MOUSE_MOVED = "mouseMoved";
```

```
09      public static String KEY_PRESSED = "keyPressed";
10      public static String KEY_RELEASED = "keyReleased";
11
12      private int x;                              //X 的位移
13      private int y;                              //Y 的位移
14      private int wheelAmt;                       //鼠标滚轮
15      private int keyValue;                       //按键值
16      private String eventType;                   //事件
17
18      public MsgInfo(){};
19      public MsgInfo(String eventType, int keyValue, int x, int y) {   //类初始化
20          super();
21          this.eventType = eventType;
22          this.keyValue = keyValue;
23          this.x = x;
24          this.y = y;
25      }
26
27      public MsgInfo( String eventType,int keyValue) {                 //类初始化
28          this(eventType,keyValue, 0, 0);
29      }
30
31      public int getX() {                         //获得 X 方法
32          return x;
33      }
34      public synchronized void setX(int x) {     //设置 X 方法
35          this.x = x;
36      }
37      public int getY() {                         //获得 Y 方法
38          return y;
39      }
40      public synchronized void setY(int y) {     //设置 Y 方法
41          this.y = y;
42      }
43      public int getKeyValue() {                  //获得 Key 值
44          return keyValue;
45      }
46      public void setKeyValue(int keyValue) {    //设置 Key 值
47          this.keyValue = keyValue;
48      }
49      public String getEventType() {              //获得事件值
50          return eventType;
51      }
52      public void setEventType(String eventType) {                     //设置事件值
53          this.eventType = eventType;
54      }
55      public int getWheelAmt() {                  //获得滑轮值
56          return wheelAmt;
57      }
58      public void setWheelAmt(int wheelAmt) {    //设置滑轮值
```

```
59          this.wheelAmt = wheelAmt;
60      }
61  }
```

其中：

- 第 03～10 行，设置事件值。
- 第 12～16 行，定义需要使用的变量。
- 第 18～29 行，信息类的构造函数。
- 第 31～60 行，实现信息类中值得获取和设置的方法。

（5）实现最核心的鼠标位移判断控件 MouseView。打开 MouseView.java 文件，用下列代码替换其原有代码。

代码位置：见随书光盘中源代码/第 9 章/Sample_9_5/src/com.sample.Sample_9_5 目录下的 MouseView.java 文件。

```
01 public class MouseView extends View {                                  //继承View
02     private ClientSocket clientSoket;                                  //定义clientSocket
03     private InetAddress addr;
04     private int oldX;
05     private int oldY;
06     private MsgInfo msg;                                               //定义MsgInfo
07     private Paint paint;
08     private int port;
09     private Button leftBtn;
10     private int btnFlag;
11
12     public MouseView(Context context,String host,int port) {           //构造方法
13         super(context);
14         Activity activity = (Activity)context;
15         leftBtn = (Button)activity.findViewById(R.id.leftButton);//引用控件
16        this.port = port;
17        msg = new MsgInfo();                                            //实例化MsgInfo()类
18        try {
19              addr = InetAddress.getByName(host);                       //获得地址
20              clientSoket = ClientSocket.getClientSocket();             //获得ClientSocket
21         } catch (UnknownHostException e) {
22             e.printStackTrace();
23         } catch (SocketException e) {
24             e.printStackTrace();
25         }
26         paint = new Paint();
27         msg = new MsgInfo();
28
29     }
30     @Override
31     protected void onDraw(Canvas canvas) {                             //重写onDraw()方法
32         canvas.drawColor(Color.GRAY);
33         canvas.drawCircle(msg.getX(), msg.getY()-60, 30, paint);
34         super.onDraw(canvas);
35     }
36     @Override
```

```
37    public boolean onTouchEvent(MotionEvent event) {        //重写 onTouchEvent()方法
38        int x = (int) event.getX();                         //获得上一次的 X 值
39        int y = (int) event.getY();                         //获得上一次的 Y 值
40
41        if(leftBtn.isPressed()){                            //判断左键是否按下
42            x = (int)event.getX(1);
43            y = (int) event.getY(1);
44        }
45
46        int distanceX = 0;                                  //设置 X 距离值
47        int distanceY = 0;
48        synchronized (msg) {
49            switch (event.getAction()) {                    //判断动作类型
50            case MotionEvent.ACTION_DOWN:                   //单击按下动作
51                msg.setX(x);
52                msg.setY(y);
53                postInvalidate();
54                msg.setEventType(MsgInfo.MOUSE_MOVED);      //设置动作
55                oldX = x;
56                oldY = y;
57                msg.setX(0);                                //设置位移
58                msg.setY(0);                                //设置位移
59                try {
60                    clientSoket.sendMsg(addr, port, msg); //发送信息
61                } catch (IOException e) {
62                    e.printStackTrace();
63                }
64
65                break;
66            case MotionEvent.ACTION_MOVE:                   //判断动作类型
67                msg.setX(x);
68                msg.setY(y);
69                ++btnFlag;                                  //判断移动次数
70                if(btnFlag == 1){
71                    oldX = x;
72                    oldY = y;
73                }
74                postInvalidate();
75                distanceX = x - oldX;                       //计算位移
76                distanceY = y-oldY;
77                oldX = x;                                   //记录位置
78                oldY = y;
79                msg.setX(distanceX);                        //设置位移
80                msg.setY(distanceY);
81                try {
82                    clientSoket.sendMsg(addr, port, msg); //发送信息
83                } catch (IOException e) {
84                    e.printStackTrace();
85                }
86                break;
87            case MotionEvent.ACTION_UP:                     //判断动作
88                msg.setX(x);
```

```
89                  msg.setY(y);
90                  btnFlag = 0;                                //设置标志
91                  postInvalidate();
92                  distanceX = x - oldX;
93                  distanceY = y-oldY;
94                  oldX = x;
95                  oldY = y;
96                  msg.setX(distanceX);                        //设置位移
97                  msg.setY(distanceY);
98                  try {
99                      clientSoket.sendMsg(addr, port, msg); //发送信息
100                 } catch (IOException e) {
101                     e.printStackTrace();
102                 }
103                 break;
104             }
105         }
106         return super.onTouchEvent(event);
107     }
108 }
```

其中：

- 第 02～10 行，定义需要使用的变量。
- 第 12～27 行，构造方法，实现连接以及控件的引用。
- 第 49～65 行，当此次动作为按下动作时，设置按下动作、位移为 0 的信息发送到 PC 端。
- 第 66～86 行，当此次动作为移动操作时，发送计算位移量到 PC 端。
- 第 87～103 行，当此次动作为弹起操作时，设置标志，发送位移量到 PC 端。

（6）实现最基础的网络发送类。打开 ClientSocket.java 文件，用下列代码替换其原有代码。

代码位置：见随书光盘中源代码/第 9 章/Sample_9_5/src/com.sample.Sample_9_5 目录下的 ClientSocket.java 文件。

```
01 public class ClientSocket  {
02     private static DatagramSocket socket;                   //定义 Socket
03     private DatagramPacket outPacket;                        //定义数据包
04     private static ClientSocket clientSocket;                //定义类
05
06     private ClientSocket() throws SocketException{           //构造类
07         outPacket = new DatagramPacket("".getBytes(), 0);
08         if(socket == null){
09             socket = new DatagramSocket();                   //实例化 Socket
10         }
11     }
12
13     public static ClientSocket getClientSocket() throws SocketException{ //获得实例
14         if(clientSocket != null){
15             return clientSocket;
16         }else{
```

```
17              return new ClientSocket();
18          }
19      }
    //发送信息
20      public void sendMsg(InetAddress addr,int port,MsgInfo msg) throws IOException{
21          String msgString = msg.getEventType()+" : "+msg.getKeyValue()+" : "+msg.getX()+
22                                  " : "+msg.getY()+" : "+msg.getWheelAmt();
23          outPacket.setData(msgString.getBytes());                    //设置数据
24          outPacket.setLength(msgString.length());                    //设置数据长度
25          outPacket.setPort(port);                                    //设置端口
26          outPacket.setAddress(addr);                                 //设置地址
27          if(!socket.isClosed())socket.send(outPacket);               //发送信息
28      }
29
30      public void closeConnection(){                                  //关闭 Socket
31          if(!socket.isClosed()){
32              socket.close();
33          }
34      }
35 }
```

其中：

- 第 02～04 行，定义 Socket 以及数据包。
- 第 06～11 行，类的构造方法，实例化 Socket。
- 第 13～19 行，获得 ClientSocket 实例。
- 第 20～28 行，实现发送信息的方法。
- 第 30～34 行，实现关闭 Socket。

2. PC 服务器端

实现了 Android 端，接下来实现 PC 服务器端。在 PC 服务器端主要实现信息的接收以及接收到消息后的鼠标处理操作。具体实现步骤如下。

（1）Java 程序入口。

代码位置：见随书光盘中源代码/第 9 章/Sample_9_5_PC/scr/com.sample.sample_9_pc 目录下的 Appservice.java 文件。

```
01 public class AppService  {
02     public OnMsgReceivedImpl handler;                        //定义 MsgReceive
03     ServerSocketThread socketThread;                         //定义 Socket 线程
04     public AppService(){
05         handler = new OnMsgReceivedImpl();                   //实例化 handler
06                 try {
07                     int port = 3355;                         //定义端口
08                     socketThread = new ServerSocketThread(port, handler); //实例化线程
09                 } catch (Exception e) {
10                     e.printStackTrace();
11                 }
12                 Thread listenThread = new Thread(socketThread);
13                 listenThread.start();                        //启动线程
14
```

```
15      }
16      public static void main(String args[]){              //程序入口
17          new AppService();
18      }
19  }
```

其中：

- 第 05～13 行，开启线程用于监听信息传输。
- 第 16～17 行，程序入口，启动应用。

（2）实现 Socket 的监听线程，用于接收数据并进行下一步的处理。新建 ServerSocketThread.java 文件，添加如下代码。

代码位置：见随书光盘中源代码/第 9 章/Sample_9_5_PC/scr/com.sample.sample_9_pc 目录下的 Appservice.java 文件。

```
01 public class ServerSocketThread implements Runnable {
02     private DatagramSocket server;                    //Socket
03     private DatagramPacket inPacket;                  //接收数据包
04     private DatagramPacket outPacket;                 //发送数据包
05     private boolean threadListening = false;          //是否监听标志
06     private OnMsgReceivedImpl handler;                //定义 hangdler
07     private int port;                                 //端口
08     private byte[] inCache;                           //缓冲区
09     private byte[] outCache;
10
11     public ServerSocketThread(int port,OnMsgReceivedImpl handler) throws Exception{
12         this.handler = handler;
13         this.port = port;
14         this.inCache = new byte[256];
15         this.outCache = new byte[256];
16         this.inPacket = new DatagramPacket(inCache, inCache.length);      //实例化包
17         this.outPacket = new DatagramPacket(outCache, outCache.length);   //实例化包
18         try {
19             server = new DatagramSocket(this.port);     //实例化 Socket
20             System.out.println("listening the port: "+port);
21         } catch (SocketException e) {
22             e.printStackTrace();
23         }
24     }
25
26     public boolean startListening(OnMsgReceivedImpl handler) throws Exception {
27         handler.init();                                      //handler 初始化
28         threadListening = true;                              //设置监听标志
29         try {
30             while(threadListening && !server.isClosed()){
31
32                 server.receive(inPacket);                    //获得数据包
33                 String receivedMsg = (new String(inPacket.getData())).substring(0,
34                         inPacket.getLength());               //获得数据
35                 handler.read(receivedMsg);                   //handler 解析数据
36                 handler.doAction();                          //handler 实现对应操作
37             }
```

```
38          } catch (IOException e) {
39              e.printStackTrace();
40          }
41          return false;
42      }
43
44      @Override
45      public void run() {                                   //重写 run()接口
46          try {
47              startListening(handler);                      //启动监听
48          } catch (Exception e) {
49              e.printStackTrace();
50          }
51 }
```

其中：

- 第 02～09 行，定义需要使用的变量。
- 第 11～24 行，实现构造方法，初始化变量。
- 第 26～42 行，实现获得数据包，并调用 handler 解析获得数据包，完成相应操作。
- 第 45～50 行，启动线程。

（3）实现了 Socket 的监听线程，接下来实现具体的数据解析与操作。新建 OnMsgReceivedImpl.java 文件，添加如下代码。

代码位置：见随书光盘中源代码/第 9 章/Sample_9_5_PC/scr/com.sample.sample_9_pc 目录下的 OnMsgReceivedImpl.java 文件。

```
01 public class OnMsgReceivedImpl  {
02     private Action action;
03     private MsgInfo msgInfo;
04
05     public void init() {                        //初始化
06         action = new Action();                  //实例化 Action
07         msgInfo = new MsgInfo();                //实例化消息
08     }
09
10     public MsgInfo read(String receivedMsg) {
11         String[] strings = receivedMsg.split(":");                  //分割数据
12         if(!strings[0].trim().equals("") && strings[0] != null) {   //获得动作
13             msgInfo.setEventType(strings[0].trim());
14         }
15         if (!strings[1].trim().equals("") && strings[1] != null) {  //获得 Key 代码
16             int keyCode = Integer.valueOf(strings[1].trim());
17             msgInfo.setKeyValue(keyCode);
18         }
19         if (!strings[2].trim().equals("") && strings[2] != null) {  //获得 X 值
20             int x = Integer.valueOf(strings[2].trim());
21             msgInfo.setX(x);
22         }
23         if (!strings[3].trim().equals("") && strings[3] != null) {  //获得 Y 值
24             int y = Integer.valueOf(strings[3].trim());
25             msgInfo.setY(y);
```

```
26          }
27          if (!strings[4].trim().equals("") && strings[4] != null) {          //获得滑轮值
28              int wheelAmt = Integer.valueOf(strings[4].trim());
29              msgInfo.setWheelAmt(wheelAmt);
30          }
31          return msgInfo;
32      }
33
34      public void doAction() {                                                  //完成操作
35          if(msgInfo.getEventType().equals(MsgInfo.LEFT_BUTTON_PRESSED)){       //判断动作类型
36              action.pressMouseLeftBtn();
37          }else if(msgInfo.getEventType().equals(MsgInfo.LEFT_BUTTON_RELEASED)){
38              action.releaseMouseLeftBtn();
39          }else if(msgInfo.getEventType().equals(MsgInfo.RIGHT_BUTTON_PRESSED)){
40              action.pressMouseRightBtn();
41          }else if(msgInfo.getEventType().equals(MsgInfo.RIGHT_BUTTON_RELEASED)){
42              action.releaseMouseRightBtn();
43          }else if(msgInfo.getEventType().equals(MsgInfo.MOUSE_MOVED)){
44              action.moveMouse(msgInfo.getX(), msgInfo.getY());                 //鼠标移动
45          }else if(msgInfo.getEventType().equals(MsgInfo.MOUSE_WHEEL_SCROLLED)){
46              action.scrollMouseWheel(msgInfo.getWheelAmt());
47          }else if(msgInfo.getEventType().equals(MsgInfo.KEY_PRESSED)){
48              action.pressKey(msgInfo.getKeyValue());
49          }else if(msgInfo.getEventType().equals(MsgInfo.KEY_RELEASED)){
50              action.releaseKey(msgInfo.getKeyValue());
51          }
52      }
53  }
```

其中：

- 第 05～08 行，初始化，实现消息类和动作类的实例。
- 第 10～32 行，获得网络传递的数据，构造为信息类。
- 第 34～52 行，根据信息类的动作值，完成相应操作。

（4）最后完成对 PC 端鼠标的操作。新建 Action.java 文件，添加如下代码。

代码位置：见随书光盘中源代码/第 9 章/Sample_9_5_PC/scr/com.sample.sample_9_pc 目录下的 Action.java 文件。

```
01 public class Action {                                  //定义 Action
02     private static Robot robot;                        //定义 Robot
03         static{
04         try {
05             robot = new Robot();                       //实例化
06         } catch (AWTException e) {
07             e.printStackTrace();
08         }
09     }
10
11     public void moveMouse(int x, int y) {             //移动鼠标操作
12         Point mousePoint = MouseInfo.getPointerInfo().getLocation(); //获得鼠标位移量
13         System.out.println("x:"+x+"y:"+y);
14         robot.mouseMove(mousePoint.x+x, mousePoint.y+y);     //移动 PC 端鼠标
```

```
15      }
16
17      public void pressKey(int keyValue) {                      //单击键处理
18          robot.keyPress(keyValue);
19      }
20
21      public void pressMouseLeftBtn() {                         //单击左键处理
22          robot.mousePress(InputEvent.BUTTON1_MASK);
23      }
24
25      public void pressMouseRightBtn() {                        //顶级右键处理
26          robot.mousePress(InputEvent.BUTTON3_MASK);
27      }
28
29      public void releaseKey(int keyValue) {                    //放开键处理
30          robot.keyRelease(keyValue);
31      }
32
33      public void releaseMouseLeftBtn() {                       //松开右键处理
34          robot.mouseRelease(InputEvent.BUTTON1_MASK);
35      }
36
37      public void releaseMouseRightBtn() {                      //松开右键处理
38          robot.mouseRelease(InputEvent.BUTTON3_MASK);
39      }
40
41      public void scrollMouseWheel(int wheelAmt) {              //鼠标滑轮处理
42          robot.mouseWheel(wheelAmt);
43      }
44  }
```

其中：

- 第 03～09 行，实例化 Robot 类。
- 第 11～43 行，实现鼠标的各种操作，包括移动、左键单击、右键单击、按键灯。

3．运行案例

实现了 PC 端和 Android 端后，首先运行 PC 端代码，监听端口，然后运行 Android 端应用。当 Android 端与 PC 端通信之后，在 MouseView 界面中移动或者左键单击、右键单击，在 PC 上会有相应的反应。

例如，不断在 MouseView 上移动，PC 端鼠标也会不停移动，打印输出结果如图 9-18 所示。

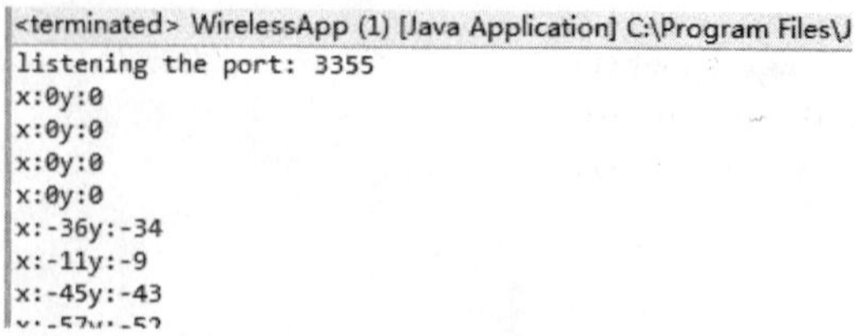

```
<terminated> WirelessApp (1) [Java Application] C:\Program Files\J
listening the port: 3355
x:0y:0
x:0y:0
x:0y:0
x:0y:0
x:-36y:-34
x:-11y:-9
x:-45y:-43
```

图 9-18　打印输出结果

9.6.2 在线查询

当遇到不认识的单词或者不理解的词语时，一般都会借助于网络来进行查询。在本节中，将实现对于词语的翻译以及理解的实例。下面将详细介绍该案例的开发过程，步骤如下。

（1）创建一个新的 Android 项目，取名为 Sample_9_6。

（2）开发该案例的布局文件，打开 main.xml 文件，实现效果如图 9-19 所示。代码如下。

图 9-19 查询界面

代码位置：见随书光盘中源代码/第 9 章/Sample_9_6/res/layout 目录下的 main.xml 文件。

```
01 <RelativeLayout xmlns:android="http://schemas.android.com/apk/res/android"
02    xmlns:tools="http://schemas.android.com/tools"
03    android:layout_width="match_parent"
04    android:layout_height="match_parent"
05    tools:context=".MainActivity" >
06
07    <TextView
08       android:id="@+id/textView1"
09       android:layout_width="wrap_content"
10       android:layout_height="wrap_content"
11       android:layout_centerHorizontal="true"
12       android:text="在线查询" />
13
14    <EditText
15       android:id="@+id/tinput"
16       android:layout_width="fill_parent"
17       android:layout_height="wrap_content"
18       android:layout_alignParentLeft="true"
19       android:layout_below="@+id/textView1"
20       android:ems="10"
```

```
21         android:hint="输入要查询的词" >
22
23     </EditText>
24
25     <RadioGroup
26         android:id="@+id/myRadioGroup"
27         android:layout_width="wrap_content"
28         android:layout_height="wrap_content"
29         android:layout_alignParentLeft="true"
30         android:layout_alignParentRight="true"
31         android:layout_below="@+id/tinput"
32         android:orientation="horizontal" >
33
34         <RadioButton
35             android:id="@+id/myRadioButton1"
36             android:layout_height="wrap_content"
37             android:text="翻译" />
38
39         <RadioButton
40             android:id="@+id/myRadioButton2"
41             android:layout_height="wrap_content"
42             android:text="百科" />
43     </RadioGroup>
44
45     <Button
46         android:id="@+id/submit"
47         android:layout_width="wrap_content"
48         android:layout_height="wrap_content"
49         android:layout_alignParentRight="true"
50         android:layout_below="@+id/myRadioGroup"
51         android:text="查询  " />
52
53     <TextView
54         android:id="@+id/tips"
55         android:layout_width="fill_parent"
56         android:layout_height="wrap_content"
57         android:layout_alignParentLeft="true"
58         android:layout_below="@+id/submit"
59         android:text="翻译结果如下: "
60         android:textSize="14sp"
61         android:typeface="sans" />
62     <WebView
63         android:id="@+id/toutput"
64         android:layout_width="fill_parent"
65         android:layout_height="270px"
66         android:layout_alignParentBottom="true"
67         android:layout_alignParentLeft="true"
68         android:layout_below="@+id/tips"
69         android:visibility="invisible" />
70
71 </RelativeLayout>
```

说明：该段代码整体为一个相对布局，分别添加了文本输入框、单选框、按钮以及网页控件，并且分别为其指定 ID。

（3）开发该案例的主要逻辑代码，打开 Sample_9_6.java 文件，用下列代码替换其原有代码。

代码位置：见随书光盘中源代码/第 9 章/Sample_9_6/src/com.sample.Sample_9_6 目录下的 Sample_9_6.java 文件。

```
01 public class sample_9_6 extends Activity {
02     private TextView tips;                                    //定义 TextView 控件
03     private EditText editText;
04     private WebView webView;
05     private Button submit;
06     RadioButton rb1, rb2;
07     RadioGroup rGroup;
08     private Handler tHandler = new Handler();                 //定义 Handler
09
10     @Override
11     protected void onCreate(Bundle savedInstanceState) {    //重写 onCreate()方法
12         super.onCreate(savedInstanceState);
13         setContentView(R.layout.main);                        //设置界面布局
14
15         webView = (WebView) findViewById(R.id.toutput);      //引用 WebView 控件
16         submit = (Button) findViewById(R.id.submit);         //引用 Button 控件
17         editText = (EditText) findViewById(R.id.tinput);
18         tips = (TextView) findViewById(R.id.tips);
19         rb1 = (RadioButton) findViewById(R.id.myRadioButton1);//引用 RadioButton 控件
20         rb2 = (RadioButton) findViewById(R.id.myRadioButton2);
21         rGroup = (RadioGroup) findViewById(R.id.myRadioGroup);
22         rGroup.check(R.id.myRadioButton1);                    //设置默认选择项
23
24         WebSettings webSettings = webView.getSettings();     //获得 WebSetting
25         webSettings.setSaveFormData(false);
26         webSettings.setSavePassword(false);
27         webSettings.setSupportZoom(false);
28         webView.setWebViewClient(new WebViewClient() {       //设置 WebViewClient
29             @Override
30             public boolean shouldOverrideUrlLoading(
31                     WebView view, String url) {
32                 //使用自己的 WebView 加载
33                 view.loadUrl(url);
34                 return true;
35             }
36         });
37
38         submit.setOnClickListener(new OnClickListener() {   //设置按钮单击事件
39             @Override
40             public void onClick(View v) {
41                 if (editText.getText().toString().equals("")) {     //判断输入是否为空
42                     Toast.makeText(sample_9_6.this, "请输入查询的词",
```

```
43                          Toast.LENGTH_LONG);
44                      return;
45                  }
46
47                  tips.setVisibility(TextView.VISIBLE);       //设置提示可见
48                  webView.setVisibility(WebView.VISIBLE);     //设置 WebView 可见
49
50                  tHandler.post(new Runnable() {              //使用 Handler
51                      public void run() {
52                          if (rGroup.getCheckedRadioButtonId() == R.id.myRadioButton1) {
53                              webView.loadUrl("http://3g.dict.cn/s.php?q="
54                                      + editText.getText().toString()) //加载翻译
55                          } else {
56                              webView.loadUrl("http://www.baike.com/wiki/"
57                                      + editText.getText().toString());//加载百科
58                          }
59                      }
60                  });
61              }
62          });
63      }
```

其中：

- 第 02～08 行，定义需要的所有资源。
- 第 15～22 行，初始化所有控件。
- 第 24～36 行，实现对 WebView 控件的设置。
- 第 41～45 行，判断输入框中是否已输入。
- 第 52～54 行，选择翻译按钮，则查询翻译结果。
- 第 56～57 行，选择百科按钮，则查询百科结果。

（4）运行该案例，翻译结果及百科结果分别如图 9-20、图 9-21 所示。

图 9-20　翻译结果

图 9-21　百科结果

9.7　总结

在本章中介绍了 Android 支持的网络通信方式，主要包括了 TCP/IP 通信方法、UDP 通信方法以及 HTTP 获取网页信息和基于 WebView 视图组件的简易浏览器。网络通信作为移动互联网必不可少的通信方式也是 Android 必须掌握的技能之一。

知　识　点	难 度 指 数（1～6）	占 用 时 间（1～3）
网络通信方式	1	1
TCP 通信方式	2	2
Android 的 TCP 实现	4	2
UDP 通信方式	2	1
Android 的 UDP 实现	5	3
GET 请求方式	3	2
POST 请求方式	5	3
WebView 的使用	6	3

9.8　习题

（1）使用 TCP 通信方式实现从 Android 客户端上传本地文件到服务器端的功能。
（2）使用 UDP 通信方式实现从 Android 客户端上传本地文件到服务器端的功能。
（3）分别使用 GET 方式和 POST 方式实现天气预报的查询。
（4）使用 WebView 控件实现浏览器。

第 10 章

弄玉吹箫:多媒体

本章将对 Android 手机中多媒体的相关知识做一个详细的讲解，具体来说就是播放音乐、播放视频、拍照、录制音视频等知识。

Android 中的多媒体架构基于第三方 PacketVideo 公司的 OpenCore 来实现，支持所有通用的音频、视频、静态图像格式。Android 平台的音视频采集、播放的操作都是通过 OpenCore 来实现，OpenCore 是 Android 多媒体框架的核心。OpenCore 多媒体框架有一套通用可扩展的接口针对第三方的多媒体编解码器、输入、输出设备等，支持多媒体文件的播放、下载。

10.1　音频播放

在 Android 系统中，使用的底层框架库提供了对大部分图像和音视频编码格式的支持，主要包括了 MPEG4、H.264、MP3、AAC、AMR、JPG、PNG、GIF 等格式。当然，要完全支持这些格式还需要硬件设备的支持。在这一节中，将讲解在 Android 系统中音频播放的使用。

在多媒体播放中，Android 系统使用了一个名为 MediaPlayer 的类。该类可以用来播放音频、视频和流媒体，MediaPlayer 包含了音频（Audio）和视频（Video）的播放功能。

对于播放的文件来源，可以是本地文件系统中的文件、外部存储设备文件以及网络文件。接下来，将分别实现这些文件源的音频播放。

10.1.1　从资源文件中播放

实现该实例的步骤如下。

（1）在 Eclipse 中创建一个名为 Sample_10_1 的 Android 项目。

（2）打开 res/layout 目录下的 main.xml 文件，修改该文件进行界面布局。在界面中，需要显示当前播放的音频文件的文件名，以及控制播放的功能选择按钮，分别为播放、暂停、停止按钮，它们的功能分别是开始播放（MediaPlayer.start()）、暂停播放（MediaPlayer.pause()）和停止播放（MediaPlayer.stop()），当单击播放按钮时，程序会从指定的手机资源中取得 dudong.mp3 文件并开始播放。单击“暂停”按钮时，文件暂停播放，再次单击，取消文件暂停并开始播放。单击“停止”按钮，文件停止播放，效果如图 10-1 所示。该界面布局简单，不再赘述其具体实现。

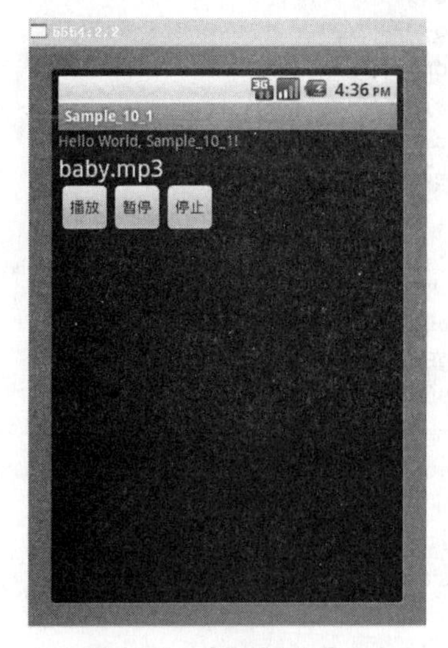

图 10-1　音频播放界面

代码位置：见随书光盘中源代码/第 10 章/Sample_10_1/res/layout 目录下的 main.xml 文件。

（3）添加资源文件。先在项目的 res 文件夹下添加一个名为“raw”的文件夹，再将播放的音频文件 baby.mp3 添加至新建的 res/raw 文件夹中，如图 10-2 所示。

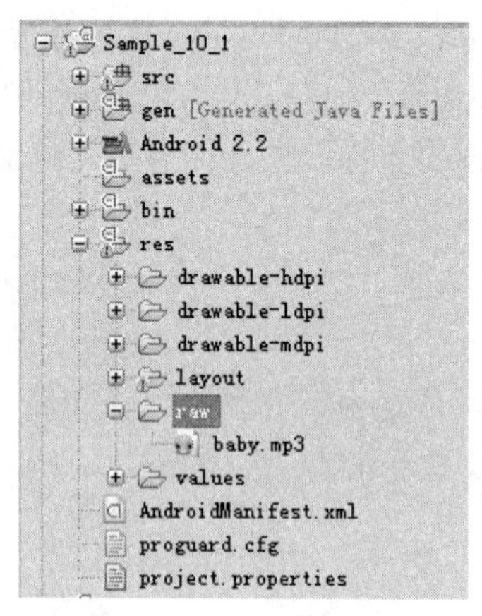

图 10-2 “raw”文件夹结构图

（4）逻辑实现。完成了以上的准备工作后，实现音频的播放以及暂停、停止的控制操作。打开项目 src/com.sample.Sample_10_1 目录下的 Sample_10_1.java 文件，将其中已有代码替换为如下代码。

代码位置：见随书光盘中源代码/第 10 章/Sample_10_1/src/com.sample.Sample_10_1 目录下的 Sample_10_1.java 文件。

```
01 package com.sample.Sample_10_1;                          //声明包语句
02 import java.io.File;                                     //引入相关类
03 import android.app.Activity;                             //引入相关类
04 import android.media.MediaPlayer;                        //引入相关类
05 import android.os.Bundle;                                //引入相关类
06 import android.os.Environment;                           //引入相关类
07 import android.view.View;                                //引入相关类
08 import android.widget.Button;                            //引入相关类
09 import android.widget.TextView;                          //引入相关类
10
11 public class Sample_10_1 extends Activity {
12     private MediaPlayer mediaPlayer = null;              //创建一个空MediaPlayer对象
13     private Button startButton = null;                   //播放Button组件对象
14     private Button pauseButton = null;                   //暂停Button组件对象
15     private Button stopButton = null;                    //停止Button组件对象
16     private TextView nameTextView = null;                //文件名称TextView组件对象
17     private boolean isPause = false;                     //是否暂停
18
19     @Override
20     public void onCreate(Bundle savedInstanceState) {  //重写onCreate()方法
21         super.onCreate(savedInstanceState);
22         setContentView(R.layout.main);
23         nameTextView = (TextView) findViewById(R.id.mp3_name); //绑定TextView组件
```

```
24          nameTextView.setText("baby.mp3");                  //设置文件名称
25          startButton = (Button) findViewById(R.id.button_start);//实例化播放 Button 组件对象
            //添加播放按钮单击事件监听
26          startButton.setOnClickListener(new Button.OnClickListener() {
27                      @Override
28                      public void onClick(View arg0) {
29                          start();                           //调用 MP3 播放方法
30                      }
31                  });
32
            //实例化暂停 Button 组件对象
33          pauseButton = (Button) findViewById(R.id.button_pause);
            //添加暂停按钮单击事件监听
34          pauseButton.setOnClickListener(new Button.OnClickListener() {
35                      @Override
36                      public void onClick(View arg0) {
37                          pause();                           //调用 MP3 暂停播放方法
38                      }
39                  });
40
41          stopButton = (Button) findViewById(R.id.button_stop); //实例化停止 Button 组件对象
            //添加停止按钮单击事件监听
42          stopButton.setOnClickListener(new Button.OnClickListener() {
43                      @Override
44                      public void onClick(View arg0) {
45                          stop();                            //调用 MP3 停止播放方法
46                      }
47                  });
48  }
```

其中：

- 第 11～17 行，初始化全局变量；
- 第 19～24 行，重写 onCreate()方法，实现界面布局以及控件绑定；
- 第 25～31 行，实现音频播放按钮的按钮监听事件，开始播放音频。
- 第 33～39 行，实现音频暂停按钮的按钮监听事件，暂停播放音频。
- 第 41～47 行，实现音频停止按钮的按钮监听事件，停止播放音频。

（5）功能实现。对于按钮的逻辑实现已经完成，接下来实现对于音频的播放、暂停以及停止的 3 个功能操作。在 Sample_10_1.java 中添加如下代码。

代码位置：见随书光盘中源代码/第 10 章/Sample_10_1/src/com.sample.Sample_10_1 目录下的 Sample_10_1.java 文件。

```
01      /**
02       * MP3 开始播放方法
03       */
04      public void start() {
05          try {
06              if (mediaPlayer != null) {          //判断 MediaPlayer 对象不为空
                    //判断 MediaPlayer 对象正在播放，不执行以下程序
07                  if (mediaPlayer.isPlaying()) {
```

```
08                  return;
09              }
10          }
11          stop();                         //调用停止播放方法
12
13          if (isPause) {                  //判断 MediaPlayer 对象是否暂停，如果暂停就不重新播放
14              return;
15          }
16
            //加载资源文件里的 MP3 文件
17          mediaPlayer = MediaPlayer.create(this, R.raw.baby);
18          mediaPlayer.start();            //开始播放
19
20          //文件播放完毕监听事件
21          mediaPlayer
22                  .setOnCompletionListener(new MediaPlayer.OnCompletionListener()
{
23                      @Override
                        //覆盖文件播放完毕事件
24                      public void onCompletion(MediaPlayer arg0) {
25                          //解除资源与 MediaPlayer 的赋值关系,让资源可以被其他程序利用
26                          mediaPlayer.release();
27                          startButton.setText("播放");
28                          isPause = false;                //取消暂停状态
29                          mediaPlayer = null;
30                      }
31                  });
32          //文件播放错误监听
33          mediaPlayer.setOnErrorListener(new MediaPlayer.OnErrorListener() {
34              @Override
35              public boolean onError(MediaPlayer arg0, int arg1, int arg2) {
36                  //解除资源与 MediaPlayer 的赋值关系,让资源可以被其他程序利用
37                  mediaPlayer.release();
38                  return false;
39              }
40          });
41          startButton.setText("正在播放");
42          pauseButton.setText("暂停");
43      } catch (Exception e) {
44          e.printStackTrace();
45      }
46  }
47
48  /**
49   * MP3 播放暂停方法
50   */
51  public void pause() {
52      try {
53          if (mediaPlayer != null) {                  //判断 MediaPlayer 对象不为空
54              if (mediaPlayer.isPlaying()) {          //判断 MediaPlayer 对象正在播放中
55                  mediaPlayer.pause();                //暂停播放
56                  pauseButton.setText("取消暂停");
```

```
57                    isPause = true;                      //暂停状态
58                } else {
59                    mediaPlayer.start();                 //开始播放
60                    pauseButton.setText("暂停");
61                    isPause = false;
62                }
63            }
64        } catch (Exception e) {
65            e.printStackTrace();
66        }
67    }
68
69    /**
70     * MP3 停止播放方法
71     */
72    public void stop() {
73        try {
74            if (mediaPlayer != null) {                   //判断MediaPlayer对象不为空
75                mediaPlayer.stop();                      //停止播放
76                startButton.setText("播放");
77                pauseButton.setText("暂停");
78                isPause = false;                         //取消暂停状态
79                mediaPlayer.release();
80                mediaPlayer = null;
81            }
82        } catch (Exception e) {
83            e.printStackTrace();
84        }
85    }
86 }
```

其中：

- 第 06～10 行，判断 MediaPlayer 类是否正在播放音频，正在播放则返回。
- 第 13～15 行，判断是否暂停。
- 第 17～18 行，加载资源文件，并开始播放音频。
- 第 20～31 行，添加音频播放完成后的监听事件，进行资源的释放和按钮显示的重置。
- 第 32～40 行，添加文件播放错误的监听事件，如果出现播放错误则释放文件资源。
- 第 41～45 行，更改按钮显示内容，完成异常处理。第 01～46 行，完成以上步骤，实现一个完整的音频播放功能。
- 第 53～57 行，判断 MediaPlayer 类是否为空，并判断其播放状态。如果正在播放，则暂停播放并更改按钮显示内容。
- 第 58～62 行，如果没有播放，则开始播放并更改按钮显示内容。第 48～67 行，完成以上步骤，实现一个完整的音频暂停和继续播放功能。
- 第 74～81 行，判断 MediaPlayer 类是否为空。如果不为空，则停止播放、释放播放资源，并更改按钮显示内容。

对于上述代码，需要重点注意以下两点。

①MediaPlayer 声明周期。对于一个 MediaPlayer 类对象，需要设置数据来源、准备数据才能进行播放。在播放过程中，可以控制其处于播放、暂停、停止等状态；在不需要播放时可以释放该 MediaPlayer 类对象。其生命周期以及状态转换的详细过程如图 10-3 所示。

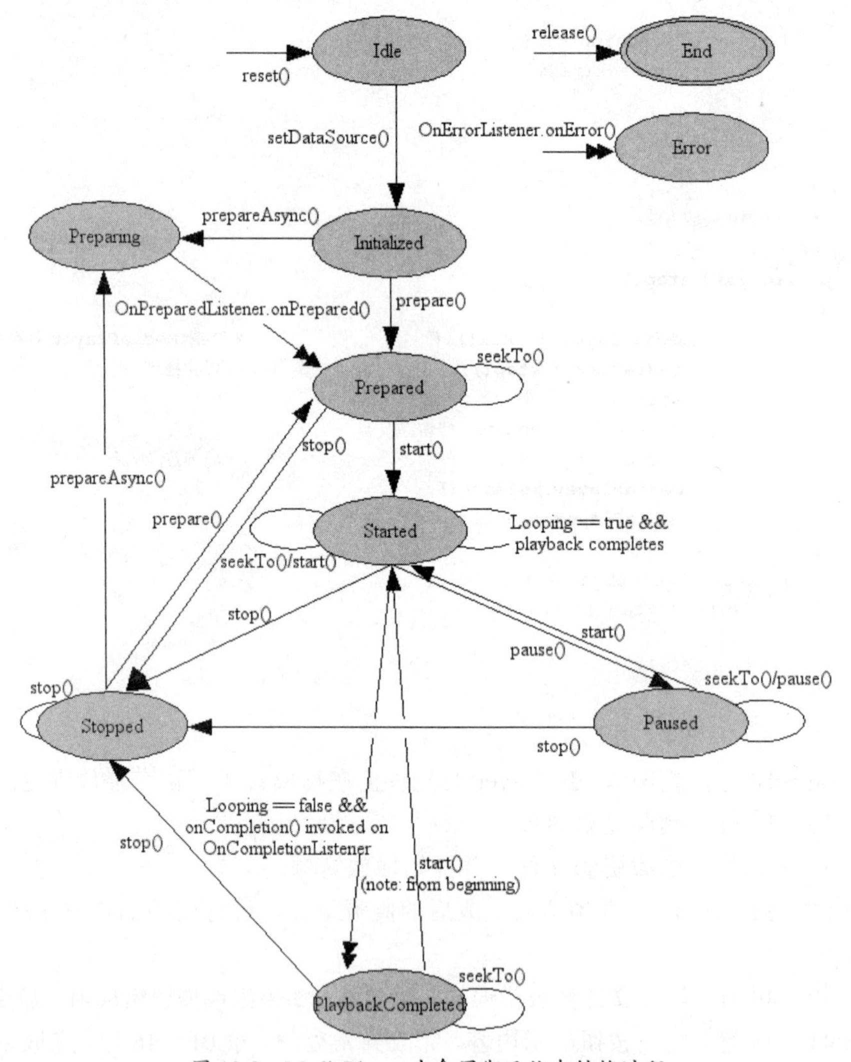

图 10-3　MediaPlayer 生命周期及状态转换过程

②播放监听事件。在音频播放过程中会出现各种状态，最常见的就是文件播放结束以及发送错误。在 MediaPlayer 类中通过设置 OnCompletionListener()与 OnErrorListener()事件，用于处理播放结束与发生错误的事件处理，在播放结束或者发生错误时，都必须调用 MediaPlayer.release()将相关文件与资源释放出来，以避免 MediaPlayer 的资源占用。

（6）运行分析。完成上述步骤后，运行该代码。单击“播放”按钮后，开始进行音频的播放，可以听到播放的声音以及界面效果如图 10-4 所示。在播放过程中，单击“暂停”

按钮，则会暂停音频播放，界面效果如图 10-5 所示。

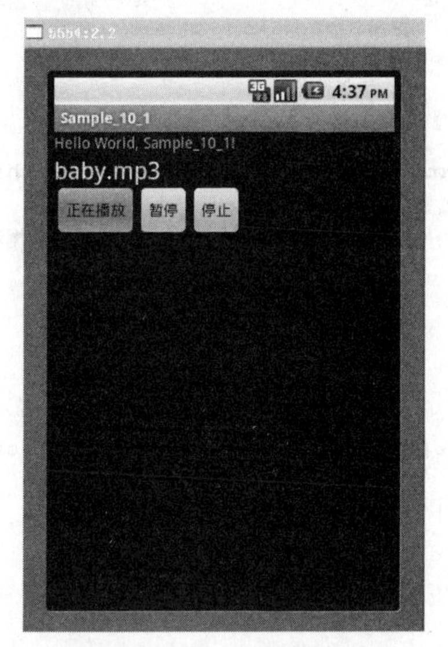

图 10-4 正在播放

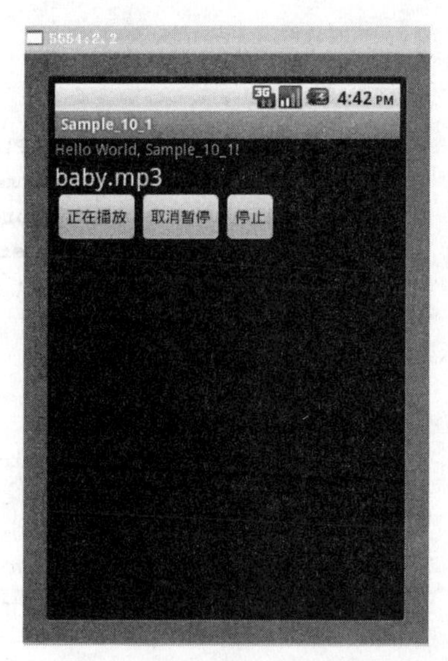

图 10-5 暂停播放

10.1.2 从外部文件中播放

在上一小节中，实现了从资源文件中播放音频的功能。在这一小节主要讲解 MediaPlayer 对象加载外部 MP3 媒体文件的方式。对于加载外部媒体文件，主要通过 MediaPlayer.setDataSource()方法来实现，构建 setDataSource()的方法有很多，比较简单的方法就是直接传入 MP3 媒体文件的路径。

（1）添加外部文件。将播放的 Justin Bieber-Baby.mp3.mp3 媒体文件添加至存储卡（SDCard）中，完成播放外部文件的准备工作。

（2）功能实现。实现播放外部文件和播放资源文件的差别只在于播放时文件来源的设置。打开项目 src/com.sample.Sample_10_1 目录下的 Sample_10_1.java 文件，修改其中音频播放的功能代码如下。

代码位置：见随书光盘中源代码/第 10 章/Sample_10_1/src/com.sample.Sample_10_1 目录下的 Sample_10_1.java 文件。

```
01      public void start() {
02          try {
03              if (mediaPlayer != null) {   //判断 MediaPlayer 对象不为空
                    //判断 MediaPlayer 对象正在播放中，并不执行以下程序
04                  if (mediaPlayer.isPlaying()) {
05                      return;
06                  }
07              }
08              stop();                         //调用停止播放方法
09              if (isPause) {                  //判断 MediaPlayer 对象是否暂停，如果暂停就不重新播放
10                  return;
```

```
11              }
12
13              /*
14               * SD 卡资源
15               */
16              mediaPlayer=new MediaPlayer();              //实例化 MediaPlayer 类
17              String sdCard =Environment.getExternalStorageDirectory().getPath();
18              mediaPlayer.setDataSource(sdCard + File.separator +
19                      "Justin Bieber-Baby.mp3");          //为 MediaPlayer 设置数据源
20              mediaPlayer.prepare();                      //准备播放
21              mediaPlayer.start();                        //开始播放
22
23              //文件播放完毕监听事件
24              mediaPlayer
25                      setOnCompletionListener(new MediaPlayer.OnCompletionListener() {
26                          @Override
                            //覆盖文件播出完毕事件
27                          public void onCompletion(MediaPlayer arg0) {
28                              //解除资源与 MediaPlayer 的赋值关系,让资源可以被其他程序利用
29                              mediaPlayer.release();
30                              startButton.setText("播放");
31                              isPause = false;          //取消暂停状态
32                              mediaPlayer = null;
33                          }
34                      });
35              //文件播放错误监听
36              mediaPlayer.setOnErrorListener(new MediaPlayer.OnErrorListener() {
37                  @Override
38                  public boolean onError(MediaPlayer arg0, int arg1, int arg2) {
39                      //解除资源与 MediaPlayer 的赋值关系,让资源可以被其他程序利用
40                      mediaPlayer.release();
41                      return false;
42                  }
43              });
44              startButton.setText("正在播放");
45              pauseButton.setText("暂停");
46          } catch (Exception e) {
47              e.printStackTrace();
48          }
49      }
```

其中：

- 第 16 行，实例化 MediaPlayer 类。
- 第 17～19 行，设置 MediaPlayer 类的播放音频来源及来自 SD 卡的文件。
- 第 20～21 行，准备播放数据并开始播放音频。
- 第 23～34 行，添加音频播放完成后的监听事件，进行资源的释放和按钮显示的重置。
- 第 35～43 行，添加文件播放错误的监听事件，如果出现播放错误则释放文件资源。

对于上述代码，需要重点理解的是怎样通过 MediaPlayer 对象的 MediaPlayer.

setDataSource()方法来加载媒体文件，MediaPlayer.setDataSource()的构造方法有如下 4 种。

- void setDataSource(String path) ：传入文件路径或网址 URL，也可以是 rtsp://流文件的 URL 地址。
- void setDataSource(FileDescriptor fd) ：在未知的 FileDescriptor 对象的数据长度之下，可以仅传入 fd 即可，由 Android 直接从头开始播放。
- void setDataSource(FileDescriptor fd,long offset,long length) ：以传入 FileDescriptor 对象作为播放来源，并传入 offset 的片段开始播放，以及 FileDescriptor 的对象数据长度。
- void setDataSource(Context context,Uri uri) ：传入 Uri 对象的方式，通常需要使用 Uri.parse()方式来解析手机里的 Context 对象。

（3）运行分析。通过上述方式播放的效果和从资源文件中播放的效果相类似，此处不再赘述。

10.1.3 从网络中播放

随着 3G 技术的逐渐成熟，移动互联网时代已经到来，网络资费的不断降低，使直接利用网络资源已经不再是问题，这一小节我们实现通过网络来播放媒体文件。要通过网络来播放媒体文件，比较简单的方法就是通过 MediaPlayer.setDataSource()方法，直接传入网络媒体资源文件的地址来实现。

在已有项目的基础上进行修改，打开项目 src/com.sample.Sample_10_1 目录下的 Sample_10_1.java 文件，修改其中音频播放的功能代码如下。

代码位置：见随书光盘中源代码/第 10 章/Sample_10_1/src/com.sample.Sample_10_1 目录下的 Sample_10_1.java 文件。

```
01 public void start() {
02         try {
03             if (mediaPlayer != null) {                    //判断MediaPlayer对象不为空
                   //判断MediaPlayer对象正在播放中，并不执行以下程序
04                 if (mediaPlayer.isPlaying()) {
05                     return;
06                 }
07             }
08             stop();                          //调用停止播放方法
09             if (isPause) {                   //判断MediaPlayer对象是否暂停，如果暂停就不重新播放
10                 return;
11             }
12 
13             /*
14              * 网络资源
15              */
16             mediaPlayer = new MediaPlayer();
17             String path = "http://zhangmenshiting2.baidu.com/data2/music/10547672/10
18 547672.mp3?xcode=4013468857a89a277cf2f0741d8293f2&mid=0.6233120560897 5";
```

```
19            mediaPlayer.setDataSource(path);           //为MediaPlayer设置数据源
20            mediaPlayer.prepare();                     //准备播放
21            mediaPlayer.start();                       //开始播放
22            //文件播放完毕监听事件
23            mediaPlayer
24                  .setOnCompletionListener(new MediaPlayer.OnCompletionListener()
{
25                     @Override
                       //覆盖文件播出完毕事件
26                     public void onCompletion(MediaPlayer arg0) {
27                          //解除资源与MediaPlayer的赋值关系，让资源可以被其他程序利用
28                          mediaPlayer.release();
29                          startButton.setText("播放");
30                          isPause = false;         //取消暂停状态
31                          mediaPlayer = null;
32                     }
33                  });
34            //文件播放错误监听
35            mediaPlayer.setOnErrorListener(new MediaPlayer.OnErrorListener() {
36                 @Override
37                 public boolean onError(MediaPlayer arg0, int arg1, int arg2) {
38                      //解除资源与MediaPlayer的赋值关系，让资源可以被其他程序利用
39                      mediaPlayer.release();
40                      return false;
41                 }
42            });
43            startButton.setText("正在播放");
44            pauseButton.setText("暂停");
45        } catch (Exception e) {
46            e.printStackTrace();
47        }
48    }
```

其中：

- 第 16 行，实例化 MediaPlayer 类；
- 第 17～19 行，设置 MediaPlayer 类的播放音频的来源及来自网络的音频文件。
- 第 20～21 行，准备播放数据并开始播放音频。
- 第 23～34 行，添加音频播放完成后的监听事件，进行资源的释放和按钮显示的重置。
- 第 35～43 行，添加文件播放错误的监听事件，如果出现播放错误则释放文件资源。

对于上述代码，没有特别需要说明的部分，熟悉音频文件来源的设置即可。

以上就是这个范例的完整代码，MediaPlayer 对象加载网络媒体资源文件除了上述加载方法外，还可以通过 MediaPlayer.create()方法来加载，由于这种方法不常用，在这里仅做一个简单的介绍，代码如下。

```
//MP3 网络资源路径
String path = "http://zhangmenshiting2.baidu.com/data2/music/10547672/10
    547672.mp3?xcode=4013468857a89a277cf2f0741d8293f2&mid=0.62331205608975";
Uri uri=Uri.parse(path);                                          //实例化Uri
MediaPlayer mediaPlayer=MediaPlayer.create(this, uri); //实例化MediaPlayer
mediaPlayer.start();                                              //开始播放
```

```
        mediaPlayer.pause();                                    //暂停
        mediaPlayer.stop();                                     //停止
```

通过对实例的修改，我们熟悉了在 Android 系统中用于播放音频、视频、流媒体的类 MediaPlayer 的生命周期及其播放控制的使用。在 Android 系统中，只要能够支撑播放的多媒体编码格式，就可以使用该类来完成对该多媒体的播放，使用 MediaPlayer 类对多媒体进行播放处理的方法需要熟练掌握。

10.2　录制多媒体

在上一节中，实现了一个 MP3 的音频播放器，了解掌握了在 Android 系统中多媒体文件播放的实现。当然，Android 提供了对多媒体的播放，自然会提供对多媒体的采样录制功能。当然这需要手机本身的硬件支持，Android 中的多媒体录制由 MediaRecorder 类提供了相关方法。

（1）在 Eclipse 中创建一个名为 Sample_10_2 的 Android 项目。

（2）打开 res/layout 目录下的 main.xml 文件，修改该文件进行界面布局。这里使用开始录音（MediaRecorder.start()）和停止录音（MediaRecorder.stop()）按钮，为了使录制顺利且不限制录音时间，所以把录音文件存储到存储卡中。当单击“录音”按钮时，程序先判断存储卡是否存在，如果存在则开始录音，录音界面及正在录音效果分别如图 10-6 及图 10-7 所示。录音停止后，程序将录音文件存储在存储卡中，同时下方的 ListView 中显示刚才录音完成的录音文件名称，单击录音文件名称打开播放程序，播放录音文件。该界面布局简单，不再赘述其具体实现。

代码位置：见随书光盘中源代码/第 10 章/Sample_10_2/res/layout 目录下的 main.xml 和 file_list.xml 文件。

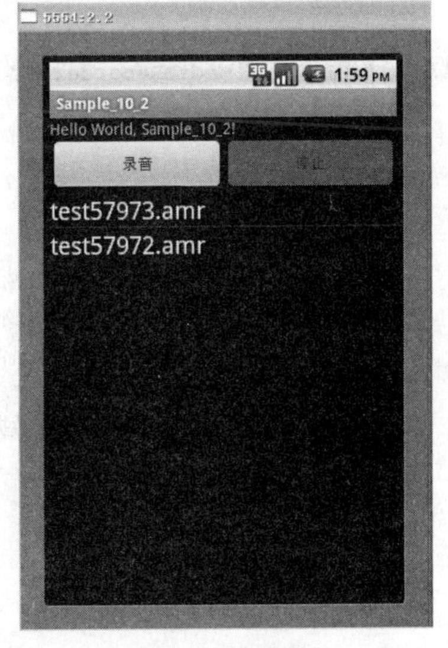

图 10-6　录音界面

图 10-7　正在录音

（3）逻辑实现。在实现界面布局后，实现音频录制的按钮逻辑部分，实现单击按钮后的对应方法调用。打开项目 src/com.sample.Sample_10_2 目录下的 Sample_10_2.java 文件，将其中已有代码替换为如下代码。

代码位置：见随书光盘中源代码/第 10 章/Sample_10_2/src/com.sample.Sample_10_2 目录下的 Sample_10_2.java 文件。

```
01 package com.sample.Sample_10_2;                          //声明包语句
02 import java.io.File;                                     //引入相关类
03 import java.util.ArrayList;                              //引入相关类
04 import java.util.HashMap;                                //引入相关类
05 import java.util.List;                                   //引入相关类
06 import android.app.Activity;                             //引入相关类
07 import android.app.AlertDialog;                          //引入相关类
08 import android.content.DialogInterface;                  //引入相关类
09 import android.content.DialogInterface.OnClickListener;     //引入相关类
10 import android.content.Intent;                           //引入相关类
11 import android.media.MediaRecorder;                      //引入相关类
12 import android.os.Bundle;                                //引入相关类
13 import android.os.Environment;                           //引入相关类
14 import android.view.View;                                //引入相关类
15 import android.widget.AdapterView;                       //引入相关类
16 import android.widget.AdapterView.OnItemClickListener;      //引入相关类
17 import android.widget.Button;                            //引入相关类
18 import android.widget.ListView;                          //引入相关类
19 import android.widget.SimpleAdapter;                     //引入相关类
20
21 public class Sample_10_2 extends Activity {
22     private Button startButton = null;                   //播放 Button 组件对象
23     private Button stopButton = null;                    //停止 Button 组件对象
24     private ListView listView = null;                    //用于显示文件列表的 ListView 组件对象
25     private File[] files = null;                         //File 数组
26     private String dirPath = "";                         //文件读/写指定目录
27     private MediaRecorder mediaRecorder = null;          //创建一个空 MediaRecorder 对象
28
29     @Override
30     public void onCreate(Bundle savedInstanceState) {
31         super.onCreate(savedInstanceState);
32         setContentView(R.layout.main);
33         startButton = (Button) findViewById(R.id.re_start); //实例化播放 Button 组件对象
34         stopButton = (Button) findViewById(R.id.re_stop);   //实例化停止 Button 组件对象
35         listView = (ListView) findViewById(R.id.listView);  //实例化 ListView 组件对象
36         stopButton.setEnabled(false);                       //停止按钮失效
37         setListViewData();                                  //为 ListView 填充数据
           //添加录音按钮单击事件监听
38         startButton.setOnClickListener(new Button.OnClickListener() {
39                 @Override
40                 public void onClick(View arg0) {
41                     startRecord();                          //调用录音方法
42                 }
43             });
```

```
44        stopButton.setOnClickListener(new Button.OnClickListener() {//添加停止按钮单击事件监听
45                    @Override
46                    public void onClick(View arg0) {
47                        stopRecord();                    //调用停止录音方法
48                    }
49                });
        //为 ListView 添加单击监听
50        listView.setOnItemClickListener(new OnItemClickListener() {
51            @Override
52            public void onItemClick(AdapterView<?> arg0, View arg1, int arg2,
53                    long arg3) {
54                Intent intent = new Intent();            //初始化 Intent
                //指定 Intent 对象启动的类
55                intent.setClass(Sample_10_2.this, Player.class);
56                intent.putExtra("filePath", files[arg2].getPath());//函数传递
57                startActivity(intent);                   //启动新的 Activity
58            }
59        });
60    }
```

其中：

- 第 21～27 行，初始化全局变量；
- 第 30～36 行，重写 onCreate()方法，实现界面布局以及控件绑定；
- 第 37 行，获取录音文件列表；
- 第 38～43 行，实现“录音”按钮单击处理事件；
- 第 44～49 行，实现“停止”按钮单击处理事件；
- 第 50～59 行，实现对 ListView 的单击事件，跳转到新的界面实现播放该音频文件。

（4）功能实现。完成了逻辑部分后，实现录音和停止录音以及 ListView 显示的功能。打开项目 src/com.sample.Sample_10_1 目录下的 Sample_10_1.java 文件，在其中添加相关功能代码。

代码位置：见随书光盘中源代码/第 10 章/Sample_10_2/src/com.sample.Sample_10_2 目录下的 Sample_10_2.java 文件。

①音频录制代码如下。

```
01 public void startRecord() {
02     String path = getRecordFilePath();                  //获取录音文件路径
03     if (!"".equals(path)) {
04         mediaRecorder = new MediaRecorder();            //实例化 MediaRecorder
           //设置音频源
05         mediaRecorder.setAudioSource(MediaRecorder.AudioSource.DEFAULT);
           //设置输出格式
06         mediaRecorder.setOutputFormat(MediaRecorder.OutputFormat.DEFAULT);
           //设置音频编辑器
07         mediaRecorder.setAudioEncoder(MediaRecorder.AudioEncoder.DEFAULT);
08         mediaRecorder.setOutputFile(path);              //设置输出路径
09         //文件录制错误监听
10         mediaRecorder
```

```
11              .setOnErrorListener(new MediaRecorder.OnErrorListener() {
12                  @Override
13                  public void onError(MediaRecorder arg0, int arg1,
14                          int arg2) {
15                      if (mediaRecorder != null) {
16                          //解除资源与 MediaRecorder 的赋值关系,让资源可以被其他程序利用
17                          mediaRecorder.release();
18                      }
19                  }
20              });
21          }
22          try {
23              mediaRecorder.prepare();                          //准备
24              mediaRecorder.start();                            //开始录音
25              startButton.setEnabled(false);                    //录音按钮失效
26              stopButton.setEnabled(true);                      //停止按钮生效
27              startButton.setText("录音中...");
28          } catch (Exception e) {
29              e.printStackTrace();
30          }
31      }
32  public String getRecordFilePath() {
33      String filePath = "";                                     //声明文件路径
34      boolean sdCardState = getStorageState();                  //获取 SDCard 状态
35      if (!sdCardState) { //判断 SDCard 状态是否为非正常状态
36          return filePath;                                      //返回空字符串路径
37      }
38      String sdCardPath = Environment.getExternalStorageDirectory().getPath();
39                              //获取 SDCard 根目录路径
    //自定义录音文件夹的 File 对象
40      File dirFile = new File(sdCardPath + File.separator + "recording");
41      if (!dirFile.exists()) {                                  //判断录音文件夹是否存在
42          dirFile.mkdir();                                      //创建文件夹
43      }
44      try {
45      //创建一个前缀为 test 扩展名为.amr 的录音文件，用 createTempFile 方法创建是为了避免文件重复
46          filePath = File.createTempFile("test", ".amr", dirFile)
47                  .getAbsolutePath();
48      } catch (Exception e) {
49          e.printStackTrace();
50      }
51      return filePath;                                          //返回录音文件路径
52  }
```

其中：

- 第 02 行，获取录音文件路径；
- 第 04～08 行，对于录音的初始化设置；
- 第 09～20 行，添加文件录制错误的事件监听，完成释放资源处理；
- 第 22～31 行，开始音频录制；
- 第 32～43 行，在 SD 卡目录下，创建一个 recording 目录，用于保存录制的文件；

- 第 44～50 行，创建录音文件。

对于以上代码，需要重点掌握的是音频录制的初始化属性及录制。

在 MediaRecorder 类中包含了准备录音、开始录音等一系列方法。实例化后设置各种属性，如设置音频源 setAudioSource()、设置输出格式 setOutputFormat()等，这里全部设置为默认格式，需要注意的是，别忘了设置录音文件的路径 setOutputFile()。

为 MediaRecorder 类添加文件录制错误监听，当文件录音出现异常时，监听中的 onError()方法就会被调用，在 onError()方法中需要做的就是释放资源，判断 MediaRecorder 对象不为空，调用 MediaRecorder. release()方法解除资源与 MediaRecorder 的赋值关系，让资源可以为其他程序利用。

调用 MediaRecorder.start()方法来开始录音，但在这之前，要调用 MediaRecorder.prepare()来准备录音，然后用 Button.setEnabled(false)设置录音按钮失效，用 Button.setEnabled(true)设置停止按钮生效。

对于录音文件的创建方法 getRecordFilePath()，其代码中具体实现过程如下。

首先声明一个空字符串 filePath，用于存放录音文件路径，调用 getStorageState()方法来获取当前 SDCard 状态，判断 SDCard 状态是否为非正常状态，如果是就返回空字符串。

```
String sdCardPath =Environment.getExternalStorageDirectory().getPath();
```

以上这段代码，是用于获取当前 SDCard 根目录路径。获得了 SDCard 根目录路径后，在该路径下添加自定义的录音文件存放路径，如在 SDCard 根目录下创建 recording 文件夹，当然也可以自己来命名文件夹，用自定义录音文件存放路径实例化 File 对象，File. exists()判断文件路径是否存在，如果不存在，创建该路径对应的文件夹。

File.createTempFile()方法创建一个新的空录音文件，它有三个参数，第一个参数为要创建的文件的前缀字符串，第二个参数为要创建的文件的扩展名字符串，第三个参数为要创建文件的所在目录，getAbsolutePath()方法获取文件的绝对路径名字符串。

②停止录音代码如下。

```
01 public void stopRecord() {
02         if (mediaRecorder != null) {
03              mediaRecorder.stop();                    //停止录音
04              mediaRecorder.release();                 //释放资源
05              startButton.setEnabled(true);            //录音按钮生效
06              stopButton.setEnabled(false);            //停止按钮失效
07              startButton.setText("录音");
08              setListViewData();                       //录音完成，重新为 ListView 填充数据
09         }
10     }
```

其中：

- 第 02 行，判断 MediaRecorder 对象是否为 NULL，如果为 NULL，就说明 MediaRecorder 对象没有实例化，那么就不需要任何操作；
- 第 03～07 行，如果不为 NULL，用 MediaRecorder.stop()方法来停止录音，然后用 MediaRecorder.release()方法来释放资源，设置录音按钮生效、停止按钮失效；

- 第 08 行，调用 setListViewData()重新为 ListView 填充数据。

③ListView 显示代码如下。

```
01      public void setListViewData() {
02          boolean sdStatus = getStorageState();              //调用获取手机 SDCard 的状态
03          if (sdStatus) {//判断 SDCard 的存储状态，如果是 false,提示并结束本程序
                //获取 SDCard 根目录 File
04              File sdCardFile = Environment.getExternalStorageDirectory();
                //指定文件存放目录
05              dirPath = sdCardFile.getPath() + File.separator + "recording";
06              File dirFile = new File(dirPath);
07              if (!dirFile.exists()) {                       //判断文件存放目录是否存在
08                  dirFile.mkdir();                           //创建文件存放目录
09              }
10              files = dirFile.listFiles();                   //获取文件存放目录中的文件 File 对象
11              List<HashMap<String, Object>> list = getList(files); //调用获取相应的集合
12              setAdapter(list, files); //调用构造适配器并为 ListView 添加适配器
13          }
14      }
15      public List<HashMap<String, Object>> getList(File[] files) {
        //创建 List 集合
16      List<HashMap<String, Object>> list = new ArrayList<HashMap<String, Object>>();
17          for (int i = 0; i < files.length; i++) {       //循环 File 数组
                //创建 HashMap
18              HashMap<String, Object> hashMap = new HashMap<String, Object>();
19              hashMap.put("file_name", files[i].getName()); //往 HashMap 中添加文件名
20              list.add(hashMap);                         //将 HashMap 添加到 List 集合
21          }
22          return list;                                   //返回 List 集合
23      }
24      public void setAdapter(List<HashMap<String, Object>> list, File[] files) {
25          SimpleAdapter simpleAdapter = new SimpleAdapter(this, list,
26                  R.layout.file_list, new String[] { "file_name" },
27                  new int[] { R.id.fileName });          //实例化 SimpleAdapter
28      listView.setAdapter(simpleAdapter);                //为 ListView 添加适配器
29  }
```

其中：

- 第 02 行，调用 getStorageState()获取手机当前 SDCard 的存储状态。
- 第 03～10 行，如果 SD 卡可用，获取存放录音文件目录中的所有录音文件 File 对象。
- 第 11 行，调用 getList()方法获取相应的集合。
- 第 12 行，调用 setAdapter()方法为播放文件组件对象 ListView 添加适配器。
- 第 16 行，创建一个 HashMap 的 List 集合，也即这个 List 集合中存放的是 HashMap。
- 第 17～21 行，循环传过来的 File 数组，创建一个 HashMap，用 HashMap.put()方法添加文件名(files[i].getName())，file_name 为对应的 XML 布局文件中的控件名称。
- 第 25～27 行，实例化 SimpleAdapter（适配器）对象，参数 list 是根据 File[]获取

相应的集合，R.layout.file_list 是自定义的布局文件，String[]取对应集合中的键，int[]取对应布局文件中的控件。

- 第 28 行，调用 ListView.setAdapter()方法将实例化的 SimpleAdapter 对象添加到播放文件组件对象 ListView 中。

（5）播放功能实现。为了验证是否成功实现了音频的录制，添加一个音频播放功能。该功能与 10.1 节中的音频播放类似。在 res/layout 目录中，新建一个布局文件 play.xml，在其中实现界面布局，如图 10-8 所示。

代码位置：见随书光盘中源代码/第 10 章/Sample_10_2/res/layout 目录下的 play.xml 文件。

图 10-8 播放录音文件

在项目文件中添加新的类 Player。在该类中实现音频的播放，该部分代码需要在界面跳转时，获得传入的文件路径，其代码如下。

代码位置：见随书光盘中源代码/第 10 章/Sample_10_2/src/com.sample.Sample_10_2 目录下的 Player.java 文件。

```
01 public class Player extends Activity {
02     private String filepath=null;                        //保存播放文件路径
03
04     @Override
05     public void onCreate(Bundle savedInstanceState) { //重写 onCreate()方法
06         super.onCreate(savedInstanceState);
07         setContentView(R.layout.play);
08         Intent intent=getIntent();                       //获得 intent
09         Bundle bundle=intent.getExtras();                //获得数据
10         filepath=(String) bundle.get("filePath");        //获得文件路径
11     }
12 }
```

（6）注册声明。对于新建 Activity 以及进行录音，分别需要在 AndroidManifest.xml 中注册和声明权限，具体代码如下。

代码位置：见随书光盘中源代码/第 10 章/Sample_10_2/目录下的 AndroidManifest.xml 文件。

```
<?xml version="1.0" encoding="utf-8"?>
<manifest xmlns:android="http://schemas.android.com/apk/res/android"
    package="com.sample.Sample_10_2"
    android:versionCode="1"
    android:versionName="1.0" >
<uses-sdk android:minSdkVersion="8" />
    <uses-permission android:name="android.permission.RECORD_AUDIO"></uses-permission>
<!-- 在SDCard中创建与删除文件权限 -->
    <uses-permission android:name="android.permission.MOUNT_UNMOUNT_FILESYSTEMS"/>
    <!-- 往SDCard中写入数据权限 -->
    <uses-permission android:name="android.permission.WRITE_EXTERNAL_STORAGE"/>

    <application
        android:icon="@drawable/ic_launcher"
        android:label="@string/app_name" >
        <activity
            android:name=".Sample_10_2"
            android:label="@string/app_name" >
            <intent-filter>
                <action android:name="android.intent.action.MAIN" />
                <category android:name="android.intent.category.LAUNCHER" />
            </intent-filter>
        </activity>
        <activity android:name=".Player"></activity>
    </application>
```

（7）运行分析。完成以上步骤后，运行该代码，可以成功进行音频录制和播放，查看录制音频后的 SD 卡，如图 10-9 所示。

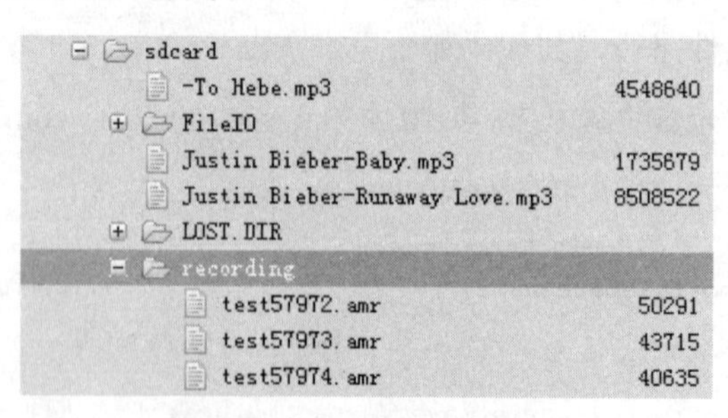

图 10-9　录音文件目录

从目录中可以很明显地看出，SD 卡目录中出现了 recording 文件夹，在该文件夹下有多个音频文件。这些文件就是刚录制的音频文件。

在本节中，重点讲解了音频录制类 MediaRecorder 的方法和使用，需要特别注意的是在录制之前必须完成对音频的采样来源、录制的编码方法、保存文件的格式、保存文件的路径设置，然后才能进行录制。

10.3 使用摄像头

当前的手机设备在硬件上都是支持摄像头的，其拍照功能已成为 Android 手机的基本功能。本节将介绍手机摄像头功能，Android 提供了相关的 API，下面就来介绍如何具体地操作媒体应用。

10.3.1 控制摄像头拍照

Android 系统提供了对摄像头拍照的支持，当然这需要手机本身的硬件支持，Android 中的 Camera 类提供了相关方法。

在这个范例中，先用开始预览（Camera.startPreview()）按钮预览要拍摄的图像，按下拍照键或者轨迹球进行拍照（Camera.takePicture()），程序将把拍照后的图片按预设好的图片大小和格式存储在手机存储卡（SDCard）中的自定义文件夹 MyCamera 中，程序在拍照后，预览照片 5s 后将跳转到相机预览效果，可继续拍照。

实现该实例的步骤如下。

（1）在 Eclipse 中创建一个名为 Sample_10_3 的 Android 项目。

（2）打开 res/layout 目录下的 main.xml 文件，修改该文件进行界面布局。在界面中，只需要一个 Button，用于跳转到拍照界面，效果如图 10-10 所示。该界面布局简单，不再赘述其具体实现。

代码位置：见随书光盘中源代码/第 10 章/Sample_10_3/res/layout 目录下的 main.xml 文件。

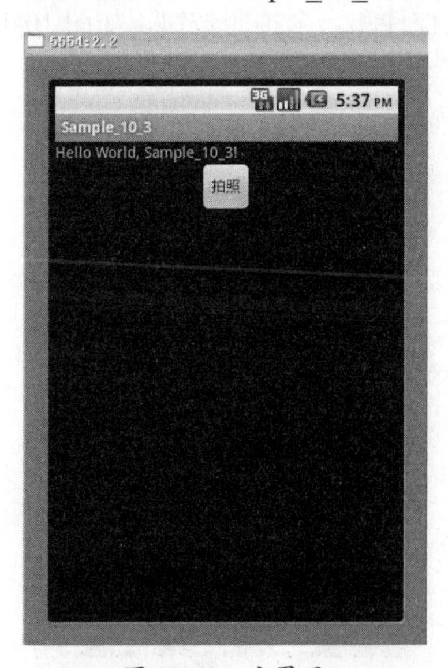

图 10-10 主界面

（3）主界面。在主界面只需要完成跳转功能，打开项目 src/com.sample.Sample_10_3 目录下的 Sample_10_3.java 文件，将其中已有代码替换为如下代码。

代码位置：见随书光盘中源代码/第 10 章/Sample_10_3/src/com.sample.Sample_10_3 目录下的 Sample_10_1.java 文件。

```
01 package com.sample.Sample_10_3;                                    //声明包语句
02 import android.app.Activity;                                       //引入相关类
03 import android.content.Intent;                                     //引入相关类
04 import android.os.Bundle;                                          //引入相关类
05 import android.view.View;                                          //引入相关类
06 import android.widget.Button;                                      //引入相关类
07
08 public class Sample_10_3 extends Activity {                        //继承 Acitivity
09     @Override
10     protected void onCreate(Bundle savedInstanceState) {           //重写 onCreate()方法
11         super.onCreate(savedInstanceState);
12         setContentView(R.layout.main);
13         Button button = (Button) findViewById(R.id.camera_button); //实例化 Button 组件对象
14         button.setOnClickListener(new Button.OnClickListener() {   //为 Button 添加单击监听
15             @Override
16             public void onClick(View arg0) {
17                 Intent intent = new Intent();                      //初始化 Intent
                   //指定 Intent 对象启动的类
18                 intent.setClass(Sample_10_3.this, TakeCamera.class);
19                 startActivity(intent);                             //启动新的 Activity
20             }
21         });
22     }
23 }
```

（4）预览布局。在进行拍照之前，需要对拍摄的图像进行预览，当满意时才会拍照保存。在界面中，需要一个预览控件和一个拍照按钮，如图 10-11 所示。

图 10-11　预览图像

对于该界面，在 res/layout 目录下新建一个名为 camera.xml 的布局文件，使用如下代码替换已有代码。

代码位置：见随书光盘中源代码/第 10 章/Sample_10_3/res/layout 目录下的 camera.xml 文件。

```
01 <LinearLayout xmlns:android="http://schemas.android.com/apk/res/android"
02     android:id="@+id/linearLayout1"
03     android:layout_width="fill_parent"
04     android:layout_height="fill_parent"
05     android:orientation="vertical" >                          <!-- 声明一个线性布局 -->
06
07     <SurfaceView
08         android:id="@+id/surface_camera"
09         android:layout_width="fill_parent"
10         android:layout_height="wrap_content"
11         android:layout_weight="1">
12     </SurfaceView>                                            <!-- 声明一个 SurfaceView -->
13
14     <Button
15         android:id="@+id/take"
16         android:layout_width="wrap_content"
17         android:layout_height="wrap_content"
18         android:layout_gravity="center_horizontal"
19         android:text="拍照" />                                 <!-- 声明一个 Button -->
20 </LinearLayout>
```

其中：

- 第 01～05 行，声明了一个全界面的线性布局，纵向排列；
- 第 07～12 行，声明了一个 SurfaceView 控件，该控件用于预览图像；
- 第 14～19 行，声明了一个 Button 控件，该控件用于单击拍照。

（5）逻辑实现。在图像预览过程中，主要关注预览图像的变化显示以及按钮单击处理事件。在 src/com.sample.Sample_10_3 目录下新建一个类 TakeCamera.java，在其中实现逻辑部分代码，将其中已有代码替换为如下代码。

代码位置：见随书光盘中源代码/第 10 章/Sample_10_3/src/com.sample.Sample_10_3 目录下的 TakeCamera.java 文件。

```
01 public class TakeCamera extends Activity implements SurfaceHolder.Callback {
02     private Button btn_take;
03     private SurfaceView surfaceView = null;              //创建一个 SurfaceView 组件对象
04     private SurfaceHolder surfaceHolder = null;          //创建一个空 SurfaceHolder 对象
05     private Camera camera = null;                        //创建一个空 Camera 对象
06     private boolean previewRunning = false;              //预览状态
07
08     @Override
09     public void onCreate(Bundle savedInstanceState) {
10         super.onCreate(savedInstanceState);
11         getWindow().setFormat(PixelFormat.TRANSLUCENT);       //窗口设置为半透明
12         requestWindowFeature(Window.FEATURE_NO_TITLE);        //窗口去掉标题
```

```
13        getWindow().setFlags(WindowManager.LayoutParams.FLAG_FULLSCREEN,
14                WindowManager.LayoutParams.FLAG_FULLSCREEN);  //窗口设置为全屏
15        setRequestedOrientation(ActivityInfo.SCREEN_ORIENTATION_LANDSCAPE);
16        setContentView(R.layout.camera); //调用 setRequestedOrientation 来翻转 Preview
17
          //实例化 SurfaceView 对象
18        surfaceView = (SurfaceView) findViewById(R.id.surface_camera);
19        surfaceHolder = surfaceView.getHolder();        //获取 SurfaceHolder
20        surfaceHolder.addCallback(this);                //注册实现好的 Callback
21        surfaceHolder.setType(SurfaceHolder.SURFACE_TYPE_PUSH_BUFFERS);//设置缓存类型
22
23        btn_take=(Button)findViewById(R.id.take);
24        btn_take.setOnClickListener(new OnClickListener() {
25            @Override
26            public void onClick(View v) {
27                if (camera != null) {                   //判断 Camera 对象是否不为空
28                    //当按下相机按钮时，执行相机对象的 takePicture()方法,
29                    camera.takePicture(null, null, jpegCallback);
30                    changeByTime(5000);                 //调用延迟方法，5s 后重新预览拍照
31                }
32            }
33        });
34    }
35
36    @Override
37    public boolean onKeyDown(int keyCode, KeyEvent event) {
38        //判断手机键盘按下的是否是拍照键、轨迹球键
39        if (keyCode == KeyEvent.KEYCODE_CAMERA
40                || keyCode == KeyEvent.KEYCODE_DPAD_CENTER ) {
41            if (camera != null) {                       //判断 Camera 对象是否不为空
42                //当按下相机按钮时，执行相机对象的 takePicture()方法,
43                camera.takePicture(null, null, jpegCallback);
44                changeByTime(5000);                     //调用延迟方法，5s 后重新预览拍照
45            }
46        }
47        return super.onKeyDown(keyCode, event);
48    }
49
50    /**
51     * 当预览界面的格式和大小发生改变时，该方法被调用
52     */
53    @Override
54    public void surfaceChanged(SurfaceHolder arg0, int arg1, int arg2, int arg3) {
55        startCamera();                                  //调用开始 Camera 方法
56    }
57
58    /**
59     * 初次实例化，预览界面被创建时，该方法被调用
60     */
61    @Override
62    public void surfaceCreated(SurfaceHolder arg0) {
63        prepareCamera();                                //调用初始化 Camera 方法
```

```
64      }
65
66      /**
67       * 当预览界面被关闭时，该方法被调用
68       */
69      @Override
70      public void surfaceDestroyed(SurfaceHolder arg0) {
71          stopCamera();                                   //调用停止Camera方法
72      }
```

其中：

- 第 01～07 行，继承 Activity 类并实现 SurfaceHolder.Callback 接口，完成全局变量的初始化；
- 第 09～16 行，设置界面布局样式，实现窗口半透明、全屏等；
- 第 17～21 行，初始化设置 SurfaceView，添加回调和数据缓存；
- 第 23～33 行，添加按钮单击监听事件，实现拍照功能；
- 第 36～48 行，添加键盘单击监听事件，当单击手机键盘的拍照键或轨迹球键时，完成拍照功能；
- 第 50～56 行，重写实现预览界面变化时的处理；
- 第 57～64 行，重写实现预览界面创建时的处理；
- 第 66～72 行，重写实现预览界面关闭时的处理；

对于上述代码，需要重点掌握的是 SurfaceView 类的使用。

①SurfaceView 类的控制。对于 SurfaceView 类的控制，可以使用 SurfaceHolder 接口来完成。首先，需要获取该 SurfaceView 的 SurfaceHolder 接口，使用方法如下。

```
SurfaceHolder  getHolder()
```

其中，返回值便是控制接口 SurfaceHolder 类。在 SurfaceHolder 类中，可以设置添加回调实现、设置显示的固定大小、获得数据来源等，分别使用方法如下。

```
void    addCallback(SurfaceHolder.Callback callback)
void    setFixedSize(int width, int height)
void    setType(int type)
```

②SurfaceView 图像变化。对于 SurfaceView 的变化监控，需要实现 SurfaceHolder.Callback 接口。在该接口中针对 SurfaceView 的创建、变化以及销毁时，都可以进行相应的处理。在 SurfaceHolder.Callback 接口中，分别对应如下 3 个方法。

```
public void surfaceCreated(SurfaceHolder arg0)                              //创建时
public void surfaceChanged(SurfaceHolder arg0, int arg1, int arg2, int arg3)    //变化时
public void surfaceDestroyed(SurfaceHolder arg0)                            //销毁时
```

（6）图像预览功能实现。完成了整个控制逻辑后，接下来重点讲解各部分的功能。在 SurfaceView 图像创建、变化以及销毁时，分别调用了 3 个方法来实现拍照的初始化、开始预览以及停止。当单击拍照按钮后，实现了 takePicture()方法的回调以及拍摄图像的显示。打开在 src/com.sample.Sample_10_3 目录下的 TakeCamera.java 文件，在其中实现部分功能代码，添加代码如下。

代码位置：见随书光盘中源代码/第 10 章/Sample_10_3/src/com.sample.Sample_10_3 目录下的 TakeCamera.java 文件。

```
01      /**
02       * 初始化 Camera
03       */
04          public void prepareCamera() {
05              camera = Camera.open();                        //初始化 Camera
06              try {
07                  camera.setPreviewDisplay(surfaceHolder);          //设置预览
08              } catch (IOException e) {
09                  camera.release();                         //释放相机资源
10                  camera = null;                            //置空 Camera 对象
11              }
12          }
13      /**
14           * 开始 Camera
15           */
16      public void startCamera() {
17          if (previewRunning) {                             //判断预览开启
18              camera.stopPreview();                         //停止预览
19          }
20          try {
21              Camera.Parameters parameters = camera.getParameters();  //获得相机参数对象
22              parameters.setPictureFormat(PixelFormat.JPEG);         //设置格式
23          //设置预览大小
24              //parameters.setPreviewSize(480, 320);
25              //设置自动对焦
26              //parameters.setFocusMode("auto");
27              //设置图片保存时的分辨率大小
28              //parameters.setPictureSize(2048, 1536);
29              camera.setParameters(parameters);             //给相机对象设置刚才设定的参数
30          camera.setPreviewDisplay(surfaceHolder);//设置用 SurfaceView 作为镜头取景画面的显示
31          camera.startPreview();                            //开始预览
32          previewRunning = true;                            //设置预览状态为 true
33      } catch (IOException e) {
34          e.printStackTrace();
35      }
36  }
37      /**
38       * 停止 Camera
39       */
40      public void stopCamera() {
41          if (camera != null) {                             //判断 Camera 对象不为空
42              camera.stopPreview();                         //停止预览
43              camera.release();                             //释放摄像头资源
44              camera = null;                                //置空 Camera 对象
45              previewRunning = false;                       //设置预览状态为 false
46          }
47      }
```

其中：

- 第 05 行，获取 Camera 对象；
- 第 07 行，设置预览控件；
- 第 08～09 行，出现异常时，释放资源并置空对象；
- 第 17～19 行，判断预览是否开启，如果开启则停止预览；
- 第 21～29 行，设置相机的参数，可以包括格式、预览大小、是否自动对焦、分辨率等参数；
- 第 30 行，设置相机的预览显示控件；
- 第 31 行，开启预览；
- 第 41～45 行，当停止拍照时，停止预览、释放资源并置空对象。

上述代码中，重点理解的是对 Camera 类方法的使用以及相机相关参数的设置。

①Camera 类。实现拍照功能，Android 系统提供了 Camera 类来实现拍照相关的处理。对于获取摄像头设备信息，可以使用该类中的如下方法。

```
static void    getCameraInfo(int cameraId, Camera.CameraInfo cameraInfo)
```

其中，参数 cameraId 是摄像头编号，参数 cameraInfo 是摄像头信息类。当拍照时，需要开启摄像头设备并获取该 Camera 类对象，使用方法如下。

```
static Camera   open(int cameraId)
static Camera   open()
```

其中，参数 cameraId 是选择摄像头编号。该方法针对有多个摄像头的手机设备使用，一般情况下都使用不带参数的方法。

开启摄像设备后，需要预览摄像头中获取的图像，使用方法如下。

```
final void      startPreview()
final void      stopPreview()
```

其中，第一个方法用于开始预览图像；第二个方法用于关闭预览；需要对预览的图像进行设置，常用的设置方法如下。

```
final void      setPreviewCallbackWithBuffer(Camera.PreviewCallback cb)
final void      setPreviewDisplay(SurfaceHolder holder)
final void      setPreviewTexture(SurfaceTexture surfaceTexture)
```

其中，第一个方法设置对于每一帧的图像缓存数据的处理，该处理不包括显示在界面上的处理；

第二个方法设置图像显示处理，参数 holder 为显示的 SurfaceView 的控制接口；

第三个方法设置图像显示，使用 OpenGL ES 的 Texture 来进行显示。在对图像进行复杂处理时，需要使用该方法。

对于相机的预览大小、自动对焦、保存图片分辨率、保存图片格式等参数，设置和获取时使用以下方法。

```
void    setParameters(Camera.Parameters params)
Camera.Parameters   getParameters()
```

其中，第一个方法用于设置相机参数，第二个方法用于获取相机的设置参数。当使用完拍照功能后，释放相机的资源，使用方法如下。

```
final void      release()
```

在 Camera 类中，上面是常用的方法。在照相过程中，需要开启相机、设置预览、设置相机参数、启动预览、停止预览、释放资源这样一个顺序流程。

②相机参数设置。在相机设置中，使用 Camera.Parameters 类来提供一些接口设置 Camera 的属性，常用方法如下。

```
void    setPictureFormat(int pixel_format)
```

该方法用于设置图片的格式，其取值为 PixelFormat.YCbCr_420_SP、PixelFormat.RGB_565 或 PixelFormat.JPEG。

```
void    setPreviewFormat(int pixel_format)
```

设置图片预览的格式，取值同上。

```
void    setPictureSize(int width, int height)
```

设置图片的高度和宽度，单位为像素。

```
void    setPreviewSize(int width, int height)
```

设置图片预览的高度和宽度，取值同上。

```
void    setPreviewFrameRate(int fps)
```

设置图片预览的帧速。

```
void setFocusMode(String value)
```

设置相机的对焦模式，其值一般是 FOCUS_MODE_AUTO 或者 FOCUS_MODE_MACRO。

（8）保存图片。当需要拍摄保存图像时，使用 Camera 的 takePicture()方法，调用 PictureCallback 接口来完成拍摄后的图像保存，以及实现拍摄图像延迟 5s 后，重新预览图像。打开在 src/com.sample.Sample_10_3 目录下的 TakeCamera.java 文件，在其中实现该功能的部分代码，添加代码如下。

代码位置：见随书光盘中源代码/第 10 章/Sample_10_3/src/com.sample.Sample_10_3 目录下的 TakeCamera.java 文件。

```
01 //照片拍摄之后的事件
02     private PictureCallback jpegCallback = new PictureCallback() {  //实例化
03         @Override
04         public void onPictureTaken(byte[] arg0, Camera arg1) {      //实现方法
05             //获取存储卡(SDCard)的根目录
06             String sdCard = Environment.getExternalStorageDirectory().getPath();
07             //获取相片存放位置的目录
08             String dirFilePath = sdCard + File.separator + "MyCamera";
09             //获取当前时间的自定义字符串
10             String date = (String) DateFormat.format("yyyy-MM-dd hh-mm-ss",
11                     new java.util.Date());
12             //onPictureTaken 传入的第一个参数及为相片的 byte，实例化 Bitmap 对象
13             Bitmap bitmap = BitmapFactory.decodeByteArray(arg0, 0, arg0.length);
14             try {
15                 File dirFile = new File(dirFilePath);       //创建相片存放位置的 File 对象
16                 if (!dirFile.exists()) {                    //判断路径是否存在
```

```
17                      dirFile.mkdir();                        //创建该文件夹
18                  }
19                  //创建一个前缀为 photo，扩展名为.jpg 的图片文件
20                  //用 createTempFile 方法创建是为了避免文件重复
21                  File file = File.createTempFile("photo-", date + ".jpg",
22                          dirFile);
23                  BufferedOutputStream bOutputStream = new BufferedOutputStream(
24                          new FileOutputStream(file));
25                  //采用压缩文件的方法
26                  bitmap.compress(Bitmap.CompressFormat.JPEG, 80, bOutputStream);
27                  //清除缓存，更新 BufferedOutputStream
28                  bOutputStream.flush();
29                  //关闭 BufferedOutputStream
30                  bOutputStream.close();
31              } catch (Exception e) {
32                  e.printStackTrace();
33              }
34          }
35      };
36      /**
37       * 延迟方法
38       */
39      public void changeByTime(long time) {
40          final Timer timer = new Timer();                    //实例化 Timer 对象
41          final Handler handler = new Handler() {
42              @Override
43              public void handleMessage(Message msg) {
44                  switch (msg.what) {
45                  case 1:
46                      stopCamera();                           //调用停止 Camera 方法
47                      prepareCamera();                        //调用初始化 Camera 方法
48                      startCamera();                          //调用开始 Camera 方法
49                      timer.cancel();                         //撤销计时器
50                      break;
51                  }
52                  super.handleMessage(msg);
53              }
54          };
55          TimerTask task = new TimerTask() {
56              @Override
57              public void run() {
58                  Message message = new Message();
59                  message.what = 1;
60                  handler.sendMessage(message);
61              }
62          };
63          timer.schedule(task, time);                         //设定运行任务的时间
64      }
```

其中：

- 第 02～04 行，实现 PictureCallback 对象的 onPictureTaken()方法，用于保存图像。
- 第 05～22 行，在 SD 卡目录中创建一个名为 MyCamera 的目录，在该目录下保存拍摄的图片，这些图片以拍摄时间为文件名。
- 第 23～30 行，将传入的图像数据保存到图片文件中。
- 第 37～64 行，实现一个延迟任务。当拍摄完成后，不改变当前图像，延迟 5s 后，重新开始预览。

（7）权限声明。对于新建 Activity 以及进行录音，分别需要在 AndroidManifest.xml 中注册和声明权限，具体代码如下。

代码位置：见随书光盘中源代码/第 10 章/Sample_10_3/目录下的 AndroidManifest.xml 文件。

```
<?xml version="1.0" encoding="utf-8"?>
<manifest xmlns:android="http://schemas.android.com/apk/res/android"
   package="com.sample.Sample_10_3"
   android:versionCode="1"
   android:versionName="1.0" >
   <uses-sdk android:minSdkVersion="8" />

   <uses-permission android:name="android.permission.CAMERA" />
   <uses-permission android:name="android.permission.WRITE_SETTINGS" />
   <!-- 在 SDCard 中创建与删除文件权限 -->
   <uses-permission android:name="android.permission.MOUNT_UNMOUNT_FILESYSTEMS" />
   <!-- 往 SDCard 中写入数据权限 -->
   <uses-permission android:name="android.permission.WRITE_EXTERNAL_STORAGE" />

   <application
      android:icon="@drawable/ic_launcher"
      android:label="@string/app_name" >
      <activity
         android:name=".Sample_10_3"
         android:label="@string/app_name" >
         <intent-filter>
            <action android:name="android.intent.action.MAIN" />
            <category android:name="android.intent.category.LAUNCHER" />
         </intent-filter>
      </activity>
      <activity
         android:name=".TakeCamera"
         android:screenOrientation="portrait" >
      </activity>
   </application>
</manifest>
```

（8）运行分析。完成以上步骤后，运行该代码。由于拍照需要真实设备的支持，建议在真机中调试运行。而在模拟器中，由于没有真实的摄像头，其预览时效果如图 10-11 所示。可以通过查看 SD 卡中是否保存有文件来进行正确性验证，如图 10-12 所示。同时，可以导出该文件夹下的图片文件。在模拟器中，这些图片默认都是 Android 机器人的形象，如图 10-13 所示。

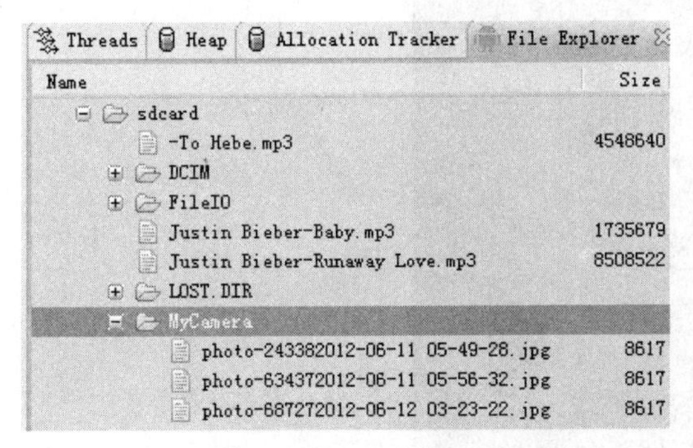

图 10-12　查看 SD 卡中文件目录

图 10-13　拍照图像

在本节中，我们使用 Camera 类来实现自己的拍照程序。主要讲解了自定义拍照程序中，Camera 类作为拍照功能实现的关键类，对其进行了详细的讲解。对于 Camera 类的使用，需要主要的是实现其状态控制的接口，来完成图片的保存。

在模拟器中，测试照相程序存在一定的局限性，只能验证自身代码是否存在逻辑错误而对于拍照的细节是需要通过真机来进行测试的。

10.3.2　控制摄像头摄像

上一小节中，实现了使用摄像头拍照的功能。在这一节我们来学习如何控制摄像头摄像。Android 系统提供了对摄像头拍照以及摄像的支持，Android 中的 MediaRecorder 类提供了相关方法。

在这个范例中，我们用了一个摄像按钮，单击该按钮进入视频录制的 Activity，在这个 Activity 中我们可以看到左侧的画面随着手机而变换，这就是预览效果，在这个 Activity 的右侧有两个按钮，一个录制按钮，一个停止按钮，单击录制按钮，程序开始录制视频（MediaRecorder.start()），单击停止按钮，程序将结束录制（MediaRecorder.stop()），并且弹出提示框，提示视频已经录制完毕，是否保存，单击确定键，视频文件保存至 SDCard 中，视频录制结束，程序返回视频预览，我们可继续摄像。

实现该实例的步骤如下。

（1）在 Eclipse 中创建一个名为 Sample_10_4 的 Android 项目。

（2）打开 res/layout 目录下的 main.xml 文件，修改该文件进行界面布局。在界面中，只需要一个 Button，用于跳转到拍照界面中，效果如图 10-14 所示。该界面布局简单，不再赘述其具体实现。

代码位置：见随书光盘中源代码/第 10 章/Sample_10_4/res/layout 目录下的 main.xml 文件。

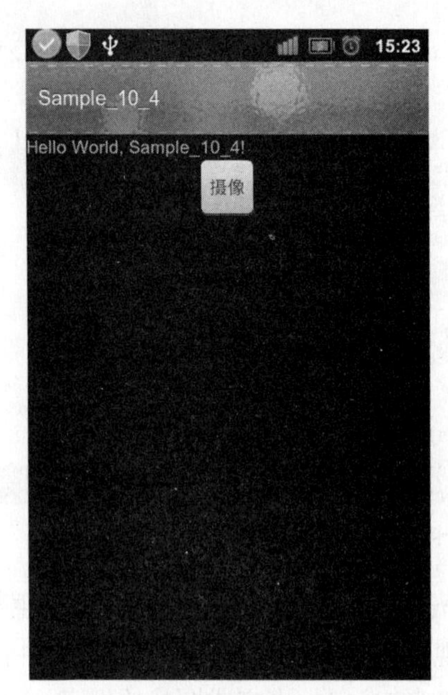

图 10-14　摄像选择界面

（3）主界面。在主界面中只需要完成跳转功能，打开项目 src/com.sample.Sample_10_4 目录下的 Sample_10_4.java 文件，将其中已有代码替换为如下代码。

代码位置：见随书光盘中源代码/第 10 章/Sample_10_4/src/com.sample.Sample_10_4 目录下的 Sample_10_4.java 文件。

```
01 public class Sample_10_4 extends Activity {
02     @Override
03     public void onCreate(Bundle savedInstanceState) {
04         super.onCreate(savedInstanceState);
05         setContentView(R.layout.main);
           //实例化 Button 组件对象
06         Button button = (Button) findViewById(R.id.camera_button);
07          button.setOnClickListener(new Button.OnClickListener() { //为 Button 添加单击监听
08              @Override
09              public void onClick(View arg0) {
10                  Intent intent = new Intent();          //初始化 Intent
                    //指定 Intent 启动的类
11                  intent.setClass(Sample_10_4.this, VideoRecording.class);
12                  startActivity(intent);                         //启动新的 Activity
13              }
14          });
15     }
16 }
```

（4）摄像布局。在进行拍照之前，我们需要对拍摄的图像进行预览，当满意时开始录制和停止。在界面中，我们需要一个预览控件、一个录制按钮以及一个停止按钮，如图 10-15 所示。

图 10-15　预览图像

对于该界面，在 res/layout 目录下新建一个布局文件，名为 video.xml，使用如下代码替换已有代码。

代码位置：见随书光盘中源代码/第 10 章/Sample_10_4/res/layout 目录下的 video.xml 文件。

```
01 <LinearLayout xmlns:android="http://schemas.android.com/apk/res/android"
02     android:id="@+id/linearLayout1"
03     android:layout_width="fill_parent"
04     android:layout_height="fill_parent" >                   <!-- 声明一个线性布局 -->
05
06      <SurfaceView
07         android:id="@+id/surface_view"
08         android:layout_width="wrap_content"
09         android:layout_height="fill_parent"
10         android:layout_weight="0.58" />                      <!-- 声明一个SurfaceView -->
11
12      <LinearLayout
13         android:id="@+id/linearLayout2"
14         android:layout_width="wrap_content"
15         android:layout_height="match_parent"
16          android:orientation="vertical" >                    <!-- 声明一个线性布局 -->
17
18         <Button
19            android:id="@+id/start"
20            android:layout_width="wrap_content"
21           android:layout_height="wrap_content"
22            android:text="录制" />                            <!-- 声明一个Button -->
23
24        <Button
25            android:id="@+id/stop"
26             android:layout_width="wrap_content"
27            android:layout_height="wrap_content"
28            android:text="停止" />                            <!-- 声明一个Button -->
29         </LinearLayout>
30     </LinearLayout>
```

（5）逻辑实现。在图像预览过程中，我们主要关注预览图像的变化显示以及按钮单击处理事件。对于图像变量的 SurfaceHolder.Callback 接口，我们在上一节中也进行了详细的讲解。在 src/com.sample.Sample_10_4 目录下新建一个类 VideoRecording.java，在其中实现逻辑部分代码，将其中已有代码替换为如下代码。

代码位置：见随书光盘中源代码/第 10 章/Sample_10_4/src/com.sample.Sample_10_4 目录下的 VideoRecording.java 文件。

```
01 public class VideoRecording extends Activity implements SurfaceHolder.Callback {
02     private SurfaceView surfaceView = null;              //创建一个空 SurfaceView 对象
03     private SurfaceHolder surfaceHolder = null;          //创建一个空 SurfaceHolder 对象
04     private Button startButton = null;                   //创建开始录制按钮的 Button 组件对象
05     private Button stopButton = null;                    //创建停止录制按钮的 Button 组件对象
06     private MediaRecorder mediaRecorder = null;          //创建一个空 MediaRecorder 对象
07     private Camera camera = null;                        //创建一个空 Camera 对象
08     private boolean previewRunning = false;              //预览状态
09     private File videoFile = null;                       //录制视频文件的 File 对象
10
11     @Override
12     public void onCreate(Bundle savedInstanceState) {
13         super.onCreate(savedInstanceState);
14         getWindow().setFormat(PixelFormat.TRANSLUCENT);      //窗口设置为半透明
15         requestWindowFeature(Window.FEATURE_NO_TITLE);       //窗口去掉标题
16         getWindow().setFlags(WindowManager.LayoutParams.FLAG_FULLSCREEN,
17                 WindowManager.LayoutParams.FLAG_FULLSCREEN); //窗口设置为全屏
18         //调用 setRequestedOrientation 来翻转 Preview
19         setRequestedOrientation(ActivityInfo.SCREEN_ORIENTATION_LANDSCAPE);
20         setContentView(R.layout.video);
21         surfaceView = (SurfaceView) findViewById(R.id.surface_view); //实例化 SurfaceView
22         surfaceHolder = surfaceView.getHolder();             //获取 SurfaceHolder
23         surfaceHolder.addCallback(this);                     //注册实现好的 Callback
24         surfaceHolder.setType(SurfaceHolder.SURFACE_TYPE_PUSH_BUFFERS);//设置缓存类型
           //实例化开始录制按钮的 Button 组件对象
25         startButton = (Button) findViewById(R.id.start);
26         stopButton = (Button) findViewById(R.id.stop);//实例化停止录制按钮的 Button 组件对象
27         startButton.setEnabled(true);                        //摄像按钮生效
28         stopButton.setEnabled(false);                        //停止按钮失效
29         //添加摄像按钮单击事件监听
30         startButton.setOnClickListener(new OnClickListener() {
31             @Override
32             public void onClick(View v) {
33                 startRecording();                            //调用开始摄像方法
34             }
35         });
36         //添加停止按钮单击事件监听
37         stopButton.setOnClickListener(new OnClickListener() {
38             @Override
39             public void onClick(View v) {
40                 stopRecording();                             //调用停止摄像方法
41             }
42         });
```

```
43      }
44      /**
45       * 当预览界面的格式和大小发生改变时，该方法被调用
46       */
47      @Override
48      public void surfaceChanged(SurfaceHolder arg0, int arg1, int arg2, int arg3) {
49          startCamera();                          //调用开始 Camera 方法
50      }
51
52      /**
53       * 初次实例化，预览界面被创建时，该方法被调用
54       */
55      @Override
56      public void surfaceCreated(SurfaceHolder arg0) {
57          prepareCamera();                        //调用初始化 Camera 方法
58      }
59
60      /**
61       * 当预览界面被关闭时，该方法被调用
62       */
63      @Override
64      public void surfaceDestroyed(SurfaceHolder arg0) {
65          stopCamera();                           //调用停止 Camera 方法
66      }
67  }
68
69      /**
70       * 初始化 Camera
71       */
72      public void prepareCamera() {
73          camera = Camera.open();                 //初始化 Camera
74          try {
75              camera.setPreviewDisplay(surfaceHolder);    //设置预览
76          } catch (IOException e) {
77              camera.release();                   //释放相机资源
78              camera = null;                      //置空 Camera 对象
79          }
80      }
81
82      /**
83       * 开始 Camera
84       */
85      public void startCamera() {
86          if (previewRunning) {                   //判断预览开启
87              camera.stopPreview();               //停止预览
88          }
89          try {
90              //设置用 SurfaceView 作为承载镜头取景画面的显示
91              camera.setPreviewDisplay(surfaceHolder);
92              camera.startPreview();              //开始预览
93              previewRunning = true;              //设置预览状态为 true
94          } catch (IOException e) {
```

```
95              e.printStackTrace();
96          }
97      }
98
99      /**
100      * 停止Camera
101      */
102     public void stopCamera() {
103         if (camera != null) {                              //判断 Camera 对象不为空
104             camera.stopPreview();                          //停止预览
105             camera.release();                              //释放摄像头资源
106             camera = null;                                 //置空 Camera 对象
107             previewRunning = false;                        //设置预览状态为 false
108         }
109     }
```

其中：

- 第 01～10 行，继承 Activity 类并实现 SurfaceHolder.Callback 接口，完成全局变量的初始化；
- 第 14～20 行，设置界面布局样式，实现窗口半透明、全屏等；
- 第 21～28 行，绑定按钮，设置各个按钮状态；
- 第 29～35 行，设置拍摄按钮的监听事件，单击后开始拍摄；
- 第 36～42 行，设置停止拍摄按钮的监听事件，单击后停止拍摄；
- 第 44～66 行，重写实现预览界面变化时的处理、创建时的处理以及销毁时的处理；
- 第 69～108 行，实现摄像头的初始化、设置、预览以及停止时的处理。

（6）录制、停止录制功能。完成了图像的预览后，最重要的是对视频的录制。打开 src/com.sample.Sample_10_4 目录下的 VideoRecording.java 文件，在其中实现录制相关代码，将其中已有代码替换为如下代码。

代码位置：见随书光盘中源代码/第 10 章/Sample_10_4/src/com.sample.Sample_10_4 目录下的 VideoRecording.java 文件。

```
01      public void startRecording() {
02          try {
03              stopCamera();                                  //调用停止 Camera 方法
04              if (!getStorageState()) {              //判断是否有存储卡，如果没有就关闭页面
05                  VideoRecording.this.finish();              //结束应用程序
06              }
07              //获取存储卡(SDCard)的根目录
08              String sdCard = Environment.getExternalStorageDirectory().getPath();
09              //获取相片存放位置的目录
10              String dirFilePath = sdCard + File.separator + "MyVideo";
11              File dirFile = new File(dirFilePath);          //获取录制文件夹路径的 File 对象
12              if (!dirFile.exists()) {                       //判断文件夹是否存在
13                  dirFile.mkdir();                           //创建文件夹
14              }
                //创建录制视频临时文件
15              videoFile = File.createTempFile("video", ".3gp", dirFile);
```

```
16            mediaRecorder = new MediaRecorder();              //初始化MediaRecorder对象
17            mediaRecorder.setPreviewDisplay(surfaceHolder.getSurface());//预览
18            mediaRecorder.setVideoSource(MediaRecorder.VideoSource.CAMERA);//视频源
19            mediaRecorder.setAudioSource(MediaRecorder.AudioSource.MIC);//录音源为麦克风
20            //输出格式为3gp
21            mediaRecorder.setOutputFormat(MediaRecorder.OutputFormat.THREE_GPP);
22            mediaRecorder.setVideoSize(480, 320);             //视频尺寸
23            mediaRecorder.setVideoFrameRate(15);              //视频帧频率
24            mediaRecorder.setVideoEncoder(MediaRecorder.VideoEncoder.H263);//视频编码
25            mediaRecorder.setAudioEncoder(MediaRecorder.AudioEncoder.AMR_NB);//音频编码
26            mediaRecorder.setMaxDuration(10000);              //最大期限
27            mediaRecorder.setOutputFile(videoFile.getAbsolutePath()); //保存路径
28            mediaRecorder.prepare();                          //准备录制
29            mediaRecorder.start();                            //开始录制
30            //文件录制错误监听
31            mediaRecorder
32                    .setOnErrorListener(new MediaRecorder.OnErrorListener() {
33                        @Override
34                        public void onError(MediaRecorder arg0, int arg1, int arg2) {
35                            stopRecording();              //调用停止摄像方法
36                        }
37                    });
38            startButton.setText("录制中");
39            startButton.setEnabled(false);                    //摄像按钮失效
40            stopButton.setEnabled(true);                      //停止按钮生效
41        } catch (IOException e) {
42            e.printStackTrace();
43        }
44    }
45
46    /**
47     * 停止摄像方法
48     */
49    public void stopRecording() {
50        if (mediaRecorder != null) {//判断MediaRecorder对象是否为空
51            mediaRecorder.stop();                             //停止摄像
52            mediaRecorder.release();                          //释放资源
53            mediaRecorder = null;                             //置空MediaRecorder对象
54            startButton.setEnabled(true);                     //摄像按钮生效
55            stopButton.setEnabled(false);                     //停止按钮失效
56            startButton.setText("录制");
57            isSave();                                         //调用是否保存方法保存
58        }
59        stopCamera();                                         //调用停止Camera方法
60        prepareCamera();                                      //调用初始化Camera方法
61        startCamera();                                        //调用开始Camera方法
62    }
```

其中：

- 第 02～06 行，重置 Camera，判断 SD 卡是否可用，不可用则退出应用；
- 第 07～15 行，在 SD 卡目录下创建 MyVideo 目录，并在该目录下保存录制的视频文件；
- 第 16～19 行，设置录制视频的视频源、音频源、编码方式等属性；
- 第 30～37 行，添加文件错误的监听，出现错误时停止录制；
- 第 38～40 行，进行按钮设置；
- 第 50～57 行，停止录制视频时，进行释放资源、按钮设计以及是否保存视频的询问；
- 第 59～61 行，重新开始图像的预览。

对于上述代码，需要重点掌握的是 MeidaRecorder 类的使用。在 Android 系统平台中，多媒体的录制是由 MeidaRecorder 类来完成的，他包括了 Audio 和 Video 的录制功能，主要设置方法如下：

- MediaRecorder.setPreviewDisplay()：设置视频录制预览。
- MediaRecorder.setVideoSource()：设置视频源。
- MediaRecorder.setAudioSource()：设置录音源。
- MediaRecorder.setOutputFormat()： 设置输出格式。
- MediaRecorder.setVideoSize()：设置视频尺寸。
- MediaRecorder.setVideoFrameRate()： 设置视频帧频率。
- MediaRecorder.setVideoEncoder()：设置视频编码。
- MediaRecorder.setAudioEncoder()： 设置音频编码。
- MediaRecorder.setMaxDuration()： 设置最大期限。
- MediaRecorder.setOutputFile()：设置保存路径。
- MediaRecorder.prepare()：准备录制。
- MediaRecorder.start()：开始录制。
- MediaRecorder.stop()：停止录制。
- MediaRecorder.release()：释放资源。

（7）录制、停止录制功能。完成了录制的核心代码后，需要实现其中调用的 SD 卡状态判断、提示是否保存视频的提示框以及按键返回监听的处理。打开 src/com.sample.Sample_10_4 目录下的 VideoRecording.java 文件，在其中实现相关代码，将其中已有代码替换为如下代码。

代码位置：见随书光盘中源代码/第 10 章/Sample_10_4/src/com.sample.Sample_10_4 目录下的 VideoRecording.java 文件。

```
01      /**
02       * 手机按键监听事件
03       */
04      @Override
```

```
05    public boolean onKeyDown(int keyCode, KeyEvent event) {
06        //判断手机键盘按下的是否是返回键
07        if (keyCode == KeyEvent.KEYCODE_BACK) {
08            stopRecording();                                  //调用停止摄像方法
09            Intent intent = new Intent();                     //初始化 Intent
              //指定 Intent 对象启动类
10            intent.setClass(VideoRecording.this, Welcome.class);
              //清除该进程空间的所有 Activity
11            intent.setFlags(Intent.FLAG_ACTIVITY_CLEAR_TOP);
12            startActivity(intent);                            //启动新的 Activity
13            VideoRecording.this.finish();                     //销毁这个 Activity
14        }
15    return super.onKeyDown(keyCode, event);
16    }
17    /**
18     * 是否保存录制的视频文件
19     */
20    public void isSave() {
          //创建 AlertDialog 对象
21        AlertDialog alertDialog = new AlertDialog.Builder(this).create();
22        alertDialog.setTitle("提示信息");                      //设置信息标题
          //设置信息内容
23        alertDialog.setMessage("是否保存 " + videoFile.getName() + " 视频文件? ");
24        //设置确定按钮，并添加按钮监听事件
25        alertDialog.setButton("确定",
26                new android.content.DialogInterface.OnClickListener() {
27                    @Override
28                    public void onClick(DialogInterface arg0, int arg1) {
29                    }
30                });
31        //设置取消按钮，并添加按钮监听事件
32        alertDialog.setButton2("取消",
33                new android.content.DialogInterface.OnClickListener() {
34                    @Override
35                    public void onClick(DialogInterface arg0, int arg1) {
36                        if (videoFile.exists()) {             //判断文件是否存在
37                            videoFile.delete();               //删除该文件
38                        }
39                    }
40                });
41        alertDialog.show();                                   //设置弹出提示框
42    }
43    /**
44     * 获取手机 SDCard 的存储状态
45     * @return 手机 SDCard 的存储状态(true/false)
46     */
47    public boolean getStorageState() {
48        if (Environment.getExternalStorageState().equals(
49                Environment.MEDIA_MOUNTED)) {                 //判断手机 SDCard 的存储状态
50            return true;
51        } else {
              //创建 AlertDialog 对象
```

```
52              AlertDialog alertDialog = new AlertDialog.Builder(this).create();
53              alertDialog.setTitle("提示信息");                        //设置信息标题
54              alertDialog.setMessage("未安装SD卡，请检查你的设备");  //设置信息内容
55              //设置确定按钮，并添加按钮监听事件
56              alertDialog.setButton("确定",
57                      new android.content.DialogInterface.OnClickListener() {
58                          @Override
59                          public void onClick(DialogInterface arg0, int arg1) {
60                              VideoRecording.this.finish();     //结束应用程序
61                          }
62                      });
63              alertDialog.show();                                    //设置弹出提示框
64              return false;
65          }
66      }
```

其中：

- 第 01～16 行，实现键盘按下返回键时的处理，跳转到主界面中。
- 第 18～42 行，实现询问是否保存视频文件的提示框。对于提示框中的确定按钮，不做任何操作；如果单击取消按钮，则删除刚录制的视频文件。
- 第 44～66 行，获取 SD 卡的状态，如果可用则返回 true，如果不可用则在提示框中提示用户 SD 卡不可用，退出应用。

（8）权限声明。对于新建 Activity 以及进行录音，分别需要在 AndroidManifest.xml 中注册和声明权限，具体代码如下。

代码位置：见随书光盘中源代码/第 10 章/Sample_10_4/目录下的 AndroidManifest.xml 文件。

```
<?xml version="1.0" encoding="utf-8"?>
<manifest xmlns:android="http://schemas.android.com/apk/res/android"
   package="com.sample.Sample_10_4"
   android:versionCode="1"
   android:versionName="1.0" >

   <uses-sdk android:minSdkVersion="8" />
<uses-permission android:name="android.permission.CAMERA" ></uses-permission>
<uses-permission android:name="android.permission.RECORD_AUDIO"></uses-permission>
<uses-permission android:name="android.permission.WRITE_EXTERNAL_STORAGE">
        </uses-permission>
    <uses-permission android:name="android.permission.MOUNT_UNMOUNT_FILESYSTEMS" />
   <application
      android:icon="@drawable/ic_launcher"
      android:label="@string/app_name" >
      <activity
         android:name=".Sample_10_4"
         android:label="@string/app_name" >
         <intent-filter>
            <action android:name="android.intent.action.MAIN" />
               <category android:name="android.intent.category.LAUNCHER" />
         </intent-filter>
      </activity>
      <activity android:name=".VideoRecording"></activity>
```

```
    </application>
</manifest>
```

（9）运行分析。完成以上步骤，在真机中运行该代码。进入录制界面后，单击“录制”按钮后，开始录制视频，如图 10-16 所示。录制完成后，单击“停止”按钮，会询问是否保存该视频文件，如图 10-17 所示。

图 10-16　录制视频

图 10-17　录制完成

10.4　综合案例

10.4.1　音乐播放器

现代手机必不可少的一项功能就是播放音乐，在本节中，将实现一个本地音乐播放器，对本地 SDcard 中的 MP3 音乐进行播放。自动搜索 SDcard 中的 MP3 应用，并自动开始播放。播放界面如图 10-18 所示，播放列表如图 10-19 所示。

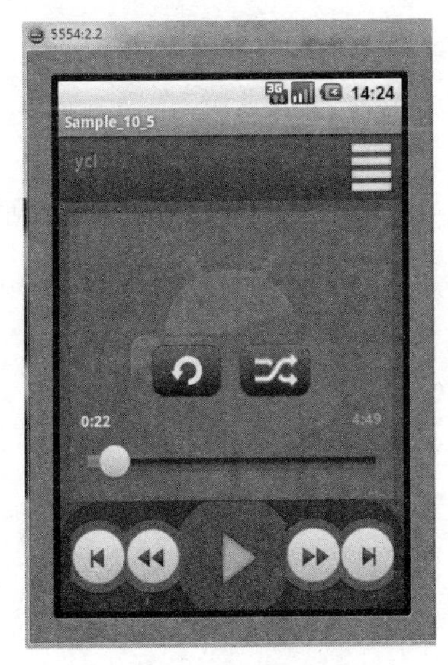

图 10-18　音乐播放器

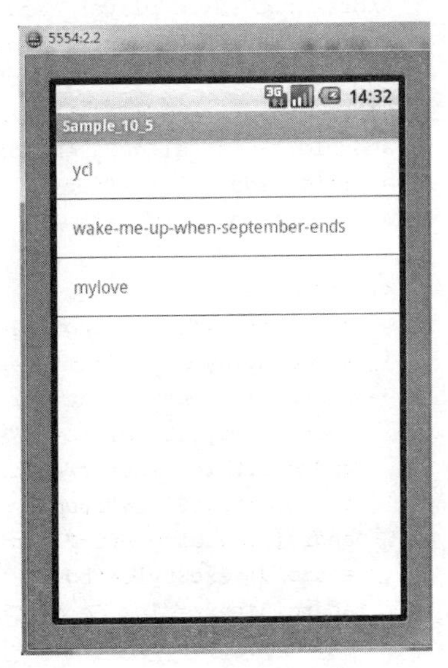

图 10-19　播放列表

下面将详细介绍该案例的开发过程，步骤如下。

（1）创建一个新的 Android 项目，取名为 Sample_10_5。

（2）准备图片资源，将项目中用到的图片资源存放到项目目录中的 res/drawable-mdpi 文件夹下，如图 10-20 所示。

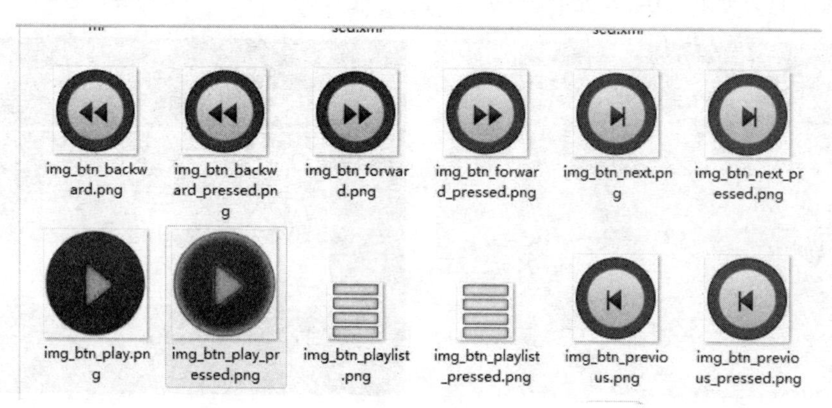

图 10-20 图片资源

（3）开发该案例的布局文件，打开 main.xml 文件，其代码如下。

代码位置：见随书光盘中源代码/第 10 章/Sample_10_5/res/layout 目录下的 main.xml 文件。

```
01 <?xml version="1.0" encoding="utf-8"?>
02 <RelativeLayout xmlns:android="http://schemas.android.com/apk/res/android"
03    android:layout_width="match_parent"
04    android:layout_height="match_parent"
05    android:background="#4a4a4a">
06
07    <LinearLayout
08       android:id="@+id/player_header_bg"
09       android:layout_width="fill_parent"
10       android:layout_height="60dip"
11       android:background="@layout/bg_player_header"
12       android:layout_alignParentTop="true"
13       android:paddingLeft="5dp"
14       android:paddingRight="5dp">           <!-- 设置播放标题，包括歌曲名和列表视图 -->
15
16       <TextView
17          android:id="@+id/songTitle"
18          android:layout_width="wrap_content"
19          android:layout_height="wrap_content"
20          android:layout_weight="1"
21          android:textColor="#04b3d2"
22          android:textSize="16dp"
23          android:paddingLeft="10dp"
24          android:textStyle="bold"
25          android:text="The Good, The Bad And The Ugly"
26          android:layout_marginTop="10dp"/>"
27
```

```
28        <ImageButton
29           android:id="@+id/btnPlaylist"
30           android:layout_width="wrap_content"
31           android:layout_height="fill_parent"
32           android:src="@drawable/btn_playlist"
33           android:background="@null"/>
34     </LinearLayout>
35
36     <LinearLayout
37        android:id="@+id/songThumbnail"
38        android:layout_width="fill_parent"
39        android:layout_height="wrap_content"
40        android:paddingTop="10dp"
41        android:paddingBottom="10dp"
42        android:gravity="center"
43        android:layout_below="@id/player_header_bg">      <!--设置播放背景图 -->
44      <ImageView android:layout_width="wrap_content"
45        android:layout_height="wrap_content"
46        android:src="@drawable/adele"/>
47     </LinearLayout>
48
49     <LinearLayout
50        android:id="@+id/player_footer_bg"
51        android:layout_width="fill_parent"
52        android:layout_height="100dp"
53        android:layout_alignParentBottom="true"
54        android:background="@layout/bg_player_footer"
55        android:gravity="center">                          <!-- 设置最下端的播放控件按钮 -->
56
57        <LinearLayout
58           android:layout_width="wrap_content"
59           android:layout_height="wrap_content"
60           android:orientation="horizontal"
61           android:gravity="center_vertical"
62           android:background="@layout/rounded_corner"
63           android:paddingLeft="10dp"
64           android:paddingRight="10dp">
65           <ImageButton
66              android:id="@+id/btnPrevious"
67              android:src="@drawable/btn_previous"
68              android:layout_width="wrap_content"
69              android:layout_height="wrap_content"
70              android:layout_weight="1"
71              android:background="@null"/>
72           <ImageButton
73              android:id="@+id/btnBackward"
74              android:src="@drawable/btn_backward"
75              android:layout_width="wrap_content"
76              android:layout_height="wrap_content"
77              android:layout_weight="1"
78              android:background="@null"/>
79           <ImageButton
```

```
80                android:id="@+id/btnPlay"
81                android:src="@drawable/btn_play"
82                android:layout_width="wrap_content"
83                android:layout_height="wrap_content"
84                android:layout_weight="1"
85                android:background="@null"/>
86             <ImageButton
87                android:id="@+id/btnForward"
88                android:src="@drawable/btn_forward"
89                android:layout_width="wrap_content"
90                android:layout_height="wrap_content"
91                android:layout_weight="1"
92                android:background="@null"/>
93             <ImageButton
94                android:id="@+id/btnNext"
95                android:src="@drawable/btn_next"
96                android:layout_width="wrap_content"
97                android:layout_height="wrap_content"
98                android:layout_weight="1"
99                android:background="@null"/>
100         </LinearLayout>
101     </LinearLayout>
102
103     <SeekBar
104         android:id="@+id/songProgressBar"
105             android:layout_width="fill_parent"
106             android:layout_height="wrap_content"
107             android:layout_marginRight="20dp"
108             android:layout_marginLeft="20dp"
109             android:layout_marginBottom="20dp"
110         android:layout_above="@id/player_footer_bg"
111         android:thumb="@drawable/seek_handler"
112         android:progressDrawable="@drawable/seekbar_progress"
113         android:paddingLeft="6dp"
114         android:paddingRight="6dp"/>           <!-- 设置进度条控件，控制播放进度 -->
115
116     <LinearLayout
117        android:id="@+id/timerDisplay"
118        android:layout_above="@id/songProgressBar"
119        android:layout_width="fill_parent"
120        android:layout_height="wrap_content"
121        android:layout_marginRight="20dp"
122        android:layout_marginLeft="20dp"
123        android:layout_marginBottom="10dp">           <!-- 设置播放时间显示 -->
124        <TextView
125           android:id="@+id/songCurrentDurationLabel"
126           android:layout_width="fill_parent"
127           android:layout_height="wrap_content"
128           android:layout_weight="1"
129           android:gravity="left"
130           android:textColor="#eeeeee"
131           android:textStyle="bold"/>
```

```
132        <TextView
133           android:id="@+id/songTotalDurationLabel"
134           android:layout_width="fill_parent"
135           android:layout_height="wrap_content"
136           android:layout_weight="1"
137           android:gravity="right"
138           android:textColor="#04cbde"
139           android:textStyle="bold"/>
140     </LinearLayout>
141
142     <LinearLayout
143        android:layout_width="fill_parent"
144        android:layout_height="wrap_content"
145        android:layout_above="@id/timerDisplay"
146        android:gravity="center">                    <!-- 设置播放选项，单曲循环、随机播放 -->
147        <ImageButton
148           android:id="@+id/btnRepeat"
149           android:layout_width="wrap_content"
150           android:layout_height="wrap_content"
151           android:src="@drawable/btn_repeat"
152           android:layout_marginRight="5dp"
153           android:background="@null"/>
154
155         <ImageButton
156           android:id="@+id/btnShuffle"
157           android:layout_width="wrap_content"
158           android:layout_height="wrap_content"
159           android:src="@drawable/btn_shuffle"
160           android:layout_marginLeft="5dp"
161           android:background="@null"/>
162     </LinearLayout>
163 </RelativeLayout>
```

其中：

- 第 07~34 行，实现一个横向的现象布局，添加了歌词显示以及调整到播放列表的图像按钮控件。
- 第 36~47 行，实现了背景图片。
- 第 49~101 行，实现界面底端播放控制按钮的设置。
- 第 103~114 行，实现播放进度条。
- 第 116~140 行，实现播放时间的显示，包括总时间和当前播放时间。
- 第 142~162 行，实现播放选项，包括单曲循环和随机播放两种模式。

（4）开发该案例的主要逻辑代码，打开 Sample_10_5.java 文件，用下列代码替换其原有代码。

代码位置：见随书光盘中源代码/第 10 章/Sample_10_5/src/com.sample.Sample_10_5 目录下的 Sample_10_5.java 文件。

```
01      @Override
02      public void onCreate(Bundle savedInstanceState) {
```

```
03          super.onCreate(savedInstanceState);
04          setContentView(R.layout.main);
05
06          mp = new MediaPlayer();                                    //实例化播放类
07          songManager = new SongsManager();                          //实例化歌曲管理类
08          utils = new Utilities();                                   //实例化进度管理类
09
10          songProgressBar.setOnSeekBarChangeListener(this);          //添加进度条改变监听
11          mp.setOnCompletionListener(this);                          //播放完成监听
12          songsList = songManager.getPlayList();                     //获得歌曲列表
13          playSong(0);                                               //播放音乐
14
15          btnPlay.setOnClickListener(new View.OnClickListener() { //播放按钮
16              @Override
17              public void onClick(View arg0) {
18                  if (mp.isPlaying()) {
19                      if (mp != null) {
20                          mp.pause();
21                          btnPlay.setImageResource(R.drawable.btn_play);
22                      }
23                  } else {
24                      if (mp != null) {
25                          mp.start();
26                          btnPlay.setImageResource(R.drawable.btn_pause);
27                      }
28                  }
29              }
30          });
31
32          btnForward.setOnClickListener(new View.OnClickListener() {   //快进按钮
33              @Override
34              public void onClick(View arg0) {
35                  int currentPosition = mp.getCurrentPosition();
36                  if (currentPosition + seekForwardTime <= mp.getDuration()) {
37                      mp.seekTo(currentPosition + seekForwardTime);
38                  } else {
39                      mp.seekTo(mp.getDuration());
40                  }
41              }
42          });
43
44          btnBackward.setOnClickListener(new View.OnClickListener() { //快退按钮
45              @Override
46              public void onClick(View arg0) {
47                  int currentPosition = mp.getCurrentPosition();
48                  if (currentPosition - seekBackwardTime >= 0) {
49                      mp.seekTo(currentPosition - seekBackwardTime);
50                  } else {
51                      mp.seekTo(0);
52                  }
53              }
54          });
```

```
55
56          btnNext.setOnClickListener(new View.OnClickListener() {       //下一曲
57              @Override
58              public void onClick(View arg0) {
59                  if (currentSongIndex < (songsList.size() - 1)) {
60                      playSong(currentSongIndex + 1);
61                      currentSongIndex = currentSongIndex + 1;
62                  } else {
63                      playSong(0);
64                      currentSongIndex = 0;
65                  }
66              }
67          });
68
69          btnPrevious.setOnClickListener(new View.OnClickListener() {  //上一曲
70              @Override
71              public void onClick(View arg0) {
72                  if (currentSongIndex > 0) {
73                      playSong(currentSongIndex - 1);
74                      currentSongIndex = currentSongIndex - 1;
75                  } else {
76                      playSong(songsList.size() - 1);
77                      currentSongIndex = songsList.size() - 1;
78                  }
79              }
80          });
81
82          btnRepeat.setOnClickListener(new View.OnClickListener() {     //循环选项
83              @Override
84              public void onClick(View arg0) {
85                  if (isRepeat) {
86                      isRepeat = false;
87                      Toast.makeText(getApplicationContext(), "单曲循环关闭",
88                              Toast.LENGTH_SHORT).show();
89                      btnRepeat.setImageResource(R.drawable.btn_repeat);
90                  } else {
91                      isRepeat = true;
92                      Toast.makeText(getApplicationContext(), "单曲循环开启",
93                              Toast.LENGTH_SHORT).show();
94
95                      isShuffle = false;
96                      btnRepeat.setImageResource(R.drawable.btn_repeat_focused);
97                      btnShuffle.setImageResource(R.drawable.btn_shuffle);
98                  }
99              }
100         });
101
102         btnShuffle.setOnClickListener(new View.OnClickListener() {    //随机播放
103             @Override
104             public void onClick(View arg0) {
105                 if (isShuffle) {
106                     isShuffle = false;
```

```
107                     Toast.makeText(getApplicationContext(), "随机播放关闭",
108                             Toast.LENGTH_SHORT).show();
109                     btnShuffle.setImageResource(R.drawable.btn_shuffle);
110                 } else {
111                     isShuffle = true;
112                     Toast.makeText(getApplicationContext(), "轨迹播放开启",
113                             Toast.LENGTH_SHORT).show();
114                     isRepeat = false;
115                     btnShuffle.setImageResource(R.drawable.btn_shuffle_focused);
116                     btnRepeat.setImageResource(R.drawable.btn_repeat);
117                 }
118             }
119         });
120
121         btnPlaylist.setOnClickListener(new View.OnClickListener() {  //播放列表按钮
122             @Override
123             public void onClick(View arg0) {
124                 Intent i = new Intent(getApplicationContext(),
125                         PlayListActivity.class);
126                 startActivityForResult(i, 100);
127             }
128         });
129     }
```

其中：

- 第 06~13 行，实现资源类的初始化并添加相应事件监听。
- 第 15~30 行，实现播放按钮单击处理，控制播放的暂停和开始以及图片的变换。
- 第 32~54 行，实现播放过程中的快进、快退处理。
- 第 56~80 行，实现上一曲、下一曲的处理。
- 第 82~119 行，实现播放模式的单曲循环和随机播放按钮处理。
- 第 121~128 行，实现调整到播放列表的处理。

（5）完成音乐控制的具体处理方法。打开 Sample_10_5.java 文件，用下列代码替换其原有代码。

代码位置：见随书光盘中源代码/第 10 章/Sample_10_5/src/com.sample.Sample_10_5 目录下的 Sample_10_5.java 文件。

```
01     public void playSong(int songIndex) {
02         try {
03             mp.reset();                                         //播放重置
04             if (songsList.isEmpty()) {                          //判断播放列表是否有歌曲
05                 new AlertDialog.Builder(this).setTitle("提示")
06                         .setMessage("在 SDcard 中没有找到 MP3 歌曲，请添加歌曲")
07                         .setIcon(R.drawable.ic_launcher).create().show();
08                 return;
09             }
10
11             mp.setDataSource(songsList.get(songIndex).get("songPath"));//设置播放路径
12             mp.prepare();                                       //播放准备
13             mp.start();                                         //开始播放
```

```
14              String songTitle = songsList.get(songIndex).get("songTitle");//获得标题
15              songTitleLabel.setText(songTitle);                     //设置标题
16
17              btnPlay.setImageResource(R.drawable.btn_pause);
18              songProgressBar.setProgress(0);
19              songProgressBar.setMax(100);
20              updateProgressBar();                                   //更新进度条
21          } catch (IllegalArgumentException e) {
22              e.printStackTrace();
23          } catch (IllegalStateException e) {
24              e.printStackTrace();
25          } catch (IOException e) {
26              e.printStackTrace();
27          }
28      }
29
30      @Override
31      public void onCompletion(MediaPlayer arg0) {                   //播放完成处理
32          if (isRepeat) {                                            //单曲循环
33              playSong(currentSongIndex);
34          } else if (isShuffle) {                                    //随机播放
35              Random rand = new Random();                            //获得随机数
36              currentSongIndex = rand.nextInt((songsList.size() - 1) - 0 + 1) + 0;
37              playSong(currentSongIndex);
38          } else {
39              if (currentSongIndex < (songsList.size() - 1)) {      //普通模式
40                  playSong(currentSongIndex + 1);
41                  currentSongIndex = currentSongIndex + 1;
42              } else {
43                  playSong(0);
44                  currentSongIndex = 0;
45              }
46          }
47      }
48
49      public void updateProgressBar() {
50          mHandler.postDelayed(mUpdateTimeTask, 100);
51      }
52
53      private Runnable mUpdateTimeTask = new Runnable() {           //更新界面
54          public void run() {
55              long totalDuration = mp.getDuration();                 //获得总时长
56              long currentDuration = mp.getCurrentPosition();//获得当前时间
57              songTotalDurationLabel.setText(""
58                      + utils.milliSecondsToTimer(totalDuration));   //设置总时间
59              songCurrentDurationLabel.setText(""
60                      + utils.milliSecondsToTimer(currentDuration)); //设置当前时间
61              int progress = (int) (utils.getProgressPercentage(currentDuration,
62                      totalDuration));                               //计算进度值
63              songProgressBar.setProgress(progress);                 //设置进度条
64              mHandler.postDelayed(this, 100);
65          }
```

```
66  };
67
68      @Override
69      public void onStopTrackingTouch(SeekBar seekBar) {           //移动进度条
70          mHandler.removeCallbacks(mUpdateTimeTask);
71          int totalDuration = mp.getDuration();
72          int currentPosition = utils.progressToTimer(seekBar.getProgress(),
73                  totalDuration);
74          mp.seekTo(currentPosition);
75          updateProgressBar();
76      }
77
78      @Override
        //界面调整后的返回
79      protected void onActivityResult(int requestCode, int resultCode, Intent data) {
80          super.onActivityResult(requestCode, resultCode, data);
81          if (resultCode == 100) {
82              currentSongIndex = data.getExtras().getInt("songIndex");
83                  playSong(currentSongIndex);
84          }
85      }
```

其中：

- 第 01~28 行，实现播放歌曲，包括歌曲播放暂停以及标题的显示。
- 第 31~47 行，实现当前歌曲播放完成后的处理，包括单曲循环模式、随机模式以及普通模式下的处理。
- 第 53~66 行，实现进度条以及播放时间的显示更新。
- 第 68~77 行，实现进度条拖动变化后的处理。
- 第 78~84 行，实现从播放列表界面跳转到播放界面的处理。

（6）实现了播放控制处理之后，实现 SDcard 中 MP3 歌曲的获得。新建 SongsManager.java 文件，用下列代码替换其原有代码。

代码位置：见随书光盘中源代码/第 10 章/Sample_10_5/src/com.sample.Sample_10_5 目录下的 SongsManager.java 文件。

```
01 public class SongsManager {
02      final String MEDIA_PATH = new String("/sdcard/");        //定义获得路径
03      private ArrayList<HashMap<String, String>> songsList = new ArrayList<HashMap<String,
String>>();
04                                                                //定义保存歌曲
05      public SongsManager(){
06      }
07
08      public ArrayList<HashMap<String, String>> getPlayList(){         //获得歌曲方法
09          File home = new File(MEDIA_PATH);                        //根路径 File
10          if (home.listFiles(new FileExtensionFilter()).length > 0) {  //获得 File
                //判断是否为 MP3 歌曲
11              for (File file : home.listFiles(new FileExtensionFilter())) {
12                  HashMap<String, String> song = new HashMap<String, String>();
13                  song.put("songTitle",  file.getName().substring(0,  (file.getName().
```

```
length() - 4)));
14                  song.put("songPath", file.getPath());
15                  songsList.add(song);                                //添加歌曲
16              }
17          }
18          return songsList;
19      }
20      class FileExtensionFilter implements FilenameFilter {
21          public boolean accept(File dir, String name) {
22              return (name.endsWith(".mp3") || name.endsWith(".MP3"));//判断是否为MP3 歌曲
23          }
```

（7）实现播放的相关操作后，实现播放列表。播放列表中使用 ListView 方式进行歌曲显示，布局方式有多次介绍，此处不再讲解。对于选择逻辑，新建 PlayListActivity.java 文件，用下列代码替换其原有代码。

代码位置：见随书光盘中源代码/第 10 章/Sample_10_5/src/com.sample.Sample_10_5 目录下的 PlayListActivity.java 文件。

```
01 public class PlayListActivity extends ListActivity {            //继承 ListActivity
02     public ArrayList<HashMap<String, String>> songsList = new ArrayList<HashMap<String,
       String>>();
03
04     @Override
05     public void onCreate(Bundle savedInstanceState) {
06         super.onCreate(savedInstanceState);
07         setContentView(R.layout.playlist);
08         ArrayList<HashMap<String, String>> songsListData = new ArrayList<HashMap<String,
09                                                String>>();
10         SongsManager plm = new SongsManager();                   //实例化歌曲管理类
11         this.songsList = plm.getPlayList();                      //获得播放列表
12
13         for (int i = 0; i < songsList.size(); i++) {
14             HashMap<String, String> song = songsList.get(i);
15             songsListData.add(song);
16         }
17         ListAdapter adapter = new SimpleAdapter(this, songsListData,
18                 R.layout.playlist_item, new String[] { "songTitle" }, new int[] {
19                     R.id.songTitle });                               //实现适配器
20         setListAdapter(adapter);                                 //设置适配器
21
22         ListView lv = getListView();
23         lv.setOnItemClickListener(new OnItemClickListener() {    //列表项单击处理
24             @Override
25             public void onItemClick(AdapterView<?> parent, View view,
26                     int position, long id) {
27                 int songIndex = position;
28                 Intent in = new Intent(getApplicationContext(),Sample_10_5.class);
29                 in.putExtra("songIndex", songIndex);
30                 setResult(100, in);
```

```
31                  finish();                               //实现跳转
32              }
33      });
```

（8）运行该案例，运行效果如图 10-18 和图 10-19 所示。

10.4.2 手电

大家都知道手机的摄像头一般都带有闪光灯，在这一节中，我们就利用闪光灯来实现手电效果。下面将详细介绍该案例的开发过程，步骤如下。

（1）创建一个新的 Android 项目，取名为 Sample_10_6。

（2）准备图片资源，将项目中用到的图片资源存放到项目目录中的 res/drawable-mdpi 文件夹下，如图 10-21 所示。

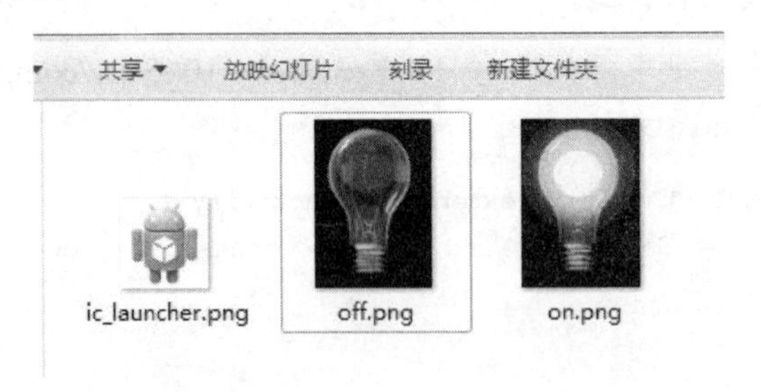

图 10-21　图片资源

（3）开发该案例的布局文件，打开 main.xml 文件，实现按钮效果，如图 10-22 和图 10-23 所示。

代码位置：见随书光盘中源代码/第 10 章/Sample_10_6/res/layout 目录下的 main.xml 文件。

图 10-22　关闭手电

图 10-23　打开手电

（4）接下来开发该案例的主要逻辑代码，打开 Sample_10_6.java 文件，用下列代码替换其原有代码。

代码位置：见随书光盘中源代码/第 10 章/Sample_10_6/src/com.sample.Sample_10_6 目录下的 Sample_10_6.java 文件。

```
01      @Override
02      public void onCreate(Bundle savedInstanceState) {
03          super.onCreate(savedInstanceState);
04          //全屏设置，隐藏窗口
05          getWindow().setFlags(WindowManager.LayoutParams.FLAG_FULLSCREEN,
06                  WindowManager.LayoutParams.FLAG_FULLSCREEN);    //全屏
07          requestWindowFeature(Window.FEATURE_NO_TITLE);         //设置屏幕显示无标题，
08          getWindow().setFlags(WindowManager.LayoutParams.FLAG_DISMISS_KEYGUARD,
09                  WindowManager.LayoutParams.FLAG_DISMISS_KEYGUARD);
10          getWindow().setFlags(WindowManager.LayoutParams.FLAG_KEEP_SCREEN_ON,
11                  WindowManager.LayoutParams.FLAG_KEEP_SCREEN_ON);//常亮
12          setContentView(R.layout.main);
13  
14          onebutton = (Button) findViewById(R.id.onebutton);
15          onebutton.setOnClickListener(new OnClickListener() {    //按钮监听
16              @Override
17              public void onClick(View v) {
18                  if (is_closed) {                                //已关闭时
19                      onebutton.setBackgroundResource(R.drawable.on);
20                      camera = Camera.open();                     //Camera 开启
21                      parameters = camera.getParameters();        //获得设置参数
22                      parameters.setFlashMode(Parameters.FLASH_MODE_TORCH);    //开启
23                      camera.setParameters(parameters);
24                      is_closed = false;
25                  } else {
26                      onebutton.setBackgroundResource(R.drawable.off);
27                      parameters.setFlashMode(Parameters.FLASH_MODE_OFF);      //关闭
28                      camera.setParameters(parameters);
29                      is_closed = true;
30                      camera.release();                           //释放资源
31                  }
32              }
33          });
34      }
35  
36      @Override
37      public boolean onKeyDown(int keyCode, KeyEvent event) {     //两次返回即关闭程序
38          if (keyCode == KeyEvent.KEYCODE_BACK) {
39              back++;
40              switch (back) {
41              case 1:
42                  Toast.makeText(Sample_10_6.this, "再按一次退出",
43                          Toast.LENGTH_SHORT).show();
44                  break;
45              case 2:
46                  back = 0;//初始化back值
```

```
47                  //关闭程序
48                  if (is_closed) {//开关关闭时
49                      Sample_10_6.this.finish();
                        //关闭进程
50                      android.os.Process.killProcess(android.os.Process.myPid());
51                  } else if (!is_closed) {//开关打开时
52                      camera.release();
53                      Sample_10_6.this.finish();
                        //关闭进程
54                      android.os.Process.killProcess(android.os.Process.myPid());
55                      is_closed = true;           //避免打开开关后退出程序
56                  }
57                  break;
58              }
59              return true;
60          } else {
61              return super.onKeyDown(keyCode, event);
62          }
63      }
```

其中：

- 第 04~12 行，设置界面布局。
- 第 14~34 行，设置按钮单击处理事件。启动和关闭手电。
- 第 37~62 行，实现两次单击回退键退出程序。

（5）添加需要的权限。打开 AndroidManifest.xml 文件，添加如下代码。

代码位置：见随书光盘中源代码/第 10 章/Sample_10_6 目录下的 AndroidManifest.xml 文件。

```
01     <!-- 打开Camera的权限 -->
02     <uses-permission android:name="android.permission.CAMERA" />
03     <uses-feature android:name="android.hardware.camera" />
04     <uses-feature android:name="android.hardware.autofocus" />
05     <!-- 开启闪光灯权限 -->
06     <uses-permission android:name="android.permission.FLASHLIGHT" />
07     <uses-permission android:name="android.permission.DISABLE_KEYGUARD" />
```

（6）运行该案例，观察运行的效果。需要注意的是，必须在有闪关灯的真机上运行才有真实的效果。

10.5 总结

在本章中介绍了 Android 中多媒体的相关知识。通过音频的播放、录制、视频的录制以及照片拍摄的实例讲解了 MediaPlayer、MediaRecorder 以及 Camera 类的常用方法和使用。这 3 个类是 Android 中多媒体的最重要的类，在进行与多媒体技术相关的开发时，这些是必须掌握的知识。对于音视频的播放和录制是本章的重点也是多媒体技术使用的基础，在实际开发中要能够熟练使用。对于获得音视频信息后的处理，则需要在不断的实践中进行深入研究与提高。

知　识　点	难度指数（1~6）	占用时间（1~3）
资源文件播放音频	3	2
外部文件播放音频	1	1
网络播放音频	2	1
录制音频	6	3
设置摄像头	4	2
捕获摄像头图像	5	3
保存摄像头图像	4	2
录制视频	6	3

10.6　习题

（1）实现一个本地的 MP3 播放器。从 SD 卡中读取所有的 MP3 文件为播放列表，当一首歌曲播放完后播放下一首。

（2）实现一个简易的 TOM 猫功能。单击 TOM 猫图像后，录制用户语音；用户再次单击则播放该录音。

（3）结合 10.3 节内容，实现拍照和录像选择的功能。在预览界面时，可以选择拍照功能及录像功能。

第 11 章

盘龙吐信：通信开发

智能手机作为目前 Android 系统的最大载体，Android 系统不仅需要满足用户的娱乐需求，更重要也是必须解决的是手机最基本的两大需求——语音通话和短信。在本章中，将主要围绕 Android 手机中这两个需求进行实例讲解。

11.1　语音通话

语音通话是手机设备最基本也是最重要的功能，在 Android 系统中不仅可以统计通话号码、通话时间等基本信息，还可以很方便地拨出号码、自动挂断或接通电话以及电话录音等。在这一节中，将实现拨出号码和来电防火墙的功能。

11.1.1　呼出电话

一部手机最基本的功能就是电话呼出，本小节将实现这一功能。实现这一功能的方法有两种：一是通过系统程序实现，二是直接呼出电话。

实现该项目的步骤如下。

（1）在 Eclipse 中创建一个名为 Sample_11_1 的 Android 项目。

（2）打开 res/layout 目录下的 main.xml 文件，修改该文件进行界面布局。在界面中，需要输入电话号码的输入框以及触发两种不同方法的按钮，效果如图 11-1 所示。该界面布局简单，不再赘述其具体实现。

代码位置：见随书光盘中源代码/第 11 章/Sample_11_1/res/layout 目录下的 main.xml 文件。

图 11-1　功能选择界面

（3）使用系统呼出。使用系统自带的应用程序来呼出电话，只需要使用 Intent 跳转到系统电话程序，在 Intent 中附带上电话号码即可。打开项目 src/com.sample.Sample_11_1 目录下的 Sample_11_1.java 文件，将其中已有代码替换为如下代码。

代码位置：见随书光盘中源代码/第 11 章/Sample_11_1/src/com.sample.Sample_11_1 目录下的 Sample_11_1.java 文件。

```
01 public class Sample_11_1 extends Activity {
02     Context context;
03     EditText edt_number;
04     Button btn_sys_call, btn_call;
05
06     @Override
07     public void onCreate(Bundle savedInstanceState) {
08         super.onCreate(savedInstanceState);
09         setContentView(R.layout.main);
10         context = this;
11         edt_number = (EditText) findViewById(R.id.phone_num);
12         btn_sys_call = (Button) findViewById(R.id.btn_sys_call);
13
14         btn_sys_call.setOnClickListener(new OnClickListener() {
15             @Override
16             public void onClick(View v) {
17                 String number = edt_number.getText().toString();
18                 if (number.trim().length() == 0) {
19                     Toast.makeText(context, "请输入电话号码", 1000).show();
20                 } else {
21
22                 Intent intent = new Intent(Intent.ACTION_DIAL);
23                 intent.setData(Uri.parse("tel:" + number));
24                 startActivity(intent);
25             }
26         }
27     });
```

其中：

- 第 01～04 行，定义需要使用到的全局变量；
- 第 07～12 行，重写 onCreate()方法，实现界面设置以及控件绑定；
- 第 14～16 行，设置“系统拨号”按钮的单击监听事件，实现单击处理；
- 第 17 行，获取输入的电话号码；
- 第 18～20 行，当输入为空时，提示输入电话号码；
- 第 21～25 行，跳转到系统电话程序。

对于以上代码，需要注意的是在构造意图时需要注意两点：一是意图 Intent 的动作必须是 Intent.ACTION_DIAL；二是在号码前需要添加“tel:”。

（4）直接拨号。直接使用呼出电话，应用程序必须具有相应的权限。在AndroidManifest.xml 中加入该权限，代码如下。

代码位置：见随书光盘中源代码/第 11 章/Sample_11_1/目录下的 AndroidManifest.xml 文件。

```
<!-- 拨出电话 -->
<uses-permission android:name="android.permission.PROCESS_OUTGOING_CALLS" />
<!-- 电话 -->
<uses-permission android:name="android.permission.CALL_PHONE"/>
```

实现直接呼出电话和使用系统呼出电话类似，都是使用意图 Intent 来实现。但是，两者的 Intent 的动作不一样。直接呼出电话使用的动作为 Intent.ACTION_CALL。打开项目 src/com.sample.Sample_11_1 目录下的 Sample_11_1.java 文件，在其中添加如下代码。

代码位置：见随书光盘中源代码/第 11 章/Sample_11_1/src/com.sample.Sample_11_1 目录下的 Sample_11_1.java 文件。

```
01 btn_call.setOnClickListener(new OnClickListener() {
02 @Override
03     public void onClick(View v) {
04         String number = edt_number.getText().toString();
05         if (number.trim().length() == 0) {
06             Toast.makeText(context, "请输入电话号码", 1000).show();
07         } else {
08             Intent intent = new Intent(Intent.ACTION_CALL);
09             intent.setData(Uri.parse("tel:" + number));
10             startActivity(intent);
11         }
12     }
13 });
```

其中：

- 第 04～06 行，获取输入的电话号码，当为空时提示输入号码；
- 第 08～10 行，构造呼出电话意图。

对于上述代码，需要注意的是意图 Intent 的动作必须是 Intent.ACTION_CALL 而不再是 Intent.ACTION_DIAL。

（5）运行分析。完成以上步骤后，运行该代码。在输入框中输入拨出的号码，单击“系统拨号界面”按钮后，跳转到系统的拨号界面，如图 11-2 所示。在系统拨号界面中，单击拨号键后拨出电话。在主界面中单击“直接拨号”按钮后，直接拨出号码，如图 11-3 所示。

图 11-2　系统拨号界面

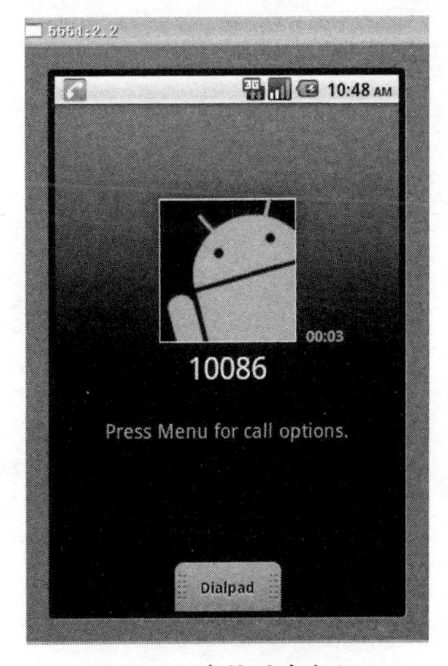

图 11-3　直接呼出电话

无论使用系统程序还是直接呼出电话，在实现上差别不大，都是通过意图 Intent 来实现。但是使用系统程序不需要申请权限以及 Intent 动作为 Intent.ACTION_DIAL；而直接呼出电话需要申请权限以及 Intent 动作为 Intent.ACTION_CALL。通过这两种方式来呼出电话后，在系统通话记录中都会有通话记录。

11.1.2 来电防火墙

有呼出就有对应的呼入电话。和垃圾短信一样，我们同样可能有不想接的电话。接下来，将实现来电防火墙的功能。

实现该项目的步骤如下。

（1）在 Eclipse 中创建一个名为 Sample_11_2 的 Android 项目。

（2）对于来电防火墙这一类软件是不需要任何界面的，当有电话呼入广播时，接收到广播进行拦截电话。在 src/com.sample.Sample_11_2 目录下新建一个广播接收类 call_receiver.java，将其中已有代码替换为如下代码。

代码位置：见随书光盘中源代码/第 11 章/Sample_11_2/src/com.sample.Sample_11_2 目录下的 call_receiver.java 文件。

```
01 package com.sample.Sample_11_2;                                //声明包语句
02 import java.util.Timer;                                        //引入相关类
03 import java.util.TimerTask;                                    //引入相关类
04 import android.app.Service;                                    //引入相关类
05 import android.content.BroadcastReceiver;                      //引入相关类
06 import android.content.Context;                                //引入相关类
07 import android.content.Intent;                                 //引入相关类
08 import android.telephony.TelephonyManager;                     //引入相关类
09 import android.util.Log;                                       //引入相关类
10 import android.widget.Toast;                                   //引入相关类
11
12 public class call_receiver extends BroadcastReceiver {  //继承BroadcastReceiver类
13     Context mcontext;                                          //定义Context
14     String TAG = "CALL";                                       //定义打印标识
15     String phoneNumber = null;                                 //定义呼入号码
16
17     //返回到主界面
18     TimerTask task = new TimerTask() {
19         public void run() {
20             Intent i = new Intent(Intent.ACTION_MAIN);
21             i.addCategory(Intent.CATEGORY_HOME);
22             i.addFlags(Intent.FLAG_ACTIVITY_NEW_TASK);
23             mcontext.startActivity(i);                         //返回系统主界面
24             Log.i(TAG, "task start");
25         }
26     };
27
28     @Override
29     public void onReceive(Context context, Intent intent) {   //重写onReceive()方法
30         mcontext = context;
```

```
31          TelephonyManager tm = (TelephonyManager) context
32                  .getSystemService(Service.TELEPHONY_SERVICE);     //获取电话管理器
33          switch (tm.getCallState()) {                        //判断电话状态
34          case TelephonyManager.CALL_STATE_RINGING:                //来电响铃
35              Log.i(TAG, "CALL_STATE_RINGING");
36              try {
37                  //来电拒听
38                  phoneNumber = intent.getStringExtra("incoming_number");    //获得号码
39                  Log.i(TAG, "call number is "+phoneNumber);
40                  if (phoneNumber.equals("10086")) {        //对比判断是否是拦截号码
41                      util.getITelephony(tm).endCall(); //挂断电话
42                      Toast.makeText(context, "号码" + phoneNumber + "已经被挂断拦截",
43                              1000).show();
44                      Log.i(TAG, "号码" + phoneNumber + "已经被挂断拦截");
45                  }
46              } catch (Exception e) {
47                  Log.i(TAG, "ring w " + e.toString());
48              }
49              break;
50          case TelephonyManager.CALL_STATE_OFFHOOK:                //来电接通，去电拨出
51              Log.i(TAG, "CALL_STATE_OFFHOOK");
52              break;
53          case TelephonyManager.CALL_STATE_IDLE:               //来、去电电话挂断
54              Log.i(TAG, "CALL_STATE_IDLE");
55              break;
56          }
57      }
58  }
```

其中：

- 第 17～26 行，实现返回系统主界面。
- 第 31～32 行，获取电话管理类 TelephonyManager。
- 第 33 行，获取当前电话的状态。
- 第 34～45 行，如果状态为来电响铃状态，则根据电话号码挂断电话。其中，41 行表示使用隐藏方法 endCall()来挂断电话。
- 第 50～52 行，如果状态为接通状态，则输出该状态。
- 第 53～56 行，如果状态为挂断状态，则输出该状态。

对于上述代码，需要重点掌握的是 TelephonyManager 类的使用。

①获取 TelephonyManager 对象。TelephonyManager 是系统的服务，获取该对象，实现如下。

```
TelephonyManager tm = (TelephonyManager)Context.getSystemService(Context.TELEPHONY_SERVICE).
```

②显式方法。在 TelephonyManager 中提供了很多有用的方法，可以获取当前电话状态、SIM 卡信息、电话网络状态等信息。常用的方法如下。

```
int getCallState ()
```

获取当前电话的状态，返回值有 CALL_STATE_IDLE，表示电话无活动，即电话已经被挂断；CALL_STATE_OFFHOOK，表示摘机，即电话正在通话中；CALL_STATE_

RINGING，表示响铃，即有电话正在呼入。当接收到广播时，就根据这些不同的电话状态进行相应的处理。

```
int getSimState ()
```

获取当前手机中的 Sim 卡的状态，常用的返回值有 SIM_STATE_READY，表示 Sim 卡可用、状态良好；SIM_STATE_ABSENT，表示没有 Sim 卡或者当前 Sim 不可用。

```
String getSimSerialNumber()
```

获取 Sim 卡号。

```
String getSimOperator()
```

获取 Sim 卡的提供商代码。代码由国家编号和网络标号 MCC+MNC（mobile country code + mobile network code）共同组成。

```
int     getNetworkType()
```

获取手机类型。返回值有 PHONE_TYPE_NONE，无信号；PHONE_TYPE_GSM，表示 GSM 信号；PHONE_TYPE_CDMA，表示 CDMA 信号。

```
int     getNetworkType()
```

获取当前使用的网络类型。返回值包括了全球主要的网络类型，在国内常使用到的有 NETWORK_TYPE_UNKNOWN，表示网络类型未知类型；NETWORK_TYPE_GPRS，表示 GPRS 网络；NETWORK_TYPE_EDGE，表示 EDGE 网络；NETWORK_TYPE_UMTS，表示 UMTS 网络。

```
String getDeviceId()
```

获取设备的唯一表示 ID，即 GSM 手机的 IMEI 码或者 CDMA 手机的 MEID 码。

从上面介绍的方法中，可以获取手机的状态、Sim 的详细信息等，可以实现基本的电话信息收集。

③隐藏方法使用。上面和需要实现的挂断电话没有任何直接的关系。这是因为 Android 在 1.5 版本之后，将挂断电话、接通电话等方法不再显式地提供给开发商使用。但是，在 Android 源码中，都保留了这些方法，但是都是隐藏方法。接下来，就使用 Java 的反射机制来获得这些方法。

（3）新建源码包。为了使用源码中的方法，需要新建和源码中同样的包。在 Src 目录上，右键单击“new→Package”命令。在弹出的窗口中，新建一个名为 com.android.internal.telephony 的包，如图 11-4 所示。

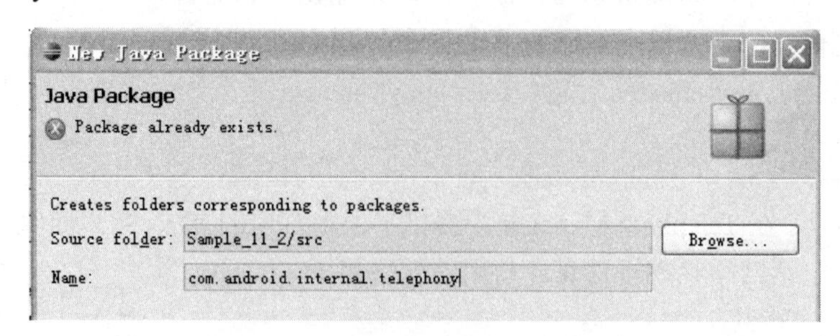

图 11-4　新建包

在该包中添加文件 ITelephony.aidl，然后将 Android 源码中的 ITelephony.aidl 复制到该新建文件中。可以在线查看到 Android 源码，地址为 http://www.google.com/codesearch/p?hl=en#cZwlSNS7aEw/。在该网页中搜索 ITelephony.aidl，便可以找到该文件，如图 11-5 所示。

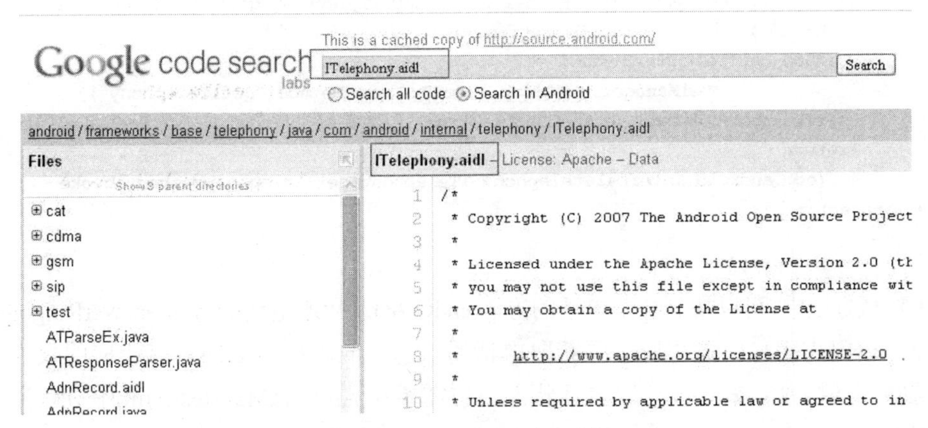

图 11-5　ITelephony.aidl 地址

同理，继续添加 com.android.telephony 包，并添加文件 NeighboringCellInfo.aidl。添加该文件后，如果文件 ITelephony 中还出现了 import 包错误，在 android.telephony.Neighboring CellInfo 前添加“com.”，修改为 import com.android.telephony.NeighboringCellInfo；成功添加包的效果如图 11-6 所示。

代码位置：见随书光盘中源代码/第 11 章/Sample_11_2/src/com.android.internal.telephony 目录下的 ITelephony.aidl 文件以及在 src/com.android.telephony 目录下的 NeighboringCellInfo.aidl 文件。

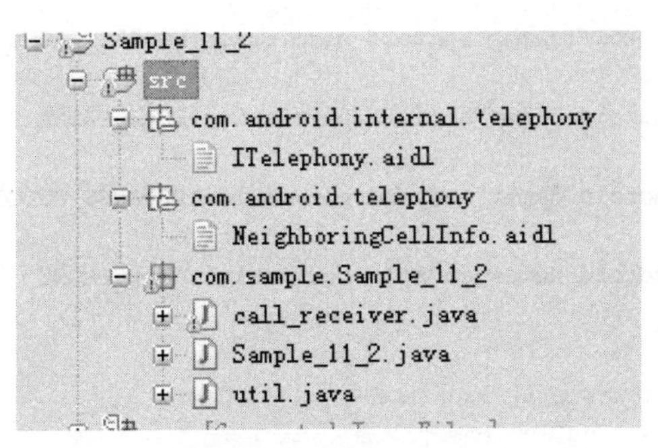

图 11-6　添加源码包

（4）隐藏方法可用。使用 Java 的反射机制，从公开的 TelephonyManager 中实例化出添加的源码包 com.android.internal.telephony 中的 ITelephony 接口。在 src/com.sample.Sample_11_2 目录下新建一个类 util.java，将其中已有代码替换为如下代码。

代码位置：见随书光盘中源代码/第 11 章/Sample_11_2/src/com.sample.Sample_11_2 目录下的 util.java 文件。

具体实现如下。

```
01 public class util {
02     static public com.android.internal.telephony.ITelephony getITelephony(TelephonyManager
       telManager) 03     throws Exception {
04         Method getITelephonyMethod =
05                     telManager.getClass().getDeclaredMethod("getITelephony");
06         getITelephonyMethod.setAccessible(true);//隐藏函数也能使用
07         return
08           (com.android.internal.telephony.ITelephony)getITelephonyMethod.invoke
(telManager);
09     }
10 }
```

在隐藏方法中，可以找到挂断电话的方法 endCall()及接通电话的方法 answerRingingCall()。

（5）权限声明与广播注册。要获取电话的状态，应用程序必须具有相应的权限。而对于用常驻广播接收器来实现获取电话状态，也需要在 AndroidManifest.xml 中进行注册，代码如下。

代码位置：见随书光盘中源代码/第 11 章/Sample_11_2/目录下的 AndroidManifest.xml 文件。

```
<?xml version="1.0" encoding="utf-8"?>
<manifest xmlns:android="http://schemas.android.com/apk/res/android"
   package="com.sample.Sample_11_2"
   android:versionCode="1"
   android:versionName="1.0" >
   <uses-sdk android:minSdkVersion="8" />

   <!-- 改变电话状态 -->
   <uses-permission android:name="android.permission.MODIFY_PHONE_STATE" />
   <!-- 获取电话状态 -->
   <uses-permission android:name="android.permission.READ_PHONE_STATE" />
   <!-- 拨出电话 -->
   <uses-permission android:name="android.permission.PROCESS_OUTGOING_CALLS" />
   <!-- 电话 -->
   <uses-permission android:name="android.permission.CALL_PHONE" />

   <application
      android:icon="@drawable/ic_launcher"
      android:label="@string/app_name" >
      <receiver
         android:name="com.sample.Sample_11_2.call_receiver"
         android:priority="10000" >
         <intent-filter>
            <action android:name="android.intent.action.PHONE_STATE" />
         </intent-filter>
      </receiver>
   </application>
</manifest>
```

（6）运行分析。完成上面的步骤，运行该代码，实现对 10086 号码的防火墙功能。使用 Eclipse 的 DDMS 界面中的 Emulator Control 可以指定任意号码拨打电话给模拟器，使用号码 10086 给模拟器呼入电话。模拟器没有显式呼入电话界面，直接显示了“号码 10086 已经被挂断拦截”的提示信息，效果如图 11-7 所示。

图 11-7　拦截来电

11.1.3　自动接通电话

在使用 Java 的反射机制获取的隐藏方法中，其中有接通电话的方法 answerRingingCall()，使用该方法来实现自动接通电话。

在 src/com.sample.Sample_11_2 目录下新建一个广播接收类 call_receiver.java，将来电铃音状态的代码替换为如下代码。

代码位置：见随书光盘中源代码/第 11 章/Sample_11_2/src/com.sample.Sample_11_2 目录下的 call_receiver.java 文件。

```
01      switch (tm.getCallState()) {
02      case TelephonyManager.CALL_STATE_RINGING:        //来电响铃
03          Log.i(TAG, "CALL_STATE_RINGING");
04          try {
05              //来电拒听
06              phoneNumber = intent.getStringExtra("incoming_number");
07              Log.i(TAG, "call number is "+phoneNumber);
08              if (phoneNumber.equals("10086")) {
09               //静默接通电话
10               util.getITelephony(tm).silenceRinger();                //静铃
11               util.getITelephony(tm).answerRingingCall();            //自动接听
12               Timer timer = new Timer();
13               timer.schedule(task, 300);
14          } catch (Exception e) {
```

```
15              Log.i(TAG, "ring w " + e.toString());
16          }
17          break;
```

其中：

- 第 10 行，设置电话静音，当来电时不会响铃也不会震动；
- 第 11 行，自动接通电话。

运行分析：

由于在代码中实现号码判断的功能，对 10086 来电都会自动接通。Emulator Control 给模拟器呼入电话。当电话呼入时，通话界面出现一瞬间后跳转到 Android 主界面中。当然，在状态提示栏中会出现正在通话的标识，如图 11-8 所示。

图 11-8　电话自动接通界面

在这一节中，通过多个实例实现了呼出、呼入电话时的常见处理。呼入电话时，更是使用到了 Android 已隐藏的方法来实现需要的功能。所以，在进行应用开发时，对于 Android 的源码必须要有一定的了解，可以加深对 Android 系统处理的理解，从而开发出更符合 Android 框架或功能更强大的应用程序。

11.2　短信导出

短信作为当今人和人交流中非常重要的方式，珍藏着大家不同时期的心情和成长。但是，手机的存储空间是有限的，对于那些来自重要号码的和需要保存的短信，可以采用导出文本的方式将短信保存到 PC 等有大存储空间的设备上。接下来，来实现如何将短信导出为文本。

11.2.1　系统短信的保存

在 8.8 节介绍过，在 Android 系统中，使用 ContentProvider 给所有应用程序共享数据。短信同样是以数据库的形式保存在系统中的。

1．添加短信

短信程序是 Android 手机系统中必不可少的应用程序，系统中自带了名为“Messaging”的短信程序。在主界面中，可以很容易地找到该程序，如图 11-9 所示。单击该程序，可以看到在手机中保存的所有短信，如图 11-10 所示。

图 11-9　短信应用

图 11-10　查看短信

如果当前系统中没有短信，使用在广播章节中介绍的方法，通过 Eclipse 的 DDMS 界面中的 Emulator Control 来指定任意号码发送给模拟器，如图 11-11 所示。

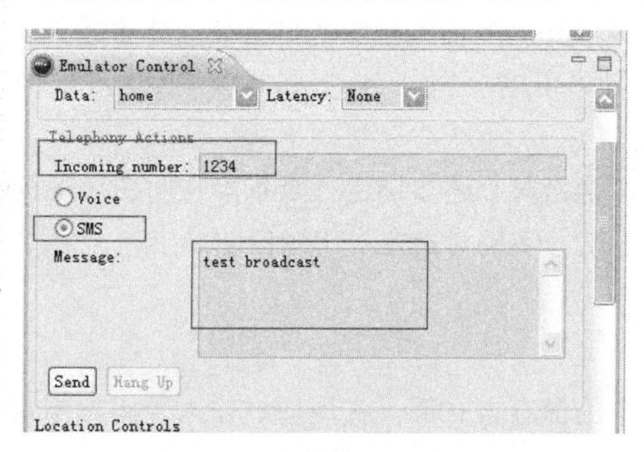

图 11-11　向模拟器发送短信

2．短信数据库分析

接下来，介绍短信数据库文件是如何保存短信的。在 Eclipse 中切换到 DDMS 视图，选择 File Explorer 标签。找到文件/data/data/com.android.providers.telephony/databases/mmssms.db，如图 11-12 所示。该数据库文件则是存储短信的数据库文件。

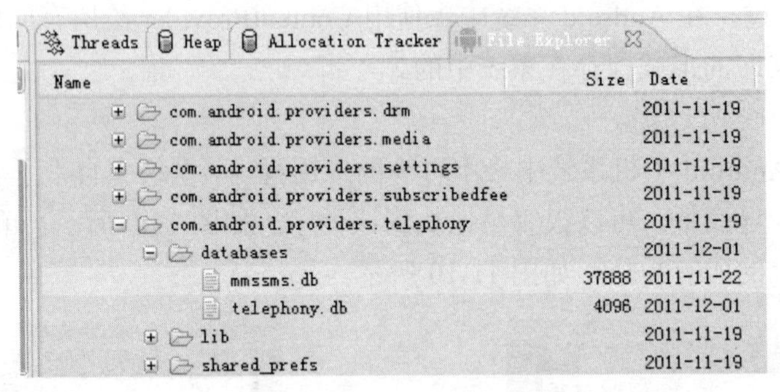

图 11-12　短信数据库文件

在该数据库中保存了短信的号码、时间、短信内容等信息。下面，详细介绍需要注意的事项。

- _id，指定短消息序号。作为该表的唯一标识，是递增的序号。
- thread_id，会话的序号。根据不同的号码进行默认分配的递增序号，相同号码的序号是相同的。
- address，发件人的地址为手机号。如果是本机发出短信，该地址为收件人号码。
- person，发件人。该返回值为数字，是该联系人在联系人表中的序号，如果需要获取联系人的姓名，需要通过联系人表再进行一次查询。当为陌生人时，该值为 null。
- date，日期，为 long 型，获取具体日期需要自己进行转换。
- protocol，协议。其中，0 表示 SMS_RPOTO 为短信；1 表示 MMS_PROTO 为彩信。
- read，标记是否已阅读。其中，0 表示未读，1 表示已读。
- status，短信状态。其中，-1 表示已接收，0 表示已发送，64 表示发送中，128 表示发送失败。
- type，短信类型。其中，1 表示接收到的短信，2 表示发出的短信。
- subject，短信或者彩信的主题。
- body，短消息内容。

在获取短信的时候，就是对上述事项进行查询。在明白了各列表示的含义后，可以比较容易地查询短信。接下来，实现对指定号码短信的导出。

11.2.2　导出短信

掌握了短信在系统中的保存方式后，实现通过输入号码来指定导出短信。实现该项目的步骤如下。

（1）在 Eclipse 中创建一个名为 Sample_11_3 的 Android 项目。

（2）打开 res/layout 目录下的 main.xml 文件，修改该文件进行界面布局。在界面中，只使用号码输入框和导出短信按钮即可，如图 11-13 所示。该界面布局简单，不再赘述其具体实现。

代码位置：见随书光盘中源代码/第 11 章/Sample_11_3/res/layout 目录下的 main.xml 文件。

图 11-13　导出短信界面

（3）异步处理。由于查询短信并写入文本是一个比较耗时的操作，因此需要开辟一个单独的线程来完成，使用异步任务来实现这一过程比较方便。打开项目 src/com.sample.Sample_11_3 目录下的 Sample_11_3.java 文件，将其中已有代码替换为如下代码。

代码位置：见随书光盘中源代码/第 11 章/Sample_11_3/src/com.sample.Sample_11_3 目录下的 Sample_11_3.java 文件。

```
01 public class Sample_11_3 extends Activity {
02     final String SMS_URI_ALL = "content://sms/";                //定义短信URI
03     final String TAG = "EXPORTSMS";                             //定义打印标识
04     EditText edt_number;
05     Button btn_export;
06
07     @Override
08     public void onCreate(Bundle savedInstanceState) {
09         super.onCreate(savedInstanceState);
10         setContentView(R.layout.main);
11         edt_number = (EditText) findViewById(R.id.edt);
12         btn_export = (Button) findViewById(R.id.btn_export);
13
14         btn_export.setOnClickListener(new OnClickListener() {
15             @Override
16             public void onClick(View v) {
17                 new AsyncTask<Integer, Integer, String>() { //异步任务
18                     private ProgressDialog dialog;
```

```
19                  //UI 显示
20                  protected void onPreExecute() {
21                      dialog = ProgressDialog.show(Sample_11_3.this,
22                              "", "正在导出短信,请稍候....");
23                      super.onPreExecute();
24                  }
25
26                  //后台执行
27                  protected String doInBackground(Integer... params) {
28                      String input_number = edt_number.getText().toString();
29                      String result = "";
30                      //导出所有短信
31                      if (input_number.equals("")) {
32                          List<String> listnumber = getAllNumber();
33                          for (String number : listnumber) {
34                              if (file_write("AllNumber.txt", get_sms(number))) {
35                                  result += "号码" + number
36                                  + "的所有短信已经导出到文件AllNumber.txt中\n";
37                              } else {
38                              result += "号码" + number + "的所有短信导出到文件失败\n";
39                              }
40                          }
41
42                      }//导出指定号码的短信
43                      else {
44                          if (file_write(input_number + ".txt",
45                                  get_sms(input_number))) {
46                              result = "号码" + input_number + "的所有短信已经导出到文件"
47                                      + input_number + ".txt中";
48                          } else {
49                              result = "号码" + input_number + "的所有短信导出到文件失败";
50                          }
51                      }
52                      return result;
53                  }
54
55                  //搜索完毕后，结果处理
56                  protected void onPostExecute(String result) {
57                      dialog.dismiss();
58                      new AlertDialog.Builder(Sample_11_3.this)
59                              .setMessage(result).create().show();
60
61                      super.onPostExecute(result);
62                  }
63              }.execute(0);
64          }
65      });
66  }
```

其中：

- 第 01～05 行，实现全局变量的定义；
- 第 07～12 行，重写 onCreate()方法，实现界面布局以及控件的绑定；
- 第 17～17 行，添加“导出短信”的按钮监听事件，实现异步任务的短信导出；
- 第 20～24 行，重写 onPreExecute()函数，实现了显示正在导出的进度条；
- 第 26～53 行，重写 doInBackground()函数，实现了后台运行将指定号码的短信导出文本的过程，返回的结果为是否导出成功的信息；
- 第 55～63 行，重写 onPostExecute()函数，实现了显示返回结果的提示框。

对于上述代码，需要回忆异步任务的使用，需要重写 AsyncTask 中的 onPreExecute()函数来实现 UI 的显示；doInBackground()函数实现后台执行的短信导出过程；onPostExecute()函数实现导出短信完成后，在界面中给出的提示信息。这部分内容在 7.4 节有更详细的介绍。

（4）指定号码短信获取。完成了导出逻辑的实现，接下来实现短信导出的核心功能：读取指定号码短信。打开项目 src/com.sample.Sample_11_3 目录下的 Sample_11_3.java 文件，在其中添加如下代码。

代码位置：见随书光盘中源代码/第 11 章/Sample_11_3/src/com.sample.Sample_11_3 目录下的 Sample_11_3.java 文件。

```
01      final String SMS_URI_ALL = "content://sms/";
02      private String get_sms(String number) {
03          StringBuilder sms_Builder = new StringBuilder();
04          //查询短信数据库
05          ContentResolver cr = getContentResolver();
06          String[] projection = new String[] { "_id", "address", "person","body", "date", "type" };
07          Uri uri = Uri.parse(SMS_URI_ALL);
08          Cursor cur = cr.query(uri, projection, "address like '%" + number + "'", null, "date desc");
09
10          if (cur.moveToFirst()) {
11              String name;
12              String phoneNumber;
13              String smsbody;
14              String date;
15              String type;
16
17              do {
18                  name = cur.getString(2);
19                  phoneNumber = cur.getString(1);
20                  smsbody = cur.getString(3);
21                  if (smsbody == null)
22                      smsbody = "";
23
24                  SimpleDateFormat dateFormat = new SimpleDateFormat("yyyy-MM-dd hh:mm:ss");
25                  Date d = new Date(Long.parseLong(cur.getString(4)));
26                  date = dateFormat.format(d);
27
```

```
28                  int typeId = cur.getInt(5);
29                  if (typeId == 1) {
30                      type = "接收";
31                  } else if (typeId == 2) {
32                      type = "发送";
33                  } else {
34                      type = "草稿";
35                  }
36
37                  sms_Builder.append(name + ",");
38                  sms_Builder.append(phoneNumber + ",");
39                  sms_Builder.append(smsbody + ",");
40                  sms_Builder.append(date + ",");
41                  sms_Builder.append(type);
42                  sms_Builder.append("\n");
43
44              } while (cur.moveToNext());
45          } else {
46              sms_Builder.append("no result!");
47          }
48          cur.close();
49          return sms_Builder.toString();
50      }
```

其中：

- 第 01 行，指定了查询短信的范围，为手机中所有的短信。
- 第 05～08 行，对短信数据库中指定号码的查询。该过程是获取短信的重点，在第 8 章有关于这一过程更加详细的介绍。
- 第 17～22 行，遍历查询结果，获取结果中短信的发件人名字编号、发件人号码、短信内容。
- 第 24～26 行，获取短信时间，并将 long 型转为标准时间“年月日、时分秒”表示。
- 第 28～35 行，获取短信类型，并根据类型编号转为文字表示。
- 第 37～42 行，将获得的查询结果全部添加到 sms_Builder 中，最后返回该值。

对于上述代码，需要掌握如何从系统短信数据库中读取需要的短信内容。

首先，需要指定查询的 URI 地址，分别定义如下。

```
final String SMS_URI_ALL  = "content://sms/";             //所有短信
final String SMS_URI_INBOX = "content://sms/inbox";       //收件箱短信
final String SMS_URI_SEND  = "content://sms/sent";        //发件箱短信
final String SMS_URI_DRAFT = "content://sms/draft";       //草稿箱短信
```

其次，在短信数据库的 sms 表中的信息非常丰富，只需要获取需要的短信编号、发件人号码、发件人名字、短信内容、时间和短信类型即可。所以，构造查询的结果数组如下。

```
String[] projection = new String[] { "_id", "address", "person","body", "date", "type" };
```

最后，由于只需要导出指定的号码短信，所以在查询 sms 表时，查询的条件便是发件人号码与输入的号码相匹配，实现如下。

```
Cursor cur = cr.query(uri, projection, "address like '%" + number + "'", null, "date desc");
```

（5）文本导出。获取了指定号码的短信内容后，将获取的内容以文本形式保存到 SD 卡中。首先需要判断 SD 卡是否可用，如果 SD 卡可用则在 SD 卡中创建文件并将内容写入该文件中。在 SD 卡写入数据的过程，在 8.1.3 小节中进行了详细介绍。打开项目 src/com.sample.Sample_11_3 目录下的 Sample_11_3.java 文件，在其中添加如下代码。

代码位置：见随书光盘中源代码/第 11 章/Sample_11_3/src/com.sample.Sample_11_3 目录下的 Sample_11_3.java 文件。

```
01 private boolean file_write(String filename, String content) {
02         //判断SD卡是否可用
03         if (!android.os.Environment.getExternalStorageState().equals(
04                 android.os.Environment.MEDIA_MOUNTED)) {
05             return false;
06         }
07         String filepath = Environment.getExternalStorageDirectory().getAbsolutePath()
08                 + "/" + filename;
09         File file = new File(filepath);
10         try {
11             if (!file.exists()) {
12                 file.createNewFile();
13             }
14             FileOutputStream fos = new FileOutputStream(file, true);
15             fos.write(content.getBytes());
16             fos.close();
17         } catch (Exception e) {
18             Log.i(TAG, "file write w " + e.toString());
19             return false;
20         }
21         return true;
22     }
```

其中：

- 第 03～06 行，判断 SD 卡是否可用，如果不可以则返回失败；
- 第 07~13 行，新建保存短信的文件；
- 第 14～16 行，将内容以追加的方式添加到文件中。

（6）导出所有短信。除了指定号码需要导出外，同时也需要将手机中的所有短信导出到文本中。在前面已经实现的指定号码短信导出的基础上，只需要获取短信的所有号码即可。由于 SQLite 不支持 SQL 语句中的 DISTINCT 关键字，不能直接通过选择查询来获取所有号码结果，将号码排序后，获取其中不同的号码。打开项目 src/com.sample.Sample_11_3 目录下的 Sample_11_3.java 文件，在其中添加如下代码。

代码位置：见随书光盘中源代码/第 11 章/Sample_11_3/src/com.sample.Sample_11_3 目录下的 Sample_11_3.java 文件。

```
01     private List<String> getAllNumber() {
02         List<String> list = new ArrayList<String>();
03         String address = "";
04         //查询短信数据库
```

```
05        ContentResolver cr = getContentResolver();
06        String[] projection = new String[] { "_id", "address", "person","body", "date", "type" };
07        Uri uri = Uri.parse(SMS_URI_ALL);
08        Cursor cur = null;
09        try {
10            cur = cr.query(uri, projection, null, null, "address desc");
11            if (cur.moveToFirst()) {
12                do {
13                    //保存所有号码
14                    String tmpString = cur.getString(1);
15                    if (!address.equals(tmpString)) {
16                        address = tmpString;
17                        list.add(tmpString);
18                    }
19                } while (cur.moveToNext());
20            }
21
22        } catch (Exception e) {
23            Log.i(TAG, "getallnumber w " + e.toString());
24        }
25        cur.close();
26        return list;
27    }
```

其中：

- 第 01～10 行，查询所有短信，并按照号码降序排列；
- 第 11～20 行，遍历查询的结果，当发现当前号码与上一个号码不同时，将号码保存到 list 中。最后返回该 list，则保存了所有的号码。

（7）权限申请。这样一个过程，需要读取短信的权限以及在 SD 卡中创建文件和写入数据的权限，在 AndroidManifest.xml 中申请这些权限如下。

代码位置：见随书光盘中源代码/第 11 章/Sample_11_3/目录下的 AndroidManifest.xml 文件。

```
<?xml version="1.0" encoding="utf-8"?>
<manifest xmlns:android="http://schemas.android.com/apk/res/android"
  package="com.sample.Sample_11_3"
  android:versionCode="1"
  android:versionName="1.0" >
  <uses-sdk android:minSdkVersion="8" />

   <!-- 在SDCard中创建与删除文件权限 -->
   <uses-permission android:name="android.permission.MOUNT_UNMOUNT_FILESYSTEMS"/>
   <!-- 往SDCard中写入数据权限 -->
   <uses-permission android:name="android.permission.WRITE_EXTERNAL_STORAGE"/>
  <!-- 读取短信的权限 -->
  <uses-permission android:name="android.permission.READ_SMS" />

  <application
    android:icon="@drawable/ic_launcher"
    android:label="@string/app_name" >
```

```
        <activity
            android:label="@string/app_name"
            android:name=".Sample_11_3" >
            <intent-filter >
                <action android:name="android.intent.action.MAIN" />
                <category android:name="android.intent.category.LAUNCHER" />
            </intent-filter>
        </activity>
    </application>
</manifest>
```

（8）运行分析。完成以上步骤后，运行该代码。单击“导出短信”按钮后，异步任务在进行短信读取并保存到 SD 卡的过程中，也在 UI 界面显示了一个进度条，如图 11-14 所示。完成短信导出后，提示短信已经导出，如图 11-15 所示。

图 11-14　正在导出界面

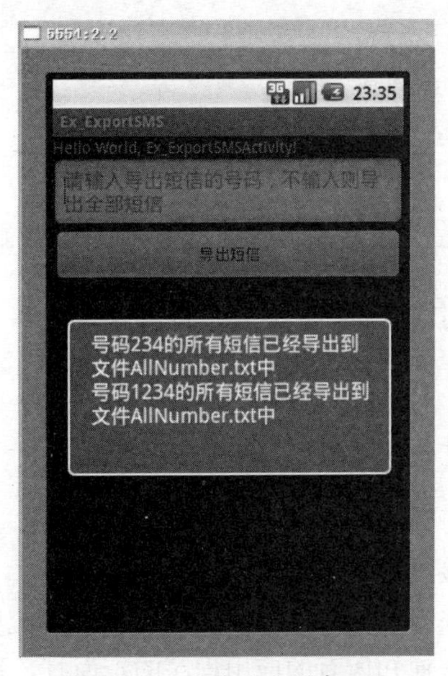

图 11-15　完成导出所有短信

实现了对所有短信导出功能进行测试，成功导出文本文件到 SD 卡中。在 SD 卡查看该文件，目录如图 11-16 所示。

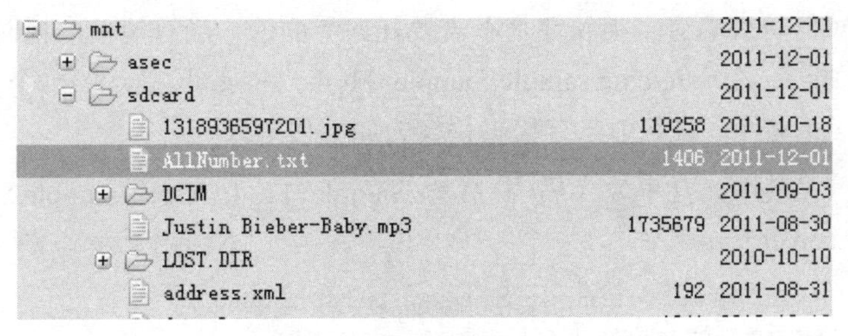

图 11-16　短信导出文件

将该文件保存到 PC 中，打开查看导出文本结果，如图 11-17 所示。与系统中自带了名为“Messaging”的短信程序查看的内容（见图 11-10）进行比较，可以发现内容是一致的，导出的短信是完全正确的。

```
1 null,234,hello Android,2011-12-01 10:15:35,接收
2 null,234,Hello,2011-12-01 10:15:20,发送
3 null,234,send more sms,2011-12-01 10:15:08,接收
4 null,1234,Have get,2011-12-01 10:14:38,发送
5 null,1234,test static broadcast,2011-11-20 09:23:55,接收
6 null,1234,test static broadcast,2011-11-20 09:23:12,接收
7 null,1234,test broadcast,2011-11-20 09:16:04,接收
8 null,1234,test broadcast,2011-11-20 09:14:51,接收
9 null,1234,test broadcast,2011-11-20 09:14:10,接收
10 null,1234,test broadcast,2011-11-20 09:13:49,接收
11 null,1234,test broadcast,2011-11-20 09:13:13,接收
```

图 11-17　导出文本结果

11.3　短信收发软件

对于手机短信软件，应该实现的基本功能则是接收和发送短信。在这一节中，将通过实例详细介绍接收和发送短信的功能。

11.3.1　短信防火墙

每天都会收到各种各样的垃圾短信，短信防火墙是短信软件非常常见的功能，接下来就在接收短信中实现这样的功能。

在 Android 系统中，存在很多系统广播。当手机接收到短信时，就是通过使用广播的方式来通知所有的应用程序的。而且，短信广播是一个有序的广播，一次传递给一个广播接收器，当该接收器处理完成后才会传递给下一个接收器。这样，就可以通过在系统短信程序接收到短信广播之前终止该短信广播，便可实现短信防火墙。实现该项目的步骤如下。

（1）在 Eclipse 中创建一个名为 Sample_11_4 的 Android 项目。

（2）对于短信防火墙这一类软件是不需要任何界面的。当有短信广播时，接收到广播进行短信判断。在 src/com.sample.Sample_11_4 目录下新建一个广播接收类 SMS_receiver.java 文件，将其中已有代码替换为如下代码。

代码位置：见随书光盘中源代码/第 11 章/Sample_11_4/src/com.sample.Sample_11_4 目录下的 SMS_receiver.java 文件。

```
01      public void onReceive(Context context, Intent intent) {
02          String action = intent.getAction();
03          if (action.equals(Sample_11_4.SMS_RECEIVER)) {
04              Bundle bundle = intent.getExtras();
05              if (bundle != null) {
```

```
06                  Object[] object = (Object[]) bundle.get("pdus");
07                  SmsMessage[] messages = new SmsMessage[object.length];
08                  for (int i = 0; i < object.length; i++) {
09                      messages[i] = SmsMessage.createFromPdu((byte[]) object[i]);
10                  }
11                  SmsMessage message = messages[0];
12                  Toast.makeText(context,
13                          "接收到消息的号码是: " + message.getDisplayOriginatingAddress()
14                                  + "\n 接收到的消息是" + message.getMessageBody(), 1000)
15                          .show();
16                  Log.i(Sample_11_4.TAG, "接收到消息的号码是: "
17                          + message.getDisplayOriginatingAddress() + ", 接收到的消息是"
18                          + message.getMessageBody());
19                  if (message.getDisplayOriginatingAddress().equals("5556")) {
20                      abortBroadcast();
21                      Log.i(Sample_11_4.TAG, "终止了短信广播");
22                  }
23              }
24          }
25      }
```

其中：

- 第 03 行，通过动作判断接收到的广播是否为短信广播；
- 第 04～11 行，从短信广播中获取 pdu 数据并转为 SmsMessage 类；
- 第 12～18 行，显示获取的短信号码以及短信内容；
- 第 19～22 行，通过短信号码进行拦截。如果短信号码为 5556，则禁止该短信广播。这样系统短信程序将接收不到该广播，不会提示有新短信，达到短信防火墙的目的。

对于上述代码，可以采用最基本的短信号码黑名单来判断接收到的短信是否为垃圾短信。当短信号码在黑名单中则屏蔽该短信，达到防火墙的目的。需要重点掌握的是如何使用 SmsMessage 类来获得短信的相关信息。

在 Android 设备中，接收到的 SMS 是以 pdu（protocol description unit）协议的编码形式来进行传递的。在短信广播 Intent 中可以获取 pdu 数组，实现如下。

```
Bundle bundle = intent.getExtras();
Object[] object = (Object[]) bundle.get("pdus");
```

当然，Android 也提供了更加容易理解的 SmsMessage 类来管理获取的短信。从 pdu 数组中转换为 SmsMessage 类，直接使用方法如下。

```
SmsMessage createFromPdu(byte[] pdu)
```

这样，就获得了当前短信的 SmsMessage 类。在 SmsMessage 中包含短信消息的详细信息，包括起始地址（电话号码）、时间、消息体。分别使用获取的方法如下。

```
String  getMessageBody()                //获取 SMS 消息体
String  getOriginatingAddress()         //获取起始地址
long    getTimestampMillis()            //获取时间
```

至此，熟悉了从短信广播中解析获取短信的详细信息的方法。在接收广播中显示获取短信信息，并对指定的号码进行禁止广播。

（3）广播注册、权限申请。要达到在系统短信程序前处理短信广播，优先级必须比系统短信程序更高。在 AndroidManifest.xml 文件中，静态注册广播，并赋予最高优先级。而且，要接收短信也需要申请相应的权限，实现如下。

代码位置：见随书光盘中源代码/第 11 章/Sample_11_4/目录下的 AndroidManifest.xml 文件。

```
<?xml version="1.0" encoding="utf-8"?>
<manifest xmlns:android="http://schemas.android.com/apk/res/android"
    package="com.sample.Sample_11_4"
    android:versionCode="1"
    android:versionName="1.0" >
    <uses-sdk android:minSdkVersion="8" />

    <application
        android:icon="@drawable/ic_launcher"
        android:label="@string/app_name" >
        <activity
            android:label="@string/app_name"
            android:name=".Sample_11_4" >
            <intent-filter >
                <action android:name="android.intent.action.MAIN" />
                <category android:name="android.intent.category.LAUNCHER" />
            </intent-filter>
        </activity>

        <!-- 广播注册 -->
        <receiver android:name=".SMS_receiver" >
            <intent-filter android:priority="10000" >
                <action android:name="android.provider.Telephony.SMS_RECEIVED" />
            </intent-filter>
        </receiver>
    </application>
    <uses-permission android:name="android.permission.SEND_SMS" />
    <uses-permission android:name="android.permission.RECEIVE_SMS" />
</manifest>
```

（4）运行分析。完成以上步骤，实现了对所有短信的信息提示，及对 5556 号码短信的屏蔽，不会在系统短信程序中看到。通过 Eclipse 的 DDMS 界面中的 Emulator Control 来给模拟器发送短信，分别使用 5556 和 5557 的号码来给模拟器发送短信，测试是否能够获取短信信息和在系统短信程序中屏蔽，测试效果分别如图 11-18 和图 11-19 所示。

从图 11-18 中可以看出，获取了来自 5556 的短信，当提示结束后不再有其他变化。当使用 5557 发送相同内容的短信后，在短信内容提示信息后，在最上方的状态提示栏中出现了如图 11-19 所示系统短信程序的提示信息。

在调试信息中，同样可以通过输出信息看出区别，如图 11-20 所示，说明实现了对 5556 短信的屏蔽，并实现了短信防火墙的功能。

图 11-18　获取短信信息

图 11-19　屏蔽号码

Tag	Text
EXSMS	接收到消息的号码是：5556，接收到的消息是hello receiver sms
EXSMS	终止了短信广播
EXSMS	接收到消息的号码是：5557，接收到的消息是hello receiver sms

图 11-20　调试信息

11.3.2　系统发送短信

实现了接收短信，接下来实现与之相对的短信发送功能。由于 Android 系统中都有默认的短信程序，所以可以使用系统的短信程序来实现发送短信的功能；当然也可以直接发送短信。接下来，使用系统的短信程序来发送短信。实现该项目的步骤如下。

（1）在 Eclipse 中创建一个名为 Sample_11_5 的 Android 项目。

（2）打开 res/layout 目录下的 main.xml 文件，修改该文件进行界面布局。在界面中，需要输入电话号码的输入框、发送内容的输入框以及触发两种不同方法的按钮，效果如图 11-21 所示。该界面布局简单，不再赘述其具体实现。

代码位置：见随书光盘中源代码/第 11 章/Sample_11_5/res/layout 目录下的 main.xml 文件。

（3）发送短信。对于调用系统程序来发送短信，只需要将输入的号码和短信内容封装到 Intent 中，并使用该 Intent 跳转到系统短信程序中。打开项目 src/com.sample.Sample_11_5 目录下的 Sample_11_5.java 文件，在其中添加使用系统发送短信的代码如下。

代码位置：见随书光盘中源代码/第 11 章/Sample_11_5/src/com.sample.Sample_11_5 目录下的 Sample_11_5.java 文件。

```
01 private void sendSysSMS(String phone_num, String message) {
02         phone_num = "smsto:" + phone_num;                    //在号码前必须加smsto:
03         Intent sys_send_intent = new Intent(
```

```
04                  android.content.Intent.ACTION_SENDTO, Uri.parse(phone_num));
05          sys_send_intent.putExtra("sms_body", message);
06          startActivity(sys_send_intent);
07      }
```

其中：

- 02 行，指定短信发送到的号码，需要注意的是必须在号码前添加“smsto:”。
- 03～04 行，实现一个发送短信的 Intent，动作是 android.content.Intent.ACTION_SENDTO。
- 05 行，将短信的内容作为附加数据添加到 Intent 中，名为 sms_body。
- 06 行，跳转实现。实现界面跳转，跳转到系统短信程序，并且已经完成填写号码和短信内容，只需要单击“Send”按钮即可发送短信，效果如图 11-22 所示。

图 11-21　短信发送界面

图 11-22　跳转到系统短信程序

（4）运行分析。对于这样的短信发送程序，单个模拟器已经不能直观地看出短信是否发送成功，需要启动另一个模拟器。在 Eclipse 的标题栏中单击“打开 Android 模拟设备管理器”图标，在提示框中，选择需要启动的模拟器。选择的模拟器可以和已经启动的模拟器是同一个，再启动另一个模拟器，实现过程如图 11-23 所示。

当模拟器启动后，可以发现两个模拟器在左上方标题中有很明显的区别：一个模拟器是 5554，另一个模拟器是 5556。这个号码则是短信发送到的号码。实现发送短信的是左图的 5554 模拟器，单击“Send”按钮后，在右图中的 5556 模拟器中便接收到该短信，如图 11-24 所示。

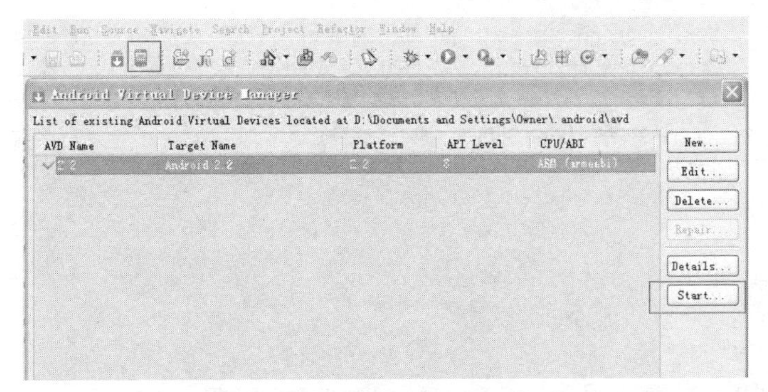

图 11-23　启动另一个模拟器

图 11-24　系统发送短信

11.3.3　直接发送短信

已经实现了通过系统短信来发送短信的功能，接下来，在刚才项目的基础上实现不通过系统短信来直接发送短信。

（1）短信发送。Android 系统为了方便发送短信，提供了一个短信管理类 SmsManager，使用这个类可以很方便地管理短信，另外，在具体的短信发送中还需要注意一条短信字数的限制。打开项目 src/com.sample.Sample_11_5 目录下的 Sample_11_5.java 文件，在其中添加直接发送短信的代码如下。

代码位置：见随书光盘中源代码/第 11 章/Sample_11_5/src/com.sample.Sample_11_5 目录下的 Sample_11_5.java 文件。

```
01      btn_send.setOnClickListener(new View.OnClickListener() {        //添加按钮监听事件
02          @Override
03          public void onClick(View v) {                               //实现单击处理
```

```
04              String phone_num = in_ph_num.getText().toString();    //获取输入号码
05              String sms_text = in_sms_text.getText().toString();   //获取输入短信内容
06              if (phone_num.length() > 0 && sms_text.length() > 0) {
07                  sendSmS(phone_num, sms_text);                     //发送短信
08              } else {
09                  Toast.makeText(getBaseContext(),
10                          "Please input both phone number and message", 1000)
11                          .show();                                  //提示需输入
12              }
13          }
14      });
15      private void sendSmS(String ph_num, String message) {
16              SmsManager sms = SmsManager.getDefault();
17              //a message's max length is 70
18              if (message.length() > 70) {
19                  ArrayList<String> msgs = sms.divideMessage(message);
20                  for (String msg : msgs) {
21                      sms.sendTextMessage(ph_num, null, msg, sent_pi, deliver_pi);
22                  }
23              } else {
24                  sms.sendTextMessage(ph_num, null, message, sent_pi, deliver_pi);
25              }
26          }
```

其中：

- 第 01～14 行，给按钮“直接发送”添加单击处理监听，实现单击之后判断是否有发送的号码以及内容，当都具备时，调用方法发送短信；
- 第 16 行，获取默认短信管理类 SmsManager；
- 第 18 行，判断输入的文字长度，当多于 70 字时分为多条发送；
- 第 19 行，使用 SmsManager 类分隔短信，使其符合每条短信的要求；
- 第 21 行，发送短信，发送完成后触发 sent_pi，对方接收后触发 deliver_pi。

对于上述代码，需要重点掌握的是关于短信发送的 SmsManager 类的使用：

SmsManager 类中的方法比较少，但已足够完成发送短信的功能。主要方法如下。

```
static SmsManager getDefault()
```

用于获取 SmsManager 的默认实例。其中，返回值为默认实例。

```
ArrayList<String>    divideMessage(String text)
```

当短信超过 SMS 消息的最大长度时，将短信分割为几块。其中，参数 text 是初始消息，不能为空。返回值为有序的 ArrayList<String>，可以重新组合为初始消息。

```
void    sendTextMessage(String destinationAddress, String scAddress, String text, PendingIntent
sentIntent, PendingIntent deliveryIntent)
```

消息以文本的方式进行发送。其中各个参数都很重要，具体如下。

- destinationAddress，表示消息的目标地址。
- scAddress，表示服务中心的地址。如果为空，则使用当前默认的服务中心地址。
- text，表示消息的主体，即消息要发送的内容。
- sentIntent，发送完成后的处理。如果此值不为空，则当消息发送成功或失败后，

该 PendingIntent 就被广播。广播中的各项参数分别如下。

➢ Activity.RESULT_OK：表示成功；
➢ RESULT_ERROR_GENERIC_FAILURE：表示普通错误；
➢ RESULT_ERROR_RADIO_OFF：表示无线广播被关闭；
➢ RESULT_ERROR_NULL_PDU：表示 pdu 错误。

- deliveryIntent，如果不为空，当消息成功传送到接收者的 PendingIntent 广播时，则用于短信回执。

其中，destinationAddress 和 text 不能为空，不然会发送异常。

从 SmsManager 的方法中可以看出，发送短信比较简单，关键在于 sentIntent 和 deliveryIntent 的实现。接下来，分别实现这两个 PendingIntent。

（2）延迟意图实现。发送短信后，需要判断短信是否发送成功以及对方是否已经接收到，这需要实现 sentIntent 和 deliveryIntent 两个意图。打开项目 src/com.sample.Sample_11_5 目录下的 Sample_11_5.java 文件，在其中添加这两部分的代码如下。

代码位置：见随书光盘中源代码/第 11 章/Sample_11_5/src/com.sample.Sample_11_5 目录下的 Sample_11_5.java 文件。

```
01      private static final String SENT_SMS_ACTION = "SENT_SMS_ACTION";
02      private static final String DELIVERED_SMS_ACTION = "DELIVERED_SMS_ACTION";
03      //sentIntent
04      Intent sentIntent = new Intent(SENT_SMS_ACTION);
05      PendingIntent sent_pi = PendingIntent.getBroadcast(this, 0, sentIntent, 0);
06      registerReceiver(new BroadcastReceiver() {
07          @Override
08          public void onReceive(Context context, Intent intent) {
09              switch (getResultCode()) {
10              case Activity.RESULT_OK:
11                  Toast.makeText(getBaseContext(), "success!", 2000).show();
12                  break;
13              case SmsManager.RESULT_ERROR_GENERIC_FAILURE:
14                  Toast.makeText(getBaseContext(), "generic failure",
15                          Toast.LENGTH_SHORT).show();
16                  break;
17              case SmsManager.RESULT_ERROR_RADIO_OFF:
18                  Toast.makeText(getBaseContext(), "SMS radio failure",
19                          Toast.LENGTH_SHORT).show();
20                  break;
21              case SmsManager.RESULT_ERROR_NULL_PDU:
22                  Toast.makeText(getBaseContext(), "SMS null PDU failure",
23                          1000).show();
24                  break;
25              default:
26                  break;
27              }
28          }
29      }, new IntentFilter(SENT_SMS_ACTION));
30
```

```
31      Intent deliverIntent = new Intent(DELIVERED_SMS_ACTION);
32      PendingIntent deliver_pi = PendingIntent.getBroadcast(this, 0, deliverIntent, 0);
33      registerReceiver(new BroadcastReceiver() {
34          @Override
35          public void onReceive(Context context, Intent intent) {
36              Toast.makeText(getBaseContext(), "SMS delivered actions",
37                      Toast.LENGTH_SHORT).show();
38          }
39      }, new IntentFilter(DELIVERED_SMS_ACTION));
```

其中：

- 第 04～05 行，实现一个 PendingIntent，发送 sentIntent 意图。
- 第 06～29 行，注册实现广播接收者。该广播接收者用于接收发送完成后的广播，并根据不同的编码给出相应的提示信息。
- 第 31～32 行，实现一个 PendingIntent，发送 deliveryIntent 意图。
- 第 33～39 行，注册实现广播接收者。该广播接收者用于提示对方已经收到短信。

对于上述代码，需要了解的是 PendingIntent 类与普通的 Intent 的区别。

PendingIntent 类相对于一个延迟异步的广播，当有事件触发时则发送广播。获取 PendingIntent 实例的方法如下。

```
PendingIntent   getBroadcast(Context context, int requestCode, Intent intent, int flags)
```

其中，requestCode 是发送者发送的请求编号；intent 是被发送的广播意图。

实现的两个 PendingIntent 类，分别用于短信发送后的事件触发以及对方已经收到短信才广播意图 Intent。

（3）广播注册、权限申请。要直接发送短信，需要在 AndroidManifest.xml 文件中进行相应权限的申请，实现如下。

代码位置：见随书光盘中源代码/第 11 章/Sample_11_5/目录下的 AndroidManifest.xml 文件。

```
<?xml version="1.0" encoding="utf-8"?>
<manifest xmlns:android="http://schemas.android.com/apk/res/android"
  package="com.sample.Sample_11_5"
  android:versionCode="1"
  android:versionName="1.0" >
  <uses-sdk android:minSdkVersion="8" />

  <application
    android:icon="@drawable/ic_launcher"
    android:label="@string/app_name" >
    <activity
      android:label="@string/app_name"
      android:name=".Sample_11_5" >
      <intent-filter >
        <action android:name="android.intent.action.MAIN" />
        <category android:name="android.intent.category.LAUNCHER" />
      </intent-filter>
    </activity>
```

```
    </application>
    <uses-permission android:name="android.permission.SEND_SMS" />
    <uses-permission android:name="android.permission.RECEIVE_SMS" />
</manifest>
```

（4）运行分析比较。完成以上步骤后，运行该代码，在刚才的两个模拟器间进行测试。单击直接发送短信按钮后，效果如图 11-25 所示。其中，右边模拟器 5554 直接发送短信后，出现提示信息“success!”；左边模拟器 5556 接收到短信，在状态提示栏也给出了提示。

图 11-25　直接发送短信

但是，出现了一个问题：在模拟器中，当 5554 成功发送短信到 5556 后，5554 并没有给出对方接收到短信的提示信息。这是由于使用模拟器的原因，在真机中可以看到对方接收到短信的提示，如图 11-26 所示。

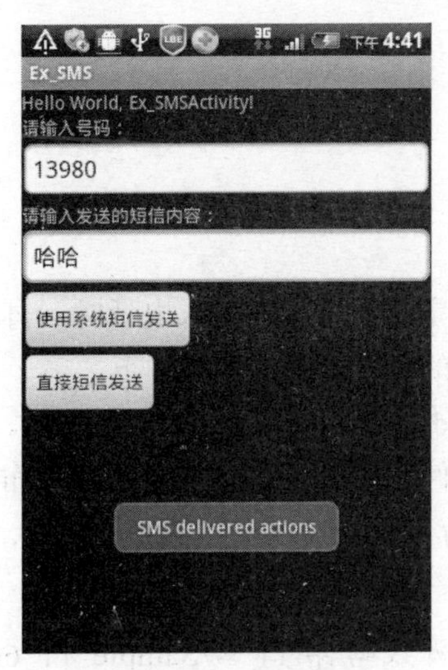

图 11-26　真机测试

至此，分别使用系统短信程序和直接发送短信的方式实现了发送短信的功能。在实现过程中，有一个很明显的区别就是使用系统短信程序不需要申请权限而直接发送必须申请权限，在实现后的效果上也有所不同。分别查看模拟器 5554 和模拟器 5556 中的短信程序的记录结果，如图 11-27 所示。

图 11-27　两种发送方式的记录结果

从图 11-27 可以看出短信发送模拟器 5554 中只有使用系统发送的短信“hello 5556”；而短信接收模拟器 5556 中，除了系统短信程序发送的短信外还有使用 SmsManager 直接发送的短信。由此可以看出，直接使用 SmsManager 发送的短信没有写入系统短信数据库中而留下记录，所以直接发送的方式又称为后台静默发送短信。

11.4 综合案例

11.4.1 电话免打扰

所谓的电话免打扰，即指定的电话号码呼入电话时，自动挂断该号码并回复短信。在本小节中，将详细介绍该案例的开发过程，步骤如下。

（1）创建一个新的 Android 项目，取名为 Sample_11_6。

（2）开发该案例的布局文件，打开 main.xml 文件进行布局设计，包括了拦截号码输入框、回复短信内容数据框、保存设置按钮以及拦截开启按钮，实现效果如图 11-28、图 11-29 所示。

代码位置：见随书光盘中源代码/第 11 章/Sample_11_6/res/layout 目录下的 main.xml 文件。

图 11-28　保存设置

图 11-29　开启拦截

（3）开发该案例的按钮逻辑，包括初始界面、保存设置以及拦截是否开启。打开 Sample_11_6.java 文件，添加如下代码。

代码位置：见随书光盘中源代码/第 11 章/Sample_11_6/src/com.sample.Sample_11_6 目录下的 Sample_11_6.java 文件。

```
01      @Override
02      protected void onCreate(Bundle savedInstanceState) {      //重写onCreate()
03          super.onCreate(savedInstanceState);
04          setContentView(R.layout.main);
05
06          et_phonenum=(EditText)findViewById(R.id.editText1);   //引用控件
07          et_sms=(EditText)findViewById(R.id.edittext2);
08          btn_save=(Button)findViewById(R.id.button1);
09          btn_open=(Button)findViewById(R.id.button2);
10
11          sp=getSharedPreferences("SP", MODE_PRIVATE);          //获得SharedPreferences对象
12          String phoneString=sp.getString("phone", "");         //获得phone
13          String smsString=sp.getString("sms", "");             //获得sms内容
14          is_open=sp.getBoolean("open", false);                 //获得释放拦截
15
16          if (!phoneString.equals("")) {                        //设置获得值
17              et_phonenum.setText(phoneString);
18          }
19          if (!smsString.equals("")) {
20              et_sms.setText(smsString);
21          }
22          if (is_open) {
23              btn_open.setText("关闭拦截");
24          }
25
26          btn_save.setOnClickListener(new OnClickListener() {   //添加监听事件
```

```
27              @Override
28              public void onClick(View v) {
29                  String phoneString=et_phonenum.getText().toString();  //获得输入号码
30                  String smsString=et_sms.getText().toString();          //获得输入短信内容
31                  if ((!phoneString.equals("")) &&(!smsString.equals(""))) {//判断是否输入
32                      Editor editor=sp.edit();
33                      editor.putString("phone", phoneString);
34                      editor.putString("sms", smsString);
35                      editor.commit();                            //保存到SharedPreferences中
36                      Toast.makeText(Sample_11_6.this, "已保存设置",
37                              Toast.LENGTH_LONG).show();
38                  }else {
39                      Toast.makeText(Sample_11_6.this, "请输入号码和短信内容",
40                              Toast.LENGTH_LONG).show();
41                  }
42              }
43          });
44
45          btn_open.setOnClickListener(new OnClickListener() {   //添加拦截按钮单击监听
46              @Override
47              public void onClick(View v) {
48                  if (is_open) {                                  //设置按钮状态
49                      is_open=false;
50                      btn_open.setText("开启拦截");
51                  }else {
52                      is_open=true;
53                      btn_open.setText("关闭拦截");
54                  }
55                  Editor editor=sp.edit();
56                  editor.putBoolean("open", is_open);
57                  editor.commit();                                //保存是否拦截状态
58              }
59          });
60  }
```

其中：

- 第 11~24 行，获得保存在 SharedPreferences 中的数据，包括电话号码、短信内容以及是否拦截，并在对应位置显示保存的内容。
- 第 26~43 行，添加保存设置按钮的监听事件。判断输入的内容，保存在 SharedPreferences 中。
- 第 45~59 行，添加拦截按钮的监听事件。改变按钮显示内容以及保存在 SharedPreferences 中。

（4）开发电话状态的广播处理，包括挂断电话以及发送短信。新建 Call_receiver.java，添加如下代码。

代码位置：见随书光盘中源代码/第 11 章/Sample_11_6/src/com.sample.Sample_11_6 目录下的 Call_receiver.java 文件。

```
01 public class Call_receiver extends BroadcastReceiver {
02     String phoneNumber, ed_num, ed_sms;
```

```
03      boolean is_open;
04      SharedPreferences sp;
05      @Override
06      public void onReceive(Context context, Intent intent) {
07          TelephonyManager tm = (TelephonyManager) context
08                  .getSystemService(Service.TELEPHONY_SERVICE);     //获取电话管理器
09          switch (tm.getCallState()) {                               //判断电话状态
10          case TelephonyManager.CALL_STATE_RINGING:                  //来电响铃
11              try {
12                  //来电拒听
13                  phoneNumber = intent.getStringExtra("incoming_number"); //获得号码
14                  sp = context.getSharedPreferences("SP", Context.MODE_PRIVATE);
15                  is_open = sp.getBoolean("open", false);
16                  if (!is_open) {
17                      break;                                         //未开启拦截，直接返回
18                  }
19                  ed_num = sp.getString("phone", "");
20                  if (phoneNumber.equals(ed_num)) {                  //对比判断是否是拦截号码
21                      util.getITelephony(tm).endCall();              //挂断电话
22                      Toast.makeText(context, "号码" + phoneNumber + "已经被挂断拦截",
23                              1000).show();
24                      //发送短信
25                      new Thread(new Runnable() {
26                          @Override
27                          public void run() {
28                              ed_sms = sp.getString("sms", "不方便接听电话");
29                              sendSmS(ed_num, ed_sms);               //发送短信
30                          }
31                      }).start();
32                  }
33              } catch (Exception e) {}
34              break;
35          case TelephonyManager.CALL_STATE_OFFHOOK:                  //来电接通，去电拨出
36              break;
37          case TelephonyManager.CALL_STATE_IDLE:                     //来、去电电话挂断
38              break;
39          }
40      }
41
42      private void sendSmS(String ph_num, String message) {
43          SmsManager sms = SmsManager.getDefault();                  //获得短信管理器
44          if (message.length() > 70) {
45              ArrayList<String> msgs = sms.divideMessage(message);
46              for (String msg : msgs) {
47                  sms.sendTextMessage(ph_num, null, msg, null, null);  //发送短信
48              }
49          } else {
50              sms.sendTextMessage(ph_num, null, message, null, null);  //发送短信
51          }
52      }
53  }
```

其中：

- 第 13~18 行，获得呼入号码以及是否拦截状态，如果不拦截则直接返回。

- 第 19~32 行，为拦截状态时，判断呼入号码是否为指定号码，挂断电话回复短信。对于挂断电话，需要使用到隐藏方法，具体实现参见 11.1 节。
- 第 42~52 行，发送短信。

（5）添加广播的注册以及添加需要的权限。打开 AndroidManifest.xml，用添加如下代码。

代码位置：见随书光盘中源代码/第 11 章/Sample_11_6 目录下的 AndroidManifest.xml 文件。

```
01    <!-- 改变电话状态 -->
02    <uses-permission android:name="android.permission.MODIFY_PHONE_STATE" />
03    <!-- 获取电话状态 -->
04    <uses-permission android:name="android.permission.READ_PHONE_STATE" />
05    <!-- 拨出电话 -->
06    <uses-permission android:name="android.permission.PROCESS_OUTGOING_CALLS" />
07    <!-- 电话 -->
08    <uses-permission android:name="android.permission.CALL_PHONE"/>
09    <!-- 发送短信 -->
10    <uses-permission android:name="android.permission.SEND_SMS"/>"
11       <receiver
12         android:name="com.sample.sample_11_6.Call_receiver"
13         android:priority="10000" >
14         <intent-filter>
15            <action android:name="android.intent.action.PHONE_STATE" />
16         </intent-filter>
17      </receiver>
```

（6）运行该案例，输入拦截的号码以及回复的内容并进行保存。开启拦截后，退出程序界面。

启动另一模拟器 5556，呼叫安装本案例的模拟器 5554，如图 11-30 所示。刚呼入即被挂断，并收到来自 5554 的短信，如图 11-31 所示。

图 11-30　呼叫 5554

图 11-31　回复短信

11.4.2　手机信息获取

对于手机的信息，可以使用 TelephonyManager 来获得。在本小节中，将详细介绍该案例的开发过程，步骤如下。

（1）创建一个新的 Android 项目，取名为 Sample_11_7。

（2）准备数组资源。由于使用到了多个字符串数组，而且这些数组在程序的运行过程中不会发生改变。为了管理方便，使用数组资源来进行保存。在 res/values 目录下新建 array.xml 文件，在其中输入如下代码。

代码位置：见随书光盘中源代码/第 11 章/Sample_11_7/res/values 目录下的 array.xml 文件。

```
01 <?xml version="1.0" encoding="utf-8"?>
02 <resources>
03     <string-array name="listItem">                    <!-- 声明一个名为 listItem 的字符串数组 -->
04         <item>设备编号</item>
05         <item>SIM 卡国别</item>
06         <item>SIM 卡序列号</item>
07         <item>SIM 卡状态</item>
08         <item>软件版本</item>
09         <item>网络运营商代号</item>
10         <item>网络运营商名称</item>
11         <item>手机制式</item>
12         <item>设备当前位置</item>
13     </string-array>
14     <string-array name="simState">                    <!-- 声明一个名为 simState 的字符串数组 -->
15         <item>状态未知</item>
16         <item>无 SIM 卡</item>
17         <item>被 PIN 加锁</item>
18         <item>被 PUK 加锁</item>
19         <item>被 NetWork  PIN 加锁</item>
20         <item>已准备好</item>
21     </string-array>
22     <string-array name="phoneType">                   <!-- 声明一个名为 phoneType 的字符串数组 -->
23         <item>未知</item>
24         <item>GSM</item>
25         <item>CDMA</item>
26     </string-array>
27 </resources>
```

说明：将数组资源声明到一个文件中便于系统的管理与维护。

（3）开发该案例的布局文件，打开 main.xml 文件，其代码如下。

代码位置：见随书光盘中源代码/第 11 章/Sample_11_7/res/layout 目录下的 main.xml 文件。

```
<?xml version="1.0" encoding="utf-8"?>
<LinearLayout xmlns:android="http://schemas.android.com/apk/res/android"
   android:orientation="vertical"
   android:layout_width="fill_parent"
```

```
    android:layout_height="fill_parent"
    >                                              <!-- 声明一个线性布局 -->
    <ScrollView
     android:fillViewport="true"
     android:layout_width="fill_parent"
     android:layout_height="fill_parent"
    >                                              <!-- 声明一个 ScrollView -->
        <ListView
            android:id="@+id/lv"
            android:layout_width="fill_parent"
            android:layout_height="fill_parent"
            />                                     <!-- 声明一个 ListView -->
        </ScrollView>
  </LinearLayout>
```

（4）开发该案例的获得手机信息的代码，打开 Sample_11_7.java 文件，添加下列代码。

代码位置：见随书光盘中源代码/第 11 章/Sample_11_7/src/com.sample.Sample_11_7 目录下的 Sample_11_7.java 文件。

```
01      @Override
02      public void onCreate(Bundle savedInstanceState) {
03          super.onCreate(savedInstanceState);
04          setContentView(R.layout.main);
05          tm = (TelephonyManager) getSystemService(Context.TELEPHONY_SERVICE);
06          listItems = getResources().getStringArray(R.array.listItem); //获得XML文件中的数组
07          simState = getResources().getStringArray(R.array.simState); //获得XML文件中的数组
08          phoneType = getResources().getStringArray(R.array.phoneType); //获得XML文件中的数组
09          initListValues();                                //初始化列表项的值
10          ListView lv = (ListView) findViewById(R.id.lv); //获得ListView对象
11          lv.setAdapter(ba);
12      }
13
14      public void initListValues() {                      //方法：获取各个数据项的值
15          if (tm.getDeviceId() != null)
16              listValues.add(tm.getDeviceId());           //获取设备编号
17          else
18              listValues.add("未知");
19          if (tm.getSimCountryIso() != null)
20              listValues.add(tm.getSimCountryIso());      //获取SIM卡国别
21          else
22              listValues.add("未知");
23          if (tm.getSimSerialNumber() != null)
24              listValues.add(tm.getSimSerialNumber());    //获取SIM卡序列号
25          else
26              listValues.add("未知");
27          listValues.add(simState[tm.getSimState()]);    //获取SIM卡状态
28          listValues.add((tm.getDeviceSoftwareVersion() == null ? tm
29                  .getDeviceSoftwareVersion() : "未知")); //获取软件版本
30          if (tm.getNetworkOperator() != null)
31              listValues.add(tm.getNetworkOperator());    //获取网络运营商代码
32          else
33              listValues.add("未知");
```

```
34          if (tm.getNetworkOperatorName() != null)
35              listValues.add(tm.getNetworkOperatorName());      //获取网络运营商名称
36          else
37              listValues.add("未知");
38          listValues.add(phoneType[tm.getPhoneType()]);         //获取手机 制式
39          if (tm.getCellLocation() != null)
40              listValues.add(tm.getCellLocation().toString()); //获取设备当前位置
41          else
42              listValues.add("未知");
43      }
```

其中：

- 第 05~11 行，设置布局，并设置数据以及适配器。
- 第 14~42 行，获得电话信息，包括了设备号、国别、序列号、SIM 状态、软件版本、网络运营商代码和名称、手机制式以及设置当前位置。

（5）实现 ListView 的适配器。在这里就不再详细讲解。

代码位置：见随书光盘中源代码/第 11 章/Sample_11_7/src/com.sample.Sample_11_7 目录下的 Sample_11_7.java 文件。

（6）运行该案例，即可获得当前手机的基本信息，如图 11-32 所示。

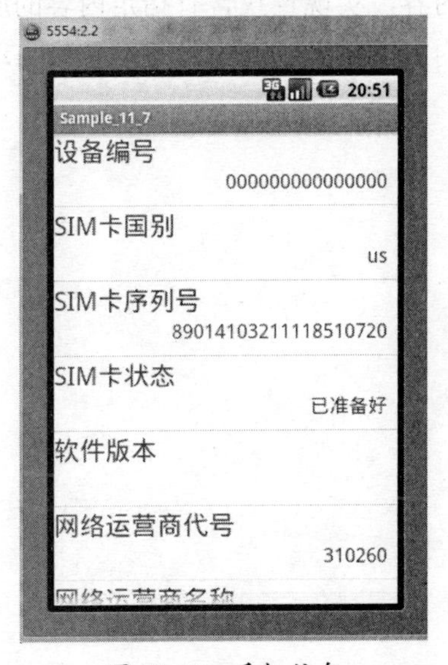

图 11-32　手机信息

11.5　总结

在本章中介绍了 Android 手机必不可少的短信和通话功能。通过实现导出短信、收发短信、呼入呼出电话等手机开发的常用功能，详细介绍了 Android 系统处理短信以及电话的特点。这些是本章的重点和难点，是做手机通讯的相关开发中必须掌握的技能。

知　识　点	难度指数（1~6）	占用时间（1~3）
呼出电话	1	1
呼入电话处理	3	2
自动接通电话	4	2
系统短信的保存	2	1
导出短信	6	3
拦截短信	5	3
直接发送短信	4	2
系统发送短信	2	1

11.6 习题

（1）结合语音通话与之前章节中讲解的音频录制的相关内容，实现电话录音的功能，即在 11.1 节中获取当前电话状态，如果是正在通话状态则启动音频录制。

（2）结合短信导出相关内容，实现查找含有指定内容的所有短信。

（3）结合短信收发相关内容，实现对指定号码短信的自动回复。

第 12 章 天柱云气：感应器的使用

本章将介绍 Android 系统中常见的感应器的使用。目前手机在人们的日常生活中越来越重要的一个原因就是其具备了各式各样的感应器，主要包括了 GSP 位置传感器、方向传感器、加速度传感器、重力传感器、温度传感器、压力传感器、磁场传感器、陀螺仪、亮度传感器、邻近度传感器等，增添了用户位置的获取以及交互方式的改变。在本章中，将介绍 Android 中传感器的使用。

12.1 GPS 信息

全球定位系统（Global Positioning System，GPS）从最早的用于军事上，到现在已经被越来越广泛地应用在了日常生活中，如常见的车载 GPS 导航仪、智能手机上的 GPS 应用等。GPS 定位是基于卫星的，因此又被称为全球卫星定位系统，用于 GPS 的卫星通常运行在中距离的圆形轨道上，它可以为地球表面绝大部分地区提供准确的定位、测速和高精度的时间标准。

由于 GPS 的实用性，越来越多的智能手机开始支持它，Android 系统也不例外。GPS 几乎是每个搭载 Android 平台的手机的必备功能，本节将要介绍在 Android 系统中获取 GPS 信息，通过 GPS 就可以获得移动设备的位置信息。整个实例实现如下。

（1）在 Eclipse 中新建一个项目 Sample_12_1。

（2）打开 res/layout 目录下的 main.xml 文件，修改界面布局。在界面中，只需要一个 TextView 用于显示获取的 GPS 信息即可，如图 12-1 所示。该界面简单，不再赘述。

代码位置：见随书光盘中源代码/第 12 章/Sample_12_1/res/layout 目录下的 main.xml 文件。

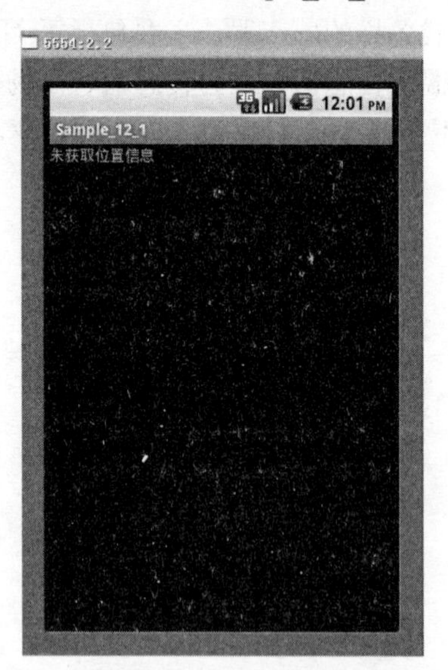

图 12-1　获取 GPS 界面

（3）GPS 获取。对于 GPS 获取，在 Android 中提供了专门的类进行获取。打开项目 src/com.sample.Sample_12_1 目录下的 Sample_12_1.java 文件，将其中已有代码替换为如下代码。

代码位置：见随书光盘中源代码/第 12 章/ Sample_12_1/src/com.sample.Sample_12_1 目录下的 Sample_12_1.java 文件。

```
01 package com.sample.Sample_12_1;                          //声明包语句
02 import android.app.Activity;                             //引入相关类
03 import android.content.Context;                          //引入相关类
```

```
04 ……//此处省略部分引入相关类的代码，读者可自行查阅随书光盘
05 import android.os.Bundle;                          //引入相关类
06 import android.widget.EditText;                    //引入相关类
07 public class Sample_12_1 extends Activity {
08     LocationManager lm;                    //声明 LocationManager 对象的引用
09     TextView tv;                           //声明 TextView 对象的引用
10     LocationListener ll = new LocationListener(){
11         @Override
           //重写 onLocationChanged 方法
12         public void onLocationChanged(Location location) {
13             updateView(location);
14         }
15         @Override
           //重写 onProviderDisabled 方法
16         public void onProviderDisabled(String provider) {
17             updateView(null);
18         }
19         @Override
           //重写 onProviderEnabled 方法
20         public void onProviderEnabled(String provider) {
21             Location l= lm.getLastKnownLocation(provider);//获取位置信息
22             updateView(l);                 //更新 TextView 控件的内容
23     }
24     @Override                             //重写 onStatusChanged 方法
25     public void onStatusChanged(String provider, int status, Bundle extras) {
26         }
27     };
28     @Override
29     public void onCreate(Bundle savedInstanceState) {   //重写 onCreate 方法
30         super.onCreate(savedInstanceState);
31         setContentView(R.layout.main);                  //设置当前屏幕
32         tv = (TextView)findViewById(R.id.tv);           //获得 TextView 对象
33         lm = (LocationManager)getSystemService(Context.LOCATION_SERVICE);
           //设置查询条件
34         String bestProvider = lm.getBestProvider(getCriteria(), true);
35         Location l= lm.getLastKnownLocation(bestProvider);   //获取位置信息
36         updateView(l);                            //更新 TextView 控件的内容
           //添加 LocationListener 监听器
37         lm.requestLocationUpdates(bestProvider, 5000, 8, ll);
38     }
39     public Criteria getCriteria(){ //方法：返回查询条件}
       //方法：更新 TextView 中显示的内容}
40     public void updateView(Location newLocation){
41 }
```

其中：

- 第 8 行，声明了 LocationManager 对象的引用，第 9 行声明了用于显示位置信息的 TextView 对象的引用。这两个成员变量将会在 onCreate 方法中被赋值。
- 第 10～27 行，自定义了一个 LocationListener 监听器对象，主要进行的工作是对 onLocationChanged、onProviderDisabled 和 onProviderEnabled 方法进行重写。
- 第 29～38 行，为重写的 onCreate 方法，该方法的主要功能是初始化成员变量 et

以及 lm，并为 LocationManager 添加 LocationListener 监听器。

- 第 39～40 行，为自己开发的 getCriteria 和 updateView 方法，关于这两个方法的详细代码将在后面进行介绍。

在上述代码中，需要重点掌握的是关于位置信息管理类 LocationManager 的使用。

该类的对象提供了用于访问设备位置信息的服务，这些服务可以使应用程序周期性地获得设备位置数据的更新，还可以在设备的地理位置满足特定条件时触发 Intent 广播。LocationManager 类的对象不需要实例化，而是通过 Context 对象的 getSystemService(Context.LOCATION_SERVICE)方法来获得。

通过调用 LocationManager 类的 getLastKnownLocation(String provider)方法可以获取地理位置信息，该方法返回一个封装了经纬度等信息的 Location 对象，开发人员可以对其进行解析获取有用的信息。如果不设置查询条件，则 getLastKnownLocation 方法传入的参数为 LocationManager.GPS_PROVIDER。

①设置查询条件。当需要为地理位置信息的获取设置查询条件时，需要创建一个 Criteria 对象，并调用该对象的 set 方法设置查询条件，可以设置的查询条件包括地理位置的解析精度、允许的电池电量消耗级别、是否要求海拔高度和速度等。

设置好查询条件之后，调用 LocationManager 的 getBestProvider（Criteria criteria，Boolean enabledOnly）方法传入创建好的 Criteria 对象，该方法返回一个 String 对象。该 String 对象可作为 getLastKnownLocation 方法的传入参数。

②添加位置变化监听器。调用 LocationManager 类的 getLastKnownLocation 方法只是主动地查询地理位置信息，如果需要在地理位置信息发生变化后自动通知系统时，可以为 LocationManager 添加一个 LocationListener 监听器，实现该监听器需要实现如下几个方法。

- onLocationChanged(Location location)，当设备位置信息发生变化时调用该方法。
- onProviderDisabled(String provider)，当设备的 Location Provider 被禁用时调用该方法，如果注册监听器时设备已经禁用了 Location Provider，则该方法将会被立即调用。
- onProviderEnabled(String provider)，当设备的 Location Provider 被启用时调用该方法。
- onStatusChanged(String provider, int status, Bundle extras)，当设备的 Location Provider 状态发生变化时触发该方法，可取的状态为 TEMPORARILY_UNAVAILABLE、OUT_OF_SERVICE 和 AVAILABLE。

通过调用 LocationManager 的 requestLocationUpdates(String provider, long minTime, float minDistance, LocationListener listener)方法可以添加一个 LocationListener 监听器，其中传入的 minTime 和 minDistance 代表了地理位置更新的最小时间间隔以及位移变化的最短距离。

调用 LocationManager 的 removeUpdates 方法可以移除指定的 LocationListener。

（4）查询调节。在上述代码中的第 34 行调用了 getCriteria 方法来完成获取位置信息的设置查询条件，该方法的代码如下。

代码位置：见随书光盘中源代码/第 12 章/ Sample_12_1/src/com.sample.Sample_12_1 目录下的 Sample_12_1.java 文件。

```
01 public Criteria getCriteria(){                                  //方法：返回查询条件
02     Criteria c = new Criteria();
03     c.setAccuracy(Criteria.ACCURACY_COARSE);                    //设置查询精度
04     c.setSpeedRequired(false);                                  //设置是否要求速度
05     c.setCostAllowed(false);                                    //设置是否允许产生费用
06     c.setBearingRequired(false);                                //设置是否需要得到方向
07     c.setAltitudeRequired(false);                               //设置是否需要得到海拔高度
08     c.setPowerRequirement(Criteria.POWER_LOW);                  //设置允许的电池消耗级别
09     return c;                                                   //返回查询条件
10 }
```

其中：

- 第 02 行，实例化一个 Criteria 对象，然后调用该对象用于设置查询条件；
- 第 03～08 行，使用 set 方法对不同的查询条件进行设置。

（5）显示更新。在第（3）步代码中的第 40 行省略了 updateView 方法的代码。该方法用于在获得 GPS 信息后在 TextView 中显示，其代码如下。

代码位置：见随书光盘中源代码/第 12 章/ Sample_12_1/src/com.sample.Sample_12_1 目录下的 Sample_12_1.java 文件。

```
1  public void updateView(Location newLocation){ //方法：更新 TextView 中显示的内容
2      if(newLocation !=null){                      //判断是否为空
3          tv.setText("您现在的位置是\n 纬度：");
4          tv.append(String.valueOf(newLocation.getLatitude()));     //获得纬度
5          tv.append("\n 经度：");
6          tv.append(String.valueOf(newLocation.getLongitude()));    //获得经度
7      }
8      else{                               //如果传入的 Location 对象为空则清空 TextView
9          tv.setText("未获取位置信息");                //清空 TextView 对象
10     }
11 }
```

其中：

- 第 2 行，判断传入的 Location 对象是否为 null，如果为 null 则清空 TextView 控件的显示内容；否则读取 Location 对象中的信息。
- 第 4 行和第 6 行，调用了 Location 对象的 getLatitude 和 getLongitude 方法获取当前位置的纬度和经度，同时还可以获取对位置的解析精度等信息。

（6）权限申请。位置信息是用户的一个隐私信息，在获取 GPS 信息的时候需要为应用程序声明获取位置信息的权限，打开项目的 AndroidManifest.xml 文件，代码替换如下。

代码位置：见随书光盘中源代码/第 12 章/Sample_12_1 目录下的 AndroidManifest.xml 文件。

```
<?xml version="1.0" encoding="utf-8"?>
<manifest xmlns:android="http://schemas.android.com/apk/res/android"
```

```
        package="com.sample.Sample_12_1"
        android:versionCode="1"
        android:versionName="1.0">
    <application android:icon="@drawable/icon" android:label="@string/app_name">
        <activity android:name=".Sample_12_1"
                android:label="@string/app_name">
            <intent-filter>
                <action android:name="android.intent.action.MAIN" />
                <category android:name="android.intent.category.LAUNCHER" />
            </intent-filter>
        </activity>
    </application>
    <uses-sdk android:minSdkVersion="7" />
    <uses-permission android:name="android.permission.ACCESS_FINE_LOCATION" />
    <uses-permission android:name="android.permission.ACCESS_COARSE_LOCATION" />
</manifest>
```

（7）运行分析。完成上述步骤的开发之后，下面运行本案例。虽然模拟器中没有 GPS 设备，但是可以通过 DDMS 工具提供的 EmulatorControl 来模拟 GPS 数据，在 Eclipse 的 DDMS 界面中找到 EmulatorControl 面板，在 Location Controls 的 Manual 选项卡中输入模拟的地理位置的经纬度，如图 12-2 所示。

输入好模拟的 GPS 数据后单击“Send”按钮发送，可以看到应用程序界面中输出了相应的经度和纬度数据，如图 12-3 所示。

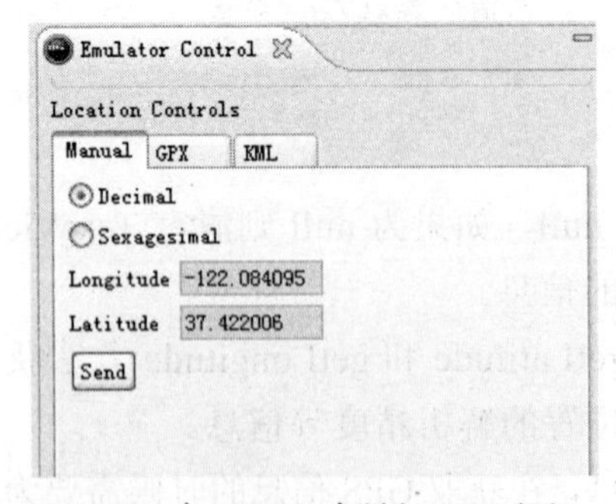

图 12-2　在 DDMS 中模拟 GPS 数据

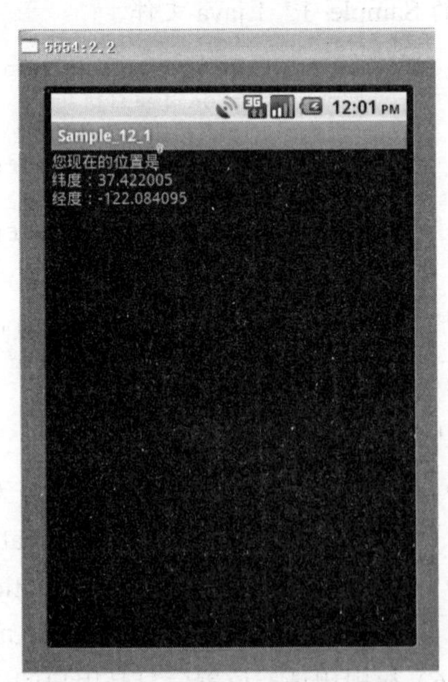

图 12-3　输出 GPS 数据

12.2　谷歌地图

基于 GPS 强大的信息获取功能和 Google 极其丰富的地图、卫星图像、街景图像等资源，将两者进行结合就有了更加强大的应用。

对于这一点，可以说在 Android 上开发与地理信息相结合的应用有着其他平台无可比拟的优势。本节就将和大家一起来学习如何在 Android 上使用谷歌地图。

12.2.1 Map 使用

GPS 最核心的数据就是依据卫星所确定的经纬度数据，上一节中已经实现了对其的获取，但是仅仅得到一个经纬度的数据并不能够直观地表现为“位置”，必须结合地图才能将经纬度数值代表的地点标示出来，因此，本节首先来介绍如何在 Android 中使用 Google Map。

1. Google APIs 安装

首先，需要在 SDK Manager 中下载使用 Google Map 的 API 包，其是由谷歌提供的第三方开发工具包，主要用于开发包含地图的应用程序。这个包必须结合相同 API Level 的 SDK Platform 使用，为此，必须在 SDK Manager 中下载好一套 SDK Platform + Google APIs，如图 12-4 所示。

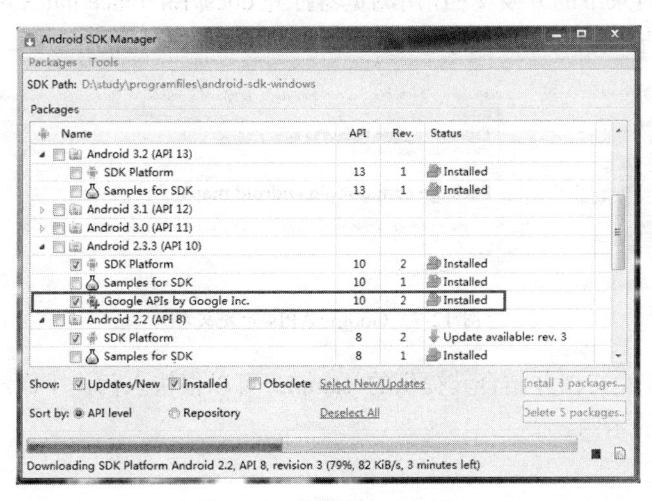

图 12-4 下载 Google APIs

下载完成之后，在 AVD Manager 中新建 AVD 时，就可以选择新建支持 Google APIs 的模拟器了，如图 12-5 所示，建立一个支持 Google APIs 的模拟器供之后使用；在新建项目时 Select Build Target 页面中也会出现相应 Google APIs 的选项，如果新建的项目是与地图相关的，那么就需要选择 Google APIs 作为 Build Target，如图 12-6 所示。

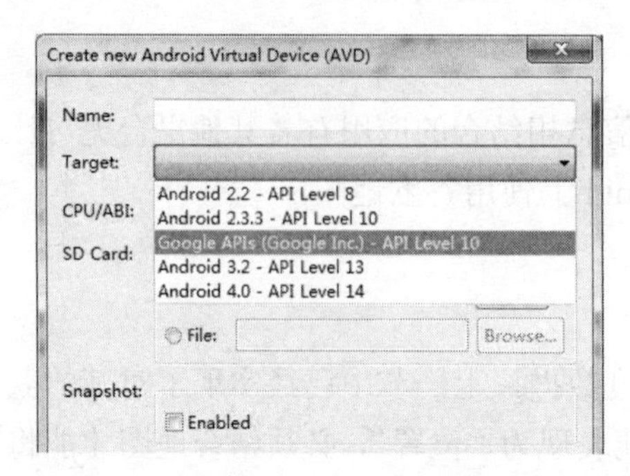

图 12-5 创建 AVD 时选择 Google APIs

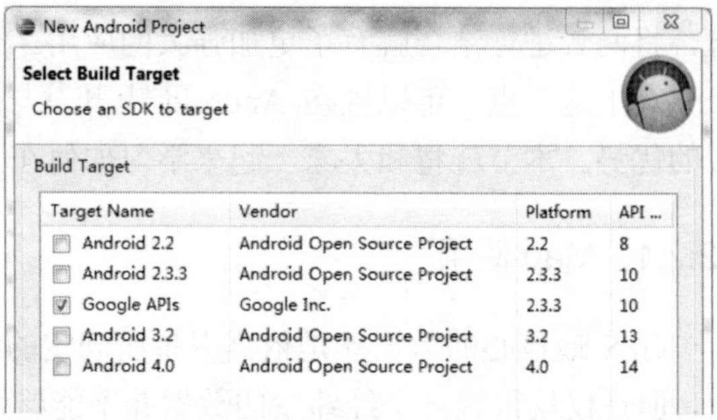

图 12-6 创建项目时选择 Google APIs 作为 Build Target

2. Google APIs 文档

下载好的 Google APIs 可以在<android-sdk>/add-ons 目录下找到，这个目录下存放的是不属于标准 Platform SDK 的、由第三方提供的 API，如果已经在前面所说的步骤中正确地安装了 Google APIs，就可以在该目录下找到类似 addon_google_apis_google_inc_10 的目录，该目录下包括了为模拟器所使用的已编译镜像、API 类库、示例和 API 文档，其中最有用的就是位于 docs 目录下的开发文档，用浏览器打开 docs/ reference/index.html 文件就可以看到相关的 API 文档，如图 12-7 所示。

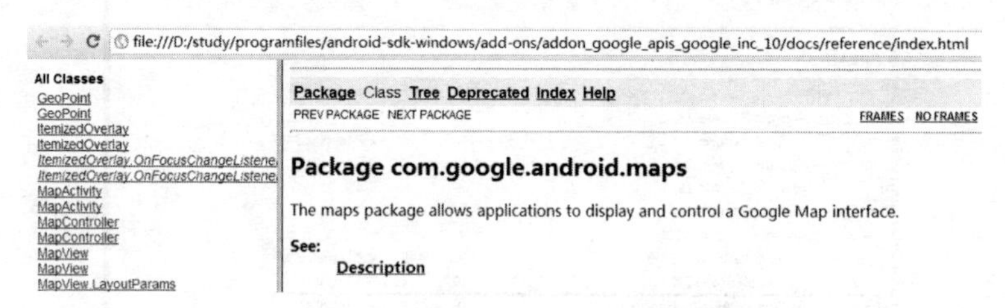

图 12-7 Google APIs 开发文档

通过阅读该开发文档并结合其提供的 sample 可以很快入门。下面一起来建立并运行 Google APIs 自带的示例。

3. 运行示例

通过执行“New→Android Project→Create project from existing sample→Google APIs→MapsDemo→Finish”命令来完成项目的创建，然后直接作为 Android Application 运行，模拟器会出现如图 12-8 所示的界面，可以看到这是一个有两个选项的列表，每一项对应了一个 Activity。

其中，第一个 Activity 即 MapViewDemo 实现的功能是显示一个 MapView（内容显示为 Google 提供的在线地图）；第二个 Activity MapViewCompassDemo 实现的功能是一个带指南针功能的地图。此处只需要看第一个示例的功能，单击 MapViewDemo 行将会跳转进入一个新的界面，然而，这个界面中并没有出现我们希望见到的地图，如图 12-9 所示。

这是为什么呢？难道官方所提供的这个示例存在错误吗？其实不是的，出于某些原因（如防止 Google 地图的 API 被滥用），Google 要求每一个使用该 API 的产品必须申请一个唯一的 API Key 作为凭证，这个 API Key 是根据开发者所使用的计算机的“指纹”来确定的，所以每一台计算机会分配到一个唯一的 API Key，这个 API Key 需要在 MapView 的 android:apiKey 属性中进行指定。

对于此处的 MapsDemo 示例，则是在 res/layout/mapview.xml 文件中进行指定，mapview.xml 的代码如下，其中字体加粗的一行即为需要填入 API Key 的地方，API Key 的申请将在下一步中进行说明。

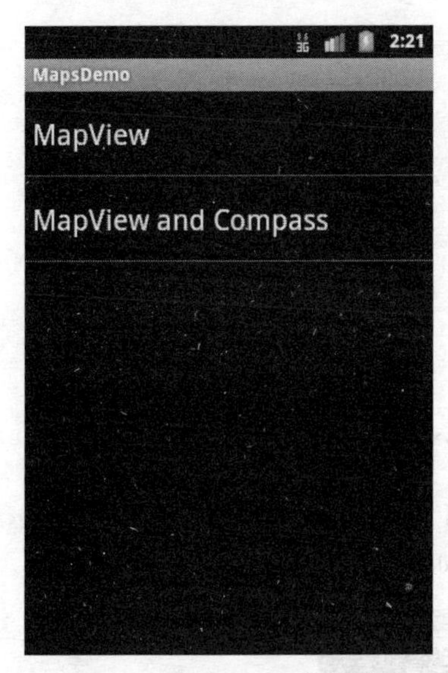

图 12-8　MapsDemo 启动界面

图 12-9　空白的 MapView

代码位置：见随书光盘中源代码/第 12 章/MapsDemo/res/layout 目录下的 mapview.xml 文件。

```
01 <LinearLayout xmlns:android="http://schemas.android.com/apk/res/android"
02     android:id="@+id/main"
03     android:layout_width="match_parent"
04     android:layout_height="match_parent">
05     <com.google.android.maps.MapView
06         android:layout_width="match_parent"
07         android:layout_height="match_parent"
08         android:enabled="true"
09         android:clickable="true"
10         android:apiKey="apisamples"
11         />
12 </LinearLayout>
```

4. 获取 Google Maps API Key

申请 API Key 的地址为 http://code.google.com/intl/zh-cn/android/maps-api-signup.html，地址可能会变化，用 Google 搜索“Android Maps API Key”即可，具体步骤如下。

- 获取计算机的唯一 MD5 码，又称“认证指纹”。
- API Key 是与 Google 账户相关联的，注册 Google 账号。
- 到前面提供的网址提交该 MD5 码，获取 API Key。

下面结合图例来进行具体说明。

（1）复制 keystore 路径。先需要获取到本机的 keystore 文件的路径，该文件也将成为生成认证指纹的一个依据，keystore 文件路径可以在 Eclipse 的 Preferences 下找到，依次执行“Window→Preferences→Android→Build”命令，如图 12-10 所示。复制 Default debug keystore 对应的内容待用，该内容即 debug.keystore 文件的绝对路径。

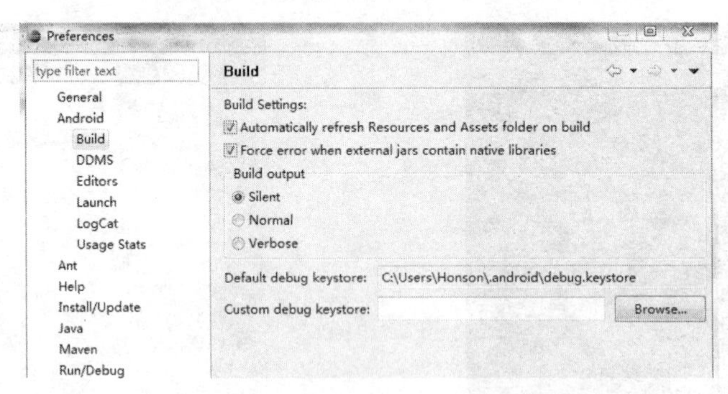

图 12-10　获取 debug.keystore 路径

（2）进入命令提示符。首先打开命令提示符，并定位至 Java 路径下的 jre6\bin，因为在该目录下有用于生成认证指纹的工具 keytool.exe，如图 12-11 所示。

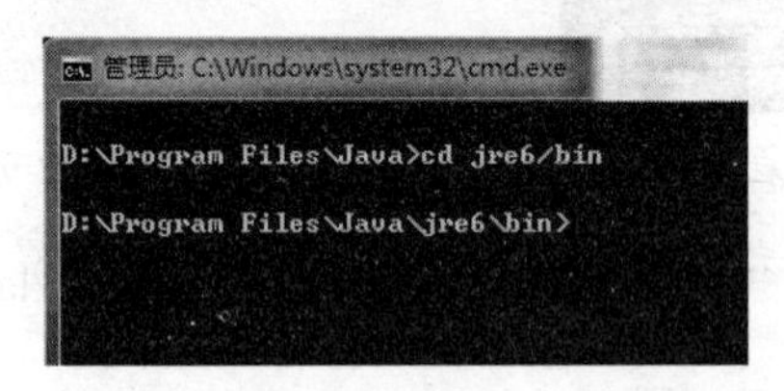

图 12-11　命令提示符定位至 jre6\bin

（3）生成认证指纹。在命令提示符下，输入代码如下。

```
keytool -list -alias androiddebugkey -keystore "C:\User\Honson\.android\debug.keystore" -storepass android -keypass android
```

其中黑体部分需要替换成第（2）步中得到的内容，后面的–storepass android –keypass android 是设置密码的参数，可以任意填写。按“Enter”键后，将会得到“认证指纹”，如图 12-12 所示，每台计算机的认证指纹码都是唯一的，复制该串数据（此处是 C3:55:9D:08:89:2F:B6:A7:9D:26:5D:09:8C:D1:73:B5）备用。

```
D:\Program Files\Java\jre6\bin>keytool -list -alias androiddebugkey -keystore "C
:\Users\Honson\.android\debug.keystore" -storepass android -keypass android
androiddebugkey, 2010-10-15, PrivateKeyEntry,
认证指纹 (MD5): C3:55:9D:08:89:2F:B6:A7:9D:26:5D:09:8C:D1:73:B5

D:\Program Files\Java\jre6\bin>
```

图 12-12　得到认证指纹

（4）生成 API Key。进入 http://code.google.com/intl/zh-cn/android/maps-api-signup.html 页面，如图 12-13 所示，在“My certificate’s MD5 fingerprint”的文本框里填入在第（3）步

中得到的认证指纹（MD5）码，然后单击“Generate API Key”按钮。

如果没有登录 Google 账户，则会提示登录账户后再进行操作，如果没有 Google 账户就需要先申请一个，如图 12-14 所示。

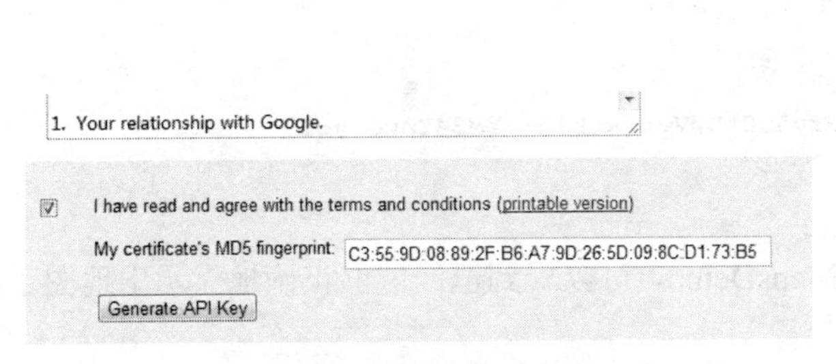

图 12-13　填入认证指纹码

图 12-14　登录 Google 账户

（5）API Key 获取成功。如果已经登录了 Google 账户，单击“Generate API Key”按钮后就将得到自己的 API Key 了，在打开的页面中还简要介绍了如何使用 API Key，即将该 API Key 作为 MapView 的 android:apiKey 属性的值，如图 12-15 所示。

Google 地图 API

Google 代码主页 > Google 地图 API > Google 地图 API 注册

感谢您注册 Android 地图 API 密钥！

您的密钥是：

0k-swCMzyAu2-B-mdTbRRQzbbR6rcvHyB3J7mbw

此密钥适用于所有使用以下指纹所对应证书进行验证的应用程序：

C3:55:9D:08:89:2F:B6:A7:9D:26:5D:09:8C:D1:73:B5

下面是一个 xml 格式的示例，帮助您了解地图功能：

```
<com.google.android.maps.MapView
   android:layout_width="fill_parent"
   android:layout_height="fill_parent"
   android:apiKey="0k-swCMzyAu2-B-mdTbRRQzbbR6rcvHyB3J7mbw"
   />
```

有关详细信息，请查看 API 文档。

图 12-15　注册 API Key 成功

需要注意的是，该 API Key 只适用于当前用于申请的计算机，如果开发工作转移到了另一台计算机上，那么仍然会出现空白的 MapView，此时就需要重新申请一个 API Key，通常当在自己开发的应用中发现 MapView 是空白时，排除网络的原因，最大的可能就是因为使用了不配套的 API Key 所致。

另外，由于前面申请的 API Key 是根据 debug.keystore 生成的，因此该 API Key 也只适用于开发测试，如果要正式发布应用则需首先生成一个非测试的 keystore，然后获取 API Key，非测试的 keystore 可以使用 eclipse 生成。

5．修改示例，使地图能够正确显示

打开 mapview.xml，并将申请的 API Key 填入 android:apiKey，修改后代码如下。

代码位置：见随书光盘中源代码/第 12 章/MapsDemo/res/layout 目录下的 mapview.xml 文件。

```
01    <com.google.android.maps.MapView
02        android:layout_width="match_parent"
03        android:layout_height="match_parent"
04        android:enabled="true"
05        android:clickable="true"
06        android:apiKey="0k-swCMzyAu0tDwVytvRtZi5--YM34YpwGVyq1Q"
07        />
```

6．重新运行示例

修改了 API Key 之后，重新运行 MapsDemo，可以看到已经能够正确地显示出地图了，如图 12-16 所示。

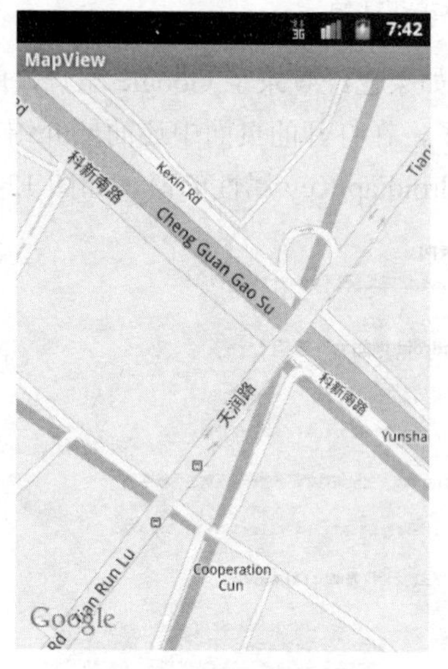

图 12-16　正确显示出地图

12.2.2　位置显示

完成了以上的修改后，MapView 已经能够正确地显示出地图，有了地图的显示就能够将获取的 GPS 数据直观地反映到视图上去了。接下来为示例增加 GPS 位置获取的代码。

（1）实现 LocationListener 接口。在 12.1 节中实现了 LocationListener 接口的类，LocationListener 接口的 onLocationChanged()方法将会在 GPS 模块传回新的数值时被回调，并将新的 GPS 数据作为参数传入。

在 src/com.example.android.apis.view 目录下新建一个名为 MyLocationListener.java 的类并使其实现 LocationListener 接口，该类的功能是当 GPS 数据更新时，在手机界面上显示一个 Toast 消息框，消息内容为新的位置经纬度，并且将地图定位至新的 GPS 数据所代表的地点。具体代码如下。

代码位置：见随书光盘中源代码/第 12 章/MapDemo/src/com.example.android.apis.view 目录下的 MyLocationListener.java 文件。

```
01 public class MyLocationListener implements LocationListener
02 {
03     private Context context;
04     private MapView mapView;
05     private MapController mapController;
06
07     public MyLocationListener(Context context, MapView mapView, MapController
       mapController){
08         this.context = context;
09         this.mapView = mapView;
10         this.mapController = mapController;
11     }
12
13     @Override
14     public void onLocationChanged(Location loc) {
15         if (loc != null) {
16         GeoPoint nowAt = new GeoPoint((int)(loc.getLatitude()*1e6),(int)(loc.
           getLongitude()*1e6));
17         mapController.animateTo(nowAt);
18             Toast.makeText(context,
19                 "位置改变 : 纬度: " + loc.getLatitude() +
20                 " 经度: " + loc.getLongitude(),
21                 Toast.LENGTH_SHORT).show();
22             mapView.invalidate();
23         }
24     }
25     @Override
26     public void onProviderDisabled(String provider) {}
27     @Override
28     public void onProviderEnabled(String provider) {}
29     @Override
30     public void onStatusChanged(String provider, int status, Bundle extras) {}
31 }
```

其中：

- 第 07 行，MyLocationListener 的构造方法需要传入应用上下文 context、需要更新的 mapView 以及控制 mapView 更新的 mapController 作为参数；
- 第 16～17 行，获取新的 GPS 位置数据，并使 mapView 的中心点移至新的 GPS 位置；
- 第 18～21 行，用于显示一条包含新的经纬度信息的 Toast 消息；
- 第 22 行，即时刷新 mapView。

（2）注册 MyLocationListener。实现了监听接口后，则需要在 MapViewDemo 这个 Activity 里对该监听器进行注册，注册监听器通过 LocationManager 完成，监听器注册成功后，Activity 就能够按一定的频率接收到位置的改变。代码如下。

代码位置：见随书光盘中源代码/第 12 章/MapDemo/src/com.example.android.apis.view 目录下的 MapViewDemo.java 文件。

```
01      context = getBaseContext();                                      //获取应用程序上下文环境
02      locationManager = (LocationManager) getSystemService(Context.LOCATION_SERVICE);
03                        //获取位置管理器
04      locationListener = new MyLocationListener(context, mapView, mapController);

05                        //新建位置监听器对象
06      locationManager.requestLocationUpdates(LocationManager.GPS_PROVIDER,
07                        0, 0, locationListener);                       //注册位置监听器
```

（3）初始化 MapView。初始化包括了设定是否使用默认的缩放按钮、设定地图的默认缩放等级，另外，由于是在模拟器中对 GPS 功能进行测试，而模拟器本身并没有 GPS 模块，因此也不会有自动的 LocationUpdates 事件发生，所以还需要对初始位置进行初始化，用 onCreate()方法进行初始化，代码如下。

代码位置：见随书光盘中源代码/第 12 章/MapDemo/src/com.example.android.apis.view 目录下的 MapViewDemo.java 文件。

```
01      mapView = (MapView)findViewById(R.id.map);
02      mapView.setBuiltInZoomControls(true);                            //使用默认的缩放按钮
03      mapView.displayZoomControls(true);                               //显示缩放按钮
04      mapController = mapView.getController();                         //得到地图控制器
05      final int defaultZoomLevel = 17;
06      mapController.setZoom(defaultZoomLevel);                         //缩放等级调至默认
07      final double dLong = 103.9242;                                   //默认地点经纬度
08      final double dLati = 30.75777;
        //默认地理位置对象
09      GeoPoint defaultPoint = new GeoPoint((int)(dLati*1E6),(int)(dLong*1E6));
10      mapController.animateTo(defaultPoint);                           //将地图中心移至默认地理位置
```

其中：

- 第 02 行，设置了使用系统内建的缩放按钮；
- 第 06 行，设置了默认的缩放等级；
- 第 10 行，将地图的中心点移至默认位置，为了验证地点的正确性，可以通过网页版的 Google Map 或者 Google Earth 客户端获取自己熟悉的地点的经纬数据。

（4）为项目添加权限。由于使用 GPS 定位功能需要应用程序有获取准确地理位置的权限，因此需要在应用程序的 AndroidManifest.xml 文件中添加相应的权限声明，否则在程序运行时将会报错，MapsDemo 申请的权限如下。

代码位置：见随书光盘中源代码/第 12 章/ MapDemo 目录下的 AndroidManifest.xml 文件。

```
    <uses-permission android:name="android.permission.ACCESS_COARSE_LOCATION" />
<uses-permission android:name="android.permission.INTERNET" />
<uses-permission android:name="android.permission.ACCESS_FINE_LOCATION" />
```

（5）使用 DDMS 发送 GPS 数据模拟位置获取功能。使用模拟器调试 GPS 功能时，借助 DDMS 的数据发送功能可以很方便地向模拟器发送 GPS 数据，要使用 DDMS 的发送数据功能，在 Eclipse 下切换到 DDMS 视图（如果切换栏中没有 DDMS 视图，可以通过单击

右上角的“Open Perspective→Other→DDMS”打开），在默认的 DDMS 视图下，左边第二栏就是 Emulator Control 面板，如图 12-17 所示，在该面板下可以实现对模拟器的一些状态的设置，如调整音量、电量、模拟来电和短信等，在最下方则是用于模拟地理位置的 Location Controls，为模拟器发送地理位置，包括发送一个单独的位置（Manual），以及发送一串保存在文件中的多个位置（GPX，KML）等。

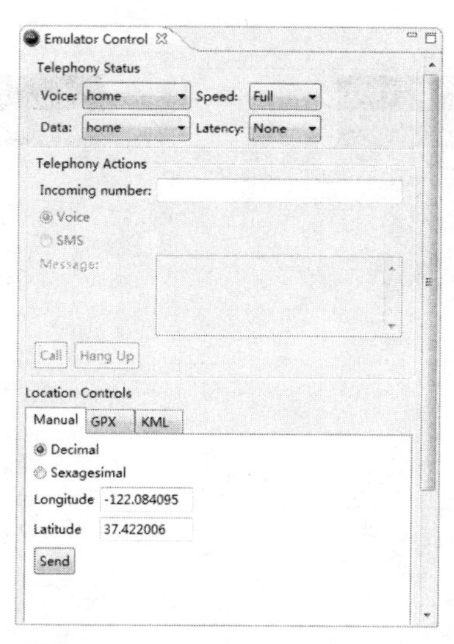

图 12-17　Emulator Control 面板

为了测试前面得到的代码，在 Manual 选项卡下面选择 Decimal 选项，填入经纬度后单击“Send”按钮发送即可，可以发现模拟器上的地图由初始化位置（见图 12-18）移到了新的位置，如图 12-19 所示。注意模拟器的通知栏，可以发现通知栏内出现了一个新的标志（见图 12-18、图 12-19 中位于 3G 标志左方的一个圆形标志），这就是 GPS 正在被使用的标志。

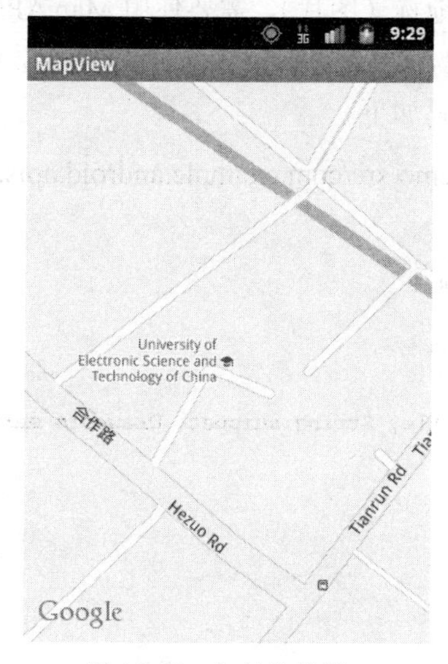

图 12-18　初始化位置

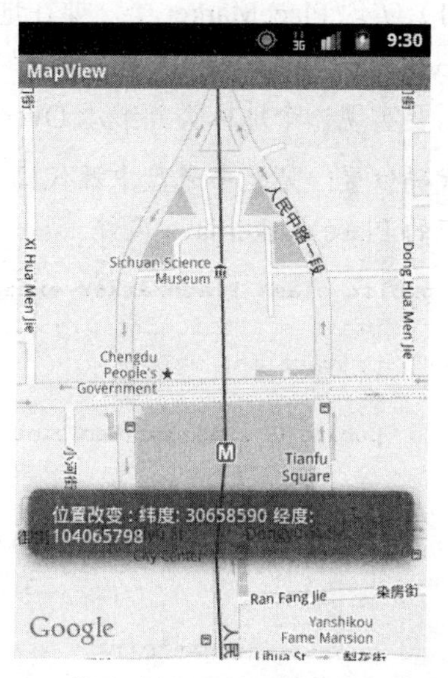

图 12-19　接收到新 GPS 数据后定位到新位置

12.2.3 位置标记

在前面一节中介绍了如何通过获取 GPS 数据来定位至新的地点，在实际应用中经常会遇到此类需求，就是在地图上面进行标记，包括使用地标标记地点，或者使用弹出气泡来显示相关信息，本节中就介绍这两种标记的显示方法，运行效果如图 12-20 和图 12-21 所示。

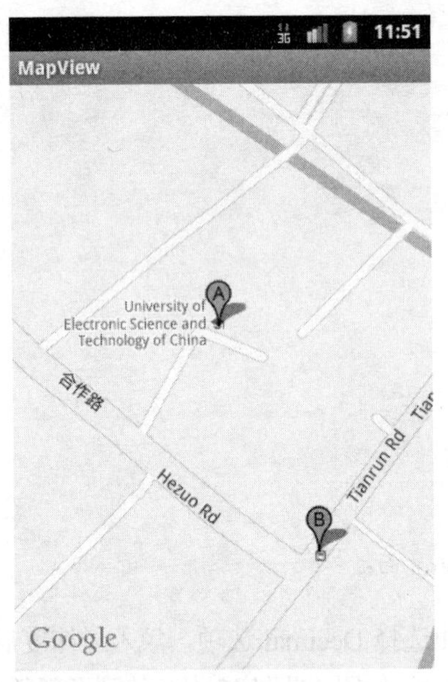

图 12-20 在地图上显示地标

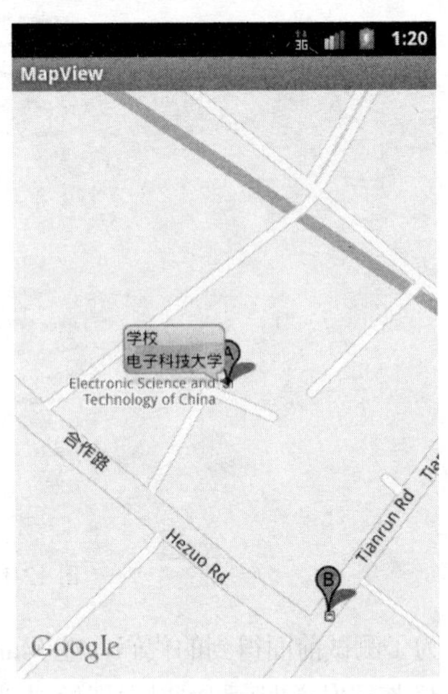

图 12-21 在地图上显示气泡

1．显示地标

（1）实现 PlaceMarker 类。要在地图上显示一个地标（图片），需要使用 Map API 中的 OverlayItem 类，"Overlay"可以理解为覆盖层的意思，就是在 MapView 上覆盖一层视图。为此需要实现一个地标类并继承 OverlayItem 类，代码如下。

代码位置：见随书光盘中源代码/第 12 章/MapDemo/src/com.example.android.apis.view 目录下的 PlaceMarker.java 文件。

```
01 public class PlaceMarker extends OverlayItem {
02     private static int placeID = 1;
03     private int myID = 0;
04 
05     public PlaceMarker(GeoPoint point, String title, String snippet, Drawable marker) {
06         super(point, title, snippet);
07         myID = placeID++;
08         this.setMarker(marker);
09     }
10 
11     public int getID(){
12         return myID;
```

```
13     }
14 }
```

其中：

- 第 01～03 行，继承 OverlayItem 类，初始化全局变量；
- 第 05～09 行，实现构造方法；
- 第 11～13 行，实现获取 ID 的方法。

对于上述代码，需要重点理解的是地标类 PlaceMarker。

其构造方法的参数包括了指定地理位置的 GeoPoint，以及地标的 title 和 snippet，这 3 个参数也是其基类 OverlayItem 构造方法的参数，OverlayItem 类提供了 getPoint()、getSnippet()和 getTitle() 3 个方法来分别返回这 3 个成员变量，对于 PlaceMarker 构造方法的第 4 个参数 Drawable 则是作为标记绘制在地图上，通过基类的 setMarker()方法指定 Drawable 对象为其标记。

OverlayItem 类所包含的方法如表 12-1 所示。

表 12-1 OverlayItem 类的方法

类　名	描　述
Drawable getMarker(int stateBitset)	获取指定状态（stateBitset）的标志图
GeoPoint getPoint()	返回该 OverlayItem 的地理位置
String getSnippet()	返回该 OverlayItem 的简介
String getTitle()	返回该 OverlayItem 的标题
String routableAddress()	以 map-routable 格式返回该 OverlayItem 的位置
void setMarker(Drawable marker)	设置该 OverlayItem 需要被绘制时所用的标记
void setState(Drawable drawable, int stateBitset)	设置多个状态的标记

（2）实现 PlaceMarkerList 类。由于通常需要在 MapView 上显示不止一个标记，因此，此处实现了一个用于管理标记列表的类——PlaceMarkerList。在 src/com.example.android.apis.view 目录下新建 PlaceMarker.java 文件，在其中实现代码如下。

代码位置：见随书光盘中源代码/第 12 章/MapDemo/src/com.example.android.apis.view 目录下的 PlaceMarker.java 文件。

```
01 public class PlaceMarkerList extends ItemizedOverlay<OverlayItem> {
02     private ArrayList<PlaceMarker> placeMarkerList = new ArrayList<PlaceMarker>();
03     private static PlaceMarkerList theInstance = null;
04     Context mContext;
05
06     public PlaceMarkerList(Drawable defaultMarker, Context context) {
07         super(boundCenterBottom(defaultMarker));
08         mContext = context;
09     }
10
11     public static PlaceMarkerList getInstance(Drawable defaultMarker, Context
       context)
12     {
```

```
13         if (theInstance == null)
14         {
15             theInstance = new PlaceMarkerList(defaultMarker, context);
16         }
17         return theInstance;
18     }
19
20     public void addPlace(PlaceMarker placeMarker) {
21         placeMarkerList.add(placeMarker);
22         populate();
23     }
24
25     public void clearPlace() {
26         placeMarkerList.clear();
27         populate();
28     }
29
30     public int getIndexOfOverlay(PlaceMarker placeMarker) {
31         return placeMarkerList.indexOf(placeMarker);
32     }
33
34     public void deletePlace(int index) {
35         placeMarkerList.remove(index);
36         populate();
37     }
38
39     @Override
40     protected OverlayItem createItem(int i) {
41         return placeMarkerList.get(i);
42     }
43
44     @Override
45     public int size() {
46         return placeMarkerList.size();
47     }
48
49     @Override
50     protected boolean onTap(int index) {
51         return true;
52     }
53
54     @Override
55     public void draw(Canvas canvas, MapView mapView, boolean shadow) {
56         super.draw(canvas, mapView, shadow);
57         Projection projection = mapView.getProjection();
58         int size = placeMarkerList.size();
59         Point point = new Point();
60         Paint paint = new Paint();
61         paint.setAntiAlias(true);
62         PlaceMarker placeMarker;
63         for (int i = 0; i < size; i++) {
64             placeMarker = placeMarkerList.get(i);
```

```
65              Drawable marker = placeMarker.getMarker(0);
66              projection.toPixels(placeMarker.getPoint(), point);
67              if (marker != null) {
68                  boundCenterBottom(marker);
69              }
70          }
71      }
72 }
```

对于上述代码需要理解的是：该类继承自 ItemizedOverlay，该基类是用于管理一系列的 OverlayItem 对象的，它可以设置标记的显示位置（boundCenter 方法使得标记的中心点对应于 OverlayItem 的 GeoPoint；而 boundCenterBottom 方法使得标记的底边中心点对应于 OverlayItem 的 GeoPoint，此处使用的则是第二种对应方式）。

另外，它还能够设置一个用于监听被 Focus 的对象变化的监听器（当某个 OverlayItem 被单击，则称其被 Focus，之后如果另一个 OverLayItem 被单击，则 Focus 转移到新被单击的那个对象），这个监听器即 OnFocusChangeListener，每当 Focus 发生改变时，其方法如下。

```
onFocusChanged(ItemizedOverlay overlay, OverlayItem newFocus)
```

该方法将被调用，同时传入被 Focus 的 newFocus 对象，在该方法内可以进行相关的操作，如后面即将实现的弹出气泡的功能。

（3）修改 MapViewDemo。实现了 PlaceMarker 和 PlaceMarkerList 之后，就需要在 MapViewDemo 中添加用于显示 PlaceMarker 的代码，首先，需要将 PlaceMarkerList 图层添加到 MapView 的 Overlay 列表中，之后通过手动添加标记的方式，在地图上显示两个标记，在实际应用中，可以根据具体需求在特定的事件发生时自动添加标记，代码如下。

代码位置：见随书光盘中源代码/第 12 章/MapDemo/src/com.example.android.apis.view 目录下的 MapViewDemo.java 文件。

```
01 //添加新的图层用于显示地标
02 List<Overlay> mapOverlays = mapView.getOverlays();
03 final Drawable defaultMarker = this.getResources().getDrawable(R.drawable.
   markera);
04 PlaceMarkerList placeMarkerList = PlaceMarkerList.getInstance(defaultMarker, this);
05 placeMarkerList.setOnFocusChangeListener(onFocusChangeListener);
06 mapOverlays.add(placeMarkerList);
07     //添加地点 A
08     final double dLongA = 103.9242;
09     final double dLatiA = 30.75777;
10     GeoPoint geoPointA = new GeoPoint((int)(dLatiA*1E6),(int)(dLongA*1E6));
11     final Drawable markera = this.getResources().getDrawable(R.drawable.markera);
12     PlaceMarker placeMarkerA = new PlaceMarker(geoPointA, "学校", "电子科技大学",
       markera);
13     placeMarkerList.addPlace(placeMarkerA);
14
15     //添加地点 B
16     final double dLongB = 103.9258;
17     final double dLatiB = 30.7547;
18     GeoPoint geoPointB = new GeoPoint((int)(dLatiB*1E6),(int)(dLongB*1E6));
19     final Drawable markerb = this.getResources().getDrawable(R.drawable.markerb);
```

```
20      PlaceMarker placeMarkerB = new PlaceMarker(geoPointB, "公交站", "阳光地带",
markerb);
21      placeMarkerList.addPlace(placeMarkerB);
```

添加了如上代码之后，再运行 MapsDemo，就可以得到如图 12-20 所示的效果了。

2．弹出式气泡

如图 12-21 所示，通常情况下仅仅在地图上显示出地标并不能满足需求，因为地标不能够为用户提供足够的信息，这时候就需要使用到弹出式气泡的功能，实现的方法是：用户通过单击地图上的标记来得到一个弹出的气泡框，在气泡框中为用户显示额外的地点信息。

（1）界面布局。可以很自然地想到，气泡的显示也是通过在 MapView 上添加覆盖在其上的 View 方式来实现的，为此，定义了一个 View 类型的对象 popView 用于实现气泡视图的显示，首先需要实现的是气泡内部的界面布局，与 Activity 的布局实现一样，气泡内部的布局也是通过 xml 文件来实现的，popView 的布局 xml 代码如下。

代码位置：见随书光盘中源代码/第 12 章/ MapDemo/res/layout 目录下的 bubble.xml 文件。

```
01 <?xml version="1.0" encoding="UTF-8"?>
02 <LinearLayout xmlns:android="http://schemas.android.com/apk/res/android"
03     android:layout_width="wrap_content"
04     android:layout_height="wrap_content"
05     android:background="@drawable/bubble"
06     android:orientation="vertical"
07     android:paddingBottom="10px"
08     android:paddingLeft="5px"
09     android:paddingRight="5px"
10     android:paddingTop="5px" >
11
12     <RelativeLayout
13         android:layout_width="match_parent"
14         android:layout_height="wrap_content" >
15
16         <TextView
17             android:id="@+id/map_bubbleTitle"
18             style="@style/map_BubblePrimary"
19             android:layout_width="match_parent"
20             android:layout_height="wrap_content"
21             android:singleLine="true" />
22     </RelativeLayout>
23
24     <TextView
25         android:id="@+id/map_bubbleSnippet"
26         style="@style/map_BubbleSecondary"
27         android:layout_width="wrap_content"
28         android:layout_height="wrap_content"
29         android:clickable="true"
30         android:singleLine="false" />
31
32 </LinearLayout>
```

其中：

- 第 07～10 行，指定了界面内容与边界之间的距离，这些距离通常与具体的背景图片相关，防止布局的内容与背景图片的边界发生冲突；
- 第 16～21 行、第 24～30 行指定了两个 TextView，需要注意的是这里用到了 style 属性和 singleLine 属性，singleLine 属性比较简单，即指定该 TextView 是否可以显示多行文字，而 style 则是定义了该 TextView 的显示风格，style 的值所指定的是在 values/style.xml 文件中定义的具体 style，可以把这种方式类比为编程语言中的“宏”，style.xml 的内容在第（3）步中讲解。

（2）气泡图片。该气泡的背景图片的类型是 9.png，该类型图片可以根据一定的规则进行拉伸而不出现模糊，可以借助 Android SDK 提供的工具“Draw 9-patch”（<android-sdk>/tools/draw9patch.bat）来制作该类型的图片文件，简单地说，这种方式的拉伸就不是简单地在各个方向进行缩放，而是通过指定最多 9 个（也不一定是 9 个，本例中仅仅指定了 2 个）供拉伸的像素集合，在拉伸的时候通过复制这些像素集合来实现拉伸的效果，这样就避免了简单缩放所造成的效果失真。如图 12-22 所示是从网络上随机找到的一张 png 图片，图 12-23 是在 Draw 9-patch 工具中对其进行编辑的截图，图 12-24 是对应于编辑的拉伸效果。

图 12-22 原始图片

图 12-23 使用 Draw 9-patch 工具编辑图片

图 12-24 编辑的拉伸效果

如图 12-23 所示，右半部分出现的红色禁止符号表示的是不能对图片的真实部分进行编辑，Draw 9-patch 工具在图片的周围额外添加了一个像素宽度的范围用于指定拉伸的范围，图 12-23 左半部分最外围的两条黑色线段所对应的两个截面则是用于拉伸的范围，图 12-24 所示的则是图像的 3 种不同的拉伸状态，请读者在实际的编辑过程中来体会这种拉伸机制的实现方式。

（3）为控件定义 style。前面提到的 style.xml 的代码如下。

代码位置：见随书光盘中源代码/第 12 章/ MapDemo/res/values 目录下的 style.xml 文件。

```
01 <?xml version="1.0" encoding="UTF-8"?>
02    <resources>
03        <style name="map_BubblePrimary">
04            <item name="android:textSize">12sp</item>
05            <item name="android:textColor">#000</item>
06        </style>
07        <style name="map_BubbleSecondary">
08            <item name="android:textSize">12sp</item>
09            <item name="android:textColor">#008</item>
10        </style>
11    </resources>
```

可以通过如上方式将一系列属性设置定义为一个 style，供其他的控件使用。此处定义了两个不同的 style，一个是气泡标题的 style，另一个是气泡简介文字的 style。

（4）气泡视图显示。实现了气泡布局之后，需要在地图上实现该气泡视图的显示，在 com.example.android.apis.view 目录下的 MapViewDemo.java 文件中添加如下代码。

代码位置：见随书光盘中源代码/第 12 章/MapDemo/src/com.example.android.apis.view 目录下的 MapViewDemo.java 文件。

```
01 mapView.addView(popView,
02     new MapView.LayoutParams(MapView.LayoutParams.WRAP_CONTENT,
03     MapView.LayoutParams.WRAP_CONTENT, null,
04     MapView.LayoutParams.BOTTOM | MapView.LayoutParams.RIGHT));
05 popView.setVisibility(View.GONE);
06 bubbleTitle = (TextView) findViewById(R.id.map_bubbleTitle);
07 bubbleSnippet = (TextView) findViewById(R.id.map_bubbleSnippet);
```

对于上述代码，需要重点掌握的是添加标记的方法，代码如下。

```
popView = getLayoutInflater().inflate(R.layout.bubble, null);
```

mapView 的 addView 方法包含了两个参数，第一个参数是需要添加成为 mapView 的子视图的视图对象，第二个参数则是用于设置该子视图显示方式的参数，一个 MapView.LayoutParams 对象的构造方法包含了四个参数，分别如下。

- int width：用于定义 popView 的宽度，此处是 WRAP_CONTENT；
- int height：用于定义 popView 的高度，也是 WRAP_CONTENT；
- GeoPoint point：用于指定该 popView 需要显示的点，此处是 null，将在需要显示 popView 的时候为该变量赋值；
- int alignment：指定 popView 的对齐方式，此处为右下方对齐，只有当 popView

的宽度或高度超过了 mapView 时才会有所体现。

第 05 行设置了 popView 视图为不可见，因为此时也不能够决定 popView 应该显示在何处，只有当决定其显示位置的 GeoPoint 不为 null 时，才能够成功地显示出 popView。

（5）实现监听。在前面修改 MapViewDemo 类时，添加了 placeMarkerList 到 MapView 中，并且为 placeMarkerList 设置了一个监听器，代码如下。

```
placeMarkerList.setOnFocusChangeListener(onFocusChangeListener);
```

该监听器的作用是监听被 Focus 的 item 的变化。在源码目录中的 MapViewDemo.java 中添加实现代码如下。

代码位置：见随书光盘中源代码/第 12 章/MapDemo/src/com.example.android.apis.view 目录下的 MapViewDemo.java 文件。

```
01 private final ItemizedOverlay.OnFocusChangeListener onFocusChangeListener =
02         new ItemizedOverlay.OnFocusChangeListener() {
03     @Override
04     public void onFocusChanged(ItemizedOverlay overlay, OverlayItem newFocus) {
05         if (newFocus != null) {
06             //将气泡在被新单击的地点处显示出来
07             MapView.LayoutParams  geoLP  =  (MapView.LayoutParams)  popView.
getLayoutParams();
08             geoLP.point = newFocus.getPoint();
09             popView.setVisibility(View.VISIBLE);
10
11             bubbleThread = new BubbleThread(newFocus, mHandler);
12             bubbleThread.start();
13         }
14     }
15 };
```

当 FocusChange 这个时间发生时，onFocusChanged 方法将被调用，并将新获得焦点的 OverlayItem 对象传入，此时就将新获得焦点对象的 GeoPoint 赋值给 popView 的 LayoutParams，并且通过第 09 行的代码设置 popView 为可见，从而将 popView 显示出来。

当 popView 显示出来之后，再启动一个 BubbleThread 类型的线程来填充 popView 内的控件，使用线程的方式可以方便地用于其内容需要从网络上获取的情况，如气泡的简介是从一个网络地址获取的，为了防止用户界面被阻塞，从而使用线程的方式。

在/src/com.example.android.apis.view 目录下添加一个类 BubbleThread.java，用于实现该线程。具体的实现如下。

代码位置：见随书光盘中源代码/第 12 章/MapDemo/src/com.example.android.apis.view 目录下的 BubbleThread.java 文件。

```
01 public class BubbleThread extends Thread {
02     private OverlayItem newFocus;
03     private Handler mHandler;
04
05     public BubbleThread(OverlayItem newFocus, Handler mHandler){
06         this.newFocus = newFocus;
```

```
07          this.mHandler = mHandler;
08      }
09
10      public void run() {
11          Message msg = new Message();
12          msg.what = MapViewDemo.MESSAGE_TITLE;
13          msg.obj = newFocus.getTitle();
14          mHandler.sendMessage(msg);
15          msg = new Message();
16          msg.what = MapViewDemo.MESSAGE_SNIPPET;
17          msg.obj = newFocus.getSnippet();
18          mHandler.sendMessage(msg);
19      }
20
21      public void setNewFocus(OverlayItem newFocus) {
22          this.newFocus = newFocus;
23      }
24 }
```

该线程的功能比较简单，就是通过 getTitle()和 getSnippet()方法来获取 newFocus 对象的标题和简介，并通过消息的形式发送给 MapViewDemo 的 Handler 处理。在 MapViewDemo 的 Handler 处接收到由 BubbleThread 发来的消息之后，根据消息的内容来更新气泡的内容。在源码目录中的 MapViewDemo.java 中添加实现代码如下。

代码位置：见随书光盘中源代码/第 12 章/MapDemo/src/com.example.android.apis.view 目录下的 MapViewDemo.java 文件。

```
01 //用于处理由 BubbleThread 发来的消息
02 mHandler = new Handler() {
03     public void handleMessage(Message msg) {
04     switch (msg.what)
05         {
06             case MESSAGE_TITLE:
07                 bubbleTitle.setText((String)msg.obj);
08                 break;
09             case MESSAGE_SNIPPET:
10                 bubbleSnippet.setText((String)msg.obj);
11                 break;
12             default:
13                 break;
14         }
15     super.handleMessage(msg);
16     }
17 };
```

对代码进行了如上的修改之后，再运行 MapViewDemo，单击地标就有 popView 弹出了，如图 12-21 所示。

12.2.4 测量 MapView 上两点间的距离

在基于 GPS 的定位应用中，测量距离是一个十分实用的功能，如车载导航仪或者手机搭载的导航应用，在移动的过程中通常会有一些特定地点作为“决策点”，即当车辆或人在按照预定的路线行动至目的地的过程中，在这些决策点需要做出明确的决策如左转、右转或者直行等，如果没有在这些决策点做出正确的决策，则有可能发生人们所不愿意看到的后果，如错过高速公路出口、走过目的地等，因此需要借助于测量某两个位置的距离的功能来实现一定范围内的提醒；又比如在一个LBS社交应用中，可以通过一定范围内的靠近提醒功能来实时建立和朋友之间的联络等。基于这样一类的需求，本节将实现在MapView上测量两点间距离的功能。

本实例将要完成的效果是：通过单击Google地图来选择两个端点，将这两个端点作为测距线段的两端，然后返回该线段所对应的距离。在功能的实现时，考虑到在选点操作的过程中可能会有移动或者缩放地图的操作，为了防止发生误操作，为控制选点操作特意增加了两个按钮和一个提示文本。一个“开始测距”按钮用于选择测距功能，一个“选点”按钮用于选择点之前的控制，提示文本当前可以进行的操作，效果如图12-25所示。

图12-25　测距界面

1．实现测距线程

实例代码中实现了一个测距线程类MeasureDistance，该线程的作用是：根据选点的结果，计算出两点间的距离并将该结果以Message的形式通过handler发送给主线程，主线程则将结果显示到界面上。在src/com.example.android.apis.view目录下新建MeasureDistance.java类，其代码如下。

代码位置：见随书光盘中源代码/第12章/MapDemo/src/com.example.android.apis.view目录下的MeasureDistance.java文件。

```
01 public class MeasureDistance extends Thread {
02
```

```
03      private boolean waiting = true;//测距流程是否处于等待状态
04            //等待传入数据（通过 setStartPoint 和 setDestPoint 方法）
05      private volatile MeasureStep currentStep = MeasureStep.stepOne;
06      private static GeoPoint startPoint = null;
07      private static GeoPoint destPoint = null;
08      private float[] results = {1.0f,1.0f,1.0f};
09      private Handler mHandler;
10
11      public MeasureDistance(Handler mHandler){
12          this.mHandler = mHandler;
13      }
14
15      @Override
16      public void run() {
17          while(true){
18              while(waiting){
19                  try{
20                          Thread.sleep(200);
21                  }catch (Exception e) {
22
23                  }
24              }
25              measureProcedure();
26              if(currentStep == MeasureStep.notMeasuring) break;
27          }
28      }
29
30      //根据流程状态进行不同的处理
31      private void measureProcedure(){
32          waiting = true;
33          switch(currentStep){
34          case stepOne:{
35              currentStep = MeasureStep.stepTwo;
36              break;
37          }
38          case stepTwo:{
39              //distanceBetween 的参数中的经纬度的单位是度
40              Location.distanceBetween(startPoint.getLatitudeE6()/1E6,
41                      startPoint.getLongitudeE6()/1E6,
42                      destPoint.getLatitudeE6()/1E6,
43                      destPoint.getLongitudeE6()/1E6, results);
44              //System.out.println("results[0]: " + results[0]
45              //+ "results[1]: " + results[1] + "results[2]: " + results[2]);
46              Message msg = new Message();
47              msg.what = MapViewDemo.MESSAGE_MEASURE;
48              msg.obj = new Float(results[0]);
49              mHandler.sendMessage(msg);
50              currentStep = MeasureStep.notMeasuring;
51              break;
52          }
53          case notMeasuring:{
54              break;
```

```
55            }
56          }
57      }
58
59      public void setWaitingStatus(boolean status){
60          waiting = status;
61      }
62
63      public void stopMeasure(){
64          currentStep = MeasureStep.notMeasuring;
65          waiting = false;
66      }
67
68      public MeasureStep getMeasureStatus(){
69          return currentStep;
70      }
71
72      public void setStartPoint(GeoPoint point){
73          startPoint = point;
74      }
75
76      public void setDestPoint(GeoPoint point){
77          destPoint = point;
78      }
79
80      //测距流程状态
81      public enum MeasureStep{
82          stepOne,
83          stepTwo,
84          notMeasuring
85      }
86  }
```

对于上述代码，需要重点理解如下 3 点。

（1）MeasureStep 变量。上述代码的第 81～85 行定义了一个用于描述测距流程状态的枚举类型 MeasureStep，该枚举类型包含了 3 个元素：stepOne、stepTwo 和 notMeasuring，分别代表测距的第一步（选择 Start 点）、第二步（选择 Destination 点），以及非测距状态。线程自身通过这个枚举类型来确定当前流程的状态，并且向外部提供 getMeasureStatus()接口（第 68～70 行），供其他类查询当前流程的状态。

（2）waiting 变量。代码第 03 行定义的布尔变量 waiting 用于指明测距流程是否处于等待状态，一个测距流程通常会出现两次等待，第一次即线程开始后等待选取第一个点，此时线程将会循环在第 18～24 行代码中，等待 Activity（MapViewDemo）使用 setWaitingStatus(boolean status)接口将 waiting 的值置为 false，这个置为 false 的动作发生在 Activity（MapViewDemo）取得了用户所选择的点之后（setStartPoint 和 setDestPoint），即用户每选择一次点，便会将测距流程向前推进一步，当测距流程状态为 notMeasuring 时，线程终止，测距流程结束。

（3）distanceBetween()方法。在测距流程的第二步，已经获取了用户选择的第二个点，将使用由 android.location.Location 类提供的静态方法 distanceBetween()来计算出两点间的距离，然后将计算结果通过 mHandler 发送消息给主线程，distanceBetween()方法的原型为：

```
distanceBetween(double startLatitude, double startLongitude, double endLatitude,
double endLongitude, float[] results)
```

参数列表如下。

- startLatitude：起点的纬度值，即一个端点的纬度值；
- startLongitude：起点的经度值，即一个端点的经度值；
- endLatitude：终点的纬度值，即另一个端点的纬度值；
- endLongitude：终点的经度值，即另一个端点的经度值；
- results：浮点型数组，用于存放计算结果，最多返回 3 个数值，分别存放于 results[0]、results[1]、results[2]，其中 results[0]中存放的是以米为单位的距离数值。

代码第 40～43 行就是将用户选择的两点的经纬度数值传入 distanceBetween()方法，将计算出的结果保存在 results 数组中，然后将 results[0]的值用 Message 对象进行封装，并发送给主线程处理，再将测距流程状态设置为 notMeasuring，表示测距流程终止（代码第 46～50 行）。

另外，还提供了 stopMeasure 接口，用于在特殊情况下终止测距线程（代码第 63～66 行）。

2．选点

在上一小节中实现了用于表明线程状态及测距的线程类，剩下的工作就是实现在地图上选择两个点并发送给 MeasureDistance 线程，前面已经说明了在选点过程中所需要解决的问题，即解决选点操作和拖动地图操作之间的冲突，本节就来具体说明选点的实现。

（1）修改缩放按钮。首先需要解决的问题是屏幕触摸事件的响应问题，在前面的代码中直接使用了内建的缩放按钮来对地图进行缩放操作，这个内建的缩放按钮提供了一个自动淡入、淡出的功能，即在默认的情况下不显示缩放按钮，而在用户触摸屏幕的时候再淡入显示缩放按钮，并且在用户闲置屏幕一段时间之后自动隐去缩放按钮。因此，该机制将会捕获用户触摸屏幕事件，从而对该实例所需要实现的触摸选点操作造成影响。为了解决这个问题，从原来的代码中注释掉使用内建的缩放按钮代码如下。

```
    //使用内建的缩放按钮
    //mapView.setBuiltInZoomControls(true);
    //mapView.displayZoomControls(true);
```

增加新的缩放按钮，使其一直处于显示状态，这样它就不用再去捕获用户触摸屏幕的事件了，实现新的缩放按钮并不复杂，Android 提供了 ZoomControls 控件可供使用，在 mapview.xml 中添加即可。而且在该视图中还需要选点的实现，并需要借助两个按钮，为此，在 mapview.xml 中为界面添加两个额外的按钮：

代码位置：见随书光盘中源代码/第 12 章/ MapDemo/res/layout 目录下的 bubble.xml 文件。

```
<RelativeLayout xmlns:android="http://schemas.android.com/apk/res/android"
    android:id="@+id/main"
```

```
    android:layout_width="match_parent"
    android:layout_height="match_parent">

    <com.google.android.maps.MapView
        android:id="@+id/map"
        android:layout_width="match_parent"
        android:layout_height="match_parent"
        android:enabled="true"
        android:clickable="true"
        android:apiKey="0k-swCMzyAu0tDwVytvRtZi5--YM34YpwGVyq1Q" />

    <Button
        android:id="@+id/startMeasure"
        android:layout_width="wrap_content"
        android:layout_height="wrap_content"
        android:layout_alignParentRight="true"
        android:text="开始测距"
        android:textSize="18sp" >
    </Button>
    <Button
        android:id="@+id/activateSelect"
        android:layout_width="wrap_content"
        android:layout_height="wrap_content"
        android:layout_alignParentRight="true"
        android:layout_below="@id/startMeasure"
        android:text="选点"
        android:textSize="18sp" >
    </Button>

    <TextView
        android:id="@+id/hintMessage"
        android:layout_width="match_parent"
        android:layout_height="wrap_content"
        android:layout_alignParentLeft="true"
        android:layout_alignParentTop="true"
        android:clickable="true"
        android:singleLine="false"
        android:textColor="#000" />

    <ZoomControls
        android:id="@+id/zoomControls"
        android:layout_width="wrap_content"
        android:layout_height="wrap_content"
        android:layout_alignParentBottom="true"
        android:layout_centerInParent="true" >
    </ZoomControls>
</RelativeLayout>
```

在 MapViewDemo 中添加 ZoomControls 对单击事件的响应，在 MapViewDemo.java 中添加如下代码。

代码位置：见随书光盘中源代码/第 12 章/MapDemo/src/com.example.android.apis.view 目录下的 MapViewDemo.java 文件。

```
//设置缩放
ZoomControls zoomControls = (ZoomControls) this.findViewById(R.id.zoomControls);
zoomControls.setOnZoomInClickListener(new View.OnClickListener() {
    public void onClick(View v) {
    mapController.zoomIn();
    }
});
zoomControls.setOnZoomOutClickListener(new View.OnClickListener() {
    public void onClick(View v) {
    mapController.zoomOut();
    }
});
```

（2）增加功能按钮。前面已经提到了选点的实现还需要借助两个按钮，为此，在 mapview.xml 中为界面添加两个额外的按钮，并为这两个按钮添加单击事件监听器。在 MapViewDemo.java 中添加如下代码。

代码位置：见随书光盘中源代码/第 12 章/MapDemo/src/com.example.android.apis.view 目录下的 MapViewDemo.java 文件。

```
01    //此按钮用于开始一次测距流程
02    Button startMeasure = (Button) findViewById(R.id.startMeasure);
03    startMeasure.setOnClickListener(new View.OnClickListener() {
04
05        @Override
06        public void onClick(View v) {
07            if(measureDistanceThread != null){
08                measureDistanceThread.stopMeasure();
09            }
10            measureDistanceThread = new MeasureDistance(mHandler);
11            measureDistanceThread.start();
12            hintMessage.setText("");
13            hintMessage.setText("请先单击[选点]，然后在地图上\n 单击选择第一个端点。");
14        }
15    });
16
17    //此按钮用于设置当前是否处于选点状态
18    Button activateSelect = (Button) findViewById(R.id.activateSelect);
19    activateSelect.setOnClickListener(new View.OnClickListener() {
20
21        @Override
22        public void onClick(View v) {
23            if(measureDistanceThread == null){
24                hintMessage.setText("请先单击开始测距按钮");
25                return;
26            }
27            selectPointActivated = true;
28            switch(measureDistanceThread.getMeasureStatus()){
29           case stepOne:
```

```
30              hintMessage.setText("请选择第一个端点");
31                  break;
32             case stepTwo:
33              hintMessage.setText("请选择第二个端点");
34              break;
35             }
36         }
37     });
```

如代码所示，这两个按钮的功能分别如下。

- 启动新的测距线程，并更新提示信息（代码第 10～13 行），如果当前有未完成的线程，则停止当前线程（代码第 07～09 行）并开始新的线程；
- 置 selectPointActivated 标志为 true，即激活选点模式（代码第 27 行），该布尔变量是一个属于 MapViewDemo 的成员变量，该变量专用于区分当前的状态以确定将触摸事件处理为选点操作还是拖动地图操作，然后根据测距线程 measureDistanceThread 的状态来更新提示信息（代码第 28～35 行）。

（3）实现触摸事件监听器。前面一小节已经能够通过按钮来控制线程状态，这一小节中需要实现的功能是根据当前的选点状态来将触摸选点结果反映在地图上，基本逻辑是：如果当前 selectPointActivated 标志为假，则表明当前处于非选点状态，该监听器将不做任何操作直接将触摸事件传给下一级处理；如果 selectPointActivated 标志为真，则根据当前测距流程的状态来进行下一步操作。当流程状态为 stepOne 时，向地图中添加“S”点并通过 setStartPoint()方法将该点传给 measureDistanceThread，当流程状态为 stepTwo 时，向地图中添加“D”点并通过 setDestPoint 方法将该点传给 measureDistanceThread，同时使用 setWaitingStatus()方法将线程的等待状态置为假，从而推进线程执行，再置 selectPointActivated 标志为假，等待下一次选点。在 MapViewDemo.java 中添加如下代码。

代码位置：见随书光盘中源代码/第 12 章/MapDemo/src/com.example.android.apis.view 目录下的 MapViewDemo.java 文件。

```
01 //为 mapView 注册触摸事件监听器，该监听器的作用是当处于“选点”状态时，
02 //响应触摸操作，该响应将在地图对应位置处标记一个标志。该事件的处理方式
03 //与测距线程的状态、是否处于选点模式有关
04 mapView.setOnTouchListener(new View.OnTouchListener() {
05
06     @Override
07     public boolean onTouch(View v, MotionEvent event) {
08         int actionType = event.getAction();
09         if(!selectPointActivated) return false;
10         if(measureDistanceThread != null && actionType == MotionEvent.ACTION_DOWN){
11     if(measureDistanceThread.getMeasureStatus() != MeasureStep notMeasuring){
12                 int coordinateX = (int) event.getX();
13                 int coordinateY = (int) event.getY();
14                 GeoPoint point = mapView.getProjection()
15                     .fromPixels(coordinateX, coordinateY);
16                 //System.out.println("纬度：" + point.getLatitudeE6()
```

```
17                //+ "经度: " + point.getLongitudeE6());
18            switch(measureDistanceThread.getMeasureStatus()){
19            case stepOne:
20              final Drawable markers = MapViewDemo.this
21                  .getResources().getDrawable(R.drawable.markers);
22                  PlaceMarker placeMarkerS = new PlaceMarker(point, "起点",
                    "11X11", markers);
23                  placeMarkerList.addPlace(placeMarkerS);
24                  measureDistanceThread.setStartPoint(point);
25                  hintMessage.setText("请再单击[选点], 然后在地图上\n 单击选择第二个
                    端点。");
26                  break;
27            case stepTwo:
28              final Drawable markerd = MapViewDemo.this
29                  .getResources().getDrawable(R.drawable.markerd);
30                  PlaceMarker placeMarkerD = new PlaceMarker(point, "终点",
                    "22X22", markerd);
31                  placeMarkerList.addPlace(placeMarkerD);
32                  measureDistanceThread.setDestPoint(point);
33                  break;
34            }
35            measureDistanceThread.setWaitingStatus(false);
36            selectPointActivated = false;
37              mapView.postInvalidate();
38              return true;
39          }else{
40              measureDistanceThread = null;
41          }
42      }
43      return false;
44    }
45 });
```

代码中第 09～11 行、18 行、19 行和第 27 行是用于判断选点状态的逻辑，第 24、32、35 行和第 36 行代码则是分别用于传递选点结果以及改变选点状态。

至此，已经能够按一定的流程来获取用户需要测距的两个端点了，剩下的工作就是输出结果。

3. 显示

当完成了选点后，主线程将会收到由测距线程发回的结果消息，因此需要添加对该消息的处理从而在界面中显示结果，在 MapViewDemo.java 中添加如下代码。

代码位置：见随书光盘中源代码/第 12 章/MapDemo/src/com.example.android.apis.view 目录下的 MapViewDemo.java 文件。

```
01 //用于处理由 Thread 发来的消息
02 mHandler = new Handler() {
03     public void handleMessage(Message msg) {
04     switch (msg.what)
05         {
06             case MESSAGE_TITLE:
07                 bubbleTitle.setText((String)msg.obj);
```

```
08                break;
09            case MESSAGE_SNIPPET:
10                bubbleSnippet.setText((String)msg.obj);
11                break;
12            case MESSAGE_MEASURE:
13                hintMessage.setText("两点间距离为:" + ((Float)msg.obj).floatValue()
                  + "米");
14                break;
15            default:
16                break;
17        }
18    super.handleMessage(msg);
19    }
20 };
```

其中，第 12～14 行即为添加的用于处理 MeasureDistance 线程所发回结果消息的代码，该行代码将取出 Message 中的结果数据并将其显示到最上方的提示文本中。

4．运行分析

完成以上步骤后，实现了两点之间的测距功能。运行该代码，查看是否正常计算距离：

（1）单击“开始测距”按钮进入到测距状态，可以看到最上方出现操作提示文字“请先单击[选点]，然后在地图上单击选择第一个端点。”，如图 12-26 所示。

（2）将地图移动和缩放到合适位置，确定欲选择的点在可单击的区域后，单击“选点”按钮，此时最上方的操作提示文字将会变为“请选择第一个端点”，如图 12-27 所示。

图 12-26　单击[开始测距]

图 12-27　单击[选点]

（3）此时，单击屏幕上的一点将选定一个端点，该端点被标记为“S”即 Start 的含义，并且操作提示文字变为“请再单击[选点]”，然后在地图上单击选择第二个端点，如图 12-28 所示。

（4）在图 12-28 的状态下可以自由地拖动和缩放地图而不会被判定为选点操作，因此通过缩放和拖动移动地图至目标地址，如图 12-29 所示。

图 12-28　单击选择端点

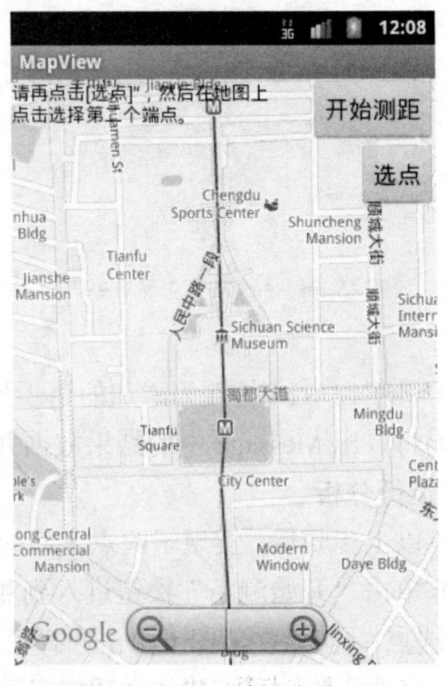

图 12-29　移动地图

（5）移动到目标地址后，单击“选点”按钮，并选择第二个点，该点被标记为“D”即 destination 的含义，至此两个端点已经确定，最上方的文字显示了从起始地址到目的地址的直线距离为 17431.268，以米为单位测距完成，如图 12-30 所示。

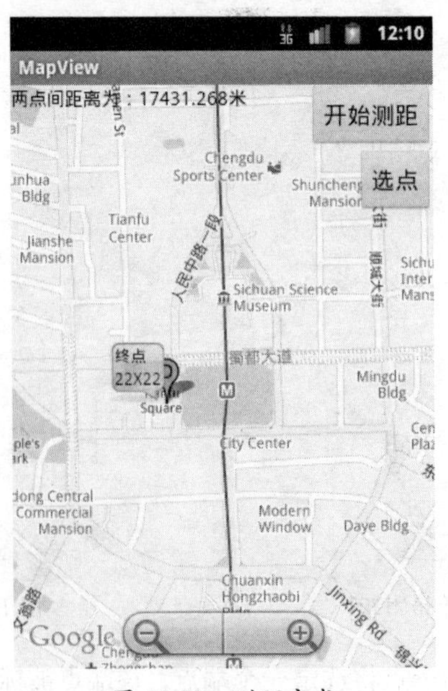

图 12-30　测距完成

12.3　谷歌街景

在上一节中，对谷歌地图的使用进行了讲解，但是谷歌不仅提供了这样的平面地图方式，还提供了更有意思的 Google 街景（Google StreetView）。谷歌街景服务启动于 2007 年，其为使用者提供了水平方向上 360°、垂直方向上 290°的立体街道全景。iPhone 手机和 S60 第三代平台手机都加入了 Google 街景服务，而 Android 平台下的所有型号的手机也集成了 Google 街景服务。

整个实例实现如下。

（1）在 Eclipse 中新建一个项目 Sample_12_2。

（2）打开 res/layout 目录下的 main.xml 文件，修改界面布局。在界面中，只需要一个 TextView 用于显示获取的 GPS 信息即可，如图 12-31 所示。

图 12-31　获取 GPS 信息

代码位置：见随书光盘中源代码/第 12 章/Sample_12_2/res/layout 目录下的 main.xml 文件。

```
1   <?xml version="1.0" encoding="utf-8"?>
2   <LinearLayout xmlns:android="http://schemas.android.com/apk/res/android"
3      android:orientation="vertical"
4      android:layout_width="fill_parent" android:layout_height="fill_parent"
5      >
6      <LinearLayout
7         android:orientation="horizontal"
8         android:layout_width="fill_parent" android:layout_height="wrap_content"
9         >                                          <!-- 声明一个线性布局 -->
10        <TextView
11             android:text="@string/tvLong"
12             android:layout_width="wrap_content"
android:layout_height="wrap_content"
```

```
13            android:layout_gravity="center_vertical"
14            />                                       <!-- 声明一个 TextView 控件 -->
15        <EditText
16            android:id="@+id/etLong"
17            android:singleLine="true" android:text="-122.423743"
18            android:layout_width="110px" android:layout_height="45px"
19            />                                       <!-- 声明一个 EditText 控件 -->
20        <TextView
21            android:text="@string/tvLat"
22            android:layout_width="wrap_content" android:layout_height="wrap_content"
23            android:layout_gravity="center_vertical" android:paddingLeft="8px"
24            />                                       <!-- 声明一个 TextView 控件 -->
25        <EditText
26            android:id="@+id/etLat"
27            android:singleLine="true" android:text="37.788487"
28            android:layout_width="110px" android:layout_height="45px"
29            />                                       <!-- 声明一个 EditText 控件 -->
30        </LinearLayout>
31    <Button
32        android:id="@+id/btn"
33        android:layout_width="fill_parent" android:layout_height="wrap_content"
34        android:text="@string/btn"
35        />                                           <!-- 声明一个 Button 控件 -->
36 </LinearLayout>
```

其中：

- 第 2～5 行，声明了一个垂直分布的线性布局，该布局中包含另一个线性布局和一个 Button 控件。
- 第 6～30 行，声明了一个水平分布的线性布局，该布局中包含两个用于接收用户输入的经度和纬度的 EditText 控件以及两个输入静态信息的 TextView 控件。
- 第 31～35 行，声明了一个 Button 控件，程序运行时按下该按钮将发出 Intent 启动街景服务。

（3）街景跳转。对于谷歌街景的实现，主要是跳转到界面服务界面中。打开项目 Sample_12_2/src/com.sample.Sample_12_2 目录下的 Sample_12_2.java 文件，在其中输入如下代码。

代码位置：见随书光盘中源代码/第 12 章/ Sample_12_2/src/com.sample.Sample_12_2 目录下的 Sample_12_2.java 文件。

```
1  package com.sample.Sample_12_2;                          //声明包语句
2  import android.app.Activity;                             //引入相关类
3  import android.content.Intent;                           //引入相关类
4  ……//此处省略了部分引入相关类的代码，读者可自行查阅随书光盘
5  import android.widget.EditText;                          //引入相关类
6  import android.widget.Toast;                             //引入相关类
7  public class Sample_12_2 extends Activity {
8      @Override
9      public void onCreate(Bundle savedInstanceState) {
10         super.onCreate(savedInstanceState);
11         setContentView(R.layout.main);                   //设置程序当前屏幕
12         Button btn = (Button)findViewById(R.id.btn);//获得 Button 对象
```

```
13          btn.setOnClickListener(new View.OnClickListener() {  //为按钮添加监听器
14              @Override
15              public void onClick(View v) {              //重写 onClick 方法
                    //获取 EditText 控件
16                  EditText etLong = (EditText)findViewById(R.id.etLong);
                    //获取 EditText 控件
17                  EditText etLat = (EditText)findViewById(R.id.etLat);
18                  String sLong = etLong.getEditableText().toString().trim();
  //获取输入的经度
19                  String sLat = etLat.getEditableText().toString().trim();
  //获取输入的纬度
20                  if(sLong.equals("") || sLat.equals("")){//如果没有输入经度或纬度
21                      Toast.makeText(Sample_12_2.this,
22                                      "请输入正确的经纬度！",
23                                      Toast.LENGTH_LONG).show();//输出错误信息
24                      return;                            //返回
25                  }
26                  String sUrl = "google.streetview:cbll="+sLat+","+sLong;  // 生 成
Uri 字符串
27                  Intent i = new Intent();                //创建 Intent 对象
28                  i.setAction(Intent.ACTION_VIEW);        //设置 Intent 的 Action
29                  Uri uri = Uri.parse(sUrl);              //生成 Uri 对象
30                  i.setData(uri);                         //设置 Intent 的 Data
31                  startActivity(i);                       //发出 Intent 启动街景服务程序
32              }
33          });
34      }
35  }
```

其中：

- 第 9～34 行，为 onCreate 方法的代码，该方法的主要功能是设置程序的当前屏幕并为按钮添加监听器。
- 第 13～33 行，为程序中的按钮添加 OnClickListener 监听器，在重写的 onClick 方法中首先对用户输入的经纬度进行验证，验证无误后根据用户输入的信息创建 Uri 对象，并将该 Uri 对象添加到创建的 Intent 对象中，最后调用 startActivity 方法启动 Google 街景服务。

在上述代码中，需要理解的是如何使用谷歌的街景服务。

在 Android 平台下内置了 com.google.android.street 应用程序，当需要享受 Google 街景服务时，发出 Intent 调用该应用程序即可，该 Intent 中包含的信息如表 12-2 所示。

表 12-2　启动 street 程序的 Intent 包含的信息及说明

字段名称	字段值	说明
action	VIEW	–
data	google.streetview:cbll=lat,lng&cbp=1,yaw,pitch,zoom&mz=mapZoom	其中，cbll 为必填参数；lat 和 lng 分别代表纬度和经度；cbp 和 mz 为可选参数，代表了街景的立体视角及缩放尺寸

（4）运行分析。完成了上述步骤后，运行该代码。在初始界面输入要查询的经纬度，单击“查询街景”按钮将会启动 Android 平台下的 street 程序。需要注意的是 Google 街景服务并没有涵盖全球所有地方，所以读者在输入经纬度按下“查询街景”后有可能显示“全景数据无效”。其街景服务在美国的覆盖率是最高的，选择一个美国地址进行测试使用。如果输入的经纬度无误，单击“查询街景”按钮后将弹出 street 程序的界面，如图 12-32 所示。在图中可以单击屏幕中的方向箭头控制前进方向。

图 12-32　street 程序界面

12.4　传感器介绍

为了方便对传感器的访问，Android 提供了用于访问硬件的 API——android.hardware 包，该包主要提供了用于访问 Camera（相机）和 Sensor（传感器）的类和接口。现在就来介绍一下 Android 系统下如何使用传感器。

在 Android 应用程序中使用传感器要依赖于 android.hardware.SensorEventListener 接口。通过该接口可以监听传感器的各种事件。SensorEventListener 接口代码如下。

```
01 package android.hardware;
02 public interface SensorEventListener {
03     public abstract void onSensorChanged(SensorEvent event);              // 传感器采样值发生变化时调用
04     public abstract void onAccuracyChanged(Sensor sensor, int accuracy); // 传感器精度发生改变时调用
05 }
```

接口包括了如上段代码中所声明的两个方法，其中 onAccuracyChanged 方法在一般场合中较少使用到，常用的方法是 onSensorChanged，它只有一个 SensorEvent 类型的参数 event，SensorEvent 类代表了一次传感器的响应事件，当系统从传感器获取到信息的变更时，

会捕获该信息并向上层返回一个 SensorEvent 类型的对象，这个对象包含了传感器类型（public Sensor sensor）、传感器事件的时间戳（public long timestamp）、传感器数值的精度（public int accuracy）以及传感器的具体数值（public final float[] values）。

其中的 values 值非常重要，其数据类型是 float[]，它代表了从各种传感器采集回的数值信息，该 float 型的数组最多包含 3 个成员，而根据传感器的不同，values 中各成员所代表的含义也不同。例如，通常温度传感器仅仅传回一个用于表示温度的数值，而加速度传感器则需要传回一个包含 *X*、*Y*、*Z* 3 个轴上的加速度数值，同样的一个数据“10”，如果是从温度传感器传回则可能代表 10℃，而如果是从亮度传感器传回则可能代表数值为 10 的亮度单位，等等。

应用程序可以通过 Sensor 类型和 values 数组的值来正确地处理并使用传感器传回的值。为了正确理解传感器所传回的数值，这里首先介绍 Android 所定义的两个坐标系，即世界坐标系（world coordinate-system）和旋转坐标系（rotation coordinate-system）。

12.4.1　世界坐标系

如图 12-33 所示，这个坐标系定义了从一个特定的 Android 设备上来看待外部世界的方式，主要是以设备的屏幕为基准而定义的，并且该坐标系依赖的是屏幕的默认方向，不因为屏幕显示的方向改变而改变。

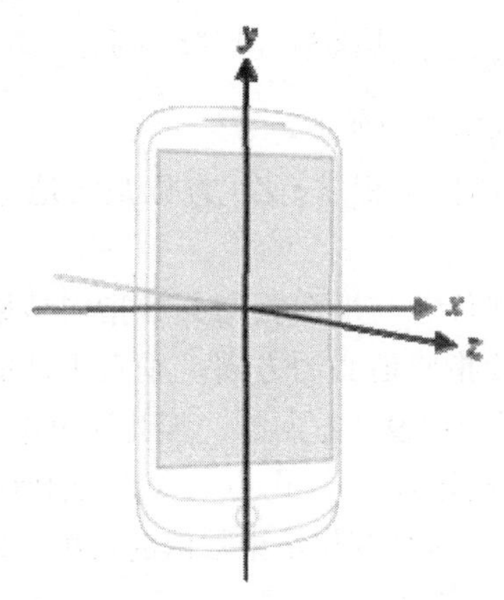

图 12-33　Android 设备的世界坐标系

坐标系以屏幕的中心为圆点，介绍如下。

- *X* 轴：方向是沿着屏幕的水平方向从左向右。手机默认的正放状态，一般来说是默认为长边在左右两侧并且听筒在上方的情况，如果是特殊设备，则可能 *X* 轴和 *Y* 轴会互换。
- *Y* 轴：方向与屏幕的侧边平行，是从屏幕的正中心开始沿着平行于屏幕侧边的方向指向屏幕的顶端。
- *Z* 轴：*Z* 轴的方向比较直观，即将手机屏幕朝上平放在桌面上时屏幕所朝的方向。

有了约定好的世界坐标系，重力传感器、加速度传感器等所传回的数据和解析数据的方法就能够按照这种约定来确立联系了。

12.4.2 旋转坐标系

如图 12-34 所示，球体可以理解为地球，这个坐标系是专用于方位传感器（Orientation Sensor）的，其可以理解为是一个“反向的（inverted）”世界坐标系，方位传感器即用于描述设备所朝向的方向的传感器，而 Android 为描述这个方向定义了一个坐标系，这个坐标系也由 *X*、*Y*、*Z* 轴构成，特别之处是方向传感器所传回的数值是屏幕从标准位置（屏幕水平朝上且位于正北方向）开始分别以这 3 个坐标轴为轴所旋转的角度。使用方位传感器的典型用例即“电子罗盘”。

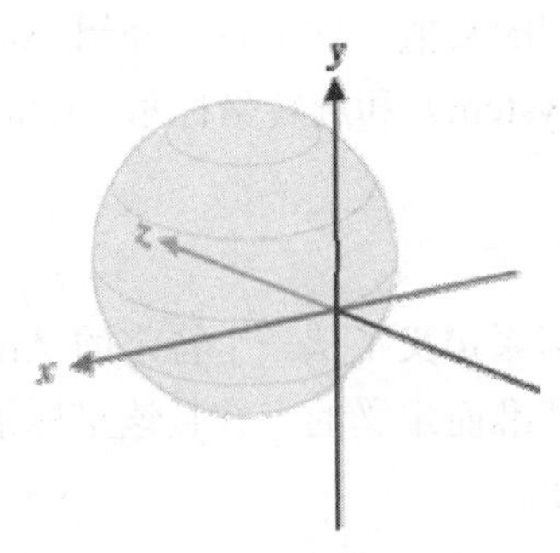

图 12-34 旋转坐标系

该坐标系中 *X*、*Y*、*Z* 轴分别介绍如下。

- *X* 轴：即 *Y* 轴与 *Z* 轴的向量积 *Y*•*Z*，方位是与地球球面相切并且指向地理位置的西方。
- *Y* 轴：为设备当前所在位置与地面相切并且指向地磁北极的方向。
- *Z* 轴：为设备所在位置指向地心的方向，垂直于地面。

由于这个坐标系是专用于确定设备方向的，因此这里进一步介绍访问传感器所传回的 values[]数组中，各个数值所表示的含义，作为对 values[]值的一个实例说明。当方向传感器感应到方位变化时会返回一个包含变化结果数值的数组，即 values[]，数组的长度为 3，它们分别代表的含义如下。

- values[0]——方位角，即手机绕 *Z* 轴所旋转的角度。
- values[1]——倾斜角，专指绕 *X* 轴所旋转的角度。
- values[2]——翻滚角，专指绕 *Y* 轴所旋转的角度。

以上所指明的角度都是逆时针方向的。

12.4.3 传感器模拟器的使用

在学习时，可能没有 Android 真机；或者在测试时，可能不知道当前每个传感器的确定值，这时候就需要传感器模拟器。传感器模拟器使用 SensorSimulator 版本。接下来就介绍其使用方法。

1. SensorSimulator 下载

SensorSimulator 能够实现仅通过鼠标和键盘即可实时仿真出各种传感器的数据，在最新的 SensorSimulator 版本中甚至还支持了仿真电池电量状态、仿真 GPS 位置的功能，它还能够“录制”真机的传感器在一段时间内的变化情况，以便于为开发者分析和测试提供材料。OpenIntents 项目的下载地址在 http://code.google.com/p/openintents/downloads/list，读者可以在这个页面中找到所有 OpenIntents 已发布的软件包，其中就包括了 SensorSimulator，目前的版本号为 2.0-rc1，如图 12-35 所示。

下载并解压 sensorsimulator.zip 包后，可以发现目录下的结构如图 12-36 所示。

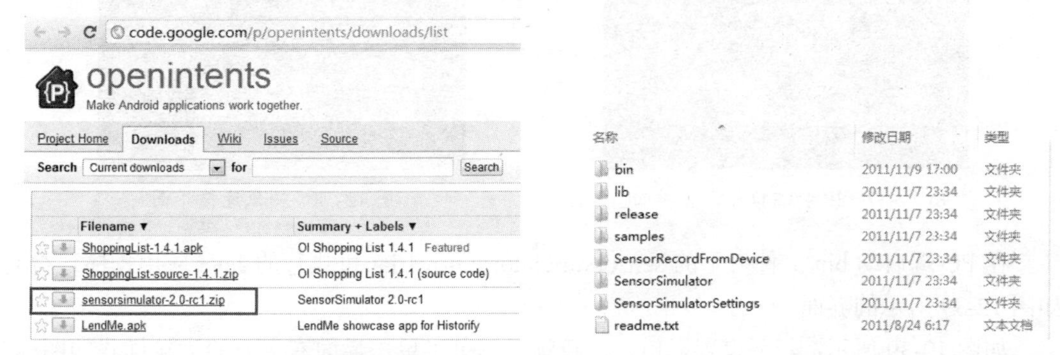

图 12-35　下载 SensorSimulator　　　　图 12-36　SensorSimulator 包的内容

其中，bin 文件夹下包括了已编译好的一个可执行 jar 文件和两个 apk 安装包，即 3 个用于描述说明的文本文件；lib 文件夹下则是编译好的 java 类库，提供与传感器仿真有关的 API；release 文件夹下存放的是用于 build 发布版的代码；samples 下提供了两个传感器的示例；第 5 个到第 7 个文件夹则是该 bin 中那些已编译的二进制文件的源码。对于本例来说，需要使用到的只有 bin 和 lib 两个文件夹中的内容。

2. SensorSimulator 连接使用

为了使 Android 模拟器能够接收到 SensorSimulator 所仿真出的传感器数据，首先需要做的是让模拟器能够与 SensorSimulator 建立连接，为此首先需要在 Android 模拟器上安装 SensorSimulatorSettings -2.0-rc1.apk 这个应用，通常在命令提示符下输入如下命令。

```
adb install SensorSimulatorSettings -2.0-rc1.apk
```

将这个用于设置连接的应用安装到模拟器中后，运行该应用程序会进入如下界面，如图 12-37、图 12-38 所示。

其中图 12-37 中所需要填的 IP 地址及 Socket 端口号就是模拟器与 SensorSimulator 连接的凭据，IP 地址可以直接填写 10.0.2.2，它代表了运行该模拟器的宿主 PC，端口号则需要与 SensorSimulator 中的设置一致，一般来说默认即可，如果遇到端口冲突的问题，则分别在模拟器和 SensorSimulator 的配置中（稍后会进行说明）进行一致的更改即可。图 12-38 所示的为测试连接的界面，虽然被称为测试界面，但是实际上也是依靠单击 Connect 按钮来建立好连接，连接成功后才能进一步在实例中成功地接收到数据。

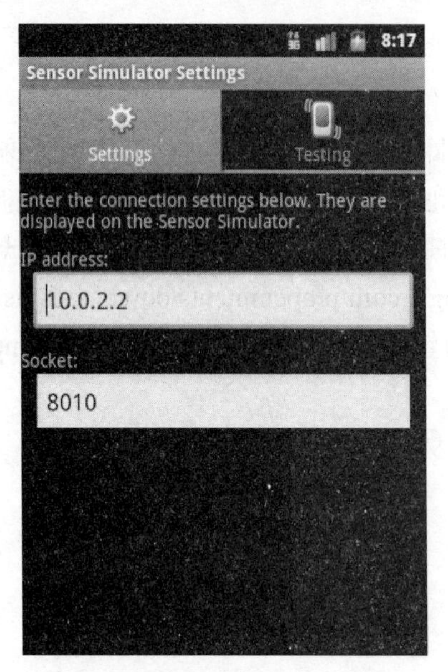

图 12-37　IP 和端口号设置界面

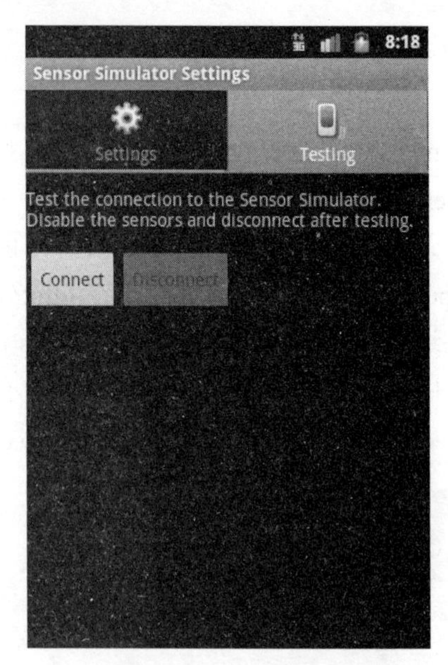

图 12-38　测试连接界面

在 PC 端启动 bin 文件夹下的 sensorsimulator-2.0-rc1.jar 可执行的 Java 应用程序，得到如图 12-39 所示的界面。

如图 12-39 所示，若要设置端口，刷新频率等可以单击界面右上方的齿轮样式的图标，界面左边一栏包括 3 个窗口，其中最上方的窗口中有一个用于对设备的方位、角度等状态进行仿真的 3D 模型，可以使用鼠标直接对该模型进行 yaw&pitch、roll&pitch 和 move 3 种操作，3 种操作基本可以模拟出绝大部分现实世界中设备的各种状态，读者可以在操作中体会三者的区别。

中间窗口中的一系列数据就是最上方窗口中的模型所返回的传感器数值，默认的开启了 5 种传感器的仿真，包括 accelerometer（加速度传感器）、magnetic field（磁场传感器）、orientation（方位传感器，即本例中需要使用到的传感器）、light（亮度传感器）、gravity（重力传感器），如果需要仿真更多的传感器数据，可以在右边一栏的“Sensors”选项卡中进行开启，如图中显示为深色的按钮即为已开启的传感器类型，通过单击按钮可以开启/关闭相应的传感器。

最下方的窗口主要是：作为信息的输出。界面右边一栏包含了一些对传感器进行设置或者控制的选项，使用方法比较简单，由于在本例中不需要进行十分特定的仿真，因此不必关注其他的内容，只需要保证 orientation 这个传感器处于工作状态即可。

在确保 SensorSimulator 的端口号与模拟器上设置的端口号一致后（本例中使用的默认值为 8010），在模拟器的 Testing 选项卡下单击 Connect 按钮，即可成功地连接至 SensorSimulator，并可接收到传感器所传回的数据，如图 12-40 所示。传感器的数据将会显示在界面的下半部分，可以发现此处所显示的数据与图 12-39 中左边一栏中间窗口中的数据相同，通过鼠标调整 3D 模型的状态，可以发现模拟器上的数据与之发生了同步的变化，这就说明模拟传感器的连接已经正确地建立起来了，接下来就可开始利用仿真的传感器开发应用程序了。

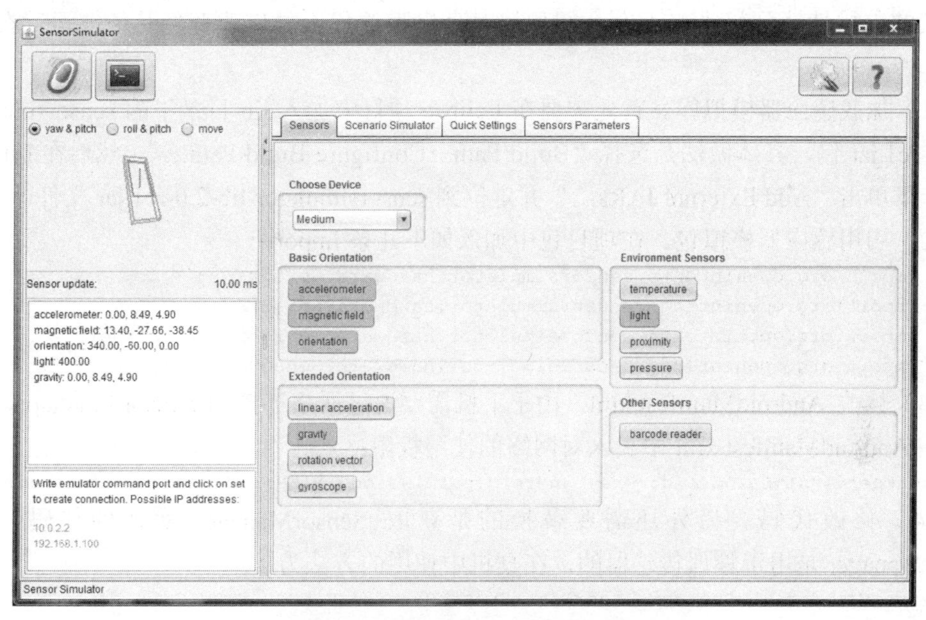

图 12-39　SensorSimulator 界面

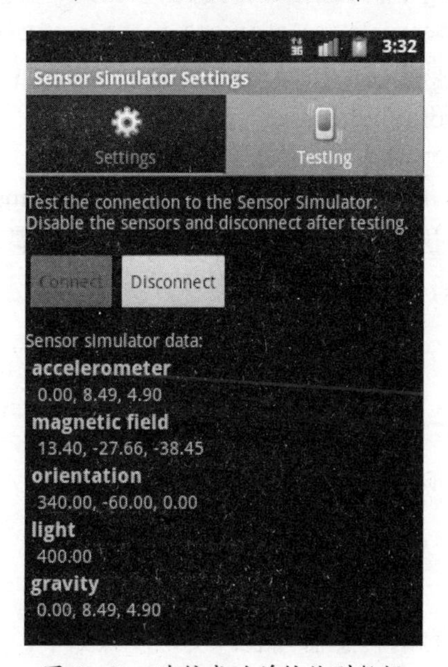

图 12-40　连接成功并接收到数据

3．SensorSimulator 模拟测试

通过上面一系列的操作之后并不能使原先在真机上可以工作的代码直接运行起来，这是因为通过 SensorSimulator 模拟出来的传感器并不能直接向 Android 自带的 hardware 中相关的 API 传递数据，因为自带的 API 是需要真的硬件支持的。不过，SensorSimulator 很优

雅地处理了这一问题，它通过提供一个用于接收其仿真出来的传感器的 API 类库，使得开发者可以通过仅仅替换一小部分代码即可使得程序正常运行起来，从而使得两个版本的代码直接的差异性达到最小，下面介绍如何对真机版的代码稍作改变使其能够运行在模拟器上。

（1）加载感应器模拟库。首先需要在 Eclipse 项目中加入 lib 目录下的 sensorsimulator-lib-2.0-rc1.jar 包，具体做法是选择“Build Path→Configure Build Path...”，然后在 Libraries 选项卡下单击“Add External JARs...”并定位到 sensorsimulator-lib-2.0-rc1.jar 文件即可。

（2）引用感应器模拟包。在项目包中加入如下几条 import：

```
01 import org.openintents.sensorsimulator.hardware.Sensor;
02 import org.openintents.sensorsimulator.hardware.SensorEvent;
03 import org.openintents.sensorsimulator.hardware.SensorEventListener;
04 import org.openintents.sensorsimulator.hardware.SensorManagerSimulator;
```

（3）修改 AndroidManifest.xml。由于手机需要通过网络连接到 SensorSimulator，因此需要在 AndroidManifest.xml 中加入对网络的使用权限：

```
<uses-permission android:name="android.permission.INTERNET"></uses-permission>
```

（4）修改代码。另外还需要替换的是获取 SensorManager 实例的代码，因为 SensorManager 是用于管理传感器的，在真机中使用的方法为：

```
mSensorManager = (SensorManager) getSystemService(SENSOR_SERVICE);
```

但是该方法显然不能够用于仿真出来的传感器，因此，需替换为如下代码。

```
mSensorManager = SensorManagerSimulator.getSystemService(this, SENSOR_SERVICE);
```

从而获取到用于管理仿真出来的传感器的 SensorManager，之后，还需要通过如下方法使得该应用程序连接到 SensorSimulator：

```
mSensorManager.connectSimulator();//连接到仿真器
```

需要注意的是，连接成功的条件是在 SensorSimulatorSettings 上进行了成功的连接，否则可能出现在项目中不能够获取到传感器数据的情况，如果遇到没有反应的情况，应首先检查 SensorSimulatorSettings。

12.5 传感器的获取

在本节中，将使用传感器模拟器来实现对传感器的获取。

12.5.1 传感器列表

在真机中，来获取其所有的传感器列表。实现步骤如下。

（1）先创建一个名为 Sample_12_3 的 Android 项目。

（2）编写 res/layout 目录下的布局文件 main.xml。在布局中只需要显示当前传感器的列表即可。

代码位置：见随书光盘中源代码/第 12 章/Sample_12_3/res/layout 目录下的 main.xml 文件。

（3）打开 src/com.sample.Sample_12_3 目录下的 Sample_12_3.java 文件，在其中输入如下代码。

代码位置：见随书光盘中源代码/第 12 章/Sample_12_3/src/com.sample.Sample_12_3 目录下的 Sample_12_3.java 文件。

```
01 package com.sample.sample_12_3;                        //包名
02 import java.util.List;
03 import android.hardware.SensorManager;                 //相关类
04 import android.os.Bundle;
05 import android.app.Activity;
06 import android.view.Menu;
07 import android.widget.TextView;
08 public class Sample_12_3 extends Activity {            //继承 Activity
09    @Override
10    protected void onCreate(Bundle savedInstanceState) {
11        super.onCreate(savedInstanceState);
12        setContentView(R.layout.main);                  //界面布局
13
14        tv_list = (TextView) findViewById(R.id.tvlist);
15        private SensorManager mSensorManager;           //定义传感器管理类
16        mSensorManager = (SensorManager)getSystemService(SENSOR_SERVICE);//获得列表
17
18        List<Sensor> sensors = mSensorManager.getSensorList(Sensor.TYPE_ALL);
19        for(Sensor sensor:sensors)
20        {
21            //输出传感器的名称
22            sensorList.append(sensor.getName() + "\n");
23        }
24 }
```

其中：

- 第 15～16 行，定义传感器管理类并获得管理类接口。
- 第 17～23 行，将传感器列表显示在界面中。

（4）在真机中运行该案例，会观察到如图 12-41 所示的结果。

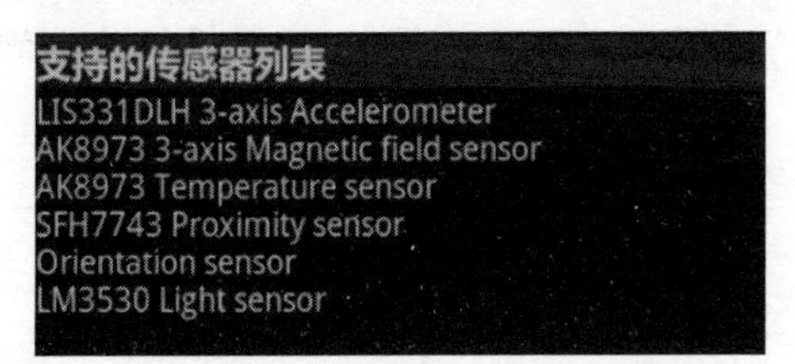

图 12-41　获得的传感器列表

从结果中可以看出，该款真机支持了如下型号的共六种类型的传感器。

- LIS331DLH 3-axis Accelerometer ——加速度传感器；
- AK8973 3-axis Magnetic field sensor ——磁场传感器；
- AK8973 Temperature sensor ——温度传感器；

- SFH7743 Proximity sensor ——邻近度传感器；
- Orientation sensor ——方位传感器；
- LM3530 Light sensor ——亮度传感器。

12.5.2 传感器的值

在 12.5.1 节中，获得了传感器的列表。在本节中，将实现从传感器中获得各种传感器的相应的值。在已有的项目 Sample_12_3 中进行修改。步骤如下。

（1）修改布局文件，添加传感器的值的显示界面。

代码位置：见随书光盘中源代码/第 12 章/Sample_12_3/res/layout 目录下的 main.xml 文件。

（2）添加 JAR 包。在 Eclipse 中为该项目添加 JAR 包，使其能够使用 SensorSimulator 工具的类和方法。添加方法主要有两种，分别介绍如下。

①在 Eclipse 的 Package Explorer 中找到该项目的文件夹，然后用鼠标右键单击该文件夹并选择“Properties”选项，弹出如图 12-42 所示的窗口。选择左侧的“Java Build Path”选项，然后选择“Libraries”选项卡。单击“Add External JARs…”按钮来添加需要的 JAR 包。在弹出的“JAR Selection”对话框中选择 C:\sensorsimulator-1.0.0-beta1\lib 目录下的 sensorsimulator-lib.jar 文件，并将其添加到该项目中。

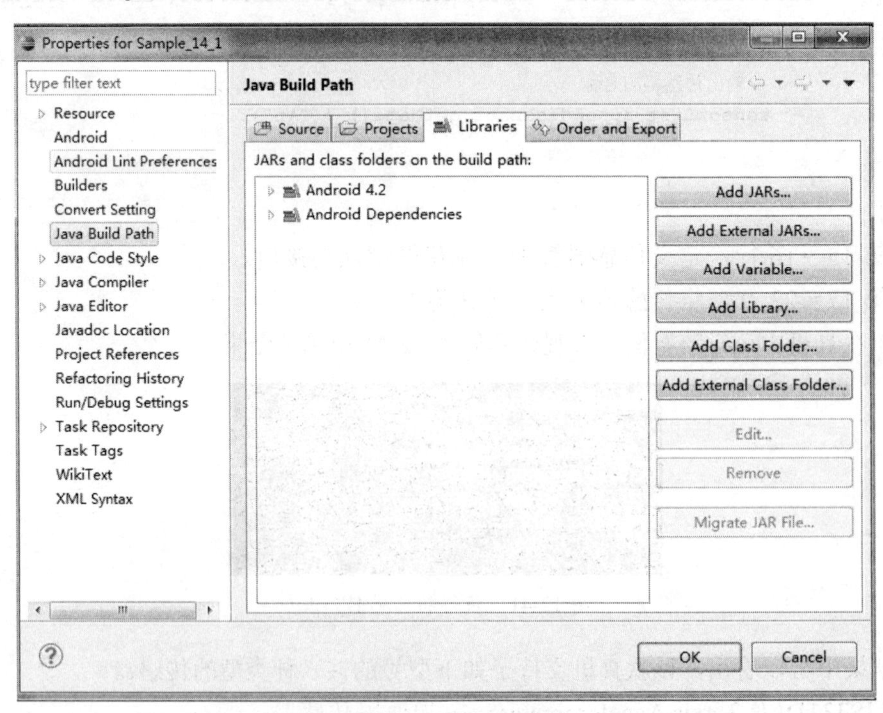

图 12-42 Properties 窗口

②针对 ADT 20 以上的版本，直接将需要引用的第三方库文件直接复制到工程目录的 libs 文件夹下即可。

（3）打开 src/com.sample.Sample_12_3 目录下的 Sample_12_3.java 文件，在其中输入如下代码。

代码位置：见随书光盘中源代码/第 12 章/Sample_12_3/src/com.sample.Sample_12_3 目录下的 Sample_12_3.java 文件。

```
01 public class Sample_12_3 extends Activity {
02     TextView tv_list, tv_acc, tv_ori, tv_mag, tv_temp, tv_light;
       //声明 SensorManagerSimulator 对象,调试时用
03     SensorManagerSimulator mySensorManager;
04     Sensor mysensor1;                                 //定义 Sensor
05
06     @Override
07     protected void onCreate(Bundle savedInstanceState) {
08         super.onCreate(savedInstanceState);
09         setContentView(R.layout.main);               //设置界面布局
10
11         tv_list = (TextView) findViewById(R.id.tvlist);      //引用控件
12         tv_acc = (TextView) findViewById(R.id.tv_acc);
13         tv_ori = (TextView) findViewById(R.id.tv_ori);
14         tv_mag = (TextView) findViewById(R.id.tv_mag);
15         tv_temp = (TextView) findViewById(R.id.tv_temp);
16         tv_light = (TextView) findViewById(R.id.tv_light);
17         mySensorManager = SensorManagerSimulator.getSystemService(this,
18                 SENSOR_SERVICE);                      //获得 Sensor 管理器
19         mySensorManager.connectSimulator();          //与 Simulator 连接
20         mysensor1 = mySensorManager.getDefaultSensor(Sensor.
21                         TYPE_ACCELEROMETER);  //方向感应
22     }
23
24     private SensorEventListener mySensorListener = new SensorEventListener() {
25         @Override
26         public void onAccuracyChanged(Sensor arg0, int arg1) {
27         }
28
29         @Override
30         public void onSensorChanged(SensorEvent arg0) {
31             if (arg0.type == Sensor.TYPE_ACCELEROMETER) {     //检查加速度的变化
32                 String acc_text = "方向传感器值为: \n";
33                 acc_text = acc_text + "x 方向上的加速度为: " + arg0.values[0] + "\n";
34                 acc_text = acc_text + "y 方向上的加速度为: " + arg0.values[1] + "\n";
35                 acc_text = acc_text + "z 方向上的加速度为: " + arg0.values[2] + "\n";
36                 tv_acc.setText(acc_text);
37             }
38             if (arg0.type == Sensor.TYPE_ORIENTATION) {       //检查状态的变化
39                 String ori_text = "状态传感器值为: \n";
40                 ori_text = ori_text + "Yaw 为: " + arg0.values[0] + "\n";
41                 ori_text = ori_text + "Pitch 为: " + arg0.values[1] + "\n";
42                 ori_text = ori_text + "Roll 为: " + arg0.values[2] + "\n";
43                 tv_ori.setText(ori_text);
44             }
45             if (arg0.type == Sensor.TYPE_MAGNETIC_FIELD) {   //检查磁场的变化
```

```
46                String mag_text = "磁场传感器为：\n";
47                mag_text = mag_text + "x 方向的磁场分量为：" + arg0.values[0] + "\n";
48                mag_text = mag_text + "y 方向的磁场分量为：" + arg0.values[1] + "\n";
49                mag_text = mag_text + "z 方向的磁场分量为：" + arg0.values[2] + "\n";
50                tv_ori.setText(mag_text);
51            }
52            if (arg0.type == Sensor.TYPE_TEMPERATURE) {      //只检查温度的变化
                  //将当前温度显示到 TextView
53                tv_temp.setText("当前的温度为：" + arg0.values[0]);
54            }
55            if (arg0.type == Sensor.TYPE_LIGHT) {   //检查光强度的变化
                  //将光的强度显示到 TextView
56                tv_light.setText("光的强度为：" + arg0.values[0]);
57            }
58        }
59    };
60
61    @Override
62    protected void onResume() {
63        mySensorManager.registerListener(            //注册监听
64                mySensorListener, mysensor1,         //监听器 SensorListener 对象
65                SensorManager.SENSOR_DELAY_UI        //传感器事件传递的频度
66                );
67        super.onResume();
68    }
69
70    @Override
71    protected void onDestroy() {
72        super.onDestroy();
73        mySensorManager.unregisterListener(mySensorListener);     //注销监听
74    }
```

其中：

- 第 17～21 行，实现传感器管理器，以及监听传感器的类型。
- 第 24～59 行，实现传感器的变化监听，根据不同的传感器类型进行不同的数据获取方式与显示。
- 第 63～66 行，实现传感器变化的监听注册。其中，mysensor1 指定了传感器的类别，实例中实现的是方向传感器。
- 第 73 行，实现注销监听。

（4）因为使用了传感器模拟器，在 AndroidManifest.xml 文件中添加网络权限。

```
1  <uses-permission android:name="android.permission.INTERNET"/>
```

（5）运行该实例，获得传感器的值，如图 12-43 所示为方向传感器的值；图 12-44 为磁场传感器的值。对获取的传感器的类型进行修改，还可以获得其他类型的传感器的值。

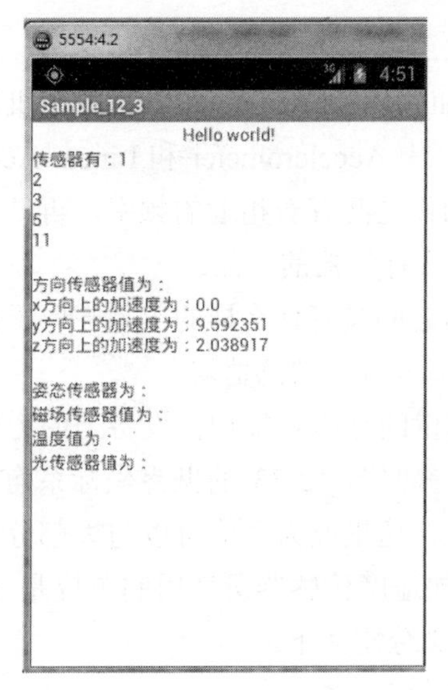

图 12-43　方向传感器的值

图 12-44　磁场传感器的值

12.6　综合案例

介绍了 Android 支持的主要的传感器之后，本节将综合运用这些传感器的相关数据来实现实例。

12.6.1　计步器应用

在获得了传感器基本数据之外，本节将再带领大家实现另一个常用的，并且稍微复杂的应用——计步器应用。

1．计步器介绍

计步器，顾名思义，就是用于计算一个人所走过的步数，市面上销售的一些计步器往往还带有其他一些非常丰富的功能，如估算一个人所消耗的能量及所走过的距离等。但这些功能都是建立在准确地测定了人所走的步数之上的，那么如何准确地测定人所走的步数呢？这就需要借助于传感器来实现，正确处理、统计传感器的数据，决定了测定步数的准确性。Android 提供了众多传感器的支持，实现一个简易的计步器当然也是力所能及的了。下面就介绍在 Android 平台上实现一个简易的计步器的应用。

2．计步器功能实现分析

那么，实现计步器功能需要使用什么传感器呢？联想一下，在使用计步器的时候手机会经历的状态——人往往会将手机置于衣物的口袋或者背包中，而人在步行时重心会有一点上下移动（以腰部的上下位移最为明显，所以通常推荐将计步器挂在腰带上，而对于手机，自然就建议放在距离腰部附近的位置）。

因此，可以将每一步的运动简化为一种上下运动。这时候 SensorSimulator 就能够发挥作用了，打开 SensorSimulator，使能所有可能产生反应的传感器（温度传感器、压力传感器、亮度传感器等可以直接排除），将这种运动施加到 SensorSimulator 里的手机模型上，然后观察这些传感器所传回数值的变化，可以发现其中 Accelerometer 和 Linear-Acceleration 这两种传感器的第 3 个数值变化与对手机施加的动作之间有着相近的频率，再结合传感器的实际功能，就可以确定这两类传感器可以用于实现计步器的功能。

而 Accelerometer 和 Linear-Acceleration 传感器之间又有什么样的关系呢？下面简要地介绍一下 Accelerometer、Gravity 和 Linear-Acceleration 3 个传感器。

（1）加速度传感器——Accelerometer。其所测量的是所有施加在设备上的力所产生的加速度（包括了重力加速度）的负值（这个负值是参照图 12-33 的世界坐标系而言的，因为默认手机的朝向是向上的，而重力加速度则朝下，这里取为负值可以与大部分人的认知观念相符——手机朝上时，传感器的数值为正）。加速度传感器所使用的单位是 m/s^2，其更新时所返回的 SensorEvent.values[]数组的各值含义分别如下。

- SensorEvent.values[0]：加速度在 X 轴的负值；
- SensorEvent.values[1]：加速度在 Y 轴的负值；
- SensorEvent.values[2]：加速度在 Z 轴的负值。

例如：

- 当手机屏幕朝上静止地放在水平桌面上（可称为标准状态），此时 values[2]的值将会约等于重力加速度 g（$9.8m/s^2$）。
- 当手机的状态不是标准状态时，那么数组 values[]的值分别为重力加速度在各方向上的分量。
- 当手机以标准状态做竖直的自由落体运动时，此时各方向的加速度将为 0。
- 当手机向上以 $2m/s^2$ 的加速度做直线运动时，values[2]的值为 $11.8m/s^2$。

（2）重力加速度传感器——Gravity。其单位也是 m/s^2，其坐标系与加速度传感器一致。当手机静止时，重力加速度传感器的值和加速度传感器的值是一致的，从 SensorSimulator 上很容易观察到这一点。

（3）线性加速度传感器——Linear-Acceleration。这个传感器所传回的数值可以通过如下一个公式清楚地了解：

$$\text{Accelerometer} = \text{Gravity} + \text{Linear-Acceleration}$$

综上所述，可知 Accelerometer 和 Linear-Acceleration 这两类传感器在本例中几乎可以发挥相同的作用，结合图 12-41 所获取的一款真机的传感器列表，发现该款真机仅支持 Accelerometer，可以略作推断，Accelerometer 可能是较 Linear-Acceleration 更为普及的一种传感器，因此本例中决定使用 Accelerometer 传感器来实现计步器的功能，其实，如果某一款手机不支持 Accelerometer 而支持 Linear-Acceleration 传感器，则可以通过少量的修改使计步器程序变为使用 Linear-Acceleration 的版本。

3．计步器效果

本实例的运行效果如图 12-45 所示。

图 12-45　计步器运行状态

4．实现步骤

（1）先创建一个名为 Sample_12_4 的 Android 项目。

（2）编写 res/layout 目录下的布局文件 main.xml。在布局中需要有控制按钮“开始”、“暂停”、“继续”、“清零”以及当前的状态、传感器的值和最重要的计算总步数，效果如图 12-45 所示。

代码位置：见随书光盘中源代码/第 12 章/Sample_12_4/res/layout 目录下的 main.xml 文件。

（3）实现判断走一步的逻辑。由于实例是在模拟器上完成的，所以对走路的情景做了简化：假定在走路的过程中手机保持在标准状态，并将手机的运动轨迹简化为竖直方向上的来回运动，那么这时加速度传感器的 values[2]值将会随着每一步的动作而发生周期性的变化。因此，计步器的核心逻辑就是依据 values[2]值的变化来判定是否完成了走一步的动作。判断走一步的代码如下。

```
01      private static final float GRAVITY = 9.80665f;
02      private static final float GRAVITY_RANGE = 0.001f;
03      //存储走一步的过程中传感器传回值的数组便于分析
04      private ArrayList<Float> dataOfOneStep = new ArrayList<Float>();
```

其中，第 01、02 行定义了两个常量，GRAVITY 代表了标准的重力加速度值，而 GRAVITY_RANGE 是一个用于忽略极小的加速度变化的常量，即只要与 GRAVITY 值相差在该值的范围内时，就认为还是处于标准的重力加速度状态下，可以认为是一种“防抖动”措施；第 04 行定义了一个 ArrayList 类型的对象 dataOfOneStep，用于存储一段连续的传感器数值以供分析使用。

具体的走一步判断逻辑实现如下。

代码位置：见随书光盘中源代码/第 12 章/Sample_12_4/src/com.sample.Sample_12_4 目录下的 Sample_12_4.java 文件。

```
01          /**
02           * 判断是否完成了一步行走的动作
03           * @param newData 传感器新传回的数值（values[2]）
04           * @return 是否完成一步
05           */
06          private boolean justFinishedOneStep(float newData){
07                 boolean finishedOneStep = false;
08                 dataOfOneStep.add(newData);        //将新数据加入到用于存储数据的列表中
09                 dataOfOneStep = eliminateRedundancies(dataOfOneStep);//消除冗余数据
                   //分析是否完成了一步动作
10                 finishedOneStep = analysisStepData(dataOfOneStep);
11                 if(finishedOneStep){      //若分析结果为完成了一步动作，则清空数组，并返回真
12                    dataOfOneStep.clear();
13                    return true;
14                 }else{                    //若分析结果为尚未完成一步动作，则返回假
15                    if(dataOfOneStep.size() >= 100){                //防止占用资源过大
16                        dataOfOneStep.clear();
17                    }
18                    return false;
19                 }
20          }
21          /**
22           * 分析数据子程序
23           * @param stepData 待分析的数据
24           * @return 分析结果
25           */
26          private boolean analysisStepData(ArrayList<Float> stepData){
27                 boolean answerOfAnalysis = false;
28                 boolean dataHasBiggerValue = false;
29                 boolean dataHasSmallerValue = false;
30                 for(int i=1; i<stepData.size()-1; i++){
                      //是否存在一个极大值
31                    if(stepData.get(i).floatValue() > GRAVITY + GRAVITY_RANGE){
32                        if((stepData.get(i).floatValue() > stepData.get(i+1).floatValue()) &&
33                           (stepData.get(i).floatValue() > stepData.get(i-1).
floatValue())){
34                              dataHasBiggerValue = true;
35                 }
36                    }
                      //是否存在一个极小值
37                    if(stepData.get(i).floatValue() < GRAVITY - GRAVITY_RANGE){
38                        if((stepData.get(i).floatValue() < stepData.get(i+1).floatValue()) &&
39                           (stepData.get(i).floatValue() < stepData.get(i-1).floatValue())){
40                              dataHasSmallerValue = true;
41                        }
42                    }
43                 }
44                 answerOfAnalysis = dataHasBiggerValue && dataHasSmallerValue;
45                 return answerOfAnalysis;
46          }
47          /**
48           * 消除 ArrayList 中的冗余数据，节省空间，降低干扰
```

```
49          * @param rawData 原始数据
50          * @return 处理后的数据
51          */
52         private ArrayList<Float> eliminateRedundancies(ArrayList<Float> rawData){
53             for(int i=0; i<rawData.size()-1 ;i++){
54                 if((rawData.get(i) < GRAVITY + GRAVITY_RANGE) && (rawData.get(i)
                   > GRAVITY -
55                     GRAVITY_RANGE)
56                         && (rawData.get(i+1) < GRAVITY + GRAVITY_RANGE) &&
                         (rawData.get(i+1) >
57                     GRAVITY - GRAVITY_RANGE)){
58                     rawData.remove(i);
59                 }else{
60                     break;
61                 }
62             }
63             return rawData;
64         }
```

其中：

- 第 01～20 行，实现了 justFinishedOneStep()方法。其用于根据 analysisStepData()方法所返回的值来进行相应的事务处理：向调用方返回是否完成一步，并且维护 dataOfOneStep 的数据。
- 第 21～46 行，实现了 analysisStepData()方法。其用于分析当前的 dataOfOneStep 列表中的数据是否被判别为完成了一步的动作，若分析结果判定为刚完成了一步，则返回真，否则返回假。
- 第 47～64 行，实现了 eliminateRedundancies()方法的作用是消除列表 dataOfOneStep 中冗余的数据，具体做法是从列表中移除列表前端的重复数据，这些重复数据的产生原因是一段时间内没有进行任何动作，使得传感器按一定频率传回大量与 GRAVITY 相近的数值，该方法是为了防止 dataOfOneStep 的数据量变得过大。
- 这 3 种方法的调用关系为 justFinishedOneStep()→analysisStepData()→eliminateRedundancies()；有了如上所述的判断逻辑之后，就可以进一步实现计步器了。

（4）完成了核心步数的判断之后，需要注册和使用加速度传感器，实现代码如下。

代码位置：见随书光盘中源代码/第 12 章/Sample_12_4/src/com.sample.Sample_12_4 目录下的 Sample_12_4.java 文件。

```
01     private SensorManagerSimulator mSensorManager;
02     private Sensor mAccelerometer;
03     @Override
04     public void onCreate(Bundle savedInstanceState) {
05         super.onCreate(savedInstanceState);
06         setContentView(R.layout.main);
07         stepcount = (TextView)findViewById(R.id.stepcount);
08         debug = (TextView)findViewById(R.id.debug);
09         mSensorManager        =        SensorManagerSimulator.getSystemService(this,
```

```
SENSOR_SERVICE);
10         mAccelerometer = mSensorManager.getDefaultSensor(Sensor.TYPE_ACCELEROMETER);
11         mSensorManager.connectSimulator();//连接到仿真器
12     }
13     protected void onResume() {
14         super.onResume();
15         mSensorManager.registerListener(this, mAccelerometer, SensorManager.
SENSOR_DELAY_UI);
16     }
17
18     protected void onPause() {
19         super.onPause();
20         mSensorManager.unregisterListener(this);
21     }
22
23     public void onSensorChanged(SensorEvent event) {
24         switch(event.type){
25         case Sensor.TYPE_ACCELEROMETER:{
26             Log.v(TAG, "values[0]-->" + event.values[0] + ", values[1]-->" +
event.values[1] + ",
27                 values[2]-->" + event.values[2]);
28             debug.setText("values[0]-->" + event.values[0] + "\nvalues[1]-->" +
event.values[1] +
29                 "\nvalues[2]-->" + event.values[2]);
30             if(justFinishedOneStep(event.values[2])){
31
   stepcount.setText((Integer.parseInt(stepcount.getText().toString()) + 1) + "");
32             }
33             break;
34         }
35         default:
36             break;
37         }
38     }
```

（5）完成以上步骤后，运行该实例。运行效果如图 12-45 所示。

5. 其他说明

本实例是为了方便说明传感器的使用而建立的，因此在实际使用时可能会存在误差或者失效，因为计步这个看似简单的功能，要做到非常精确，则需要进行大量的数据统计和分析，从中得出人们行走的特点，才能够准确地测量出步数，这不在本书的讨论范围之内，如果读者有兴趣，不妨进行更深入的研究。

本节通过一个水平仪案例开发过程向读者介绍如何在自己的应用程序中使用传感器。本案例中的水平仪并不是两个方向的，而是全方向的（即为圆形水平仪），接下来便详细介绍该案例的开发过程。

12.6.2 小球游戏

在传感器硬件得到普遍应用之后，使用传感器来作为交互模式的方法得到了广泛应用。

在本节中，将实现随着手机摆放的不同小球滚动的效果。步骤如下所示。

（1）创建一个名为 Sample_12_5 的 Android 项目。

（2）准备图片资源，将程序中用到的图片资源存放到 res/drawable-mdpi 目录下，如图 12-46 所示。

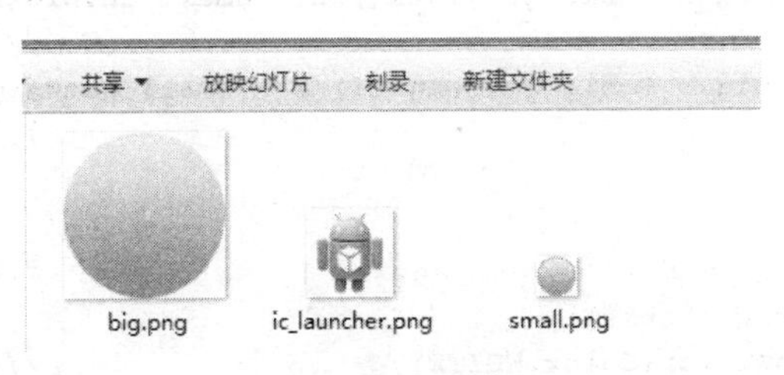

图 12-46 图片资源

（3）在 Eclipse 中为该项目添加 jar 包，使其能够使用 SensorSimulator 工具来调试。添加方法与之前各个案例的操作方法完全相同，此处不再赘述。

（4）由于使用传感器模拟器，为应用程序添加网络权限。在 AndroidManifest.xml 文件中添加如下代码。

```
1  <uses-permission android:name="android.permission.INTERNET"/>
```

（5）实现自定义 View 类。该类用于绘制水泡的位置。打开 src/com.sample.Sample_12_5 目录下的 MainView.java 文件，在其中输入如下代码。

代码位置：见随书光盘中源代码/第 12 章/Sample_12_5/src/com.sample.Sample_12_5 目录下的 MainView.java 文件。

```
1  package com.sample.smaple_12_5;                          //声明所在包
2  import android.content.Context;                          //引入相关类
3  import android.graphics.Bitmap;                          //引入相关类
4  import android.graphics.BitmapFactory;                   //引入相关类
5  import android.graphics.Canvas;                          //引入相关类
6  import android.graphics.Color;                           //引入相关类
7  import android.graphics.Paint;                           //引入相关类
8  import android.graphics.Paint.Style;                     //引入相关类
9  import android.util.AttributeSet;                        //引入相关类
10 import android.view.View;                                //引入相关类
11 public class MainView extends View{
12     Paint paint;                                         //声明画笔的引用
13     Bitmap big;                                          //大圆的图片
14     Bitmap small;                                        //小水泡的图片
15     int big_X = 33;                                      //大圆的 X 坐标
16     int big_Y = 33;                                      //大圆的 Y 坐标
17     int small_X;                                         //小水泡的 X 坐标
18     int small_Y;                                         //小水泡的 Y 坐标
19     public MainView(Context context, AttributeSet attrs) {   //构造器
20         super(context, attrs);
21         init();                                          //初始化资源
22     }
23     public void init(){                                  //初始化方法
```

```
24          paint = new Paint();                                     //初始化画笔
25          big = BitmapFactory.decodeResource(getResources(), R.drawable.big);
                                                                     //初始化大圆的图片
26          small = BitmapFactory.decodeResource(getResources(), R.drawable.small);
                                                                     //初始化水泡的图片
27          small_X = big_X + big.getWidth()/2 - small.getWidth()/2;
                                                                     //初始化水泡的 X 坐标
28          small_Y = big_Y + big.getHeight()/2 - small.getHeight()/2;
                                                                     //初始化水泡的 Y 坐标
29      }
30      @Override
31      protected void onDraw(Canvas canvas) {                       //绘制方法
32          super.onDraw(canvas);
33          canvas.drawColor(Color.WHITE);                           //设置背景色为白色
34          paint.setColor(Color.BLUE);                              //设置画笔颜色
35          paint.setStyle(Style.STROKE);                            //设置画笔为不填充
36          canvas.drawRect(5, 5, 315, 315, paint);                  //画外边框
37          canvas.drawBitmap(big, big_X, big_Y, paint);             //绘制大圆
38          canvas.drawBitmap(small, small_X, small_Y, paint);   //绘制水泡
39          RectF oval = new RectF(big_X+big.getWidth()/2-10,    //定义圆所在的矩形
40                          big_Y+big.getHeight()/2-10,
41                          big_X+big.getWidth()/2+10,
42                          big_Y+big.getHeight()/2+10);
43          canvas.drawOval(oval, paint);                            //绘制基准线(圆)
44      }
45  }
```

其中：

- 第 13～14 行，声明两张图片的引用，分别为大圆及小水泡的图片。
- 第 15～18 行，定义大圆的坐标及小水泡的坐标，这样在手机状态改变时，只需更改小水泡的坐标即可。
- 第 19～21 行，为该类的构造器，因为需要在 activity_main.xml 文件中配置该 View，所以必须使用该构造器，在构造器中只需调用初始化方法对需要的资源进行初始化即可。
- 第 23～29 行，为自定义的初始化方法，在方法中先初始化画笔及图片资源，然后初始化小水泡的坐标。
- 第 31～44 行，为重写的绘制方法，在绘制方法中先绘制背景颜色，然后根据各个坐标的值对大圆及小水泡进行绘制。

（6）开发主逻辑代码，即读取手机的状态，然后改变小水泡的坐标。首先搭建 Sample_12_5.java 的代码框架，如下所示。

代码位置：见随书光盘中源代码/第 12 章/Sample_12_5/src/com.sample.Sample_12_5 目录下的 Sample_12_5.java 文件。

```
1  package com.sample.smaple_12_5;                                   //声明所在包
2  import org.openintents.sensorsimulator.hardware.SensorManagerSimulator;
                                                                     //引入相关类
3  import android.app.Activity;                                      //引入相关类
```

```
4   import android.hardware.SensorListener;                //引入相关类
5   import android.hardware.SensorManager;                 //引入相关类
6   import android.os.Bundle;                              //引入相关类
7   public class Sample_12_5 extends Activity {
8       MainView mv;                                       //主 View
9       int k = 45;                                        //灵敏度
10      private SensorManagerSimulator mySensorManager;//SensorManager 对象引用
11      //private SensorManager mySensorManager;           //SensorManager 对象引用
12      @Override
13      public void onCreate(Bundle savedInstanceState) {
14          super.onCreate(savedInstanceState);
15          setContentView(R.layout.activity_main);        //设置当前的用户界面
16          mv = (MainView) findViewById(R.id.mainView);//获取主 View
17          //mySensorManager =
18              (SensorManager)getSystemService(SENSOR_SERVICE);
                                                           //获得 SensorManager
19          //调试时用
20          mySensorManager = SensorManagerSimulator.getSystemService(this, SENSOR_
            SERVICE);
21          mySensorManager.connectSimulator();
22      }
23      private SensorListener mySensorListener = new SensorListener(){  //监听器
24          @Override
25          public void onAccuracyChanged(Sensor arg0, int arg1) {}
                                                           //重写 onAccuracyChanged 方法
26          @Override
27          public void onSensorChanged(SensorEvent arg0) {
                                                           //重写 onSensorChanged 方法
28              ……//此处省略的是接收手机状态的数据并进行处理的代码，将在之后进行介绍
29          }
30          public boolean isContain(int x, int y){        //判断点是否在圆内
31              int tempx = (int) (x + mv.small.getWidth()/2.0);//得到水泡 tempx 坐标
32              int tempy = (int) (y + mv.small.getWidth()/2.0);//得到水泡 tempy 坐标
33              int ox = (int) (mv.big_X + mv.big.getWidth()/2.0);//得到大圆的 X 坐标
34              int oy = (int) (mv.big_X + mv.big.getWidth()/2.0);//得到大圆的 Y 坐标
35              if(Math.sqrt((tempx-ox)*(tempx-ox)+(tempy-oy)*(tempy-oy))
36                      >(mv.big.getWidth()/2.0-mv.small.getWidth()/2.0)){
37                  return false;                          //不在圆内
38              }
39              else {
40                  return true;                           //在圆内
41              }
42          }
43      };
44      @Override
45      protected void onResume() {                        //重写的 onResume 方法
46          mySensorManager.registerListener(              //注册监听
47              mySensorListener,                          //监听器 SensorListener 对象
48              mysensor,                                  //传感器的类型为状态
49              SensorManager.SENSOR_DELAY_UI              //频度
50              );
51          super.onResume();
```

```
52      }
53      @Override
54      protected void onPause() {                                    //重写 onPause 方法
55          mySensorManager.unregisterListener(mySensorListener);//取消注册监听器
56          super.onPause();
57      }
58  }
```

其中：

- 第 9 行，为该水平仪的灵敏度，即需要偏移多少小水泡才会到大圆的边缘。
- 第 10～11 行，声明 SensorManager 的引用，其中第 10 行是为了调试才使用的，而第 11 行则是真机中需要编写的代码。
- 第 13～22 行，重写了 Activity 的 onCreate 方法，该方法会在 Activity 创建时被调用。在方法中首先设置当前的用户界面并得到 MainView 的引用，然后初始化 SensorManager，同样，为了调试，使用的是 SensorSimulator 工具的 API。
- 第 23～43 行，为监听器对象，在该对象中自定义一个 isContain 方法来判断小水泡是否在大圆内。其中 onSensorChanged 方法会读取手机的状态然后进行相应的处理。
- 第 44～52 行，重写了 Activity 的 onResume 方法，在方法中主要是注册传感器，而第 54～57 行的 onPause 方法则是取消传感器监听。

（7）完善监听对象，用下列代码替换上述代码的第 27～29 行。

代码位置：见随书光盘中源代码/第 12 章/Sample_12_5/src/com.sample.Sample_12_5 目录下的 Sample_12_5.java 文件。

```
1   @Override
2   public void onSensorChanged(SensorEvent arg0) {
                                                    //重写 onSensorChanged 方法
3       if(arg0.type == Sensor.TYPE_ORIENTATION){   //只检查状态的变化
4           double pitch = arg0.values[1];          //得到 pitch
5           double roll = arg0.values[2];           //得到 roll
6           int x = 0;                              //临时变量，计算中间水泡坐标时会用到
7           int y = 0;
8           if(Math.abs(roll)<=k){                  //调整 X
9               x = mv.big_X + (int)(((mv.big.getWidth()-mv.small.getWidth())/2.0)
10                      -(((mv.big.getWidth()-mv.small.getWidth())/2.0)*roll)/k);
11          }
12          else if(roll>k){                        //调整 X
13              x = mv.big_X;
14          }
15          else{                                   //调整 X
16              x = mv.big_X + mv.big.getWidth() - mv.small.getWidth();
17          }
18          if(Math.abs(pitch)<=k){                 //调整 Y
19              y = mv.big_Y + (int)(((mv.big.getHeight()-mv.small.getHeight())/2.0)
20              +(((mv.big.getHeight()-mv.small.getHeight())/2.0)*pitch)/k);
21          }
22          else if(pitch>k){                       //调整 Y
```

```
23              y = mv.big_Y + mv.big.getHeight() - mv.small.getHeight();
24          }
25          else{                                           //调整 Y
26              y = mv.big_Y;
27          }
28          if(isContain(x, y)){                            //小水泡如果在圆内才改变坐标
29              mv.small_X = x;                             //改变水泡的 X 坐标
30              mv.small_Y = y;                             //改变水泡的 Y 坐标
31          }
32          mv.postInvalidate();                            //重绘 MainView
33      }
34 }
```

其中：

- 第 3 行，判断是否为手机状态的变化，只有手机状态变化才会执行下列代码。
- 第 4～5 行，得到手机状态变化的 pitch 及 roll 值，因为 yaw 的变化并不会对水平仪有任何影响，所以此处并没有读取 yaw 的值。
- 第 8～17 行，调整小水泡的 *X* 坐标，当 roll 的值小于灵敏度 k 时，表示还没有到达大圆的边缘，此时需要按比例计算小水泡的 *X* 坐标，而当 roll 大于灵敏度 k 时，直接将设置小水泡的坐标到大圆的边缘即可。
- 第 18～27 行，采用同样的算法计算小水泡的 *Y* 坐标。
- 第 28～31 行，当小水泡在大圆内时，才移动小水泡，否则不移动，第 32 行调用 View 的重绘方法进行界面的绘制。

（8）完成以上步骤，即实现了本案例。使用 SensorSimulator 工具对该案例进行调试。运行计算机端的 SensorSimulator 工具，然后对模拟器中的手机使用鼠标拖动，改变模拟手机的状态。观察 Android 模拟器中小水泡的位置，得到如图 12-47 所示的效果。

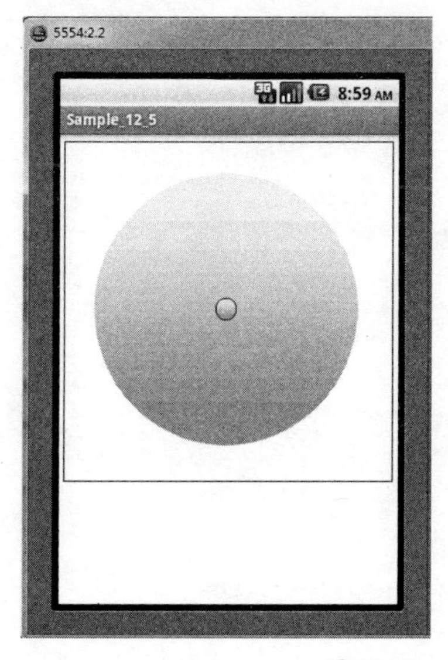

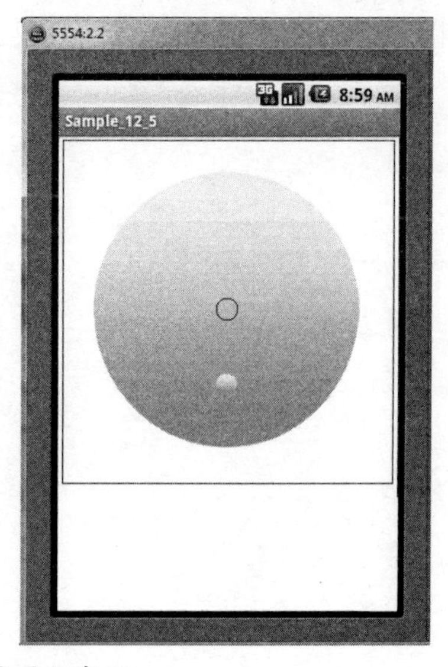

图 12-47　水平仪案例

12.7 总结

本章主要介绍了 Android 系统中常见的感应器的使用，包括了 GPS 信息的获取、谷歌地图、谷歌街景的使用，以及方向传感器、重力传感器、温度传感器、磁场传感器等的使用。使用传感器之后，与用户的交互将变得更加丰富。

知　识　点	难度指数（1～6）	占用时间（1～3）
GPS 信息	3	2
谷歌 MAP 使用	1	1
地图位置标记	3	2
地图两地测距	6	3
谷歌街景	2	1
传感器坐标系	1	1
传感器模拟器使用	2	1
传感器列表	4	3
传感器值获取	5	3

12.8 习题

（1）结合 12.1 节和 12.2 节的知识，实现获得 GPS 信息，并在谷歌地图中进行标注。

（2）使用 Google Map 实现两个地点之间的路线查询。

（3）利用磁场感应器实现指南针的效果。

第 13 章

帘下梳妆：天气预报

本章将综合使用前面学习的 Android 知识来完成一个综合案例。相信大家对于天气预报这类软件十分熟悉。在这一章中，将实现一个天气预报的功能。

对于天气预报，主要实现对当前天气的详细描述和未来几天天气情况的描述，以及更加直观的天气变化趋势图和需要查询天气的地址，接下来将实现这些功能。

13.1 天气信息获取

为了实现天气预报，首先需要定义天气信息类以及获得天气信息。实现步骤如下。

（1）在 Eclipse 中新建一个项目 WSample。

（2）定义天气信息类。在类中包括了城市名、城市 ID，以及当前天气的详细信息，如当前日期、发布天气预报时间、当前温度、当天最高最低温度、风速以及天气描述；还有未来五天的日期、星期、最高最低温度、天气描述以及天气图片。代码如下。

代码位置：见随书光盘中源代码/第 13 章/ WSample/src/com.sample.WSample 目录下的 CityWeatherInfo.java 文件。

```
01 public class CityWeatherInfo
02   implements Parcelable            //定义 CityWeatherInfo 类，实现 Parcelable 接口
03 {
04   public static final Parcelable.Creator<CityWeatherInfo> CREATOR = new
      Parcelable.Creator()
05   {
06     public CityWeatherInfo createFromParcel(Parcel paramParcel)
07     {
08       return new CityWeatherInfo(paramParcel);
09     }
10
11     public CityWeatherInfo[] newArray(int paramInt)
12     {
13       return new CityWeatherInfo[paramInt];
14     }
15   };
16   private String city;                    //定义城市名
17   private String cityId;                  //定义城市 ID
18   private String nowdate;                 //定义当前日期
19   private String nowtime;                 //定义当前时间
20   private int nowTemp;                    //定义当前温度
21   private int nowIcon;
22   private String currentCondition;
23   private String currentDayOfWeek;
24   private int currentHighTemp;
25   private int currentLowTemp;
26   private String currentWindCondition;
27
28   private String next1Condition;          //下一天气候描述
29   private String next1DayOfWeek;          //下一天星期几
30   private String next1date;               //日期
31   private int next1HighTemp;              //最高温度
32   private int next1Icon;                  //天气图标
33   private int next1LowTemp;               //最低温度
34
35   public CityWeatherInfo()                //构造 CityWeatherInfo 类
36   {
```

```
37     this.city = "";                                  //初始化值
38     this.cityId = "";
39     this.nowdate="";
40     this.nowtime="";
41     this.nowTemp=0;
42     this.nowIcon=-1;
43     this.currentCondition = "";
44     this.currentWindCondition = "";
45     this.currentDayOfWeek = "";
46     this.currentLowTemp = 0;
47     this.currentHighTemp = 0;
48
49     this.next1DayOfWeek = "";
50     this.next1date="";
51     this.next1LowTemp = 0;
52     this.next1HighTemp = 0;
53     this.next1Condition = "";
54     this.next1Icon = -1;
55   }
56
57   public CityWeatherInfo(Parcel paramParcel)    //从序列化数据读取到类中
58   {
59
60     this.city = paramParcel.readString();
61     this.cityId = paramParcel.readString();
62
63     this.next1DayOfWeek = paramParcel.readString();
64     this.next1date=paramParcel.readString();
65     this.next1LowTemp = paramParcel.readInt();
66     this.next1HighTemp = paramParcel.readInt();
67     this.next1Condition = paramParcel.readString();
68     this.next1Icon = paramParcel.readInt();
69     …
70   }
71
72   public int describeContents()
73   {
74     return 0;
75   }
76
77   public String getCity()                            //获得城市方法
78   {
79     return this.city;
80   }
81
82   ///////////////////////////////////////
83   public String getNext1Condition()
84   {
85     return this.next1Condition;
86   }
87
88   ///////////////////////////////////////////////////
```

```
89   public void setCity(String paramString)                         //设置城市方法
90   {
91     this.city = paramString;
92   }
93
94 ////////////////////////////////////////////////////
95   public void setNext1Condition(String paramString)
96   {
97     this.next1Condition = paramString;
98   }
99 ////////////////////////////////////////////////////
100public void writeToParcel(Parcel paramParcel, int paramInt) //序列化到数据中
101  {
102    paramParcel.writeString(this.city);
103    paramParcel.writeString(this.cityId);
104    paramParcel.writeString(this.nowdate);
105    paramParcel.writeString(this.nowtime);
106    paramParcel.writeInt(this.nowTemp);
107    paramParcel.writeInt(this.nowIcon);
108    paramParcel.writeString(this.currentCondition);
109    paramParcel.writeString(this.currentWindCondition);
110    paramParcel.writeString(this.currentDayOfWeek);
111    paramParcel.writeInt(this.currentLowTemp);
112    paramParcel.writeInt(this.currentHighTemp);
113
114    paramParcel.writeString(this.next1DayOfWeek);
115    paramParcel.writeString(this.next1date);
116    paramParcel.writeInt(this.next1LowTemp);
117    paramParcel.writeInt(this.next1HighTemp);
118    paramParcel.writeString(this.next1Condition);
119    paramParcel.writeInt(this.next1Icon);
120  }
121}
```

其中：

- 第 16～33 行，定义了天气信息类中需要的数据，包括当前天气描述以及未来五天的天气情况（文中代码有所省略，详见光盘代码）。
- 第 35～55 行，实现天气信息类的构造方法，初始化所有值为空（文中代码有所省略，详见光盘代码）。
- 第 57～70 行，实现从序列化的数据中读取值到类中（文中代码有所省略，详见光盘代码）。
- 第 72～86 行，实现获得信息类中的数据（文中代码有所省略，详见光盘代码）。
- 第 89～99 行，实现设置信息类中的值（文中代码有所省略，详见光盘代码）。
- 第 100～120 行，实现将类信息序列化到数据流中（文中代码有所省略，详见光盘代码）。需要特别注意的是在序列化的过程中读取和写入必须一致，否则会出现数据错误。

（3）完成了天气信息类的定义之后，需要实现天气的查询和更新显示。对于当前天气

信息的查询实现如下。

代码位置：见随书光盘中源代码/第 13 章/ WSample/src/com.sample.WSample 目录下的 GetWeatherInfo.java 文件。

```
01 public class GetWeatherInfo {
02
03     final String WEATHER_URL = "http://m.weather.com.cn/data/";//未来天气查询
04     final String WEATHER_NOW_URL = "http://www.weather.com.cn/data/sk/";//当前天气
05     Context context;
06
07     public GetWeatherInfo(Context context) {                    //构造方法
08         this.context = context;
09     }
10
       //获取天气的方法
11     public void getInfo(final String loccity, final Handler handler) {
12
13         new Thread(new Runnable() {
14             public void run() {
                   //天气信息类
15                 CityWeatherInfo locCityWeatherInfo = new CityWeatherInfo();
16                 Weather_num weather_num = new Weather_num(context);//城市对应的数
值
17                 String weather_numString = weather_num.get_weatherNum(loccity);
18                 if (weather_numString == "" || weather_numString == null) {
19                     locCityWeatherInfo = null;
20                 } else {
                       //获得 URI 信息
21                     locCityWeatherInfo = getUrlInfo(weather_numString);
22                 }
23
24                 Message msg = new Message();                         //消息
25                 msg.what = 1;
26                 Bundle mBundle = new Bundle();
27                 mBundle.putParcelable("weather", locCityWeatherInfo);//类序列化
28                 msg.setData(mBundle);
29                 handler.sendMessage(msg);                             //发送消息
30             }
31         }).start();
32
33     }
34
35     private CityWeatherInfo getUrlInfo(String weather_num) {      //查询网络
36         CityWeatherInfo locCityWeatherInfo = new CityWeatherInfo();
37         boolean is_suc = false;
38         try {
39             DefaultHttpClient httpClient = new DefaultHttpClient();
40             //构造访问的地址
41             HttpGet httpGet = new HttpGet(WEATHER_NOW_URL + weather_num
42                     + ".html");
43             int res = 0;
```

```
           //获得返回
44         res = httpClient.execute(httpGet).getStatusLine().getStatusCode();
45         if (res == 200) {
46             /*
47              * 当返回码为 200 时，做处理得到服务器端返回 json 数据，并做处理
48              */
49             HttpResponse httpResponse = httpClient.execute(httpGet);
50             StringBuilder builder = new StringBuilder();
51             BufferedReader bufferedReader2 = new BufferedReader(
52                     new InputStreamReader(httpResponse.getEntity()
53                             .getContent()));       //初始化输入流
54             String str2 = "";
55             for (String s = bufferedReader2.readLine(); s != null; s =
               bufferedReader2
56                     .readLine()) {
57                 builder.append(s);
58             }       //获得返回到网络数据
59             System.out.println(">>>>>>" + builder.toString());
60
61             //解析 json
62             JSONObject nowjsonObject = new JSONObject(builder.toString())
63                     .getJSONObject("weatherinfo");
64
65             locCityWeatherInfo.setCity(nowjsonObject.getString("city"));
66     locCityWeatherInfo.setCityId(nowjsonObject.getString("cityid"));
67             locCityWeatherInfo.setnowTemp(Integer.valueOf(nowjsonObject
68                     .getString("temp")));
69             locCityWeatherInfo.setCurrentWindCondition(nowjsonObject
70                     .getString("WD") + ":" + nowjsonObject.getString("WS"));
71             locCityWeatherInfo.setnowtime(nowjsonObject.getString("time"));
72         }
```

其中：

- 第 03～04 行，定义了查询当前天气和未来天气的网址；
- 第 07～09 行，实现构造函数。
- 第 11～33 行，采用 Handler 方式，将获得的天气信息发送到 UI 界面中，进行 UI 界面更新。
- 第 35～60 行，实现对天气预报信息的网络查询。
- 第 61～71 行，实现从网络返回数据中解析 json 数据，保存到天气信息类中。

（4）完成了当前天气信息的查询后，需要完成获得未来天气信息的操作，实现代码如下。

代码位置：见随书光盘中源代码/第 13 章/ WSample/src/com.sample.WSample 目录下的 GetWeatherInfo.java 文件。

```
01         httpGet = new HttpGet(WEATHER_URL + weather_num + ".html");
02         res = 0;
03         res = httpClient.execute(httpGet).getStatusLine().getStatusCode();
04         if (res == 200) {
05             /*
```

```
06                  * 当返回码为 200 时，做处理得到服务器端返回 json 数据，并做处理
07                  */
08                 HttpResponse httpResponse = httpClient.execute(httpGet);
09                 StringBuilder builder = new StringBuilder();
10                 BufferedReader bufferedReader2 = new BufferedReader(
11                         new InputStreamReader(httpResponse.getEntity()
12                                 .getContent()));
13                 String str2 = "";
14                 for (String s = bufferedReader2.readLine(); s != null; s =
                   bufferedReader2
15                         .readLine()) {
16                     builder.append(s);
17                 }
18                 System.out.println(">>>>>>" + builder.toString());
19 
20                 //解析 json
21                 JSONObject jsonObject = new JSONObject(builder.toString())
22                         .getJSONObject("weatherinfo");
23                 //星期
24                 locCityWeatherInfo.setnowdate(jsonObject.getString("date_y"));
25                 locCityWeatherInfo.setCurrentDayOfWeek(jsonObject
26                         .getString("week"));
27                 //温度
28                 locCityWeatherInfo.setCurrentHighTemp(getHighOrLowTemp(
29                         jsonObject.getString("temp1"), "high"));
30                 locCityWeatherInfo.setCurrentLowTemp(getHighOrLowTemp(
31                         jsonObject.getString("temp1"), "low"));
32                 …
33 
34                 //描述
35                 String tmpString = "";
36                 tmpString = jsonObject.getString("weather1");
37                 locCityWeatherInfo.setCurrentCondition(tmpString);
38                 locCityWeatherInfo.setnowIcon(seticon(tmpString));
39 
40                 setdate(locCityWeatherInfo);
41             }
42         } catch (Exception e) {
43             //TODO: handle exception
44             System.out.println(e.toString());
45         }
46         return locCityWeatherInfo;
47 
48     }
49 
    //获得温度
50  private static int getHighOrLowTemp(String paramString1, String paramString2)
{
51      String str1 = paramString1.split("~")[0];
52      String str2 = paramString1.split("~")[1];
53      int i = Integer.parseInt(str1.substring(0, str1.length() - 1));
54      int j = Integer.parseInt(str2.substring(0, str2.length() - 1));
```

```
55          int k;
56          if (paramString2.equals("high")) {
57              if (i > j)
58                  k = i;
59              else {
60                  k = j;
61              }
62          } else {
63              if (i > j)
64                  k = j;
65              else {
66                  k = i;
67              }
68          }
69          return k;
70      }
```

其中：

- 第 01～18 行，实现从网络获得未来五天的天气情况。
- 第 20～40 行，解析获得的网络数据 json，获得温度描述信息。
- 第 50～70 行，从返回的温度描述信息中，解析得到最高温度或者最低温度。

还有其他的天气图标以及日期的计算，实现代码如下。

代码位置：见随书光盘中源代码/第 13 章/ WSample/src/com.sample.WSample 目录下的 GetWeatherInfo.java 文件。

```
01      //设置天气图标
02      private int seticon(String locCondition) {
03          int icon_num = 0;
04          if (locCondition.indexOf("云") != -1) {              //根据描述设置图标
05              icon_num = 6;
06          …
07          return icon_num;
08      }
09
10      //设置日期
11      private void setdate(CityWeatherInfo locCityWeatherInfo) {
12          String dateString = locCityWeatherInfo.getnowdate(); //获得当前日期描述
13          int y = dateString.indexOf("年");
14          int m = dateString.indexOf("月");
15          int d = dateString.indexOf("日");
16          int mouth = Integer.valueOf(dateString.substring(y + 1, m));
17          int date = Integer.valueOf(dateString.substring(m + 1, d));
18
19          int[][] datearray = new int[6][2];
20          datearray[0][0] = date;             //设置日期
21          datearray[0][1] = mouth;            //设置月份
22          for (int i = 1; i < 6; i++) {
23              datearray[i][0] = datearray[i - 1][0] + 1;   //计算未来五天的日期
24              datearray[i][1] = datearray[i - 1][1];
25
26              switch (datearray[i][1]) {
```

```
27            case 1:
28            case 3:
29            case 5:
30            case 7:
31            case 8:
32            case 10:
33            case 12:
34                if (datearray[i][0] == 32) {        //大月份时，设置日期
35                    datearray[i][0] = 1;
36                    datearray[i][1] = datearray[i][1] + 1;
37                }
38                break;
39            case 4:
40            case 6:
41            case 9:
42            case 11:
43                if (datearray[i][0] == 31) {        //小月份时，设置日期
44                    datearray[i][0] = 1;
45                    datearray[i][1] = datearray[i][1] + 1;
46                }
47
48                break;
49            case 2:
50                if (datearray[i][0] == 29) {        //2 月时，设置日期
51                    datearray[i][0] = 1;
52                    datearray[i][1] = datearray[i][1] + 1;
53                }
54                break;
55            default:
56                break;
57            }
58
59        }
60
61        locCityWeatherInfo.setnowdate(datearray[0][1] + "/" + datearray[0][0]);
62        locCityWeatherInfo
                  //设置信息类中的信息
63                .setNext1date(datearray[1][1] + "/" + datearray[1][0]);
64 …
65    }
66 }
```

其中：

- 第 01～08 行，根据天气描述信息，设置天气图标。
- 第 19～59 行，根据当前日期计算未来五天的日期。
- 第 61～63 行，设置信息类中未来五天的日期。

（5）在实现网络信息查询的过程中，使用的查询地址不是通过查询城市的拼音获得的，而需要通过城市编码来获取。城市名与城市编码的对应值在数据库中保存，通过查询本地数据库文件来获得，代码实现如下。

代码位置：见随书光盘中源代码/第 13 章/ WSample/src/com.sample.WSample 目录下的 Weather_num.java 文件。

```
01 public class Weather_num {
02     Context context;
03     public Weather_num(Context context) {                          //构造方法
04         this.context = context;
05     }
06 
07     public String get_weatherNum(String city) {                    //获得城市编码方法
08         String Weather_num = "";
09 
10         String Path = context.getApplicationContext().getFilesDir()
11                 .getParentFile().getAbsolutePath()
12                 + "/databases/chinacity.db";                       //数据库保存位置
13         File dir = new File(Path);
14         if (!dir.exists()) {
15             return Weather_num;
16         }
17 
    //读取数据库
18         SQLiteDatabase mdb = SQLiteDatabase.openOrCreateDatabase(dir, null);
19         Cursor cursor = null;
20         try {
21             cursor = mdb.query("city_table", null, "CITY = '" + city + "'",
22                     null, null, null, null);                      //查询城市
23             if (cursor != null) {
24                 cursor.moveToFirst();
25                 Weather_num = cursor.getString(cursor
26                         .getColumnIndex("WEATHER_ID"));           //获得城市编码
27                 cursor.close();
28             }
29 
30         } catch (Exception e) {
31             System.out.println(e.toString());
32         } finally {
33             mdb.close();
34         }
35 
36         return Weather_num;
37     }
38 }
```

完成以上步骤，即实现了从网络获得天气信息以及将这些数据解析到信息类中，其主要包括了信息类的定义与序列化，网络信息的连接获取与 json 数据的解析，以及从本地数据库文件的查询操作。

13.2 天气信息显示

实现了信息类的获取之后，接下来实现在界面中的显示。

（1）准备图片资源，将项目中用到的图片资源存放到项目目录中的 res/drawable-mdpi 文件夹下，如图 13-1 所示。

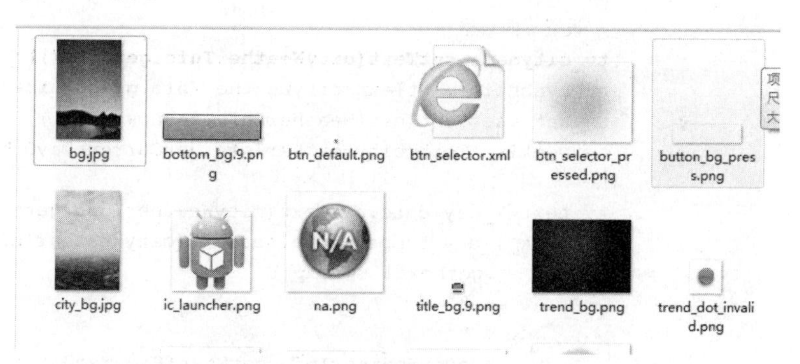

图 13-1　图片资源

（2）开发该案例的布局文件，打开 main.xml 文件，实现当前显示城市、发布时间、日期、星期和气候描述、当前温度、温度变化范围及风向；还有未来四天的气候。实现效果如图 13-2 所示。

代码位置：见随书光盘中源代码/第 13 章/WSample/res/layout 目录下的 main.xml 文件。

图 13-2　界面布局

（3）实现了界面布局之后，再来实现界面的显示内容。代码如下。

代码位置：见随书光盘中源代码/第 13 章/ WSample/src/com.sample.WSample 目录下的 WSample.java 文件。

```
01     Handler updateHandler = new Handler() {      //实现 handler
02         public void handleMessage(Message paramMessage) {
03             super.handleMessage(paramMessage);
04             if (paramMessage.what == 1) {              //获得信息
05                 cityWeatherInfo = paramMessage.getData().getParcelable(
```

```
06                  "weather");                                   //序列化得到信息类
07              if (cityWeatherInfo != null) {
08
                    //设置界面数据
09                  tv_cityname.setText(cityWeatherInfo.getCity());
10                  tv_synchtime.setText(cityWeatherInfo.getnowtime() + "发布");
11                  tv_date.setText(cityWeatherInfo.getnowdate());
12                  tv_week.setText(cityWeatherInfo.getCurrentDayOfWeek());
13                  …
14                  tv_next_1_day_date.setText(cityWeatherInfo.getNext1date());
15                  tv_next_1_day_temperature.setText(cityWeatherInfo
16                          .getNext1LowTemp()
17                          + "°C"
18                          + "～"
19                          + cityWeatherInfo.getNext1HighTemp() + "°C");
20          next_1_weather.setText(cityWeatherInfo.getNext1Condition());
21                  imgv_next1.setImageDrawable(getResources().getDrawable(
22                          R.drawable.w1 + cityWeatherInfo.getNext1Icon()));
23
24                  …
25              }
26          }
27      }
28  };
29
30  @Override
31  protected void onActivityResult(int requestCode, int resultCode, Intent data) {
32  //从城市选择界面返回
33      super.onActivityResult(requestCode, resultCode, data);
34      if (requestCode == 2) {
35          if (resultCode == RESULT_CANCELED) {
36              Bundle bundle = data.getExtras();
37              String cityString = bundle.getString("CITY");    //获得城市名称
38              if (cityString.equals("")) {
39                  return;
40              }
41              tv_cityname.setText(cityString);
42              if (weatherInfo==null) {
43                  weatherInfo=new GetWeatherInfo(this);        //获得信息类
44              }
45              weatherInfo.getInfo(cityString, updateHandler); //获得天气信息
46          }
47      }
48  }
49
50  @Override
51  public void onCreate(Bundle savedInstanceState) {
52      super.onCreate(savedInstanceState);
53      setContentView(R.layout.main);                            //设置界面布局
54      init_view();                                              //初始化界面
55      init_citydb();                                            //初始化数据库文件
56      weatherInfo = new GetWeatherInfo(this);
```

```
57        weatherInfo.getInfo("北京", updateHandler);
58
59        btn_trend.setOnClickListener(new OnClickListener() { //设置天气趋势单击监听
60            public void onClick(View v) {
61                Intent intent = new Intent(WSample.this, TrendActivity.class);
62                Bundle mBundle = new Bundle();
                  //设置跳转携带数据
63                mBundle.putParcelable("myweather", cityWeatherInfo);
64                intent.putExtras(mBundle);
65                startActivity(intent);                          //界面跳转
66            }
67        });
68
69        tv_cityname.setOnClickListener(new OnClickListener() {//设置城市选择单击监听
70            public void onClick(View v) {
71                Intent intent2 = new Intent(WSample.this, Select_city.class);
72                startActivityForResult(intent2, 2);         //带数据返回的界面跳转
73            }
74        });
75    }
76
```

其中：

- 第02～06行，实现Handler类，从消息中序列化获得天气信息类。
- 第07～25行，实现天气信息中的数据在界面显示更新。
- 第31～48行，实现从城市选择界面中返回时查询的城市结果。
- 第54～55行，实现界面控件的初始化以及城市编码数据库文件的初始化。
- 第59～67行，实现天气趋势按钮的单击处理事件，传递天气信息类到新界面中。
- 第69～74行，实现城市单击处理事件，需数据返回的界面跳转。

（4）实现了界面的显示内容后，还需要实现布局控件的初始化及数据库文件的初始化，代码如下。

代码位置：见随书光盘中源代码/第13章/ WSample/src/com.sample.WSample目录下的WSample.java文件。

```
01    private void init_view() {                //控件初始化
02
03        btn_trend = (Button) findViewById(R.id.btn_temperature);
04        tv_cityname = (TextView) findViewById(R.id.city_name);
05        …
06
07        tv_next_1_day_date = (TextView) findViewById(R.id.next_1_day_date);
08        tv_next_1_day_temperature                    =                    (TextView)
findViewById(R.id.next_1_day_temperature);
09        …
10    }
11
12    private boolean init_citydb() {          //数据库初始化
13        boolean is_suc = false;
14        String dirPath = getApplicationContext().getFilesDir().getParentFile()
```

```
15                  .getAbsolutePath()
16                  + "/databases";
17          File dir = new File(dirPath);
18          if (!dir.exists()) {
19              dir.mkdirs();
20          }
21          //数据库文件
22          File dbfile = new File(dir, "chinacity.db");   //程序目录中创建数据库文件
23          try {
24              if (!dbfile.exists()) {
25                  dbfile.createNewFile();
26                  //加载要导入的数据库文件
27                  InputStream is = this.getApplicationContext().getResources()
28                          .openRawResource(R.raw.chinacity); //读取原始数据库文件
29                  FileOutputStream fos = new FileOutputStream(dbfile);
30                  byte[] buffere = new byte[is.available()];
31                  is.read(buffere);
32                  fos.write(buffere);
33                  is.close();
34                  fos.close();
35              }
36              is_suc = true;
37
38          } catch (Exception e) {
39              is_suc = false;
40          } finally {
41              return is_suc;
42          }
43      }
```

其中：

- 第 01～10 行，实现界面控件的初始化。
- 第 13～22 行，实现在私有目录中创建数据库文件。
- 第 23～35 行，实现从原始资源中读取数据库文件到私有目录的数据库文件中，完成数据库的初始化工作。

13.3 温度变化趋势

前面章节实现了当前文件的文字性描述，对于未来天气的走势，采用温度变化趋势图来给予直观的展示。在趋势图中包括了当天以及未来五天的最高、最低温度变化。具体实现如下。

（1）开发该案例的布局文件，新建布局文件 trend.xml，实现显示星期、日期、气候描述，实现效果如图 13-3 所示。

代码位置：见随书光盘中源代码/第 13 章/WSample/res/layout 目录下的 trend.xml 文件。

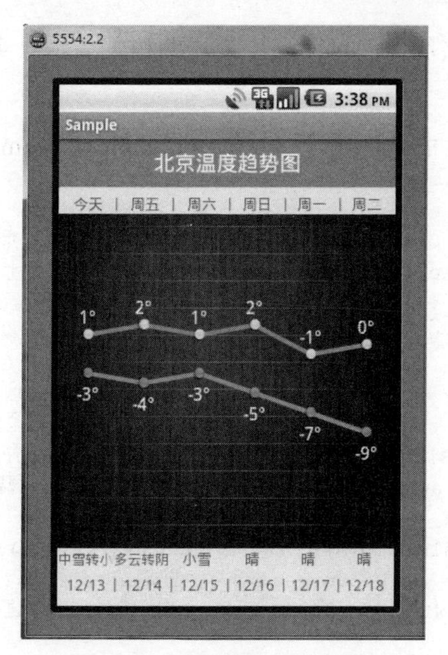

图 13-3　温度变化趋势

（2）在温度趋势表中，需要呈现的数据为星期、日期、气候描述以及最高、最低温度，为了方便信息的获取，定义了温度趋势类。代码如下。

代码位置：见随书光盘中源代码/第 13 章/ WSample/src/com.sample.WSample 目录下的 WeatherTrendInfo.java 文件。

```
01    public class WeatherTrendInfo
02    {
03      public String mDate;
04      public int mHighTemperature;
05      public int mHightWeatherID = 44;
06      public int mId;
07      public boolean mIsEmpty = true;
08      public String mLowTempDes;
09      public int mLowTemperature;
10      public int mLowWeatherID = 44;
11      public String mWeek;
12
13      public void clean()
14      {
15        this.mId = 0;
16        this.mDate = "";
17        this.mWeek = "";
18        this.mHightWeatherID = -1;
19        this.mLowWeatherID = -1;
20        this.mLowTempDes = "";
21        this.mIsEmpty = true;
22      }
23    }
```

（3）在界面布局中只实现了简单的温度描述的相关显示。实现其在界面显示相关代码部分，代码如下。

代码位置：见随书光盘中源代码/第 13 章/ WSample/src/com.sample.WSample 目录下的 TrendActivity.java 文件。

```
01    protected void onCreate(Bundle paramBundle) {    //重写 onCreate()方法，实现界面
02        super.onCreate(paramBundle);
03        instance = this;
04        setContentView(R.layout.trend);                //设置布局
05
06        this.mContent = ((LinearLayout) findViewById(R.id.trend_content));
07        createTrendView();                             //创建趋势视图
08        Bitmap localBitmap = BitmapFactory.decodeResource(getResources(),
09                R.drawable.trend_line_content);        //温度等分线
10        this.mLineBmp = new NinePatch(localBitmap,
11                localBitmap.getNinePatchChunk(), null);
12        this.mScale = getResources().getDisplayMetrics().density;
13        this.mLineTopMagin = (0.5F + 10.0F * this.mScale);
14    }
15    private void createTrendView() {                   //温度趋势视图
16        resetTrendBuffer();                            //重置数据
17        this.mContent.removeAllViews();                //移除视图
18        this.mTrendView = null;
19        this.mTrendView = new TrendView(this);         //实例化 TrendView
20        this.mContent.addView(this.mTrendView);        //添加视图
21        init();                                        //初始化
22    }
23    private void resetTrendBuffer() {                  //缓存清空
24        if (this.mTrendDrawBuffer != null) {
25            this.mTrendDrawBuffer.recycle();
26            this.mTrendDrawBuffer = null;
27        }
28    }
29    private void init() {                              //数据的初始化
30        for (int i = 0; i < 6; i++) {                  //获得星期、日期和气候描述
31            int j = i;
32            this.mWeekDays[i] = getTextViewByID("weekday" + j);
33            this.mDates[i] = getTextViewByID("date" + j);
34            this.mWeatherNights[i] = getTextViewByID("weathernight" + j);
35
36        }
37        this.mCityName = ((TextView) findViewById(R.id.cityname));
38
39
40
  this.mCityInfo=(CityWeatherInfo)getIntent().getParcelableExtra("myweather");
41        setweek(mCityInfo);                            //转化为星期
42        setDate(mCityInfo);                            //转化为日期
43
44        this.listTrendInfos=new ArrayList<WeatherTrendInfo>();
45         {
```

```
46             WeatherTrendInfo wTrendInfo = new WeatherTrendInfo();     //
47             wTrendInfo.mIsEmpty = false;
48             …
49             listTrendInfos.add(wTrendInfo);         //添加到温度趋势类中
50
51
52             …
53         }
54         setDescriptionTemp();                       //设置界面
55     }
56
57     private void setDescriptionTemp() {             //设置界面
58         CityWeatherInfo localCityWeatherInfo = this.mCityInfo;
           //设置显示
59         this.mCityName.setText(localCityWeatherInfo.getCity()  + "温度趋势图");
60
61         if (this.listTrendInfos.size() != 0) {
62             for (int i = 0; i < 6; i++) {
63                 WeatherTrendInfo   localWeatherTrendInfo   =   (WeatherTrendInfo)
listTrendInfos
64                         .get(i);
                   //设置星期显示
65                 this.mWeekDays[i].setText(localWeatherTrendInfo.mWeek);
                   //设置日期显示
66                 this.mDates[i].setText(localWeatherTrendInfo.mDate);
67                 if (localWeatherTrendInfo.mLowTempDes.length() >= 4)
68                     this.mWeatherNights[i].setTextSize(13.0F);   //设置气候描述
69                 this.mWeatherNights[i]
70                         .setText(localWeatherTrendInfo.mLowTempDes);
71             }
72         }
73     }
```

其中：

- 第 01～14 行，重写 onCreate()方法，实现界面显示。
- 第 15～22 行，实现温度趋势界面的显示。
- 第 23～28 行，实现界面的重置，清空缓存。
- 第 29～55 行，实现星期、日期以及气候描述的数据转化，从 CityWeatherInfo 类转为 WeatherTrendInfo 类数据。
- 第 57～73 行，实现从 WeatherTrendInfo 类中读取数据，显示在界面中。

（4）在界面布局中实现的 TrendView 类，是用于绘制趋势图的核心视图部分。实现的相关代码如下。

代码位置：见随书光盘中源代码/第 13 章/ WSample/src/com.sample.WSample 目录下的 TrendActivity.java 文件。

```
01     private class TrendView extends View {             //继承 View
02         private static final int LINE_DISTANCE = 25;
03         float moveX = 0.0F;
04
```

```
05        public TrendView(Context arg2) {                    //构造函数
06            super(arg2);
07        }
08
09        private void prepareDrawBuffer() {                  //初始化缓存
10            System.out.println("prepareDrawBuffer");
11
12            if (TrendActivity.this.mTrendDrawBuffer == null) {
13                TrendActivity.this.mTrendDrawBuffer = TrendActivity.this
14                        .getNewBuffer();
15            }
16            if (TrendActivity.this.mIsTempType) {
17                DrawTrendTempView.onDraw(TrendActivity.this,
18                        TrendActivity.this.mContent.getWidth(),
19                        TrendActivity.this.mContent.getHeight(),
20                        TrendActivity.this.mTrendDrawBuffer,
21                        TrendActivity.this.mCanvas,
22                        TrendActivity.this.listTrendInfos);//调用方法绘制变化图
23            }
24        }
25
26        protected void onDraw(Canvas paramCanvas) {         //View 绘制
27            System.out.println("TrendView onDraw");
28            RectF localRectF = new RectF(0.0F,
29                    TrendActivity.this.mLineTopMagin,
30                    TrendActivity.this.mContent.getWidth(),
31                    1.0F + TrendActivity.this.mLineTopMagin);
32            int i = TrendActivity.this.mContent.getHeight() / 25;//计算等温线条数
33            for (int j = 0; j < i; j++) {
                  //绘制等温线
34                TrendActivity.this.mLineBmp.draw(paramCanvas, localRectF);
35                localRectF.offset(0.0F, 25.0F);
36            }
37            prepareDrawBuffer();                            //设置温度变化图
38            paramCanvas.drawBitmap(TrendActivity.this.mTrendDrawBuffer, 0.0F,
39                    0.0F, TrendActivity.this.mPaintBuffer); //绘制温度趋势图
40
41        }
42    }
```

其中：

- 第 01 行，继承 View 类，实现温度变化趋势视图的绘制。
- 第 09～24 行，实现缓存数据的准备，重点为第 17～22 行的调用绘制方法。
- 第 28～36 行，实现绘制背景的等温线的绘制（图 13-3 中黑色背景中的白线）。
- 第 37～39 行，实现温度变化折线的绘制（图 13-3 中红色和蓝色的短折线以及温度数字标记）。

（5）在 TrendView 类中调用了绘制图像的方法，主要用于绘制温度之间的变化折线以及温度的数字标记，实现的相关代码如下。

代码位置：见随书光盘中源代码/第 13 章/ WSample/src/com.sample.WSample 目录下的 TrendActivity.java 文件。

```
01      public static void onDraw(Context paramContext, int paramInt1,
02              int paramInt2, Bitmap paramBitmap, Canvas paramCanvas,
03              List<WeatherTrendInfo> paramCityWeatherInfo) {
04          paramCanvas.setDrawFilter(new PaintFlagsDrawFilter(0, 3));
05          float f = paramContext.getResources().getDisplayMetrics().density;
06          mTextSize = 0.5F + 15.0F * f;
07          mWeatherIconScale = 80;
08          if ((paramCityWeatherInfo.size() > 0)
09                  && (!((WeatherTrendInfo) paramCityWeatherInfo
10                          .get(4)).mIsEmpty)) {                    //判断是否有数据
11              if (mDotValidIcon == null)
12                  mDotValidIcon = BitmapFactory
13                          .decodeResource(paramContext.getResources(),
14                                  R.drawable.trend_dot_valid);   //最高温度点图标
15              if (mDotInvalidIcon == null)
16                  mDotInvalidIcon = BitmapFactory.decodeResource(
17                          paramContext.getResources(),
18                          R.drawable.trend_dot_invalid);           //最低温度点图标
19              if (mPaintDayLine == null) {                         //绘制连接线
20                  mPaintDayLine = new Paint();                     //最高温度连接线
21                  mPaintDayLine.setColor(Color.rgb(251, 67, 87)); //颜色设置
22                  mPaintDayLine.setStrokeWidth(4.0F);
23                  mPainNightLine = new Paint();                    //最低温度连接线
24                  mPainNightLine.setColor(Color.rgb(0, 172, 255));
25                  mPainNightLine.setStrokeWidth(4.0F);
26                  mPaintShadowLine = new Paint();
27                  mPaintShadowLine.setColor(-16777216);
28                  mPaintShadowLine.setStrokeWidth(1.0F);
29                  mPaintShadowLine.setMaskFilter(new BlurMaskFilter(3.0F,
30                          BlurMaskFilter.Blur.NORMAL));
31                  mPaintHistoryLine = new Paint();
32                  mPaintHistoryLine.setColor(-7829368);
33                  mPaintHistoryLine.setStrokeWidth(4.0F);
34                  mPaint = new Paint();
35                  mPaint.setTextSize(mTextSize);
36                  mPaint.setColor(-1);
37                  mPaintHistoryNum = new Paint();
38                  mPaintHistoryNum.setTextSize(mTextSize);
39                  mPaintHistoryNum.setColor(-5329234);
40              }
41              mHighest = -99;
42              mLowest = 99;
43              for (int i = 0; i < 6; i++) {                  //获得全局最高、最低温度值
44                  WeatherTrendInfo localWeatherTrendInfo = (WeatherTrendInfo)
45                          paramCityWeatherInfo
46                          .get(i);
47                  if (localWeatherTrendInfo.mHighTemperature > mHighest)
48                      mHighest = localWeatherTrendInfo.mHighTemperature;
49                  if (localWeatherTrendInfo.mLowTemperature >= mLowest)
```

```
50                    continue;
51                mLowest = localWeatherTrendInfo.mLowTemperature;
52            }
53            mAverageWidth = (paramInt1 - (0.5F + 2.0F * f)) / 6.0F;
54            mHistoryX = 0.5F + 2.0F * f + mAverageWidth / 2.0F
55                    - mDotValidIcon.getWidth() / 2;
56            mForecastX = mHistoryX + mAverageWidth;
57            mFcDayY = 4 * (paramInt2 / 13);
58            mFcNightY = mFcDayY;
59            mDiffTemperature = mHighest - mLowest;
60            System.out.println("DrawTrendTempView,mHighest = " + mHighest
61                    + "  mLowest  = " + mLowest);
62            mTemperatureArea = 2 * (paramInt2 / 6);      //获得温度变化区间
63            if (mDayPoint == null) {
64                mDayPoint = new Point();
65                mNightPoint = new Point();
66            }
            //绘图
67            drawForecastInfo(paramContext, paramCanvas, paramCityWeatherInfo);
68            realeaseDotBmps();
69        }
70    }
71
72    private static void drawForecastInfo(Context paramContext,
73            Canvas paramCanvas, List<WeatherTrendInfo> paramCityWeatherInfo) {
74        int i = mDotValidIcon.getWidth() / 2;              //点的中心
75        int j = mDotValidIcon.getHeight() / 2;
76        for (int k = 0; k < 6; k++) {
77            WeatherTrendInfo localWeatherTrendInfo = (WeatherTrendInfo)
              paramCityWeatherInfo
78                    .get(k);
79            float f9;                                      //定义值
80            float f10;
81            float f11;
82            float f12;
83            float f3;
84            float f4;
85            float f5;
86            float f6;
              //当前绘制点的 X 值
87            mDayPoint.x = (int) (mForecastX + (k - 1) * mAverageWidth);
88            mDayPoint.y    =    ((mDiffTemperature    -    (localWeatherTrendInfo.
mHighTemperature -
89                        mLowest))
                     //当前绘制点的 Y 值
90                   * (mTemperatureArea / mDiffTemperature) + mFcDayY);
91            if (k < 5) {
92                float f7 = mForecastX + (k) * mAverageWidth;      //下一绘制点 X
93                float    f8    =    (mDiffTemperature    -    (((WeatherTrendInfo)
paramCityWeatherInfo
94                        .get(k + 1)).mHighTemperature - mLowest))
                     //下一绘制点 Y
```

```
95              * (mTemperatureArea / mDiffTemperature) + mFcDayY;
96          f9 = i + mDayPoint.x;
97          f10 = j + mDayPoint.y;
98          f11 = f7 + i;
99          f12 = f8 + j;
100         paramCanvas.drawLine(f9, f10, f11, f12, mPaintDayLine);//绘制连接线
101         }
102         paramCanvas.drawBitmap(mDotValidIcon, mDayPoint.x, mDayPoint.y,
103                 mPaint);     //绘制点图标
104         drawTextInCenterByHorizontal(paramCanvas,
105                 String.valueOf(localWeatherTrendInfo.mHighTemperature)
                        //绘制温度值
106                     + "°", mPaint, i + mDayPoint.x, mDayPoint.y);
107         mNightPoint.x = mDayPoint.x;
108         mNightPoint.y   =   ((mDiffTemperature   -   (localWeatherTrendInfo.
mLowTemperature -
109             mLowest))
110                 * (mTemperatureArea / mDiffTemperature) + mFcNightY);
111         if (k < 5) {
112             float f1 = mForecastX + (k) * mAverageWidth;
113             float f2 = (mDiffTemperature - (((WeatherTrendInfo) paramCity
                WeatherInfo
114                     .get(k + 1)).mLowTemperature - mLowest))
115                     * (mTemperatureArea / mDiffTemperature) + mFcNightY;
116             f3 = i + mNightPoint.x;
117             f4 = j + mNightPoint.y;
118             f5 = f1 + i;
119             f6 = f2 + j;
                //实现最低温度连接线绘制
120             paramCanvas.drawLine(f3, f4, f5, f6, mPainNightLine)
121         }
122         paramCanvas.drawBitmap(mDotInvalidIcon, mNightPoint.x,
123                 mNightPoint.y, mPaint);          //温度点绘制
124         drawTextInCenterByHorizontal(
125                 paramCanvas,
126                 String.valueOf(localWeatherTrendInfo.mLowTemperature) + "°",
127                 mPaint, i + mNightPoint.x, (int) (mNightPoint.y
                        //温度数值绘制
128                     + mDotValidIcon.getHeight() + mTextSize));
129         realeaseWeatherBmps();
130     }
131 }
132
133  private static void drawTextInCenterByHorizontal(Canvas paramCanvas,
        //绘制文字
134         String paramString, Paint paramPaint, int paramInt1, int paramInt2) {
135     paramCanvas.drawText(paramString,
136             paramInt1 - (int) paramPaint.measureText(paramString) / 2,
137             paramInt2, paramPaint);
138 }
```

其中：

- 第 08～40 行，初始化绘制不同线条以及点的画笔类 Paint 类。
- 第 40～66 行，计算整体温度的变化范围以及温度起始 X 轴位置等数据。
- 第 74～75 行，计算绘制点图标的中心位置。
- 第 76～100 行，计算最高温度的当前温度点与下一温度点的位置，绘制连接线。
- 第 102～106 行，实现最高温度点的图标绘制以及温度值的绘制。
- 第 107～129 行，实现最低温度点之间的温度连接、图标绘制以及温度值绘制。
- 第 133～137 行，文字的绘制方法实现。

通过以上步骤实现了温度变化趋势的绘制，效果如图 13-3 所示。

13.4 城市管理

实现了对于一个城市的当前天气的详细描述以及未来温度变化趋势图的直观呈现后，在本节中，将实现对于查询城市的管理。具体实现如下。

（1）开发该案例的布局文件，新建布局文件 city.xml， 实现效果如图 13-4 所示。

代码位置：见随书光盘中源代码/第 13 章/WSample/res/layout 目录下的 trend.xml 文件。

图 13-4 城市管理界面

（2）在城市选择界面中，需要实现城市的输入以及自动定位到当前城市的功能。对于界面的监听事件，实现代码如下。

代码位置：见随书光盘中源代码/第 13 章/ WSample/src/com.sample.WSample 目录下的 Select_city.java 文件。

```
01    @Override
02    public void onCreate(Bundle savedInstanceState) {
```

```
03        super.onCreate(savedInstanceState);
04        setContentView(R.layout.city);
05        init_view();                                              //初始化界面
06        btn_loc.setOnClickListener(new OnClickListener() {        //自动定位城市
07            public void onClick(View v) {
08                get_loc_city = new Get_loc_city(context);
09                String cityString = get_loc_city.getcity();
10                et_com.setText(cityString);
11            }
12        });
13
14        btn_ok.setOnClickListener(new OnClickListener() {      //输入城市，返回主界面
15            public void onClick(View v) {
16                String cityString = et_com.getText().toString();
17                if (cityString.equals("")) {
18                    Toast.makeText(Select_city.this, "请输入查询的城市",
19                            Toast.LENGTH_LONG).show();
20                    return;
21                }
22                if (get_loc_city!=null) {
23                    get_loc_city.unre();                          //定位取消
24                }
25                on_Previous();                                    //回退
26            }
27        });
28    }
29
30    private void init_view() {                                    //界面控件初始化
31        context = this;
32        et_com = (AutoCompleteTextView) findViewById(R.id.ed_com);
33        tv_city = (TextView) findViewById(R.id.textView1);
34        btn_loc = (Button) findViewById(R.id.button1);
35        btn_ok = (Button) findViewById(R.id.button2);
36    }
37
38    private void on_Previous() {                                  //定义返回携带数据方法
39        Bundle bundle = new Bundle();
40        String cityString = et_com.getText().toString();          //获取输入的数据
41        bundle.putString("CITY", cityString);                     //保存数据在 bundle 中
42        Select_city.this.setResult(RESULT_CANCELED, Select_city.this
43                .getIntent().putExtras(bundle));                  //设置返回结果
44        Select_city.this.finish();                                //结束当前 Activity B
45    }
46
47    @Override
48    public boolean onKeyDown(int keyCode, KeyEvent event) {  //重写按钮单击监听
49        if (keyCode == KeyEvent.KEYCODE_BACK) { //判断是否单击返回键
50            on_Previous(); //调用返回数据方法
51            return true;
52        } else {
53            return super.onKeyDown(keyCode, event);           //其他键时，不另处理
54        }
```

```
55    }
```

（3）对于城市的选择，最重要的是自动定位到所在城市的功能。实现代码如下。

代码位置：见随书光盘中源代码/第 13 章/ WSample/src/com.sample.WSample 目录下的 Get_loc_city.java 文件。

```
01    public Get_loc_city(Context context) {
02        this.locationManager = (LocationManager) context
03                .getSystemService(Context.LOCATION_SERVICE);
04        ll = new LocationListener() {
05            public void onLocationChanged(Location loc) {
06                //当坐标改变时触发此函数
07                //Save the latest location
08                currentLocation = loc;                          //获取当前位置
09                //Update the latitude & longitude TextViews
10                System.out.println("getCity()"
11                        + (loc.getLatitude() + " " + loc.getLongitude()));
12            }
13            public void onProviderDisabled(String arg0) {
14                System.out.println(".onProviderDisabled(关闭)" + arg0);
15            }
16
17            public void onProviderEnabled(String arg0) {
18                System.out.println(".onProviderEnabled(开启)" + arg0);
19            }
20
21            public void onStatusChanged(String arg0, int arg1, Bundle arg2) {
22                System.out.println(".onStatusChanged(Provider 的状态不可用、"
23                        + "暂时不可用和无服务三个状态直接切换时触发此函数)" + arg0 + " "
                        + arg1 24+ " "
25                        + arg2);
26            }
27
28        };
29
30        this.locationManager.requestLocationUpdates(
31                LocationManager.GPS_PROVIDER, 1000, 0, ll); //监听位置变化
32        currentLocation = locationManager
                //获取最近位置信息
33                .getLastKnownLocation(LocationManager.GPS_PROVIDER);
34        if (currentLocation == null)
35            currentLocation = locationManager
36                    .getLastKnownLocation(LocationManager.NETWORK_PROVIDER);
37    }
38
39    public String getcity() {                                 //获取城市名
40        if (currentLocation != null) {
41            String temp = reverseGeocode(currentLocation);
42            if (temp != null && temp.length() >= 2)
43                city = temp;
44        } else {
45            System.out.println("GetCity.start()未获得 location");
```

```
46          }
47          return city;
48      }
49
50      public void unre(){
51          this.locationManager.removeUpdates(ll);     //注销监听
52      }
53
54      private String reverseGeocode(Location loc) {
55          String localityName = "";
56          HttpURLConnection connection = null;
57          URL serverAddress = null;
58          try {
59              serverAddress = new URL("http://maps.google.com/maps/geo?q="
60                      + Double.toString(loc.getLatitude()) + ","
61                      + Double.toString(loc.getLongitude())
62                      + "&output=xml&language=zh-CN&sensor=true"
63                      +
64                      "&key="
65                      + GOOGLE_MAPS_API_KEY);     //构造访问地址
66              connection = null;
67              connection = (HttpURLConnection) serverAddress.openConnection();
68              connection.setRequestMethod("GET");
69              connection.setDoOutput(true);
70              connection.setReadTimeout(10000);
71              connection.connect();
72
73              try {
74                  InputStreamReader isr = new InputStreamReader(
75                          connection.getInputStream());
76                  System.out.println(isr.toString());
77                  InputSource source = new InputSource(isr);
78                  SAXParserFactory factory = SAXParserFactory.newInstance();
79                  SAXParser parser = factory.newSAXParser();
80                  XMLReader xr = parser.getXMLReader();
81                  //实例化 XML 解析
82                  GoogleReverseGeocodeXmlHandler handler = new
83                      GoogleReverseGeocodeXmlHandler();
84                  xr.setContentHandler(handler);
85                  xr.parse(source);
86                  localityName = handler.getLocalityName();
87                  System.out.println("GetCity.reverseGeocode()" + localityName);
88              } catch (Exception ex) {
89                  ex.printStackTrace();
90              }
91          } catch (Exception ex) {
92              ex.printStackTrace();
93              System.out.println("GetCity.reverseGeocode()" + ex);
94          }
95          return localityName;
96  }
```

其中：

- 第 04～28 行，实现了位置变化监听类。
- 第 30～36 行，获得最近时间的位置信息。
- 第 39～48 行，实现获取城市名的方法。通过位置经纬度信息查询得到城市名。
- 第 55～75 行，实现通过经纬度信息查询网络获得城市相关信息。
- 第 77～86 行，实现从网络返回数据中解析得到城市名。

（4）从网络返回的数据中解析得到城市名，实现代码如下。

代码位置：见随书光盘中源代码/第 13 章/ WSample/src/com.sample.WSample 目录下的 Get_loc_city.java 文件。

```
01    private class GoogleReverseGeocodeXmlHandler extends DefaultHandler {
02        private boolean inLocalityName = false;
03        private boolean finished = false;
04        private StringBuilder builder;
05        private String localityName;
06
07        public String getLocalityName() {              //获得城市名
08            return this.localityName;
09        }
10
11        @Override
12        public void characters(char[] ch, int start, int length)
13                throws SAXException {                  //解析字符
14            super.characters(ch, start, length);
15            if (this.inLocalityName && !this.finished) {
16                if ((ch[start] != '\n') && (ch[start] != ' ')) {
17                    builder.append(ch, start, length);
18                }
19            }
20        }
21
22        @Override
23        public void endElement(String uri, String localName, String name)
24                throws SAXException {                  //事件结尾
25            super.endElement(uri, localName, name);
26            if (!this.finished) {
27                if (localName.equalsIgnoreCase("LocalityName")) {
28                    this.localityName = builder.toString();
29                    this.finished = true;
30                }
31                if (builder != null) {
32                    builder.setLength(0);
33                }
34            }
35        }
36
37        @Override
38        public void startDocument() throws SAXException {
39            super.startDocument();                     //文档开始
40            builder = new StringBuilder();
```

```
41        }
42
43        @Override
44        public void startElement(String uri, String localName, String name,
45                Attributes attributes) throws SAXException {
46            super.startElement(uri, localName, name, attributes);
47
48            if (localName.equalsIgnoreCase("LocalityName")) {    //事件开始
49                this.inLocalityName = true;
50            }
51        }
52    }
```

完成以上步骤，即实现了以自动城市定位或者手动输入的方式获得查询的城市信息，再将获得的城市返回到主界面即可获得查询的城市天气情况。

13.5　运行调试

通过以上步骤的实现，完成了相关代码的操作，最后需要在 AndroidManifest.xml 文件中声明相关权限以及界面，实现如下。

```
 <uses-permission android:name="android.permission.INTERNET"/>
<uses-permission android:name="android.permission.ACCESS_FINE_LOCATION"/>
<uses-permission android:name="android.permission.ACCESS_COARSE_LOCATION"/>"

<activity android:name="com.sample.Wsample.TrendActivity" />
<activity android:name="com.sample.Wsample.Select_city" />
```

运行该案例，可以观察到天气显示界面（见图 13-2），温度变化趋势（见图 13-3）以及城市管理界面（见图 13-4）。在 DDMS 中的 Emulator Control 界面中，输入模拟的经纬度信息后，在城市管理界面中单击自动定位，将定位到输入的经纬度所在的城市，如图 13-5 所示。

图 13-5　自动定位

当完成自动定位城市之后，单击“确定城市”按钮或者单击回退键，即可返回主界面中。在主界面显示定位的城市的天气情况，如图 13-6 所示；也可切换到温度趋势图界面，如图 13-7 所示。

图 13-6 主界面

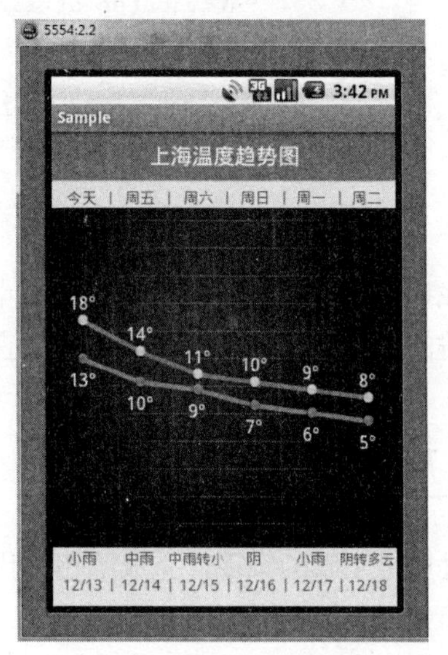

图 13-7 温度趋势图界面

13.6 总结

在本章完成了天气预报的综合实例。在该实例中综合运行了本书前面章节的知识点，包括了基本的界面布局管理，文本显示、按钮等基本控件，趋势图高级控件和视图的使用，Activity 界面、Handler 消息更新，数据库文件的查询、网络通信查询、GPS 位置获取等知识。对于任何一个 APP 应用程序来说，都是对 Android 开发知识的综合应用。

13.7 习题

（1）简述天气信息获取的步骤

（2）结合当前天气的描述以及未来温度变化趋势图的直观呈现，实现对于查询城市的管理。

关于本书用纸的温馨提示

亲爱的读者朋友：您所拿到的这本书使用的是 **环保轻型纸**！

环保轻型纸在制造过程中添加化学漂白剂较少，颜色更接近于自然状态，具有纸质轻柔、光反射率低、保护读者视力等优点，其成本略高于胶版纸。为给您带来更好的阅读体验并与读者共同支持环保，我们在没有提高图书定价的前提下，使用这种纸张。愿我们共同分享纸质图书的阅读乐趣！

电子工业出版社博文视点